Springer-Lehrbuch

S. Brandt · H.D. Dahmen

Mechanik

Eine Einführung in Experiment und Theorie

Vierte Auflage
mit 270 Abbildungen, 10 Tabellen, 52 Experimenten
und 145 Aufgaben mit Hinweisen und Lösungen

 Springer

Professor Dr. Siegmund Brandt
e-mail: brandt@physik.uni-siegen.de

Professor Dr. Hans Dieter Dahmen
e-mail: dahmen@physik.uni-siegen.de

Fachbereich Physik
Universität Siegen
57068 Siegen
Deutschland

Bibliografische Information der Deutschen Bibliothek
Die Deutsche Bibliothek verzeichnet diese Publikation in der Deutschen Nationalbibliografie;
detaillierte bibliografische Daten sind im Internet über <http://dnb.ddb.de> abrufbar.

ISBN 3-540-21666-9 4. Aufl. Springer Berlin Heidelberg New York
ISBN 3-540-59319-5 3. Aufl. Springer Berlin Heidelberg New York

Springer ist ein Unternehmen von Springer Science+Business Media

springer.de

© Springer-Verlag Berlin Heidelberg 2005
Printed in Germany

Satz: Tilo Stroh, Universität Siegen unter Vewendung eines Springer LATEX-Makropakets
Herstellung: LE-TEX Jelonek, Schmidt & Vöckler GbR, Leipzig
Einbandgestaltung: *design & production* GmbH, Heidelberg

Gedruckt auf säurefreiem Papier   56/3144/YL - 5 4 3 2 1 0

Vorwort zur vierten Auflage

Der vorliegende Band ist eine Einführung in die Mechanik, die die grundlegenden experimentellen Befunde und die theoretischen Methoden zur Beschreibung und zum Verständnis der physikalischen Vorgänge und ihrer Gesetzmäßigkeiten gleichgewichtig behandelt. Entsprechend dieser Zielsetzung ist der Band gemeinsam von einem experimentellen und einem theoretischen Physiker geschrieben worden. Der Inhalt dieses Bandes wird in einem Semester behandelt. Der Stoffumfang entspricht vier Vorlesungsstunden in der Woche und zusätzlich drei Ergänzungsstunden in kleinen Gruppen. Der Band wendet sich an Studenten der Physik, Mathematik und Chemie im Grundstudium.

Experimente von grundsätzlicher oder beispielhafter Bedeutung werden besonders ausführlich und quantitativ beschrieben. Mit Hilfe von stroboskopischen Aufnahmen sind Bewegungsabläufe oft photographisch so dargestellt, daß der Leser quantitative Messungen an den Abbildungen nachvollziehen kann. Ergänzt wurde das Beispielmaterial in vielen Fällen durch Computerzeichnungen physikalischer Vorgänge, die ebenfalls streng quantitativ sind.

Die theoretische Begriffsbildung geht nicht wesentlich über die der klassischen Anfängerausbildung hinaus, wird jedoch oft strenger gefaßt und vertieft. Eine knappe Darstellung wird durch konsequente Benutzung von Vektorschreibweise und gelegentlich der Tensorschreibweise erreicht. Die nötigen mathematischen Hilfsmittel werden in einem ausführlichen Anhang bereitgestellt und an vielen Beispielen veranschaulicht. Vorausgesetzt werden nur elementare Kenntnisse der Differential- und Integralrechnung.

Für die vierte Auflage wurde die *Mechanik* sorgfältig durchgesehen und überarbeitet. Ein unabhängiger Band *Elektrodynamik* (ebenfalls in vierter Auflage) erscheint gleichzeitig.

Wir danken Herrn T. Stroh herzlich für seine Hilfe beim Computersatz dieser Auflage.

Siegen, Mai 2004   S. Brandt   H. D. Dahmen

Inhaltsverzeichnis

1. Kinematik

Als Kinematik bezeichnet man die reine Beschreibung von Bewegungsvorgängen. Man bemüht sich dabei nicht, die Ursachen der Bewegung zu untersuchen. Es handelt sich daher in der Kinematik eigentlich um rein mathematische Aufgabenstellungen.

1.1 Massenpunkt. Vektoren von Ort, Geschwindigkeit und Beschleunigung

Inhalt: Ort eines Massenpunktes als zeitabhängiger Vektor. Geschwindigkeit und Beschleunigung sind die erste bzw. zweite Zeitableitung des Ortsvektors.
Bezeichnungen: $\mathbf{r}(t)$ Ortsvektor, $\mathbf{v}(t)$ Geschwindigkeitsvektor, $\mathbf{a}(t)$ Beschleunigungsvektor, t Zeit.

Wir wollen uns in diesem Abschnitt auf Bewegungen von Objekten beschränken, die durch Angabe eines einzigen Raumpunktes charakterisiert werden können. Ein solches Objekt nennen wir *Massenpunkt*, obwohl wir den Begriff der Masse noch nicht benötigen.

Der Ort eines Massenpunktes ist durch seinen *Ortsvektor* $\mathbf{r}$ bestimmt. Das ist ein Vektor, der einen festen Punkt, den Aufpunkt, mit dem Ort des Massenpunktes verbindet. Als Aufpunkt wird oft der Ursprung eines Koordinatensystems gewählt, jedoch ist der Ortsvektor völlig unabhängig von einem bestimmten Koordinatensystem definiert. Es ist sinnvoll, allgemeine Beziehungen unabhängig vom Koordinatensystem zu formulieren und erst im Bedarfsfall ein an das jeweilige Problem angepaßtes Koordinatensystem zu wählen. Für einen bewegten Massenpunkt ist ein Ortsvektor von der Zeit abhängig und beschreibt die *Bahnkurve* des Massenpunktes

$$\mathbf{r} = \mathbf{r}(t) \quad . \tag{1.1.1}$$

Die *Ableitung des Ortsvektors* nach der Zeit ist ebenfalls ein Vektor,

$$\mathbf{v}(t) = \frac{\mathrm{d}\mathbf{r}(t)}{\mathrm{d}t} = \dot{\mathbf{r}}(t) \quad . \tag{1.1.2}$$

Er heißt *Geschwindigkeitsvektor*.

(Die Kennzeichnung der *zeitlichen* Ableitung einer Größe durch einen darübergesetzten Punkt stammt von Newton, die Schreibweise $\mathrm{d}/\mathrm{d}t$ von Leibniz. Beide haben die Infinitesimalrechnung unabhängig voneinander entwickelt.)

Die zeitliche Ableitung des Geschwindigkeitsvektors definieren wir als *Beschleunigungsvektor*

$$\mathbf{a}(t) = \frac{\mathrm{d}\mathbf{v}(t)}{\mathrm{d}t} = \dot{\mathbf{v}}(t) = \frac{\mathrm{d}^2\mathbf{r}(t)}{\mathrm{d}t^2} = \ddot{\mathbf{r}}(t) \quad . \tag{1.1.3}$$

Die Ableitung einer vektoriellen Funktion $\mathbf{x}(t)$ nach dem Parameter t ist im Abschn. A.4 behandelt. Wir veranschaulichen hier den Begriff des Geschwindigkeitsvektors noch einmal an Hand von Abb. 1.1. Ein Massenpunkt bewegt sich auf einer Bahnkurve. Dabei durchläuft er zur Zeit $t = t_0$ den Punkt $\mathbf{x}_0$. Nach Ablauf von $\tau, 2\tau, \ldots, 4\tau$ erreicht er die Punkte $\mathbf{x}_1, \mathbf{x}_2, \ldots, \mathbf{x}_4$. Der Geschwindigkeitsvektor zur Zeit t_0 ist durch den Grenzwert

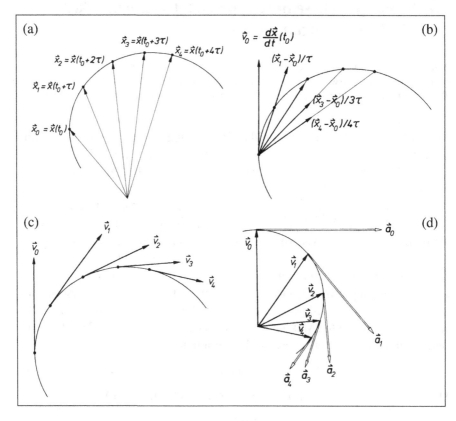

Abb. 1.1 a–d. Zur Definition von Geschwindigkeit und Beschleunigung

$$\mathbf{v}_0 = \mathbf{v}(t_0) = \frac{d\mathbf{x}}{dt}(t_0) = \lim_{\Delta t \to 0} \frac{\mathbf{x}(t_0 + \Delta t) - \mathbf{x}(t_0)}{\Delta t}$$

gegeben. In Abb. 1.1b sind eine Reihe von Differenzenquotienten

$$\frac{\mathbf{x}_4 - \mathbf{x}_0}{4\tau}, \qquad \frac{\mathbf{x}_3 - \mathbf{x}_0}{3\tau}, \qquad \cdots$$

wiedergegeben, die in Richtung der Sekanten $\mathbf{x}_4 - \mathbf{x}_0, \mathbf{x}_3 - \mathbf{x}_0, \ldots$ zeigen und schließlich auch der Differentialquotient $\mathbf{v}_0$, der Tangentenrichtung hat. In Abb. 1.1c sind die zu den Orten $\mathbf{x}_0, \ldots, \mathbf{x}_4$ bzw. $t_0, \ldots, t_4$ gehörenden Geschwindigkeitsvektoren $\mathbf{v}_0, \ldots, \mathbf{v}_4$ eingetragen. Trägt man die Geschwindigkeitsvektoren bezüglich eines gemeinsamen Ursprungs auf (Abb. 1.1d), so erhält man die Bahnkurve des Massenpunktes im *Geschwindigkeitsraum*. Hier kann man leicht wieder eine zeitliche Ableitung des Geschwindigkeitsvektors zu jeder Zeit bilden und so die Beschleunigungsvektoren $\mathbf{a}_0, \ldots, \mathbf{a}_4$ (allgemein $\mathbf{a}(t)$) gewinnen, die die momentane Änderung der Geschwindigkeitsvektoren angeben und Tangentialrichtung bezüglich der Bahnkurve im Geschwindigkeitsraum haben.

Die Kenntnis der Geschwindigkeit erlaubt eine Vorhersage über die infinitesimale Ortsänderung:

$$\mathbf{r}(t + dt) = \mathbf{r}(t) + \frac{d\mathbf{r}(t)}{dt}\, dt = \mathbf{r}(t) + \mathbf{v}(t)\, dt$$

oder für die Ortsänderung über größere Zeiten, etwa zwischen $t' = t_0$ und $t' = t$,

$$\mathbf{r}(t) = \mathbf{r}(t_0) + \int_{t'=t_0}^{t'=t} \mathbf{v}(t')\, dt' \quad . \tag{1.1.4}$$

Ganz entsprechend der Herleitung von (1.1.4) kann man nun aus der Kenntnis der Beschleunigung die Geschwindigkeit vorhersagen,

$$\mathbf{v}(t + dt) = \mathbf{v}(t) + \frac{d\mathbf{v}(t)}{dt}\, dt = \mathbf{v}(t) + \mathbf{a}(t)\, dt \quad ,$$

$$\mathbf{v}(t') = \mathbf{v}(t_0) + \int_{t''=t_0}^{t''=t'} \mathbf{a}(t'')\, dt'' \quad . \tag{1.1.5}$$

Einsetzen in (1.1.4) liefert

$$
\begin{aligned}
\mathbf{r}(t) &= \mathbf{r}(t_0) + \int_{t'=t_0}^{t'=t} \mathbf{v}(t')\, dt' \\
&= \mathbf{r}(t_0) + \int_{t'=t_0}^{t'=t} \left[\mathbf{v}(t_0) + \int_{t''=t_0}^{t''=t'} \mathbf{a}(t'')\, dt'' \right] dt' \\
&= \mathbf{r}(t_0) + (t - t_0)\mathbf{v}(t_0) + \int_{t'=t_0}^{t'=t} \left[\int_{t''=t_0}^{t''=t'} \mathbf{a}(t'')\, dt'' \right] dt' \quad . \tag{1.1.6}
\end{aligned}
$$

Dieses Verfahren, den Ort eines Massenpunktes zu beliebiger Zeit aus den *Anfangsbedingungen* – Ort und Geschwindigkeit zur Zeit t_0 – und der Kenntnis der Beschleunigung während des ganzen Zeitraumes zwischen t_0 und t vorherzusagen, ist eine typische Aufgabe der Mechanik. Die Tatsache, daß wir uns mit der Beziehung (1.1.6) begnügen und nicht noch höhere Ableitungen einbeziehen, liegt daran, daß man oft gerade ein Gesetz kennt, das die Beschleunigung als Funktion der Zeit angibt.

1.2 Anwendungen

Inhalt: Die unbeschleunigte Bewegung verläuft geradlinig gleichförmig, die Bewegung mit konstanter Beschleunigung auf einer Parabelbahn. Die gleichförmige Bewegung auf einer Kreisbahn erfordert eine Zentripetalbeschleunigung konstanten Betrages auf den Kreismittelpunkt hin.
Bezeichnungen: r, v, a Vektoren von Ort, Geschwindigkeit und Beschleunigung; t Zeit; e_x, e_y ortsfeste Basisvektoren; e_r, e_φ mitbewegte Basisvektoren; φ Azimutwinkel, ω Winkelgeschwindigkeit.

1.2.1 Gleichförmig geradlinige Bewegung

Als einfachstes Beispiel betrachten wir den Fall einer Bewegung ohne Beschleunigung

$$\mathbf{a}(t) = 0 \quad , \qquad \mathbf{v}(t) = \text{const} = \mathbf{v}_0 \quad . \tag{1.2.1}$$

Aus (1.1.4) erhalten wir

$$\mathbf{r}(t) = \mathbf{r}(t_0) + \int_{t'=t_0}^{t'=t} \mathbf{v}_0 \, dt' = \mathbf{r}(t_0) + \mathbf{v}_0(t - t_0) \quad . \tag{1.2.2}$$

Das gleiche Ergebnis lesen wir auch sofort aus (1.1.6) ab. Es ist in Abb. 1.2 graphisch dargestellt. Der Massenpunkt bewegt sich auf einer Geraden, die in Richtung $\mathbf{v}_0$ durch den Punkt $\mathbf{r}(t_0)$ läuft. Die Bewegung erfolgt gleichförmig, d. h. in gleichen Zeitintervallen Δt werden gleiche Strecken $|\Delta \mathbf{r}|$ zurückgelegt.

1.2.2 Gleichmäßig beschleunigte Bewegung

Wir machen jetzt die Annahme, daß die Beschleunigung zwar nicht verschwindet, jedoch konstant bleibt

$$\mathbf{a}(t) = \text{const} = \mathbf{a}_0 \quad . \tag{1.2.3}$$

Einsetzen in (1.1.6) ergibt

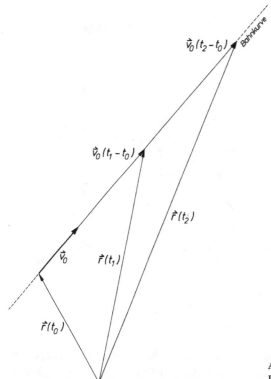

Abb. 1.2. Gleichförmig geradlinige Bewegung

$$\mathbf{r}(t) = \mathbf{r}(t_0) + \mathbf{v}(t_0)(t - t_0) + \mathbf{a}_0 \int_{t'=t_0}^{t'=t} \int_{t''=t_0}^{t''=t'} dt'' \, dt' \quad .$$

Der letzte Term kann sehr einfach stufenweise integriert werden und liefert zunächst

$$\mathbf{a}_0 \int_{t'=t_0}^{t'=t} (t' - t_0) \, dt' \quad .$$

Benutzen wir jetzt

$$\tau = t' - t_0 \quad \text{mit} \quad d\tau = dt'$$

als neue Integrationsvariable, so erhalten wir

$$\mathbf{a}_0 \int_{\tau=0}^{\tau=t-t_0} \tau \, d\tau = \frac{1}{2} \mathbf{a}_0 \left[\tau^2 \right]_0^{t-t_0} = \frac{1}{2} \mathbf{a}_0 (t - t_0)^2 \quad .$$

Damit wird die Bahnkurve eines gleichmäßig beschleunigten Massenpunktes durch

$$\mathbf{r}(t) = \mathbf{r}(t_0) + \mathbf{v}(t_0)(t - t_0) + \frac{1}{2} \mathbf{a}_0 (t - t_0)^2 \tag{1.2.4}$$

beschrieben. Sie ist in Abb. 1.3 dargestellt und kann als Überlagerung (*Superposition*) einer geradlinig gleichförmigen Bewegung in Richtung der Anfangsgeschwindigkeit $\mathbf{v}(t_0)$, gegeben durch die beiden ersten Terme in (1.2.4),

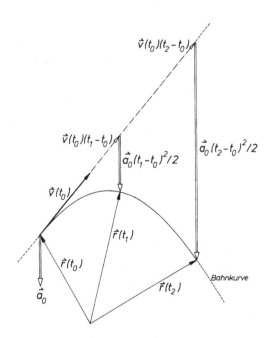

Abb. 1.3. Gleichmäßig beschleunigte Bewegung

und einer geradlinig beschleunigten Bewegung in Richtung von a_0 aufgefaßt
werden. Der Begriff *Superposition* besagt, daß der Ortsvektor der Gesamtbe-
wegung des Massenpunktes zu jeder Zeit t die Vektorsumme der Ortsvektoren
dieser beiden Einzelbewegungen zur Zeit t ist.

1.2.3 Gleichförmige Kreisbewegung

Die gleichförmige Kreisbewegung eines Massenpunktes führt auf kinemati-
sche Gleichungen, die häufig Anwendung in vielen Teilgebieten der Physik,
z. B. in der Schwingungslehre, finden. Sie wird daher sehr ausführlich behandelt.

Zur Beschreibung der Bewegung wählen wir die ebenen Polarkoordinaten
aus Abschn. A.5.3 mit dem Ursprung im Mittelpunkt des Kreises (Abb. A.19
und A.20). Das Basissystem e_x, e_y bezeichnen wir als *ortsfest*, während das
Basissystem e_r, e_φ sich mit dem Massenpunkt *mitbewegt*. Die Kreisbewegung
heißt *gleichförmig*, wenn φ linear mit der Zeit wächst,

$$\varphi = \omega t \quad , \qquad \omega = \text{const} \quad . \tag{1.2.5}$$

(Der Nullpunkt der Zeitzählung wurde so gewählt, daß $\varphi = 0$ für $t = 0$.)
Wegen

$$\dot\varphi = \frac{\mathrm{d}\varphi}{\mathrm{d}t} = \omega$$

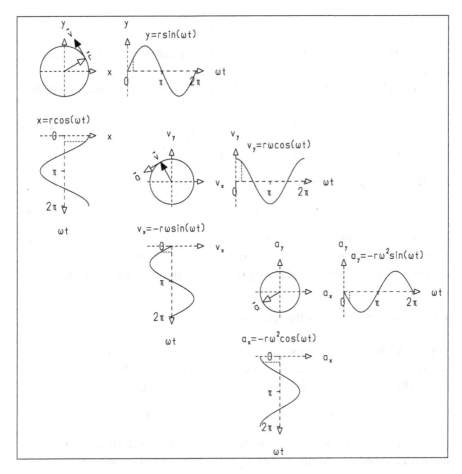

Abb. 1.4. Gleichförmige Kreisbewegung: Kreisbahn des Ortsvektors **r** (*oben links*), Zeitabhängigkeit seiner x-Komponente (*darunter*) bzw. y-Komponente (*rechts daneben*) und entsprechende Darstellungen für den Geschwindigkeitsvektor **v** und den Beschleunigungsvektor **a**. Für den gleichen festen Zeitpunkt sind die Vektoren als Pfeile und ihre Komponenten als gestrichelte Linien markiert

heißt ω die *Winkelgeschwindigkeit*. Im mitbewegten Koordinatensystem ist der Ortsvektor

$$\mathbf{r} = r\,\mathbf{e}_r(\varphi) \quad , \qquad r = \text{const} \quad . \tag{1.2.6}$$

Den Geschwindigkeitsvektor erhalten wir durch Ableitung nach der Zeit (unter Benutzung von (A.5.21))

$$\mathbf{v} = \frac{\mathrm{d}\mathbf{r}(\varphi)}{\mathrm{d}t} = \frac{\mathrm{d}\mathbf{r}(\varphi)}{\mathrm{d}\varphi}\frac{\mathrm{d}\varphi}{\mathrm{d}t} = \omega\frac{\mathrm{d}\mathbf{r}(\varphi)}{\mathrm{d}\varphi} = \omega\frac{\mathrm{d}}{\mathrm{d}\varphi}\left[r\mathbf{e}_r(\varphi)\right] \quad ,$$

$$\mathbf{v} = \omega r\frac{\mathrm{d}\mathbf{e}_r(\varphi)}{\mathrm{d}\varphi} = \omega r\mathbf{e}_\varphi \quad , \tag{1.2.7}$$

$$\mathbf{v} = \omega r(-\sin \omega t\, \mathbf{e}_x + \cos \omega t\, \mathbf{e}_y) \quad .$$

Die Geschwindigkeit steht also immer senkrecht auf dem Ortsvektor und hat den Betrag $v = \omega r$.

Die nochmalige Ableitung von (1.2.7) liefert den Beschleunigungsvektor

$$\mathbf{a} = \frac{\mathrm{d}\mathbf{v}(\varphi)}{\mathrm{d}t} = \omega r \frac{\mathrm{d}\mathbf{e}_\varphi(\varphi)}{\mathrm{d}t} = \omega r \frac{\mathrm{d}\mathbf{e}_\varphi(\varphi)}{\mathrm{d}\varphi} \frac{\mathrm{d}\varphi}{\mathrm{d}t} = -\omega^2 r \mathbf{e}_r(\varphi) \quad (1.2.8)$$

$$\mathbf{a} = -\omega^2 r(\cos \omega t\, \mathbf{e}_x + \sin \omega t\, \mathbf{e}_y) \quad .$$

Die Beschleunigung hat den Betrag

$$|\mathbf{a}| = r\omega^2 \tag{1.2.9}$$

und ist immer zum Kreismittelpunkt hin gerichtet. Sie heißt *Zentripetalbeschleunigung*. Abbildung 1.4 zeigt graphisch die Zeitabhängigkeit von Orts-, Geschwindigkeits- und Beschleunigungsvektor und ihrer Komponenten.

1.2.4 Superposition von Bewegungen

In der Gleichung (1.2.4) haben wir gesehen, daß eine Bewegung als Superposition anderer aufgefaßt werden kann. Insbesondere gilt das Superpositionsprinzip für die Komponenten $x_i(t)$, $i = 1, 2, 3$, der Zerlegung

$$\mathbf{r}(t) = x_1(t)\mathbf{e}_1 + x_2(t)\mathbf{e}_2 + x_3(t)\mathbf{e}_3 \tag{1.2.10}$$

des Ortsvektors mit orts- und zeitunabhängigen Basisvektoren $\mathbf{e}_1, \mathbf{e}_2, \mathbf{e}_3$. In diesem Fall sind die Komponenten v_i des Geschwindigkeitsvektors

$$\mathbf{v}(t) = v_1(t)\mathbf{e}_1 + v_2(t)\mathbf{e}_2 + v_3(t)\mathbf{e}_3$$

die Zeitableitungen der Komponenten des Ortsvektors,

$$v_i(t) = \frac{\mathrm{d}x_i}{\mathrm{d}t} \quad , \qquad i = 1, 2, 3 \quad . \tag{1.2.11}$$

Ganz entsprechend gilt für die Komponenten a_i der Beschleunigung

$$\mathbf{a}(t) = a_1(t)\mathbf{e}_1 + a_2(t)\mathbf{e}_2 + a_3(t)\mathbf{e}_3 \tag{1.2.12}$$

die Beziehung

$$a_i = \frac{\mathrm{d}v_i}{\mathrm{d}t} = \frac{\mathrm{d}^2 x_i}{\mathrm{d}t^2} \quad . \tag{1.2.13}$$

Wie Gleichung (1.2.7) für die Kreisbewegung zeigt, gilt dieser einfache Zusammenhang zwischen den Komponenten von Ort und Geschwindigkeit nicht bei Zerlegungen mit ortsabhängigen (und damit zeitabhängigen) Basisvektoren, wie z. B. $\mathbf{e}_r$ und $\mathbf{e}_\varphi$.

1.3 Einheiten von Länge und Zeit. Dimensionen. Einheitensysteme

Inhalt: Grundzüge des internationalen Einheitensystems SI. Künstliche und natürliche Einheitennormale. Definition von Meter und Sekunde.

Bisher haben wir uns mit allgemeinen mathematischen Betrachtungen über Ort, Geschwindigkeit und Beschleunigung beschäftigt, aber nicht angegeben, wie diese Größen gemessen und die Meßergebnisse mitgeteilt werden können.

Um einen Ortsvektor, etwa den Vektor a in Abb. A.12 messen zu können, brauchen wir zunächst ein Koordinatensystem. Wir wählen z. B. das durch e_1, e_2, e_3 aufgespannte kartesische Koordinatensystem. Der Vektor a ist dann durch Angabe der Komponenten a_1, a_2, a_3 charakterisiert. Wird eine dieser Komponenten etwa durch Anlegen eines Maßstabes gemessen, so wird das Ergebnis durch Angabe von *Maßzahl* und *Einheit* festgelegt. Die Wahl der Einheit definiert den Betrag (die Länge) des Einheitsvektors. Die Maßzahl gibt dann an, um welchen Faktor die Komponente von der Länge des Einheitsvektors verschieden ist.

Um Meßergebnisse leicht mitteilbar zu machen, sind Einheiten innerhalb der einzelnen Staaten gesetzlich festgelegt und durch Verträge im allgemeinen auch international vereinheitlicht. Die meisten Staaten benutzen die Einheiten des SI (*Système International d'Unités*). Sie sind in Deutschland für den „Geschäftsverkehr" bindend vorgeschrieben. Im wissenschaftlichen Bereich kann es natürlich keine starre Vorschrift geben. Man benutzt jedoch auch hier überwiegend SI-Einheiten. In Teilgebieten werden aber auch andere Einheitensysteme verwandt.

Wir werden feststellen, daß es möglich ist, das physikalische Geschehen zu beschreiben, indem man zunächst einige *Grundgrößen* einführt, aus ihnen weitere (abgeleitete) Größen aufbaut und – ausgehend von den Ergebnissen grundlegender Experimente – die physikalischen Gesetze als Gleichungen zwischen diesen Größen angibt. Dabei ist es allerdings weitgehend willkürlich, welche Größen als Grundgrößen und welche als abgeleitete Größen betrachtet werden. Für jede Grundgröße braucht man eine *Basiseinheit*. Die Einheiten der abgeleiteten Größen werden aus Basiseinheiten aufgebaut.

Die Zahl der Grundgrößen hängt vom Umfang des Teilgebiets der Physik ab, das man beschreiben will. So braucht man für die Kinematik nur zwei Grundgrößen, Länge und Zeit. Als *Dimension* einer Größe bezeichnet man das Produkt aus Potenzen von Grundgrößen, das der Definition der abgeleiteten Größe entspricht. Nach (1.1.2) ist also die Dimensionen der Geschwindigkeit gleich der Dimension des Produktes aus Länge und $(\text{Zeit})^{-1}$. Man schreibt

$$\text{dim(Geschwindigkeit)} = \text{dim(Länge/Zeit)} = \text{dim}(\ell/t) = \text{dim}(\ell) \cdot \text{dim}(t)^{-1}$$

und entsprechend (1.1.3)

$$\begin{aligned}
\text{dim(Beschleunigung)} &= \text{dim(Länge/Zeit}^2) \\
&= \text{dim}(\ell t^{-2}) = \text{dim}(\ell) \cdot \text{dim}(t)^{-2} \quad .
\end{aligned}$$

Wir bemerken, daß durchaus verschiedene Größen die gleiche Dimension haben können, etwa der (ebene) Winkel (dim(Winkel) = dim(Länge/Länge) = dim(1)) und der räumliche Winkel (dim(Raumwinkel) = dim(Fläche/Länge^2) = dim(1)). Größen der Dimension dim(1) werden häufig (nicht ganz korrekt) als *dimensionslose Größen* bezeichnet.

Die Einheiten werden durch Messung von *Einheitennormalen* gewonnen, an die die Forderungen genauer Meßbarkeit und guter zeitlicher Konstanz gestellt werden. Als Normal der Längeneinheit wurde früher ein Platin–Iridium-Stab benutzt, auf dem zwei Marken eingeritzt sind, deren Abstand als 1 *Meter* (1 m) definiert war. Künstliche Normale dieser Art heißen Prototypen. Sie erfüllen im allgemeinen die Forderung genauer Meßbarkeit, jedoch ist ihre zeitliche Unveränderlichkeit trotz aller Sorgfalt natürlich nicht gewährleistet. Man geht daher zu *natürlichen Normalen* über. Ein Meter ist gegenwärtig als die Strecke definiert, die ein Lichtpuls im Vakuum in der Zeit 1/299 792 458 s zurücklegt. Mit dieser Definition wurde der Vakuumlichtgeschwindigkeit, die eine Naturkonstante ist, der Wert 299 792 458 m/s gegeben. Als Einheit der Zeit war die *Sekunde* (1 s) früher als der Bruchteil 1/(24 · 60 · 60) eines mittleren Sonnentages definiert. Man ist jedoch jetzt zu einem atomphysikalischen Normal übergegangen. Die Sekunde ist jetzt als das 9 192 631 770 fache der Schwingungsdauer der Strahlung definiert, die ein Cäsium-Atom des Isotops ^{133}Cs aussendet (und zwar beim Übergang zwischen den beiden Hyperfeinstrukturniveaus seines Grundzustandes).

Um in einer symbolischen Schreibweise auszudrücken, daß das Meter die SI-Einheit der Länge ist, schreibt man

$$[\ell]_{\text{SI}} = 1\,\text{m}$$

und entsprechend für die Zeit

$$[t]_{\text{SI}} = 1\,\text{s} \quad .$$

Der Index SI weist auf das verwendete Einheitensystem hin. Er kann weggelassen werden, wenn kein Zweifel daran bestehen kann, daß das SI benutzt wird.

Die SI-Einheit einer Größe ist das ihrer Dimension entsprechende Produkt aus Potenzen der Basiseinheiten. Die SI-Einheiten von Geschwindigkeit und Beschleunigung sind also m/s bzw. m/s^2,

$$[v]_{SI} = 1 \, \mathrm{m\,s^{-1}} \quad , \qquad [a]_{SI} = 1 \, \mathrm{m\,s^{-2}} \quad .$$

Multiplikation mit Zahlfaktoren ist bei der Bildung von Einheiten abgeleiteter Größen unzulässig. So ist die Geschwindigkeitseinheit $1 \, \mathrm{km/h} = 1000 \, \mathrm{m}/3600 \, \mathrm{s} \neq 1 \, \mathrm{m/s}$ keine SI-Einheit.

Für die vollständige Beschreibung der Mechanik wird neben Länge und Zeit noch eine dritte Grundgröße benötigt. Im SI verwendet man die Masse mit der Basiseinheit Kilogramm (kg) (Abschn. 2.1). Im Anhang F sind die Dimensionen und SI-Einheiten der wichtigsten mechanischen Größen zusammengestellt (Tabelle F.1). Um unhandliche Zahlwerte zu vermeiden, können den Einheiten Vorsilben angefügt werden, die Zehnerpotenzen ausdrücken (siehe Tabelle F.2).

1.4 Aufgaben

1.1: Ein Kind läuft mit konstanter Geschwindigkeit v_K von einem Ende eines Personentransportbandes (Länge L) zum anderen und wieder zurück. Das Band hat die Geschwindigkeit $v_B < v_K$. Wie lange ist das Kind unterwegs?

1.2: Eine Skateboardfahrerin, die sich mit einer konstanten Geschwindigkeit von $10 \, \mathrm{m\,s^{-1}}$ fortbewegt, überholt einen Jogger. Nach 5 Minuten kommt die Skateboardfahrerin an eine Snackbar, wo sie 2 Minuten Rast macht. Dann fährt sie mit der gleichen Geschwindigkeit wieder zurück und trifft den Jogger nach weiteren 3 Minuten. Wie schnell läuft der Jogger?

1.3: Ein Jogger macht einen Trainingslauf von insgesamt 12 Minuten Dauer. Er beginnt den Lauf mit einer Geschwindigkeit von $3{,}5 \, \mathrm{m\,s^{-1}}$. Nach jeweils 3 Minuten steigert er seine Geschwindigkeit um $1/7$ der Anfangsgeschwindigkeit. Am Ende des ersten Intervalls wird der Läufer von einer Radfahrerin überholt, die konstant mit $15 \, \mathrm{km\,h^{-1}}$ radelt. Kann der Läufer die Radfahrerin noch während seines Laufes einholen? Wenn ja, nach welcher Zeit und nach welcher Strecke? Überprüfen Sie das Ergebnis graphisch.

1.4: Ein Boot fährt mit konstanter, aber unbekannter Geschwindigkeit v (bezüglich des Wassers) flußaufwärts. Zur Zeit $t = 0$ wird eine Flasche über Bord geworfen. Nach 15 Minuten kehrt das Boot um und fährt mit der gleichen Geschwindigkeit v flußabwärts. Es erreicht die Flasche an einem Ort, der einen Kilometer von dem Punkt entfernt ist, an dem die Flasche ins Wasser geworfen wurde. Wie schnell fließt der Fluß?

1.5: Ein Mann will einen Fluß der Breite d überqueren und den ihm genau gegenüberliegenden Punkt in möglichst kurzer Zeit erreichen. Die Strömungsgeschwindigkeit des Flusses sei v_0; der Mann kann mit der Geschwindigkeit v_S schwimmen und mit der Geschwindigkeit v_L laufen. Er beginnt zu schwimmen, wird abgetrieben und läuft am anderen Ufer zum Zielpunkt zurück. Es sei $v_0 > v_S$.

(a) Welchen Winkel φ muß die Richtung seiner Schwimmgeschwindigkeit (in bezug auf das Wasser) mit der Fließrichtung einschließen, damit die benötigte Gesamtzeit minimal wird?

(b) Wie groß ist diese Zeit?

1.6: Zwei Teilchen (1 und 2) bewegen sich entlang der x- bzw. y-Achse mit den konstanten Geschwindigkeiten $\mathbf{v}_1 = 2\mathbf{e}_x\,\mathrm{m\,s}^{-1}$ und $\mathbf{v}_2 = 3\mathbf{e}_y\,\mathrm{m\,s}^{-1}$. Zum Zeitpunkt $t = 0$ befinden sie sich an den Orten $\mathbf{r}_{10} = -7\mathbf{e}_x$ m und $\mathbf{r}_{20} = -4\mathbf{e}_y$ m.

(a) Wann haben die Teilchen den geringsten Abstand voneinander?

(b) Wo befinden sie sich zur Zeit des geringsten Abstands und wie groß ist dieser?

(c) Welchen Wert müßte v_2 haben, damit die Teilchen zusammenstoßen?

1.7: Der Ortsvektor eines Teilchens sei gegeben durch $\mathbf{r}(t) = A\sin\omega t\,\mathbf{e}_x + B\cos\omega t\,\mathbf{e}_y$, wobei A, B und ω Konstanten sind.

(a) Berechnen Sie in kartesischen Koordinaten die Geschwindigkeit $\mathbf{v}(t)$ und $|\mathbf{v}(t)|$, sowie die Beschleunigung $\mathbf{a}(t)$ und $|\mathbf{a}(t)|$. Wie hängt $\mathbf{a}(t)$ mit $\mathbf{r}(t)$ zusammen?

(b) Wie ändern sich $\mathbf{r}(t) \cdot \mathbf{v}(t)$ und $\mathbf{r}(t) \times \mathbf{v}(t)$ als Funktionen der Zeit t?

(c) Geben Sie für den Spezialfall $A = B \equiv R$ die in (a) und (b) berechneten Größen an.

1.8: (a) Ein Massenpunkt bewege sich auf einer beliebigen Bahn $\mathbf{r} = \mathbf{r}(t)$ in einer Ebene. Führen Sie ebene Polarkoordinaten (r, φ) ein, und berechnen Sie $\mathbf{v}(t)$ und $\mathbf{a}(t)$ in der Basis $\{\mathbf{e}_r, \mathbf{e}_\varphi\}$.
Hinweis: Beachten Sie, daß $\mathbf{e}_r$ und $\mathbf{e}_\varphi$ von φ und damit auch von t abhängen.

(b) Wenden Sie Ihre Ergebnisse aus (a) auf die Bahn $\mathbf{r}(t) = R(\cos\omega t\,\mathbf{e}_x + \sin\omega t\,\mathbf{e}_y)$ mit $R, \omega = $ const an.

1.9: Ein Körper beschreibt die Flugbahn $\mathbf{r}(t) = \mathbf{r}_0 + \mathbf{v}_0 t + \varrho(\cos\omega t\,\mathbf{e}_x + \sin\omega t\,\mathbf{e}_y)$ mit $\mathbf{r}_0, \mathbf{v}_0, \varrho, \omega = $ const.

(a) Wie groß sind Geschwindigkeit und Beschleunigung des Körpers zu einem beliebigen Zeitpunkt t?

(b) Zu welchen Zeiten nimmt die Geschwindigkeit Extremwerte an?

2. Dynamik eines einzelnen Massenpunktes

Um uns nun nach der rein mathematischen Beschreibung der Bewegung eines Massenpunktes mit ihren Ursachen beschäftigen zu können, müssen wir zunächst zwei wichtige Begriffe einführen: schwere Masse und Kraft.

2.1 Schwere Masse. Dichte

Inhalt: Für homogene Körper ist die schwere Masse proportional zum Volumen. Massenmessung mit der Federwaage. Definition des Kilogramms.
Bezeichnungen: m Masse, V Volumen, ϱ Dichte.

Aller Materie auf der Erde ist eine Eigenschaft gemeinsam: Sie ist schwer. Für eine gegebene Art von homogener, also räumlich gleichförmiger Materie ist die Schwere offenbar dem Volumen proportional: Je größer das Volumen etwa eines Klotzes Eisen ist, desto schwerer erscheint er uns. Es ist daher sinnvoll, die Eigenschaft der Schwere durch eine physikalische Größe, *die schwere Masse* zu kennzeichnen, die für eine homogene Substanz dem Volumen proportional ist. Suchen wir zunächst ein Verfahren, mit dem die schwere Masse gemessen werden kann.

Experiment 2.1. Messung der schweren Masse mit der Federwaage

Eine Schraubenfeder wird neben einem senkrecht stehenden Maßstab aufgehängt (Abb. 2.1). Das untere Ende der Feder markiert den Punkt $x = 0$ des Stabes. Die Feder wird nun mit einem bzw. mehreren völlig gleichartigen Objekten belastet. Man stellt fest, daß die Auslenkung streng proportional zur Anzahl der Objekte ist. Der Zusammenhang zwischen der Auslenkung x und der Masse m ist also

$$x = \alpha m \quad . \tag{2.1.1}$$

Dabei ist α eine Proportionalitätskonstante, die die Feder kennzeichnet. Eine Schraubenfeder kann also benutzt werden, um die Massen ganz verschiedener Objekte zu messen, wenn eine Masseneinheit festgelegt worden ist. Das empirische Gesetz (2.1.1) gilt nur für verhältnismäßig kleine Auslenkungen x. Für größere Werte von x geht die Proportionalität verloren.

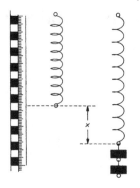

Zahl n der Objekte	Auslenkung x (cm)
0	0
1	5,0
2	9,4
3	12,5
4	16,0
5	20,2

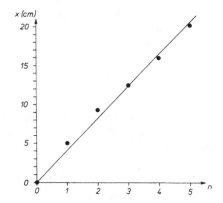

Abb. 2.1. Messung der schweren Masse mit einer Federwaage

Als *Masseneinheit* wird die Masse eines Platin–Iridium-Klotzes benutzt, der bei Paris aufbewahrt wird. Sie heißt 1 Kilogramm (1 kg),

$$[m]_{\mathrm{SI}} = 1\,\mathrm{kg} \quad ,$$

und ist ziemlich genau gleich der Masse von $1\,\mathrm{dm}^3$ Wasser bei einer Temperatur von $4°\mathrm{C}$. Jede Federwaage kann mit einer Skala versehen werden, die direkt in kg oder g ($= 10^{-3}\,\mathrm{kg}$) beschriftet ist. Die Skala ist gewöhnlich auf einem Zylinder angebracht, der die Feder selbst umgibt und der am unteren Ende der Federwaage befestigt ist. Er kann sich in einem etwas größeren schwarzgefärbten Zylinder bewegen, der am oberen Ende der Feder befestigt ist. Bei unbelasteter Feder verschwindet der innere Zylinder gerade völlig im äußeren. Bei belasteter Feder gibt der sichtbare Teil der Skala die Masse an (Abb. 2.2).

Die Tatsache, daß für homogene Stoffe die schwere Masse dem Volumen proportional ist, kann man dadurch ausdrücken, daß man dem Stoff eine *Dichte* ϱ zuordnet, die in $\mathrm{kg/m}^3$ gemessen wird. Dann hat ein Objekt des Volumens V die schwere Masse

$$m = \varrho V \quad . \tag{2.1.2}$$

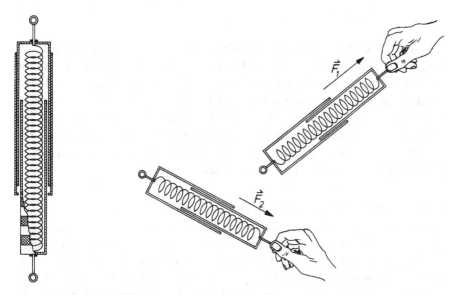

Abb. 2.2. Federwaage   **Abb. 2.3.** Messung des Kraftvektors mit einer Federwaage

Wasser bei $4°C$ hat die Dichte $10^3\,\mathrm{kg/m^3}\; =\; 1\,\mathrm{g/cm^3}$. Andere Dichten sind: Stahl $7,7\,\mathrm{g/cm^3}$, Platin $21,5\,\mathrm{g/cm^3}$, Luft (unter „Normalbedingungen") $0,001\,29\,\mathrm{g/cm^3}$.

2.2 Kraft

Inhalt: Einführung des Kraftvektors. Seine Messung mit der Federwaage. Gewichtskraft, Federkraft und Reibungskraft als spezielle Beispiele von Kräften. Verminderung der Reibung durch Luftkissen.
Bezeichnungen: $\mathbf{F}$ Kraft, $\mathbf{F}_G$ Gewichtskraft, $\mathbf{F}_F$ Federkraft, $\mathbf{F}_R$ Reibungskraft, $\mathbf{x}$ Ausdehnungsvektor einer Federwaage, $\mathbf{v}$ Geschwindigkeit, R Reibungskoeffizient.

2.2.1 Kraft als Vektorgröße

Eine Federwaage kann offenbar nicht nur durch Belastung mit einer Masse ausgedehnt werden. Wird etwa eine Federwaage an einem Ende befestigt, so kann man mit der Hand am anderen Ende in verschiedener Richtung und mit verschiedener Stärke ziehen. Die Federwaage nimmt dabei die Richtung des Zuges an. Wir sagen, wir üben auf die Federwaage eine *Kraft* aus, deren Richtung durch die Richtung der Federwaage im Raum und deren Betrag durch die Ausdehnung der Feder gegeben ist (Abb. 2.3). Die Möglichkeit, die Begriffe Betrag und Richtung zu verwenden, läßt uns vermuten, daß die Kraft ein Vektor ist, d. h.

$$F = Dx \quad .$$

Hier ist F die an der Federwaage angreifende Kraft, x der Vektor, der Ausdehnung und Richtung der Federwaage beschreibt, und D eine Konstante, die für die Feder charakteristisch ist. Diese *Federkonstante* ist eine Proportionalitätskonstante ähnlich wie die Konstante in (2.1.1). Wie bei (2.1.1) gilt die strenge Proportionalität nur für kleine Werte von $|x|$. Für den Nachweis, daß die Kraft ein Vektor ist, müssen wir experimentell zeigen, daß die Größe Kraft die Regeln der Vektorrechnung erfüllt. Wir begnügen uns hier damit, die Gültigkeit der Vektoraddition für Kräfte nachzuweisen.

Experiment 2.2. Vektoraddition zweier Kräfte

Drei Federwaagen sind an einem Ende durch einen kleinen Ring miteinander verbunden. Die anderen Enden von zwei der Waagen sind an einer Wandtafel befestigt. Das freie Ende der dritten Waage kann in beliebiger Richtung gezogen werden, d. h. auf diese Waage wird eine beliebige Kraft F ausgeübt, die durch Richtung und Ausdehnung der Waage gemessen (und auf der Wandtafel markiert) werden kann. Die beiden anderen Federwaagen zeigen Kräfte F_2 und F_3 an. Durch geometrische Konstruktion auf der Tafel entsprechend Abb. 2.4 zeigt man leicht, daß $F_2 + F_3 = F_1$, d. h. daß die Vektorsumme von F_2 und F_3 gerade gleich F_1 ist.

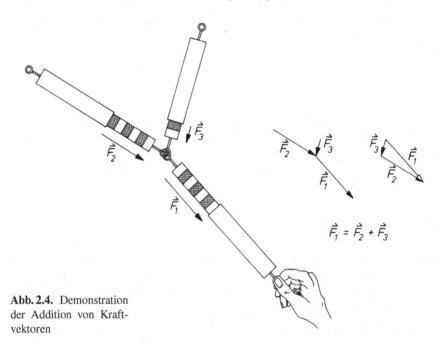

$$\vec{F}_1 = \vec{F}_2 + \vec{F}_3$$

Abb. 2.4. Demonstration der Addition von Kraftvektoren

2.2.2 Beispiele von Kräften, Gewicht, Reibungskraft, Federkraft. Reduzierung der Reibung durch Luftkissen

Gewicht Wir haben festgestellt, daß die beiden verschiedenen physikalischen Größen „schwere Masse" und „Kraft" mit dem gleichen Instrument, einer Federwaage, gemessen werden können. Die schwere Masse m haben wir als skalare Größe eingeführt, d. h. für ein bestimmtes Objekt ist sie durch eine einzige Zahl und die Einheit kg festgelegt, z. B. $m = 5{,}3\,\mathrm{kg}$. Belastet ein Objekt eine Federwaage, so zeigt diese entsprechend (2.1.1) einen Ausschlag x. Da die Federwaage aber auch ein Kraftmeßinstrument ist, müssen wir sagen: Das Objekt übt auf die Federwaage eine Kraft aus, die seiner schweren Masse proportional ist,

$$\mathbf{F}_\mathrm{G} = m\mathbf{g} \quad . \tag{2.2.1}$$

Die Proportionalitätskonstante g werden wir im Abschn. 2.6.2 bestimmen. Sie ist ein in der Nähe der Erdoberfläche ein Vektor nahezu konstanten Betrages, der immer nach unten (genauer: etwa zum Erdmittelpunkt hin) gerichtet ist. Die Kraft $\mathbf{F}_\mathrm{G}$, die an der Erdoberfläche auf jedes Objekt mit schwerer Masse wirkt, heißt *Gewicht* des Objektes.

Federkraft. Hookesches Gesetz Betrachten wir noch einmal die Federwaage. Wir haben festgestellt, daß bei Belastung der Federwaage mit der schweren Masse m die Federwaage um einen Vektor $\mathbf{x}_0$ gedehnt wird und daß die Masse eine Kraft in der Größe ihres Gewichts auf die Federwaage ausübt. Nennen wir diese Kraft äußere Kraft $\mathbf{F}_\mathrm{a}$, so gilt

$$\mathbf{F}_\mathrm{a} = D\mathbf{x}_0 \quad .$$

Dabei ist D eine für die Feder charakteristische Konstante.

Wir können aber auch sagen, die Feder ihrerseits übe auf die Masse die Kraft

$$\mathbf{F}_\mathrm{F} = -D\mathbf{x}_0 \tag{2.2.2}$$

aus. Daß die Feder in der Tat eine Kraft ausüben kann, die ihrer Ausdehnung proportional ist, sehen wir an dem in Abb. 2.5 dargestellten Experiment. Dehnen wir nämlich die Feder um etwas mehr als die Länge x_0 aus, belasten sie dann mit der Masse m und lassen sie los, so bewegt sich die Feder nach oben: Die Federkraft überwiegt das Gewicht. Das Umgekehrte geschieht, wenn wir die Feder ursprünglich um etwas weniger als die Länge x_0 ausdehnen. Damit ist die Gültigkeit der Gleichung (2.2.2) gezeigt. Sie heißt *Hookesches Gesetz*. Die strenge Proportionalität dieser Gleichung gilt nur für kleine Ausdehnungen.

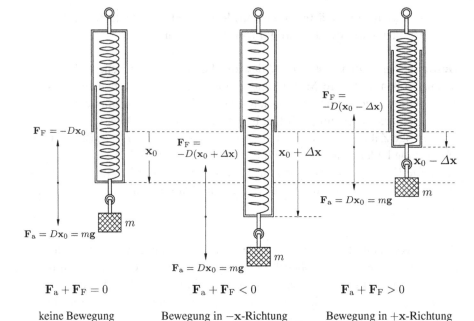

Abb. 2.5. Experiment zum Hookeschen Gesetz

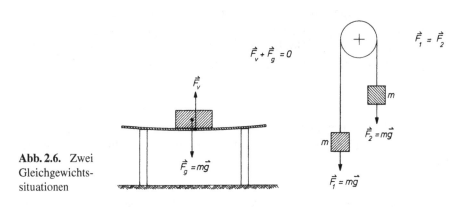

Abb. 2.6. Zwei Gleichgewichts-situationen

Gleichgewicht In Abb. 2.5 haben wir ein Beispiel kennengelernt, in dem sich zwei Kräfte zu null addieren. Wir sagen: Die beiden Kräfte befinden sich im Gleichgewicht. Zwei andere Gleichgewichtssituationen sind in Abb. 2.6 dargestellt.

Ein Objekt der schweren Masse m liegt auf dem Tisch. Es übt eine Kraft in der Größe seines Gewichts auf den Tisch aus. Dadurch deformiert es den Tisch so weit, bis dieser ihm (ähnlich wie eine verformte Feder) eine gleich große, aber entgegengerichtete Verformungskraft entgegensetzt.

Zwei gleich große Massen sind durch eine (sehr leichte) Schnur verbunden, die über eine Rolle geführt ist. Auf jede Masse wirkt nach unten ihr Gewicht und nach oben das Gewicht der anderen Masse. Wieder sind beide Kräfte gleich. Befinden sich die Massen anfänglich in Ruhe, so werden sie dauernd in Ruhe verharren.

Reibungskraft Wir führen das in Abb. 2.7 skizzierte qualitative Experiment aus. Ein quaderförmiger Klotz liegt auf einer ebenen Tischplatte und kann mittels einer Federwaage horizontal über den Tisch gezogen werden. Wir führen diese Bewegung mit konstanter Geschwindigkeit aus und beobachten eine sich einstellende konstante Ausdehnung der Federwaage. Offensichtlich widersetzt sich der Quader der Bewegung mit einer Kraft, die der Bewegungsrichtung d. h. dem Geschwindigkeitsvektor, entgegengesetzt ist. Wiederholen wir nun den Versuch mit vergrößerter Geschwindigkeit, so stellen wir eine größere Kraft fest. Wir bezeichnen die Kraft als *Reibungskraft*. Für viele Zwecke reicht es aus, den Betrag der Kraft dem der Geschwindigkeit direkt proportional zu setzen,

$$\mathbf{F}_R = -R\mathbf{v} \quad . \tag{2.2.3}$$

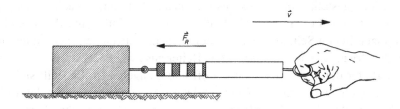

Abb. 2.7. Demonstration der Reibungskraft

Die Konstante R hängt dabei von der Anordnung ab, d. h. insbesondere von der Größe der Auflagefläche des Quaders, von seiner Masse und von der Oberflächenbeschaffenheit des Quaders und der Tischfläche.

Wir kennen die verschiedensten Arten von Reibung, d. h. nicht nur die gleitende Reibung wie in Abb. 2.7, sondern auch rollende Reibung in Achslagern oder die Luftreibung, die wichtig wird, wenn ein Objekt (Auto, Flugzeug) gegen den Luftwiderstand bewegt wird. Für die Luftreibung bei hohen Geschwindigkeiten ist

$$\mathbf{F}_R = -Rv^2\frac{\mathbf{v}}{v} \tag{2.2.4}$$

eine gute Näherung.

Methoden zur Verminderung der Reibung. Luftkissenfahrbahn Reibungskräfte sind in der Technik und im physikalischen Experiment meist

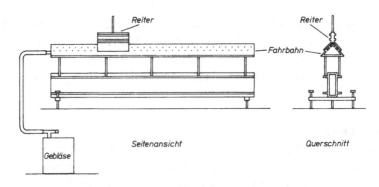

Abb. 2.8. Luftkissenfahrbahn

störend. Sie können aber auch notwendig sein. (Die Bremswirkung bei Autos wird durch Reibungskräfte erreicht.) Eine Verminderung der Reibung kann auf verschiedene Weisen erreicht werden, etwa durch Verwendung besonders glatter Flächen von Rädern oder durch Schmierung. Eine besonders drastische Verminderung der Reibung erreicht man mit Hilfe von Luftkissen. Das Prinzip der Luftkissenfahrbahn, die wir häufiger verwenden werden, ist in Abb. 2.8 dargestellt. Ein dreieckiges Prisma aus Aluminiumblech wird durch ein Gebläse mit Luft unter Überdruck gefüllt. Die Luft kann durch kleine Bohrungen in den Seitenflächen aus dem Prisma entweichen. Setzt man nun über das Prisma einen winkelförmigen Reiter aus zwei Blechstreifen, so wird dieser Reiter durch die austretende Luft leicht angehoben. Es stellt sich ein Gleichgewicht zwischen dem Gewicht des Reiters und einer durch den Luftdruck bedingten Auftriebskraft ein, so daß keine Kraft in senkrechter Richtung auf den Reiter wirkt. Da keine direkte Berührung zwischen dem Reiter und der prismatischen Fahrbahn besteht, ist die Reibung bei Bewegung des Reiters längs der Fahrbahn sehr klein. Um die Bahn des Reiters als Funktion der Zeit in der Form $x = x(t)$ beschreiben zu können, muß die Zeit, zu der der Reiter eine gegebene Stelle x passiert, gemessen werden können, ohne den Reiter selbst zu beeinflussen. Das kann z. B. dadurch geschehen, daß man den Reiter eine Lichtschranke durchstoßen läßt, die eine Uhr betätigt. Besonders praktisch ist die Verwendung von stroboskopischen photographischen Aufnahmen. Beobachtet man nämlich die Fahrbahn mit einer geöffneten Kamera und beleuchtet sie in gleichen Zeitabständen Δt mit einem Blitzlicht, so erhält man nach Entwicklung des Films eine Serie von Positionen

$$x_i(t_i) \quad , \qquad t_i = i\,\Delta t \quad , \qquad i = 0, 1, 2, \dots$$

zu verschiedenen Zeiten.

2.3 Erstes Newtonsches Gesetz

Inhalt: Ein Massenpunkt verharrt im Zustand der Ruhe oder der geradlinig gleichförmigen Bewegung, wenn die Summe der Kräfte, die auf ihn wirken, verschwindet.

Experiment 2.3. Nachweis des ersten Newtonschen Gesetzes
Ein Reiter der Luftkissenfahrbahn wird einmal mit der Hand angestoßen. Danach bewegt er sich kräftefrei entlang der Fahrbahn. Die stroboskopische Aufnahme des Vorgangs ist in Abb. 2.9 wiedergegeben. Der Zeitabstand zwischen den Blitzaufnahmen betrug $\Delta t = 0{,}25\,\mathrm{s}$. Der Betrag der Geschwindigkeit zwischen den Aufnahmen i und $i+1$ ist näherungsweise durch den Differenzenquotienten

$$\frac{x_i - x_{i-1}}{\Delta t} \approx v_i \quad , \qquad i = 1, 2, \ldots \quad , \qquad (2.3.1)$$

gegeben. Wir erhalten aus dem Bild

$$v_1 \approx v_2 \approx v_3 \approx \ldots \quad .$$

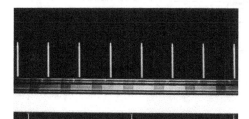

Abb. 2.9. Demonstration des ersten Newtonschen Gesetzes durch stroboskopische Aufnahme der kräftefreien Bewegung eines Reiters auf der Luftkissenfahrbahn

Die Geschwindigkeit ist also im Rahmen unserer Meßgenauigkeit konstant: Die Bewegung ist gleichförmig. Die Geradlinigkeit der Bewegung wird in diesem Experiment nicht nachgewiesen, weil die Bewegung auf der Fahrbahn zwangsläufig geradlinig ist. Sie kann durch das entsprechende Experiment auf einem Luftkissentisch (oder einfach durch Anstoßen eines Steines auf einer Eisfläche) demonstriert werden.

Wir fassen den Befund dieses Abschnitts, das *erste Newtonsche Gesetz*, noch einmal so zusammen: *Verschwindet die Summe aller Kräfte auf einen Körper* ($\mathbf{F} = 0$), *so ist seine Geschwindigkeit zeitlich konstant* ($\mathbf{v} = \mathrm{const}$).

2.4 Zweites Newtonsches Gesetz. Träge Masse

Inhalt: Die Kraft $\mathbf{F}$ bewirkt an einem Körper der Masse m die Beschleunigung $\mathbf{a} = \mathbf{F}/m$, die proportional zur Kraft und umgekehrt proportional zur Masse ist. Die Einheit der Kraft ist 1 Newton.
Bezeichnungen: $\mathbf{F}$ Kraft; m_1, m_2, m Massen; $\mathbf{a}$ Beschleunigung, $\mathbf{v}$ Geschwindigkeit, $\mathbf{x}$ Ort.

Nachdem wir die kräftefreie Bewegung eines Massenpunktes beschrieben haben, wenden wir uns nun der Bewegung eines Massenpunktes unter Wirkung einer konstanten Kraft zu.

Experiment 2.4. Nachweis des zweiten Newtonschen Gesetzes

Am Ende der Luftkissenfahrbahn ist eine kleine Rolle angebracht. Über sie läuft ein Faden, der einen Reiter der Masse m_1 am anderen Ende der Fahrbahn mit einer kleinen Masse m_2 verbindet, die sich senkrecht nach unten bewegen kann, Abb. 2.10. Der Reiter wird in dem gleichen Augenblick ($t = 0$) losgelassen, in dem das erste Blitzlicht aufleuchtet. Da auf die Masse m_2 das Gewicht $\mathbf{F}_G = m_2\mathbf{g}$ wirkt, wird auf das System, das aus m_1 und m_2 besteht, dauernd eine konstante Kraft von der Größe des Gewichts ausgeübt. Abbildung 2.11 zeigt eine Reihe stroboskopischer Aufnahmen ($\Delta t = 0{,}1\,\mathrm{s}$) für verschiedene Werte von m_1 und m_2.

In Tabelle 2.1 ist die Abb. 2.11a im Detail ausgewertet. Neben den Differenzenquotienten (2.3.1) für die Geschwindigkeit ist auch der Differenzenquotient

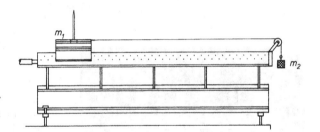

Abb. 2.10. Anordnung zur Demonstration des zweiten Newtonschen Gesetzes

Tabelle 2.1. Auswertung von Abb. 2.11a

i	t_i (s)	x_i (m)	$v_i \approx (x_i - x_{i-1})/\Delta t$ (m s^{-1})	$a_i \approx (v_i - v_{i-1})/\Delta t$ (m s^{-2})	$a_i = 2x_i/t_i^2$ (m s^{-2})
1	0,1	0,004	0,04	–	0,8
2	0,2	0,013	0,09	0,5	0,65
3	0,3	0,027	0,14	0,5	0,60
4	0,4	0,049	0,22	0,8	0,61
5	0,5	0,077	0,28	0,6	0,62
6	0,6	0,112	0,35	0,7	0,62
7	0,7	0,153	0,41	0,6	0,62
8	0,8	0,202	0,49	0,8	0,63
9	0,9	0,256	0,54	0,5	0,63
10	1,0	0,317	0,61	0,7	0,63
11	1,1	0,386	0,69	0,8	0,64
12	1,2	0,461	0,75	0,6	0,64
13	1,3	0,543	0,82	0,7	0,64

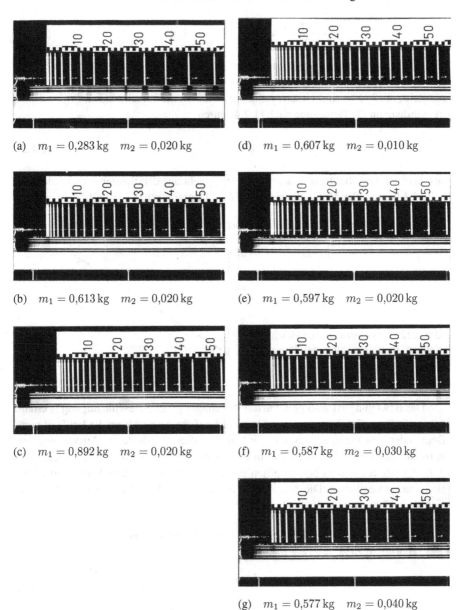

(a) $m_1 = 0{,}283\,\mathrm{kg}$ $m_2 = 0{,}020\,\mathrm{kg}$

(b) $m_1 = 0{,}613\,\mathrm{kg}$ $m_2 = 0{,}020\,\mathrm{kg}$

(c) $m_1 = 0{,}892\,\mathrm{kg}$ $m_2 = 0{,}020\,\mathrm{kg}$

(d) $m_1 = 0{,}607\,\mathrm{kg}$ $m_2 = 0{,}010\,\mathrm{kg}$

(e) $m_1 = 0{,}597\,\mathrm{kg}$ $m_2 = 0{,}020\,\mathrm{kg}$

(f) $m_1 = 0{,}587\,\mathrm{kg}$ $m_2 = 0{,}030\,\mathrm{kg}$

(g) $m_1 = 0{,}577\,\mathrm{kg}$ $m_2 = 0{,}040\,\mathrm{kg}$

Abb. 2.11 a–g. Stroboskopaufnahmen der Luftkissenfahrbahn entsprechend Abb. 2.10 für verschiedene Werte von m_1 und m_2

$$\frac{v_i - v_{i-1}}{\Delta t} \approx a_i \quad , \qquad i = 1, 2, \ldots \quad , \tag{2.4.1}$$

angegeben, der näherungsweise gleich der Beschleunigung ist. Die Werte von a_i lassen vermuten, daß die Beschleunigung a während der Bewegung konstant blieb. Da zur Zeit $t = 0$ Orts- und Geschwindigkeitskomponente verschwinden, ($x_0 = \dot{x}_0 = 0$), würde dann die Bewegung nach (1.2.4) durch

$$x = \frac{1}{2}at^2 \tag{2.4.2}$$

beschrieben. Die Richtigkeit dieser Beziehung geht aus den Spalten 4 und 5 der Tabelle 2.1 hervor. Die Meßwerte sind in Abb. 2.12 graphisch dargestellt.

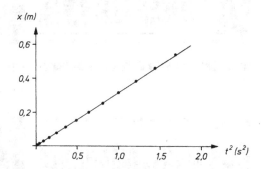

Abb. 2.12. Demonstration der gleichmäßigen Beschleunigung der Bewegung in Abb. 2.11a

Die Bewegung ist also gleichmäßig beschleunigt. Die Beschleunigung a erhält man sofort aus (2.4.2), wenn man für x die Laufstrecke und für t die Laufzeit vom Beginn der Bewegung an einsetzt. Wir benutzen diese Methode zur Auswertung der übrigen Aufnahmen in Abb. 2.11. In allen Fällen wurde x für $t = 1\,\mathrm{s}$ abgelesen, d. h. der Ort des Reiters bei der elften Belichtung wurde mit dem Anfangsort (erste Belichtung) verglichen. Die Auswertung ist in der Tabelle 2.2 zusammengefaßt und in Abb. 2.13 dargestellt. Es ergibt sich:

1. Bei festgehaltener Kraft (Abb. 2.13a) ist die Beschleunigung umgekehrt proportional zu $m = m_1 + m_2$, d. h.

$$\frac{1}{a} \sim m \quad . \tag{2.4.3}$$

Wir bezeichnen m als die *träge Masse* des Systems. Sie ist die gesamte Masse, die bewegt wird. Je größer m ist, desto kleiner ist die Beschleunigung.

2. Halten wir jetzt die träge Masse fest und variieren die Kraft $F = m_2 g$ (Abb. 2.13b), so erhalten wir

$$a \sim F \quad . \tag{2.4.4}$$

Tabelle 2.2.   Bestimmung der Beschleunigung aus allen Teilaufnahmen von Abb. 2.11

Bild	m_1 (kg)	m_2 (kg)	x (m)	$a = 2x/t^2, t = 1\,\mathrm{s}$ ($\mathrm{m\,s^{-2}}$)
(a)	0,283	0,020	0,317	0,634
(b)	0,613	0,020	0,152	0,304
(c)	0,892	0,020	0,107	0,214
(d)	0,607	0,010	0,089	0,178
(e)	0,597	0,020	0,154	0,308
(f)	0,587	0,030	0,235	0,470
(g)	0,577	0,040	0,307	0,614

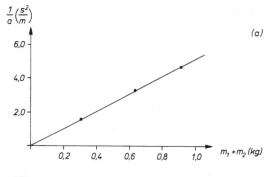

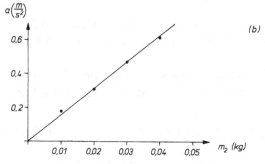

Abb. 2.13 a,b. Experimentelle Bestätigung der Beziehungen (2.4.3) und (2.4.4) aus den Daten der Tabelle 2.2

Die Beziehung gilt nicht nur für die Beträge a und F sondern auch für die Vektoren **a** und **F**, weil die Beschleunigung jeder der beiden Teilmassen des Systems die Richtung der auf sie wirkenden Kraft hat. Die beiden Proportionalitätsrelationen

$$\mathbf{a} \sim \mathbf{F} \quad ; \quad m \quad \text{fest, beliebig,}$$
$$a \sim 1/m \quad ; \quad \mathbf{F} \quad \text{fest, beliebig}$$

sind äquivalent der einen Relation

$$\mathbf{F} \sim m\mathbf{a} \quad ,$$

d. h.

$$\mathbf{F} = \text{const} \cdot m\mathbf{a} \quad . \tag{2.4.5}$$

Da die träge Masse m sich additiv aus m_1 und m_2 zusammensetzt, insbesondere also m_2 ein Teil der trägen Masse des Systems ist, stellen wir fest, daß die schwere und träge Masse desselben Körpers proportional zueinander sind:

$$(m_2)_{\text{träge}} \sim (m_2)_{\text{schwer}} \quad . \tag{2.4.6}$$

Es ist Konvention, beide in derselben Einheit (kg) zu messen, d. h. als Proportionalitätskonstante in (2.4.6) die Zahl Eins zu wählen. Durch geeignete Wahl der Einheit der Kraft kann auch die Proportionalitätskonstante in $\mathbf{F} = \text{const} \cdot m\mathbf{a}$ zu eins gewählt werden:

$$[F]_{\text{SI}} = 1 \cdot [m]_{\text{SI}} \cdot [a]_{\text{SI}} \quad .$$

Die Einheit der Kraft wird als

$$1 \, \text{Newton} = 1 \, \text{N} = 1 \, \text{kg m s}^{-2} \tag{2.4.7}$$

bezeichnet.
Wir erhalten dann

$$\mathbf{F} = m\mathbf{a} \quad . \tag{2.4.8}$$

Wirkt auf einen Körper eine Kraft $\mathbf{F}$, *so wird er in Richtung der Kraft beschleunigt. Die Beschleunigung ist der Kraft direkt und der Masse des Körpers umgekehrt proportional.*

Die Beziehung (2.4.8) ist das *zweite Newtonsche Gesetz* für den Fall, daß sich die träge Masse m des Systems nicht ändert. Die allgemeine Form lautet

$$\mathbf{F} = \frac{\mathrm{d}}{\mathrm{d}t}(m\mathbf{v}) = \frac{\mathrm{d}}{\mathrm{d}t}(m\dot{\mathbf{x}}) \quad . \tag{2.4.9}$$

Dieser einfache Zusammenhang zwischen Kraft und Beschleunigung erlaubt es nun, in vielen Fällen durch Kenntnis einer Gesetzmäßigkeit über die Kraft ein Beschleunigungsgesetz im Sinne unserer Bewegungsgleichung (1.1.6) zu finden. Dann läßt sich bei vorgegebenen Anfangsbedingungen die Bewegungsgleichung lösen, also die Bahn des Körpers berechnen.

Die Auffindung der Beziehung (2.4.8) ist die geniale Leistung von Isaac Newton (1643–1727). Sie bildet den Beginn der Physik im heutigen Sinne. Bis zum Jahre 1905 hat man diese Gleichung für unbegrenzt gültig gehalten.

Dann erst zeigte Einstein, daß sie für Körper, die sich mit sehr großer Geschwindigkeit bewegen ($v \approx c$, c = Lichtgeschwindigkeit $\approx 3 \cdot 10^8 \, \mathrm{m/s}$) abgewandelt werden muß.

Zerlegt man den Vektor der Kraft in orts- und zeitunabhängige Basisvektoren $\mathbf{e}_i$, $i = 1, 2, 3$,

$$\mathbf{F} = \sum_{i=1}^{3} F_i \mathbf{e}_i \quad , \tag{2.4.10}$$

so gilt mit (1.2.12) und (1.2.13) das Newtonsche Gesetz für die Komponenten

$$F_i = m \frac{\mathrm{d}^2 x_i}{\mathrm{d}t^2} \quad . \tag{2.4.11}$$

2.5 Drittes Newtonsches Gesetz

Inhalt: Die Kräfte, die zwei Körper aufeinander ausüben, sind entgegengesetzt gleich.

Wir führen folgenden Versuch aus:

Experiment 2.5. Nachweis des dritten Newtonschen Gesetzes
Zwei Kräfte wirken gegeneinander, etwa die Muskelkräfte zweier Menschen (Abb. 2.14). Sie werden über Federwaagen gemessen. Die Messung ergibt: Die beiden Kräfte haben gleiche Beträge, aber entgegengesetzte Richtungen.

Abb. 2.14. Zum dritten Newtonschen Gesetz

Newton hat diese Tatsache (unabhängig von der Natur der Körper und der Kräfte) in der berühmten Formulierung ausgesprochen:

$$\text{Actio} = \text{Reactio} \quad .$$

Das bedeutet etwa Kraft = Gegenkraft. In etwas moderneren Worten lautet dieses *dritte Newtonsche Gesetz:*
Besteht zwischen zwei Körpern A und B eine Kraftwirkung, so ist die Kraft $\mathbf{F}_{AB}$, *welche A auf B ausübt, der Kraft* $\mathbf{F}_{BA}$, *die B auf A ausübt, entgegengesetzt gleich*

$$\mathbf{F}_{AB} = -\mathbf{F}_{BA} \quad . \tag{2.5.1}$$

2.6 Anwendungen: Federpendel. Mathematisches Pendel. Fall und Wurf

Die Newtonschen Gesetze erlauben die Berechnung vieler physikalischer Vorgänge. Wir untersuchen hier einige Beispiele.

2.6.1 Federpendel (eindimensionaler harmonischer Oszillator)

Inhalt: Die eindimensionale Bewegung eines Federpendels ist eine harmonische Schwingung. Ihre Periode ist durch Masse und Federkonstante bestimmt. Amplitude und Phase hängen von den Anfangsbedingungen ab.

Bezeichnungen: F Kraft, m Masse, D Federkonstante, x Ort, v Geschwindigkeit, t Zeit; x_0, v_0 Anfangsbedingungen; T Periode, ν Frequenz, ω Kreisfrequenz; A, B Amplitudenfaktoren; C Amplitude, δ Phase.

Ein Massenpunkt kann sich entlang der x-Achse bewegen. Eine Schraubenfeder mit der Federkonstante D bewirkt die ortsabhängige Federkraft (2.2.2)

$$\mathbf{F} = -D\mathbf{x} \quad .$$

Andererseits gilt für die Kraft

$$\mathbf{F} = m\mathbf{a} = m\ddot{\mathbf{x}} \quad .$$

Beide Beziehungen zusammen ergeben

$$m\ddot{\mathbf{x}} = -D\mathbf{x}$$

bzw.

$$\ddot{\mathbf{x}} = -\frac{D}{m}\mathbf{x} \quad . \tag{2.6.1}$$

Eine Gleichung dieses Typs, in der eine Funktion – hier $\mathbf{x} = \mathbf{x}(t)$ – und mindestens eine ihrer Ableitungen – hier die zweite Ableitung $\ddot{\mathbf{x}}(t) = \mathrm{d}^2\mathbf{x}(t)/\mathrm{d}t^2$ – vorkommen, bezeichnet man als *Differentialgleichung*. Die spezielle Gleichung (2.6.1), die wir auch als

$$\ddot{\mathbf{x}} = -c\mathbf{x} \quad , \qquad c = \frac{D}{m} = \text{const} > 0 \tag{2.6.2}$$

schreiben können, ist von besonderer Wichtigkeit in der Physik. Wir wollen hier nicht in die Behandlung der Theorie der Differentialgleichungen eintreten, sondern nur mit einigen allgemeineren Bemerkungen die Lösung von (2.6.2) angeben. Da sich der Massenpunkt entlang einer Geraden bewegt, ist $\mathbf{x}(t) = \mathbf{e}_x x(t)$. Die Richtung $\mathbf{e}_x$ ist konstant. Dann ist $\dot{\mathbf{x}}(t) = \mathbf{e}_x \dot{x}(t)$ und $\ddot{\mathbf{x}}(t) = \mathbf{e}_x \ddot{x}(t)$. Für den Faktor $x(t)$ gilt die Differentialgleichung

$$\ddot{x}(t) = -\frac{D}{m}x(t) \quad . \tag{2.6.3}$$

Die Gleichung hat die Lösung

$$x(t) = A\cos\omega t + B\sin\omega t \quad , \qquad \omega = \sqrt{\frac{D}{m}} \quad . \tag{2.6.4}$$

Die Richtigkeit dieser Behauptung läßt sich leicht durch zweimaliges Differenzieren von (2.6.4) zeigen:

$$\dot{x}(t) = \omega(-A\sin\omega t + B\cos\omega t) \quad ,$$
$$\ddot{x}(t) = -\omega^2(A\cos\omega t + B\sin\omega t) = -\omega^2 x(t) = -\frac{D}{m}x(t) \quad . \quad (2.6.5)$$

Die Lösung enthält zwei Konstanten (A und B), die durch die Anfangsbedingungen (Ort $x(0)$ und Geschwindigkeit $\dot{x}(0)$ des Körpers zur Zeit $t = t_0 = 0$) festgelegt werden. Jede Lösung einer Differentialgleichung enthält solche Konstanten. Das wird deutlich, wenn wir die Lösung von (2.6.3) entsprechend (1.1.6) in der Form

$$x(t) = x(0) + t\dot{x}(0) + \int_{t'=0}^{t'=t} \left\{ \int_{t''=0}^{t''=t'} \ddot{x}(t'')\,\mathrm{d}t'' \right\} \mathrm{d}t' \quad (2.6.6)$$

schreiben, in der zwei Integrationskonstanten auftreten.

Die Bewegung der Masse kann also als Überlagerung (Superposition) zweier Bewegungen verstanden werden,

$$x(t) = x_1(t) + x_2(t) \quad , \quad (2.6.7)$$
$$x_1(t) = A\cos\omega t \quad , \quad (2.6.8)$$
$$x_2(t) = B\sin\omega t \quad ,$$

die in Abb. 2.15 skizziert sind.

Solche Bewegungsvorgänge werden als *Schwingungen* bezeichnet. Beide Schwingungen haben verschiedene *Amplituden* (A und B), die die maximale Auslenkung aus der Ruhelage beschreiben, aber gleiche *Kreisfrequenz ω*. Diese Größe, die die Dimension (Zeit^{-1}) hat, also in s^{-1} gemessen wird, weil das Argument der Winkelfunktion ein (dimensionsloser) Winkel sein muß, gibt die Zahl der vollen Schwingungen in der Zeit 2π s an. Die Anzahl der vollen Schwingungen in 1 s heißt *Frequenz ν*. Die Zeit, die für eine volle Schwingung benötigt wird, heißt *Periode T*. Aus den Definitionen von ν und T folgt sofort

$$\nu = \frac{1}{T} \quad , \quad \omega = 2\pi\nu \quad . \quad (2.6.9)$$

Aus (2.6.9) und (2.6.4) folgt, daß die Schwingungsdauer T durch Masse und Federkonstante gegeben ist,

$$T = \frac{1}{\nu} = \frac{2\pi}{\omega} = 2\pi\sqrt{\frac{m}{D}} \quad . \quad (2.6.10)$$

Bezeichnen wir Ort und Geschwindigkeit der Masse zur Zeit $t = 0$ mit x_0 bzw. v_0, so folgt aus (2.6.4) bzw. (2.6.5)

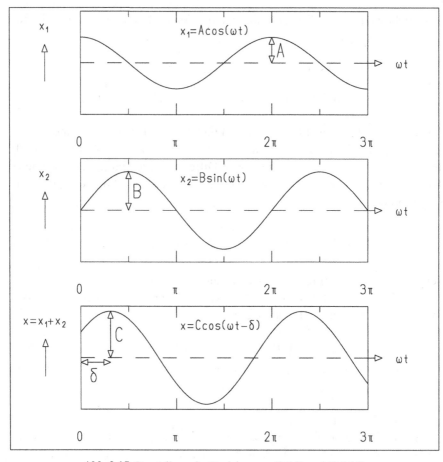

Abb. 2.15. Darstellung der Beziehungen (2.6.8) und (2.6.14)

$$x_0 = x(t = 0) = A$$

bzw.

$$v_0 = \dot{x}(t = 0) = \omega B \quad . \tag{2.6.11}$$

Damit ist der Zusammenhang zwischen den (physikalischen) Anfangsbedingungen und den (mathematischen) Integrationskonstanten hergestellt.

Nun ist es unbequem, die Bewegung des Federpendels als Summe zweier Schwingungen aufzufassen, obwohl dies völlig korrekt ist. Wir formen deshalb die allgemeine Lösung (2.6.4) um

$$
\begin{aligned}
x(t) &= A\cos\omega t + B\sin\omega t \\
&= \sqrt{A^2 + B^2}\left(\frac{A}{\sqrt{A^2 + B^2}}\cos\omega t + \frac{B}{\sqrt{A^2 + B^2}}\sin\omega t\right) \quad .
\end{aligned}
$$

Die beiden Koeffizienten in der Klammer können in der Form

$$\frac{A}{\sqrt{A^2 + B^2}} = \cos \delta \ ,$$

$$\frac{B}{\sqrt{A^2 + B^2}} = \sin \delta \qquad (2.6.12)$$

geschrieben werden, weil sie die Beziehung

$$\sin^2 \delta + \cos^2 \delta = 1$$

erfüllen. Setzen wir außerdem

$$C = \sqrt{A^2 + B^2} \ , \qquad (2.6.13)$$

so ergibt sich

$$\begin{aligned} x(t) &= C(\cos \omega t \cos \delta + \sin \omega t \sin \delta) \\ x(t) &= C \cos(\omega t - \delta) \ , \end{aligned} \qquad (2.6.14)$$

weil für beliebige Winkel α und β das Additionstheorem

$$\cos(\alpha + \beta) = \cos \alpha \cos \beta - \sin \alpha \sin \beta$$

gilt. Der durch (2.6.14) festgelegte zeitliche Verlauf von x ist in Abb. 2.15 dargestellt.

Das Ergebnis der Überlagerung zweier Schwingungen gleicher Frequenz ist also selbst wieder eine Schwingung mit der gleichen Frequenz. Ihre Amplitude C hängt nach (2.6.13) mit den Amplituden A und B der Einzelschwingungen zusammen. Aus dem Bild entnimmt man, daß die Kosinuskurve ihr Maximum nicht bei $\omega t = 0$ hat. Die Verschiebung des Maximums gegen den Ursprung der ωt-Skala wird durch den *Phasenwinkel* δ gegeben. Die Lösung (2.6.14) ist der Lösung (2.6.4) völlig äquivalent. Auch sie enthält zwei Konstanten C und δ, die durch die Anfangsbedingungen bestimmt werden.

Experiment 2.6. Schreibendes Federpendel

Wir können ein Federpendel durch eine an einem Ende befestigte Schraubenfeder realisieren, an deren anderem Ende ein Körper der Masse m hängt. Wird der Körper einmal aus seiner Ruhelage ausgelenkt, so führt er Schwingungen aus. Wir zeigen zunächst, daß die Anordnung durch (2.6.1) beschrieben wird. Dazu benutzen wir eine senkrecht nach oben gerichtete ξ-Achse. Der Aufhängepunkt der Feder sei durch $\xi = \xi_a$, die Lage des Endpunktes der unbelasteten Feder durch $\xi = \xi_a - \ell$ beschrieben (Abb. 2.16). Ist die Feder durch den Körper der Masse m belastet und befindet er sich an einem Punkt ξ, so wirkt auf ihn die Schwerkraft vom Betrag mg in $(-\xi)$-Richtung und die Federkraft $-D[\xi - (\xi_a - \ell)]$. Es gilt die Bewegungsgleichung

$$m\ddot{\xi} = -D(\xi - \xi_a + \ell) - mg \quad .$$

Für einen festen Wert $\xi = \xi_0$ (die Ruhelage des Körpers) verschwindet die Kraft auf der rechten Seite,

$$\xi_0 = -\frac{m}{D}g + \xi_a - \ell \quad .$$

Gehen wir nun zu einer neuen Variablen

$$x = \xi - \xi_0$$

über, deren Nullpunkt die Ruhelage des Körpers ist, so erhält die Bewegungsgleichung die Form (2.6.1). Die Schwerkraft tritt nicht mehr auf. Durch die in Abb. 2.16 dargestellte Anordnung kann man die Bewegung des Pendelkörpers als Funktion der Zeit graphisch darstellen.

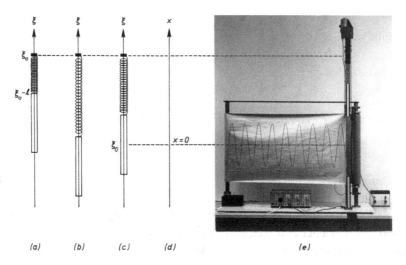

Abb. 2.16 a–e. Gerät zur Demonstration der Sinusform der Federschwingung

Ein senkrecht stehendes Rohr quadratischen Querschnittes wirkt als Leitschiene für einen Pendelkörper (ein ähnliches Rohrstück etwas größeren Querschnitts), der, an zwei gleichartigen Federn aufgehängt, über dem stehenden Rohr senkrecht gleiten kann. Die Reibung wird dadurch gering gehalten, daß zwischen Leitschiene und Pendelkörper ein Luftkissen erzeugt wird. Dazu ist die Leitschiene an ein Gebläse angeschlossen und mit kleinen Löchern versehen. Die Lage des Pendelkörpers als Funktion der Zeit wird dadurch festgehalten, daß eine Papierbahn mit gleichmäßiger Geschwindigkeit senkrecht zur Leitschiene am Pendelkörper vorbeigeführt wird und dieser über eine Schreibeinrichtung seine jeweilige Lage auf dem Papier markiert. (In unserer Anordnung wird – wiederum besonders reibungsarm – mit einem elektrischen Verfahren auf aluminisiertem Papier geschrieben). In Abb. 2.16e erkennt man deutlich die Sinusform der Schwingung. Allerdings fällt die Amplitude leicht mit der Zeit ab, weil die Reibung nicht völlig ausgeschaltet werden kann. Im Kap. 8 werden wir das schreibende Federpendel auch zum Studium gedämpfter, erzwungener und gekoppelter Schwingungen benutzen.

Experiment 2.7.
Statische und dynamische Bestimmung einer Federkonstanten
Unsere Analyse des Federpendels erlaubt es uns nun, die Federkonstante D nicht nur durch statische Belastung der Feder und Beobachtung der Auslenkung über das Hookesche Gesetz (2.2.2) zu bestimmen, sondern durch Anregung einer Schwingung und Messung der Schwingungsdauer T auch aus (2.6.10). Wir führen beide Messungen aus:

1. *Statische Messung.* Belastung der Feder mit der Masse $m = 0,25\,\text{kg}$ führt zu einer Auslenkung $x = 0,07\,\text{m}$. Damit ist

$$D_{\text{stat}} = \frac{F}{x} = \frac{mg}{x} = \frac{0,25 \cdot 9,81}{0,07}\frac{\text{m kg s}^{-2}}{\text{m}} \approx 35\,\text{kg s}^{-2} \quad .$$

2. *Dynamische Messung.* Bei der gleichen Belastung der Feder mit $m = 0,25\,\text{kg}$ mißt man für 20 Schwingungsdauern die Zeit $20\,T = 11,0\,\text{s}$. Also

$$D_{\text{dyn}} = 4\pi^2\frac{m}{T^2} \approx \frac{39,5 \cdot 0,25}{0,303}\frac{\text{kg}}{\text{s}^2} \approx 32,6\,\text{kg s}^{-2} \quad .$$

Beide Werte stimmen innerhalb unserer Meßfehler überein. (Diese Aussage könnten wir eigentlich erst nach einer Fehlerrechnung machen. Sie würde auch die Frage beantworten, welche der beiden Messungen zuverlässiger ist. Auch ohne Fehlerrechnung können wir eine qualitative Antwort geben: Beide Ergebnisse entstehen durch zwei Teilmessungen, der Massenbestimmung und einer Längenmessung bzw. einer Zeitmessung. Von diesen läßt sich bei etwa gleichem Aufwand die Zeitmessung wesentlich genauer durchführen. (Die Zeit $20\,T = 11,0\,\text{s}$ ist ohne weiteres auf 1% genau zu bestimmen.) Man wird daher die dynamische Methode bevorzugen.

2.6.2 Mathematisches Pendel

Inhalt: Die Bewegung des mathematischen Pendels ist für kleine Winkel in guter Näherung eine harmonische Schwingung. Aus Schwingungsdauer und Pendellänge wird die Erdbeschleunigung bestimmt.
Bezeichnungen: F Kraft, g Erdbeschleunigung, r Ort, m Masse, ℓ Pendellänge, φ Azimut, ω Winkelgeschwindigkeit, T Periode.

Das mathematische Pendel bildet seit jeher das beliebteste Beispiel in allen Lehrbüchern der Mechanik. Es besteht aus einem Massenpunkt der Masse m, der mittels einer masselosen Stange der Länge ℓ so aufgehängt ist, daß er sich

auf einem Kreisbogen bewegen kann (Abb. 2.17). Der Azimutwinkel bezüglich der Ruhelage der Pendelstange (senkrecht nach unten) wird mit φ bezeichnet. Die Bezeichnung *mathematisches Pendel* weist darauf hin, daß der
Versuchsaufbau idealisiert beschrieben wird, denn weder ein Massenpunkt
noch eine masselose Stange lassen sich realisieren.

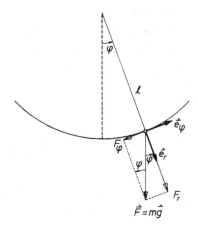

Abb. 2.17. Mathematisches Pendel

Auf den Massenpunkt wirkt die Schwerkraft

$$\mathbf{F} = m\mathbf{g} \quad . \tag{2.6.15}$$

Wir führen ebene Polarkoordinaten ein und zerlegen die Schwerkraft in einen
Radialteil

$$\mathbf{F}_r = mg \cos\varphi \, \mathbf{e}_r$$

und einen Azimutalanteil

$$\mathbf{F}_\varphi = -mg \sin\varphi \, \mathbf{e}_\varphi \quad . \tag{2.6.16}$$

Wir zerlegen nun Ortsvektor, Geschwindigkeit und Beschleunigung wie in
Abschn. 1.2.3. Mit dem Ortsvektor

$$\mathbf{r} = \ell \, \mathbf{e}_r$$

kann man den Geschwindigkeitsvektor (vgl. (A.5.21))

$$\dot{\mathbf{r}} = \frac{\mathrm{d}}{\mathrm{d}t}\mathbf{r} = \ell\frac{\mathrm{d}}{\mathrm{d}t}\mathbf{e}_r = \ell\frac{\mathrm{d}\mathbf{e}_r}{\mathrm{d}\varphi}\frac{\mathrm{d}\varphi}{\mathrm{d}t} = \ell\dot{\varphi}\mathbf{e}_\varphi$$

und schließlich den Beschleunigungsvektor

$$\ddot{\mathbf{r}} = \frac{\mathrm{d}}{\mathrm{d}t}\ell\dot{\varphi}\mathbf{e}_\varphi = \ell\dot{\varphi}\frac{\mathrm{d}}{\mathrm{d}t}\mathbf{e}_\varphi + \ell\ddot{\varphi}\mathbf{e}_\varphi \quad ,$$

$$\ddot{\mathbf{r}} = -\ell\dot{\varphi}^2\mathbf{e}_r + \ell\ddot{\varphi}\mathbf{e}_\varphi \tag{2.6.17}$$

schreiben. Dabei wurde die Tatsache berücksichtigt, daß die Länge ℓ der Pendelstange konstant bleibt. Die Beschleunigung zerfällt in eine Zentripetalbeschleunigung $-\ell\dot{\varphi}^2 e_r$ und eine Azimutalbeschleunigung $\ell\ddot{\varphi}e_\varphi$. Die Bewegung kann stets nur in Richtung e_φ verlaufen. Wir setzen also nach dem zweiten Newtonschen Gesetz die Azimutkomponente (2.6.16) der Kraft mit dem Produkt der Masse und der Azimutkomponente der Beschleunigung (2.6.17) gleich

$$m\ell\ddot{\varphi} = -mg \sin\varphi$$

bzw.

$$\ddot{\varphi} = -\frac{g}{\ell}\sin\varphi \quad . \tag{2.6.18}$$

In dieser Differentialgleichung tritt außer der zweiten Ableitung $\ddot{\varphi}$ der Variablen φ auch eine nichtlineare Funktion von φ auf, nämlich $\sin\varphi$. Die Lösung dieser Gleichung führt auf spezielle Funktionen, die wir hier nicht einführen wollen. Für kleine Werte von φ können wir jedoch in guter Näherung

$$\sin\varphi \approx \varphi \tag{2.6.19}$$

setzen, vgl. Anhang D und dort insbesondere Abb. D.1,

$$\ddot{\varphi} = -\frac{g}{\ell}\varphi \quad . \tag{2.6.20}$$

Das ist eine *Schwingungsgleichung* vom Typ (2.6.3) mit der Lösung

$$\varphi = A\cos\omega t + B\sin\omega t \tag{2.6.21}$$

bzw.

$$\varphi = C\,\cos(\omega t - \delta)$$

mit der Kreisfrequenz

$$\omega = \frac{2\pi}{T} = \sqrt{\frac{g}{\ell}} \quad . \tag{2.6.22}$$

Experiment 2.8. Bestimmung der Erdbeschleunigung g

Durch Messung der Zeit $10\,T = 20{,}2\,\text{s}$ für 10 Schwingungen eines Pendels der Länge $\ell = 1\,\text{m}$ kann man aus (2.6.22) sofort einen relativ genauen Wert der Erdbeschleunigung berechnen,

$$g = \frac{4\pi^2\ell}{T^2} \approx \frac{1\cdot 39{,}5}{2{,}02^2}\,\text{m}\,\text{s}^{-2} \approx \frac{39{,}5}{4{,}08}\,\text{m}\,\text{s}^{-2} \approx 9{,}68\,\text{m}\,\text{s}^{-2} \quad .$$

Der Wert g hängt geringfügig von der Höhe über dem Meeresspiegel, der geographischen Breite und der Erdbeschaffenheit in der Nähe des Experimentierorts ab. Der gewöhnlich verwendete Tabellenwert ist

$$g = 9{,}81\,\text{m}\,\text{s}^{-2} \quad .$$

2.6.3 Fall und Wurf

Inhalt: Ein im homogenen Schwerefeld geworfener Körper bewegt sich gleichmäßig beschleunigt auf einer Parabelbahn.
Bezeichnungen: $\mathbf{r}$ Ort, $\mathbf{v}$ Geschwindigkeit, $\mathbf{g}$ Erdbeschleunigung, m Masse, t Zeit.

Ein besonders einfacher Fall liegt dann vor, wenn ein Massenpunkt einer stets konstanten Kraft ausgesetzt ist, z. B. wenn er sich frei im homogenen Schwerefeld bewegt. Die Kraft ist dann immer

$$\mathbf{F} = m\mathbf{g} = -mg\,\mathbf{e}_z \quad . \tag{2.6.23}$$

Nach dem zweiten Newtonschen Gesetz gilt

$$m\ddot{\mathbf{r}} = m\mathbf{g} \quad .$$

Die Beschleunigung

$$\mathbf{a} = \ddot{\mathbf{r}} = \mathbf{g} = \text{const}$$

ist während der Bewegung konstant. Wir haben also die in Abschn. 1.2.2 behandelte gleichmäßig beschleunigte Bewegung vor uns, deren Lösung in (1.2.4) angegeben wurde. Sie lautet

$$\mathbf{r} = \mathbf{r}(t_0) + \mathbf{v}(t_0)(t - t_0) + \frac{1}{2}\mathbf{g}(t - t_0)^2$$

und wurde in Abb. 1.2 graphisch dargestellt. Sie ist unabhängig von der Masse m des Massenpunktes. Wählen wir die Bezeichnungen $\mathbf{r}(t_0) = \mathbf{r}_0$, $\mathbf{v}(t_0) = \mathbf{v}_0$ und legen Orts- und Zeitnullpunkt so fest, daß sie Anfangsort und -zeit des Massenpunktes kennzeichnen, $t_0 = 0$, $\mathbf{r}_0 = 0$, so hat die Lösung der Bewegungsgleichung die einfache Form

$$\mathbf{r} = \mathbf{v}_0 t + \frac{1}{2}\mathbf{g}t^2 \quad . \tag{2.6.24}$$

Die Größe $\mathbf{v}_0$ ist die Anfangsgeschwindigkeit des Körpers. Für $\mathbf{v}_0 = 0$ spricht man vom *freien Fall*, für $\mathbf{v}_0 \neq 0$ vom *Wurf* des Körpers. Die in Abb. 1.2 wiedergegebene Bahnkurve zur Lösung (2.6.24) heißt *Wurfparabel*.

Wir betrachten die Bahn (2.6.24) bezüglich der Basis $\mathbf{e}_x$, $\mathbf{e}_y$, $\mathbf{e}_z$, die so gewählt ist, daß die z-Richtung gegen die Schwerkraft (senkrecht nach oben) zeigt,

$$\mathbf{F} = m\mathbf{g} = -mg\mathbf{e}_z \quad , \qquad \mathbf{g} = -g\mathbf{e}_z \quad ,$$

und daß die Anfangsgeschwindigkeit in der (x, z)-Ebene liegt,

$$\mathbf{v}_0 = v_{0x}\mathbf{e}_x + v_{0z}\mathbf{e}_z \quad .$$

Dann wird (2.6.24) zu

$$\mathbf{r}(t) = x(t)\mathbf{e}_x + z(t)\mathbf{e}_z = v_{0x}t\mathbf{e}_x + \left(v_{0z}t - \frac{1}{2}gt^2\right)\mathbf{e}_z \quad .$$

Da die Beschleunigung g nur eine z-Komponente hat, ist nur die z-Komponente von $\mathbf{r}$ beschleunigt, die x-Komponente verändert sich gleichförmig,

$$x(t) = v_{0x}t \quad , \qquad z(t) = v_{0z}t - (g/2)t^2 \quad .$$

In Abb. 2.18 ist der zeitliche Verlauf der Bewegung eines Massenpunktes in der (x, z)-Ebene für festgelegte Anfangsbedingungen dargestellt. Für den Anfangszeitpunkt $t = 0$ und nach Ablauf gleicher Zeitintervalle ist die Lage des Massenpunktes durch einen Kreis markiert. Rechts neben bzw. unter der Bahnkurve sind die Funktionen $z = z(t)$ bzw. $x = x(t)$ graphisch dargestellt.

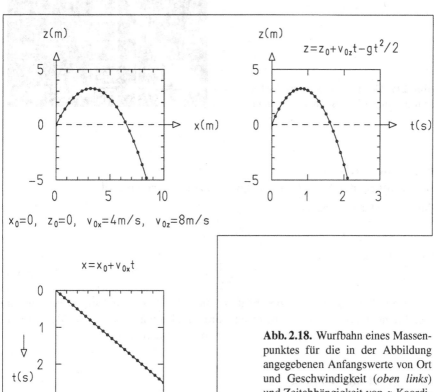

Abb. 2.18. Wurfbahn eines Massenpunktes für die in der Abbildung angegebenen Anfangswerte von Ort und Geschwindigkeit (*oben links*) und Zeitabhängigkeit von z-Koordinate (*oben rechts*) und x-Koordinate (*unten*). Der Abstand zwischen den Markierungen auf den Kurven entspricht dem Zeitintervall $0{,}1\,\mathrm{s}$

Experiment 2.9. Nachweis der Parabelform der Wurfbahn

Auf einem Lineal ist eine Düse montiert, aus der ein Wasserstrahl in Richtung des Lineals heraustritt (Abb. 2.19). Die Anfangsgeschwindigkeit v_0 des Wassers liegt also in Richtung des Lineals. Ihr Betrag bleibt bei festgehaltenem Wasserdruck konstant. Am Lineal sind in festen Abständen von der Düse Stäbe angebracht, die frei nach unten hängen und auf denen eine Marke verschoben werden kann. Stellt man die Marken so ein, daß sie die Bahn des Wassers kennzeichnen, so stellt man fest, daß die Stablängen zwischen Lineal und Marke quadratisch mit dem Abstand der Stabaufhängungen von der Düse wachsen und daß sie unabhängig von der Orientierung des Lineals im Raum sind. Damit erfüllt das Experiment alle Merkmale der Konstruktion von Abb. 1.2.

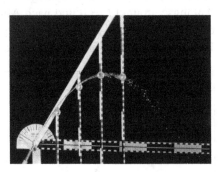

Abb. 2.19. Gerät zum Nachweis der Parabelform eines Wasserstrahls im Erdfeld

Experiment 2.10.
Bestimmung der Erdbeschleunigung aus dem freien Fall

Für $v_0 = 0$ lautet (2.6.24)

$$\mathbf{r} = \frac{1}{2}\mathbf{g}t^2$$

oder, wegen $\mathbf{g} = -g\mathbf{e}_z$,

$$z = -\frac{1}{2}gt^2 \quad . \tag{2.6.25}$$

Aus Abb. 2.20, die die Stroboskopaufnahme einer fallenden Kugel zeigt, die in Zeitabständen $\Delta t = (1/15)\,\mathrm{s}$ belichtet wurde, finden wir für $t = (6/15)\,\mathrm{s}$ den Ort $z = -73{,}6\,\mathrm{cm}$. Damit ist $g = -2z/t^2 = 920\,\mathrm{cm\,s^{-2}} = 9{,}20\,\mathrm{m\,s^{-2}}$.

2.6.4 Wurf mit Reibung

Inhalt: Ein (senkrecht nach oben oder unten) geworfener Körper nähert sich unter dem Einfluß von Reibung einer konstanten Grenzgeschwindigkeit.
Bezeichnungen: R Reibungskoeffizient, m Masse, v Geschwindigkeit, v_G Grenzgeschwindigkeit.

Abb. 2.20. Stroboskopaufnahme einer im Erdfeld frei fallenden Kugel

Wir haben bisher angenommen, daß ein fallender Körper allein unter der Kraftwirkung der Erdanziehung fällt. Er wird jedoch auch durch die Reibungskraft beeinflußt, die das umgebende Medium (z. B. Luft) auf ihn ausübt. Sie ist der Geschwindigkeit entgegengerichtet und möge die Form (2.2.3) haben,

$$\mathbf{F}_R = -R\mathbf{v} \quad .$$

Die Bewegungsgleichung hat dann die Gestalt

$$m\ddot{\mathbf{r}} = m\mathbf{g} + \mathbf{F}_R = m\mathbf{g} - R\mathbf{v} \quad . \tag{2.6.26}$$

Beschränken wir uns auf den Fall, in welchem die Anfangsgeschwindigkeit nur in z-Richtung zeigt, das heißt auf den Wurf nach oben bzw. unten, so hat (2.6.26) nur eine z-Komponente,

$$m\ddot{z} + R\dot{z} = -mg \quad . \tag{2.6.27}$$

Es fällt sofort auf, daß diese Bewegungsgleichung im Gegensatz zum Fall ohne Reibung von der Masse des fallenden Körpers abhängt. Da wir uns in unserer Diskussion nur für die Geschwindigkeit $\dot{z}$ und nicht für den Ort z des Körpers interessieren, setzen wir $\dot{z} = v$ und erhalten

$$m\dot{v} + Rv = -mg \quad . \tag{2.6.28}$$

Die Gleichung (2.6.28) heißt *inhomogene* Differentialgleichung, weil sie ein nicht von v abhängiges Glied enthält. Die zugehörige *homogene* Gleichung ist

$$m\dot{v} + Rv = 0 \quad . \tag{2.6.29}$$

Zur Lösung benutzen wir einen Satz über Differentialgleichungen, der besagt, daß man die allgemeine Lösung der inhomogenen Gleichung erhält, indem man sich irgendeine (*partikuläre*) Lösung verschafft und zu ihr die allgemeine Lösung der homogenen Gleichung addiert, die gewöhnlich leichter zu finden ist. Verschaffen wir uns also zunächst eine partikuläre Lösung von (2.6.28). Die konstante Schwerkraft $\mathbf{F}_G = m\mathbf{g}$ und die mit der Geschwindigkeit anwachsende Reibungskraft $\mathbf{F}_R = -R\mathbf{v}$ konkurrieren miteinander, weil sie in entgegengesetzten Richtungen wirken. Für einen bestimmten Geschwindigkeitswert $\dot{z} = v_G = mg/R$ werden beide gleich groß und heben sich auf. Dann wirkt keine Kraft mehr, und der Körper bewegt sich mit der konstanten Geschwindigkeit v_G,

$$v = v_G = -\frac{mg}{R} = \text{const} \quad . \tag{2.6.30}$$

Man bestätigt durch Einsetzen, daß dies eine Lösung von (2.6.28) ist.

Für die homogene Gleichung machen wir den Ansatz

$$v = A\,e^{\lambda t} \quad .$$

Einsetzen in (2.6.29) liefert

$$m\lambda + R = 0 \quad , \qquad \lambda = -\frac{R}{m} \quad .$$

Damit lautet die allgemeine Lösung

$$v = v_G + A\,e^{-(R/m)t} \quad .$$

Die Anfangsbedingung $v(t = 0) = v_0$ liefert

$$v_0 = v_G + A$$

und bestimmt die Konstante A. Damit ist die Geschwindigkeit

$$v = v_G + (v_0 - v_G)e^{-(R/m)t} \quad . \tag{2.6.31}$$

Diese Beziehung ist in Abb. 2.21 für die beiden Fälle $v_0 < v_G$ und $v_0 > v_G$ dargestellt. Für große Zeiten nähert sich v asymptotisch der Grenzgeschwindigkeit v_G.

Experiment 2.11. Fall einer Kugel in einer Flüssigkeit

Die Stroboskopaufnahmen (Abb. 2.22) des Falls einer ursprünglich ruhenden Kugel in einer Flüssigkeit zeigen deutlich das Anwachsen der Geschwindigkeit bis zum Erreichen einer konstanten Grenzgeschwindigkeit.

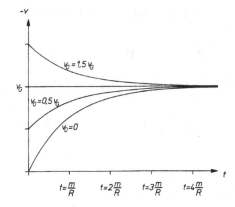

Abb. 2.21. Geschwindigkeit als Funktion der Zeit für einen unter dem Einfluß von Erdanziehung und Reibung fallenden Körper für verschiedene Anfangsgeschwindigkeiten v_0

Abb. 2.22. Stroboskopaufnahme einer in einer Flüssigkeit fallenden Kugel

2.7 Impuls

Inhalt: Die Kraft $\mathbf{F}$ bewirkt an einem Körper in der Zeit dt die Impulsänderung $d\mathbf{p} = \mathbf{F}\,dt$. Sein Impuls ist das Produkt aus Masse und Geschwindigkeit.
Bezeichnungen: $\mathbf{F}$ Kraft, t Zeit, m Masse, $\mathbf{v}$ Geschwindigkeit, $\mathbf{p}$ Impuls.

Auf einen Körper der Masse m wirke für eine Zeit dt' die Kraft $\mathbf{F}$. Wir definieren

$$d\mathbf{p} = \mathbf{F}\,dt' \tag{2.7.1}$$

als *Impulsänderung*, die der Körper in der Zeit $\mathrm{d}t'$ erfahren hat. Für längere Zeiten t ist

$$\int_{t'=0}^{t} \mathbf{F}(t')\,\mathrm{d}t' = \int_{\mathbf{p}'=\mathbf{p}(0)}^{\mathbf{p}'=\mathbf{p}(t)} \mathrm{d}\mathbf{p}' = \mathbf{p}(t) - \mathbf{p}(0) \tag{2.7.2}$$

die Impulsänderung. Nach Einsetzen des zweiten Newtonschen Gesetzes in der Form

$$\mathbf{F}(t') = \frac{\mathrm{d}}{\mathrm{d}t'}\left(m\frac{\mathrm{d}\mathbf{r}(t')}{\mathrm{d}t'} \right) = \frac{\mathrm{d}}{\mathrm{d}t'}[m\mathbf{v}(t')] \tag{2.7.3}$$

liefert (2.7.2)

$$\int_{t'=0}^{t} \mathbf{F}(t')\,\mathrm{d}t' = \int_{t'=0}^{t} \frac{\mathrm{d}}{\mathrm{d}t'}[m\mathbf{v}(t')]\,\mathrm{d}t' = m\mathbf{v}(t) - m\mathbf{v}(0)$$

$$= \mathbf{p}(t) - \mathbf{p}(0) \quad . \tag{2.7.4}$$

Damit können wir

$$\mathbf{p} = m\mathbf{v} \tag{2.7.5}$$

als *Impuls* eines Körpers der Masse m bezeichnen. Wirkt auf den Körper eine Kraft, so wird die Impulsänderung sowohl durch (2.7.4) als auch durch (2.7.2) beschrieben.

Das zweite Newtonsche Gesetz lautet nun einfach

$$\dot{\mathbf{p}} = \mathbf{F} \quad . \tag{2.7.6}$$

Die zeitliche Änderung des Impulses ist gleich der Kraft; ist $\mathbf{F} = 0$, so ist $\mathbf{p} = \mathrm{const}$ (*Impulserhaltung*).

2.8 Arbeit

Inhalt: Bewegt sich ein Körper unter dem Einfluß einer Kraft längs des kurzen Wegstücks $\mathrm{d}\mathbf{r}$, so leistet die Kraft die Arbeit $\mathbf{F} \cdot \mathrm{d}\mathbf{r}$. Die Arbeit längs eines endlichen Weges C ist durch das Linienintegral $W = \int_C \mathbf{F}(\mathbf{r}) \cdot \mathrm{d}\mathbf{r}$ gegeben.
Bezeichnungen: $\mathbf{F}$ Kraft, $\mathbf{r}$ Ort, $\mathbf{r} = \mathbf{r}(s)$ Parameterdarstellung des Weges C, W Arbeit.

Wirkt eine konstante Kraft $\mathbf{F}$ auf einen Körper und bewegt sich dieser Körper längs eines geradlinigen Wegstückes $\mathbf{s}$, so definieren wir das Skalarprodukt

$$W = \mathbf{F} \cdot \mathbf{s} \tag{2.8.1}$$

als die *Arbeit*, die die Kraft an dem Körper verrichtet.

Betrachten wir zwei einfache Beispiele, in denen Arbeit gegen das Gewicht $\mathbf{F}_G = m\mathbf{g}$ eines Körpers der Masse m geleistet wird:

1. Der Weg s ist senkrecht nach unten gerichtet, d. h. der Körper fällt frei über eine Strecke s. Das Gewicht leistet die Arbeit

$$W = \mathbf{F} \cdot \mathbf{s} = Fs = mgs \quad .$$

2. Der Weg s bildet einen Winkel α gegen die Kraft, d. h. der Körper gleitet (reibungslos) auf einer Ebene, die um den Winkel α gegen die Senkrechte geneigt ist. Die geleistete Arbeit ist

$$W = \mathbf{F} \cdot \mathbf{s} = Fs \cos \alpha = mgs \cos \alpha \quad .$$

Die Arbeit, die längs eines Weges der gleichen Länge geleistet wird, ist jetzt kleiner. Für $\alpha = 90°$, also für eine horizontale Verschiebung des Körpers senkrecht zur Kraftrichtung, verschwindet die Arbeit. Für $90° < \alpha < 270°$ wird die Arbeit negativ: Hat der Weg eine Komponente gegen die Richtung der Kraft, so muß *Arbeit gegen die Kraft* verrichtet werden.

Ist die Kraft ortsabhängig, d. h. $\mathbf{F} = \mathbf{F}(\mathbf{r})$, oder der Weg nicht geradlinig (Abb. 2.23), so können wir zunächst nur die Arbeit

$$\Delta W = \mathbf{F}(\mathbf{r}) \cdot \Delta \mathbf{r}$$

angeben, die längs eines Wegstückes $\Delta \mathbf{r}$ geleistet wird, das so kurz ist, daß $\mathbf{F}$ längs $\Delta \mathbf{r}$ als konstant und $\Delta \mathbf{r}$ selbst als geradlinig gelten kann. Die gesamte Arbeit über einen bestimmten Weg C wird durch Summation vieler Einzelbeiträge der Art (2.8.1), d. h. im Grenzwert $\Delta \mathbf{r} \to 0$ durch das *Linienintegral*, vgl. auch Anhang C.9,

$$W = \int_C \mathbf{F} \cdot d\mathbf{r} \qquad (2.8.2)$$

über den Weg berechnet. Unter Benutzung der Parameterdarstellung

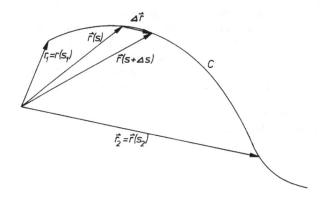

Abb. 2.23. Krummliniger Integrationsweg

$$\mathbf{r} = \mathbf{r}(s)$$

für den Weg C ist

$$\Delta\mathbf{r} = \mathbf{r}(s + \Delta s) - \mathbf{r}(s) \quad .$$

Der Differenzenquotient an der Stelle s,

$$\frac{\Delta\mathbf{r}(s)}{\Delta s} = \frac{\mathbf{r}(s + \Delta s) - \mathbf{r}(s)}{\Delta s} \quad ,$$

geht im Grenzfall $\Delta s \to 0$ in den Differentialquotienten

$$\frac{\mathrm{d}\mathbf{r}}{\mathrm{d}s}(s)$$

über. Er stellt einen Vektor in Richtung der Tangente an die Kurve C dar. In diesem Grenzfall ist der differentielle Beitrag zur Arbeit

$$\mathrm{d}W = \mathbf{F}[\mathbf{r}(s)] \cdot \frac{\mathrm{d}\mathbf{r}}{\mathrm{d}s}(s)\,\mathrm{d}s \quad . \tag{2.8.3}$$

Der Faktor vor dem Differential $\mathrm{d}s$ ist nur eine skalare Funktion des Parameters s, die sich jetzt einfach integrieren läßt:

$$W = \int_{s_1}^{s_2} \mathbf{F}[\mathbf{r}(s)] \cdot \frac{\mathrm{d}\mathbf{r}}{\mathrm{d}s}(s)\,\mathrm{d}s \quad . \tag{2.8.4}$$

Dabei sind s_1 und s_2 die Parameterwerte der Orte $\mathbf{r}_1$ und $\mathbf{r}_2$, die den Anfangs- bzw. Endpunkt des Wegstückes C markieren, über das die Arbeit aufsummiert wird.

2.9 Kraftfelder. Feldstärke. Gravitationsgesetz

Inhalt: Definition des Kraftfeldes. Angabe des homogenen Schwerefeldes. Gewinnung des Feldes der Newtonschen Gravitationskraft aus Beobachtung von Mondumlaufzeit und Erdbeschleunigung. Die Gravitation ist eine anziehende Kraft, die proportional zu den Massen der beiden beteiligten Körper und umgekehrt proportional zum Quadrat ihres Abstandes ist. Messung der Gravitationskonstanten. Angabe des Coulombschen Kraftfeldes. In einem konservativen Kraftfeld hängt die Arbeit längs eines Weges nur von dessen Endpunkten ab. Konservative Felder sind z. B. das homogene Schwerefeld, das Gravitationsfeld und das Kraftfeld des harmonischen Oszillators.
Bezeichnungen: $\mathbf{F}$ Kraft, $\mathbf{r}$ Abstandsvektor; m, M Massen; a Beschleunigung, γ Gravitationskonstante, q elektrische Ladung, ε_0 elektrische Feldkonstante, W Arbeit.

Vektorfeld. Feldstärke. Homogenes Schwerefeld Bei der Berechnung der Arbeit haben wir berücksichtigen müssen, daß die Kraft **F** auf einen Körper im allgemeinen vom Ort **r** abhängt, an dem sich der Körper befindet,

$$\mathbf{F} = \mathbf{F}(\mathbf{r}) \quad . \tag{2.9.1}$$

Obwohl die Kraft natürlich nur dann wirkt, wenn der Körper sich wirklich am Punkt **r** befindet, können wir doch formal jedem Punkt **r** des Raumes den Vektor (2.9.1) zuordnen. Die Gesamtheit aller Vektoren **F** im Raum nennen wir ein *Vektorfeld*. (Ebenso wie Vektorfelder gibt es auch skalare Felder. Das im Abschn. 2.10 eingeführte Potential bildet ein skalares Feld $V = V(\mathbf{r})$.)

Wie schon bemerkt, kann man zwar eine mathematische Funktion $\mathbf{F} = \mathbf{F}(\mathbf{r})$ im ganzen Raum definieren. Eine physikalische Kraft wirkt jedoch erst, wenn sich ein materieller Körper am Ort **r** befindet. Oft hängt die Kraft noch von der Masse dieses Körpers ab, z. B. im Fall der Schwerkraft an der Erdoberfläche,

$$\mathbf{F} = m\mathbf{g} \quad . \tag{2.9.2}$$

Dieses Kraftfeld ist überall konstant, hängt also nicht vom Ort ab und heißt *homogenes Schwerefeld*. Man hat allerdings verschiedene Kraftfelder für verschiedene Werte von m. Durch Einführung der Feldstärke

$$\mathbf{G} = \frac{\mathbf{F}}{m} \tag{2.9.3}$$

können jedoch die Kraftfelder (2.9.2) aus einem einzigen Feld **G** berechnet werden.

Newtonsches Gravitationsgesetz Newton hat als erster vermutet, daß die Erde auch auf weiter entfernte Körper, etwa den Mond, eine Kraftwirkung der Art (2.9.2) ausübt, daß aber der Betrag der Beschleunigung g vom Abstand der Körper vom Erdmittelpunkt abhängt. Zur Berechnung dieser Abhängigkeit benutzte er die Tatsache, daß der Mond (angenähert) eine Kreisbahn um die Erde beschreibt, also eine Beschleunigung erfährt. Die Zentripetalbeschleunigung auf einer Kreisbahn des Radius r, die mit der Winkelgeschwindigkeit ω durchlaufen wird, hat nach (1.2.9) den Betrag

$$a = r\omega^2 = 4\pi^2 r/T^2 \quad . \tag{2.9.4}$$

T ist die Zeit für einen Umlauf. Newton verglich die Zentripetalbeschleunigung des Mondes mit der Fallbeschleunigung g an der Erdoberfläche.

Experiment 2.12.

Beobachtung der Mondbahn zur Herleitung des Gravitationsgesetzes

Die Umlaufzeit des Mondes um die Erde beträgt

$$T \approx 28 \text{ Tage} = 28 \cdot 24 \cdot 60 \cdot 60 \, \text{s} \approx 2{,}4 \cdot 10^6 \, \text{s} \quad .$$

Die Mondbahn hat den Radius

$$r_{\mathrm{MB}} \approx 380\,000 \, \text{km} = 3{,}8 \cdot 10^8 \, \text{m} \quad .$$

Damit ist die Beschleunigung des Mondes

$$a(r_{\mathrm{MB}}) = 4\pi^2 r_{\mathrm{MB}}/T^2 \approx 2{,}6 \cdot 10^{-3} \, \text{m}\,\text{s}^{-2} \quad ,$$

während die Fallbeschleunigung an der Erdoberfläche den Betrag $a(r_{\mathrm{E}}) = g = 9{,}81 \, \text{m}\,\text{s}^{-2}$ hat. Beide Beschleunigungen sind zum Erdmittelpunkt hin gerichtet (Abb. 2.24). Der Quotient aus beiden ist

$$a(r_{\mathrm{MB}})/a(r_{\mathrm{E}}) \approx 2{,}6 \cdot 10^{-3}/9{,}81 \approx 1/3600 = 1/60^2 \quad .$$

Da der Erdradius

$$r_{\mathrm{E}} \approx 6 \cdot 10^6 \, \text{m} \approx \frac{1}{60} r_{\mathrm{MB}}$$

ist, schloß Newton, daß die Beschleunigung, die die Erde auf einen Körper ausübt, umgekehrt proportional zum Quadrat des Abstandes vom Erdmittelpunkt sei

$$a \sim \frac{1}{r^2} \quad .$$

Nach dem zweiten Newtonschen Gesetz ist der Betrag der Kraft zusätzlich proportional der Mondmasse m_{M},

$$F = ma \sim \frac{m_{\mathrm{M}}}{r^2} \quad .$$

Abb. 2.24. Fallbeschleunigung an der Erdoberfläche und Zentripetalbeschleunigung des Mondes (nicht maßstäblich)

Nun wirkt aber nach dem dritten Newtonschen Gesetz eine Kraft des gleichen Betrages vom Mond auf die Erde. Aus Symmetriegründen muß dann in dieser Kraft die Erdmasse m_E auftreten,

$$F \sim \frac{m_E}{r^2} \quad .$$

Beide Beziehungen zusammen ergeben

$$F \sim \frac{m_E m_M}{r^2}$$

oder

$$F = \gamma \frac{m_E m_M}{r^2} \quad . \tag{2.9.5}$$

Dabei heißt γ die Newtonsche Gravitationskonstante.

In Vektorschreibweise und für zwei beliebige Massen m_1 und m_2 lautet dann (2.9.5)

$$\mathbf{F} = -\gamma \frac{m_1 m_2}{r^2} \frac{\mathbf{r}}{r} \quad , \qquad \mathbf{r} = \mathbf{r}_2 - \mathbf{r}_1 \quad . \tag{2.9.6}$$

Die *Gravitationskraft*, die eine Masse m_1 auf eine andere Masse m_2 ausübt, wirkt entgegen der Richtung des Verbindungsvektors $\mathbf{r}$ von m_1 zu m_2. Der Vektor $-\mathbf{r}/r$ ist also der Einheitsvektor in dieser Richtung der Kraft. Die Beziehung (2.9.6) heißt *Newtonsches Gravitationsgesetz*.

Die *Gravitationskonstante* γ kann nicht aus astronomischen Messungen bestimmt werden, weil die Massen der Himmelskörper zunächst nicht bekannt sind. Die Messung muß mit bekannten Massen im Labor vorgenommen werden.

Experiment 2.13.
Bestimmung der Gravitationskonstanten mit der Torsionsdrehwaage
Die Torsionsdrehwaage wurde von Coulomb 1784 zur Messung der elektrostatischen Kraft entwickelt und 1798 von Cavendish erstmals zur Messung der Gravitationskonstanten benutzt. Das Funktionsprinzip ist in Abb. 2.25 skizziert.

Zwei kleine Kugeln der Masse m sind auf einer möglichst leichten waagerechten Stange montiert, die von einem senkrecht eingespannten Torsionsdraht gehalten wird. Die Massen m stehen im Abstand r zwei sehr viel größeren Massen M gegenüber. Werden nun die Massen M aus der Stellung 1 in die Stellung 2 verlagert, so wirkt auf jede der Massen m die Kraft vom Betrag

$$F = 2\gamma \frac{mM}{r^2} \quad .$$

(Der Faktor 2 rührt daher, daß vor der Umlagerung eine Kraft in Richtung 1 wirkt, die gerade durch den Torsionsdraht kompensiert wurde. Nach der Umlagerung wirken die Anziehung in Richtung 2 und die gleich große Torsionskraft.) Man beobachtet die Beschleunigung

$$a = F/m = 2\gamma M/r^2$$

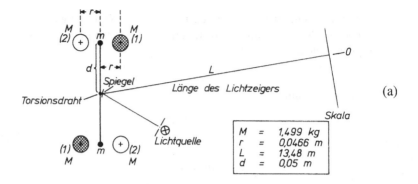

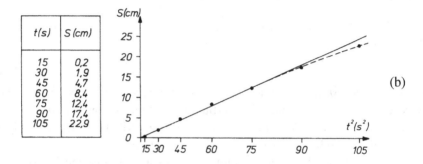

Abb. 2.25 a,b. Bestimmung der Gravitationskonstanten

über einen Lichtzeiger. Die Bewegung der Massen m wird längs des Weges $x = \Delta r$ über einen Lichtzeiger vergrößert als Bewegung eines Lichtpunktes auf einer Skala S.

Einer Ortsänderung x entspricht auf der Skala die Strecke

$$S = 2(L/d)x \quad .$$

Dabei sind L und d die Abstände von Lichtpunkt bzw. Masse m vom Torsionsdraht. Der Faktor rührt daher, daß nicht die Lichtquelle selbst sondern ein Spiegel am Torsionsdraht befestigt ist. Bei Drehung des Spiegels um einen Winkel α dreht sich dann der Lichtzeiger um 2α.

Beobachtet man die Beschleunigung nur unmittelbar nach der Umlagerung, so bleibt der Weg der Massen m gering. Die Kraft ändert sich kaum und die Bewegung kann als gleichmäßig beschleunigt angesehen werden. Sie kann aus der Ortsänderung x und der zugehörigen Zeit berechnet werden,

$$a = \frac{2x}{t^2} = \frac{Sd}{Lt^2} = \frac{2\gamma M}{r^2} \quad .$$

Aus der Meßreihe und der zugehörigen Graphik (Abb. 2.25) findet man $a = 8,2 \cdot 10^{-8}\,\mathrm{m\,s^{-2}}$ und damit $\gamma = r^2 a/2M = 5,94 \cdot 10^{-11}\,\mathrm{m^3\,kg^{-1}\,s^{-2}}$.

Präzisionsmessungen der Gravitationskonstante ergeben den Wert

$$\gamma = (6{,}6742 \pm 0{,}001) \cdot 10^{-11}\, \mathrm{m}^3\, \mathrm{kg}^{-1}\, \mathrm{s}^{-2} \quad .$$

Mit Hilfe der Gravitationskonstante γ können wir jetzt die Erdmasse m_E berechnen. Aus (2.9.3) und (2.9.6) folgt, daß die Feldstärke der Erde

$$\mathbf{G} = -\gamma \frac{m_\mathrm{E}}{r^2} \frac{\mathbf{r}}{r} \qquad (2.9.7)$$

ist. Der Vektor $\mathbf{r}$ zeigt vom Erdmittelpunkt zum Aufpunkt. Auf einen Körper der Masse m am Aufpunkt wirkt die Kraft $\mathbf{F} = m\mathbf{G}$. An der Erdoberfläche ist dann

$$F = mg = m\gamma \frac{m_\mathrm{E}}{r_\mathrm{E}^2} \quad ,$$

so daß

$$m_\mathrm{E} = \frac{g}{\gamma} r_\mathrm{E}^2 \approx \frac{9{,}81}{6{,}67 \cdot 10^{-11}} \cdot (6 \cdot 10^6)^2\, \mathrm{kg} \approx 6 \cdot 10^{24}\, \mathrm{kg} \quad .$$

Die mittlere Dichte der Erdmaterie ist schließlich

$$\varrho_\mathrm{E} = m_\mathrm{E}/V_\mathrm{E} = 3 m_\mathrm{E}/4\pi r_\mathrm{E}^3 \approx 5{,}5\, \mathrm{g\, cm}^{-3} \quad .$$

Coulombsches Gesetz Ein weiteres Kraftgesetz, das große Ähnlichkeit mit dem Newtonschen Gravitationsgesetz aufweist, ist das Coulombsche Gesetz, das die Kraft zwischen elektrisch geladenen Massenpunkten angibt. Wir geben es an, ohne hier auf die Natur der elektrischen Vorgänge näher einzugehen,

$$\mathbf{F} = \frac{1}{4\pi\varepsilon_0} \frac{q_1 q_2}{r^2} \frac{\mathbf{r}}{r} \quad .$$

Hier sind q_1, q_2 die elektrischen Ladungen der Massenpunkte, sie können positiv oder negativ sein, $(4\pi\varepsilon_0)^{-1}$ ist eine Proportionalitätskonstante, die der Gravitationskonstanten entspricht. Die Ladungseinheit ist 1 *Coulomb* = 1 C. ε_0 hat den Wert $\varepsilon_0 = 8{,}854\ldots \cdot 10^{-12}\, \mathrm{C\, V}^{-1}\, \mathrm{m}^{-1}$. Die Spannungseinheit ist 1 *Volt* = 1 V.

Im Gegensatz zur Gravitationskraft gibt es nicht nur anziehende sondern auch abstoßende Coulomb-Kräfte. Aus (2.9.6) liest man ab, daß sich Ladungen gleichen Vorzeichens abstoßen. Als *elektrische Feldstärke*, die auf eine Ladung q wirkt, bezeichnen wir analog zu (2.9.3) den Quotienten aus Kraft und Ladung

$$\mathbf{E} = \frac{1}{q}\mathbf{F} \quad .$$

Konservative Kraftfelder Kraftfelder, in denen die Arbeit, die bei der Verschiebung eines Körpers vom Punkt $\mathbf{r}_1$ zum Punkt $\mathbf{r}_2$ geleistet wird, nur von den Endpunkten, nicht aber vom Weg zwischen den Endpunkten abhängt, heißen *konservativ*. Wegen des Ergebnisses (C.9.11) ist jedes konstante Kraftfeld, insbesondere das homogene Schwerefeld

$$\mathbf{F} = m\mathbf{g}$$

konservativ.

Auch das Newtonsche Gravitationskraftfeld

$$\mathbf{F} = -\gamma \frac{m_1 m_2}{r^2} \frac{\mathbf{r}}{r}$$

ist ein konservatives Feld. Um diese Behauptung zu beweisen, zeigen wir, daß

$$W = \int_{\mathbf{r}_1}^{\mathbf{r}_2} \mathbf{F} \cdot d\mathbf{r} = -\gamma m_1 m_2 \int_{\mathbf{r}_1}^{\mathbf{r}_2} \frac{\mathbf{r}}{r^3} \cdot d\mathbf{r}$$

nur von den Endpunkten $\mathbf{r}_1$ und $\mathbf{r}_2$, nicht aber vom Integrationsweg selbst abhängt. Für ein beliebiges Wegstück $d\mathbf{r}$ an der Stelle $\mathbf{r}$ gilt

$$\frac{\mathbf{r}}{r} \cdot d\mathbf{r} = dr \quad . \tag{2.9.8}$$

Dabei ist dr die Vergrößerung des Abstandes vom Koordinatenursprung längs des Wegstückes $d\mathbf{r}$. (Da $\mathbf{r}/r$ ein Einheitsvektor in Richtung von $\mathbf{r}$ ist, ist $\mathbf{r} \cdot d\mathbf{r}/r$ die Komponente von $d\mathbf{r}$ in Richtung $\mathbf{r}$, unabhängig von der speziellen Form des Weges, Abb. 2.26). Das Integral (2.9.8) vereinfacht sich zu

$$W = -\gamma m_1 m_2 \int_{r_1}^{r_2} \frac{dr}{r^2} = -\gamma m_1 m_2 \left[-\frac{1}{r} \right]_{r_1}^{r_2} = \gamma m_1 m_2 \left(\frac{1}{r_2} - \frac{1}{r_1} \right) \quad . \tag{2.9.9}$$

Wegen (2.9.8) ist nicht nur das Gravitationsfeld (2.9.6) ein konservatives Kraftfeld, sondern auch alle anderen Felder der Form

$$\mathbf{F}(\mathbf{r}) = f(r)\frac{\mathbf{r}}{r} \quad , \tag{2.9.10}$$

wo $f(r)$ noch eine Funktion des Betrages von $\mathbf{r}$ ist. Das sind alle um den Koordinatenursprung kugelsymmetrischen Felder. Wir nennen sie *Zentralfelder*.

Zu den Zentralfeldern zählen insbesondere alle Felder, die proportional zu Potenzen von r sind

$$\mathbf{F}(\mathbf{r}) = b\, r^n \frac{\mathbf{r}}{r} \quad , \qquad b = \text{const} \quad .$$

Einen Spezialfall erhält man für $n = 1$ und $b = -D < 0$. Das Feld

$$\mathbf{F}(\mathbf{r}) = -D\mathbf{r} \tag{2.9.11}$$

ist das *Kraftfeld des harmonischen Oszillators*.

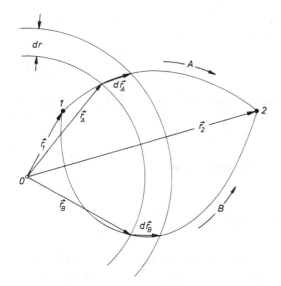

Abb. 2.26. Zur Integration eines Zentralfeldes

2.10 Potential. Potentielle Energie

Inhalt: Zu jedem konservativen Kraftfeld $\mathbf{F}(\mathbf{r})$ läßt sich ein skalares Feld $V(\mathbf{r})$, das Potential, bilden. Es ist (bis auf eine frei wählbare Konstante) gleich dem Negativen der Arbeit, die das Feld längs eines Weges von einem festen Punkt $\mathbf{r}_0$ zum Punkt $\mathbf{r}$ leistet. Berechnung der Potentiale des homogenen Schwerefeldes, des Gravitationsfeldes und des Oszillator-Kraftfeldes.

Wählen wir einen festen Punkt $\mathbf{r}_0$ im Raum, so ist in einem konservativen Kraftfeld die Arbeit bei der Bewegung zu einem beliebigen anderen Punkt $\mathbf{r}$ eine skalare Funktion von $\mathbf{r}$,

$$W(\mathbf{r}) = \int_{\mathbf{r}_0}^{\mathbf{r}} \mathbf{F}(\mathbf{r}') \cdot d\mathbf{r}' = -[V(\mathbf{r}) - V(\mathbf{r}_0)] \quad . \qquad (2.10.1)$$

Die Funktion $W(\mathbf{r})$ ist bis auf das Vorzeichen und bis auf eine beliebig wählbare additive Konstante gleich

$$V(\mathbf{r}) = -\int_{\mathbf{r}_0}^{\mathbf{r}} \mathbf{F}(\mathbf{r}') \cdot d\mathbf{r}' + V(\mathbf{r}_0) \quad . \qquad (2.10.2)$$

Das skalare Feld $V(\mathbf{r})$ heißt *Potential* des Kraftfeldes $\mathbf{F}(\mathbf{r})$.

Wir berechnen die Potentiale nun für die konservativen Kraftfelder, die wir bisher kennengelernt haben.

1. *Potential des homogenen Schwerefeldes* $\mathbf{F} = m\mathbf{g}$
   Wir erhalten

$$V(\mathbf{r}) = -m\mathbf{g} \cdot (\mathbf{r} - \mathbf{r}_0) + V(\mathbf{r}_0) \quad .$$

Wir wählen $r_0 = 0$ und $V(r_0) = 0$, d. h. wir setzen das Potential im Koordinatenursprung gleich null. Damit ist

$$V(\mathbf{r}) = -m\mathbf{g} \cdot \mathbf{r} \quad . \tag{2.10.3}$$

Wählen wir wie üblich das Koordinatensystem so, daß $\mathbf{g} = -g\mathbf{e}_z$, so wird schließlich

$$V(\mathbf{r}) = mgz \quad .$$

2. *Potential des Newtonschen Gravitationsfeldes*
Aus (2.9.9) folgt

$$W(\mathbf{r}) = \gamma m_1 m_2 \left(\frac{1}{r} - \frac{1}{r_0} \right) \quad .$$

Wählen wir $r_0 = \infty$, und legen wir die freie Konstante $V(r_0)$ durch die Wahl $V(\infty) = 0$ fest, so erhält das Potential die einfache Form

$$V(\mathbf{r}) = -\frac{\gamma m_1 m_2}{r} \quad . \tag{2.10.4}$$

3. *Potential des harmonischen Oszillators*
Mit (2.9.11) ergibt (2.10.2)

$$V(\mathbf{r}) = \int_{\mathbf{r}_0}^{\mathbf{r}} D\mathbf{r} \cdot d\mathbf{r} + V(\mathbf{r}_0) \quad .$$

Nach Wahl von $r_0 = 0, V(r_0) = 0$ und unter Berücksichtigung von (2.9.8) erhalten wir

$$V(\mathbf{r}) = D \int_0^r r \, dr = \frac{D}{2} r^2 \quad . \tag{2.10.5}$$

Die Orte $\mathbf{r}$, für die das Potential den gleichen Wert V_0 besitzt, die also der Gleichung

$$V(\mathbf{r}) = V_0$$

genügen, bilden Flächen konstanten Potentials. Man nennt sie *Äquipotentialflächen*. Für Potentiale $V(\mathbf{r}) = V(r)$, die nur vom Abstand r abhängen, sind die Äquipotentialflächen konzentrische Kugeln um den Ursprung. Beispiele dafür sind das Gravitationspotential (2.10.4) und das Potential des harmonischen Oszillators (2.10.5). Die Äquipotentialflächen des homogenen Schwerefeldes (2.10.3) sind Ebenen $z = \text{const}$.

Die Potentialdifferenz zwischen zwei Punkten $\mathbf{r}_1$ und $\mathbf{r}_2$ eines Kraftfeldes ist definitionsgemäß bis auf das Vorzeichen gleich der Arbeit, die die Kraft bei einer Bewegung von $\mathbf{r}_1$ nach $\mathbf{r}_2$ leistet,

$$W = -[V(\mathbf{r}_2) - V(\mathbf{r}_1)] \quad . \tag{2.10.6}$$

Ist $V(\mathbf{r}_2) < V(\mathbf{r}_1)$, so ist die Arbeit positiv, für $V(\mathbf{r}_2) > V(\mathbf{r}_1)$ ist sie negativ. Befindet sich ein Körper am Punkt $\mathbf{r}$, so sagen wir, er besitzt die *potentielle Energie*

$$E_{\text{pot}}(\mathbf{r}) = V(\mathbf{r}) \tag{2.10.7}$$

und sagen: Die Kraft $\mathbf{F}$ leistet Arbeit an einem Körper auf dem Weg $\mathbf{r}_1 \to \mathbf{r}_2$, wenn sich dabei die potentielle Energie verringert. Zur Erhöhung der potentiellen Energie muß von außen Arbeit gegen die Kraft $\mathbf{F}$ geleistet werden (d. h. W ist negativ). Potentielle Energie kann (im Gegensatz zur kinetischen Energie, die wir im Abschn. 2.12 einführen werden) durchaus negativ sein. So ist die potentielle Energie (2.10.4) einer Masse m_2 im Gravitationsfeld einer anderen Masse m_1 für alle endlichen Abstände r zwischen beiden Massen negativ.

2.11 Konservatives Kraftfeld als Gradient des Potentialfeldes

Inhalt: Ist das skalare Potential $V(\mathbf{r})$ gegeben, so erhält man das zugehörige Kraftfeld durch Bildung des negativen Gradienten, $\mathbf{F}(\mathbf{r}) = -\nabla V(\mathbf{r})$.

In (2.10.2) wurde das Potentialfeld als Integral über ein konservatives Kraftfeld gefunden. Umgekehrt kann man jedes konservative Kraftfeld durch Differentiation seines Potentialfeldes gewinnen,

$$\mathbf{F}(\mathbf{r}) = -\nabla V(\mathbf{r}) \quad . \tag{2.11.1}$$

Das Symbol

$$\nabla := \mathbf{e}_x \frac{\partial}{\partial x} + \mathbf{e}_y \frac{\partial}{\partial y} + \mathbf{e}_z \frac{\partial}{\partial z} \tag{2.11.2}$$

heißt *Nabla-Operator*. Es ist eine Verallgemeinerung des schon bekannten Differentialoperators $\mathrm{d}/\mathrm{d}x$ auf Vektor-Schreibweise. Durch Anwendung des Nabla-Operators auf das *skalare Feld* $V(\mathbf{r})$ erhalten wir also das Vektorfeld $\mathbf{F}(\mathbf{r})$. Der Beweis zu (2.11.1) ist im Anhang C.10 gegeben.

Als Beispiel berechnen wir das Kraftfeld des harmonischen Oszillators aus dem Potential (2.10.5),

$$\mathbf{F}(\mathbf{r}) = -\nabla V(\mathbf{r}) = -\frac{D}{2}\left(\mathbf{e}_x \frac{\partial r^2}{\partial x} + \mathbf{e}_y \frac{\partial r^2}{\partial y} + \mathbf{e}_z \frac{\partial r^2}{\partial z}\right) \quad .$$

Wegen $r^2 = x^2 + y^2 + z^2$ ist $\partial r^2/\partial x = 2x$, $\partial r^2/\partial y = 2y$, $\partial r^2/\partial z = 2z$. Wir erhalten

$$\mathbf{F}(\mathbf{r}) = -D(x\mathbf{e}_x + y\mathbf{e}_y + z\mathbf{e}_z) = -D\mathbf{r}$$

in Übereinstimmung mit (2.9.11).

Da sich das Potential von einem Punkt einer Äquipotentialfläche $V(\mathbf{r}) = V_0$ zu einem anderen Punkt derselben Fläche nicht ändert, hat die Kraft

$$\mathbf{F}(\mathbf{r}) = -\nabla V(\mathbf{r})|_{V(\mathbf{r})=V_0}$$

keine Komponente in der (Tangentialebene an die) Äquipotentialfläche. Die Kraft $\mathbf{F}(\mathbf{r})$ steht also senkrecht auf der durch den Punkt $\mathbf{r}$ gehenden Äquipotentialfläche.

2.12 Kinetische Energie

Inhalt: Das halbe Produkt aus Masse und Geschwindigkeitsquadrat eines Körpers heißt kinetische Energie, $E_{\text{kin}} = mv^2/2$. Sie ist gleich der Arbeit, die geleistet werden muß, um dem ursprünglich ruhenden Körper die Geschwindigkeit vom Betrag v zu verleihen.

Wir kehren zurück zu unserer Definition der Arbeit dW, die von der Kraft $\mathbf{F}$ längs eines Wegstückes $d\mathbf{r}$ während der Zeit dt geleistet wird,

$$dW = \mathbf{F} \cdot d\mathbf{r}$$

und ersetzen $\mathbf{F}$ nach dem zweiten Newtonschen Gesetz für zeitlich konstante Masse durch

$$\mathbf{F} = m\ddot{\mathbf{r}} \quad .$$

Dann ist die je Zeiteinheit geleistete Arbeit

$$\frac{dW}{dt} = \mathbf{F} \cdot \frac{d\mathbf{r}}{dt} = \mathbf{F} \cdot \dot{\mathbf{r}} = m\ddot{\mathbf{r}} \cdot \dot{\mathbf{r}} = \frac{d}{dt}\left(\frac{1}{2}m\dot{\mathbf{r}}^2\right) = \frac{1}{2}m\frac{d(v^2)}{dt} \quad . \quad (2.12.1)$$

Für die zwischen den Zeiten t_1 und t_2 geleistete Arbeit gilt

$$\begin{aligned} W &= \int_{t_1}^{t_2} \frac{dW}{dt}\,dt = \frac{1}{2}m\int_{t_1}^{t_2}\frac{d(v^2)}{dt}\,dt = \frac{1}{2}m\int_{v^2(t_1)}^{v^2(t_2)}d(v^2) \\ &= \frac{1}{2}m\left[v^2(t_2) - v^2(t_1)\right] = \frac{1}{2}mv_2^2 - \frac{1}{2}mv_1^2 \quad . \end{aligned}$$

Die Kraftwirkung längs des Weges ruft eine Änderung der Geschwindigkeit des Körpers hervor.

Die Größe

$$E_{\text{kin}} = \frac{1}{2}m\dot{\mathbf{r}}^2 = \frac{1}{2}m\mathbf{v}^2 = \frac{1}{2}mv^2 \quad , \quad (2.12.2)$$

die sich aus Masse und Geschwindigkeit eines Körpers berechnet, heißt *kinetische Energie*. Ein Vergleich mit (2.12.1) zeigt

$$\frac{dW}{dt} = \frac{dE_{\text{kin}}}{dt} \quad .$$

Für die im Zeitraum t_1 bis t_2 geleistete Arbeit gilt dann

$$W = E_{\text{kin}}(t_2) - E_{\text{kin}}(t_1) \quad .$$

2.13 Energieerhaltungssatz für konservative Kraftfelder

Inhalt: Bei der Bewegung im konservativen Kraftfeld bleibt die Gesamtenergie, d. h. die Summe aus kinetischer und potentieller Energie, konstant. Als Beispiele werden Wurf und Federschwingung diskutiert.

Bezeichnungen: W Arbeit, t Zeit; E_{kin}, E_{pot}, E kinetische, potentielle und Gesamtenergie; V Potential, m Masse, $\mathbf{g}$ Erdbeschleunigung, D Federkonstante, $\mathbf{r}$ Ortsvektor.

In konservativen Kraftfeldern, in denen ein Potential definiert werden kann, gilt wegen (2.10.1), (2.10.7) und (2.12.2) für eine Bewegung um ein beliebiges infinitesimales Wegstück $\mathrm{d}\mathbf{r}$ in der Zeit $\mathrm{d}t$

$$\frac{\mathrm{d}W}{\mathrm{d}t} = \mathbf{F} \cdot \frac{\mathrm{d}\mathbf{r}}{\mathrm{d}t} = \frac{\mathrm{d}E_{\text{kin}}}{\mathrm{d}t} = -\frac{\mathrm{d}E_{\text{pot}}}{\mathrm{d}t} \qquad (2.13.1)$$

oder

$$E_{\text{kin}} + E_{\text{pot}} = E = \text{const} \quad .$$

Das bedeutet: Die Summe aus kinetischer und potentieller Energie bleibt erhalten. Diese Summe, die Gesamtenergie E, ist unabhängig vom Ort, an dem sich ein Körper aufhält.

Senkrechter Wurf Das Potential des homogenen Schwerefeldes ist (siehe (2.10.3))

$$V(\mathbf{r}) = -m\mathbf{g} \cdot \mathbf{r} = E_{\text{pot}} \quad . \qquad (2.13.2)$$

Der Energiesatz lautet dann

$$E_{\text{kin}} + E_{\text{pot}} = \frac{1}{2}m\dot{\mathbf{r}}^2 - m\mathbf{g} \cdot \mathbf{r} = E \quad . \qquad (2.13.3)$$

In Komponenten ($\mathbf{r} = (x, y, z)$, $\mathbf{g} = (0, 0, -g)$) nimmt er die Form

$$\frac{1}{2}m(\dot{x}^2 + \dot{y}^2 + \dot{z}^2) + m\,g\,z = E$$

an. Betrachten wir speziell den senkrechten Wurf, bei dem die Bewegung allein in z-Richtung erfolgt, d. h.

$$\dot{x} = 0 \quad , \qquad \dot{y} = 0 \quad ,$$

so erhalten wir

$$E_{\text{kin}} + E_{\text{pot}} = \frac{1}{2}m\,\dot{z}^2 + m\,g\,z = E \quad . \qquad (2.13.4)$$

Eine graphische Darstellung der Terme auf der linken Seite dieser Gleichung enthält Abb. 2.27. Die potentielle Energie steigt linear mit z an, ihren Maximalwert erreicht sie für $E_{\text{pot}} = E$, d. h. $E_{\text{kin}} = 0$, an der Stelle

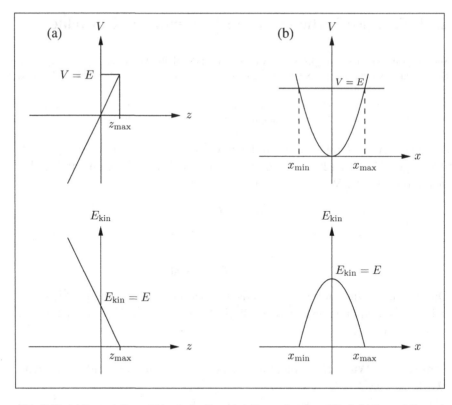

Abb. 2.27. (a) Potentielle und kinetische Energie beim senkrechten Wurf. (b) Potentielle und kinetische Energie des harmonischen Oszillators

$$z_{max} = \frac{E}{mg} \quad .$$

Die kinetische Energie, die an dieser Stelle verschwindet, wächst linear mit fallendem z. Die Bewegung ist also auf den Bereich

$$z \leq z_{max}$$

beschränkt.

Der eindimensionale harmonische Oszillator Das Kraftfeld des harmonischen Oszillators hat das Potential

$$V(\mathbf{r}) = \frac{1}{2}D\mathbf{r}^2 \quad .$$

Für den Fall der eindimensionalen Bewegung in x-Richtung vereinfacht es sich auf

$$V(x) = \frac{1}{2}Dx^2 \quad .$$

Die Energieerhaltung liefert die Beziehung

$$E_{\text{kin}} + E_{\text{pot}} = \frac{1}{2}m\dot{x}^2 + \frac{1}{2}Dx^2 = E \quad , \qquad (2.13.5)$$

die in Abb. 2.27b graphisch dargestellt ist. Die potentielle Energie beschreibt eine um $x = 0$ symmetrische Parabel, ihre Maximalwerte werden für

$$V = E$$

an den Stellen

$$x_{\text{max}} = \sqrt{\frac{2}{D}E} \quad \text{und} \quad x_{\text{min}} = -\sqrt{\frac{2}{D}E}$$

erreicht. An diesen Punkten verschwindet die kinetische Energie, die eine nach unten geöffnete, um $x = 0$ symmetrische Parabel beschreibt.

2.14 Einheiten der Energie. Leistung und Wirkung

Inhalt: Die Energieeinheit im SI ist das Joule (J). Die Zeitableitung der Energie heißt Leistung. Ihre Einheit ist das Watt (W). Das Zeitintegral der Energie heißt Wirkung (Einheit $W s^2$).
Bezeichnungen: W Arbeit, N Leistung, A Wirkung, t Zeit.

In der Mechanik haben Arbeit bzw. Energie die Dimension

$$\text{dim(Energie)} = \text{dim(Kraft)} \cdot \text{dim(Länge)} \quad .$$

Ihre Einheit ist daher

$$\begin{aligned}
[E]_{\text{SI}} = 1\,\text{N} \cdot \text{m} &= 1\,\text{kg}\,\text{m}\,\text{s}^{-2} \cdot \text{m} = 1\,\text{kg}\,\text{m}^2\,\text{s}^{-2} \\
&= 1\,\text{Wattsekunde} = 1\,\text{W}\,\text{s} = 1\,\text{Joule} \quad .
\end{aligned}$$

Die Energieeinheit 1 Wattsekunde ist also einfach eine Abkürzung für $1\,\text{kg}\,\text{m}^2\,\text{s}^{-2}$ (so wie 1 Newton die Abkürzung für $1\,\text{kg}\,\text{m}\,\text{s}^{-2}$ ist). Andere manchmal gebrauchte Einheiten sind

$$\begin{aligned}
1\,\text{kW}\,\text{h} &= 1\,\text{Kilowattstunde} = 10^3 \cdot 60 \cdot 60\,\text{W}\,\text{s} = 3{,}6 \cdot 10^6\,\text{W}\,\text{s} \\
1\,\text{erg} &= 1\,\text{g}\,\text{cm}^2\,\text{s}^{-2} = 10^{-7}\,\text{N}\,\text{m} = 10^{-7}\,\text{W}\,\text{s} \\
1\,\text{MeV} &\approx 1{,}602 \cdot 10^{-13}\,\text{W}\,\text{s} \quad .
\end{aligned}$$

Die in der Zeiteinheit aufgewandte Arbeit heißt *Leistung:*

$$N = \frac{\mathrm{d}W}{\mathrm{d}t} \quad . \tag{2.14.1}$$

Ihre Einheit ist

$$[N]_{\mathrm{SI}} = 1\,\mathrm{Watt} = 1\,\mathrm{W} = 1\,\mathrm{kg}\,\mathrm{m}^2\,\mathrm{s}^{-3} \quad .$$

Die *Wirkung* einer Arbeit über eine bestimmte Zeit t ist durch

$$A = \int_{t'=0}^{t'=t} W(t')\,\mathrm{d}t' \tag{2.14.2}$$

definiert. Sie wird in $\mathrm{kg}\,\mathrm{m}^2\,\mathrm{s}^{-1} = \mathrm{W}\,\mathrm{s}^2 = \mathrm{J}\,\mathrm{s}$ gemessen.

2.15 Drehimpuls und Drehmoment

Inhalt: Das Vektorprodukt aus Orts- und Impulsvektor eines Massenpunktes ist sein Drehimpuls (bezüglich des Ursprungs), das Vektorprodukt aus Ortsvektor und Kraft ist das auf den Massenpunkt wirkende Drehmoment. Es ist gleich der Zeitableitung des Drehimpulses. Bei Zentralkräften ist der Drehimpuls (bezüglich des Kraftzentrums) konstant.
Bezeichnungen: r Ortsvektor, p Impuls, L Drehimpuls, F Kraft, D Drehmoment.

Ist bei einem mechanischen Problem ein Punkt des Raumes vor anderen ausgezeichnet, so ist es oft sinnvoll, ihn als Ursprung eines Koordinatensystems zu wählen. Ist r der Ortsvektor eines Massenpunktes in bezug auf diesen Ursprung und p sein Impuls, so heißt das Vektorprodukt

$$\mathbf{L} = \mathbf{r} \times \mathbf{p} \tag{2.15.1}$$

der *Drehimpuls* des Massenpunktes um den Ursprung. Seine Zeitableitung ist

$$\dot{\mathbf{L}} = \dot{\mathbf{r}} \times \mathbf{p} + \mathbf{r} \times \dot{\mathbf{p}} = \mathbf{r} \times \dot{\mathbf{p}} \quad ,$$

weil – wegen $\mathbf{p} = m\mathbf{v} = m\dot{\mathbf{r}}$ – der erste Summand verschwindet. Da nach dem zweiten Newtonschen Gesetz die Zeitableitung des Impulses gerade gleich der Kraft F auf den Massenpunkt ist, gilt schließlich

$$\dot{\mathbf{L}} = \mathbf{r} \times \mathbf{F} = \mathbf{D} \quad . \tag{2.15.2}$$

Das Vektorprodukt aus Ortsvektor und Kraft heißt *Drehmoment* auf den Massenpunkt. Offenbar ist der Drehimpuls eine erhaltene Größe, wenn das Drehmoment verschwindet. Das ist (neben dem trivialen Fall verschwindender Kraft) dann der Fall, wenn die Kraft immer in Richtung des Ortsvektors zeigt, also für ein Zentralfeld mit dem Koordinatenursprung als Zentrum.

2.16 Bewegung im Zentralfeld

Inhalt: Im Zentralfeld bewegt sich ein Massenpunkt in der Ebene, die senkrecht auf dem zeitlich konstanten Drehimpulsvektor steht.

In (2.9.10) hatten wir ein allgemeines Zentralfeld in der Form

$$\mathbf{F} = f(r)\frac{\mathbf{r}}{r} \tag{2.16.1}$$

angeschrieben. Die Bewegungsgleichung eines Massenpunktes mit dem Ortsvektor $\mathbf{r}$ in diesem Feld ist

$$m\ddot{\mathbf{r}} = \mathbf{F} \quad . \tag{2.16.2}$$

Vektorielle Multiplikation von links mit $\mathbf{r}$ liefert

$$\mathbf{r} \times (m\ddot{\mathbf{r}}) = \mathbf{r} \times \dot{\mathbf{p}} = \dot{\mathbf{L}} = \mathbf{r} \times \mathbf{F} = \frac{f(r)}{r}\mathbf{r} \times \mathbf{r} = 0 \quad . \tag{2.16.3}$$

Wie bereits erwähnt, bleibt der Drehimpuls $\mathbf{L}$ bei der Bewegung im Zentralfeld erhalten. Der konstante Vektor $\mathbf{L}$ steht nach (2.15.1) stets senkrecht auf dem Ortsvektor $\mathbf{r}$ und dem Impuls $\mathbf{p} = m\mathbf{v}$. Diese beiden Vektoren bleiben also immer in einer zeitlich unveränderlichen Ebene, der *Bewegungsebene*. Damit folgt allein aus der Drehimpulserhaltung, daß die Bewegung eines Massenpunktes in einem beliebigen Zentralfeld immer in einer Ebene verläuft, deren Lage im Raum nur von den Anfangsbedingungen abhängt, Abb. 2.28.

2.17 Bewegung im zentralen Gravitationsfeld

Inhalt: Bei der Bewegung eines Massenpunktes im zentralen Gravitationsfeld tritt neben dem Drehimpuls ein zweiter erhaltener Vektor auf, der eine Richtung in der Bahnebene auszeichnet. Die möglichen Bahnen sind Kegelschnitte: Kreise, Ellipsen, Parabeln, Hyperbeln. Offene bzw. geschlossene Bahnen treten für nicht negative bzw. negative Gesamtenergie auf. Herleitung der Keplerschen Gesetze.
Bezeichnungen: $\mathbf{F}$ Gravitationskraft, γ Gravitationskonstante, m Planetenmasse, M Sonnenmasse; $\mathbf{r}, \mathbf{p}, \mathbf{L}$ Orts-, Impuls- und Drehimpulsvektor des Planeten; $\mathbf{C}$ Lenzscher Vektor; q, ε Parameter und numerische Exzentrizität eines Kegelschnittes; a, b große und kleine Halbachse einer Ellipse; ω Winkelgeschwindigkeit, T Umlaufzeit.

Wir spezialisieren unser allgemeines Zentralfeld (2.16.1) jetzt zum Newtonschen Gravitationsfeld

$$\mathbf{F} = -\gamma\frac{mM}{r^2}\frac{\mathbf{r}}{r} \tag{2.17.1}$$

und identifizieren unseren Massenpunkt mit einem Planeten der Masse m, während wir annehmen, daß sich im Koordinatenursprung die Sonne (Masse

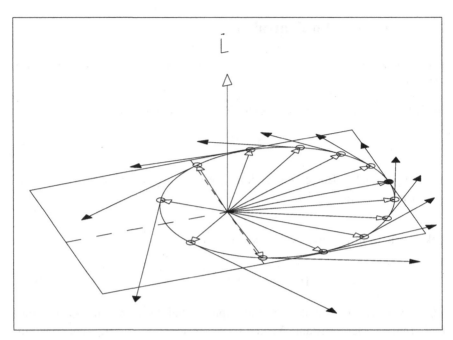

Abb. 2.28. Illustration zur Erhaltung des Drehimpulsvektors **L** bei der Bewegung im Zentralfeld. Die Bahn (hier eine Ellipse) liegt in einer Ebene, die als Rechteck angedeutet ist. Ortsvektoren **r** (*helle Pfeile*) und Impulsvektoren **p** (*dunkle Pfeile*) sind für eine Reihe von Punkten gezeichnet, die nach gleichen Zeitintervallen erreicht werden

M) befinde. Im Abschn. 3.5 werden wir feststellen, daß die Sonne zwar nicht exakt ortsfest ist, jedoch in sehr guter Näherung als ortsfest betrachtet werden darf.

Wegen ihrer grundsätzlichen Bedeutung diskutieren wir die Bewegung eines Massenpunktes im Gravitationsfeld (bzw. in einem Kraftfeld, das wie $1/r^2$ abfällt, etwa dem elektrostatischen Feld einer Punktladung) sehr ausführlich. Wichtige Teilschritte sind durch Zwischenüberschriften gekennzeichnet.

Aufstellung der Bewegungsgleichung Die Bewegungsgleichung lautet

$$m\ddot{\mathbf{r}} = \dot{\mathbf{p}} = -\gamma \frac{mM}{r^3}\mathbf{r} \quad . \tag{2.17.2}$$

Auffindung einer Vorzugsrichtung in der Bewegungsebene Vektorielle Multiplikation von rechts mit dem Drehimpuls $\mathbf{L} = \mathbf{r} \times \mathbf{p}$ ergibt

$$\begin{aligned}
\dot{\mathbf{p}} \times \mathbf{L} &= -\gamma mM \frac{1}{r^3}[\mathbf{r} \times (\mathbf{r} \times \mathbf{p})] = -\gamma mM \frac{1}{r^3}[\mathbf{r}(\mathbf{r} \cdot \mathbf{p}) - \mathbf{p}r^2] \\
&= \gamma m^2 M \frac{1}{r^3}[\dot{\mathbf{r}}r^2 - \mathbf{r}(\mathbf{r} \cdot \dot{\mathbf{r}})] \quad .
\end{aligned} \tag{2.17.3}$$

Wegen $\dot{\mathbf{L}} = 0$ ist die linke Seite dieser Gleichung

$$\frac{\mathrm{d}}{\mathrm{d}t}(\mathbf{p} \times \mathbf{L}) = \dot{\mathbf{p}} \times \mathbf{L} \quad . \tag{2.17.4}$$

Um die rechte Seite zu vereinfachen, untersuchen wir die zeitliche Ableitung von $\hat{\mathbf{r}} = \mathbf{r}/r$. Die Produktregel liefert zunächst

$$\frac{\mathrm{d}}{\mathrm{d}t}\frac{\mathbf{r}}{r} = \frac{\dot{\mathbf{r}}}{r} + \mathbf{r}\frac{\mathrm{d}}{\mathrm{d}t}\frac{1}{r} \quad . \tag{2.17.5}$$

Für die Ableitung im zweiten Summanden gilt nach der Kettenregel

$$\frac{\mathrm{d}}{\mathrm{d}t}\frac{1}{r} = \frac{\mathrm{d}}{\mathrm{d}t}\frac{1}{\sqrt{\mathbf{r}^2}} = \frac{\mathrm{d}}{\mathrm{d}t}(\mathbf{r}^2)^{-1/2} = -\frac{1}{2}(\mathbf{r}^2)^{-3/2}\frac{\mathrm{d}}{\mathrm{d}t}\mathbf{r}^2 = -\frac{\mathbf{r}\cdot\dot{\mathbf{r}}}{r^3} \quad . \tag{2.17.6}$$

Damit ist

$$\frac{\mathrm{d}}{\mathrm{d}t}\frac{\mathbf{r}}{r} = \frac{\dot{\mathbf{r}}}{r} - \mathbf{r}\frac{\mathbf{r}\cdot\dot{\mathbf{r}}}{r^3} \quad . \tag{2.17.7}$$

Durch Einsetzen von (2.17.4) und (2.17.7) in (2.17.3) gewinnen wir

$$\frac{\mathrm{d}}{\mathrm{d}t}(\mathbf{p} \times \mathbf{L}) = \gamma m^2 M \frac{\mathrm{d}}{\mathrm{d}t}\frac{\mathbf{r}}{r} \quad . \tag{2.17.8}$$

Integration liefert

$$\mathbf{p} \times \mathbf{L} = \gamma m^2 M \frac{\mathbf{r}}{r} - \mathbf{C} \quad . \tag{2.17.9}$$

Dabei ist $\mathbf{C}$ ein konstanter Vektor, der als Konstante dieser Integration einer Vektorgleichung auftritt. Er liegt in der Bewegungsebene, weil

$$0 = \mathbf{L} \cdot (\mathbf{p} \times \mathbf{L}) = \gamma m^2 M \frac{1}{r}(\mathbf{L} \cdot \mathbf{r}) - \mathbf{L} \cdot \mathbf{C} \quad ,$$

also $\mathbf{L} \perp \mathbf{C}$, weil $\mathbf{L} \perp \mathbf{r}$. Der Vektor $\mathbf{C}$ ist neben $\mathbf{L}$ eine weitere Konstante der Bewegung. Er heißt *Lenzscher Vektor*. Sein Auftreten ist eine Eigentümlichkeit des Gravitationsgesetzes. Er zeichnet eine *Vorzugsrichtung in der Bewegungsebene* aus.

Identifikation der Bahnen mit Kegelschnitten Aus (2.17.9) können wir jetzt leicht die *Bahngleichung* des Planeten gewinnen. Skalare Multiplikation mit $\mathbf{r}$ liefert

$$\mathbf{r} \cdot (\mathbf{p} \times \mathbf{L}) = \gamma m^2 M r - \mathbf{r} \cdot \mathbf{C} \quad .$$

Auf der linken Seite der Gleichung dürfen die Faktoren des Spatproduktes zyklisch vertauscht werden. Es gilt

$$\mathbf{r} \cdot (\mathbf{p} \times \mathbf{L}) = \mathbf{L} \cdot (\mathbf{r} \times \mathbf{p}) = \mathbf{L} \cdot \mathbf{L} = L^2 \tag{2.17.10}$$

und damit

$$L^2 = \gamma m^2 M r - \mathbf{r} \cdot \mathbf{C} = \gamma m^2 M r - rC \cos\varphi \qquad (2.17.11)$$

mit

$$\varphi = \sphericalangle(\mathbf{r}, \mathbf{C}) \quad . \qquad (2.17.12)$$

Mit den Abkürzungen

$$q = \frac{L^2}{\gamma m^2 M} \quad , \qquad \varepsilon = \frac{C}{\gamma m^2 M} \qquad (2.17.13)$$

nimmt (2.17.11) die bekannte *Fokaldarstellung der Ellipsengleichung*

$$r = \frac{q}{1 - \varepsilon \cos\varphi} \qquad (2.17.14)$$

an. Ihre geometrische Bedeutung ist in Abb. 2.29 dargestellt. Sind

$F_1, F_2, M :$ die Brennpunkte bzw. der Mittelpunkt,

$a :$ große Halbachse,

$b :$ kleine Halbachse,

$e = \sqrt{a^2 - b^2} :$ lineare Exzentrizität,   (2.17.15)

$\mathbf{f} :$ ein Vektor der Länge e in der Richtung von F_1 nach F_2 ,

$\mathbf{r} :$ Ortsvektor eines Punktes bezogen auf F_1 ,

$\varphi = \sphericalangle(\mathbf{r}, \mathbf{f})$,

$q = b^2/a :$ der Parameter oder Scheitelkrümmungsradius,   (2.17.16)

$\varepsilon = \sqrt{a^2 - b^2}/a :$ die numerische Exzentrizität,   (2.17.17)

so gibt (2.17.14) den Zusammenhang zwischen Betrag r und Azimut φ des Ortsvektors wieder.

In der Tat beschreibt (2.17.14) nicht nur die Ellipse, sondern alle Kegelschnitte. Man erhält für

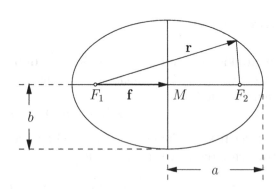

Abb. 2.29. Ellipse als Bahn eines Körpers im zentralen Gravitationsfeld

$$\varepsilon = 0 \quad : \quad \text{einen Kreis,}$$
$$0 < \varepsilon < 1 \quad : \quad \text{eine Ellipse,}$$
$$\varepsilon = 1 \quad : \quad \text{eine Parabel,}$$
$$\varepsilon > 1 \quad : \quad \text{eine Hyperbel.}$$

Einfluß der Gesamtenergie auf die Bahnform Die vier Arten von Kegelschnitten lassen sich in zwei grundsätzlich verschiedene Klassen einteilen, eine, die *geschlossenen Bahnen* entspricht (Ellipse, Kreis) und eine andere, deren offene Bahnen beliebig weit vom Zentrum wegführen (Hyperbel, Parabel). Wir vermuten sofort, daß offene Bahnen nur möglich sind, wenn die Gesamtenergie

$$E = E_{\text{kin}} + E_{\text{pot}} = \frac{p^2}{2m} - \frac{\gamma m M}{r} \tag{2.17.18}$$

positiv ist, weil dann auch für $r \to \infty$ die kinetische Energie E_{kin} noch physikalische Werte ≥ 0 annimmt. Ist umgekehrt $E < 0$, so reicht die kinetische Energie nicht aus, den Planeten gegen das Potential „ins Unendliche" zu tragen. Es sind nur geschlossene Bahnen möglich. Mathematisch ist die Art der Bahn durch die numerische Exzentrizität ε (2.17.13), also im wesentlichen durch den Betrag C des Lenzschen Vektors gegeben. Zur Berechnung von C benutzen wir (2.17.9) und finden

$$C^2 = \gamma^2 m^4 M^2 + (\mathbf{p} \times \mathbf{L})^2 - 2\frac{\gamma m^2 M}{r}\mathbf{r} \cdot (\mathbf{p} \times \mathbf{L}) \quad .$$

Da $\mathbf{p}$ stets senkrecht zu $\mathbf{L}$ ist, gilt $|\mathbf{p} \times \mathbf{L}| = pL$ und damit $(\mathbf{p} \times \mathbf{L})^2 = p^2 L^2$. Das Spatprodukt im letzten Term gewinnt durch zyklische Vertauschung die Form $\mathbf{L} \cdot (\mathbf{r} \times \mathbf{p}) = \mathbf{L} \cdot \mathbf{L} = L^2$. Damit ist

$$C^2 = \gamma^2 m^4 M^2 + L^2 \left(p^2 - 2\frac{\gamma m^2 M}{r} \right)$$

bzw.

$$\varepsilon^2 = \frac{C^2}{\gamma^2 m^4 M^2} = 1 + \frac{2L^2}{\gamma^2 m^3 M^2} \left(\frac{p^2}{2m} - \frac{\gamma m M}{r} \right) \quad ,$$

$$\varepsilon^2 = 1 + \frac{2L^2}{\gamma^2 m^3 M^2} \left(E_{\text{kin}} + E_{\text{pot}} \right) \quad . \tag{2.17.19}$$

Wie vermutet, ist also die Bahn

$$\text{eine Hyperbel für} \quad E_{\text{kin}} > -E_{\text{pot}} \quad ,$$
$$\text{eine Parabel für} \quad E_{\text{kin}} = -E_{\text{pot}} \quad ,$$
$$\text{eine Ellipse für} \quad E_{\text{kin}} < -E_{\text{pot}} \quad .$$

Dabei ist es gleichgültig, wann oder wo E_{kin} und E_{pot} genommen werden, weil es nur auf ihre Summe E ankommt, die konstant ist.

Schließlich betrachten wir noch den Spezialfall der *Kreisbahn*. Aus Abschn. 1.2.3 wissen wir, daß ein mit konstanter Winkelgeschwindigkeit ω auf einer Kreisbahn umlaufender Massenpunkt eine Beschleunigung

$$\ddot{\mathbf{r}} = -\omega^2 \mathbf{r} \qquad (2.17.20)$$

erfährt. Offenbar durchläuft der Planet dann eine Kreisbahn, wenn die Gravitation genau diese Beschleunigung erzeugt, wenn also

$$-\omega^2 \mathbf{r} = \ddot{\mathbf{r}} = \frac{\mathbf{F}}{m} = -\frac{\gamma M}{r^3}\mathbf{r} \quad . \qquad (2.17.21)$$

Daraus folgt für die Winkelgeschwindigkeit die Bedingung

$$\omega^2 = \frac{\gamma M}{r^3} \quad . \qquad (2.17.22)$$

Mit Hilfe der Beziehung $v = r\omega$, d. h. $p = mr\omega$ erhält man für den Betrag des Impulses die Bedingung

$$p^2 = \gamma \frac{m^2 M}{r} \quad . \qquad (2.17.23)$$

Die Richtung des Impulses muß stets senkrecht auf dem Ortsvektor stehen. Zu vorgegebenem Abstand r vom Gravitationszentrum ergibt (2.17.23) sofort den zugehörigen Anfangsimpuls für eine Kreisbahn. Zur Berechnung der Anfangsbedingungen für eine Kreisbahn haben wir nicht die allgemeine Bahngleichung (2.17.14), sondern nur die Bewegungsgleichung (2.17.21) benutzt. Einsetzen von (2.17.23) liefert natürlich auch $\varepsilon = 0$.

Die Keplerschen Gesetze Von Johannes Kepler (1571–1630) wurden die folgenden Gesetze über die Planetenbewegung aus astronomischen Beobachtungen von Tycho Brahe (1546–1601) abgeleitet:

1. Die Planeten durchlaufen Ellipsenbahnen, in deren einem Brennpunkt die Sonne steht.

2. Der „Leitstrahl" von der Sonne zum Planeten überstreicht in gleichen Zeiten gleiche Flächen.

3. Die Quadrate der Umlaufzeiten T verhalten sich wie die Kuben der großen Halbachsen a der Ellipsenbahnen (d. h. der Quotient T_i^2/a_i^3 ist für alle Planeten i konstant).

Für Newton bildeten diese empirischen Befunde den wesentlichen Anstoß zur Aufstellung seiner dynamischen Grundgleichungen und des Gravitationsgesetzes.

Wir beschreiten nun den umgekehrten Weg, indem wir die Keplerschen Gesetze aus den Newtonschen Gleichungen und dem Gravitationsgesetz herleiten:

$$dr = \frac{dr}{dt}\,dt$$

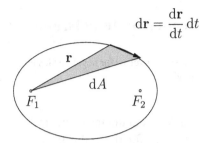

Abb. 2.30. Zum zweiten Keplerschen Gesetz

1. Das erste Keplersche Gesetz ist offenbar ein Spezialfall unseres allgemeineren Ergebnisses, das die Kegelschnittform der Bahnen feststellt.

2. Das zweite Keplersche Gesetz findet man wie folgt (Abb. 2.30): In der kurzen Zeit dt legt der Planet die kurze Strecke dr zurück. Der Ortsvektor überstreicht eine Dreiecksfläche der Größe dA, die gleich der halben Fläche des von r und dr aufgespannten Parallelogramms ist,

$$dA = \frac{1}{2}\left|\mathbf{r} \times d\mathbf{r}\right| = \frac{1}{2}\left|\mathbf{r} \times \frac{d\mathbf{r}}{dt}\,dt\right| = \frac{1}{2}\left|\mathbf{r} \times \dot{\mathbf{r}}\right|dt \quad .$$

Die zeitliche Änderung der Fläche ist dann

$$\frac{dA}{dt} = \frac{1}{2}\left|\mathbf{r} \times \dot{\mathbf{r}}\right| = \frac{1}{2m}|\mathbf{L}| = \text{const} \quad , \qquad (2.17.24)$$

weil der Drehimpuls $\mathbf{L}$ konstant bleibt. Das ist gerade die Aussage des zweiten Keplerschen Gesetzes.

3. Bezeichnen wir die Gesamtfläche der Ellipse mit A, die Umlaufzeit des Planeten mit T, so ist die Ellipsenfläche

$$A = \pi\,a\,b = \int_{t=0}^{T} \frac{dA}{dt}\,dt = \frac{1}{2m}|\mathbf{L}|T$$

und damit

$$T = \frac{2\pi abm}{|\mathbf{L}|} \quad .$$

Wegen $q = b^2/a = L^2/(\gamma m^2 M)$ gilt dann $T^2 = 4\pi^2 a^2 b^2 m^2/L^2 = 4\pi^2 a^3 q m^2/L^2 = 4\pi^2 a^3/(\gamma M)$, d. h.

$$\frac{T^2}{a^3} = \frac{4\pi^2}{\gamma M} = \text{const} \quad , \qquad (2.17.25)$$

unabhängig von Masse oder Anfangsbedingungen des jeweiligen Planeten.

2.18 Beschreibung der Planetenbewegung im Impulsraum

Inhalt: Im Impulsraum sind alle Planetenbahnen geschlossene Kreise (für negative Gesamtenergie) oder Kreisbögen (für nicht negative Gesamtenergie).
Bezeichnungen: Wie in Abschn. 2.17.

Wir betrachten noch einmal die Bewegung eines Massenpunktes im zentralen Gravitationsfeld, interessieren uns jedoch jetzt nicht für die Bahn im Ortsraum sondern für die Bahn des Massenpunktes im Impulsraum, also in einem dreidimensionalen Raum, der durch die Komponenten des Impulses des Massenpunktes aufgespannt wird. Dazu schreiben wir (2.17.9) in der Form

$$\mathbf{p} \times \mathbf{L} + \mathbf{C} = \gamma m^2 M \frac{\mathbf{r}}{r}$$

und quadrieren:

$$(\mathbf{p} \times \mathbf{L})^2 + C^2 + 2\mathbf{C} \cdot (\mathbf{p} \times \mathbf{L}) = \gamma^2 m^4 M^2 \quad .$$

Da $\mathbf{p} \perp \mathbf{L}$, gilt $(\mathbf{p} \times \mathbf{L})^2 = p^2 L^2$. Mit einer antizyklischen Vertauschung der Faktoren im Spatprodukt erhalten wir

$$p^2 L^2 + C^2 - 2\mathbf{p} \cdot (\mathbf{C} \times \mathbf{L}) = \gamma^2 m^4 M^2 \quad ,$$
$$p^2 + \frac{C^2}{L^2} - 2\mathbf{p} \cdot \frac{(\mathbf{C} \times \mathbf{L})}{L^2} = \frac{\gamma^2 m^4 M^2}{L^2} \quad .$$

Da $\mathbf{L} \perp \mathbf{C}$, gilt $(\mathbf{C} \times \mathbf{L})^2 = L^2 C^2$. Wir können also schreiben $C^2 = (\mathbf{C} \times \mathbf{L})^2 / L^2$. Damit ist die linke Seite das Quadrat von $\mathbf{p} + (\mathbf{L} \times \mathbf{C})/L^2$, also

$$\left(\mathbf{p} - \frac{\mathbf{C} \times \mathbf{L}}{L^2} \right)^2 = \left(\frac{\gamma m^2 M}{L} \right)^2 \quad . \tag{2.18.1}$$

Da

$$\mathbf{u} = \frac{\mathbf{C} \times \mathbf{L}}{L^2}$$

und

$$v = \frac{\gamma m^2 M}{L}$$

für jede Bewegung Konstanten sind, ist (2.18.1) eine Kreisgleichung

$$(\mathbf{p} - \mathbf{u})^2 = v^2 \quad .$$

Die Spitze des Impulsvektors beschreibt einen Kreis mit dem Radius v um die Spitze des festen Vektors $\mathbf{u}$.

Der Ursprung des Koordinatensystems liegt außerhalb des Kreises bzw. auf dem Kreis bzw. im Kreis, je nachdem ob

$$u > v \quad , \qquad u = v \quad \text{oder} \qquad u < v$$

gilt. Da $C \perp L$, also $(C \times L)^2 = C^2 L^2$, entsprechen diese Beziehungen den Relationen

$$C > \gamma m^2 M \quad , \qquad C = \gamma m^2 M \quad \text{oder} \qquad C < \gamma m^2 M$$

und damit

$$\varepsilon > 1 \quad , \qquad \varepsilon = 1 \quad \text{oder} \qquad \varepsilon < 1 \ .$$

Ein Vergleich mit (2.17.19) zeigt, daß diese Beziehung gleichbedeutend mit

$$E_{\text{kin}} \leq -E_{\text{pot}}$$

ist. Damit ergibt sich folgende Entsprechung zwischen den Bahnen im Ortsraum und im Impulsraum (Abb. 2.31)

1. $E_{\text{kin}} < -E_{\text{pot}}$:
   Bahn im Ortsraum: Ellipse
   Bahn im Impulsraum: Kreis, der den Ursprung umschließt

2. $E_{\text{kin}} = -E_{\text{pot}}$:
   Bahn im Ortsraum: Parabel
   Bahn im Impulsraum: Kreis durch den Ursprung. Der Ursprung ($\mathbf{p} = 0$) wird asymptotisch für $t \rightarrow \pm\infty$ erreicht

3. $E_{\text{kin}} > -E_{\text{pot}}$:
   Bahn im Ortsraum: Hyperbel
   Bahn im Impulsraum: Bogen auf einem Kreis, der den Ursprung nicht einschließt. Die Enden des Bogens werden asymptotisch für $t \rightarrow \pm\infty$ erreicht, sie entsprechen den geradlinigen Bahnen in großer Entfernung vom Zentrum.

In Abb. 2.31 sind die Anfangsbedingungen so gewählt, daß der Planet zur Zeit $t = 0$ im Ortsraum die Position ($x_0 = a$, $y_0 = 0$) hat und seine Geschwindigkeit in Richtung der y-Achse zeigt. Damit verläuft die Bewegung in der (x, y)-Ebene. Im Impulsraum hat er dann zur Zeit $t = 0$ eine Position auf der positiven p_y-Achse und bewegt sich in Richtung fallender Werte von p_x (d. h. gegen den Uhrzeigersinn).

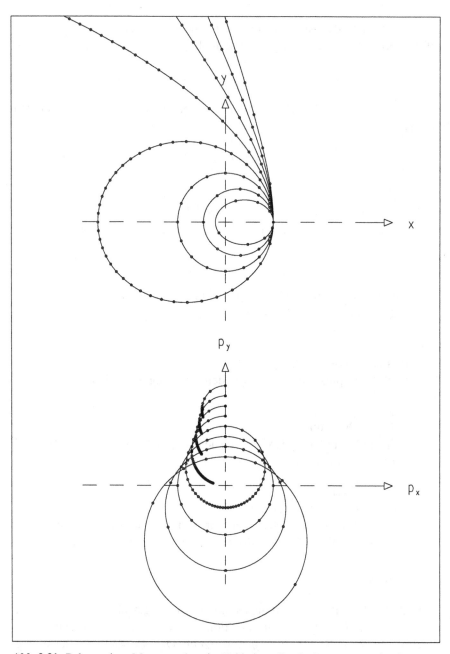

Abb. 2.31. Bahnen eines Massenpunktes im Feld eines Gravitationszentrums im Ortsraum (*oben*) und Impulsraum (*unten*). Alle Bahnen beginnen auf der x-Achse im Ortsraum und auf der p_y-Achse im Impulsraum. Die kleinen Punkte auf den Bahnen geben die momentane Position des Massenpunktes zu den diskreten Zeitpunkten $t = 0, \Delta t, 2\,\Delta t, \ldots$ an

2.19 Aufgaben

2.1: An einem Massenpunkt greifen die drei folgenden, in Kugelkoordinaten gegebenen Kräfte an:

$$|\mathbf{F}_1| = 100\,\text{N}, \quad \vartheta_1 = 60°, \quad \varphi_1 = 30° \quad,$$
$$|\mathbf{F}_2| = 120\,\text{N}, \quad \vartheta_2 = 120°, \quad \varphi_2 = 210° \quad,$$
$$|\mathbf{F}_3| = 80\,\text{N}, \quad \vartheta_3 = 150°, \quad \varphi_3 = 300° \quad.$$

Welche Kraft $\mathbf{F}_4$ muß aufgewendet werden, um den Punkt im Gleichgewicht zu halten?

2.2: Ein Eisenbahnwaggon mit der Masse $m = 16 \cdot 10^3\,\text{kg}$ stößt mit der Geschwindigkeit $v = 2\,\text{m}\,\text{s}^{-1}$ mit seinen beiden Puffern auf die zwei Puffer eines Prellbocks. Wie weit drücken sich die Pufferfedern zusammen, wenn diejenigen des Waggons und die des Prellbocks gleich sind und jede bei Einwirkung einer Kraft von $4 \cdot 10^4\,\text{N}$ um 1 cm nachgibt?
Hinweise: Gehen Sie vom Energiesatz aus. Für die Federn soll das Hookesche Gesetz gelten.

2.3: Ein Block der Masse m kann reibungsfrei auf einer Unterlage gleiten. Links und rechts an ihm sind Federn der Federkonstante D befestigt, Abb. 2.32. Geben Sie die Schwingungsdauern für die beiden skizzierten Fälle an, in denen zu beiden Seiten des Blocks zwei Federn (a) hintereinander (b) parallel zu einander angebracht sind.

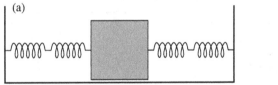 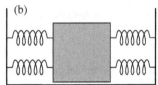

Abb. 2.32 a,b. Zu Aufgabe 2.3

2.4: Der Wurf eines Steines soll mit den Anfangsbedingungen $\mathbf{r}_0 = 0$, $\mathbf{v}_0 = v_0 \cos\varphi\,\mathbf{e}_x + v_0 \sin\varphi\,\mathbf{e}_z$, $v_0 = \text{const}$, erfolgen. Bestimmen Sie die Wurfhöhe z_{max} und die Wurfweite (x-Koordinate für $z = 0$.) Für welchen Wert von φ wird die Wurfweite maximal?

2.5: *Schiefe Ebene:* Ein Massenpunkt gleitet im homogenen Schwerefeld eine Ebene herab, die gegen die horizontale x-Achse um den Winkel α geneigt ist, Abb. 2.33. Es sei $x_0 = z_0 = 0$, $v_{x0} = v_{z0} = 0$. Geben Sie $x = x(t)$, $z = z(t)$ an.

2.6: Ein Massenpunkt gleitet reibungsfrei auf einer großen unbeweglichen Kugel mit Radius R, Abb. 2.34. Seine Anfangsgeschwindigkeit am höchsten Punkt sei null.

(a) Bei welchem Winkel θ springt der Massenpunkt von der Kugel ab?

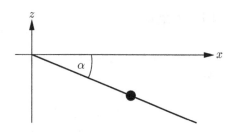

Abb. 2.33. Zu Aufgabe 2.5

(b) Wie groß ist der horizontale Abstand D des Aufschlagpunktes vom Kugelmittelpunkt?

Hinweis: Benutzen Sie die Begriffe Energieerhaltung und Zentripetalbeschleunigung.

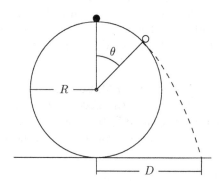

Abb. 2.34. Zu Aufgabe 2.6

2.7: Gegeben sei ein Kraftfeld der Form

$$\mathbf{F} = z\mathbf{e}_x + 2y\mathbf{e}_y + 3x\mathbf{e}_z \quad .$$

Berechnen Sie das Linienintegral $\int_C \mathbf{F} \cdot d\mathbf{r}$ vom Ursprung 0 zum Punkt $\mathbf{r}_0 = \mathbf{e}_x + \mathbf{e}_y/\sqrt{2} + \mathbf{e}_z/3$

(a) entlang der Geraden, die 0 und $\mathbf{r}_0$ verbindet,

(b) entlang der durch $\mathbf{r}(s) = s\mathbf{e}_x + s^2\mathbf{e}_y/\sqrt{2} + s^3\mathbf{e}_z/3$ gegebenen Kurve.

2.8: **(a)** Zeigen Sie, daß das Kraftfeld

$$\mathbf{F}(\mathbf{r}) = (\alpha y^2 - 2\gamma xyz^3)\mathbf{e}_x + (2\alpha xy - \gamma x^2 z^3)\mathbf{e}_y + (6\beta z^3 - 3\gamma x^2 yz^2)\mathbf{e}_z$$

konservativ ist, und geben Sie ein Potential an.

(b) Berechnen Sie die Arbeit, die man bei der Bewegung eines Massenpunktes zwischen den Punkten $a(2\mathbf{e}_x - \mathbf{e}_y + 2\mathbf{e}_z)$ und $a(-\mathbf{e}_x + 3\mathbf{e}_y + 2\mathbf{e}_z)$ im Kraftfeld $\mathbf{F}(\mathbf{r})$ leisten muß.

2.9: Gegeben ist das Vektorfeld

$$\mathbf{F}(\mathbf{r}) = \frac{Ay}{x^2 + y^2}(y\mathbf{e}_x - x\mathbf{e}_y) \quad .$$

Berechnen Sie das Linienintegral über das Wegstück von $\mathbf{r}_1 = \mathbf{e}_x$ bis $\mathbf{r}_2 = 2\mathbf{e}_x$ entlang der Spirale

$$\mathbf{r}(\varphi) = \frac{\varphi}{2\pi}(\cos\varphi\,\mathbf{e}_x + \sin\varphi\,\mathbf{e}_y) \quad .$$

2.10: Wie groß ist die *erste kosmische Geschwindigkeit* v_1, die eine Rakete in der Nähe der Erdoberfläche und in der Richtung senkrecht zur dieser mindestens besitzen muß, damit sie sich beliebig weit von der Erde entfernen kann? Hier wird angenommen, die Erde sei der einzige Himmelskörper, der auf die Rakete eine Kraft ausübt. (Erdmasse $m_E = 5,974 \cdot 10^{24}$ kg, Erdradius $r_E = 6371$ km.)

2.11: Wie groß ist die *zweite kosmische Geschwindigkeit* v_2, die einer Rakete auf der Erdumlaufbahn (jedoch weit entfernt von der Erde) in Richtung von der Sonne weg erteilt werden muß, damit sie sich beliebig weit von der Sonne entfernen kann? (Erdbahnradius $r_{EB} = 149,6 \cdot 10^6$ km, Sonnenmasse $M = 1,989 \cdot 10^{30}$ kg.)

2.12: Wie groß ist die Umlaufzeit einer Raumfähre auf einer Kreisbahn in 200 km Höhe um die Erde? (Erdmasse $m_E = 5,974 \cdot 10^{24}$ kg, Erdradius $r_E = 6371$ km.)

2.13: Wie groß ist der Radius der Umlaufbahn eines *geostationären Satelliten*, der hoch über einem bestimmten Punkt des Erdäquators zu stehen scheint?

2.14: Welche Mindestgeschwindigkeit muß eine Rakete beim Start auf der Erde erhalten, damit sie ohne weiteren Antrieb den Mond erreichen kann? In welchem Abstand vom Erdmittelpunkt hat die Geschwindigkeit der Rakete ein Minimum? Vernachlässigen Sie die Bewegungen von Erde und Mond. (Erdmasse $m_E = 5,974 \cdot 10^{24}$ kg, Mondmasse $m_M = 7,35 \cdot 10^{22}$ kg, Erdradius $r_E = 6371$ km, Abstand der Mittelpunkte von Erde und Mond $d = 384 \cdot 10^3$ km.)

2.15: Auf der z-Achse befinden sich zwei Massenpunkte der Masse m bei $z = s$ und $z = -s$, Abb. 2.35.

(a) Geben Sie das Gravitationspotential an, auf dem sich ein dritter Massenpunkt der Masse M am Ort $\mathbf{r}$ befindet. (Es sei $V(|\mathbf{r}| \to \infty) = 0$.)

(b) Betrachten Sie nun das Potential $V(\mathbf{r} = z\mathbf{e}_z)$ auf der positiven z-Achse für große Werte von z, d. h. für $s/z \ll 1$, und entwickeln Sie $V(z\mathbf{e}_z)$ in eine Taylor-Reihe bis zu quadratischen Termen in s/z.

2.16: Führen Sie in Abb. 2.29 ein Koordinatensystem x', y' mit F_1 als Ursprung und der x'-Achse in Richtung $\overline{F_1 F_2}$ ein, d. h.

$$x' = r\cos\varphi \quad , \qquad y' = r\sin\varphi$$

und zeigen Sie die Äquivalenz von (2.17.14) mit den bekannten Beziehungen über Kegelschnitte

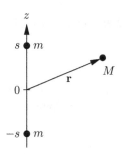

Abb. 2.35. Zu Aufgabe 2.15

$$x^2 + y^2 = a^2 \quad \text{(Kreis)} \quad , \quad \frac{x^2}{a^2} + \frac{y^2}{b^2} = 1 \quad \text{(Ellipse)} \quad ,$$

$$\frac{x^2}{a'^2} - \frac{y^2}{b'^2} = 1 \quad \text{(Hyperbel)} \quad , \quad y^2 = 2qx \quad \text{(Parabel)} \quad .$$

Dabei ist das Koordinatensystem x, y gegenüber x', y' parallelverschoben, d. h.

$$x = x' - f \quad , \quad y = y' \quad .$$

Beachten Sie, daß die Beziehungen (2.17.15) bis (2.17.17) nur für Kreis und Ellipse gelten. Insbesondere ist für die Hyperbel $a' = q/(\varepsilon^2 - 1)$, $b' = q/\sqrt{\varepsilon^2 - 1}$. Für die Verschiebung f der x'-Koordinate gilt

$$f = \frac{\varepsilon q}{|1 - \varepsilon^2|} \quad \text{für Kreise, Ellipsen und Hyperbeln} \quad ,$$

$$f = -\frac{q}{2} \quad \text{für Parabeln} \quad .$$

2.17: Betrachten Sie die Bewegung eines Massenpunktes der Masse m im Kraftfeld $\mathbf{F} = -D\mathbf{r}$ des harmonischen Oszillators.

(a) Geben Sie die Bahn $\mathbf{r} = \mathbf{r}(t)$ für die Anfangsbedingungen $\mathbf{r}_0 = x_0 \mathbf{e}_x$, $\mathbf{v}_0 = v_0 \mathbf{e}_y$ an. Zeigen Sie, daß die Bahn eine Ellipse ist, deren Mittelpunkt das Kraftzentrum, also der Koordinatenursprung ist, Abb. 2.36.

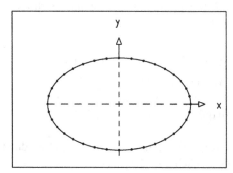

Abb. 2.36. Bahn eines Massenpunktes im Oszillatorfeld. Anfangsort und Anfangsgeschwindigkeit liegen in der (x, y)-Ebene

(b) Bestimmen Sie die Bahn im Impulsraum. Vergleichen Sie das Ergebnis mit der Aussage von Abschn. 2.18.

3. Dynamik mehrerer Massenpunkte

Der Einfachheit halber haben wir die meisten Begriffe der Mechanik zunächst für die Bewegung eines einzelnen Massenpunktes eingeführt. Wir wenden uns jetzt Systemen aus mehreren Massenpunkten zu.

Viele physikalische Vorgänge in der Natur wie die Bewegung der Planeten um die Sonne oder die Streuung von Elektronen an Atomkernen können als Bewegung solcher Systeme beschrieben werden. Wir werden eine Reihe solcher Vorgänge berechnen, benötigen dazu aber in jedem Fall detaillierte Kenntnisse der Kräfte zwischen allen Massenpunkten und der Anfangsbedingungen.

Von besonderem Interesse sind auch Aussagen, die schon bei viel weniger spezifischen Kenntnissen über Systeme mehrerer Massenpunkte gemacht werden können. Es handelt sich um die Erhaltungssätze über Energie, Impuls und Drehimpuls. Unter bestimmten Voraussetzungen bleibt nämlich die Summe der Energien, die Summe der Impulse und die Summe der Drehimpulse aller Massenpunkte während der Bewegung konstant. Die einzelnen Massenpunkte tauschen also nur Energie, Impuls und Drehimpuls untereinander aus.

Wir beginnen mit einem System aus zwei Massenpunkten.

3.1 Impuls eines Systems zweier Massenpunkte. Schwerpunkt. Impulserhaltungssatz

Inhalt: Unterscheidung zwischen äußeren und inneren Kräften. Verschwindet die Summe der äußeren Kräfte, so bleibt der Gesamtimpuls des Zweiteilchensystems konstant. Der Schwerpunkt des Systems, der massengewichtete mittlere Ort, bewegt sich, als ob die Gesamtmasse in ihm vereinigt wäre und die Summe der äußeren Kräfte an ihm angriffe.

Bezeichnungen: m_1, m_2 Massen der Teilchen 1 und 2; r_1, r_2 Ortsvektoren von 1 und 2; F_1, F_2 Kräfte auf 1 und 2; $F_1^{(a)}, F_2^{(a)}$ äußere Kräfte; $F_{12}^{(i)}$ Kraft auf 1 (von 2 herrührend); p_1, p_2 Impulse von 1 und 2; p Gesamtimpuls, R Ortsvektor des Schwerpunkts, M Gesamtmasse.

Auf zwei Massenpunkte mit den Massen m_1 und m_2 wirken die Kräfte F_1 bzw. F_2. Nach dem zweiten Newtonschen Gesetz ist

$$F_1 = \frac{d}{dt}(m_1\dot{r}_1) = \dot{p}_1 \quad , \qquad F_2 = \frac{d}{dt}(m_2\dot{r}_2) = \dot{p}_2 \quad . \qquad (3.1.1)$$

Die Addition beider Gleichungen ergibt für die zeitliche Ableitung des Gesamtimpulses

$$\dot{p} = \dot{p}_1 + \dot{p}_2 = F_1 + F_2 \quad . \qquad (3.1.2)$$

Die Kräfte F_1 und F_2 können immer, d. h. für jedes beliebige System aus zwei Massenpunkten, in zwei Anteile zerlegt werden,

$$F_1 = F_1^{(a)} + F_{12}^{(i)} \quad , \qquad F_2 = F_2^{(a)} + F_{21}^{(i)} \quad . \qquad (3.1.3)$$

Der hochgestellte Index (a) kennzeichnet den Anteil der Kraft, der von außerhalb des Systems wirkt, während der Index (i) den von innerhalb des Systems herrührenden Kraftanteil bezeichnet. Da das System nur aus zwei Teilchen besteht, kann eine innere Kraft, die auf m_1 wirkt, nur von m_2 herrühren. Wir bezeichnen sie daher mit $F_{12}^{(i)}$. Entsprechend wirkt $F_{21}^{(i)}$ auf m_2 und geht von m_1 aus. Nach dem dritten Newtonschen Gesetz ist

$$F_{12}^{(i)} = -F_{21}^{(i)} \quad . \qquad (3.1.4)$$

Das gelte ganz unabhängig von der Natur der zwischen m_1 und m_2 wirkenden Kraft. Sie kann durch Federn, Gravitation, Elektrostatik oder sonstige Effekte bewirkt werden. Mit (3.1.3) können wir (3.1.2) in die Form

$$\dot{p} = F_1^{(a)} + F_2^{(a)} + F_{12}^{(i)} + F_{21}^{(i)} = \dot{p}^{(a)} + \dot{p}^{(i)} = \dot{p}^{(a)} \qquad (3.1.5)$$

bringen, weil wegen (3.1.4)

$$\dot{p}^{(i)} = \dot{p}_1^{(i)} + \dot{p}_2^{(i)} = 0 \quad . \qquad (3.1.6)$$

Der Impuls des Systems wird also durch innere Kräfte nicht geändert. Für den Fall verschwindender äußerer Kräfte lesen wir aus (3.1.5) ab:
Wirken auf das System keine äußeren Kräfte, so bleibt der Gesamtimpuls des Systems konstant.

Dies ist der *Impulserhaltungssatz* für ein System aus zwei Massenpunkten. Wir haben ihn unmittelbar aus den Newtonschen Gesetzen hergeleitet, wollen ihn aber auch direkt experimentell verifizieren.

Experiment 3.1. Nachweis des Impulserhaltungssatzes

An zwei Reitern der Massen m_1 und m_2 sind seitlich Federn angebracht. Sie werden auf der Luftkissenfahrbahn so nah aneinandergerückt, daß die Federn gespannt sind, und anschließend mit einem Faden verbunden. Wird der Faden durchgeschnitten, so können sich die Federn entspannen. Die Reiter bewegen sich ohne Einwirkung äußerer Kräfte in entgegengesetzter Richtung. Bezeichnen wir die Impulse vor bzw. nach dem Entspannen der Feder mit p_1, p_2 bzw. p_1', p_2', so liefert der Impulserhaltungssatz

$$\mathbf{p}_1 + \mathbf{p}_2 = \mathbf{p}_1' + \mathbf{p}_2' \quad .$$

Da beide Reiter vor dem Entspannen der Feder ruhen ($\mathbf{p}_1 = \mathbf{p}_2 = 0$), ist

$$\begin{aligned}
\mathbf{p}_1' + \mathbf{p}_2' &= m_1\mathbf{v}_1' + m_2\mathbf{v}_2' = 0 \quad , \\
m_1\mathbf{v}_1' &= -m_2\mathbf{v}_2' \quad , \\
\frac{v_1'}{v_2'} &= \frac{m_2}{m_1} \quad .
\end{aligned}$$

Abbildung 3.1 zeigt zwei stroboskopische Aufnahmen des Vorgangs. Man mißt leicht nach, daß für $m_1 = m_2$ in der Tat die Geschwindigkeiten beider Reiter gleich sind, während sich im Fall $m_1 = 2m_2$ der leichtere Reiter mit der doppelten Geschwindigkeit bewegt.

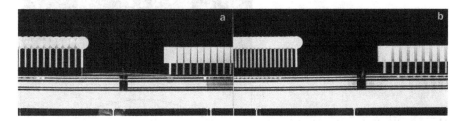

Abb. 3.1 a,b. Stroboskopaufnahmen von der Bewegung zweier Reiter auf der Luftkissenfahrbahn. Beide Reiter waren ursprünglich in Ruhe. Zwischen ihnen befand sich eine gespannte Feder. Die Bewegung trat nach Entspannen der Feder ein. **(a)** Gleiche Massen ($m_1 = m_2$); **(b)** $m_1 = 2m_2$

Wenden wir uns jetzt dem Einfluß der äußeren Kräfte zu. Wir führen zunächst den nützlichen Begriff des Schwerpunktes ein. Sind $\mathbf{r}_1(t)$ und $\mathbf{r}_2(t)$ die Orte der beiden Massenpunkte, so definieren wir als Ort des *Schwerpunktes* des Systems

$$\mathbf{R}(t) = \frac{1}{m_1 + m_2}[m_1\mathbf{r}_1(t) + m_2\mathbf{r}_2(t)] \quad . \tag{3.1.7}$$

Der Schwerpunkt ist das mit den einzelnen Massen gewichtete Mittel der Ortskoordinaten. In der englischsprachigen Literatur wird er daher etwas genauer als „center of mass" d. h. Massenmittelpunkt bezeichnet. Die Beziehung (3.1.5) läßt sich jetzt in die Form

$$\mathbf{F}_1^{(a)} + \mathbf{F}_2^{(a)} = \dot{\mathbf{p}}^{(a)} = \frac{\mathrm{d}}{\mathrm{d}t}[m_1\dot{\mathbf{r}}_1(t)] + \frac{\mathrm{d}}{\mathrm{d}t}[m_2\dot{\mathbf{r}}_2(t)] = \frac{\mathrm{d}}{\mathrm{d}t}[(m_1+m_2)\dot{\mathbf{R}}] \tag{3.1.8}$$

bringen. Die inneren Kräfte rufen also keine Beschleunigung des Schwerpunkts hervor. Der Impulserhaltungssatz ist gleichbedeutend mit der Aussage: *Durch innere Kräfte wird die Bewegung des Schwerpunkts nicht beeinflußt.*

In Abwesenheit äußerer Kräfte bewegt sich also der Schwerpunkt geradlinig gleichförmig. Sind äußere Kräfte vorhanden, so ist (3.1.8) das Bewegungsgesetz für den Schwerpunkt: Der Schwerpunkt bewegt sich so, als ob die Gesamtmasse $(m_1 + m_2)$ des Systems in ihm vereinigt wäre und alle äußeren Kräfte direkt in ihm angriffen.

Experiment 3.2. Wurf einer Hantel

In Abb. 3.2 ist die stroboskopische Aufnahme verschiedener Phasen des Wurfs einer Hantel wiedergegeben. Der Schwerpunkt der Hantel ist markiert. Die Abbildung zeigt, daß er wie ein einzelner Massenpunkt im Schwerefeld eine Wurfparabel beschreibt.

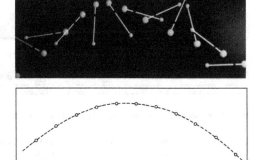

Abb. 3.2. Wurfbahn einer Hantel im Schwerefeld. Der auf der Hantel markierte Schwerpunkt beschreibt eine Wurfparabel

3.2 Verallgemeinerung auf mehrere Massenpunkte. Schwerpunktsystem

Inhalt: Die Befunde aus Abschn. 3.1 lassen sich einfach auf Systeme von N Massenpunkten übertragen. Einführung von Orts- und Impulsvektoren im Schwerpunktsystem. Der Gesamtimpuls im Schwerpunktsystem verschwindet.
Bezeichnungen: m_i $(i = 1, 2, \ldots, N)$ Massen, M Gesamtmasse, $\mathbf{F}_i$ Gesamtkraft auf Teilchen i, $\mathbf{F}_i^{(a)}$ äußere Kraft auf Teilchen i, $\mathbf{F}_{ij}$ innere Kraft auf Teilchen i herrührend von Teilchen j, $\mathbf{p}_i$ Impuls, $\mathbf{p}$ Gesamtimpuls, $\mathbf{R}$ Schwerpunkt, ϱ_i Ortsvektor im Schwerpunktsystem, $\boldsymbol{\pi}_i$ Impulsvektor im Schwerpunktsystem.

Die Verallgemeinerung der Aussagen des letzten Abschnitts auf ein System von N Massenpunkten (Abb. 3.3) ist nun vorgezeichnet. Die Kraft auf den i-ten Massenpunkt

$$\mathbf{F}_i = \frac{\mathrm{d}}{\mathrm{d}t}(m_i\dot{\mathbf{r}}_i) = \dot{\mathbf{p}}_i = \dot{\mathbf{p}}_i^{(a)} + \dot{\mathbf{p}}_i^{(i)} = \mathbf{F}_i^{(a)} + \sum_{j=1}^{N} \mathbf{F}_{ij} \qquad (3.2.1)$$

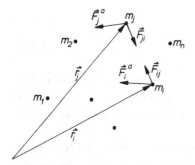

Abb. 3.3. System mehrerer Massenpunkte mit inneren und äußeren Kräften

läßt sich gewöhnlich in einen äußeren Anteil $\mathbf{F}_i^{(a)}$ und in Zweiteilchenkräfte $\mathbf{F}_{ij}$, $j = 1, 2, \ldots, N$ zerlegen, die von den übrigen Teilchen des Systems herrühren. Offenbar gilt

$$\mathbf{F}_{ii} = 0 \quad , \tag{3.2.2}$$

weil kein Teilchen auf sich selbst eine Kraft ausübt und

$$\mathbf{F}_{ij} = -\mathbf{F}_{ji} \tag{3.2.3}$$

als Konsequenz des dritten Newtonschen Gesetzes. Damit können die $\mathbf{F}_{ij}$ in einer antisymmetrischen Matrix angeordnet werden,

$$\begin{pmatrix} \mathbf{F}_{11} & \mathbf{F}_{12} & \ldots & \mathbf{F}_{1N} \\ \mathbf{F}_{21} & \mathbf{F}_{22} & \ldots & \mathbf{F}_{2N} \\ \vdots & & & \\ \mathbf{F}_{N1} & \mathbf{F}_{N2} & \ldots & \mathbf{F}_{NN} \end{pmatrix} = \begin{pmatrix} 0 & \mathbf{F}_{12} & \ldots & \mathbf{F}_{1N} \\ -\mathbf{F}_{12} & 0 & \ldots & \mathbf{F}_{2N} \\ \vdots & & & \\ -\mathbf{F}_{1N} & -\mathbf{F}_{2N} & \ldots & 0 \end{pmatrix} \quad . \tag{3.2.4}$$

Die Summation von (3.2.1) über alle Teilchen i ergibt

$$\sum_{i=1}^{N} \mathbf{F}_i = \sum_{i=1}^{N} \mathbf{F}_i^{(a)} + \sum_{i=1}^{N} \sum_{j=1}^{N} \mathbf{F}_{ij} = \sum_{i=1}^{N} \mathbf{F}_i^{(a)} = \sum_{i=1}^{N} \dot{\mathbf{p}}_i^{(a)} = \dot{\mathbf{p}}^{(a)} \quad , \tag{3.2.5}$$

weil die Doppelsumme, also die Summe über alle Elemente der Matrix (3.2.4), verschwindet,

$$\dot{\mathbf{p}}^{(i)} = \sum_{i=1}^{N} \dot{\mathbf{p}}_i^{(i)} = \sum_{i=1}^{N} \sum_{j=1}^{N} \mathbf{F}_{ij} = 0 \quad . \tag{3.2.6}$$

Der Gesamtimpuls des Systems wird also durch innere Kräfte nicht geändert. Sind keine äußeren Kräfte vorhanden, so bleibt der Gesamtimpuls konstant.
Definieren wir den Ortsvektor des Schwerpunkts entsprechend (3.1.7) als

$$\mathbf{R} = \frac{1}{M} \sum_{i=1}^{N} m_i \mathbf{r}_i \quad , \qquad M = \sum_{i=1}^{N} m_i \quad , \tag{3.2.7}$$

so erhalten wir aus (3.2.5)

$$\mathbf{F} = \sum_{i=1}^{N} \mathbf{F}_i = \sum_{i=1}^{N} \mathbf{F}_i^{(a)} = \sum_{i=1}^{N} \dot{\mathbf{p}}_i = \sum_{i=1}^{N} \frac{\mathrm{d}}{\mathrm{d}t}(m_i \dot{\mathbf{r}}_i) = \frac{\mathrm{d}}{\mathrm{d}t}(M\dot{\mathbf{R}}) \quad . \qquad (3.2.8)$$

Der Schwerpunkt bewegt sich so, als ob die Gesamtmasse des Systems in ihm vereinigt wäre und die Summe der äußeren Kräfte in ihm angriffe. Sind keine äußeren Kräfte vorhanden, so bewegt sich der Schwerpunkt geradlinig gleichförmig.

Die Möglichkeit, ein System in dieser Form global durch die Bewegung seines Schwerpunkts zu beschreiben, erlaubt eigentlich erst die Verwendung des Massenpunktbegriffs. So bestehen die Fixsterne aus riesigen Gasmassen, die sich unter dem Einfluß innerer Kräfte in heftiger Bewegung befinden. Trotzdem verhält sich ihr Schwerpunkt in bezug auf die äußeren Kräfte wie ein einzelner Massenpunkt.

Wegen der besonderen Eigenschaften des Schwerpunkts ist es oft nützlich, den Ortsvektor jedes Massenpunktes eines Systems explizit in eine Summe

$$\mathbf{r}_i = \mathbf{R} + \boldsymbol{\varrho}_i \quad , \qquad i = 1, 2, \ldots, N \quad , \qquad (3.2.9)$$

zu zerlegen. Dabei ist $\boldsymbol{\varrho}_i$ ein Vektor, der vom Schwerpunkt zum i-ten Massenpunkt zeigt. Er kann als *Ortsvektor* eines Koordinatensystems aufgefaßt werden, dessen Ursprung der Schwerpunkt ist. Es heißt *Schwerpunktsystem*. Wegen (3.2.7) ist

$$\sum_{i=1}^{N} m_i \boldsymbol{\varrho}_i = \sum_{i=1}^{N} m_i \mathbf{r}_i - M\mathbf{R} = 0 \quad . \qquad (3.2.10)$$

Als *Impulsvektor im Schwerpunktsystem* bezeichnen wir den Vektor

$$\boldsymbol{\pi}_i = m_i \dot{\boldsymbol{\varrho}}_i \quad . \qquad (3.2.11)$$

Mit (3.2.9) erhalten wir

$$\boldsymbol{\pi}_i = m_i \dot{\mathbf{r}}_i - m_i \dot{\mathbf{R}} = \mathbf{p}_i - \frac{m_i}{M}\mathbf{p} \quad . \qquad (3.2.12)$$

Dabei ist

$$\mathbf{p} = M\dot{\mathbf{R}} = \sum_{i=1}^{N} m_i \dot{\mathbf{r}}_i = \sum_{i=1}^{N} \mathbf{p}_i \qquad (3.2.13)$$

der Gesamtimpuls des Systems. Für die Summe der Impulse im Schwerpunktsystem gilt wegen (3.2.12)

$$\sum_{i=1}^{N} \boldsymbol{\pi}_i = 0 \quad . \qquad (3.2.14)$$

Im Schwerpunktsystem nehmen die Gleichungen, die die Bewegung eines Mehrkörpersystems beschreiben, oft eine besonders einfache Gestalt an. Es ist daher vorteilhaft, die Rechnungen in diesem System durchzuführen und anschließend mittels (3.2.9) die Transformation $\boldsymbol{\varrho}_i \rightarrow \mathbf{r}_i$ auszuführen. Ein Beispiel werden wir im Abschn. 3.5.2 kennenlernen.

3.3 Energieerhaltungssatz

Inhalt: Lassen sich alle in einem N-Körper-System wirkenden Kräfte aus einem gemeinsamen Potential herleiten, so bleibt die Gesamtenergie erhalten. Elastischer Stoß als Beispiel. Inelastischer Stoß als Gegenbeispiel.

Bezeichnungen: m_i, $\mathbf{r}_i$ Masse und Ort des i-ten Massenpunktes; $\mathbf{F}_i$, $\mathbf{F}_i^{(a)}$ Gesamtkraft und äußere Kraft auf Massenpunkt i; $\mathbf{F}_{ik}$ Kraft auf i herrührend von k; $\boldsymbol{\nabla}_i = \mathrm{grad}_i$ Gradient bezüglich $\mathbf{r}_i$; E_{kin}, E_{pot} kinetische und potentielle Energie; V Potential, D Federkonstante; v_i, v_i' Geschwindigkeit des Körpers i vor bzw. nach einem Stoß.

Eine der Aussagen, die man ohne detaillierte Kenntnis der Kräfte über ein System von N Massenpunkten machen kann, bezieht sich auf seine Gesamtenergie. Gehen wir von dem Satz der N Newtonschen Bewegungsgleichungen

$$m_i \ddot{\mathbf{r}}_i = \mathbf{F}_i \quad , \qquad i = 1, 2, \ldots, N \quad , \tag{3.3.1}$$

aus, so erhalten wir durch skalare Multiplikation mit $\dot{\mathbf{r}}_i$ und Summation

$$\sum_{i=1}^{N} m_i \dot{\mathbf{r}}_i \cdot \ddot{\mathbf{r}}_i = \sum_{i=1}^{N} \dot{\mathbf{r}}_i \cdot \mathbf{F}_i \quad . \tag{3.3.2}$$

Die linke Seite erkennt man als zeitliche Ableitung der gesamten kinetischen Energie

$$E_{\mathrm{kin}} = \sum_{i=1}^{N} \frac{m_i}{2} \dot{\mathbf{r}}_i^2 \quad . \tag{3.3.3}$$

Die rechte Seite läßt sich ebenfalls als totale zeitliche Ableitung (Abschn. C.7) schreiben, wenn das System konservativ ist, d. h. wenn sich die Kräfte $\mathbf{F}_i$ nach der Gleichung

$$\mathbf{F}_i = -\mathrm{grad}_i V(\mathbf{r}_1, \ldots, \mathbf{r}_N) = -\boldsymbol{\nabla}_i V(\mathbf{r}_1, \ldots, \mathbf{r}_N) \tag{3.3.4}$$

aus einem Potential $V(\mathbf{r}_1, \ldots, \mathbf{r}_N)$ gewinnen lassen. Der Index i am Differentialoperator bezeichnet die Gradientenbildung bezüglich des Ortsvektors $\mathbf{r}_i$

$$\mathrm{grad}_i = \boldsymbol{\nabla}_i = \mathbf{e}_x \frac{\partial}{\partial x_i} + \mathbf{e}_y \frac{\partial}{\partial y_i} + \mathbf{e}_z \frac{\partial}{\partial z_i} \quad . \tag{3.3.5}$$

Dann ist nämlich die rechte Seite von Gleichung (3.3.2)

$$\begin{aligned}
\sum_{i=1}^{N} \mathbf{F}_i \cdot \dot{\mathbf{r}}_i &= -\sum_{i=1}^{N} \boldsymbol{\nabla}_i V(\mathbf{r}_1, \ldots, \mathbf{r}_N) \cdot \frac{\mathrm{d}\mathbf{r}_i}{\mathrm{d}t} \\
&= -\frac{\mathrm{d}}{\mathrm{d}t} V[\mathbf{r}_1(t), \ldots, \mathbf{r}_N(t)] = -\frac{\mathrm{d}E_{\mathrm{pot}}}{\mathrm{d}t} \quad , \tag{3.3.6}
\end{aligned}$$

so daß

$$\frac{\mathrm{d}E_{\mathrm{kin}}}{\mathrm{d}t} + \frac{\mathrm{d}E_{\mathrm{pot}}}{\mathrm{d}t} = \frac{\mathrm{d}}{\mathrm{d}t}(E_{\mathrm{kin}} + E_{\mathrm{pot}}) = \frac{\mathrm{d}E}{\mathrm{d}t} = 0 \qquad (3.3.7)$$

gilt, und damit die Gesamtenergie

$$E = E_{\mathrm{kin}} + E_{\mathrm{pot}} = \mathrm{const} \qquad (3.3.8)$$

eine zeitlich unveränderliche Größe ist.

In der Mechanik läßt sich in den meisten Fällen die Kraft $\mathbf{F}_i$ auf das i-te Teilchen in eine äußere Kraft

$$\mathbf{F}_i^{(\mathrm{a})} = \mathbf{F}_i^{(\mathrm{a})}(\mathbf{r}_i) \qquad (3.3.9)$$

und eine Summe von Zweiteilchenkräften

$$\mathbf{F}_{ik} = \mathbf{F}_{ik}(\mathbf{r}_i - \mathbf{r}_k) \quad , \qquad (3.3.10)$$

die nur von den „inneren" Variablen $\mathbf{r}_i - \mathbf{r}_k$ abhängen, in der Form

$$\mathbf{F}_i = \mathbf{F}_i^{(\mathrm{a})}(\mathbf{r}_i) + \sum_{k=1}^{N} \mathbf{F}_{ik}(\mathbf{r}_i - \mathbf{r}_k) \qquad (3.3.11)$$

zerlegen. Wegen actio = reactio gilt für die inneren Kräfte

$$\mathbf{F}_{ik} = -\mathbf{F}_{ki} \quad , \qquad \text{insbesondere} \quad \mathbf{F}_{ii} = 0 \quad .$$

In einem konservativen System kann man äußere wie innere Kräfte als Gradienten von äußeren bzw. Zweiteilchenpotentialen darstellen,

$$\mathbf{F}_i^{(\mathrm{a})}(\mathbf{r}_i) = -\boldsymbol{\nabla}_i V_i^{(\mathrm{a})}(\mathbf{r}_i) \qquad (3.3.12)$$

und

$$\mathbf{F}_{ik}(\mathbf{r}_i - \mathbf{r}_k) = -\boldsymbol{\nabla}_i V_{ik}(\mathbf{r}_i - \mathbf{r}_k) \quad , \qquad V_{ii} = 0 \quad , \qquad V_{ki} = V_{ik} \quad .$$
$$(3.3.13)$$

Die Bedingung actio = reactio ist jetzt automatisch erfüllt. Das Potential des Gesamtsystems ist dann

$$\begin{aligned} V(\mathbf{r}_1, \mathbf{r}_2, \ldots, \mathbf{r}_N) &= \sum_{i=1}^{N} V_i^{(\mathrm{a})}(\mathbf{r}_i) + \sum_{i=1}^{N} \sum_{k=1}^{i} V_{ik}(\mathbf{r}_i - \mathbf{r}_k) \\ &= \sum_{i=1}^{N} V_i^{(\mathrm{a})}(\mathbf{r}_i) + \frac{1}{2} \sum_{i=1}^{N} \sum_{k=1}^{N} V_{ik}(\mathbf{r}_i - \mathbf{r}_k) \quad . \end{aligned} \qquad (3.3.14)$$

Der Energiesatz lautet jetzt

$$E = E_{\mathrm{kin}} + \sum_{i=1}^{N} V_i^{(\mathrm{a})} + \frac{1}{2} \sum_{i=1}^{N} \sum_{k=1}^{N} V_{ik} = \mathrm{const} \quad . \qquad (3.3.15)$$

Wir betrachten folgendes einfache Beispiel:

Experiment 3.3. Eindimensionaler elastischer Stoß

Zwei Reiter stoßen auf der Luftkissenfahrbahn zusammen. Der Stoß wird durch eine Schraubenfeder übertragen, die an einem der Reiter angebracht ist (Abb. 3.4). Kennzeichnen x_1 und x_2 die Orte der Schwerpunkte der beiden Reiter, so gewinnen wir das Potential aus folgender Überlegung. Ist der Abstand (der Schwerpunkte) beider Reiter voneinander so groß, daß die an dem einen Reiter angebrachte Feder den anderen Reiter nicht berührt, so herrscht keine Kraft zwischen den Reitern. Das Potential ist konstant. Wir setzen es gleich null. Ist b der maximale Abstand, bei dem gerade Berührung eintritt, dann ist nach dem Hookeschen Gesetz die Kraft, die der Reiter 2 auf den Reiter 1 ausübt

$$F_{12} = D(x_2 - x_1 - b) \quad . \tag{3.3.16}$$

Entsprechend ist

$$F_{21} = -F_{12} = D(x_1 - x_2 + b)$$

die Kraft, die der Reiter 1 auf den Reiter 2 ausübt. Beide Kräfte lassen sich entsprechend (3.3.4) aus dem gemeinsamen Potential

$$V(x_1, x_2) = \frac{1}{2}D(x_2 - x_1 - b)^2 \tag{3.3.17}$$

herleiten,

$$F_{12} = -\frac{\partial}{\partial x_1}V(x_1, x_2) \quad , \qquad F_{21} = -\frac{\partial}{\partial x_2}V(x_1, x_2) \quad . \tag{3.3.18}$$

Damit sind die Voraussetzungen für die Erhaltung der Gesamtenergie gegeben. Wir wollen hier nicht mit Hilfe der Kräfte die Bewegungsgleichungen aufstellen (das geschieht für ein allgemeineres Problem im Abschn. 3.5), sondern allein aus Impuls- und Energieerhaltungssatz einige Aussagen herleiten und am Experiment überprüfen.

Haben die Schwerpunkte beider Reiter einen größeren Abstand als b voneinander, so wirken keine Kräfte. Die Reiter bewegen sich also mit konstanter Geschwindigkeit. Vor dem Stoß soll der Reiter 2 ruhen. Der Reiter 1 hat die Geschwindigkeit v_1. Nach dem Stoß haben die Reiter die Geschwindigkeiten v_1' bzw. v_2'. Bezeichnen wir die Massen mit m_1 und m_2, dann können wir Impuls- und Energieerhaltung durch die Gleichungen

$$m_1 v_1 = m_1 v_1' + m_2 v_2' \tag{3.3.19}$$

bzw.

$$\frac{1}{2}m_1 v_1^2 = \frac{1}{2}m_1 v_1'^2 + \frac{1}{2}m_2 v_2'^2 \tag{3.3.20}$$

ausdrücken. Lösen wir sie nach v_1' bzw. $v_1'^2$ auf, so erhalten wir

$$v_1' = v_1 - \frac{m_2}{m_1}v_2' \quad , \tag{3.3.21}$$

$$v_1'^2 = v_1^2 - \frac{m_2}{m_1}v_2'^2 \quad . \tag{3.3.22}$$

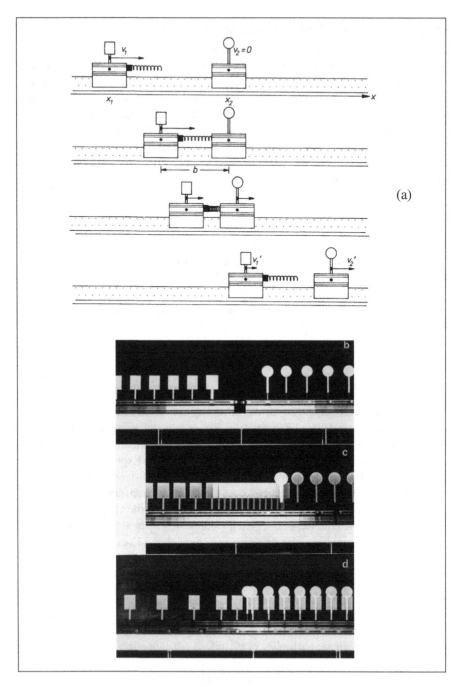

Abb. 3.4 a–d. Eindimensionaler Stoß auf der Luftkissenfahrbahn: **(a)** elastischer Stoß schematisch, **(b)** Stroboskopaufnahme eines elastischen Stoßes für $m_1 = m_2$, **(c)** Stroboskopaufnahme eines elastischen Stoßes für $m_1 > m_2$, **(d)** Stroboskopaufnahme eines total inelastischen Stoßes für $m_1 = m_2$

Quadrieren der ersten Gleichung und Gleichsetzung mit der zweiten liefert

$$v_1^2 - \frac{2m_2}{m_1}v_1v_2' + \frac{m_2^2}{m_1^2}v_2'^2 = v_1^2 - \frac{m_2}{m_1}v_2'^2$$

oder

$$v_2' = \frac{2m_1}{m_2 + m_1}v_1 \quad . \tag{3.3.23}$$

Durch Einsetzen in (3.3.21) erhalten wir

$$v_1' = \frac{m_1 - m_2}{m_1 + m_2}v_1 \quad . \tag{3.3.24}$$

Betrachten wir diese Ergebnisse für verschiedene Relationen m_1/m_2:

1. Im Spezialfall $m_1 = m_2$ ergibt sich

$$v_1' = 0 \quad , \qquad v_2' = v_1 \quad ,$$

   d. h. der ursprünglich bewegte Reiter 1 ruht nach dem Stoß; der ursprünglich ruhende Reiter 2 bewegt sich mit der Anfangsgeschwindigkeit des Reiters 1.

2. Für $m_1 > m_2$ sind beide Geschwindigkeiten positiv. Beide Reiter bewegen sich nach dem Stoß noch in der ursprünglichen Bewegungsrichtung des Reiters 1.

3. Für $m_1 < m_2$ kehrt sich die Bewegungsrichtung des Reiters 1 um.

4. Im Grenzfall $m_2 \to \infty$ wird der Reiter 1 bei gleichbleibendem Betrag der Geschwindigkeit reflektiert ($v_1' = -v_1$), während der Reiter 2 ruht. Die Stroboskopaufnahmen in Abb. 3.4b und c bestätigen experimentell die Fälle 1 und 2.

Experiment 3.4. Total inelastischer eindimensionaler Stoß

Beim elastischen Stoß wurde während des eigentlichen Stoßvorgangs ein Teil der Bewegungsenergie als potentielle Energie gespeichert, die bei der Entfernung der beiden Stoßpartner voneinander wieder frei wurde. Liegt nach dem Stoß nicht mehr die gesamte Anfangsenergie als Bewegungsenergie vor, heißt der Stoß *inelastisch*. Als Beispiel untersuchen wir den Fall, daß am Ende eines Reiters statt einer Feder ein Klumpen Kitt angebracht ist, so daß die beiden Reiter, die vor dem Stoß die Geschwindigkeiten v_1 bzw. $v_2 = 0$ hatten, nach dem Stoß zusammenbleiben und sich mit der gemeinsamen Geschwindigkeit v' bewegen (total inelastischer Stoß). Da auch in diesem Fall keine äußeren Kräfte wirken, gilt nach wie vor Impulserhaltung,

$$m_1v_1 = (m_1 + m_2)v' \quad ,$$

d. h.

$$v' = \frac{m_1}{m_1 + m_2}v_1 \quad .$$

Die Energie vor dem Stoß war

$$E = \frac{1}{2} m_1 v_1^2 \quad .$$

Nach dem Stoß ist sie

$$E' = \frac{1}{2}(m_1 + m_2)v'^2 = \frac{1}{2}\frac{m_1^2}{m_1 + m_2} v_1^2 \quad .$$

Beim total inelastischen Stoß geht die Differenz

$$\Delta E = E - E' = \frac{1}{2}\frac{m_1 m_2}{m_1 + m_2} v_1^2$$

als mechanische Energie verloren. (Für gleiche Massen $m_1 = m_2$ wie in Abb. 3.4d ist das die Hälfte der ursprünglichen Energie.) Sie tritt in Form von Wärme wieder auf, die aber im Rahmen unserer bisherigen mechanischen Betrachtungen nicht erfaßt wird.

3.4 Drehimpuls. Drehimpulserhaltungssatz

Inhalt: Die Änderung des Gesamtdrehimpulses eines Systems ist gleich dem Gesamtdrehmoment der äußeren Kräfte. Verschwindet dieses, bleibt der Gesamtdrehimpuls konstant.
Bezeichnungen: m_i, r_i, p_i, L_i Masse, Ort, Impuls und Drehimpuls des i-ten Massenpunktes; F_i Gesamtkraft auf i, F_{ik} Kraft auf i herrührend von k, $F_i^{(a)}$ äußere Kraft auf i, D Gesamtdrehmoment, $D^{(a)}$ äußeres Drehmoment.

Im Abschn. 2.15 hatten wir den Drehimpuls $\mathbf{L}$ eines Massenpunktes um einen Aufpunkt als das Vektorprodukt des Ortsvektors bezüglich dieses Aufpunktes und des Impulsvektors definiert. Der Drehimpuls eines Systems von N Massenpunkten ist dann die Summe der Drehimpulse der einzelnen Massenpunkte bezüglich ein und desselben Aufpunktes

$$\mathbf{L} = \sum_{i=1}^{N} \mathbf{L}_i = \sum_{i=1}^{N} \mathbf{r}_i \times \mathbf{p}_i = \sum_{i=1}^{N} m_i \mathbf{r}_i \times \dot{\mathbf{r}}_i \quad . \tag{3.4.1}$$

Differentiation nach der Zeit liefert

$$\dot{\mathbf{L}} = \sum_{i=1}^{N} \dot{\mathbf{r}}_i \times \mathbf{p}_i + \sum_{i=1}^{N} \mathbf{r}_i \times \dot{\mathbf{p}}_i \quad .$$

Wegen $\mathbf{p}_i = m_i \dot{\mathbf{r}}_i$ verschwindet der erste Summand, so daß

$$\dot{\mathbf{L}} = \sum_{i=1}^{N} \mathbf{r}_i \times \dot{\mathbf{p}}_i \tag{3.4.2}$$

gilt. Durch Einsetzen der Newtonschen Bewegungsgleichung $\dot{\mathbf{p}}_i = \mathbf{F}_i$ erhält man

$$\dot{\mathbf{L}} = \sum_{i=1}^{N} \mathbf{r}_i \times \mathbf{F}_i = \sum_{i=1}^{N} \mathbf{D}_i = \mathbf{D} \quad . \tag{3.4.3}$$

Das Drehmoment $\mathbf{D}$ *des Systems ist also gleich der zeitlichen Änderung des Gesamtdrehimpulses.*

Für die in den meisten Fällen in der Mechanik gültige Aufteilung der Kräfte in äußere Einteilchenkräfte $\mathbf{F}_i^{(a)}$ und innere Zweiteilchenkräfte $\mathbf{F}_{ik}$,

$$\mathbf{F}_i = \mathbf{F}_i^{(a)} + \sum_{k=1}^{N} \mathbf{F}_{ik} \quad ,$$

berechnet man das Drehmoment

$$\mathbf{D} = \sum_{i=1}^{N} \mathbf{r}_i \times \mathbf{F}_i = \sum_{i=1}^{N} \mathbf{r}_i \times \mathbf{F}_i^{(a)} + \sum_{i=1}^{N} \sum_{k=1}^{N} \mathbf{r}_i \times \mathbf{F}_{ik} \quad . \tag{3.4.4}$$

Wegen actio = reactio, d. h. $\mathbf{F}_{ik} = -\mathbf{F}_{ki}$, läßt sich der letzte Term auf der rechten Seite in die Form

$$\sum_{i=1}^{N} \sum_{k=1}^{N} \mathbf{r}_i \times \mathbf{F}_{ik} = \frac{1}{2} \sum_{i=1}^{N} \sum_{k=1}^{N} (\mathbf{r}_i \times \mathbf{F}_{ik} + \mathbf{r}_k \times \mathbf{F}_{ki}) = \frac{1}{2} \sum_{i=1}^{N} \sum_{k=1}^{N} (\mathbf{r}_i - \mathbf{r}_k) \times \mathbf{F}_{ik}$$

bringen. Dieser Beitrag verschwindet, falls die Kräfte $\mathbf{F}_{ik}$ zwischen zwei Teilchen in Richtung der Verbindungslinie $\mathbf{r}_i - \mathbf{r}_k$ liegen,

$$\mathbf{F}_{ik} = |\mathbf{F}_{ik}| \frac{\mathbf{r}_i - \mathbf{r}_k}{|\mathbf{r}_i - \mathbf{r}_k|} \quad . \tag{3.4.5}$$

In diesem Fall wird das Gesamtdrehmoment nur von den äußeren Kräften hervorgerufen,

$$\mathbf{D} = \mathbf{D}^{(a)} = \sum_{i=1}^{N} \mathbf{r}_i \times \mathbf{F}_i^{(a)} \quad . \tag{3.4.6}$$

Damit ist die zeitliche Änderung des Drehimpulses allein durch das äußere Drehmoment gegeben,

$$\dot{\mathbf{L}} = \mathbf{D} = \mathbf{D}^{(a)} \quad .$$

Die oben angegebene Bedingung (3.4.5) ist nicht für alle Kräfte erfüllt. In der Elektrodynamik werden wir sehen, daß die Kräfte, die zwischen zwei relativ zueinander bewegten geladenen Teilchen wirken, die Bedingung (3.4.5) nicht erfüllen.

Verschwindet das äußere Drehmoment, so gilt der *Drehimpulserhaltungssatz: In Abwesenheit eines äußeren Drehmoments bleibt der Gesamtdrehimpuls eines Systems erhalten*

$$\dot{\mathbf{L}} = 0 \quad .$$

Experiment 3.5. Demonstration des Drehimpulserhaltungssatzes

Auf einem um die vertikale Achse drehbaren Schemel sitzt ein Experimentator, der ein um eine ebenfalls vertikale Achse drehbares Rad (Fahrradkreisel) hält. Anfangs sind Rad und Schemel in Ruhe (Abb. 3.5a). Dann versetzt der Experimentator das Rad in Drehung. Dabei treten nur Kräfte innerhalb des Systems auf. Man beobachtet, daß sich der Schemel entgegengesetzt zur Drehrichtung des Rades dreht (Abb. 3.5b). Der Gesamtdrehimpuls bleibt unverändert.

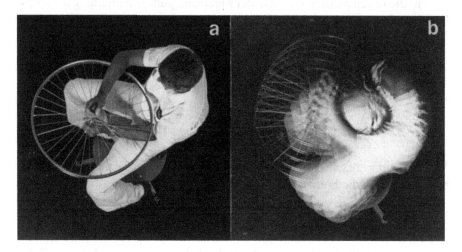

Abb. 3.5 a,b. Demonstration der Erhaltung des Gesamtdrehimpulses

3.5 Zweikörperproblem

Inhalt: Für ein Zweikörperproblem, in dem nur konservative innere Kräfte auftreten, lassen sich entkoppelte Bewegungsgleichungen für den Schwerpunktvektor $\mathbf{R}$ und den Vektor $\mathbf{r}$ der Relativkoordinaten gewinnen. Anwendung auf die Planetenbewegung liefert im Nachhinein die Berechtigung für deren Behandlung als Einkörperproblem. Entscheidend für die Beschreibung des elastischen Stoßes ist der Befund, daß sich im Schwerpunktsystem nur die Richtungen, aber nicht die Beträge der Teilchenimpulse ändern.
Bezeichnungen: m_1, m_2 Teilchenmassen; $\mathbf{p}_1$, $\mathbf{p}_2$ Impulse; $\mathbf{F}_{12}$ ($\mathbf{F}_{21}$) Kräfte auf Teilchen 1(2) von 2(1) herrührend; M Gesamtmasse, μ reduzierte Masse, $\mathbf{p}$ Gesamtimpuls, $\mathbf{R}$ Schwerpunktvektor, $\mathbf{r}$ Vektor der Relativkoordinaten; $\boldsymbol{\pi}_1$, $\boldsymbol{\pi}_2$ Impulse im Schwerpunktsystem vor dem Stoß ($\boldsymbol{\pi}_1'$, $\boldsymbol{\pi}_2'$ nach dem Stoß); $\mathbf{p}_1$, $\mathbf{p}_2$ ($\mathbf{p}_1'$, $\mathbf{p}_2'$) Impulse im Laborsystem vor (nach) dem Stoß; ϑ Stoßwinkel.

3.5.1 Schwerpunkt- und Relativkoordinaten

Die Bewegungsgleichungen für ein konservatives Zweikörperproblem ohne äußere Kräfte lauten

$$m_1\ddot{\mathbf{r}}_1 = \mathbf{F}_{12} \quad , \qquad m_2\ddot{\mathbf{r}}_2 = \mathbf{F}_{21} \quad . \tag{3.5.1}$$

Dabei können die Kräfte aus einem Potential

$$V = V(\mathbf{r}_2 - \mathbf{r}_1) \tag{3.5.2}$$

durch die Gradientenbildungen

$$\mathbf{F}_{12} = -\mathrm{grad}_1 V \quad , \qquad \mathbf{F}_{21} = -\mathrm{grad}_2 V = -\mathbf{F}_{12} \tag{3.5.3}$$

hergeleitet werden. Addition der Gleichungen (3.5.1) führt auf

$$m_1\ddot{\mathbf{r}}_1 + m_2\ddot{\mathbf{r}}_2 = \mathbf{F}_{12} + \mathbf{F}_{21} = 0$$

bzw.

$$\dot{\mathbf{p}} = M\ddot{\mathbf{R}} = 0 \quad . \tag{3.5.4}$$

Dabei sind

$$\mathbf{R} = \frac{1}{M}(m_1\mathbf{r}_1 + m_2\mathbf{r}_2) \quad , \qquad M = m_1 + m_2$$

und

$$\mathbf{p} = m_1\dot{\mathbf{r}}_1 + m_2\dot{\mathbf{r}}_2 = \mathbf{p}_1 + \mathbf{p}_2$$

Orts- und Impulsvektor des Schwerpunkts. Multiplizieren wir die erste der Gleichungen (3.5.1) mit m_2, die zweite mit m_1 und bilden ihre Differenz, so erhalten wir

$$m_1 m_2(\ddot{\mathbf{r}}_2 - \ddot{\mathbf{r}}_1) = m_1\mathbf{F}_{21} - m_2\mathbf{F}_{12} = (m_1 + m_2)\mathbf{F}_{21} \quad . \tag{3.5.5}$$

Da wegen (3.5.2) und (3.5.3) $\mathbf{F}_{21}$ nur eine Funktion des Vektors

$$\mathbf{r} = \mathbf{r}_2 - \mathbf{r}_1 \tag{3.5.6}$$

ist,

$$\mathbf{F}_{21}(\mathbf{r}_2 - \mathbf{r}_1) = \mathbf{F}(\mathbf{r}) \quad ,$$

können wir (3.5.5) in der Form

$$\mu\ddot{\mathbf{r}} = \mathbf{F}(\mathbf{r}) \tag{3.5.7}$$

schreiben. Diese Gleichung hat wieder die Form des zweiten Newtonschen Gesetzes. Der Vektor (3.5.6) ist jedoch kein Ortsvektor, sondern der Vektor der *Relativkoordinaten* beider Massenpunkte. Die Größe

$$\mu = \frac{m_1 m_2}{m_1 + m_2}$$

heißt *reduzierte Masse* des Systems.

Durch Übergang zu Schwerpunkt- und Relativkoordinaten konnten die gekoppelten Bewegungsgleichungen (3.5.1) in zwei separierte Bewegungsgleichungen für den Schwerpunkt bzw. den Relativvektor zerlegt werden. Nach der Lösung dieser beiden Gleichungen kann man wieder zu den ursprünglichen Ortsvektoren durch die Transformation

$$\mathbf{r}_1 = \mathbf{R} - \frac{m_2}{M}\mathbf{r} \quad , \qquad \mathbf{r}_2 = \mathbf{R} + \frac{m_1}{M}\mathbf{r} \qquad (3.5.8)$$

übergehen, die direkt aus den Definitionen der Schwerpunkt- und Relativkoordinaten folgt. Für Systeme von mehr als zwei Massenpunkten führt eine entsprechende Zerlegung gewöhnlich nicht mehr zu geschlossen lösbaren Differentialgleichungen.

3.5.2 Planetenbewegung

Sind die Körper mit den Massen m_1 bzw. m_2 die Sonne bzw. ein Planet, die sich unter dem Einfluß der gegenseitigen Gravitation bewegen, so ist die Kraft auf den Planeten

$$\mathbf{F}_{21}(\mathbf{r}_2 - \mathbf{r}_1) = \mathbf{F}(\mathbf{r}) = -\gamma \frac{m_1 m_2}{r^3}\mathbf{r} \quad . \qquad (3.5.9)$$

Gleichung (3.5.7) erhält die Form

$$\mu\ddot{\mathbf{r}} = -\gamma \frac{m_1 m_2}{r^3}\mathbf{r} = -\gamma \frac{\mu M}{r^3}\mathbf{r} \quad . \qquad (3.5.10)$$

Diese Gleichung ist vom selben Typ wie (2.17.2), die die Bewegung eines einzelnen Massenpunktes im Zentralfeld beschrieb. Die Massen sind nun die reduzierte Masse μ und die Gesamtmasse M. Der Vektor der Relativkoordinaten beschreibt also eine Ellipse (bzw. eine Parabel oder Hyperbel) um den Ort des Schwerpunkts. Die Ortsvektoren $\mathbf{r}_1$ und $\mathbf{r}_2$ der beiden Körper erhält man direkt aus (3.5.8). Betrachten wir sie zunächst im Schwerpunktsystem ($\mathbf{R} = 0$), dann sind die Ortsvektoren antiparallel und der Proportionalitätsfaktor zwischen ihnen ist zeitunabhängig, so daß die beiden Bahnkurven ähnliche Ellipsen sind (Abb. 3.6a). In einem anderen System, in dem sich der Schwerpunkt entsprechend (3.5.4) geradlinig gleichförmig bewegt,

$$\mathbf{R} = \mathbf{R}_0 + \mathbf{v}t = \mathbf{R}_0 + \frac{\mathbf{p}}{M}t \quad , \qquad (3.5.11)$$

überlagert sich nach (3.5.8) der Ellipsenbewegung diese translatorische Bewegung (Abb. 3.6b).

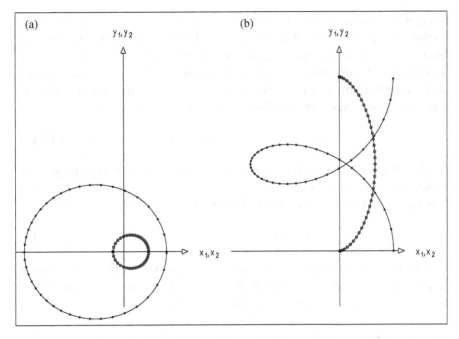

Abb. 3.6 a,b. Bewegung zweier Körper der Massen m_1 (*große Kreise*) und $m_2 = m_1/4$ (*kleine Kreise*) unter dem Einfluß ihrer gegenseitigen Gravitation **(a)** im Schwerpunktsystem (beide Körper beschreiben Ellipsenbahnen um den Schwerpunkt), **(b)** in einem System, in dem der Körper 1 ursprünglich in Ruhe ist

3.5.3 Elastischer Stoß

Elastischer Stoß im Schwerpunktsystem Zum Abschluß dieses Kapitels betrachten wir den in Atom- und Elementarteilchenphysik wichtigen Fall des elastischen Stoßes zweier Teilchen (der Massen m_1 und m_2) im dreidimensionalen Raum. Wir beginnen unsere Überlegungen im Schwerpunktsystem, in dem definitionsgemäß die Summe der Impulse $\boldsymbol{\pi}_1$ und $\boldsymbol{\pi}_2$ der beiden Teilchen verschwindet,

$$\boldsymbol{\pi}_1 + \boldsymbol{\pi}_2 = 0 \quad . \tag{3.5.12}$$

Die Forderung der Elastizität bedeutet Energie- und Impulserhaltung. Sind also $\boldsymbol{\pi}_1'$ und $\boldsymbol{\pi}_2'$ die Impulse nach dem Stoß, so gilt

$$\frac{\pi_1^2}{2m_1} + \frac{\pi_2^2}{2m_2} = \frac{\pi_1'^2}{2m_1} + \frac{\pi_2'^2}{2m_2} \quad , \tag{3.5.13}$$

$$\boldsymbol{\pi}_1 + \boldsymbol{\pi}_2 = \boldsymbol{\pi}_1' + \boldsymbol{\pi}_2' = 0 \quad . \tag{3.5.14}$$

Die Niederschrift des Energieerhaltungssatzes in der Form (3.5.13) bedeutet, daß bei der Messung von $\boldsymbol{\pi}_1$, $\boldsymbol{\pi}_2$, $\boldsymbol{\pi}_1'$, $\boldsymbol{\pi}_2'$ nur kinetische nicht aber potentielle

Energie vorhanden sein darf. Beim Stoßvorgang treten also etwa nur kurz-
reichweitige elastische Kräfte auf wie beim Stoß zweier Stahlkugeln, und die
Impulse werden vor und nach der Berührung gemessen oder, wenn langreich-
weitige Kräfte auftreten, wie bei der Begegnung elektrisch geladener Teilchen, so sind die Impulse bei sehr großen Abständen vor und nach der Begegnung zu messen. Aus dem Impulserhaltungssatz (3.5.14) folgt

$$\boldsymbol{\pi}_1 = -\boldsymbol{\pi}_2 \quad , \qquad \boldsymbol{\pi}_1' = -\boldsymbol{\pi}_2' \quad . \tag{3.5.15}$$

Die Impulse der Teilchen sind sowohl vor wie nach dem Stoß entgegengesetzt
gleich. Für die Beträge gilt $\pi_1 = \pi_2 = \pi$, $\pi_1' = \pi_2' = \pi'$. Setzt man dieses
Ergebnis in den Energieerhaltungssatz (3.5.13) ein, so folgt unmittelbar

$$\pi_1 = \pi_2 = \pi_1' = \pi_2' = \pi \quad . \tag{3.5.16}$$

Damit ergibt sich folgende interessante Aussage: *Durch einen elastischen
Stoß werden die Teilchenimpulse im Schwerpunktsystem nur in der Richtung,
nicht aber dem Betrage nach verändert* (Abb. 3.7a).

Elastischer Stoß im Laborsystem Nun werden elastische Stöße experimentell gewöhnlich nicht im Schwerpunktsystem beobachtet, sondern in einem
System, in dem eines der Teilchen – wir wählen Teilchen 2 – vor dem Stoß
ruht. Man bezeichnet es als *Laborsystem*. In diesem System haben die Teil-
chen vor dem Stoß die Impulse $\mathbf{p}_1$ und $\mathbf{p}_2$ (nach Voraussetzung ist $\mathbf{p}_2 = 0$)
und nach dem Stoß die Impulse $\mathbf{p}_1'$ und $\mathbf{p}_2'$. Der Gesamtimpuls $\mathbf{p}$ des Systems
ist dann

$$\mathbf{p} = \mathbf{p}_1 = \mathbf{p}_1' + \mathbf{p}_2' \quad . \tag{3.5.17}$$

Nach (3.2.12) gilt für den Zusammenhang zwischen $\mathbf{p}_1$ und $\boldsymbol{\pi}_1$

$$\boldsymbol{\pi}_1 = \mathbf{p}_1 - \frac{m_1}{m_1 + m_2}\mathbf{p} = \mathbf{p}_1 - \frac{m_1}{m_1 + m_2}\mathbf{p}_1 = \frac{m_2}{m_1 + m_2}\mathbf{p}_1 \quad . \tag{3.5.18}$$

Entsprechend gilt für die Impulse nach dem Stoß

$$\boldsymbol{\pi}_1' = \mathbf{p}_1' - \frac{m_1}{m_1 + m_2}\mathbf{p}_1 \quad . \tag{3.5.19}$$

Wir quadrieren, nutzen (3.5.16) aus und erhalten

$$\left(\mathbf{p}_1' - \frac{m_1}{m_1 + m_2}\mathbf{p}_1\right)^2 = \pi_1'^2 = \pi_1^2 = \left(\frac{m_2}{m_1 + m_2}\right)^2 p_1^2 \quad . \tag{3.5.20}$$

Diese Beziehung ist eine Kreisgleichung vom Typ

$$(\mathbf{p}_1' - \mathbf{u})^2 = v^2 \quad ,$$

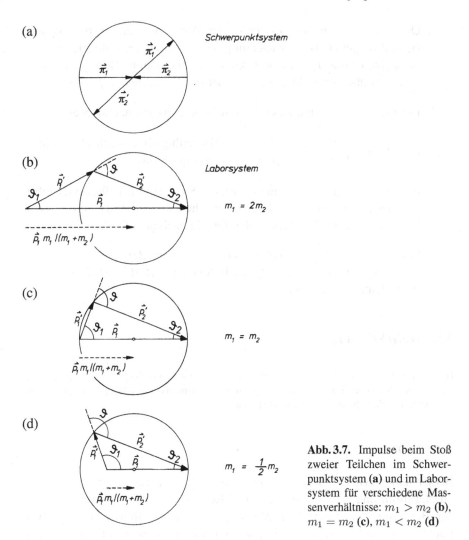

Abb. 3.7. Impulse beim Stoß zweier Teilchen im Schwerpunktsystem (**a**) und im Laborsystem für verschiedene Massenverhältnisse: $m_1 > m_2$ (**b**), $m_1 = m_2$ (**c**), $m_1 < m_2$ (**d**)

d. h. die Spitze des Vektors $\mathbf{p}'_1$ verläuft auf einem Kreis, dessen Mittelpunkt durch

$$\mathbf{u} = \frac{m_1}{m_1 + m_2}\mathbf{p}_1$$

gegeben ist und der den Radius

$$v = \frac{m_2}{m_1 + m_2}p_1 = \pi$$

hat. Die Situation ist in Abb. 3.7 für verschiedene Massenverhältnisse dargestellt. Aus dieser Abbildung kann man folgende Aussage über den Winkel ϑ zwischen den Flugrichtungen der beiden Teilchen nach dem Stoß ablesen:

1. Der Winkel ϑ, der sich aus den beiden Winkeln ϑ_1 und ϑ_2 der Impulse $\mathbf{p}_1'$ und $\mathbf{p}_2'$ gegenüber der Richtung des einlaufenden Teilchens zusammensetzt, ist für $m_1 > m_2$ stets kleiner als 90°. Der größtmögliche Wert $\vartheta_{\max}$ ist dabei um so kleiner, je größer das Verhältnis m_1/m_2 ist.

2. Für $m_1 = m_2$ sind nur zwei diskrete Winkel möglich, und zwar

$$\vartheta = 0 \quad \text{für} \quad \begin{cases} p_1' = p_1, & p_2' = 0 \quad \text{(Vorbeiflug ohne Wechselwirkung)} \\ p_1' = 0, & p_2' = p_1 \quad \text{(zentraler Stoß)} \end{cases}$$

und $\vartheta = 90°$ für jeden nichtzentralen Stoß. (Beim Billardspiel führt also jeder nichtzentrale Stoß mit einer ruhenden Kugel zu einem rechten Winkel zwischen den Bahnen der Kugeln nach dem Stoß.)

3. Für $m_1 < m_2$ sind schließlich alle Winkel im Bereich $0 \leq \vartheta \leq \pi$ möglich. Nur dann kann sich das Teilchen 1 nach dem Stoß „in Rückwärtsrichtung" bewegen.

3.6 Mehrkörperproblem

Inhalt: Das System der Bewegungsgleichungen für mehr als zwei Körper ist im allgemeinen nicht in geschlossener Form lösbar. Algorithmus zur numerischen Lösung. Beispiele zum Dreikörperproblem. Stabile und instabile Lösungen.

3.6.1 Numerische Lösung

Bisher haben wir als Beispiele nur Zweikörpersysteme behandelt, die wir durch Einführung von Schwerpunkt- und Relativkoordinaten auf das Problem der Bewegung eines einzelnen Massenpunktes zurückführen konnten. Betrachten wir ein System von N Massenpunkten, so ist die Kraft auf den i-ten Massenpunkt im allgemeinen nicht nur eine Funktion seines Ortes $\mathbf{r}_i$, sondern auch der Orte aller übrigen Massenpunkte. Bei geschwindigkeitsabhängigen Kräften (z. B. Reibung) treten auch noch die Geschwindigkeiten auf.

Der allgemeinste Satz von Bewegungsgleichungen lautet

$$\begin{aligned} m_1\ddot{\mathbf{r}}_1 &= \mathbf{F}_1(\mathbf{r}_1, \mathbf{r}_2, \ldots, \mathbf{r}_N, \dot{\mathbf{r}}_1, \dot{\mathbf{r}}_2, \ldots, \dot{\mathbf{r}}_N, t) \quad, \\ m_2\ddot{\mathbf{r}}_2 &= \mathbf{F}_2(\mathbf{r}_1, \mathbf{r}_2, \ldots, \mathbf{r}_N, \dot{\mathbf{r}}_1, \dot{\mathbf{r}}_2, \ldots, \dot{\mathbf{r}}_N, t) \quad, \\ &\vdots \\ m_N\ddot{\mathbf{r}}_N &= \mathbf{F}_N(\mathbf{r}_1, \mathbf{r}_2, \ldots, \mathbf{r}_N, \dot{\mathbf{r}}_1, \dot{\mathbf{r}}_2, \ldots, \dot{\mathbf{r}}_N, t) \quad. \end{aligned} \qquad (3.6.1)$$

Sind die Kräfte als Funktion ihrer Variablen und die Anfangsbedingungen, d. h. die Orte und Geschwindigkeiten aller Massenpunkte zu einer Zeit $t = t_0$

bekannt, so ist die Bewegung aus (3.6.1) exakt berechenbar. Allerdings kann schon beim Dreikörperproblem, bei dem die Kräfte nur von den Abständen der drei Teilchen abhängen, *keine Lösung in geschlossener Form*, d. h. in Form von Integralen über die in den Bewegungsgleichungen auftretenden Kräfte, angegeben werden. Mit numerischen Verfahren können aber gekoppelte Differentialgleichungen vom Typ (3.6.1) mit beliebiger Genauigkeit berechnet werden – jedenfalls wenn ein hinreichend leistungsfähiger Computer zur Verfügung steht.

Der Einfachheit halber skizzieren wir die Methode am Beispiel der Bewegung eines Teilchens im Feld eines Gravitationszentrums, das sich im Ursprung des Ortsraumes befindet. Die Bewegungsgleichung ist

$$\ddot{\mathbf{r}} = \frac{1}{m}\mathbf{F}(\mathbf{r}) \quad . \tag{3.6.2}$$

Sind $\mathbf{r}_0$ und $\mathbf{v}_0$ Anfangsort und -geschwindigkeit zur Zeit $t = t_0$, so ist die Beschleunigung zu diesem Zeitpunkt

$$\mathbf{a}_0 = \frac{1}{m}\mathbf{F}(\mathbf{r}_0) \quad .$$

Die Geschwindigkeit zur Zeit $t_{1/2} = t_0 + \Delta t/2$ ist dann für kleine Werte von Δt angenähert

$$\mathbf{v}_{1/2} = \mathbf{v}_0 + \mathbf{a}_0\frac{\Delta t}{2} \quad .$$

Nehmen wir nun näherungsweise an, daß $\mathbf{v}_{1/2}$ die mittlere Geschwindigkeit des Planeten zwischen den Zeiten t_0 und $t_1 = t_0 + \Delta t$ ist, so gewinnen wir zur Zeit t_1 den Ort

$$\mathbf{r}_1 = \mathbf{r}_0 + \mathbf{v}_{1/2}\Delta t = \mathbf{r}_0 + \Delta\mathbf{r}_0 \quad .$$

Ausgehend von der Beschleunigung am Punkt $\mathbf{r}_1$ kann eine Geschwindigkeit $\mathbf{v}_{3/2}$, ein weiterer Punkt $\mathbf{r}_2$ usw. berechnet werden.

Das Verfahren läßt sich beliebig fortsetzen (Abb. 3.8). Es stellt eine numerische Integration der Differentialgleichung dar. Es ist offenbar desto genauer, je kleiner die Schrittweite Δt gewählt wird. Um das Problem mit relativ kleinem Rechenaufwand zu lösen, ist natürlich zunächst große Schrittweite erwünscht. Ob die Genauigkeit ausreicht, kann man durch Vergleich der Ergebnisse feststellen, die man erhält, wenn man einmal einen Schritt der Größe Δt und einmal zwei Schritte der Größe $\Delta t/2$ ausführt. Bei numerischer Integration im Computer kann die Schrittweite automatisch angepaßt werden. Außerdem wird ein verfeinertes Verfahren verwendet, das die mittlere Geschwindigkeit durch gewichtete Mittelung der Geschwindigkeiten zu den Zeiten t_0, $t_{1/2}$ und t_1 gewinnt. Das Verfahren zur Lösung von (3.6.1) ist für jeden einzelnen Massenpunkt wie oben geschildert. In die Berechnung der Kraft $\mathbf{F}_i$ auf den i-ten Massenpunkt gehen jedoch jetzt Orte und Geschwindigkeiten aller Massenpunkte ein.

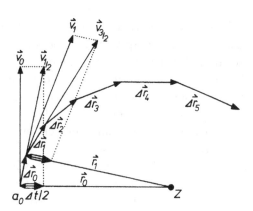

Abb. 3.8. Zur numerischen Integration der Bewegungsgleichung (3.6.2) eines Massenpunktes im Zentralfeld

3.6.2 Beispiele zum Dreikörperproblem

Wir benutzen Bahnkurven, die mit dem numerischen Verfahren des letzten Abschnitts berechnet wurden, um einige Aspekte des Dreikörperproblems zu diskutieren. Wir betrachten in allen Fällen ein System aus drei Himmelskörpern, die sich unter dem Einfluß ihrer gegenseitigen Gravitation bewegen. Die Anfangsbedingungen wurden so gewählt, daß alle drei Körper stets in der Zeichenebene bleiben und der gemeinsame Schwerpunkt ruht.

In Abb. 3.9a ist die Bewegung zweier Planeten der Massen $m_1 = 0,11\,M$ und $m_2 = 0,14\,M$ und einer Sonne der Masse M dargestellt. Dabei ruht der Schwerpunkt des Gesamtsystems. Jeder der Planeten beginnt seine Bewegung unter Anfangsbedingungen, die – wäre der andere Planet nicht vorhanden – zu einer Ellipsenbahn um den Schwerpunkt führte. Die Anfangs-Ortsvektoren (bezogen auf die Sonne) und -Geschwindigkeiten der Planeten bilden rechte Winkel. Unter der gegenseitigen Anziehung der beiden Planeten wird zunächst der zurückliegende (m_2) beschleunigt, der vorausfliegende (m_1) abgebremst. Es kommt zu einer relativ nahen Begegnung der beiden Planeten. Dabei (siehe Abb. 3.9b) übernimmt m_1 so viel Impuls von m_2, daß er das System (M, m_2) verlassen kann. Der Planet m_2 bildet mit der Sonne ein relativ eng gebundenes System, das sich – weil der Schwerpunkt des Gesamtsystems ruht – entgegengesetzt zu m_1 bewegt. Betrachten wir die Energiebilanz des Vorgangs, so verliert der Planet m_2 potentielle Energie dadurch, daß er eine Bahn näher an der Sonne einnimmt. Diese Energie erlaubt dem Planeten m_1 das Verlassen des Systems.

Jetzt erhebt sich die Frage, unter welchen Bedingungen Dreikörpersysteme stabil bleiben. Die Abb. 3.9c und d zeigen zwei Anordnungen stabiler Dreikörpersysteme, die in der Natur beobachtet werden. Abbildung 3.9c ist ein Modell eines einfachen Planetensystems. Hier bewegen sich die Planeten auf Bahnen mit stark unterschiedlichen Radien um die Sonne. Dadurch wird

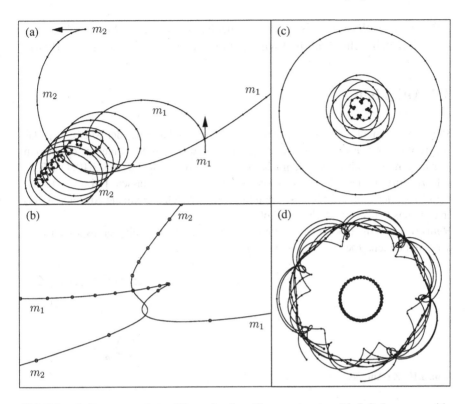

Abb. 3.9 a–d. Bewegung dreier Körper in einer Ebene unter dem Einfluß der gegenseitigen Schwerkraft. **(a)** Instabiles System aus Sonne (Masse M) und zwei Planeten ($m_1 = 0{,}11\,M$; $m_2 = 0{,}14\,M$). **(b)** Vergrößerter Ausschnitt der Bewegung in **(a)**, der die nahe Begegnung der Planeten m_1 und m_2 zeigt. **(c)** Stabiles System aus Sonne (Masse M) und zwei Planeten (Massen $m_1 = m_2 = M/8$). Stark verschiedene Anfangsbedingungen ermöglichen getrennte stabile Bahnen. **(d)** Stabiles System aus Sonne (Masse M), Planet (Masse $M/4$) und Mond (Masse $M/16$)

die gegenseitige Beeinflussung der Planeten so gering gehalten, daß auf lange Zeit keine Instabilität eintritt. In Abb. 3.9d ist ein Modell für das System Sonne, Planet und Mond dargestellt. Hier bilden Planet und Mond ein räumlich stark begrenztes Untersystem, das die Sonne umläuft. Durch die enge Bindung zwischen Mond und Planet kann keiner der beiden Partner in absehbarer Zeit der Sonne so nahe kommen, daß die dabei gewonnene Energie für die Flucht des anderen ausreicht.

Typisch für Systeme von drei oder mehr Körpern mit Gravitations- (oder Coulomb-) Wechselwirkung ist, daß durch hinreichend große Annäherung zweier Körper so viel potentielle Energie freigemacht werden kann, daß ein oder mehrere andere Körper sich beliebig weit entfernen können. Auch Atome, die neben dem Kern zwei oder mehr Elektronen besitzen, also alle Atome außer dem des Wasserstoffs, sind daher nach der klassischen Mechanik grundsätzlich instabil. Ihre Stabilität wird erst durch die Quantenmechanik erklärt.

3.7 Aufgaben

3.1: Zwei Pendel der Länge ℓ, eines mit einem Pendelkörper der Masse m_1, das andere mit der Masse m_2, sind so aufgehängt, daß sich in der Ruhelage die beiden Körper gerade berühren, aber keine Kräfte aufeinander ausüben, Abb. 3.10. Das Pendel m_1 wird um den Winkel ϕ_1 ausgelenkt und dann losgelassen. Bei $\phi = 0$ stößt es auf m_2; der Stoß erfolgt elastisch und zentral. Welche maximale Auslenkung ϕ_2 erreicht das Pendel m_2 nach dem Stoß?
Hinweis: Die Winkel können bei diesem Problem *nicht* als klein vorausgesetzt werden, die Pendelkörper sind Massenpunkte.

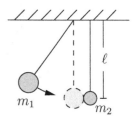

Abb. 3.10. Zu Aufgabe 3.1

3.2: Mit einem *ballistischen Pendel* kann die Geschwindigkeit eines Geschosses bestimmt werden. Dazu wird das Geschoß (Masse m, Geschwindigkeit v) in horizontaler Richtung zentral in den Körper (Masse M) eines senkrecht in der Ruhelage hängenden Pendels geschossen, in dem es steckenbleibt. Beim Maximalausschlag des Pendels ist sein Schwerpunkt um die Höhe h gegenüber der Ruhelage angehoben. Berechnen Sie die Geschoßgeschwindigkeit v.

3.3: Gegeben seien drei Kugeln in der in Abb. 3.11 skizzierten Anordnung. Es sei $m_1 = m_2 = m$, $m_3 = M$. Die erste Kugel wird mit der Geschwindigkeit v_0 auf die zweite, ruhende Kugel geschossen. Die dritte Kugel ruhe ebenfalls. Geben Sie unter der Annahme elastischer, zentraler Stöße die Anzahl der Stöße und alle Endgeschwindigkeiten an. Unterscheiden Sie zwischen $M \leq m$ und $M > m$. (Die Massen bewegen sich längs einer Geraden und es wirke keine Gravitation.)

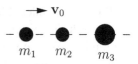

Abb. 3.11. Zu Aufgabe 3.3

3.4: Ein Block der Masse M liegt auf einem Tisch und ist durch Federn mit den Federkonstanten k_1 und k_2 mit zwei festen Pfosten verbunden, Abb. 3.12. Die Reibung ist zu vernachlässigen.

(a) Wie groß ist die Schwingungsdauer, wenn der Block aus seiner Gleichgewichtslage ausgelenkt und dann losgelassen wird?

(b) Angenommen, der Block schwingt mit der Amplitude A. In dem Augenblick, in dem er die Gleichgewichtslage durchquert, fällt eine Masse m senkrecht auf den Block und bleibt daran kleben. Wie ändern sich die Periode und die Amplitude?

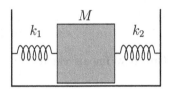

Abb. 3.12. Zu Aufgabe 3.4

3.5: Ein horizontal fliegendes Geschoß mit der Geschwindigkeit $\mathbf{v}$ explodiert in drei gleiche Fragmente. Ein Fragment fliegt weiterhin horizontal mit $\mathbf{v}_1 = \lambda\mathbf{v}$, das zweite unter dem Winkel α zur ursprünglichen Flugrichtung nach oben und das dritte unter dem Winkel β nach unten. Unter Vernachlässigung der Schwerkraft berechne man

(a) die Geschwindigkeit $\mathbf{v}_2$ und $\mathbf{v}_3$ des zweiten bzw. dritten Fragments,

(b) die Geschwindigkeit $\mathbf{v}_{23}$ des Schwerpunkts des aus den Fragmenten 2 und 3 bestehenden Untersystems,

(c) die Geschwindigkeit $\mathbf{v}_{123}$ des Schwerpunkts des Gesamtsystems aller drei Fragmente.

3.6: Ein Block der Masse m gleitet im Schwerefeld der Erde reibungsfrei die schräge Fläche eines Keils hinunter. Der Keil hat die Masse M und den Neigungswinkel α (Abb. 3.13) und kann auf seiner ebenen Unterlage reibungsfrei gleiten. Wie groß ist die vertikale Beschleunigung des Blocks?
Hinweis: Nutzen Sie Energie- und Impulserhaltung aus.

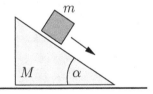

Abb. 3.13. Zu Aufgabe 3.6

3.7: Zwei Neutronensterne (diese Sterne haben sehr hohe Dichten) von Sonnenmasse $M = 1{,}989 \cdot 10^{30}$ kg bilden ein *Doppelsternsystem*. Sie laufen auf Kreisbahnen um ihren gemeinsamen Schwerpunkt. Dabei bleibt ihr Abstand d konstant. Bestimmen Sie die Umlaufzeit T für den Fall, daß d die Größe des Erdbahnradius $d = r_{\mathrm{EB}} = 149{,}6 \cdot 10^6$ km hat.

3.8: Zwei Himmelskörper der Massen m_1, m_2 umlaufen unter dem Einfluß der Gravitationskraft den gemeinsamen Schwerpunkt auf Ellipsenbahnen mit den großen Halbachsen a_1, a_2. Geben Sie a_1/a_2 als Funktion von m_1/m_2 an. Setzen Sie für m_1 die Erdmasse $5{,}974 \cdot 10^{24}$ kg und für m_2 die Sonnenmasse $1{,}989 \cdot 10^{30}$ kg sowie für a_1 den Erdbahnradius $149{,}6 \cdot 10^6$ km. Bestimmen Sie den Radius a_2 der Sonnenbahn und das Verhältnis a_2/R. Dabei ist $R = 6{,}960 \cdot 10^8$ m der Radius der Sonne.

3.9: Zeigen Sie, daß der Drehimpuls $\mathbf{L} = \sum \mathbf{r}_i \times \mathbf{p}_i$ eines Körpers als Summe zweier Terme geschrieben werden kann, von denen der eine sich auf die Bewegung des Schwerpunktes und der andere auf die Bewegung des Körpers um den Schwerpunkt bezieht:

$$\mathbf{L} = \mathbf{R} \times \mathbf{p} + \sum_i \boldsymbol{\varrho}_i \times \boldsymbol{\pi}_i \quad ,$$

dabei sind $\boldsymbol{\varrho}_i = \mathbf{r}_i - \mathbf{R}$ und $\boldsymbol{\pi}_i = \mathbf{p}_i - m_i\mathbf{p}/M$ die Orts- bzw. Impulsvektoren im Schwerpunktsystem.

3.10: Ein homogener, konischer Pfahl (Länge L, Radien der Stirnflächen R bzw. $2R$, Masse M) wird in horizontaler Lage von zwei Auflagepunkten unterstützt (Abb. 3.14). Der Auflagepunkt am Ende des Pfahls wird festgehalten.

(a) Wie groß muß der Abstand d zwischen den Auflagepunkten mindestens sein, damit der Pfahl nicht umkippt?

(b) Wir groß sind die Unterstützungskräfte als Funktion von d?

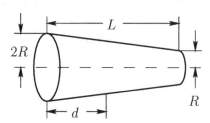

Abb. 3.14. Zu Aufgabe 3.10

4. Starrer Körper. Feste Achsen

In diesem Kapitel beschränken wir uns auf die Drehbewegung des starren Körpers um eine raumfeste Achse, weil wir nur in diesem Spezialfall die Einführung des Trägheitsmomentes als Tensor vermeiden können. Wir können so einige einfache Begriffe der Drehbewegung mit geringerem mathematischen Aufwand kennenlernen. Allerdings müssen wir uns darauf beschränken, statt der Vektoren von Drehimpuls und Drehmoment deren Komponenten in Achsenrichtung zu betrachten. Im Kap. 7 wird dann der allgemeine Fall diskutiert.

4.1 Zusammenhang zwischen Geschwindigkeit und Winkelgeschwindigkeit

Inhalt: Bei der Rotation eines starren Körpers um eine raumfeste Achse besitzen alle Punkte des Körpers die gleiche Winkelgeschwindigkeit ω. Der Vektor $\boldsymbol{\omega}$ der Winkelgeschwindigkeit ist das Produkt von ω mit der Achsenrichtung $\hat{\boldsymbol{\omega}}$. Ist $\mathbf{r}_i$ der Ortsvektor eines Punktes bezüglich eines Koordinatenursprungs in der Drehachse, so ist seine Geschwindigkeit $\mathbf{v}_i = \boldsymbol{\omega} \times \mathbf{r}_i$.
Bezeichnungen: $\mathbf{r}_i = \mathbf{r}_{i\|} + \mathbf{r}_{i\perp}$ Ortsvektor des Punktes i zerlegt in Vektoren parallel und senkrecht zur Achsenrichtung $\hat{\boldsymbol{\omega}}$, $\mathbf{v}_i$ Geschwindigkeit, $\boldsymbol{\omega}$ Vektor der Winkelgeschwindigkeit.

Ein starrer Körper ist dadurch gekennzeichnet, daß die relativen Lagen der einzelnen Massenpunkte des Körpers (Moleküle, Atome) zueinander fest sind. Bei Bewegungen bleiben also die Abstände der Massenpunkte zeitlich konstant,

$$|\mathbf{r}_i - \mathbf{r}_k| = \text{const} \quad , \qquad i, k = 1, \ldots, N \quad . \tag{4.1.1}$$

Die im Kap. 3 abgeleiteten Formeln für ein Vielteilchensystem gelten natürlich insbesondere für den starren Körper. Wegen der speziellen Bedingung (4.1.1), die die relative Lage der einzelnen Massenpunkte zueinander einschränkt, lassen sich jedoch die Zusammenhänge zwischen der Geschwindigkeit, dem Drehimpuls und der Rotationsenergie wesentlich vereinfachen.

Betrachtet man die Drehbewegung der Massenpunkte des starren Körpers um eine ortsfeste Achse der Richtung $\hat{\boldsymbol{\omega}}$, so bewegt sich jeder Massenpunkt auf einer Kreisbahn, die in einer Ebene senkrecht zur Drehachse

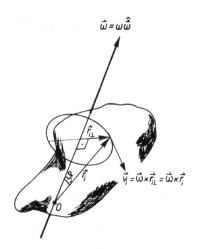

Abb. 4.1. Rotation eines starren Körpers um eine feste Achse

verläuft und deren Mittelpunkt in der Drehachse liegt (Abb. 4.1). Die Winkelgeschwindigkeit dieser Drehbewegung ist für alle Massenpunkte des starren Körpers gleich ω. Nach der Diskussion der Kreisbewegung in der Ebene (Abschn. 1.2.3) gilt für die Geschwindigkeit des Massenpunktes auf der Kreisbahn

$$\dot{\mathbf{r}}_i = \mathbf{v}_i = \omega\, r_{i\perp} \mathbf{e}_{\varphi i} \quad . \tag{4.1.2}$$

Dabei ist $\mathbf{r}_{i\perp}$ der Radiusvektor des Massenpunktes m_i auf dem von ihm beschriebenen Kreis; der Betrag $r_{i\perp}$ ist der senkrechte Abstand von m_i von der Drehachse. Der Vektor $\mathbf{e}_{\varphi i}$ zeigt in die Richtung der Tangente an den Kreis, den m_i beschreibt. Führt man als *Vektor $\boldsymbol{\omega}$ der Winkelgeschwindigkeit* einen Vektor in Achsenrichtung mit der Länge ω ein,

$$\boldsymbol{\omega} = \omega\hat{\boldsymbol{\omega}} \quad , \tag{4.1.3}$$

der so in der Achse orientiert ist, daß $\boldsymbol{\omega}$, $\mathbf{r}_{\perp i}$ und $\mathbf{v}_i$ ein rechtshändiges Basissystem bilden, so läßt sich die Geschwindigkeit $\mathbf{v}_i$ des i-ten Massenpunktes als

$$\mathbf{v}_i = \boldsymbol{\omega} \times \mathbf{r}_{i\perp} \tag{4.1.4}$$

schreiben, weil der durch das Kreuzprodukt dargestellte Vektor die Richtung $\mathbf{e}_{\varphi i}$ hat. Wählt man statt des Radiusvektors $\mathbf{r}_{i\perp}$ für jeden Massenpunkt m_i einen Ortsvektor $\mathbf{r}_i$ mit dem Fußpunkt O in der Drehachse, so gilt

$$\mathbf{r}_i = \mathbf{r}_{i\parallel} + \mathbf{r}_{i\perp} \quad , \tag{4.1.5}$$

wobei $\mathbf{r}_{i\parallel}$ die Projektion von $\mathbf{r}_i$ auf die Drehachse $\boldsymbol{\omega}$ ist

$$\mathbf{r}_{i\parallel} = (\hat{\boldsymbol{\omega}} \cdot \mathbf{r}_i)\hat{\boldsymbol{\omega}} \quad . \tag{4.1.6}$$

Damit gilt auch

$$\mathbf{v}_i = \boldsymbol{\omega} \times \mathbf{r}_{i\perp} = \boldsymbol{\omega} \times (\mathbf{r}_i - \mathbf{r}_{i\parallel}) = \boldsymbol{\omega} \times \mathbf{r}_i \quad , \tag{4.1.7}$$

weil $\mathbf{r}_{i\parallel}$ wegen

$$\boldsymbol{\omega} \times \mathbf{r}_{i\parallel} = (\hat{\boldsymbol{\omega}} \cdot \mathbf{r}_i)(\boldsymbol{\omega} \times \hat{\boldsymbol{\omega}}) = \omega(\hat{\boldsymbol{\omega}} \cdot \mathbf{r}_i)(\hat{\boldsymbol{\omega}} \times \hat{\boldsymbol{\omega}}) = 0$$

keinen Beitrag liefert. Der Zusammenhang (4.1.7), den wir auch noch auf andere Weise im Abschn. 6.2 herleiten werden, ist die für die Drehbewegung des starren Körpers wesentliche Folgerung aus seiner Starrheit.

Wir gehen jetzt die für Systeme von Massenpunkten diskutierten physikalischen Größen durch.

4.2 Impuls. Zentripetalkraft

Inhalt: Der Gesamtimpuls des starren Körpers bei Rotation um eine raumfeste Achse ist das Produkt aus Gesamtmasse und Geschwindigkeit des Schwerpunkts. Er verschwindet, falls der Schwerpunkt in der Drehachse liegt. Andernfalls tritt eine Impulsänderung auf, die mit einer Zentripetalkraft verknüpft ist.
Bezeichnungen: M Masse, $\mathbf{R}$ Schwerpunkt, $\mathbf{P}$ Gesamtimpuls des starren Körpers, $\mathbf{V}$ Geschwindigkeit des Schwerpunkts, $\boldsymbol{\omega}$ Vektor der Winkelgeschwindigkeit, $\mathbf{F}$ Kraft auf den starren Körper.

Der Impuls des starren Körpers bei Drehung um eine raumfeste Achse ist

$$\mathbf{P} = \sum_{i=1}^{N} m_i \mathbf{v}_i = \sum_{i=1}^{N} m_i(\boldsymbol{\omega} \times \mathbf{r}_i) = \boldsymbol{\omega} \times \sum_{i=1}^{N} m_i \mathbf{r}_i \quad . \tag{4.2.1}$$

Aus der Definition des Schwerpunktes

$$\mathbf{R} = \frac{1}{M} \sum_{i=1}^{N} m_i \mathbf{r}_i \quad , \qquad M = \sum_{i=1}^{N} m_i \quad ,$$

folgt

$$\mathbf{P} = \boldsymbol{\omega} \times M\mathbf{R} \quad . \tag{4.2.2}$$

Falls der Ort $\mathbf{R}$ des Schwerpunktes in der Achse $\boldsymbol{\omega}$ liegt, gilt wegen $\boldsymbol{\omega} \parallel \mathbf{R}$

$$\mathbf{P} = 0 \quad . \tag{4.2.3}$$

Das gilt insbesondere, falls der Koordinatenursprung O, den wir so gewählt hatten, daß er in der Achse liegt, mit dem Schwerpunkt zusammenfällt, d. h. falls $\mathbf{R} = 0$ gilt.

Falls der Schwerpunkt $\mathbf{R}$ außerhalb der festen Achse $\boldsymbol{\omega}$ liegt, verschwindet der Gesamtimpuls (4.2.2) nicht. Der Schwerpunkt selbst bewegt sich selbst mit der Geschwindigkeit

$$\mathbf{V} = \frac{\mathrm{d}\mathbf{R}}{\mathrm{d}t} = \boldsymbol{\omega} \times \mathbf{R} \quad . \tag{4.2.4}$$

Damit errechnet man aus der zeitlichen Änderung von $\mathbf{P}$ die resultierende Kraft, die im Schwerpunkt angreift,

$$\mathbf{F} = \frac{\mathrm{d}}{\mathrm{d}t}\mathbf{P} = \dot{\boldsymbol{\omega}} \times M\mathbf{R} + \boldsymbol{\omega} \times M\dot{\mathbf{R}} = M\dot{\boldsymbol{\omega}} \times \mathbf{R} + M\boldsymbol{\omega} \times (\boldsymbol{\omega} \times \mathbf{R}) \ . \tag{4.2.5}$$

Für gleichförmige Drehbewegungen gilt $\dot{\boldsymbol{\omega}} = 0$, und die resultierende Kraft ist (ϑ: Winkel zwischen $\mathbf{R}$ und Achse)

$$\mathbf{F} = M[\boldsymbol{\omega}(\boldsymbol{\omega} \cdot \mathbf{R}) - \omega^2 \mathbf{R}] = M\omega^2(\hat{\boldsymbol{\omega}}R\cos\vartheta - \mathbf{R}) \quad . \tag{4.2.6}$$

Die Größe

$$\hat{\boldsymbol{\omega}}R\cos\vartheta = \mathbf{R}_{\|}$$

ist die zur Achse parallele Projektion von $\mathbf{R}$ und

$$\mathbf{R} - \hat{\boldsymbol{\omega}}R\cos\vartheta = \mathbf{R} - \mathbf{R}_{\|} = \mathbf{R}_{\perp}$$

ist dann die Vertikalprojektion von $\mathbf{R}$ (senkrecht zur Achse). Damit hat die resultierende Kraft die Form

$$\mathbf{F} = -M\omega^2 \mathbf{R}_{\perp} \quad . \tag{4.2.7}$$

Sie entspricht gerade der notwendigen Zentripetalbeschleunigung, die den Schwerpunkt auf einer Kreisbahn mit dem Radius $R_{\perp}$ führt. Sie heißt *Zentripetalkraft* und wird von einer ihr entgegengesetzten Kraft auf die Achse kompensiert, die von den Lagern der Achse aufgefangen werden muß. Beim Auswuchten von Autorädern wird durch das Anbringen kleiner Zusatzmassen der Schwerpunkt genau in die Achse verlegt, so daß die resultierende Zentripetalkraft verschwindet.

4.3 Drehimpuls und Trägheitsmoment. Bewegungsgleichung

Inhalt: Das Trägheitsmoment $\Theta_{\hat{\omega}}$ des starren Körpers bezüglich der Drehachse ist die Summe über alle Massen multipliziert mit den Quadraten ihrer senkrechten Abstände von der Drehachse. Die Komponente $L_{\hat{\omega}}$ des Drehimpulses in Achsenrichtung ist gleich diesem Trägheitsmoment mal der Winkelgeschwindigkeit ω. Ihre Zeitableitung $\dot{L}_{\hat{\omega}}$ ist gleich der Komponente $D_{\hat{\omega}}$ des Drehimpulses in Achsenrichtung.
Bezeichnungen: $\mathbf{L}, L_{\hat{\omega}}$ Drehimpulsvektor und Komponente in Achsenrichtung; $\Theta_{\hat{\omega}}$ Trägheitsmoment bezüglich der Drehachse; $\mathbf{D}, D_{\hat{\omega}}$ Drehmoment und Komponente in Achsenrichtung, $\boldsymbol{\omega}$ Vektor der Winkelgeschwindigkeit.

Für den Drehimpuls des starren Körpers finden wir

$$\mathbf{L} = \sum_{i=1}^{N} \mathbf{r}_i \times \mathbf{p}_i = \sum_{i=1}^{N} m_i[\mathbf{r}_i \times \mathbf{v}_i] = \sum_{i=1}^{N} m_i[\mathbf{r}_i \times (\boldsymbol{\omega} \times \mathbf{r}_i)]$$

$$= \sum_{i=1}^{N} m_i[r_i^2\boldsymbol{\omega} - \mathbf{r}_i(\mathbf{r}_i \cdot \boldsymbol{\omega})] \quad . \tag{4.3.1}$$

Der Vektor auf der rechten Seite dieses Ausdrucks ist als Linearkombination der Vektoren $\boldsymbol{\omega}$ und $\mathbf{r}_i$ im allgemeinen nicht parallel zur Richtung der Drehachse $\boldsymbol{\omega}$. Eine allgemeine Diskussion des Zusammenhangs zwischen $\boldsymbol{\omega}$ und $\mathbf{L}$ werden wir im Abschn. 7.3 durchführen. Hier beschränken wir uns auf die Diskussion der Komponente

$$L_{\hat{\omega}} = \mathbf{L} \cdot \hat{\boldsymbol{\omega}} \tag{4.3.2}$$

des Drehimpulses $\mathbf{L}$ in Achsenrichtung $\hat{\boldsymbol{\omega}}$. Wir finden

$$L_{\hat{\omega}} = \mathbf{L} \cdot \hat{\boldsymbol{\omega}}$$

$$= \sum_{i=1}^{N} m_i[r_i^2(\boldsymbol{\omega} \cdot \hat{\boldsymbol{\omega}}) - (\mathbf{r}_i \cdot \hat{\boldsymbol{\omega}})(\mathbf{r}_i \cdot \boldsymbol{\omega})] = \sum_{i=1}^{N} m_i[r_i^2 - (\mathbf{r}_i \cdot \hat{\boldsymbol{\omega}})^2]\omega$$

$$= \sum_{i=1}^{N} m_i r_i^2(1 - \cos^2\vartheta_i)\omega = \left(\sum_{i=1}^{N} m_i r_i^2 \sin^2\vartheta_i\right)\omega \quad . \tag{4.3.3}$$

Dabei ist ϑ_i der Winkel zwischen dem Ortsvektor $\mathbf{r}_i$ und der Achsenrichtung $\hat{\boldsymbol{\omega}}$. Die Summe vor dem Betrag ω auf der rechten Seite ist vollständig durch den Aufbau des Körpers (Abb. 4.1) bestimmt und unabhängig von seinem Bewegungszustand. Man nennt ihn das *Trägheitsmoment* bezüglich der Achse $\hat{\boldsymbol{\omega}}$,

$$\Theta_{\hat{\omega}} = \sum_{i=1}^{N} m_i r_{i\perp}^2 = \sum_{i=1}^{N} m_i r_i^2 \sin^2\vartheta_i = \sum_{i=1}^{N} m_i[r_i^2 - (\mathbf{r}_i \cdot \hat{\boldsymbol{\omega}})^2] \quad . \tag{4.3.4}$$

Da $r_{i\perp}^2$ nicht von der Zeit abhängt, ist $\Theta_{\hat{\omega}}$ konstant.

Die Komponente $L_{\hat{\omega}}$ läßt sich also in ein Produkt aus Trägheitsmoment $\Theta_{\hat{\omega}}$ um die Achse $\hat{\boldsymbol{\omega}}$ und Betrag der Winkelgeschwindigkeit ω faktorisieren, d. h.

$$L_{\hat{\omega}} = \Theta_{\hat{\omega}}\omega \quad . \tag{4.3.5}$$

Die Bewegungsgleichung für diese Komponente erhalten wir durch skalare Multiplikation der Gleichung (3.4.3) für die zeitliche Änderung des Drehimpulses mit dem Einheitsvektor $\hat{\boldsymbol{\omega}}$,

$$\dot{L}_{\hat{\omega}} = \dot{\mathbf{L}} \cdot \hat{\boldsymbol{\omega}} = \mathbf{D} \cdot \hat{\boldsymbol{\omega}} = D_{\hat{\omega}} \quad . \tag{4.3.6}$$

Es sei hier ausdrücklich hervorgehoben, daß diese Gleichung nur für eine im Raum für alle Zeiten konstante Achsenrichtung $\hat{\omega}$ gilt.

Die Komponente des Drehmoments berechnet man ebenfalls aus (3.4.3),

$$D_{\hat{\omega}} = \mathbf{D} \cdot \hat{\omega} = \sum_{i=1}^{N} (\mathbf{r}_i \times \mathbf{F}_i) \cdot \hat{\omega} = \sum_{i=1}^{N} \mathbf{r}_i \cdot (\mathbf{F}_i \times \hat{\omega}) \quad . \tag{4.3.7}$$

Als Beispiele von Trägheitsmomenten berechnen wir diejenigen von Hohlzylinder (Radien: $R_2 > R_1$) und Zylinder homogener Dichte ϱ um ihre Symmetrieachse. Dazu benutzen wir ein Zylinderkoordinatensystem, dessen z-Achse die Symmetrieachse des Zylinders ist (Abb. 4.2). Dann gilt (Masse des Hohlzylinders: $M = \varrho \pi h (R_2^2 - R_1^2)$)

$$
\begin{aligned}
\Theta_z &= \int \varrho \, r_\perp^2 \, dV = \varrho \int_0^h \int_0^{2\pi} \int_{R_1}^{R_2} r_\perp^2 r_\perp \, dr_\perp \, d\varphi \, dz \\
&= \varrho \frac{\pi}{2} h (R_2^4 - R_1^4) = \frac{1}{2} M (R_2^2 + R_1^2) \quad .
\end{aligned}
\tag{4.3.8}
$$

Für den Vollzylinder vom Radius R_2 gilt

$$\Theta_z = \varrho \frac{\pi}{2} h R_2^4 = \frac{1}{2} M R_2^2 \quad . \tag{4.3.9}$$

Offenbar ist das Trägheitsmoment eines Hohlzylinders stets größer als das eines Vollzylinders gleicher Masse und gleichen Außendurchmessers.

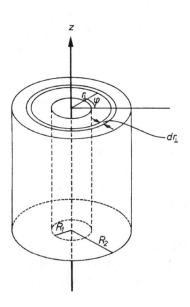

Abb. 4.2. Zum Trägheitsmoment des Hohlzylinders

Experiment 4.1. Pirouette

Ist ein Körper um eine Achse senkrecht zur Erdoberfläche frei drehbar und wirkt nur die Erdanziehung auf ihn, so werden die daraus resultierenden Kräfte von den Lagern der Achse aufgenommen, so daß die Bewegung des Körpers um die vertikale Achse kräftefrei und damit ohne Drehmoment erfolgt. Damit bleibt der Drehimpuls konstant,

$$L_{\hat{\omega}} = \Theta_{\hat{\omega}}\omega = \text{const} \quad . \tag{4.3.10}$$

Eine Verringerung des Trägheitsmomentes $\Theta_{\hat{\omega}}$ muß somit zu einer Erhöhung der Winkelgeschwindigkeit ω führen. Diesen Effekt macht sich z. B. eine Eiskunstläuferin zunutze, wenn sie eine Pirouette mit ausgestreckten Armen beginnt, die sie dann im Verlauf der Figur zur Drehachse hin bewegt und so die Winkelgeschwindigkeit erheblich erhöht. Das Experiment kann auch im Hörsaal (weniger graziös, aber ebenso überzeugend) mit Hilfe des Drehschemels (Experiment 3.5) vorgeführt werden.

Experiment 4.2. Messung eines Trägheitsmoments mit dem Drehpendel

Eine Kreisscheibe kann sich um eine senkrecht durch ihren Mittelpunkt laufende Achse drehen (Abb. 4.3). Den Azimutwinkel eines bestimmten Punktes der Scheibe in der Ebene senkrecht zur Achse bezeichnen wir mit φ. Eine Spiralfeder wirkt so auf die Scheibe, daß sie für $\varphi \neq 0$ ein rücktreibendes Drehmoment vom Betrag

$$D = -C\varphi \tag{4.3.11}$$

in Achsenrichtung ausübt. (Die Konstante C heißt *Direktionsmoment* der Feder.) Ist $\Theta_{\hat{\omega}}$ das Trägheitsmoment der Platte (und etwa zusätzlich aufgesetzter Gegenstände), so ist die Bewegungsgleichung

$$\Theta_{\hat{\omega}}\dot{\omega} = \Theta_{\hat{\omega}}\ddot{\varphi} = -C\varphi \quad . \tag{4.3.12}$$

Das ist eine Differentialgleichung vom Typ (2.6.3), also eine Schwingungsgleichung mit der Schwingungsdauer

$$T = 2\pi\sqrt{\Theta_{\hat{\omega}}/C} \quad . \tag{4.3.13}$$

Abb. 4.3. Drehpendel

Das *Drehpendel* – oft auch als *Drehtisch* bezeichnet – kann benutzt werden, um das Trägheitsmoment beliebiger starrer Körper bezüglich fester Achsen zu messen. Zunächst muß das Trägheitsmoment Θ_{Tisch} des Pendels selbst bezüglich seiner Achse bestimmt werden. Dazu messen wir die Schwingungsdauer des unbelasteten Tisches und erhalten $T_1 = 5{,}0\,\text{s}$, d. h.

$$T_1^2 = 4\pi^2 \Theta_{\text{Tisch}}/C = 25{,}0\,\text{s}^2 \quad .$$

Dann setzen wir ein Objekt bekannten Trägheitsmoments auf, nämlich einen Messingzylinder der Masse $M = 5{,}65\,\text{kg}$ und des Radius $R = 0{,}054\,\text{m}$. Er hat entsprechend (4.3.9) das Trägheitsmoment $\Theta_{\text{K}} = 0{,}00824\,\text{kg\,m}^2$ um seine Achse. Wir plazieren den Zylinder so auf dem Tisch, daß seine Achse mit der Drehachse des Tisches zusammenfällt und erhalten die Schwingungsdauer $T_2 = 6{,}1\,\text{s}$, d. h.

$$T_2^2 = 4\pi^2 (\Theta_{\text{Tisch}} + \Theta_{\text{K}})/C = 37{,}21\,\text{s}^2 \quad .$$

Aus diesen beiden Gleichungen kann man nun die beiden Unbekannten Θ_{Tisch} und C gewinnen. Nach einfacher Rechnung erhält man

$$\Theta_{\text{Tisch}} = \frac{\Theta_{\text{K}}}{T_2^2/T_1^2 - 1} \approx 0{,}017\,\text{kg\,m}^2 \quad ,$$

$$C = 4\pi^2 \Theta_{\text{Tisch}}/T_1^2 \approx 0{,}027\,\text{kg\,m}^2\,\text{s}^{-2} \quad .$$

Nun ist es möglich, einen beliebigen Körper auf den Drehtisch zu setzen und sein Trägheitsmoment Θ bezüglich der Achse, die durch die Drehachse des Tisches gegeben ist, durch Messung von

$$T_3^2 = 4\pi^2 (\Theta_{\text{Tisch}} + \Theta)/C$$

zu bestimmen.

4.4 Bewegung im Schwerefeld. Physikalisches Pendel

Inhalt: Ein starrer Körper, der sich unter dem Einfluß der Schwerkraft um eine raumfeste Achse bewegt, heißt physikalisches Pendel. Liegt der Schwerpunkt in der Achse oder zeigt die Achse in Richtung der Schwerkraft, so bleiben Drehimpuls und Winkelgeschwindigkeit konstant. Andernfalls schwingt das Pendel (bei kleinen Auslenkungen) um seine Ruhelage.
Bezeichnungen: M Gesamtmasse, $\mathbf{R} = \mathbf{R}_\parallel + \mathbf{R}_\perp$ Schwerpunktsvektor zerlegt in Vektoren parallel und senkrecht zur Drehachse, $\mathbf{g}$ Erdbeschleunigung, $L_{\hat{a}}$ Komponente des Drehimpulses in Achsenrichtung, $\Theta_{\hat{a}}$ Trägheitsmoment in Achsenrichtung, $\varphi = \sphericalangle(\mathbf{g}, \mathbf{R}_\perp)$ Auslenkung des physikalischen Pendels.

Dreht sich ein starrer Körper um eine raumfeste Achse im Schwerefeld, so ist die Schwerkraft auf jeden einzelnen Massenpunkt m_i

$$\mathbf{F}_i = m_i \mathbf{g} \quad . \tag{4.4.1}$$

Das resultierende Drehmoment um eine raumfeste Achsenrichtung $\hat{\alpha}$, vgl. Abb. 4.4, durch den Koordinatenursprung ist damit

$$\mathbf{D} \cdot \hat{\alpha} = D_{\hat{\alpha}} = \sum_{i=1}^{N} \mathbf{r}_i \cdot (\mathbf{F}_i \times \hat{\alpha}) = \sum_{i=1}^{N} m_i \mathbf{r}_i \cdot (\mathbf{g} \times \hat{\alpha}) = M\mathbf{R} \cdot (\mathbf{g} \times \hat{\alpha}) \quad . \quad (4.4.2)$$

Stellen wir die Winkelgeschwindigkeit um die Drehachse $\hat{\alpha}$ durch

$$\boldsymbol{\omega} = \omega_{\hat{\alpha}} \hat{\alpha}$$

dar, wobei $\omega_{\hat{\alpha}}$ als Komponente bezüglich $\hat{\alpha}$ positive und negative Werte annehmen kann, so folgt durch Einsetzen in (4.3.1)

$$\mathbf{L} = \sum_i m_i \left[\mathbf{r}_i^2 \hat{\alpha} - \mathbf{r}_i (\mathbf{r}_i \cdot \hat{\alpha}) \right] \omega_{\hat{\alpha}}$$

für den Drehimpuls. Seine $\hat{\alpha}$-Komponente ist dann

$$\mathbf{L} \cdot \hat{\alpha} = L_{\hat{\alpha}} = \sum_i m_i \left[\mathbf{r}_i^2 - (\mathbf{r}_i \cdot \hat{\alpha})^2 \right] \omega_{\hat{\alpha}} = \Theta_{\hat{\alpha}} \omega_{\hat{\alpha}} \quad .$$

Das Trägheitsmoment bezüglich $\hat{\alpha}$ ist

$$\Theta_{\hat{\alpha}} = \sum_i m_i \left[\mathbf{r}_i^2 - (\mathbf{r}_i \cdot \hat{\alpha})^2 \right]$$

und wiederum zeitunabhängig, weil $\mathbf{r}_i^2$ und $(\mathbf{r}_i \cdot \hat{\alpha})^2$ zeitunabhängig sind. Die Gleichung für die zeitliche Änderung der Drehimpulskomponente in Achsenrichtung $\hat{\alpha}$ ist dann

$$D_{\hat{\alpha}} = \dot{L}_{\hat{\alpha}} = M\mathbf{R} \cdot (\mathbf{g} \times \hat{\alpha}) = M\hat{\alpha} \cdot (\mathbf{R} \times \mathbf{g}) = M\mathbf{g} \cdot (\hat{\alpha} \times \mathbf{R}) \quad . \quad (4.4.3)$$

Wir diskutieren zunächst die Spezialfälle verschwindenden Drehmomentes, d. h.

$$\dot{L}_{\hat{\alpha}} = 0 \quad .$$

1. $\mathbf{R} \parallel \hat{\alpha}$, der Schwerpunkt liegt in der Drehachse. Der Drehimpuls ist für alle Zeiten konstant. Für verschwindenden Drehimpuls $L_{\hat{\alpha}} = 0$ ist jede Lage indifferent.

2. $\mathbf{R} \parallel \mathbf{g}$, der Schwerpunkt befindet sich senkrecht über oder unter der Achse. Momentan ist $\dot{L}_{\hat{\alpha}} = 0$. Für verschwindenden Drehimpuls ist die Lage $\mathbf{R}$ in Richtung $\mathbf{g}$ stabil, die Lage $\mathbf{R}$ antiparallel zu $\mathbf{g}$ labil.

3. $\hat{\alpha} \parallel \mathbf{g}$, die Drehachse zeigt in Richtung der Schwerkraft, damit verschwindet die Komponente dieser Richtung des Drehmoments. Die Drehimpulskomponente $L_{\hat{\alpha}}$ ist für alle Zeiten konstant. Für verschwindenden Drehimpuls ist jede Lage indifferent.

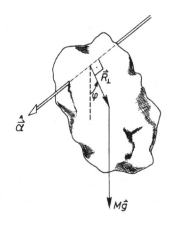

Abb. 4.4. Physikalisches Pendel

Wir betrachten jetzt den Fall des *„physikalischen Pendels"* (Abb. 4.4).
Wir wählen aus Bequemlichkeit eine horizontale Achse $\hat{\alpha} \perp \mathbf{g}$. Nach Fall (2)
ist $\mathbf{R}$ parallel zu $\mathbf{g}$ eine stabile Lage, d. h. der Schwerpunkt des Körpers hängt
senkrecht unter der Achse $\hat{\alpha}$.

Mit der Zerlegung von $\mathbf{R}$ in die Projektionen $\mathbf{R}_\parallel$ und $\mathbf{R}_\perp$ parallel bzw.
vertikal zur Achse $\hat{\alpha}$ erhalten wir

$$\dot{L}_{\hat{\alpha}} = M\mathbf{g} \cdot [\hat{\alpha} \times (\mathbf{R}_\parallel + \mathbf{R}_\perp)] = M\mathbf{g} \cdot (\hat{\alpha} \times \mathbf{R}_\perp) = M\hat{\alpha} \cdot (\mathbf{R}_\perp \times \mathbf{g}) \quad . \quad (4.4.4)$$

Der Vektor $\mathbf{g} \times \mathbf{R}_\perp$ ist parallel zu $\hat{\alpha}$,

$$\mathbf{g} \times \mathbf{R}_\perp = \hat{\alpha} R_\perp g \sin \varphi \quad , \quad (4.4.5)$$

dabei ist φ der Winkel zwischen $\mathbf{g}$ und $\mathbf{R}_\perp$. Damit erhalten wir als Gleichung
für die $\hat{\alpha}$-Komponente der Winkelgeschwindigkeit

$$\omega_{\hat{\alpha}} = \dot{\varphi} \quad (4.4.6)$$

aus (4.4.4)

$$\dot{L}_{\hat{\alpha}} = \Theta_{\hat{\alpha}} \ddot{\varphi} = \Theta_{\hat{\alpha}} \dot{\omega}_{\hat{\alpha}} = -Mg R_\perp \sin \varphi \quad . \quad (4.4.7)$$

Die Bewegungsgleichung für das mathematische Pendel (2.6.18) ist vom selben Typ wie die hier abgeleitete für das physikalische Pendel,

$$\ddot{\varphi} = -\frac{MR_\perp}{\Theta_{\hat{\omega}}} g \sin \varphi \quad . \quad (4.4.8)$$

Das mathematische Pendel geht aus dem allgemeinen Fall des physikalischen
hervor, wenn man beachtet, daß das Trägheitsmoment eines Massenpunktes
M im senkrechten Abstand von $R_\perp$ von der Drehachse durch

$$\Theta_{\hat{\omega}} = MR_\perp^2 \quad (4.4.9)$$

gegeben ist.

Die Bewegung des physikalischen, d. h. des durch einen realistischen starren Körper verwirklichten Pendels, ist durch die Gleichung (4.4.8) vollständig beschrieben. Die Lösungen für $\varphi(t)$ können sofort aus Abschn. 2.6.2 durch die Ersetzung

$$\ell \to \frac{\Theta_{\hat{\omega}}}{MR_\perp} \qquad (4.4.10)$$

entnommen werden.

4.5 Steinerscher Satz

Inhalt: Der Steinersche Satz stellt den Zusammenhang zwischen den Trägheitsmomenten bezüglich zweier paralleler Achsen her.
Bezeichnungen: O, O' Ursprünge zweier Bezugssysteme; b Vektor von O nach O'; $\mathbf{r}_i, \mathbf{r}'_i$ Ortsvektoren bezüglich O, O'; $\hat{\omega}$ Richtung der beiden parallelen Drehachsen durch O bzw. O'; $\Theta_{\hat{\omega}}, \Theta'_{\hat{\omega}}$ Trägheitsmomente bezüglich dieser Achsen.

Zwischen den Trägheitsmomenten um zwei parallele Achsen besteht ein sehr einfacher Zusammenhang. Man berechnet ihn am einfachsten, indem man in dem Ausdruck (4.3.3) die Achse und damit den in ihr liegenden Aufpunkt O um den festen Vektor b in den Aufpunkt O' verschiebt, Abb. 4.5. Es gilt

$$\mathbf{r}'_i = \mathbf{r}_i - \mathbf{b} \quad . \qquad (4.5.1)$$

Dabei ist $\mathbf{r}_i$ der Ortsvektor des Massenpunktes m_i bezüglich O und $\mathbf{r}'_i$ der Ortsvektor bezüglich O'. Für den Drehimpuls um diesen Aufpunkt erhalten wir

$$L'_{\hat{\omega}} = \mathbf{L}' \cdot \hat{\omega} = \Theta'_{\hat{\omega}}\omega \quad , \qquad (4.5.2)$$

mit dem Trägheitsmoment – vgl. (4.3.4) –

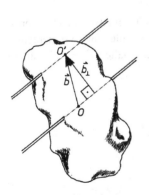

Abb. 4.5. Zum Steinerschen Satz

$$\Theta'_{\hat{\omega}} = \sum_{i=1}^{N} m_i[\mathbf{r}'^2_i - (\mathbf{r}'_i \cdot \hat{\omega})^2] = \sum_{i=1}^{N} m_i\{(\mathbf{r}_i - \mathbf{b})^2 - [(\mathbf{r}_i - \mathbf{b}) \cdot \hat{\omega}]^2\}$$

$$= \sum_{i=1}^{N} m_i[\mathbf{r}^2_i - (\mathbf{r}_i \cdot \hat{\omega})^2] - 2\sum_{i=1}^{N} m_i[\mathbf{r}_i \cdot \mathbf{b} - (\mathbf{r}_i \cdot \hat{\omega})(\mathbf{b} \cdot \hat{\omega})]$$

$$+ \sum_{i=1}^{N} m_i[\mathbf{b}^2 - (\mathbf{b} \cdot \hat{\omega})^2] \quad . \tag{4.5.3}$$

Wegen $\sum_{i=1}^{N} m_i\mathbf{r}_i = M\mathbf{R}$ und $\sum_{i=1}^{N} m_i = M$ gilt

$$\Theta'_{\hat{\omega}} = \Theta_{\hat{\omega}} - 2M[\mathbf{R} \cdot \mathbf{b} - (\mathbf{R} \cdot \hat{\omega})(\mathbf{b} \cdot \hat{\omega})] + M[\mathbf{b}^2 - (\mathbf{b} \cdot \hat{\omega})^2] \quad . \tag{4.5.4}$$

Falls der ursprüngliche Koordinatenaufpunkt gerade so gewählt wurde, daß er mit dem Schwerpunkt zusammenfällt, gilt $\mathbf{R} = 0$, und die obige Gleichung liefert den Zusammenhang zwischen dem Trägheitsmoment $\Theta_{\mathrm{S}\hat{\omega}}$ um eine Achse $\hat{\omega}$ durch den Schwerpunkt und dem Trägheitsmoment $\Theta'_{\hat{\omega}}$ um eine parallele Achse durch einen um den Vektor $\mathbf{b}$ verschobenen Aufpunkt ($\mathbf{b}^2_\perp = \mathbf{b}^2 - (\mathbf{b} \cdot \hat{\omega})^2$),

$$\Theta'_{\hat{\omega}} = \Theta_{\mathrm{S}\hat{\omega}} + M[\mathbf{b}^2 - (\mathbf{b} \cdot \hat{\omega})^2] = \Theta_{\mathrm{S}\hat{\omega}} + M\mathbf{b}^2_\perp \quad . \tag{4.5.5}$$

Da der Schwerpunkt im Koordinatensystem O' gerade am Ort $(-\mathbf{b})$ liegt, beschreibt der Zusatzterm das Trägheitsmoment $M b^2_\perp$ der im Schwerpunkt bei $(-\mathbf{b})$ vereinigten Gesamtmasse M um die parallel verschobene Achse durch den Ursprung O'. Dieser Zusammenhang ist der *Steinersche Satz*. Der Zusatzterm $M b^2_\perp$ hängt offenbar nur vom senkrechten Abstand $b_\perp$ der beiden parallelen Achsen ab. Da $M b^2_\perp$ stets positiv ist, ist für eine vorgegebene Achsenrichtung das Trägheitsmoment um den Schwerpunkt stets minimal.

Experiment 4.3. Nachweis des Steinerschen Satzes

Wir benutzen die Methode des Experiments 4.2, um das Trägheitsmoment unseres Eichzylinders bezüglich einer Drehachse zu messen, die parallel zur Zylinderachse verläuft, aber von dieser den Abstand $a = 0{,}05\,\mathrm{m}$ hat. Wir erhalten $T_3 = 7{,}5\,\mathrm{s}$, also

$$T^2_3 = 4\pi^2(\Theta_{\mathrm{Tisch}} + \Theta)/C = 56{,}25\,\mathrm{s}^2 \quad ,$$

d. h.

$$\Theta = \frac{C T^2_3}{4\pi^2} - \Theta_{\mathrm{Tisch}} \approx 0{,}0211\,\mathrm{kg\,m}^2 \quad .$$

Der Steinersche Satz (4.5.5) liefert

$$\Theta = \Theta_{\mathrm{K}} + M a^2 \approx (0{,}008\,24 + 0{,}014\,13)\,\mathrm{kg\,m}^2 \approx 0{,}0224\,\mathrm{kg\,m}^2 \quad ,$$

in guter Übereinstimmung mit diesem experimentellen Ergebnis.

4.6 Rotationsenergie. Energieerhaltung

Inhalt: Die kinetische Energie der Rotation um eine starre Achse ist $E_{\text{rot}} = \Theta_{\hat{\omega}}\omega^2/2$. Sie bleibt erhalten, falls kein Drehmoment herrscht.
Bezeichnungen: E_{rot} Rotationsenergie, $\Theta_{\hat{\omega}}$ Trägheitsmoment bezüglich der Drehachse; $L_{\hat{\omega}}, D_{\hat{\omega}}$ Drehimpuls und Drehmoment in Achsenrichtung; ω Winkelgeschwindigkeit.

Die kinetische Energie der Rotation des starren Körpers um eine feste Achse $\hat{\omega}$ ist, vgl. (4.1.2) und (4.3.3),

$$
\begin{aligned}
E_{\text{rot}} &= \sum_{i=1}^{N} \frac{1}{2} m_i \dot{\mathbf{r}}_i^2 = \sum_{i=1}^{N} \frac{m_i}{2}(\omega r_{i\perp})^2 \mathbf{e}_{\varphi i}^2 = \sum_{i=1}^{N} \frac{m_i}{2} r_{i\perp}^2 \omega^2 \\
&= \sum_{i=1}^{N} \frac{m_i}{2} r_i^2 \sin^2 \vartheta_i\, \omega^2 = \frac{1}{2}\Theta_{\hat{\omega}}\omega^2 = \frac{1}{2}\omega L_{\hat{\omega}} = \frac{1}{2\Theta_{\hat{\omega}}} L_{\hat{\omega}}^2 \quad . \quad (4.6.1)
\end{aligned}
$$

Die Beziehung (4.6.1) zwischen Rotationsenergie des starren Körpers, Winkelgeschwindigkeit und Trägheitsmoment hat dieselbe Form wie die zwischen kinetischer Energie eines Massenpunktes, Masse und Geschwindigkeit. Entsprechend gilt für die Verknüpfung von Drehimpuls und Trägheitsmoment mit der Rotationsenergie der gleiche Zusammenhang wie zwischen Impuls, Masse und kinetischer Energie.

Für verschwindendes Drehmoment $D_{\hat{\omega}}$ gilt wegen (4.3.6) der Drehimpulserhaltungssatz

$$
\dot{L}_{\hat{\omega}} = 0 \quad , \qquad \text{d. h.} \quad L_{\hat{\omega}} = \text{const} \quad . \qquad (4.6.2)
$$

Dann ist wegen (4.6.1) auch die Rotationsenergie eine erhaltene Größe

$$
E_{\text{rot}} = \frac{1}{2}\omega L_{\hat{\omega}} = \frac{1}{2}\Theta_{\hat{\omega}}\omega^2 = \text{const} \quad . \qquad (4.6.3)
$$

Experiment 4.4. Translations- und Rotationsenergie

Ein Vollzylinder bzw. ein Hohlzylinder gleicher Masse und gleichen Durchmessers $2R$ rollen eine schiefe Ebene herunter. Die Ebene ist um einen Winkel α gegen die Horizontale geneigt. Nach der Laufstrecke s haben die Zylinder um den Betrag $h = s \sin \alpha$ an Höhe und damit um

$$
\Delta E_{\text{pot}} = -Mgh = -Mgs \sin \alpha
$$

an potentieller Energie verloren. Da sie bei $s = 0$ in Ruhe waren, besitzen sie jetzt die kinetische Energie, die als Summe von Translations- und Rotationsenergie geschrieben werden kann, vgl. auch Abschn. 7.9,

$$
E_{\text{kin}} = E_{\text{trans}} + E_{\text{rot}} = \frac{1}{2} MV^2 + \frac{1}{2}\Theta_{\hat{\omega}}\omega^2 = -\Delta E_{\text{pot}} = Mgs \sin \alpha \quad .
$$

Dabei ist V der Betrag der Geschwindigkeit des Schwerpunkts und $\Theta_{\hat{\omega}}$ das Trägheitsmoment bezüglich der Zylinderachse. Da die Winkelgeschwindigkeit in Achsenrichtung zeigt und die Zylinder auf der Ebene abrollen, ist $V = R\omega$ und damit

$$V^2 = \frac{2Mgs\sin\alpha}{M + \Theta_{\hat{\omega}}/R^2}.$$

Die Translationsgeschwindigkeit V an einem gegebenen Ort s ist also um so kleiner, je größer das Trägheitsmoment des Zylinders ist, weil ein größerer Bruchteil der potentiellen Energie in Rotationsenergie übergeht und nur ein kleinerer in Translationsenergie. Nach Abschn. 4.3 erwarten wir deshalb, daß der Hohlzylinder langsamer rollt als der Vollzylinder. Das wird durch Stroboskopaufnahmen (Abb. 4.6) verifiziert.

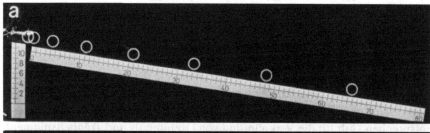

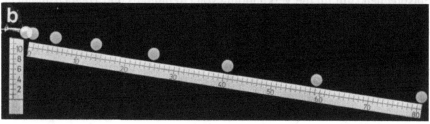

Abb. 4.6 a,b. Stroboskopaufnahmen eines auf einer schiefen Ebene rollenden Hohlzylinders (a) und Vollzylinders (b) gleicher Masse und gleichen Durchmessers

4.7 Aufgaben

4.1: Die letzte Beziehung in Experiment 4.4 kann auch als Differentialgleichung

$$\dot{s}^2 = \frac{2Mgs\sin\alpha}{M + \Theta_{\hat{\omega}}/R^2}$$

geschrieben werden. Lösen Sie diese Gleichung mit der Anfangsbedingung $s = 0$ und $\dot{s} = 0$ für $t = t_0 = 0$. Vergleichen Sie die für $t = 1{,}2\,\text{s}$ zurückgelegten Wegstrecken in Abb. 4.6a und b. Verifizieren Sie die im Abschn. 4.3 berechneten Trägheitsmomente an diesem experimentellen Ergebnis. (Daten des Experiments: Skalenabstand = 1 cm, Blitzabstand = 0,2 s, $\alpha = 8{,}16°$, $R = 1{,}25\,\text{cm}$, $M = 200\,\text{g}$, Innendurchmesser des Hohlzylinders $R_1 = 1\,\text{cm}$.)

4.2: Auf einer drehbar befestigten Rolle (homogener Zylinder mit dem Radius R und der Masse M) ist ein (masseloses) Seil aufgewickelt, an dem ein Körper der Masse m hängt. Zur Zeit $t = 0$ befindet sich der Körper bei $z = 0$ in Ruhe und beginnt dann zu fallen.

(a) Formulieren Sie den Energiesatz für einen späteren Zeitpunkt (in z, $\dot{z}$, M, m und R).

(b) Durch Ableiten nach der Zeit erhalten Sie daraus eine leicht zu integrierende Bewegungsgleichung. Lösen Sie diese mit den oben angegebenen Anfangsbedingungen.

4.3: Ein homogener Vollzylinder mit der Masse m und dem Radius r rollt ohne Reibungsverluste einen Looping auf der in Abb. 4.7 skizzierten Bahn (Radius der Schleife: R). Von welcher Höhe H muß der Zylinder starten, damit er die Schleife gerade vollständig durchläuft (in der Näherung $r \ll R$)? Wie groß ist in diesem Fall die Geschwindigkeit am tiefsten Punkt der Bahn?

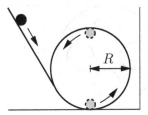

Abb. 4.7. Zu Aufgabe 4.3

4.4: Abbildung 4.8 stellt das vereinfachte Modell einer Eisläuferin dar, die eine Pirouette ausführt. Zwei einander gegenüberliegende Massenpunkte (Masse m) drehen sich dabei mit der Winkelgeschwindigkeit ω_1 auf einem Kreis mit dem Radius $r = R_1$.

(a) Wie groß ist der Betrag des Drehimpulsvektors bezüglich der Drehachse, in welche Richtung zeigt der Drehimpulsvektor und wie groß ist die kinetische Energie?

(b) Die Eisläuferin verringert r von R_1 auf $R_2 < R_1$. Wie groß sind jetzt die Winkelgeschwindigkeit ω_2, der Drehimpuls und die kinetische Energie?

(c) Stellen Sie die Energiebilanz auf. Berechnen Sie dazu die Arbeit, die die Eisläuferin beim Verringern des Massenabstandes geleistet hat.

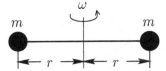

Abb. 4.8. Zu Aufgabe 4.4

4.5: Betrachten Sie ein fünfatomiges Molekül, bei dem die Atome in einem kartesischen Koordinatensystem die folgenden Ortsvektoren $\mathbf{r}_i$ und die Massen m_i haben: $\mathbf{r}_1 = (0, a, 0)$, $\mathbf{r}_2 = (a, 0, 0)$, $\mathbf{r}_3 = (0, 0, a)$, $\mathbf{r}_4 = (a, a, a)$, $\mathbf{r}_5 = (\frac{a}{2}, \frac{a}{2}, \frac{a}{2})$, sowie $m_i = m$ für $i = 1, \ldots, 4$ und $m_5 = 14m$. Dabei sind a und m Konstanten.

(a) Berechnen Sie den Ortsvektor $\mathbf{R}$ des Schwerpunkts des Moleküls und die Ortsvektoren $\boldsymbol{\varrho}_i$ der Atome im Schwerpunktsystem ($\mathbf{r}_i = \mathbf{R} + \boldsymbol{\varrho}_i$).

(b) Wie groß ist das Trägheitsmoment $\Theta_{\hat{\omega}}$ des Moleküls bezüglich einer Achse $\hat{\omega}$, die durch den Schwerpunkt geht und im Schwerpunktsystem die Komponenten $\hat{\omega} = (\sin\vartheta\cos\varphi, \sin\vartheta\sin\varphi, \cos\vartheta)$ mit festen ϑ, φ hat?

4.6: Berechnen Sie das Trägheitsmoment der in Abb. 4.9 skizzierten Lochscheibe für eine Achse, die senkrecht zur Zeichenebene durch den Mittelpunkt der Scheibe verläuft. Gegeben sind der Radius R der Scheibe, der Radius r der Löcher und der Abstand b der Mittelpunkte der Löcher vom Mittelpunkt der Scheibe. Die Scheibe sei homogen und habe die Masse M.

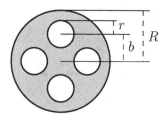

Abb. 4.9. Zu Aufgabe 4.6

4.7: Gegeben ist ein physikalisches Pendel, das aus einer gleichschenklig-dreieckigen Platte besteht (Masse M, Dicke d, Seiten a und b). Es kann um den Eckpunkt P in der Ebene der Platte schwingen, Abb. 4.10.

(a) Berechnen Sie das Trägheitsmoment der Platte bezüglich der Drehachse durch P sowie die Lage des Schwerpunktes.

(b) Geben Sie die Schwingungsdauer des Pendels bei kleinen Auslenkungen φ aus der Ruhelage an.

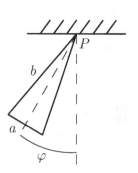

Abb. 4.10. Zu Aufgabe 4.7

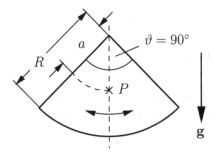

Abb. 4.11. Zu Aufgabe 4.8

4.8: Ein Sektor einer homogenen Kreisscheibe (Radius R, Öffnungswinkel $\vartheta =$ 90°, Dicke d, Masse M) ist an einem Punkt P auf seiner Symmetrieachse drehbar aufgehängt (Drehachse senkrecht zur Zeichenebene) und befindet sich unter dem Einfluß der Schwerkraft, Abb. 4.11.

(a) Berechnen Sie den Schwerpunkt und das Trägheitsmoment bezüglich des Schwerpunkts für diesen Körper.

(b) Wie groß muß der Abstand a zwischen Spitze und Drehpunkt sein, damit die Schwingungsdauer für kleine Schwingungen um den Drehpunkt minimal wird?

Hinweis: Betrachten Sie in (b) nur Situationen, in denen die Spitze des Körpers in der Ruhelage *oberhalb* des Aufhängepunktes liegt.

4.9: Wir betrachten einen Körper, der aus drei starr verbundenen, konzentrischen Kreisscheiben besteht, Abb. 4.12. Die beiden äußeren Scheiben sind von gleicher Größe, während die innere Scheibe einen geringeren Radius r besitzt. An der kleinen Scheibe sei ein Faden befestigt. Wickelt man den Faden auf und läßt dann den Körper los, rollt sich der Faden ab, und der Körper bewegt sich abwärts. Berechnen Sie die dabei auftretende Zugkraft am Faden. Die Masse des Körpers sei M und sein Trägheitsmoment bezüglich der Achse $\Theta_{\hat{\omega}}$.

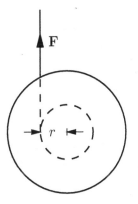

Abb. 4.12. Zu Aufgabe 4.9

4.10: Auf einem Telegraphenmast sitzt eine Person. Plötzlich beginnt der Mast umzukippen. Die Person erwägt drei Strategien:

(a) Sie bleibt auf dem Mast sitzen und fällt mit ihm um.

(b) Sie springt sofort herunter.

(c) Sie bleibt auf dem Mast sitzen ohne sich festzuhalten, bis sie den Kontakt mit dem Mast verliert, d. h. bis die Kraftkomponente, die sie in Richtung des Mastes auf den Mast ausübt, verschwindet.

Welche Strategie minimiert die Aufprallgeschwindigkeit in vertikaler Richtung? Berechnen Sie diese Geschwindigkeit für die drei Fälle. Wenn die Person sich nicht festhält, soll der Mast die Person (über Reibungskräfte) zwar in vertikaler Richtung mitführen, aber nicht nach unten ziehen. (Der Mast sei ein homogener dünner Stab mit der Länge ℓ und der Masse M. Die Person sei durch einen Massenpunkt der Masse m idealisiert.)

5. Inertialsysteme

Bisher haben wir die physikalischen Vorgänge immer in den Bezugssystemen beschrieben, die durch die jeweiligen Gegebenheiten, z. B. den Versuchsaufbau, nahegelegt wurden. Es ist jedoch keineswegs selbstverständlich, daß die Beschreibung eines physikalisches Vorgangs in verschiedenen Bezugssystemen gleich oder auch nur ähnlich ist. Man vergleiche nur die Abbildungen der Planetenbewegung im Schwerpunktsystem (Abb. 3.6a) und in einem anderen System (Abb. 3.6b). In diesem und dem folgenden Kapitel wollen wir uns mit verschiedenen Bezugssystemen und den Transformationen zwischen ihnen systematisch auseinandersetzen. Von besonderer Bedeutung sind natürlich solche Systeme, in denen die Newtonschen Gesetze gelten. Sie heißen *Inertialsysteme*, in Anlehnung an die Bezeichnung *Trägheitsgesetz* für das erste Newtonsche Axiom. Sie sind der Gegenstand dieses Kapitels. In Kap. 6 werden wir Bezugssysteme kennenlernen, in denen die Newtonschen Gesetze nicht gelten, sie heißen *Nichtinertialsysteme*.

5.1 Translationen

Inhalt: Die Translation $r \to r' = r + b$ kann als Verschiebung des durch r beschriebenen Punktes um b aber auch als Verschiebung des Koordinatenursprungs um $-b$ verstanden werden. Die Newtonsche Bewegungsgleichung gilt in beiden Bezugssystemen.
Bezeichnungen: r, r' ursprünglicher und transformierter Ortsvektor; F, F' Kraftvektoren; p, p' Impulsvektoren.

Unter einer Translation versteht man die folgende Transformation des Ortsvektors

$$r' = r + b \quad . \tag{5.1.1}$$

Dabei ist b ein zeitlich konstanter Vektor. Die Translation (Abb. 5.1a) kann als Translation des Ursprungs O des Koordinatensystems K um den Vektor $-b$ nach O', dem Ursprung des Koordinatensystems K', interpretiert werden. (Beide Ortsvektoren r und r' beschreiben nach wie vor denselben Punkt P.)

Durch die Translation wird der Ortsvektor

$$r = r' - b$$

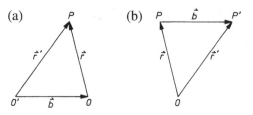

Abb. 5.1 a,b. Darstellung der Translation (5.1.1) als Verschiebung **(a)** des Ursprungs O nach O', **(b)** des Punktes P nach P'

in das Argument einer ortsabhängigen Funktion $f(\mathbf{r})$ durch

$$f(\mathbf{r}) = f(\mathbf{r}' - \mathbf{b}) =: f'(\mathbf{r}')$$

eingeführt und damit die transformierte Funktion f' der transformierten Variablen $\mathbf{r}'$ definiert. Sie hat am Ort $\mathbf{r}'$ denselben Wert wie f am Ort $\mathbf{r}$. Offensichtlich gibt das die physikalische Situation wieder, da $\mathbf{r}'$ und $\mathbf{r}$ denselben Punkt beschreiben. Die Funktion f heißt *translationsinvariant*, falls

$$f' = f \quad ,$$

d. h. falls

$$f(\mathbf{r}' - \mathbf{b}) = f'(\mathbf{r}') = f(\mathbf{r}')$$

oder, in der Variablen $\mathbf{r}$,

$$f(\mathbf{r}) = f'(\mathbf{r} + \mathbf{b}) = f(\mathbf{r} + \mathbf{b})$$

für beliebige Translationen, d. h. für beliebige Vektoren $\mathbf{b}$, gilt. Offenbar kann eine translationsinvariante Funktion eines Ortsvektors $\mathbf{r}$ nur eine Konstante sein.

Für Funktionen mehrerer Variablen bedeutet Translationsinvarianz

$$f(\mathbf{r}_1 + \mathbf{b}, \mathbf{r}_2 + \mathbf{b}, \ldots, \mathbf{r}_N + \mathbf{b}) = f(\mathbf{r}_1, \mathbf{r}_2, \ldots, \mathbf{r}_N) \quad . \tag{5.1.2}$$

In diesem Fall kann f nur eine Funktion von $(N - 1)$ unabhängigen Differenzvektoren $(\mathbf{r}_i - \mathbf{r}_k)$ sein.

Als Beispiel betrachten wir eine Funktion von zwei Variablen $f(\mathbf{r}_1, \mathbf{r}_2)$. Man kann sie auch als Funktion der Summe $\mathbf{r}_1 + \mathbf{r}_2$ und der Differenz $\mathbf{r}_2 - \mathbf{r}_1$ auffassen,

$$f(\mathbf{r}_1, \mathbf{r}_2) =: F(\mathbf{r}_1 + \mathbf{r}_2, \mathbf{r}_2 - \mathbf{r}_1) \quad . \tag{5.1.3}$$

Nun bedeutet Translationsinvarianz wegen der Beziehung

$$\begin{aligned} F(\mathbf{r}_1 + \mathbf{r}_2 + 2\mathbf{b}, \mathbf{r}_2 - \mathbf{r}_1) &= f(\mathbf{r}_1 + \mathbf{b}, \mathbf{r}_2 + \mathbf{b}) \tag{5.1.4} \\ &= f(\mathbf{r}_1, \mathbf{r}_2) = F(\mathbf{r}_1 + \mathbf{r}_2, \mathbf{r}_2 - \mathbf{r}_1) \quad , \tag{5.1.5} \end{aligned}$$

daß F nicht von der ersten Variablen abhängt, d. h. F ist nur eine Funktion der Differenz $(\mathbf{r}_2 - \mathbf{r}_1)$:

$$F = F(\mathbf{r}_2 - \mathbf{r}_1) \quad . \tag{5.1.6}$$

Mit derselben Argumentation beweist man die Behauptung für N Veränderliche.

Ein Beispiel für eine translationsinvariante physikalische Größe ist die Gravitationskraft zwischen zwei Massenpunkten, die nur von der Differenz der Ortsvektoren abhängt. Weitere Beispiele sind Geschwindigkeit und Impuls eines Massenpunktes:

$$\mathbf{v}' = \frac{\mathrm{d}}{\mathrm{d}t}\mathbf{r}' = \frac{\mathrm{d}}{\mathrm{d}t}(\mathbf{r} + \mathbf{b}) = \frac{\mathrm{d}}{\mathrm{d}t}\mathbf{r} = \mathbf{v} \tag{5.1.7}$$

und somit

$$\mathbf{p}' = m\mathbf{v}' = m\mathbf{v} = \mathbf{p} \quad . \tag{5.1.8}$$

Mit den transformierten Kräften

$$\mathbf{F}'_i(\mathbf{r}'_1, \dots, \mathbf{r}'_N) = \mathbf{F}_i(\mathbf{r}'_1 - \mathbf{b}, \dots, \mathbf{r}'_N - \mathbf{b}) \tag{5.1.9}$$

gelten die Newtonschen Bewegungsgleichungen auch im System O', das durch Translation aus O hervorgegangen ist,

$$m_i \frac{\mathrm{d}^2 \mathbf{r}'_i}{\mathrm{d}t^2} = \dot{\mathbf{p}}'_i = \mathbf{F}'_i(\mathbf{r}'_1, \dots, \mathbf{r}'_N) \quad . \tag{5.1.10}$$

Diese Gleichungen enthalten neben dem auf das System O' bezogenen Trägheitsterm $m_i\,\mathrm{d}^2\mathbf{r}'_i/(\mathrm{d}t^2)$ nur die Kräfte $\mathbf{F}'_i$, die durch die Translation (5.1.9) aus den Kräften $\mathbf{F}_i$ im System O hervorgehen. *Falls das System O ein Inertialsystem war, ist auch das System O' ein solches.*

Für translationsinvariante Kräfte gilt

$$\mathbf{F}'_i(\mathbf{r}'_1, \dots, \mathbf{r}'_N) = \mathbf{F}_i(\mathbf{r}'_1, \dots, \mathbf{r}'_N) \quad , \tag{5.1.11}$$

so daß in diesem Fall die Newtonschen Gleichungen im System O',

$$m_i \frac{\mathrm{d}^2 \mathbf{r}'_i}{\mathrm{d}t^2} = \mathbf{F}_i(\mathbf{r}'_1, \dots, \mathbf{r}'_N) \quad , \tag{5.1.12}$$

die gleichen Funktionen $\mathbf{F}_i$ – nur mit den Ortsvektoren $\mathbf{r}'_i$ des transformierten Systems O' als Argumente – enthalten.

Man kann die Transformation $\mathbf{r}'_i = \mathbf{r}_i + \mathbf{b}$ der Ortsvektoren von $\mathbf{r}_i$ nach $\mathbf{r}'_i$ auch als Translation des physikalischen Systems auffassen, Abb. 5.1b, in der der Punkt P verschoben, der Ursprung und damit das Koordinatensystem aber beibehalten wird. Dabei ist es wichtig, daß alle Orte $\mathbf{r}_i$ des Systems um den gleichen Vektor $\mathbf{b}$ verschoben werden. Im Gegensatz zu dieser *aktiven Transformation* wird die Verschiebung des Koordinatensystems auch als *passive Transformation* bezeichnet.

Wir illustrieren diese Aussagen am Beispiel der Gravitationswechselwirkung zwischen zwei Himmelskörpern, die sich an den Orten r_1 und r_2 befinden (Abb. 5.2a). Da die Kraft auf jeden nur vom Abstand der beiden Körper abhängt, ist sie gegen eine Verschiebung der Körper im Raum um denselben Vektor **b** invariant. Ist jedoch noch ein dritter Körper vorhanden (Abb. 5.2b) und wird er nicht mitverschoben, so ändert sich die Kraft auf die beiden Körper bei Translation, jedenfalls solange man die Kraft, die der dritte Körper ausübt, nicht vernachlässigen darf. Dies ist ein Beispiel dafür, daß man alle Teile eines physikalischen Systems, deren Einflüsse größer als die Meßgenauigkeit sind, mitverschieben muß, will man Translationsinvarianz feststellen.

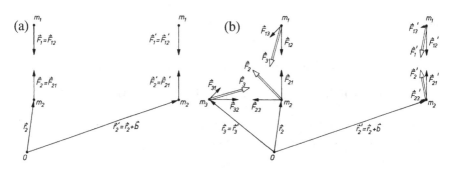

Abb. 5.2. (a) Die Gravitationskräfte sind invariant gegen die Translation aller Massenpunkte. **(b)** Gravitationskräfte sind nicht invariant gegen Translationen, die sich nur auf einen Teil der Massenpunkte eines Systems beziehen

Die Translationsinvarianz (5.1.2) besagt dann, daß die physikalische Größe f auch nach Verschiebung des Systems denselben Wert besitzt. Der Wert der physikalischen Größe ist unabhängig vom Ort des Systems im Raum, d. h. es gibt keine ausgezeichneten Orte im Raum. Alle Punkte des physikalischen Raumes sind gleichwertig, der Raum ist *homogen*. Diese *Homogenität des Raumes* ist die Grundlage des Impulserhaltungssatzes.

In den Aufgaben 5.1 und 5.2 kann nachgerechnet werden, daß in einem System mit gemeinsamem, translationsinvariantem Potential die Summe der Kräfte verschwindet. Damit gilt entsprechend Abschn. 3.2 der Impulserhaltungssatz. Er ergibt sich damit als Konsequenz der Translationsinvarianz des Potentials.

Ein Beispiel für eine physikalische Größe, die nicht translationsinvariant ist, ist der Drehimpuls **L** = **r** × **p** eines Massenpunktes am Ort **r** und mit dem Impuls **p**. Bei einer Translation geht der Drehimpuls über in

$$\mathbf{L}' = \mathbf{r} \times \mathbf{p} + \mathbf{b} \times \mathbf{p} = \mathbf{L} + \mathbf{b} \times \mathbf{p} \quad .$$

Das liegt daran, daß schon der Ortsvektor **r** selbst keine translationsinvariante Größe ist.

5.2 Rotation des Koordinatensystems

Inhalt: Der gleiche Vektor **x** kann in Komponenten bezüglich einer Basis e_1, e_2, e_3 und in einer gegen diese gedrehten Basis e_1', e_2', e_3' dargestellt werden. Die Spaltenvektoren dieser Darstellungen sind $(\mathbf{x})$ und $(\mathbf{x}') = (\underline{\underline{R}}^+)(\mathbf{x})$. Der Rotationstensor $\underline{\underline{R}}$ bewirkt die Drehung der Basis, $e_i' = \underline{\underline{R}}e_i$. Die Newtonsche Bewegungsgleichung hat in beiden Darstellungen die gleiche Form.

Bezeichnungen: e_i, e_i' ursprüngliche und gedrehte Basisvektoren; $(\mathbf{x})$, $(\mathbf{x}')$ Spaltenvektordarstellungen des Ortsvektors **x** bezüglich der Basen e_i bzw. e_i'; $(\mathbf{F})$, $(\mathbf{F}')$ entsprechend für den Kraftvektor **F**; $\underline{\underline{R}}$ Rotationstensor.

Grundlage der Beschreibung eines physikalischen Systems ist die Angabe von Orten. Wir beschreiben einen Punkt im Raum durch Angabe des Ortsvektors **x** bezüglich eines festen Aufpunktes O, des Koordinatenursprungs. Durch Einführung eines kartesischen Koordinatensystems K mit den Basisvektoren e_1, e_2, e_3 zerlegen wir den Ortsvektor **x** in Komponenten x_k,

$$\mathbf{x} = \sum_k x_k e_k \quad , \tag{5.2.1}$$

Abb. 5.3. Für viele Sachverhaltsbeschreibungen sind Wechsel des Koordinatensystems hilfreich, vgl. auch Anhang B.12. Zwei rechtshändige kartesische Koordinatensysteme K und K' mit den Basisvektoren e_i bzw. e_i' sind durch Rotationen

$$\mathbf{e}_i = \underline{\underline{R}}^+ \mathbf{e}_i' = \mathbf{e}_i' \underline{\underline{R}} \quad , \qquad \mathbf{e}_i' = \underline{\underline{R}} \mathbf{e}_i = \mathbf{e}_i \underline{\underline{R}}^+ \quad , \qquad \underline{\underline{R}} = \sum_i \mathbf{e}_i' \otimes \mathbf{e}_i \tag{5.2.2}$$

miteinander verknüpft. Durch Multiplikation mit den Zerlegungen des Einheitstensors

$$\underline{\underline{1}} = \sum_j \mathbf{e}_j' \otimes \mathbf{e}_j' = \sum_j \mathbf{e}_j \otimes \mathbf{e}_j$$

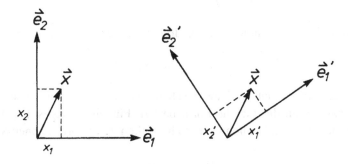

Abb. 5.3. Zerlegung des Vektors **x** in Komponenten bezüglich der Basis e_1, e_2 (*links*) und bezüglich der gedrehten Basis e_1', e_2' (*rechts*)

erhalten wir die Basisvektorzerlegung der einen Basisvektoren $\mathbf{e}_i$ durch die anderen:

$$\begin{aligned}
\mathbf{e}_i &= \sum_j \mathbf{e}'_j \otimes \mathbf{e}'_j \underline{\underline{R}}^+ \mathbf{e}'_i = \sum_j \mathbf{e}'_j (\mathbf{e}'_j \underline{\underline{R}}^+ \mathbf{e}'_i) \\
&= \sum_j \mathbf{e}'_j R^+_{ji} = \sum_j R_{ij} \mathbf{e}'_j \quad , \qquad R_{ij} = \mathbf{e}'_i \underline{\underline{R}} \mathbf{e}'_j \quad .
\end{aligned} \tag{5.2.3}$$

Die Matrixelemente des Rotationstensors in der Basis $\mathbf{e}_i$ und in der Basis $\mathbf{e}'_i$ sind gleich, denn mit (5.2.2) und (B.12.7) gilt

$$\mathbf{e}'_j \underline{\underline{R}} \mathbf{e}'_i = \mathbf{e}_j \underline{\underline{R}}^+ \underline{\underline{R}} \, \underline{\underline{R}} \mathbf{e}_i = \mathbf{e}_j \underline{\underline{R}} \mathbf{e}_i = R_{ji} \quad . \tag{5.2.4}$$

Analog zu (5.2.3) erhält man

$$\mathbf{e}'_i = \sum_j \mathbf{e}_j \otimes \mathbf{e}_j \underline{\underline{R}} \mathbf{e}_i = \sum_j \mathbf{e}_j R_{ji} = \sum_j R^+_{ij} \mathbf{e}_j \quad . \tag{5.2.5}$$

Einsetzen des Ausdruckes für $\mathbf{e}_i$ in (5.2.1) liefert

$$\mathbf{x} = \sum_{jk} x_k R_{kj} \mathbf{e}'_j = \sum_j x'_j \mathbf{e}'_j \quad , \qquad x'_j = \sum_k R^+_{jk} x_k \quad , \tag{5.2.6}$$

die Komponentendarstellung in der Basis $\mathbf{e}'_j$. Durch Multiplikation mit der Matrix $(\underline{\underline{R}}^+)$ erhalten wir die Umkehrrelation

$$x_i = \sum_j R_{ij} x'_j \quad . \tag{5.2.7}$$

Die Transformationsformeln für die x_i und x'_i als Spaltenvektoren,

$$(\mathbf{x}) = \begin{pmatrix} x_1 \\ x_2 \\ x_3 \end{pmatrix} \quad , \qquad (\mathbf{x}') = \begin{pmatrix} x'_1 \\ x'_2 \\ x'_3 \end{pmatrix} \quad ,$$

können durch Matrixrelationen ausgedrückt werden,

$$(\mathbf{x}') = (\underline{\underline{R}}^+)(\mathbf{x}) \quad , \qquad (\mathbf{x}) = (\underline{\underline{R}})(\mathbf{x}') \quad . \tag{5.2.8}$$

Wir zeigen jetzt, daß die Newtonsche Bewegungsgleichung in beiden Koordinatensystemen die gleiche Form besitzt. Für ein einziges Teilchen der Masse m lautet sie in Spaltenvektoren bezüglich des ursprünglichen Systems

$$m \frac{\mathrm{d}^2(\mathbf{x})}{\mathrm{d}t^2} = (\mathbf{F}) \quad . \tag{5.2.9}$$

In einem gedrehten Koordinatensystem wird der Ortsvektor durch $(\mathbf{x}')$ beschrieben, der nach (5.2.8) mit $(\mathbf{x})$ verknüpft ist. Entsprechend gilt für die Spaltenvektoren der Kraft in den beiden Koordinatensystemen

$$(\mathbf{F}) = (\underline{\underline{R}})(\mathbf{F}') \quad . \tag{5.2.10}$$

Einsetzen in die Newtonsche Gleichung liefert

$$m\frac{\mathrm{d}^2}{\mathrm{d}t^2}[(\underline{\underline{R}})(\mathbf{x}')] = (\underline{\underline{R}})(\mathbf{F}') \quad . \tag{5.2.11}$$

Die Rotationsmatrix $(\underline{\underline{R}})$ ist zeitunabhängig, so daß

$$m\frac{\mathrm{d}^2(\mathbf{x}')}{\mathrm{d}t^2} = (\mathbf{F}') \quad , \tag{5.2.12}$$

die Newtonsche Gleichung für die Komponenten im rotierten System, gilt.

5.3 Galilei-Transformationen

Inhalt: Für die Beschreibung mechanischer Vorgänge in einem Bezugssystem, das sich gegenüber dem ursprünglichen System mit konstanter Geschwindigkeit bewegt, bleiben die Newtonschen Bewegungsgleichungen gültig.
Bezeichnungen: $\mathbf{r}$, $\mathbf{r}'$ ursprünglicher und transformierter Ortsvektor; $\mathbf{p}$, $\mathbf{p}'$ Impulsvektoren; $\mathbf{F}$, $\mathbf{F}'$ Kraftvektoren; $\mathbf{v}$ Relativgeschwindigkeit.

Die einzige zeitabhängige Transformation, die die Newtonsche Bewegungsgleichung unverändert läßt, ist die *Galilei-Transformation*

$$\mathbf{r}' = \mathbf{r} + \mathbf{v}t \quad . \tag{5.3.1}$$

Sie beschreibt eine zeitlich gleichförmige Translation, die als geradlinig gleichförmige Bewegung aller Punkte mit der konstanten Geschwindigkeit $\mathbf{v}$ oder als Bewegung des Koordinatensystems mit der Geschwindigkeit $-\mathbf{v}$ aufgefaßt werden kann (Abb. 5.4). Die Eigenschaften der einfachsten physikalischen Größen unter Galilei-Transformationen sind

$$\dot{\mathbf{r}}' = \dot{\mathbf{r}} + \mathbf{v} \quad , \tag{5.3.2}$$

$$\mathbf{p}' = m\dot{\mathbf{r}}' = m\dot{\mathbf{r}} + m\mathbf{v} = \mathbf{p} + m\mathbf{v} \quad , \tag{5.3.3}$$

$$\ddot{\mathbf{r}}' = \ddot{\mathbf{r}} \quad . \tag{5.3.4}$$

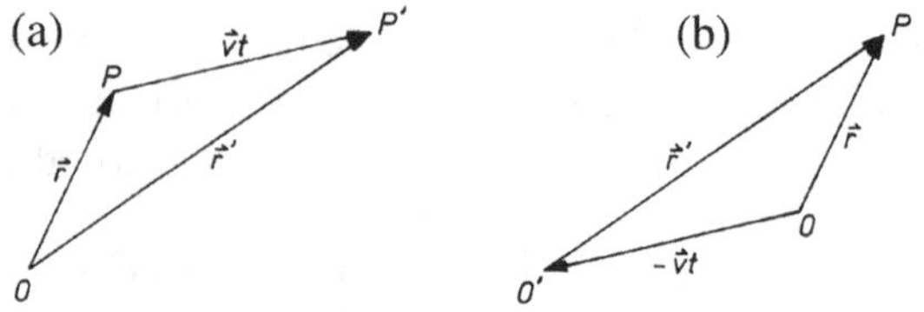

Abb. 5.4. Galilei-Transformation des Punktes P **(a)** bzw. des Koordinatenursprungs **(b)**

Die Newtonschen Bewegungsgleichungen gelten unverändert im System K', das durch die Galilei-Transformation aus K hervorgeht,

$$m_i \frac{\mathrm{d}^2 \mathbf{r}_i'}{\mathrm{d}t^2} = \mathbf{F}_i'(\mathbf{r}_1', \dots, \mathbf{r}_N') \quad , \qquad i = 1, \dots, N \quad , \tag{5.3.5}$$

mit den aus den Kräften $\mathbf{F}_i(\mathbf{r}_1, \dots, \mathbf{r}_N)$ im System K hervorgegengenen Galilei-transformierten Kräften

$$\mathbf{F}_i'(\mathbf{r}_1', \dots, \mathbf{r}_N') = \mathbf{F}_i(\mathbf{r}_1' - \mathbf{v}t, \dots, \mathbf{r}_N' - \mathbf{v}t) \quad , \qquad i = 1, \dots, N \quad . \tag{5.3.6}$$

Da die Bewegungsgleichungen in allen Systemen, die aus einem Inertialsystem durch Galilei-Transformation hervorgehen, die gleiche Gestalt haben, sind Inertialsysteme prinzipiell ununterscheidbar. Insbesondere ist der Zustand der Ruhe von dem der geradlinig gleichförmigen Bewegung eines abgeschlossenen Systems physikalisch nicht unterscheidbar.

Für translationsinvariante Kräfte,

$$\mathbf{F}_i'(\mathbf{r}_1', \dots, \mathbf{r}_N') = \mathbf{F}_i(\mathbf{r}_1', \dots, \mathbf{r}_N') \quad , \tag{5.3.7}$$

gelten die Newtonschen Gleichungen im System O',

$$m_i \frac{\mathrm{d}^2 \mathbf{r}_i'}{\mathrm{d}t^2} = \mathbf{F}_i(\mathbf{r}_1', \dots, \mathbf{r}_N') \quad , \tag{5.3.8}$$

mit den gleichen Funktionen $\mathbf{F}_i$, die auch im System O die Kräfte beschreiben, allerdings in O' mit den Ortsvektoren $\mathbf{r}_i'$ als Argumenten.

Planetenbewegung in verschiedenen Bezugssystemen Bereits in Abb. 3.6 wurde die Bewegung zweier Körper in zwei verschiedenen Bezugssystemen dargestellt, die durch eine Galilei-Transformation miteinander verknüpft sind. Wir erweitern hier diese Diskussion. Die Abb. 5.5a zeigt die Bewegung in dem System, in dem der Körper 1 ursprünglich ruht ($\mathbf{v}_{10} = 0$). In diesem System hat der Schwerpunkt die konstante Geschwindigkeit

$$\mathbf{V} = \frac{m_1 \mathbf{v}_{20}}{m_1 + m_2} \quad .$$

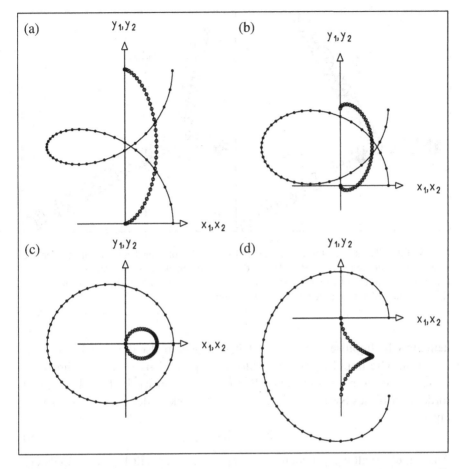

Abb. 5.5 a–d. Bewegung zweier Körper der Massen m_1 (*große Kreise*) und $m_2 = m_1/4$ (*kleine Kreise*) unter dem Einfluß ihrer gegenseitigen Gravitation. (a) Körper 1 ruht zur Zeit $t = 0$ im Ursprung. Der Schwerpunkt hat die konstante Geschwindigkeit **V**. (b)–(d) Die gleiche Bewegung in Bezugssystemen, die sich gegenüber (a) mit den Geschwindigkeiten $\mathbf{V}/2$ (b), **V** (c) und $3\mathbf{V}/2$ (d) bewegen

In Abb. 5.5b, c und d ist die gleiche Bewegung dargestellt, jedoch in Bezugssystemen, die sich gegenüber dem der Abb. 5.5a mit den Geschwindigkeiten $-\mathbf{v} = \mathbf{V}/2$, **V** bzw. $3\mathbf{V}/2$ bewegen. Stellen wir uns vor, daß ein Beobachter im Ursprung des jeweiligen Bezugssystems ruht, so ist die Geschwindigkeit $\mathbf{v}_{BS}$ des Beoachters relativ zum Schwerpunkt in den vier Teilbildern (a) $\mathbf{v}_{BS} = -\mathbf{V}$, (b) $\mathbf{v}_{BS} = -\mathbf{V}/2$, (c) $\mathbf{v}_{BS} = 0$ und (d) $\mathbf{v}_{BS} = \mathbf{V}/2$.

Elastischer Stoß im Reflexionssystem Abbildung 5.6a zeigt den elastischen Stoß zweier harter Kugeln in einem Bezugssystem, in dem die Kugeln vor

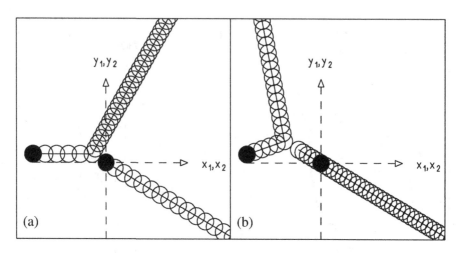

Abb. 5.6 a,b. Elastischer Stoß zweier harter Kugeln. Die offenen Kreise kennzeichnen die Kugeln zu festen Zeiten $t = \Delta t, 2\,\Delta t, \ldots$, die geschlossenen Kreise zur Anfangszeit $t = 0$. (a) Laborsystem: Kugel 2 ruht vor dem Stoß im Koordinatenursprung. (b) Reflexionssystem: Kugel 2 erfährt durch den Stoß eine Impulsumkehr

dem Stoß die Impulse p_1 und $p_2 = 0$ haben, in dem also die Kugel 2 vor dem Stoß ruht. Die Impulse nach dem Stoß sind p_1' und p_2'. Wir bezeichnen die Impulsvektoren in einem zweiten Bezugssystem mit k_1, k_2 bzw. k_1', k_2' und fordern für dieses System, daß sich der Impulsvektor der Kugel 2 beim Stoß umkehrt,

$$k_2' = -k_2 \quad . \tag{5.3.9}$$

Aus Impulserhaltungsgründen ($k_1 + k_2 = k_1' + k_2'$) gilt für den Impuls der Kugel 1 nach dem Stoß

$$k_1' = k_1 + 2k_2 \quad .$$

Beide Kugeln verhalten sich so, als ob sie an einer festen Wand, die senkrecht zur Richtung von k_2 steht, reflektiert würden. Man spricht daher vom *Reflexionssystem*. Aus dem ursprünglichen Bezugssystem gelangt man ins Reflexionssystem, indem man zu allen Geschwindigkeiten eine konstante Geschwindigkeit v addiert,

$$\frac{k_i}{m_i} = \frac{p_i}{m_i} + v \quad , \qquad \frac{k_i'}{m_i} = \frac{p_i'}{m_i} + v \quad . \tag{5.3.10}$$

Die Forderung $k_2' = -k_2$ ist erfüllt für

$$v = -\frac{1}{2m_2}(p_2 + p_2') = -\frac{p_2'}{2m_2} \quad . \tag{5.3.11}$$

Abbildung 5.6b zeigt den Stoß im Reflexionssystem.

5.4 Aufgaben

5.1: Zeigen Sie, daß für die Kräfte in einem Zweiteilchensystem das dritte Newtonsche Gesetz gilt, wenn die Kräfte aus einem gemeinsamen translationsinvarianten Potential $V = V(\mathbf{r}_2 - \mathbf{r}_1)$ gewonnen werden können.

5.2: Zeigen Sie, daß die Summe der Kräfte $\mathbf{F}_i$ in einem N-Teilchensystem verschwindet, wenn die $\mathbf{F}_i$ aus einem gemeinsamen translationsinvarianten Potential $V = V(\mathbf{r}_2 - \mathbf{r}_1, \mathbf{r}_3 - \mathbf{r}_1, \ldots, \mathbf{r}_N - \mathbf{r}_1)$ gewonnen werden können.

5.3: Gegeben sei der Rotationstensor

$$\underline{R}(\alpha\hat{\boldsymbol{\alpha}}) = \hat{\boldsymbol{\alpha}} \otimes \hat{\boldsymbol{\alpha}} + (\underline{1} - \hat{\boldsymbol{\alpha}} \otimes \hat{\boldsymbol{\alpha}})\cos\alpha + [\underline{\varepsilon}\hat{\boldsymbol{\alpha}}]\sin\alpha \quad .$$

(a) Zeigen Sie

$$\underline{R}(\alpha\hat{\boldsymbol{\alpha}})\underline{R}(\beta\hat{\boldsymbol{\alpha}}) = \underline{R}((\alpha + \beta)\hat{\boldsymbol{\alpha}}) \quad .$$

(b) Zeigen Sie

$$\underline{R}(\alpha\hat{\boldsymbol{\alpha}})^+ = \underline{R}(-\alpha\hat{\boldsymbol{\alpha}}) \quad .$$

(c) Berechnen Sie explizit die Spur von $\underline{R}(\alpha\hat{\boldsymbol{\alpha}})$.

5.4: Bestimmen Sie die Richtung $\hat{\boldsymbol{\alpha}}$ und den Drehwinkel α der zur folgenden Rotationsmatrix gehörenden Drehung:

$$(\underline{R}) = \frac{1}{4\sqrt{2}}\begin{pmatrix} 3+\sqrt{2} & 1-3\sqrt{2} & -\sqrt{2} \\ 1+\sqrt{2} & 3+\sqrt{2} & -4+\sqrt{2} \\ 4-\sqrt{2} & \sqrt{2} & 2+2\sqrt{2} \end{pmatrix} \quad .$$

5.5: In einem Bezugssystem A besitzen die Teilchen 1, 2, 3 mit den Massen m_1, m_2, m_3 die Impulse $\mathbf{p}_1^A, \mathbf{p}_2^A, \mathbf{p}_3^A$. Berechnen Sie die Relativgeschwindigkeit $\mathbf{v}^B$ zwischen A und anderen Bezugssystemen B (gegeben durch $\mathbf{v}^B = \mathbf{v}_i^B - \mathbf{v}_i^A$) für

(a) das Schwerpunktsystem ($B = $ S), in dem der Gesamtschwerpunkt ruht,

(b) das System ($B = $ R$_1$), in dem das Teilchen 1 ruht,

(c) das System ($B = $ S$_{12}$), in dem der Schwerpunkt der Teilchen 1 und 2 ruht.

5.6: Zeigen Sie, daß es für den elastischen Stoß zweier Teilchen Bezugssysteme gibt, in denen sich beide Teilchen so verhalten, als würden sie an einer festen Wand reflektiert (*Ziegelwandsysteme*). Inwieweit sind diese Bezugssysteme eindeutig bestimmt?

5.7: Geben Sie die Geschwindigkeit $\mathbf{v}$ zur Transformation aus dem Laborsystem in ein Reflexionssystem an, in dem die Kugel 1 Impulsumkehr erfährt, also statt (5.3.9) die Beziehung $\mathbf{k}_1' = -\mathbf{k}_1$ gilt.

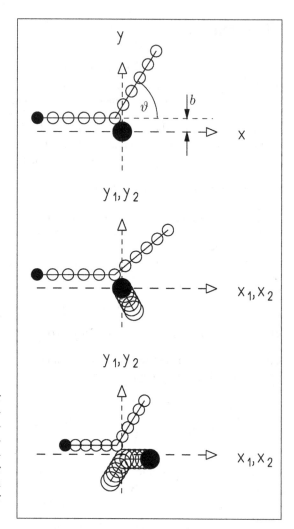

Abb. 5.7. Stoß harter glatter Kugeln im System der Relativkoordinaten (*oben*), im Laborsystem (*Mitte*) und im Schwerpunktsystem (*unten*). Gezeichnet sind die Trajektorien der Mittelpunkte sowie (nach festen Zeitabständen) die Lagen der Kugeln

5.8: *Elastischer Stoß harter glatter Kugeln:* In Abb. 5.7 ist der elastische Stoß harter Kugeln (Radien R_1, R_2; Massen m_1, m_2) dargestellt, die sich – außer im Augenblick des Stoßes – kräftefrei bewegen. Das obere Teilbild ist eine Darstellung im System der Relativkoordinaten. Die Kugel 1 ruht unverrückbar im Ursprung. Der *Stoßparameter b* ist der Abstand der Trajektorie des Schwerpunktes der Kugel 1 vom Ursprung, die durchlaufen würde, wenn kein Stoß stattfände. Berechnen Sie den Stoßwinkel zwischen den Trajektorien der Kugel 2 vor und nach dem Stoß

(a) im Laborsystem ($\mathbf{p}_1 = 0$ vor dem Stoß), Abb. 5.7 Mitte,

(b) im Schwerpunktsystem, Abb. 5.7 unten,

(c) im System der Relativkoordinaten, Abb. 5.7 oben. (Beachten Sie, daß dieses System kein Inertialsystem ist.)

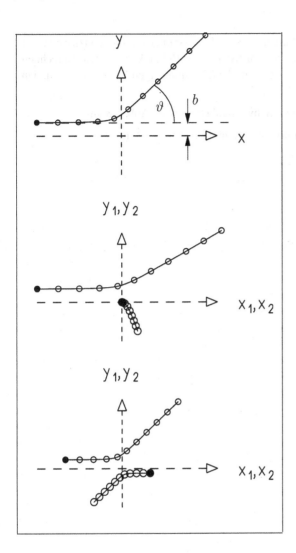

Abb. 5.8. Bewegung zweier Massenpunkte unter gegenseitiger Coulomb-Abstoßung im System der Relativkoordinaten (*oben*), im Laborsystem (*Mitte*) und im Schwerpunktsystem (*unten*)

5.9: *Rutherford-Streuung:* Statt des elastischen Stoßes harter Kugeln wie in Aufgabe 5.8 betrachten wir den Stoß zweier Massenpunkte mit den elektrischen Ladungen Q_1, Q_2 unter dem Einfluß einer abstoßenden elektrischen Kraft

$$\mathbf{F}_{21} = \alpha \frac{\mathbf{r}_2 - \mathbf{r}_1}{|\mathbf{r}_2 - \mathbf{r}_1|^3} \quad , \qquad \alpha = \frac{Q_1 Q_2}{4\pi\varepsilon_0} \quad .$$

(a) Zeigen Sie, daß der Stoßwinkel ϑ, d. h. der Winkel zwischen den Impulsrichtungen $\mathbf{p}_2$ und $\mathbf{p}_2'$ des Teilchens 2 lange vor bzw. nach der Wechselwirkung mit dem Teilchen 1 im System der Relativkoordinaten (Abb. 5.8 oben) durch die *Rutherford-Streuformel*

$$\cot \frac{\vartheta}{2} = \frac{b\mu \dot{r}_0^2}{\alpha}$$

gegeben ist. Dabei ist b wie in Aufgabe 5.8 der Stoßparameter, μ die reduzierte Masse und $\dot{r}_0$ die Anfangsgeschwindigkeit im System der Relativkoordinaten. Berechnen Sie den Polarwinkel φ_∞ für $r \to \infty$ mit (2.17.14) und zeigen Sie geometrisch, daß $\vartheta = \pi - 2\varphi_\infty$.

(b) Geben Sie den Stoßwinkel im Schwerpunktsystem an, Abb. 5.8 unten.

(c) Geben Sie den Stoßwinkel im Laborsystem an, Abb. 5.8 Mitte.

6. Nichtinertialsysteme

Wir haben im Abschn. 5.1 diejenigen Transformationen behandelt, die nicht aus der Klasse der Inertialsysteme herausführen. Ihr wesentliches Merkmal ist, daß sie nur zeitunabhängige und in der Zeit lineare Terme enthalten dürfen. Wir hatten festgestellt, daß Geschwindigkeiten stets nur relativ zu einem anderen Bezugssystem, nicht aber absolut gemessen werden können. Bei der Diskussion von Nichtinertialsystemen beschränken wir uns auf zwei Typen von Systemen, geradlinig beschleunigte und gleichförmig rotierende.

6.1 Beschleunigtes Bezugssystem

Inhalt: Die im Inertialsystem wirkende Kraft heißt eingeprägte Kraft. Will man in einem gegenüber dem Inertialsystem konstant beschleunigten System die Newtonsche Bewegungsgleichung formal beibehalten, so muß man eine zusätzliche Scheinkraft einführen, die die Beschleunigung des Systems berücksichtigt.
Bezeichnungen: $\mathbf{r}, \mathbf{r}'$ Ortsvektor im Inertial- und im Nichtinertialsystem; $\mathbf{b}$ Abstandsvektor zwischen den Ursprüngen beider Systeme, m Masse; $\mathbf{F}, \mathbf{F}'$ Kräfte; $\mathbf{F}_e$ eingeprägte Kraft, $\mathbf{F}_S$ Scheinkraft.

Den Übergang von einem Inertialsystem zu einem geradlinig beschleunigten System leistet die Transformation

$$\mathbf{r}'(t) = \mathbf{r}(t) + \mathbf{b}(t) \quad , \qquad (6.1.1)$$

wobei $\mathbf{b}(t)$ nichtlinear von der Zeit abhängt.

Im Inertialsystem gilt die Newtonsche Bewegungsgleichung

$$m\ddot{\mathbf{r}} = \mathbf{F}_e(\mathbf{r})$$

mit der „*eingeprägten Kraft*" $\mathbf{F}_e$. Im beschleunigten System ist die Beschleunigung des Massenpunktes

$$\ddot{\mathbf{r}}'(t) = \ddot{\mathbf{r}}(t) + \ddot{\mathbf{b}}(t) \quad . \qquad (6.1.2)$$

Damit gilt als Bewegungsgleichung

$$m\ddot{\mathbf{r}}' = \mathbf{F}_e(\mathbf{r}' - \mathbf{b}) + m\ddot{\mathbf{b}} \quad . \qquad (6.1.3)$$

Man kann diese Beziehung in die Form

$$m\ddot{\mathbf{r}}' = \mathbf{F}'(\mathbf{r}') = \mathbf{F}_e(\mathbf{r}' - \mathbf{b}) + \mathbf{F}_S = \mathbf{F}'_e(\mathbf{r}') + \mathbf{F}_S \qquad (6.1.4)$$

bringen, wobei allerdings die Beschleunigung nicht nur von den eingeprägten Kräften $\mathbf{F}_e$ herrührt, sondern auch von der zusätzlichen *Scheinkraft*

$$\mathbf{F}_S = m\ddot{\mathbf{b}} \quad . \qquad (6.1.5)$$

Die Einführung dieser Scheinkräfte ist nötig, wenn man auch in beschleunigten Bezugssystemen die physikalischen Vorgänge durch die Newtonsche Bewegungsgleichung beschreiben will.

Experiment 6.1.
Kraftmessung im geradlinig beschleunigten Bezugssystem
Über eine Rolle mit geringem Trägheitsmoment ist ein leichtes Seil geführt, an dessen einem Ende ein Körper der Masse m_2 und an dessen anderem Ende eine Anordnung der Gesamtmasse m_1 hängt. Diese Anordnung, die sich (für $m_1 > m_2$) beschleunigt nach unten bewegt, besteht aus einem Teller, der eine Diätwaage (d. h. eine empfindliche, gut gedämpfte Federwaage mit Zeigeranzeige) mit einem aufgelegten Körper der Masse m trägt. Die Waage zeigt den Betrag F der Kraft an, die im Bezugssystem der Anordnung auf die Masse m wirkt. (Der angezeigte Zahlwert ist der von F/g, weil die Waage ja gewöhnlich zur Bestimmung einer Masse $m = F_G/g$ benutzt wird. Jedoch ist die eigentliche Meßgröße bei einer Federwaage die Gewichtskraft $\mathbf{F}_G$.)

In Abb. 6.1 bezeichnet O den Ursprung des ortsfesten Inertialsystems und O' den Ursprung des mit der Anordnung bewegten Systems. Der Ort des Körpers der Masse m ist $\mathbf{r}$ im Inertialsystem und $\mathbf{r}'$ im bewegten System. Sie sind durch (6.1.1) verknüpft. Dabei ist $-\mathbf{b}$ der Ortsvektor von O' im Inertialsystem. Die Beschleunigung von O' im Inertialsystem ist offenbar

$$-\ddot{\mathbf{b}} = \frac{m_1 - m_2}{m_1 + m_2}\mathbf{g} \quad ,$$

denn $m_1 + m_2$ ist die Masse des bewegten Systems und $(m_1 - m_2)\mathbf{g}$ die es beschleunigende Gewichtskraft. Nach (6.1.5) tritt im bewegten System die Scheinkraft

$$\mathbf{F}_S = m\ddot{\mathbf{b}} = -m\frac{m_1 - m_2}{m_1 + m_2}\mathbf{g}$$

auf. Sie muß zu der eingeprägten Gewichtskraft $\mathbf{F}_e = m\mathbf{g}$ addiert werden. Insgesamt wirkt in der beschleunigten Anordnung die Kraft

$$\mathbf{F}' = \mathbf{F}_e + \mathbf{F}_S = m\left(1 - \frac{m_1 - m_2}{m_1 + m_2}\right)\mathbf{g} \quad .$$

Im Experiment stellt man tatsächlich eine Verminderung der von der Federwaage angezeigten Kraft fest, wenn sich die Anordnung beschleunigt nach unten bewegt.

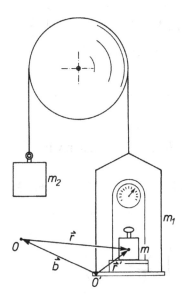

Abb. 6.1. Bestimmung der Kraft auf die Masse m im bewegten Bezugssystem mit einer Federwaage

Wir diskutieren noch kurz zwei Grenzfälle des Experiments: Für $m_2 = 0$ fällt die Anordnung frei. Die Kraft $\mathbf{F}'$ im beschleunigten System verschwindet. (Fallschirmspringer sprechen bei der Beschreibung ihrer Situation zwischen dem Verlassen des Flugzeuges und dem Öffnen des Fallschirms von dem Gefühl der „Schwerelosigkeit".) Für $m_2 \gg m_1$ wird die Anordnung nach oben beschleunigt. Die Kraft $\mathbf{F}' \approx 2m\mathbf{g}$ im beschleunigten System ist doppelt so groß wie die eingeprägte Kraft.

6.2 Zeitabhängige Rotation

Inhalt: Es wird ein ruhendes Basissystem $\mathbf{e}_i$ und ein in bezug auf dieses mit der momentanen Winkelgeschwindigkeit $\boldsymbol{\omega}(t)$ rotierendes Basissystem $\mathbf{e}'_i$ betrachtet sowie die Transformation von konstanten Vektoren $\mathbf{r}$ und zeitabhängigen Vektoren $\mathbf{w}(t)$. Die rotierende Basis wird mit dem zeitabhängigen Rotationstensor $\underline{R}(t)$ durch $\mathbf{e}'_i(t) = \underline{R}(t)\mathbf{e}_i$ beschrieben. Für die Zeitabhängigkeit der rotierten Vektoren gilt $\dot{\mathbf{e}}'_i(t) = \boldsymbol{\omega}(t) \times \mathbf{e}'_i(t)$, $\dot{\mathbf{r}}'(t) = \boldsymbol{\omega}(t) \times \mathbf{r}'(t)$ und $\dot{\mathbf{w}}'(t) = \underline{R}(t)\dot{\mathbf{w}}(t) + \boldsymbol{\omega} \times \mathbf{w}'(t)$.
Bezeichnungen: $\mathbf{e}_i$, $\mathbf{e}'_i(t)$ ursprüngliches bzw. rotierendes Basissystem; $\mathbf{r}$, $\mathbf{r}'(t)$ im ursprünglichen System ruhender Vektor; $\mathbf{w}(t)$, $\mathbf{w}'(t)$ Vektor, der auch im ursprünglichen System zeitabhängig ist; $\underline{R}(t)$ Rotationstensor, $\boldsymbol{\omega}(t)$ Vektor der Winkelgeschwindigkeit, $\underline{\Omega}(t) = [\underline{\varepsilon}\boldsymbol{\omega}(t)]$ antisymmetrischer Tensor der Winkelgeschwindigkeit.

Der Rotationstensor für die Beschreibung einer Drehbewegung ist zeitabhängig. Er führt ein Basissystem $\mathbf{e}_i$ in ein zeitabhängiges Basissystem $\mathbf{e}'_i(t)$, dessen Basisvektoren Funktionen der Zeit sind, über. Entsprechend (B.12.1) hat er die Form

$$\underline{\underline{R}}(t) = \sum_j \mathbf{e}'_j(t) \otimes \mathbf{e}_j \quad , \qquad \underline{\underline{R}}^+(t) = \sum_j \mathbf{e}_j \otimes \mathbf{e}'_j(t) \quad . \qquad (6.2.1)$$

Er hat die Zeitableitung

$$\frac{\mathrm{d}\underline{\underline{R}}}{\mathrm{d}t}(t) = \sum_j \frac{\mathrm{d}\mathbf{e}'_j}{\mathrm{d}t}(t) \otimes \mathbf{e}_j \quad . \qquad (6.2.2)$$

Durch Multiplikation der rechten Seite mit $\underline{\underline{1}} = \underline{\underline{R}}^+(t)\underline{\underline{R}}(t)$ erhalten wir

$$\frac{\mathrm{d}\underline{\underline{R}}}{\mathrm{d}t}(t) = \underline{\underline{\Omega}}(t)\underline{\underline{R}}(t) \qquad (6.2.3)$$

mit

$$\underline{\underline{\Omega}}(t) = \frac{\mathrm{d}\underline{\underline{R}}}{\mathrm{d}t}\underline{\underline{R}}^+ = \left(\sum_j \frac{\mathrm{d}\mathbf{e}'_j}{\mathrm{d}t} \otimes \mathbf{e}_j\right)\left(\sum_k \mathbf{e}_k \otimes \mathbf{e}'_k\right)$$

$$= \sum_{jk} \frac{\mathrm{d}\mathbf{e}'_j}{\mathrm{d}t} \otimes \mathbf{e}'_k \delta_{jk} = \sum_j \frac{\mathrm{d}\mathbf{e}'_j}{\mathrm{d}t} \otimes \mathbf{e}'_j \quad . \qquad (6.2.4)$$

Aus der zeitlichen Differentiation des in der Form

$$\underline{\underline{1}} = \sum_j \mathbf{e}'_j(t) \otimes \mathbf{e}'_j(t)$$

geschriebenen Einheitstensors folgt

$$0 = \sum_j \frac{\mathrm{d}\mathbf{e}'_j}{\mathrm{d}t}(t) \otimes \mathbf{e}'_j(t) + \sum_j \mathbf{e}'_j(t) \otimes \frac{\mathrm{d}\mathbf{e}'_j}{\mathrm{d}t}(t) \quad . \qquad (6.2.5)$$

Der Vergleich mit (6.2.4) zeigt die Antisymmetrie von $\underline{\underline{\Omega}}$,

$$\underline{\underline{\Omega}}(t) = -\underline{\underline{\Omega}}^+(t) \quad . \qquad (6.2.6)$$

Deshalb kann $\underline{\underline{\Omega}}(t)$ mit Hilfe des Levi-Civita-Tensors durch einen Vektor $\boldsymbol{\omega}(t)$, der *Winkelgeschwindigkeit* genannt wird, dargestellt werden, vgl. (B.11.16),

$$\underline{\underline{\Omega}}(t) = [\underline{\underline{\varepsilon}}\boldsymbol{\omega}(t)] \quad . \qquad (6.2.7)$$

Für die Zeitableitung des zeitabhängigen Basisvektors

$$\mathbf{e}'_i(t) = \underline{\underline{R}}(t)\mathbf{e}_i \qquad (6.2.8)$$

erhalten wir

$$\dot{\mathbf{e}}'_i = \frac{\mathrm{d}\mathbf{e}'_i}{\mathrm{d}t} = \frac{\mathrm{d}\underline{\underline{R}}}{\mathrm{d}t}\mathbf{e}_i = \underline{\underline{\Omega}}\,\underline{\underline{R}}\mathbf{e}_i = \underline{\underline{\Omega}}\mathbf{e}'_i = [\underline{\underline{\varepsilon}}\boldsymbol{\omega}]\mathbf{e}'_i = \boldsymbol{\omega} \times \mathbf{e}'_i \quad , \qquad (6.2.9)$$

also das Vektorprodukt von Winkelgeschwindigkeit und Basisvektor. Der mit dem rotierenden Basissystem fest verbundene Ortsvektor

$$\mathbf{r}'(t) = \underline{\underline{R}}(t)\mathbf{r} = \underline{\underline{R}}(t)\sum_j r_j\mathbf{e}_j = \sum_j r_j\mathbf{e}'_j(t) \qquad (6.2.10)$$

hat die Zeitableitung

$$\frac{\mathrm{d}\mathbf{r}'(t)}{\mathrm{d}t} = \sum_j r_j\frac{\mathrm{d}\mathbf{e}'_j}{\mathrm{d}t} = \sum_j r_j(\boldsymbol{\omega}\times\mathbf{e}'_j) = \boldsymbol{\omega}(t)\times\mathbf{r}'(t) \quad . \qquad (6.2.11)$$

Sie ist das Vektorprodukt von $\boldsymbol{\omega}$ und $\mathbf{r}'$. Die Aussage (6.2.11) entspricht völlig dem in Abschn. 4.1 gewonnenen Ausdruck (4.1.7). Für einen auch im ursprünglichen System der $\mathbf{e}_j$ zeitabhängigen Vektor

$$\mathbf{w}(t) = \sum_j w_j(t)\mathbf{e}_j \qquad (6.2.12)$$

gilt nach Rotation

$$\mathbf{w}'(t) = \underline{\underline{R}}(t)\mathbf{w}(t) \quad . \qquad (6.2.13)$$

Seine Zeitableitung ist dann

$$\begin{aligned}
\frac{\mathrm{d}\mathbf{w}'}{\mathrm{d}t} &= \frac{\mathrm{d}\underline{\underline{R}}}{\mathrm{d}t}\mathbf{w}(t) + \underline{\underline{R}}(t)\frac{\mathrm{d}\mathbf{w}}{\mathrm{d}t} = \underline{\underline{\Omega}}(t)\underline{\underline{R}}(t)\mathbf{w}(t) + \underline{\underline{R}}(t)\frac{\mathrm{d}\mathbf{w}}{\mathrm{d}t} \\
&= \underline{\underline{R}}(t)\frac{\mathrm{d}\mathbf{w}}{\mathrm{d}t} + \underline{\underline{\Omega}}(t)\mathbf{w}'(t) \\
&= \underline{\underline{R}}(t)\frac{\mathrm{d}\mathbf{w}}{\mathrm{d}t} + \boldsymbol{\omega}(t)\times\mathbf{w}'(t) \quad .
\end{aligned} \qquad (6.2.14)$$

Die Zeitableitung des Vektors $\mathbf{w}'(t)$, der durch Rotation aus dem zeitabhängigen Vektor $\mathbf{w}(t)$ hervorgeht, setzt sich aus zwei Anteilen zusammen,

- der rotierten Zeitableitung des ursprünglichen Vektors $\mathbf{w}(t)$,

- dem Kreuzprodukt der Winkelgeschwindigkeit $\boldsymbol{\omega}$ mit $\mathbf{w}'(t)$, d. h. der zeitlichen Änderung von $\mathbf{w}'(t)$, die von der Rotation von $\mathbf{w}(t)$ herrührt.

Die Beziehung (6.2.11) ist ein Spezialfall von (6.2.14), weil $\mathrm{d}\mathbf{r}/\mathrm{d}t = 0$.

6.3 Gleichförmig rotierendes Bezugssystem. Zentrifugalkraft. Corioliskraft

Inhalt: Im Inertialsystem mit der Basis $\mathbf{e}_i$ wird die Bewegung eines Massenpunktes unter der Wirkung der eingeprägten Kraft $\mathbf{F}_e$ durch den Ortsvektor $\mathbf{r}$ und seine Zeitableitungen $\dot{\mathbf{r}} = \mathbf{v}$ und $\ddot{\mathbf{r}} = \mathbf{a}$ beschrieben. Werden diese Vektoren bezüglich einer mit konstanter

Winkelgeschwindigkeit $\boldsymbol{\omega}$ rotierenden Basis dargestellt, so ergibt sich $\dot{\mathbf{r}} = \mathbf{v}'_{\text{rel}} + \mathbf{v}'_{\text{rot}}$ mit $\mathbf{v}'_{\text{rel}} = \sum_i \dot{r}'_i \mathbf{e}'_i$, $\mathbf{v}'_{\text{rot}} = \boldsymbol{\omega} \times \mathbf{r}$ und $\ddot{\mathbf{r}} = \mathbf{a}'_{\text{rel}} - \mathbf{a}'_c - \mathbf{a}'_z$ mit $\mathbf{a}'_{\text{rel}} = \sum_i \ddot{r}'_i \mathbf{e}'_i$, $\mathbf{a}'_c = -2\boldsymbol{\omega} \times \mathbf{v}'_{\text{rel}}$, $\mathbf{a}'_z = -\boldsymbol{\omega} \times (\boldsymbol{\omega} \times \mathbf{r})$. Die Größen $\mathbf{a}_c$ und $\mathbf{a}'_z$ bewirken im rotierenden System das Auftreten der Scheinkräfte Corioliskraft $\mathbf{F}'_c = m\mathbf{a}'_c$ und Zentrifugalkraft $\mathbf{F}'_z = m\mathbf{a}'_z$.

Bezeichnungen: $\mathbf{e}_i$, $\mathbf{e}'_i(t)$ Basis des Inertialsystems bzw. rotierende Basis; m Masse, $\mathbf{F}_e$ eingeprägte Kraft; $\mathbf{r}(t)$, $\dot{\mathbf{r}}(t)$, $\ddot{\mathbf{r}}(t)$ Vektoren von Ort, Geschwindigkeit und Beschleunigung; $\boldsymbol{\omega}$ Winkelgeschwindigkeit der Rotation; $\mathbf{v}'_{\text{rel}}$ Relativgeschwindigkeit in der rotierenden Basis, $\mathbf{v}'_{\text{rot}}$ durch die Rotation selbst in der rotierenden Basis hervorgerufene Geschwindigkeit, $\mathbf{a}'_{\text{rel}}$ Relativbeschleunigung in der rotierenden Basis; $\mathbf{a}'_c$, $\mathbf{F}_c$ Coriolisbeschleunigung und -kraft; $\mathbf{a}'_z$, $\mathbf{F}_z$ Zentrifugalbeschleunigung und -kraft.

Wir betrachten die Bewegung eines Massenpunktes in einem Inertialsystem mit den zeitunabhängigen Basisvektoren $\mathbf{e}_i$. Der Ortsvektor

$$\mathbf{r}(t) = \sum_i r_i(t)\mathbf{e}_i \qquad (6.3.1)$$

des Punktes der Masse m genügt der Newtonschen Gleichung

$$m\ddot{\mathbf{r}}(t) = \mathbf{F}_e \qquad (6.3.2)$$

mit der *eingeprägten Kraft* $\mathbf{F}_e$, d. h. der im Inertialsystem wirkenden Kraft. Wir beschreiben jetzt die gleiche Bewegung in einem Bezugssystem mit den mit der konstanten Winkelgeschwindigkeit $\boldsymbol{\omega}$ rotierenden Basisvektoren $\mathbf{e}'_i(t)$, die durch (6.2.8) gegeben sind. Dazu drücken wir $\mathbf{r}(t)$ durch die rotierenden Basisvektoren $\mathbf{e}'_i(t)$ aus, (5.2.3),

$$
\begin{aligned}
\mathbf{r}(t) &= \sum_i r_i(t)\mathbf{e}_i = \sum_{ij} r_i(t)R_{ij}\mathbf{e}'_j(t) \\
&= \sum_j \left(\sum_i R^+_{ji} r_i(t) \right) \mathbf{e}'_j(t) = \sum_j r'_j(t)\mathbf{e}'_j(t) \quad .
\end{aligned}
\qquad (6.3.3)
$$

Der Ortsvektor $\mathbf{r}(t)$ hat im rotierenden Bezugssystem die Komponenten

$$r'_j(t) = \sum_i R^+_{ji} r_i(t) \quad . \qquad (6.3.4)$$

Die Geschwindigkeit des Massenpunktes ist $\dot{\mathbf{r}}(t)$. Im Inertialsystem $\mathbf{e}_i$ dargestellt, lautet sie

$$\dot{\mathbf{r}}(t) = \sum_i \dot{r}_i(t)\mathbf{e}_i \quad . \qquad (6.3.5)$$

Im rotierenden System ist sie, vgl. (6.2.9),

$$
\begin{aligned}
\dot{\mathbf{r}}(t) &= \sum_i \dot{r}'_i(t)\mathbf{e}'_i + \sum_i r'_i(t)\dot{\mathbf{e}}'_i \\
&= \sum_i \dot{r}'_i(t)\mathbf{e}'_i + \sum_i r'_i(t)\boldsymbol{\omega} \times \mathbf{e}'_i \quad .
\end{aligned}
\qquad (6.3.6)
$$

Wir bezeichnen mit

$$\mathbf{v}'_{\text{rel}} = \sum_i \dot{r}'_i(t)\mathbf{e}'_i \qquad (6.3.7)$$

die Geschwindigkeit des Massenpunktes relativ zum rotierenden Koordinatensystem und mit

$$\mathbf{v}'_{\text{rot}} = \sum_i r'_i(t)\boldsymbol{\omega} \times \mathbf{e}'_i(t) = \boldsymbol{\omega} \times \mathbf{r}(t) \qquad (6.3.8)$$

die Geschwindigkeit, die ein zeitunabhängiger Vektor $\mathbf{r}$ im rotierenden Koordinatensystem erhält. Damit ist

$$\dot{\mathbf{r}} = \mathbf{v}'_{\text{rel}} + \mathbf{v}'_{\text{rot}} \qquad . \qquad (6.3.9)$$

Die Beschleunigung des Massenpunktes ist $\ddot{\mathbf{r}}(t)$. Im Inertialsystem dargestellt lautet sie

$$\ddot{\mathbf{r}}(t) = \sum_i \ddot{r}_i(t)\mathbf{e}_i \qquad . \qquad (6.3.10)$$

Im rotierenden System erhalten wir durch Differentiation von (6.3.6)

$$\ddot{\mathbf{r}}(t) = \sum_i \ddot{r}'_i \mathbf{e}'_i + 2\sum_i \dot{r}'_i \boldsymbol{\omega} \times \mathbf{e}'_i + \sum_i r'_i \boldsymbol{\omega} \times (\boldsymbol{\omega} \times \mathbf{e}_i) \qquad . \qquad (6.3.11)$$

Die Beschleunigung im rotierenden System setzt sich aus drei Anteilen zusammen

$$\ddot{\mathbf{r}} = \mathbf{a}'_{\text{rel}} - \mathbf{a}'_c - \mathbf{a}'_z \qquad . \qquad (6.3.12)$$

Hier bedeuten

$$\mathbf{a}'_{\text{rel}} = \sum_i \ddot{r}'_i(t)\mathbf{e}'_i(t) \qquad (6.3.13)$$

die Beschleunigung relativ zum rotierenden System,

$$\mathbf{a}'_c = -2\sum_i \dot{r}'_i(t)\boldsymbol{\omega} \times \mathbf{e}'_i(t) = -2\boldsymbol{\omega} \times \mathbf{v}'_{\text{rel}} \qquad (6.3.14)$$

die *Coriolisbeschleunigung* und

$$\mathbf{a}'_z = -\sum_i r'_i(t)\boldsymbol{\omega} \times (\boldsymbol{\omega} \times \mathbf{e}'_i(t)) = -\boldsymbol{\omega} \times (\boldsymbol{\omega} \times \mathbf{r}(t)) \qquad (6.3.15)$$

die *Zentrifugalbeschleunigung*. Die Coriolisbeschleunigung steht senkrecht auf der Richtung der Relativgeschwindigkeit und der Richtung der Winkelgeschwindigkeit. Der Ausdruck für die Zentrifugalbeschleunigung läßt sich mit Hilfe des Entwicklungssatzes für das doppelte Kreuzprodukt in die Form

$$\mathbf{a}'_z = \omega^2 \mathbf{r} - (\boldsymbol{\omega} \cdot \mathbf{r})\boldsymbol{\omega} = \omega^2 \mathbf{r}_\perp \qquad (6.3.16)$$

bringen. Hier ist $\mathbf{r}_\perp$ die Komponente des Ortsvektors senkrecht zur Winkelgeschwindigkeit,

$$\mathbf{r} = \mathbf{r}_\parallel + \mathbf{r}_\perp \qquad , \qquad \mathbf{r}_\parallel = (\hat{\boldsymbol{\omega}} \cdot \mathbf{r})\hat{\boldsymbol{\omega}} \qquad .$$

Setzen wir (6.3.12) in die Bewegungsgleichung (6.3.2) ein und lösen nach $\mathbf{a}'_{rel}$ auf, so erhalten wir

$$m\mathbf{a}'_{rel} = \mathbf{F}' = \mathbf{F}_e + \mathbf{F}'_c + \mathbf{F}'_z \quad . \tag{6.3.17}$$

Dabei sind

$$\mathbf{F}'_c = m\mathbf{a}'_c \tag{6.3.18}$$

die *Corioliskraft* und

$$\mathbf{F}'_z = m\mathbf{a}'_z \tag{6.3.19}$$

die *Zentrifugalkraft*.

Will man die Bewegung im gleichförmig rotierenden Bezugssystem auch durch eine Newtonsche Bewegungsgleichung der Form $m\mathbf{a}'_{rel} = \mathbf{F}'$ beschreiben, so treten also zusätzlich zu der aus dem Inertialsystem bekannten eingeprägten Kraft zwei Scheinkräfte auf, nämlich die Coriolis- und die Zentrifugalkraft.

Experiment 6.2. Nachweis der Zentrifugalkraft

Auf einer Scheibe, die mit der Winkelgeschwindigkeit ω um ihre Achse rotieren kann, ist in radialer Richtung ein Draht gespannt, auf dem ein Körper der Masse m gleiten kann. Er ist über eine Federwaage sehr viel geringerer Masse mit dem Zentrum der Scheibe verbunden. Wird die Scheibe in gleichförmige Rotation versetzt, so beginnt der Körper längs des Drahtes zu schwingen. Nach einiger Zeit sind jedoch die Schwingungen durch Dämpfung abgeklungen. Es bleibt eine Auslenkung der Federwaage. Sie zeigt an, daß auf den Körper eine nach außen gerichtete Kraft wirkt, die durch die nach innen gerichtete Kraft der Federwaage kompensiert wird (Abb. 6.2). Diese Kraft kann an der Federwaage abgelesen und systematisch als Funktion von m, ω und $\mathbf{r}$ gemessen werden. Man erhält $\mathbf{F} = m\omega^2\mathbf{r}$. Da der Körper nach dem Abklingen des Einschwingvorgangs im rotierenden System ruht und die Kraft im rotierenden System gemessen wird, können wir das Experiment als *Beobachtung eines im rotierenden System ruhenden Punktes durch einen rotierenden Beobachter* auffassen:

Für den im rotierenden System ruhenden Körper gilt die Bewegungsgleichung

$$0 = m\mathbf{a}'_{rel} = \mathbf{F}_e + \mathbf{F}'_c + \mathbf{F}'_z \quad ,$$

weil $\mathbf{v}'_{rel} = 0$ ist $\mathbf{F}'_c = 0$. Damit ist die Zentrifugalkraft $\mathbf{F}'_z$ der eingeprägten Kraft $\mathbf{F}_e$ entgegengesetzt gleich. Die eingeprägte Kraft ist aber die im Inertialsystem auf den Körper wirkende Kraft. In diesem bewegt sich der Körper mit der Winkelgeschwindigkeit ω auf einer Kreisbahn. Deshalb ist die eingeprägte Kraft eine Zentripetalkraft,

$$\mathbf{F}_e = -m\omega^2\mathbf{r} \quad .$$

Damit ergibt sich die Zentrifugalkraft zu

$$\mathbf{F}_z = m\omega^2\mathbf{r} \quad ,$$

wie sie im Experiment beobachtet wurde.

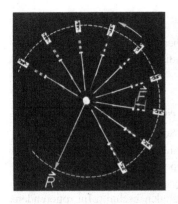

Abb. 6.2. Nachweis der Zentrifugalkraft. Ein Körper der Masse $m = 0{,}14\,\mathrm{kg}$ kann auf einem radial über einer Scheibe gespannten Draht gleiten. Er ist über eine leichte Federwaage mit der Achse der Scheibe verbunden. Die Abbildung zeigt eine Stroboskopaufnahme der rotierenden Scheibe (Blitzabstand $\Delta t = 0{,}05\,\mathrm{s}$). Die auf den Körper wirkende Zentrifugalkraft kann direkt an der Federwaage abgelesen werden (1 Skaleneinheit $\hat{=} 1\,\mathrm{N}$)

Experiment 6.3. Beobachtung eines im Inertialsystem ruhenden Punktes durch einen rotierenden Beobachter

Wie im Experiment 6.2 benutzen wir eine mit der Winkelgeschwindigkeit ω gleichmäßig rotierende Scheibe. Sie ist mit Papier bespannt. An einem Punkt mit dem Ortsvektor $\mathbf{r}$ im ruhenden System ist ein Körper der Masse m angebracht. Es handelt sich um den Körper eines „schreibenden Pendels", aus dem gleichmäßig etwas Tinte auf das Papier fließt (Abb. 6.3). So wird die Bahn des Körpers im rotierenden System aufgezeichnet. Im rotierenden System beschreibt der Körper eine Kreisbahn mit der Winkelgeschwindigkeit $(-\omega)$. Das ist nach (1.2.9) nur möglich, wenn er eine Zentripetalbeschleunigung

$$\mathbf{a}'_{\mathrm{rel}} = -\omega^2 \mathbf{r}$$

erfährt. Dieses Ergebnis liefert auch die Beziehung (6.3.17). Da keine eingeprägte Kraft auf den Körper wirkt, ist

$$m\mathbf{a}'_{\mathrm{rel}} = \mathbf{F}'_{\mathrm{c}} + \mathbf{F}'_{\mathrm{z}} = 2m\mathbf{v}'_{\mathrm{rel}} \times \boldsymbol{\omega} + m\omega^2 \mathbf{r}_\perp \quad .$$

In unserer Anordnung ist $\mathbf{r}_\perp = \mathbf{r}$, $\mathbf{v}'_{\mathrm{rel}} = \mathbf{r} \times \boldsymbol{\omega}$, also

$$m\mathbf{a}'_{\mathrm{rel}} = 2m\boldsymbol{\omega} \times (\boldsymbol{\omega} \times \mathbf{r}) + m\omega^2 \mathbf{r}$$

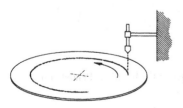

Abb. 6.3. Anordnung zu Experiment 6.3. Aus einem ortsfest montierten Körper fließt Tinte auf eine rotierende Scheibe und „schreibt" so die Bahn des Körpers im rotierenden System

oder

$$a'_{rel} = -2\omega^2 r + \omega^2 r = -\omega^2 r \quad.$$

Die Coriolisbeschleunigung ist hier der Zentrifugalbeschleunigung entgegengerichtet und hat den doppelten Betrag, so daß die notwendige Zentripetalbeschleunigung resultiert.

Experiment 6.4. Bewegung eines Pendels im rotierenden Bezugssystem

Wir benutzen die gleiche papierbespannte rotierende Scheibe wie im Experiment 6.3. Über der Achse der Scheibe befestigen wir an einem unabhängig von der Scheibe aufgestellten Stativ ein Pendel, aus dessen Pendelkörper gleichmäßig etwas Tinte auf das Papier fließt (Abb. 6.4a). Im ruhenden Bezugssystem bewegt sich die Projektion des Pendelkörpers auf die Scheibe auf einem Geradenabschnitt. Im rotierenden Bezugssystem hat seine Bahn Rosettenform, die von dem „schreibenden Pendel" auf das Papier gezeichnet wird (Abb. 6.4b). Bildet der Pendelfaden einen Winkel φ mit der Vertikalen, so wirkt die rücktreibende Kraft $\mathbf{F} = -mg\mathbf{e}_\varphi \sin\varphi$. Wir beschreiben das Pendel durch die Projektion des Ortes des Pendelkörpers auf die Schreibebene. Den in dieser Ebene liegenden Ortsvektor der Projektion bezeichnen wir mit $\mathbf{r}$. Für kleine Auslenkungen gilt $\sin\varphi \approx \varphi \approx r/\ell$ und $\mathbf{e}_\varphi \approx \hat{\mathbf{r}}$. Im Inertialsystem wirkt nur die Kraft $\mathbf{F}_e = -m(g/\ell)\mathbf{r}$. Im rotierenden System gilt dann

$$m\mathbf{a}'_{rel} = \mathbf{F}_e + \mathbf{F}'_c + \mathbf{F}'_z \quad.$$

Aus dieser Bewegungsgleichung läßt sich die Gleichung der rosettenförmigen Bahn – einer Hypozykloide – vollständig herleiten. Wir beschränken uns hier auf eine qualitative Diskussion und konzentrieren uns dabei auf die Wirkung der Corioliskraft

$$\mathbf{F}'_c = -2m\boldsymbol{\omega} \times \mathbf{v}'_{rel} \quad.$$

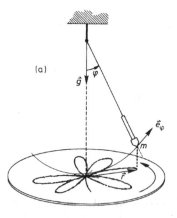
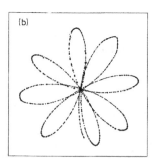

Abb. 6.4. (a) Schreibendes Pendel über rotierender Scheibe; **(b)** Bahn des Pendels im rotierenden System

Die Geschwindigkeit

$$\mathbf{v}'_{rel} = \mathbf{v}'_{rel\parallel} + \mathbf{v}'_{rel\perp}$$

kann in zwei Anteile parallel bzw. senkrecht zum Ortsvektor zerlegt werden. Die Geschwindigkeit $\mathbf{v}'_{rel\perp}$ rührt von der Rotation des Systems her und wurde bei der Besprechung des Experiments 6.3 diskutiert. Die von ihr verursachte Corioliskraft ist

$$\mathbf{F}'_{c1} = -2m\omega^2\mathbf{r}$$

und wirkt wie auch die äußere Kraft und die Zentrifugalkraft in radialer Richtung. Die Geschwindigkeit $\mathbf{v}'_{rel\parallel}$ ist gleich der Geschwindigkeit $\dot{\mathbf{r}}$ des Pendels im Inertialsystem. Sie führt zu einer Corioliskraft

$$\mathbf{F}'_{c2} = 2m(\mathbf{v}'_{rel\parallel} \times \boldsymbol{\omega}) \quad ,$$

vom Betrag $F'_{c2} = 2mv'_{rel\parallel}\omega$, die in der Bewegungsebene liegt, stets senkrecht zum Ortsvektor steht und so gerichtet ist, daß $\mathbf{v}'_{rel\parallel}$, $\boldsymbol{\omega}$ und $\mathbf{F}'_{c2}$ ein Rechtssystem bilden. Dreht sich, wie in Abb. 6.4b, die Scheibe im Gegenuhrzeigersinn, d. h. zeigt der Vektor $\boldsymbol{\omega}$ aus der Bewegungsebene heraus nach oben, so zeigt $\mathbf{F}'_{c2}$ für einen Beobachter, der in Richtung der Geschwindigkeit $\mathbf{v}'_{rel\parallel}$ des Pendels schaut, nach rechts und zwar unabhängig davon, ob das Pendel gerade nach innen oder nach außen läuft. Durch diese Ablenkung senkrecht zur Bewegungsrichtung kommt die Bahnkrümmung der einzelnen Teilbahnen zwischen zwei Umkehrpunkten und die Rosettenform der gesamten Bahn zustande.

Experiment 6.5. Foucault-Pendel

Für kleine Beträge der Winkelgeschwindigkeit kann man das Ergebnis des Experimentes 6.4 vereinfacht so darstellen: Jede einzelne Halbschwingung des Pendels zwischen zwei Umkehrpunkten verläuft im rotierenden System angenähert in einer Ebene. Jedoch dreht sich die Ebene mit der Winkelgeschwindigkeit $-\omega$. Die Erde rotiert mit konstanter Winkelgeschwindigkeit ω um ihre Drehachse. Würde man ein Pendel über dem Nordpol aufhängen, so würde man beobachten, wie sich im Bezugssystem der Erde die Pendelebene mit der entgegengesetzten Winkelgeschwindigkeit dreht. Wir führen das Experiment im Hörsaal durch. Dadurch ist das Experiment leichter durchzuführen, aber schwieriger zu beschreiben. Da sich nun der Aufhängepunkt selbst bewegt, werden über ihn dem Pendel Kräfte mitgeteilt. Eine vollständige Beschreibung (siehe z. B. A. Sommerfeld, *Theoretische Physik*, Band I) ist hier nicht möglich. Wegen der geringen Winkelgeschwindigkeit der Erde vom Betrag

$$\omega = \frac{2\pi}{24 \cdot 60 \cdot 60}\,\mathrm{s}^{-1} \approx 7{,}272 \cdot 10^{-5}\,\mathrm{s}^{-1}$$

können wir allerdings diese Effekte in guter Näherung vernachlässigen und das Experiment näherungsweise so beschreiben, als ob die Erde sich einfach unter der im Inertialsystem unverändert bleibenden Bewegungsebene des Pendels hinwegdrehte. Allerdings steht der Ortsvektor $\mathbf{r}$, der die Pendelebene festlegt, nicht mehr senkrecht auf ω, sondern beide bilden einen Winkel α. Damit verringert sich der Betrag der Corioliskraft $\mathbf{F}'_c$ und der Rotationsgeschwindigkeit der Bewegungsebene um den Faktor

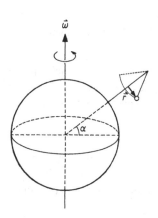

Abb. 6.5. Der Winkel zwischen Ortsvektor **r** und Winkelgeschwindigkeit $\boldsymbol{\omega}$ des Foucaultpendels ist gleich der geographischen Breite α des Pendelortes

$\sin \alpha$. Im Bezugssystem der rotierenden Erde dreht sich die Bewegungsebene jedes Pendels mit einer Winkelgeschwindigkeit vom Betrag $\omega \sin \alpha$. An Hand von Abb. 6.5 sieht man leicht, daß der Winkel zwischen Ortsvektor und Winkelgeschwindigkeit gerade gleich der geographischen Breite ist.

Die Rotation der Pendelebene wurde erstmals 1851 in einem berühmten Versuch von Foucault nachgewiesen, der damit zeigte, daß die Erde kein Inertialsystem ist. Wir wiederholen diesen Versuch mit einem Pendel, an dessen Körper eine kleine Glühlampe befestigt ist, und beobachten die Bewegung mit einer Kamera, die unterhalb der Pendelaufhängung auf den Boden gelegt ist. Abbildung 6.6 zeigt eine Aufnahme, die bei einer Belichtungszeit von $T = 30\,\mathrm{min} = 1800\,\mathrm{s}$ entstand.

Abb. 6.6. Aufzeichnung der Bahn eines selbstleuchtenden Foucaultpendels durch eine unter dem Aufhängepunkt des Pendels montierte und nach oben gerichtete Kamera. Die Belichtungszeit betrug 30 min. Man beobachtet eine Drehung der Pendelebene um 6°. Auch die Drehrichtung kann man ablesen, weil die Amplitude der Schwingung mit der Zeit abnimmt

Man beobachtet eine Drehung der Pendelebene um $\varphi = 6° = 0{,}105$. Die Rechnung liefert
$$\varphi = T\omega \sin\alpha \approx 1800 \cdot 7{,}272 \cdot 10^{-5} \cdot \sin\alpha \approx 0{,}131 \sin\alpha$$

bzw.

$$\sin\alpha \approx \frac{0{,}105}{0{,}131} \approx 0{,}8 \quad , \quad \alpha \approx 53°$$

in guter Übereinstimmung mit der geographischen Breite unseres Hörsaals.

6.4 Aufgaben

6.1: Gegeben ist eine zylindrische Röhre der Länge $2a$, die sich mit konstanter Winkelgeschwindigkeit ω um eine zu ihr senkrechte Achse durch ihren Mittelpunkt O dreht. Zur Zeit $t = 0$ befindet sich in der Röhre im Abstand b von O eine kleine Kugel, die bezogen auf die Röhre die Anfangsgeschwindigkeit $v_0 = 0$ besitzt (siehe Abb. 6.7).

(a) Berechnen Sie im mitbewegten System Ort und Geschwindigkeit des Teilchens als Funktionen der Zeit.

(b) Nach welcher Zeit und mit welcher Geschwindigkeit, gemessen vom Inertialsystem aus, fliegt die Kugel aus der Röhre?

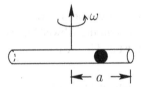

Abb. 6.7. Zu Aufgabe 6.1

6.2: Berechnen Sie die Veränderung der Erdbeschleunigung g an der Erdoberfläche durch den Einfluß der Zentrifugalkraft als Funktion der geographischen Breite. Setzen Sie für den Erdradius $R = 6371\,\text{km}$ unabhängig von der geographischen Breite, benutzen Sie den Wert $g_0 = 9{,}8322\,\text{m s}^{-2}$ am Nordpol und berechnen Sie Zahlwerte für die geographischen Breiten $0°$ und $45°$.

6.3: Ein Wagen wird auf einer Luftkissenbahn mit der Beschleunigung $\ddot{x}$ beschleunigt. Auf dem Wagen steht ein homogener Quader mit der Masse m, der Höhe b und der Länge a in Bewegungsrichtung (siehe Abb. 6.8). Der Quader kann nicht rutschen.

Wie groß darf $\ddot{x}$ höchstens sein, damit der Klotz beim Beschleunigen nicht umfällt?

6.4: Zeigen Sie das *Baersche Gesetz:*

Am linken Ufer eines Flusses der Breite D, der mit der Geschwindigkeit v_0 nordwärts fließt, steht das Wasser um $(2\omega v_0 D \sin\lambda)/g$ niedriger als am rechten Ufer. Dabei ist ω die Winkelgeschwindigkeit der Erde und λ die geographische Breite.

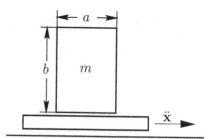

Abb. 6.8. Zu Aufgabe 6.3

Hinweis: Eine Flüssigkeitsoberfläche stellt sich immer senkrecht zu der auf sie wirkenden Kraft ein.

6.5: Das folgende Dreikörperproblem läßt sich exakt lösen: Drei Massen (m_1, m_2, m_3) befinden sich in den Ecken eines gleichseitigen Dreiecks (Seitenlänge d) und ziehen sich unter dem Einfluß ihrer gegenseitigen Gravitationskraft an. Dieses System kann im Kräftegleichgewicht sein, wenn es sich mit einer bestimmten Winkelgeschwindigkeit ω um seinen Schwerpunkt dreht.

Berechnen Sie ω, und geben Sie auch die Richtung der Drehachse an.

6.6: **(a)** Ein Körper wird zunächst mit verschwindender Anfangsgeschwindigkeit aus der Höhe h fallengelassen. Berechnen Sie, in welcher Entfernung vom Lot (Betrag und Richtung) er auf dem Boden auftrifft. Benutzen Sie die folgenden Werte: $h = 100\,\mathrm{m}$, $g = 9{,}82\,\mathrm{m\,s^{-2}}$, $\lambda = 50°$ (geographische Breite).

(b) Der Körper wird nun vom Boden aus senkrecht nach oben geworfen, erreicht die Höhe h und fällt wieder zum Boden zurück. Zeigen Sie, daß die Abweichung zwischen Start- und Zielpunkt jetzt viermal größer als in (a) ist und in die entgegengesetzte Richtung zeigt.

Hinweise: Nehmen Sie vereinfachend an, daß die Erdbeschleunigung radial nach unten zeigt (ignorieren Sie also die Zentrifugalkraft), und vernachlässigen Sie in der Bewegungsgleichung die nicht nach unten gerichteten Geschwindigkeitskomponenten.

6.7: Ein Eisenbahnwagen der Masse M durchfahre auf Schienen eine Kurve. Der Krümmungsradius R der Innenkante der äußeren Schiene sei groß gegen Länge und Breite des Wagens, so daß die Coriolis- und Zentrifugalkräfte auf die verschiedenen Teile des Wagens als näherungsweise unabhängig von der Lage der Wagenteile angenommen werden können. Der Wagen sei bezüglich seiner senkrecht zu den Schienen liegenden Mittelebene symmetrisch konstruiert. Wir legen den Ursprung unseres Koordinatensystems in diese Mittelebene des Wagens in den Durchstoßpunkt der Verbindungslinie der beiden Radauflagepunkte der bezüglich der Kurve äußeren Räder des Wagens. Der Schwerpunkt des Wagens liege am Ort **b** in der Mittelebene.

(a) Berechnen Sie die Zentrifugal- und Coriolisbeschleunigung bezüglich des Kurvenmittelpunktes.

(b) Berechnen Sie die Drehmomente $\mathbf{D}_G$, $\mathbf{D}_z$, $\mathbf{D}_c$ der Erdanziehungskraft $\mathbf{F}_G$, der Zentrifugalkraft $\mathbf{F}_z$ und der Corioliskraft $\mathbf{F}_c$ um die Achse, die durch die Auflagepunkte der äußeren beiden Räder auf der Schiene definiert ist.

(c) Wie groß muß der Krümmungsradius R für vorgegebene Geschwindigkeit $\mathbf{v}$ des Wagens mindestens sein, damit der Wagen nicht umkippt?

6.8: Ein Körper führe eine Schwingung

$$\mathbf{r}(t) = r_0 \cos \omega_0 t \, \mathbf{e}_1$$

entlang der $\mathbf{e}_1$-Achse des Koordinatensystems K mit der Oszillatorwinkelfrequenz ω_0 aus.

Wir betrachten ihn in einem mit der Winkelgeschwindigkeit ω rotierenden Koordinatensystem K':

$$\begin{aligned}
\mathbf{e}_1'(t) &= \cos \omega t \, \mathbf{e}_1 - \sin \omega t \, \mathbf{e}_2 \quad , \\
\mathbf{e}_2'(t) &= \sin \omega t \, \mathbf{e}_1 + \cos \omega t \, \mathbf{e}_2 \quad , \\
\mathbf{e}_3'(t) &= \mathbf{e}_3 \quad .
\end{aligned}$$

Die Basisvektoren in K sind mit $\mathbf{e}_i$ bezeichnet, die in K' mit $\mathbf{e}_i'(t)$. Ein Beispiel für die Form der Bahn in K' ist in Abb. 6.9 gezeigt.

(a) Berechnen Sie die Koordinaten r_i', $i = 1, 2, 3$, der Zerlegung

$$\mathbf{r}(t) = r_1'(t)\mathbf{e}_1'(t) + r_2'(t)\mathbf{e}_2'(t) + r_3'(t)\mathbf{e}_3'(t)$$

des Ortsvektors im rotierenden Koordinatensystem.

(b) Bestimmen Sie den Abstand $r(t)$ des schwingenden Körpers vom Ursprung des Koordinatensystems.

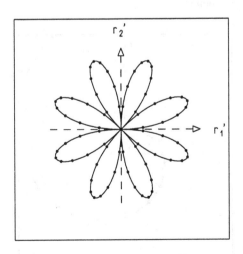

Abb. 6.9. Zu Aufgabe 6.8

(c) Berechnen Sie die Position $(r_1'(t), r_2'(t), 0)$ der Punkte gleicher Phase zu den Zeiten $t = t_0 + nT_0$, $T_0 = 2\pi/\omega_0$, $n = 0, 1, 2, 3, \ldots$, der Schwingung im rotierenden Koordinatensystem.

(d) Wann ist die Bahn im rotierenden Koordinatensystem geschlossen?

6.9: Ein Massenpunkt bewege sich geradlinig gleichförmig auf der Bahn

$$\mathbf{r}(t) = \mathbf{r}_0 + \mathbf{v}_0 t \quad .$$

Im Inertialsystem der Vektoren $\mathbf{e}_1$, $\mathbf{e}_2$, $\mathbf{e}_3$ haben die Anfangsdaten $\mathbf{r}_0$, $\mathbf{v}_0$ die Darstellungen

$$\mathbf{r}_0 = r_{10}\mathbf{e}_1 + r_{20}\mathbf{e}_2 \quad , \qquad \mathbf{v}_0 = v_0\mathbf{e}_1 \quad .$$

Wir betrachten diese Bewegung aus einem gleichförmig rotierenden Koordinatensystem K' mit den Basisvektoren

$$\begin{aligned}
\mathbf{e}_1'(t) &= \cos\omega t\,\mathbf{e}_1 - \sin\omega t\,\mathbf{e}_2 \quad , \\
\mathbf{e}_2'(t) &= \sin\omega t\,\mathbf{e}_1 + \cos\omega t\,\mathbf{e}_2 \quad , \\
\mathbf{e}_3'(t) &= \mathbf{e}_3 \quad .
\end{aligned}$$

Eine mögliche Bahn im Koordinatensystem K' ist in Abb. 6.10 dargestellt.

(a) Berechnen Sie die Koordinaten $r_2'(t)$ der Bahn

$$\mathbf{r}(t) = \sum_{i=1}^{3} r_i'(t)\mathbf{e}_i'(t)$$

in K'.

(b) Berechnen Sie den Abstand $r(t)$ und begründen Sie, warum die Punkte $(r_1'(t_0), r_2'(t_0), 0)$ minimalen Abstandes vom Ursprung des Koordinatensystems K' unabhängig von ω stets zur gleichen Zeit t_0 angenommen werden.

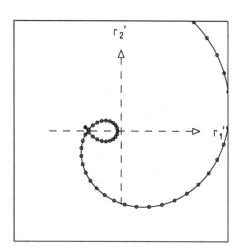

Abb. 6.10. Zu Aufgabe 6.9

(c) Auf welchem geometrischen Ort liegen diese Punkte minimalen Abstands vom Koordinatenursprung?

(d) Welche Abhängigkeit von ω haben die Punkte $(r_1'(t_0), r_2'(t_0), 0)$ in K'.

6.10: Ein Massenpunkt bewege sich entlang der ebenen Bahnkurve

$$\mathbf{r}(t) = r_1(t)\mathbf{e}_1 + r_2(t)\mathbf{e}_2 \quad .$$

Wir betrachten diese ebene Bewegung aus einem um die $\mathbf{e}_3$-Achse mit der Winkelgeschwindigkeit $\boldsymbol{\omega} = -\omega\mathbf{e}_3$ gleichförmig rotierenden Koordinatensystem K' mit den zeitabhängigen Basisvektoren

$$
\begin{aligned}
\mathbf{e}_1'(t) &= \cos\omega t\,\mathbf{e}_1 - \sin\omega t\,\mathbf{e}_2 \quad , \\
\mathbf{e}_2'(t) &= \sin\omega t\,\mathbf{e}_1 + \cos\omega t\,\mathbf{e}_2 \quad , \\
\mathbf{e}_3'(t) &= \mathbf{e}_3 \quad .
\end{aligned}
$$

(a) Berechnen Sie die Koordinaten $r_i'(t)$ der Bahn

$$\mathbf{r}(t) = r_1'(t)\mathbf{e}_1'(t) + r_2'(t)\mathbf{e}_2'(t)$$

in K'.

(b) Bestimmen Sie die Komponenten $v_{\text{rel}\,i}'$, $v_{\text{rot}\,i}'$ der Geschwindigkeiten $\mathbf{v}_{\text{rel}}'$, $\mathbf{v}_{\text{rot}}'$ im Koordinatensystem K'.

(c) Berechnen Sie die Komponenten $a_{\text{rel}\,i}'$ der Relativbeschleunigung, $a_{\text{c}\,i}'$ der Coriolisbeschleunigung und $a_{\text{z}\,i}'$ der Zentrifugalbeschleunigung in K'.

7. Starrer Körper. Bewegliche Achsen

In Kap. 4 haben wir die Bewegung des starren Körpers um feste Achsen diskutiert. Wir hatten gesehen, daß die Eigenschaften des starren Körpers, die für die Drehbewegung um eine starre Achse $\hat{\omega}$ eine Rolle spielen, im Begriff des Trägheitsmomentes $\Theta_{\hat{\omega}}$ zusammengefaßt werden können. Die Größe von $\Theta_{\hat{\omega}}$ ist von der Achsenrichtung $\hat{\omega}$ abhängig. Für bewegliche Achsen, d. h. solche mit zeitlich veränderlicher Richtung $\hat{\omega}(t)$, wird somit das Trägheitsmoment eine zeitlich veränderliche Größe. Die Behandlung von Problemen dieser Art läßt sich am durchsichtigsten mit einer Definition des Trägheitsmomentes als tensorielle Größe bewerkstelligen.

7.1 Die Freiheitsgrade des starren Körpers

Inhalt: Die Zahl der unabhängigen Variablen, die zu jedem Zeitpunkt für die Angabe der Lage eines starren Körpers benötigt wird, heißt Zahl der Freiheitsgrade. Die allgemeine Bewegung des starren Körpers hat 6, die Bewegung um einen festgehaltenen Punkt 3 Freiheitsgrade; die Bewegung um eine feste Achse hat einen Freiheitsgrad. Einführung einer raumfesten Basis e_1, e_2, e_3 und einer körperfesten Basis $e'_1(t)$, $e'_2(t)$, $e'_3(t)$. Die Verknüpfung zwischen beiden bewirkt ein zeitabhängiger Rotationstensor.

Man bezeichnet die zur Beschreibung eines Systems notwendige Zahl unabhängiger Koordinaten als die *Zahl f der Freiheitsgrade* des Systems. Für einen frei beweglichen Massenpunkt gilt offenbar

$$f = 3 \quad .$$

Ist die Bewegung jedoch nicht frei, sondern gelten Einschränkungen, so wird die Zahl der Freiheitsgrade gerade um die Zahl der unabhängigen Beschränkungsgleichungen vermindert. Ein System von N frei beweglichen Massenpunkten hat

$$f = 3N$$

Freiheitsgrade. Für den starren Körper gelten aber die Beschränkungsgleichungen (4.1.1), die die Zahl der Freiheitsgrade auf höchstens

$$f = 6$$

reduzieren. Die Lage aller Punkte des starren Körpers ist nämlich festgelegt, wenn die Lage eines festen Punktes O' des starren Körpers im Raum gegeben ist (3 Freiheitsgrade), und wenn die Lage zweier weiterer fester Punkte des starren Körpers bezüglich O' gegeben ist. Die Ortsangabe der beiden weiteren Punkte erfordert zwei Ortsvektoren $\mathbf{r}_1, \mathbf{r}_2$ bezüglich O', d. h. sechs Zahlenangaben. Wegen der Konstanz der Abstände r_1, r_2 von O' und des Abstandes $|\mathbf{r}_1 - \mathbf{r}_2|$ der beiden Punkte voneinander (als Konsequenz der Starrheit des Körpers) liegen von den 6 Zahlenangaben jedoch drei ($r_1, r_2, |\mathbf{r}_1 - \mathbf{r}_2|$) fest. Damit werden für die Beschreibung der Lage eines starren Körpers bezüglich eines körperfesten Punktes O' nur drei Angaben benötigt. Also hat der starre Körper drei Freiheitsgrade um einen festen Punkt O', zusammen mit den drei Freiheitsgraden zur Festlegung von O' im Raum insgesamt sechs Freiheitsgrade.

Ein starrer Körper, der aus nur zwei Massenpunkten besteht, hat nur $f = 5$ Freiheitsgrade. Legt man nämlich O' in den einen der beiden Massenpunkte, so hat der zweite wegen des festen Abstandes nur zwei weitere Freiheitsgrade bezüglich O'.

Durch äußere Einschränkungen kann die Zahl der Freiheitsgrade weiter reduziert werden. Für die Diskussion der Bewegungen starrer Körper sind besonders folgende Fälle von Bedeutung:

- *Rotation um einen ortsfesten Punkt:*
  Rotiert ein starrer Körper um einen festgehaltenen Punkt, so wird er als *Kreisel* bezeichnet: Die Zahl der Freiheitsgrade ist $f = 3$.

- *Rotation um eine ortsfeste Achse:*
  Wird zusätzlich die Rotationsachse festgehalten, so verbleibt nur ein einziger Freiheitsgrad. Solche Bewegungen haben wir in Kap. 4 beschrieben.

In der Wahl der Größen, die die Lage des starren Körpers beschreiben, hat man natürlich große Freiheit. Am einfachsten geht man so vor, daß man die Lage eines festen Punktes O' im starren Körper durch einen Ortsvektor $\mathbf{r}_0$ bezüglich eines raumfesten Punktes O beschreibt und die Lage eines Massenpunktes $\mathbf{r}_i$ des starren Körpers relativ zu O' durch den Vektor $\mathbf{r}'_i$. Dann gilt

$$\mathbf{r}_i = \mathbf{r}_0 + \mathbf{r}'_i \quad , \qquad i = 1, \ldots, N \quad . \tag{7.1.1}$$

Natürlich kann man als körperfesten Punkt O' insbesondere den Schwerpunkt des starren Körpers wählen.

Legt man nun in den Körper ein mit ihm fest verbundenes kartesisches Koordinatensystem $\mathbf{e}'_1(t), \mathbf{e}'_2(t), \mathbf{e}'_3(t)$, so ist die Lage des starren Körpers im

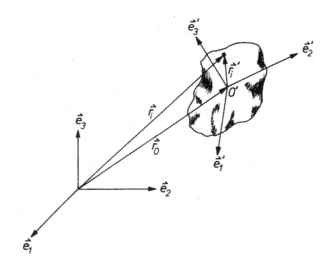

Abb. 7.1. Raumfestes (e_1, e_2, e_3) und körperfestes (e'_1, e'_2, e'_3) Basissystem zur Beschreibung der Bewegung des starren Körpers

Raum vollständig durch die Angabe der Lage des körperfesten Koordinatensystems relativ zu einem raumfesten Koordinatensystem e_1, e_2, e_3 gegeben (Abb. 7.1). Formal sieht man das auch sofort ein, denn im körperfesten System gilt

$$\mathbf{r}'_i(t) = \sum_{\ell=1}^{3} r'_{i\ell} \mathbf{e}'_\ell(t) \quad , \tag{7.1.2}$$

wobei die r'_i die Koordinaten des Vektors $\mathbf{r}'_i$ bezüglich der körperfesten Koordinatenachsen sind. Diese Koordinaten $r'_{i\ell}$ sind zeitunabhängige Größen, und ihre Größe ist allein durch die Geometrie des starren Körpers bestimmt. Somit ist nur die Kenntnis der Lage der drei zeitabhängigen Basisvektoren $\mathbf{e}'_1, \mathbf{e}'_2, \mathbf{e}'_3$ des körperfesten Systems erforderlich, um die Lage des starren Körpers zu kennen.

Aus Anhang B.12 – (B.12.2) – wissen wir, daß zwei rechtshändige Koordinatensysteme durch einen Rotationstensor verknüpft werden können, der in diesem Falle natürlich zeitabhängig sein muß,

$$\mathbf{e}'_i(t) = \underline{\underline{R}}(\boldsymbol{\alpha}(t))\mathbf{e}_i \quad . \tag{7.1.3}$$

Der Tensor $\underline{\underline{R}}$ ist entsprechend (B.12.25) durch die Achsenrichtung $\hat{\boldsymbol{\alpha}}(t)$ und den Drehwinkel $\alpha(t)$ bestimmt,

$$\boldsymbol{\alpha}(t) = \alpha(t)\hat{\boldsymbol{\alpha}}(t) \quad , \tag{7.1.4}$$

so daß zur Charakterisierung der Lage des starren Körpers im Raum bei einem raumfesten Punkt $\mathbf{r}_0$ die Angabe des Vektors $\boldsymbol{\alpha}(t)$, d. h. von 3 Größen, ausreicht. Insgesamt genügen zur Beschreibung eines starren Körpers im Raum die beiden Vektoren $r_0(t)$ und $\alpha(t)$. Das sind wieder 6 Größen.

Für eine Reihe von Problemen genügt eine Diskussion der Winkelgeschwindigkeit der Bewegung des starren Körpers. Der Zusammenhang zwischen der Winkelgeschwindigkeit und α läßt sich durch Differentiation von (7.1.3) gewinnen.

7.2 Eulersches Theorem. Zeitableitung beliebiger Vektoren

Inhalt: Das Eulersche Theorem sagt aus, daß die Geschwindigkeit $\dot{r}_i(t)$ eines Punktes des starren Körpers im raumfesten System die Summe aus der Translationsgeschwindigkeit $\dot{r}_0(t)$ des Ursprungs des körperfesten Systems und der Geschwindigkeit $\omega(t) \times r'_i(t)$ ist, die die Drehung mit der momentanen Winkelgeschwindigkeit $\omega(t)$ um diesen Ursprung beschreibt. Es gilt für jeden beliebigen Ursprung des körperfesten Systems.
Bezeichnungen: e_ℓ, $e'_\ell(t)$ Basisvektoren des raumfesten bzw. körperfesten Systems; $r_i(t)$, $r'_i(t)$ Ortsvektoren des Punktes i im raumfesten bzw. körperfesten System; $r_0(t)$ Ortsvektor des Ursprungs des körperfesten Systems, $\omega(t)$ Vektor der momentanen Winkelgeschwindigkeit.

Die Bewegung des starren Körpers um den Punkt mit dem Ortsvektor r_0, der den Ursprung des körperfesten Koordinatensystems definiert, ist vollständig beschrieben durch die Bewegung der Basisvektoren $e'_i(t)$ des körperfesten Koordinatensystems. Im Abschn. B.12 ist gezeigt, daß die Bewegung eines zeitabhängigen Koordinatensystems bei festgehaltenem Ursprung stets eine Rotation ist. Wegen der Beziehung (6.2.9) kann man die Bewegung des starren Körpers um den Punkt r_0 als eine momentane Drehung mit der Winkelgeschwindigkeit $\omega(t)$ um die momentane Achse $\hat{\omega}(t)$ auffassen. Diese Aussage ist das *Eulersche Theorem*.

Die Geschwindigkeit eines Punktes r_i läßt sich mit Hilfe von (7.1.1) und (7.1.2) in zwei Anteile zerlegen,

$$\dot{r}_i(t) = \dot{r}_0(t) + \dot{r}'_i(t) = \dot{r}_0(t) + \frac{d}{dt} \sum_{\ell=1}^{3} r'_{i\ell} e'_\ell(t) \quad , \qquad i = 1, \ldots, N \quad .$$
$$(7.2.1)$$

Da die Koordinaten $r'_{i\ell}$ eines Punktes des starren Körpers im körperfesten Koordinatensystem zeitlich unveränderliche Größen sind, gilt $dr'_{i\ell}/dt = 0$ und wegen (6.2.9)

$$\dot{r}_i(t) = \dot{r}_0(t) + \sum_{\ell=1}^{3} r'_{i\ell} \dot{e}'_\ell(t) \quad ,$$

$$\dot{r}_i(t) = \dot{r}_0(t) + \sum_{\ell=1}^{3} r'_{i\ell} \omega(t) \times e'_\ell(t) \quad , \qquad (7.2.2)$$

$$\dot{r}_i(t) = \dot{r}_0(t) + \omega(t) \times r'_i(t) \quad . \qquad (7.2.3)$$

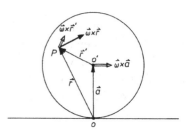

Abb. 7.2. Bewegung eines rollenden Zylinders

Diese Gleichung drückt das Eulersche Theorem in quantitativer Form aus: *Die Bewegung eines starren Körpers läßt sich in jedem Moment in die Translationsbewegung* $\dot{\mathbf{r}}_0(t)$ *eines Aufpunktes* $\mathbf{r}_0(t)$ *und die Drehung um die momentane Drehachse* $\boldsymbol{\omega}(t)$ *zerlegen.*

Wählt man zwei verschiedene Aufpunkte mit zwei achsenparallelen körperfesten Koordinatensystemen, so bleibt diese Parallelität bei jeder Bewegung des starren Körpers erhalten. Die zeitliche Änderung der Basisvektoren ist also für beide dieselbe, so daß der Vektor der Winkelgeschwindigkeit unabhängig vom Aufpunkt ist. Als Beispiel betrachten wir einen Zylinder, der auf einer ebenen Fläche rollt (Abb. 7.2). Es liegt zunächst nahe, den Ursprung O des körperfesten Systems in die Berührungslinie von Zylinder und Ebene zu legen. Die momentane Bewegung des Punktes P ist dann eine reine Drehbewegung um die Achse, die mit der Berührungslinie zusammenfällt,

$$\dot{\mathbf{r}} = \boldsymbol{\omega} \times \mathbf{r} \quad .$$

Statt O können wir aber auch einen Ursprung O' in der Zylinderachse wählen. Die Bewegung wird dann (mit $\mathbf{r} = \mathbf{a} + \mathbf{r}'$) durch

$$\dot{\mathbf{r}} = \boldsymbol{\omega} \times (\mathbf{a} + \mathbf{r}') = \boldsymbol{\omega} \times \mathbf{a} + \boldsymbol{\omega} \times \mathbf{r}'$$

beschrieben. Die Geschwindigkeit ist damit in zwei Anteile zerlegt, von denen der erste die *Translation* des Ursprungs O' (sie ist in unserem Fall geradlinig, weil $\boldsymbol{\omega}$ und $\mathbf{a}$ und damit auch $\boldsymbol{\omega} \times \mathbf{a}$ konstante Richtungen haben) und der zweite die Drehung um die Zylinderachse beschreibt. Wir werden weiter unten sehen, daß die Rotation um die Symmetrieachse wesentlich leichter zu behandeln ist als die um eine beliebige Achse.

7.3 Drehimpuls und Trägheitsmoment des starren Körpers bei Rotation um einen festen Punkt

Inhalt: Die Vektoren $\mathbf{L}$ des Drehimpulses und $\boldsymbol{\omega}$ der Winkelgeschwindigkeit sind im allgemeinen nicht parallel. Es gilt $\mathbf{L} = \underline{\Theta}\boldsymbol{\omega}$. Der Trägheitstensor $\underline{\Theta}$ ist im allgemeinen zeitabhängig. Wird er bezüglich der körperfesten Basis dargestellt, tritt seine Zeitabhängigkeit in den

Basistensoren $\mathbf{e}'_m(t) \otimes \mathbf{e}'_n(t)$ auf, die Matrixelemente Θ'_{mn} sind zeitunabhängig und allein durch die Massenverteilung innerhalb des starren Körpers gegeben.

Bezeichnungen: $\mathbf{e}_\ell$, $\mathbf{e}'_\ell(t)$ Basisvektoren im raumfesten bzw. körperfesten System; $\boldsymbol{\omega}$ Winkelgeschwindigkeit; m_i, $\mathbf{r}_i$, $\mathbf{v}_i$, $\mathbf{p}_i$, $\mathbf{L}_i$ Masse, Ort, Geschwindigkeit, Impuls und Drehimpuls des i-ten Massenpunktes; $\mathbf{L}$ Drehimpuls des starren Körpers, $\underline{\Theta}$ Trägheitstensor; $\underline{R}(\boldsymbol{\alpha}(t))$ Rotationstensor, der die Transformation jedes Ortsvektors $\mathbf{r}_i(0)$ des starren Körpers zur Zeit $t = 0$ in den Ortsvektor $\mathbf{r}_i(t)$ zur Zeit t beschreibt.

Bleibt ein Punkt des starren Körpers dauernd ortsfest, während der Körper mit der Winkelgeschwindigkeit $\boldsymbol{\omega}$ rotiert, so wählt man sinnvollerweise gerade diesen Punkt als Ursprung des raumfesten und des körperfesten Koordinatensystems. Damit sind die Ortsvektoren

$$\mathbf{r}_i = \mathbf{r}'_i \tag{7.3.1}$$

im raumfesten und körperfesten System identisch, haben allerdings verschiedene Zerlegungen in Komponenten,

$$\sum_{\ell=1}^{3} r_{i\ell}\mathbf{e}_\ell = \mathbf{r}_i = \mathbf{r}'_i = \sum_{\ell=1}^{3} r'_{i\ell}\mathbf{e}'_\ell \quad . \tag{7.3.2}$$

Die Zeitabhängigkeit des Vektors $\mathbf{r}_i = \mathbf{r}'_i$ ist im raumfesten System in den Komponenten, im körperfesten System in den Basisvektoren enthalten.

Die Geschwindigkeit des i-ten Massenpunktes ist

$$\dot{\mathbf{r}}_i = \mathbf{v}_i = \boldsymbol{\omega} \times \mathbf{r}_i \quad . \tag{7.3.3}$$

Nach (2.15.1) ist der Drehimpuls des Massenpunktes um den Ursprung

$$\mathbf{L}_i = \mathbf{r}_i \times \mathbf{p}_i = m_i(\mathbf{r}_i \times \mathbf{v}_i) \quad . \tag{7.3.4}$$

Dabei sind m_i und $\mathbf{p}_i$ Masse und Impuls des Massenpunktes. Der Drehimpuls des starren Körpers ist

$$\mathbf{L} = \sum_{i=1}^{N} \mathbf{L}_i = \sum_{i=1}^{N} m_i(\mathbf{r}_i \times \mathbf{v}_i) \quad . \tag{7.3.5}$$

Setzen wir (7.3.3) ein, so ergibt sich

$$\mathbf{L} = \sum_{i=1}^{N} m_i[\mathbf{r}_i \times (\boldsymbol{\omega} \times \mathbf{r}_i)] = \sum_{i=1}^{N} m_i[\mathbf{r}_i^2\boldsymbol{\omega} - \mathbf{r}_i(\mathbf{r}_i \cdot \boldsymbol{\omega})] \quad . \tag{7.3.6}$$

In beiden Termen der Klammer auf der rechten Seite tritt der Vektor $\boldsymbol{\omega}$ auf, der nicht von i abhängt. Wir benutzen zwei einfache Eigenschaften von Tensoren (Anhang B), um ihn aus der Summe herauszuziehen.

- Ein Vektor der Form $\mathbf{u} = a\mathbf{b}$ läßt sich auch als

$$\mathbf{u} = a\mathbf{b} = a\underline{\underline{1}}\mathbf{b} \qquad (7.3.7)$$

schreiben. Dabei ist nach (B.2.3)

$$\underline{\underline{1}} = \sum_{k,\ell=1}^{3} \delta_{k\ell}\mathbf{e}_k \otimes \mathbf{e}_\ell = \sum_{k,\ell=1}^{3} \delta_{k\ell}\mathbf{e}'_k \otimes \mathbf{e}'_\ell \qquad (7.3.8)$$

der Einheitstensor. Die Beziehung (7.3.7) verifiziert man jetzt sofort

$$\mathbf{u} = a\underline{\underline{1}}\mathbf{b} = a \sum_{k,\ell=1}^{3} \delta_{k\ell}(\mathbf{e}_k \otimes \mathbf{e}_\ell)\mathbf{b} = a \sum_{\ell=1}^{3} \mathbf{e}_\ell b_\ell = a\mathbf{b} \quad .$$

- Ein Vektor der Form $\mathbf{w} = \mathbf{a}(\mathbf{b} \cdot \mathbf{c})$ läßt sich nach (B.4.1) als

$$\mathbf{w} = \mathbf{a}(\mathbf{b} \cdot \mathbf{c}) = (\mathbf{a} \otimes \mathbf{b})\mathbf{c}$$

schreiben. Dabei ist $(\mathbf{a} \otimes \mathbf{b})$ das dyadische Produkt der Vektoren $\mathbf{a}$ und $\mathbf{b}$. Es ist nach (B.2.5) ein Tensor mit den Komponenten

$$(\mathbf{a} \otimes \mathbf{b})_{ij} = a_i b_j \quad .$$

In Komponenten lautet der Ausdruck $\mathbf{w} = \mathbf{a}(\mathbf{b} \cdot \mathbf{c})$

$$w_i = a_i \sum_k b_k c_k = \sum_k (a_i b_k)c_k \quad , \qquad i = 1, 2, 3$$

und ist damit verifiziert.

Wenden wir die beiden Regeln an, so ist der Drehimpuls in der Form

$$\mathbf{L} = \left[\sum_{i=1}^{N} m_i(\mathbf{r}_i^2 \underline{\underline{1}} - \mathbf{r}_i \otimes \mathbf{r}_i) \right] \boldsymbol{\omega}$$

oder

$$\mathbf{L} = \underline{\underline{\Theta}}\boldsymbol{\omega} \qquad (7.3.9)$$

darstellbar. Damit läßt sich der Drehimpuls als Produkt zweier Faktoren $\underline{\underline{\Theta}}$ und $\boldsymbol{\omega}$ schreiben. Der Tensor

$$\underline{\underline{\Theta}} = \sum_{i=1}^{N} m_i(\mathbf{r}_i^2 \underline{\underline{1}} - \mathbf{r}_i \otimes \mathbf{r}_i) \qquad (7.3.10)$$

heißt *Trägheitsmoment* oder *Trägheitstensor* des starren Körpers um den Ursprung. Er ist im allgemeinen eine zeitabhängige Größe.

Die Zeitabhängigkeit des Trägheitstensors läßt sich explizit angeben, wenn man bedenkt, daß nach (7.3.2) und (7.1.3) für jeden Punkt des starren Körpers gilt

$$
\mathbf{r}_i(t) = \mathbf{r}_i'(t) \;=\; \sum_{\ell=1}^{3} r_{i\ell}' \mathbf{e}_\ell'(t) = \sum_{\ell=1}^{3} r_{i\ell}' \underline{\underline{R}}[\boldsymbol{\alpha}(t)] \mathbf{e}_\ell'(0)
$$

$$
=\; \underline{\underline{R}}[\boldsymbol{\alpha}(t)] \sum_{\ell=1}^{3} r_{i\ell}' \mathbf{e}_\ell'(0) = \underline{\underline{R}}[\boldsymbol{\alpha}(t)]\mathbf{r}_i(0) \quad . \quad (7.3.11)
$$

Durch Einsetzen in (7.3.10) erhalten wir

$$
\underline{\underline{\Theta}}(t) \;=\; \sum_{i=1}^{N} m_i[\mathbf{r}_i(t)\cdot\mathbf{r}_i(t)\underline{\underline{1}} - \mathbf{r}_i(t)\otimes\mathbf{r}_i(t)]
$$

$$
=\; \sum_{i=1}^{N} m_i\{[\underline{\underline{R}}\mathbf{r}_i(0)]\cdot[\underline{\underline{R}}\mathbf{r}_i(0)]\,\underline{\underline{1}} - [\underline{\underline{R}}\mathbf{r}_i(0)]\otimes[\underline{\underline{R}}\mathbf{r}_i(0)]\} \quad .
$$

Nach den Regeln der Tensorrechnung ergibt sich $\underline{\underline{\Theta}}(t)$ als der mit dem zeitabhängigen Rotationstensor transformierte, zur Zeit $t = 0$ gültige Trägheitstensor $\underline{\underline{\Theta}}(0)$ in der Schreibweise

$$
\underline{\underline{\Theta}}(t) \;=\; \underline{\underline{R}} \sum_{i=1}^{N} m_i[\mathbf{r}_i(0)\cdot\mathbf{r}_i(0)\underline{\underline{1}} - \mathbf{r}_i(0)\otimes\mathbf{r}_i(0)]\underline{\underline{R}}^{+}
$$

$$
=\; \underline{\underline{R}}[\boldsymbol{\alpha}(t)]\underline{\underline{\Theta}}(0)\underline{\underline{R}}^{+}[\boldsymbol{\alpha}(t)] \quad . \qquad (7.3.12)
$$

Die zeitunabhängige Größe

$$
\underline{\underline{\Theta}} = \underline{\underline{\Theta}}(0) = \sum_{i=1}^{N} m_i[\mathbf{r}_i(0)\cdot\mathbf{r}_i(0)\underline{\underline{1}} - \mathbf{r}_i(0)\otimes\mathbf{r}_i(0)] \qquad (7.3.13)
$$

(für die zeitunabhängigen Vektoren $\mathbf{r}_i(0)$) ist nun allein durch die Massenverteilung $m_i(\mathbf{r}_i)$ des starren Körpers gegeben. Wir werden oft $\mathbf{r}_i$ statt $\mathbf{r}_i(0)$ schreiben, wenn wir ein zeitunabhängiges Trägheitsmoment angeben.

Für die Aufstellung der Eulerschen Gleichungen im Abschn. 7.8 werden wir den Ausdruck $\underline{\underline{\dot\Theta}}\boldsymbol{\omega}$ benötigen. Man berechnet ihn am einfachsten aus der Definitionsgleichung (7.3.10):

$$
\underline{\underline{\dot\Theta}}\boldsymbol{\omega} = \sum_{i=1}^{N} m_i\,[2\,(\dot{\mathbf{r}}_i\cdot\mathbf{r}_i)\,\boldsymbol{\omega} - (\dot{\mathbf{r}}_i\otimes\mathbf{r}_i)\boldsymbol{\omega} - (\mathbf{r}_i\otimes\dot{\mathbf{r}}_i)\boldsymbol{\omega}] \quad . \qquad (7.3.14)
$$

Wegen

$$
\dot{\mathbf{r}}_i = \boldsymbol{\omega}(t)\times\mathbf{r}_i(t) \qquad (7.3.15)
$$

verschwinden der erste und der letzte Term in der eckigen Klammer, also

$$\underline{\dot{\Theta}}\boldsymbol{\omega} = \sum_{i=1}^{N} m_i \{-(\boldsymbol{\omega} \times \mathbf{r}_i) \otimes \mathbf{r}_i\}\boldsymbol{\omega} \quad .$$

Weil

$$\boldsymbol{\omega} \times \mathbf{r}_i^2\boldsymbol{\omega} = \mathbf{r}_i^2\boldsymbol{\omega} \times \boldsymbol{\omega} = 0$$

gilt, können wir diesen Term in die eckige Klammer einfügen und erhalten

$$
\begin{aligned}
\underline{\dot{\Theta}}\boldsymbol{\omega} &= \sum_{i=1}^{N} m_i \left[\boldsymbol{\omega} \times \mathbf{r}_i^2\boldsymbol{\omega} - \{(\boldsymbol{\omega} \times \mathbf{r}_i) \otimes \mathbf{r}_i\}\boldsymbol{\omega}\right] \\
&= \boldsymbol{\omega} \times \sum_{i=1}^{N} m_i[\mathbf{r}_i^2\underline{\mathbf{1}} - \mathbf{r}_i \otimes \mathbf{r}_i]\boldsymbol{\omega} = \boldsymbol{\omega} \times (\underline{\Theta}\boldsymbol{\omega}) \quad . \quad (7.3.16)
\end{aligned}
$$

Die allgemeine Darstellung des Trägheitsmomentes in einer beliebig zeitabhängigen Tensorbasis

$$\underline{\Theta}(t) = \sum_{m,n=1}^{3} \Theta_{mn}(t)\mathbf{e}_m(t) \otimes \mathbf{e}_n(t) \quad (7.3.17)$$

enthält sowohl zeitabhängige Matrixelemente $\Theta_{mn}(t)$ wie zeitabhängige Vektoren $\mathbf{e}_\ell(t)$. In speziellen Koordinatensystemen verschwindet jedoch ein Teil der Zeitabhängigkeit:

- Im raumfesten Koordinatensystem sind die Basisvektoren $\mathbf{e}_i$ zeitunabhängig, so daß die Zerlegung

$$\underline{\Theta}(t) = \sum_{m,n=1}^{3} \Theta_{mn}(t)\mathbf{e}_m \otimes \mathbf{e}_n \quad (7.3.18)$$

gilt. Die Matrixelemente tragen wegen $\mathbf{r}_i = \sum_{\ell=1}^{3} r_{i\ell}(t)\mathbf{e}_\ell$ die ganze Zeitabhängigkeit

$$\Theta_{mn}(t) = \sum_{i=1}^{N} m_i \left[\mathbf{r}_i^2\delta_{mn} - r_{im}(t)r_{in}(t)\right] \quad . \quad (7.3.19)$$

- Im körperfesten System gilt

$$\mathbf{r}_i = \sum_{\ell} r'_{i\ell}\mathbf{e}'_\ell(t)$$

mit zeitunabhängigen Koordinaten $r'_{i\ell}$. Deshalb sind die Matrixelemente des Trägheitstensors zeitunabhängig,

$$\Theta'_{mn} = \sum_{i=1}^{N} m_i \left(\mathbf{r}_i^2\delta_{mn} - r'_{im}r'_{in}\right) \quad . \quad (7.3.20)$$

Die ganze Zeitabhängigkeit tragen die Basisvektoren $e'_i(t)$ des körperfesten Systems,

$$\underline{\Theta}(t) = \sum_{m,n=1}^{3} \Theta'_{mn} e'_m(t) \otimes e'_n(t) \quad . \tag{7.3.21}$$

Die Gleichung (7.3.17) ist als darstellungsunabhängige Relation natürlich für jedes Koordinatensystem gültig.
Stellen wir (7.3.9) im körperfesten System dar,

$$\mathbf{L} = \sum_{k=1}^{3} L'_k e'_k = \sum_{k,\ell=1}^{3} \Theta'_{k\ell} (e'_k \otimes e'_\ell) \left(\sum_m \omega'_m e'_m \right) = \sum_{k,\ell=1}^{3} \Theta'_{k\ell} \omega'_\ell e'_k \quad , \tag{7.3.22}$$

so erhalten wir für $\mathbf{L}$ die einfache Komponentengleichung

$$L'_k = \sum_{\ell=1}^{3} \Theta'_{k\ell} \omega'_\ell \quad , \qquad k = 1, 2, 3 \quad , \tag{7.3.23}$$

so daß die ganze Zeitabhängigkeit von L'_k durch die Zeitabhängigkeit der ω'_ℓ gegeben wird. Die drei Beziehungen (7.3.23) können wir mit Hilfe der Matrixschreibweise zu einer einzigen Beziehung zusammenfassen:

$$(\mathbf{L})_{\mathrm{kf}} = (\underline{\Theta})_{\mathrm{kf}} (\boldsymbol{\omega})_{\mathrm{kf}} \quad .$$

Dabei sind die $(\mathbf{L})_{\mathrm{kf}}$, $(\boldsymbol{\omega})_{\mathrm{kf}}$ bzw. $(\underline{\Theta})_{\mathrm{kf}}$ Spaltenvektoren bzw. Matrizen bezüglich der Basisvektoren des körperfesten Koordinatensystems. Die Matrixelemente von $(\underline{\Theta})_{\mathrm{kf}}$ sind zeitunabhängig.

Die Gleichungen (7.3.9) bzw. (7.3.23) für den Drehimpuls des starren Körpers sind der Beziehung

$$\mathbf{p} = m\mathbf{v}$$

analog, die die Verknüpfung von Impuls $\mathbf{p}$ und Geschwindigkeit $\mathbf{v}$ eines Massenpunktes angibt. Während jedoch Impuls und Geschwindigkeit immer parallel sind, gilt dies im allgemeinen nicht für Drehimpuls und Winkelgeschwindigkeit. Das drückt sich mathematisch dadurch aus, daß das Trägheitsmoment im Gegensatz zur Masse kein Skalar sondern ein Tensor ist.

7.4 Trägheitstensoren verschiedener Körper. Hauptträgheitsachsen

Inhalt: Für einige starre Körper (zweiatomiges und dreiatomiges Molekül, homogene Kugel) wird die Matrix des Trägheitstensors bezüglich einer körperfesten Basis explizit berechnet. Werden Symmetrieachsen des jeweiligen Körpers als Basisvektoren gewählt, so wird die Matrix diagonal. Ganz allgemein heißen Basisvektoren, bezüglich derer die Matrix des Trägheitstensors diagonal ist, Hauptträgheitsachsen des starren Körpers.

Wir schreiben zunächst das Trägheitsmoment noch einmal ausführlich in Tensorkomponenten:

$$(\underline{\underline{\Theta}}) = \begin{pmatrix} \Theta'_{11} & \Theta'_{12} & \Theta'_{13} \\ \Theta'_{21} & \Theta'_{22} & \Theta'_{23} \\ \Theta'_{31} & \Theta'_{32} & \Theta'_{33} \end{pmatrix} = \tag{7.4.1}$$

$$\begin{pmatrix} \sum m_i (r_i'^2 - r'_{i1}r'_{i1}) & -\sum m_i r'_{i1}r'_{i2} & -\sum m_i r'_{i1}r'_{i3} \\ -\sum m_i r'_{i2}r'_{i1} & \sum m_i (r_i'^2 - r'_{i2}r'_{i2}) & -\sum m_i r'_{i2}r'_{i3} \\ -\sum m_i r'_{i3}r'_{i1} & -\sum m_i r'_{i3}r'_{i2} & \sum m_i (r_i'^2 - r'_{i3}r'_{i3}) \end{pmatrix}$$

und berechnen es nun für einige einfache Körper.

Zweiatomiges Molekül Wir betrachten eine Anordnung von zwei Massenpunkten der Masse m, die im Abstand $\pm d$ vom Ursprung auf der 1-Achse eines *körperfesten* Koordinatensystems angebracht sind (Abb. 7.3). Sie kann als Modell eines zweiatomigen Moleküls (etwa H_2, N_2, O_2) dienen. Es gilt offenbar

$$r'_{11} = -d \quad , \quad r'_{12} = 0 \quad , \quad r'_{13} = 0 \quad ,$$
$$r'_{21} = d \quad , \quad r'_{22} = 0 \quad , \quad r'_{23} = 0 \quad .$$

Damit ist

$$\Theta'_{k\ell} = \sum_{i=1}^{2} m_i (r_i'^2 \delta_{k\ell} - r'_{ik}r'_{i\ell}) = m(2d^2\delta_{k\ell} - 2d^2\delta_{k1}\delta_{\ell 1}) \quad ,$$

$$(\underline{\underline{\Theta'}}) = 2m \begin{pmatrix} 0 & 0 & 0 \\ 0 & d^2 & 0 \\ 0 & 0 & d^2 \end{pmatrix} \quad . \tag{7.4.2}$$

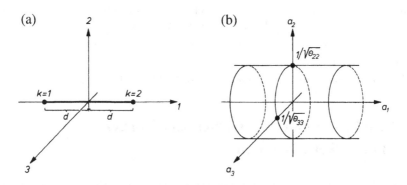

Abb. 7.3 a,b. Modell eines zweiatomigen Moleküls **(a)** und zugehöriges Trägheitsellipsoid **(b)**, Abschn. 7.6. Das Ellipsoid ist zu einem längs der 1-Achse unendlich ausgedehnten Zylinder entartet

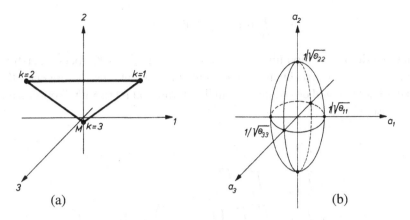

Abb. 7.4 a,b. Modell eines symmetrischen dreiatomigen Moleküls (Wassermolekül) **(a)** und zugehöriges Trägheitsellipsoid **(b)**

Wassermolekül Das Wassermolekül, das hier stellvertretend für eine bestimmte Art symmetrischer dreiatomiger Moleküle betrachtet wird, besteht aus einem Sauerstoffatom (O) und zwei Wasserstoffatomen (H), die den Abstand ℓ vom Sauerstoffatom haben und deren Verbindungslinien mit dem Sauerstoffatom den Winkel $\alpha = 105°$ bilden. Wir wählen ein körperfestes Koordinatensystem, dessen Ursprung im Schwerpunkt des Systems liegt, dessen 2-Achse durch das Sauerstoffatom und dessen 1-Achse parallel zur Verbindungslinie der Wasserstoffatome verläuft (Abb. 7.4). Ist M die Masse des Sauerstoffatoms und m die Masse des Wasserstoffatoms ($M = 16\,m$), so gilt

$$r'_{11} = \ell \sin\frac{\alpha}{2} \quad , \quad r'_{12} = \frac{M}{M+2m}\ell\cos\frac{\alpha}{2} \quad , \quad r'_{13} = 0 \quad ,$$

$$r'_{21} = -\ell \sin\frac{\alpha}{2} \quad , \quad r'_{22} = \frac{M}{M+2m}\ell\cos\frac{\alpha}{2} \quad , \quad r'_{23} = 0 \quad ,$$

$$r'_{31} = 0 \quad , \quad r'_{32} = -\frac{2m}{M+2m}\ell\cos\frac{\alpha}{2} \quad , \quad r'_{33} = 0$$

und

$$(\underline{\underline{\Theta}}') = 2m\ell^2 \begin{pmatrix} \frac{M}{M+2m}\cos^2\frac{\alpha}{2} & 0 & 0 \\ 0 & \sin^2\frac{\alpha}{2} & 0 \\ 0 & 0 & \sin^2\frac{\alpha}{2} + \frac{M}{M+2m}\cos^2\frac{\alpha}{2} \end{pmatrix} .$$

$$(7.4.3)$$

Kugel Statt bei der Berechnung des Trägheitsmoments eines makroskopischen Körpers die Summation über alle Massenpunkte zu erstrecken, ersetzt man die Summe durch eine Volumenintegration. Ist die (im allgemeinen noch ortsabhängige) Dichte des Körpers $\varrho(\mathbf{r})$, so ist

$$\underline{\underline{\Theta}} = \int_V \varrho(\mathbf{r})(r^2 \underline{\underline{1}} - \mathbf{r} \otimes \mathbf{r}) \, dV \quad . \tag{7.4.4}$$

Dabei ist die Integration über das ganze Volumen V des Körpers zu erstrekken. Als Beispiel berechnen wir das Trägheitsmoment einer homogenen Kugel der Dichte ϱ und des Radius R um ihren Mittelpunkt in Kugelkoordinaten, vgl. Abschn. A.5.1,

$$
\begin{aligned}
\underline{\underline{\Theta}} &= \varrho \int (r^2 \underline{\underline{1}} - \mathbf{r} \otimes \mathbf{r}) \, dV \\
&= \varrho \int_{\cos\vartheta=-1}^{1} \int_{\varphi=0}^{2\pi} \int_{r=0}^{R} (r^2 \underline{\underline{1}} - \mathbf{r} \otimes \mathbf{r}) r^2 \, dr \, d\varphi \, d\cos\vartheta \\
&= \varrho \int_0^R r^4 \left[\int_{-1}^{1} \int_0^{2\pi} \left(\underline{\underline{1}} - \frac{\mathbf{r} \otimes \mathbf{r}}{r^2} \right) d\varphi \, d\cos\vartheta \right] dr \quad .
\end{aligned}
$$

Nun hat $\mathbf{r} \otimes \mathbf{r}/r^2$ die Komponentendarstellung

$$
\frac{(\mathbf{r} \otimes \mathbf{r})}{r^2} = \frac{1}{r^2} \begin{pmatrix} x^2 & xy & xz \\ yx & y^2 & yz \\ zx & zy & z^2 \end{pmatrix} =
$$
$$
\begin{pmatrix} \sin^2\vartheta \cos^2\varphi & \sin^2\vartheta \sin\varphi\cos\varphi & \sin\vartheta\cos\vartheta\cos\varphi \\ \sin^2\vartheta\sin\varphi\cos\varphi & \sin^2\vartheta\sin^2\varphi & \sin\vartheta\cos\vartheta\sin\varphi \\ \sin\vartheta\cos\vartheta\cos\varphi & \sin\vartheta\cos\vartheta\sin\varphi & \cos^2\vartheta \end{pmatrix} \quad .
$$

Die Integration über den Winkel φ führt zum Verschwinden der Nichtdiagonalelemente, die Diagonalelemente findet man nach einfacher Rechnung:

$$
\int_{-1}^{1} \int_0^{2\pi} \left[(\underline{\underline{1}}) - \frac{(\mathbf{r} \otimes \mathbf{r})}{r^2} \right] d\varphi \, d\cos\vartheta = \begin{pmatrix} \frac{8}{3}\pi & 0 & 0 \\ 0 & \frac{8}{3}\pi & 0 \\ 0 & 0 & \frac{8}{3}\pi \end{pmatrix} = \frac{8}{3}\pi(\underline{\underline{1}}) \quad .
$$

Damit ist der Trägheitstensor der Kugel

$$\underline{\underline{\Theta}} = \varrho \frac{R^5}{5} \frac{8}{3} \pi \underline{\underline{1}} \quad .$$

Benutzt man die Gesamtmasse

$$M = \frac{4\pi}{3} R^3 \varrho$$

der Kugel, so erhält man

$$\underline{\underline{\Theta}} = \frac{2}{5} M R^2 \underline{\underline{1}} \quad . \tag{7.4.5}$$

Die Tatsache, daß $\underline{\underline{\Theta}}$ ein Vielfaches des Einheitstensors ist, spiegelt die Symmetrie der Kugel wider.

Hauptträgheitsachsen Der Trägheitstensor (7.3.10) ist symmetrisch,

$$\underline{\underline{\Theta}}^+ = \underline{\underline{\Theta}} \quad , \qquad \text{d. h.} \quad \Theta_{ij} = \Theta_{ji} \quad , \qquad i, j = 1, 2, 3 \quad ,$$

weil sowohl der Einheitstensor wie auch das dyadische Produkt $\mathbf{r}_i \otimes \mathbf{r}_i$ symmetrisch sind. In Anhang B.15 ist gezeigt, daß ein symmetrischer Tensor sich durch eine geeignete Rotation des Koordinatensystems, in dem er dargestellt ist, immer auf Diagonalform bringen läßt; das heißt auf eine Form, in der nur die Elemente Θ_{ii} ($i = 1, 2, 3$) von null verschieden sind,

$$\underline{\underline{\Theta}} = \sum_{i=1}^{3} \Theta_i \boldsymbol{\eta}_i \otimes \boldsymbol{\eta}_i \quad .$$

Da wir das körperfeste Koordinatensystem beliebig wählen können, können wir es immer so festlegen, daß der Trägheitstensor diagonal wird. In den drei Beispielen des letzten Abschnitts ist das schon geschehen. Die Basisvektoren $\boldsymbol{\eta}_i$ des Systems, in denen der Trägheitstensor Diagonalform annimmt, zeigen in die *Hauptträgheitsachsen* des Körpers. Sie sind orthogonal zueinander. Besitzt der Körper eine oder mehrere *Symmetrieachsen*, so besteht ein enger Zusammenhang zwischen ihnen und den Hauptträgheitsachsen. Dies lassen jedenfalls die Beispiele des letzten Abschnitts vermuten. Die Diagonalelemente des Trägheitstensors nennen wir, wenn er auf Hauptachsen gebracht worden ist, $\Theta_{ii} = \Theta_i$.

7.5 Drehimpuls und Trägheitsmoment um feste Achsen

Inhalt: Im Rahmen der allgemeinen Behandlung wird auch der Spezialfall der Rotation des starren Körpers um eine feste Achse diskutiert und damit der Zusammenhang zu Kap. 4 hergestellt. Ist $\underline{\underline{\Theta}}$ der Trägheitstensor, so ist das Trägheitsmoment bezüglich einer Achse durch den Ursprung mit der Richtung $\hat{\omega}$ durch $\Theta_{\hat{\omega}} = \hat{\omega} \underline{\underline{\Theta}} \hat{\omega}$ gegeben.

Wir haben bereits bemerkt, daß wegen der Tensornatur des Trägheitsmoments $\underline{\underline{\Theta}}$ der Drehimpuls

$$\mathbf{L} = \underline{\underline{\Theta}} \boldsymbol{\omega} \tag{7.5.1}$$

im allgemeinen nicht in Richtung der Winkelgeschwindigkeit $\boldsymbol{\omega}$ zeigt. Wir können jedoch seine Komponente in Richtung von $\boldsymbol{\omega}$ berechnen, die wir mit $L_{\hat{\omega}}$ bezeichnen. Ist

$$\hat{\omega} = \boldsymbol{\omega}/\omega$$

der Einheitsvektor in Richtung der Winkelgeschwindigkeit, so ist

$$L_{\hat{\omega}} = \hat{\omega} \cdot \mathbf{L} = \hat{\omega} \underline{\underline{\Theta}} \boldsymbol{\omega} = \hat{\omega} \underline{\underline{\Theta}} \hat{\omega} \omega \quad ,$$

also

$$L_{\hat{\omega}} = \Theta_{\hat{\omega}}\omega \quad . \tag{7.5.2}$$

Diese Beziehung ist eine Relation zwischen Skalaren, die wir bereits in Abschn. 4.3 hergeleitet hatten. Die Größe

$$\Theta_{\hat{\omega}} = \hat{\omega}\underline{\underline{\Theta}}\hat{\omega} \tag{7.5.3}$$

ist das *skalare Trägheitsmoment bezüglich der Achse* $\hat{\omega}$. Setzen wir in diese Beziehung die Definition (7.3.10) des Trägheitsmomentes ein, so ergibt sich

$$\begin{aligned}
\Theta_{\hat{\omega}} &= \hat{\omega}\left[\sum_{i=1}^{N} m_i(\mathbf{r}_i^2\underline{\underline{1}} - \mathbf{r}_i \otimes \mathbf{r}_i)\right]\hat{\omega} = \sum_{i=1}^{N} m_i\left[\mathbf{r}_i^2 - (\mathbf{r}_i \cdot \hat{\omega})^2\right] \\
&= \sum_{i=1}^{N} m_i\mathbf{r}_i^2(1 - \cos^2\vartheta_i) = \sum_{i=1}^{N} m_i\mathbf{r}_i^2\sin^2\vartheta_i = \sum_{i=1}^{N} m_i r_{i\perp}^2 \quad . \tag{7.5.4}
\end{aligned}$$

Die Größe

$$r_{i\perp} = r_i \sin\vartheta_i$$

ist der Abstand des i-ten Massenpunktes von der Drehachse. Die Gleichung (7.5.4) ist eine Beziehung, die mit (4.3.4) übereinstimmt.

7.6 Trägheitsellipsoid

Inhalt: Der Trägheitstensor enthält die Information über das Trägheitsmoment bezüglich jeder Achsenrichtung $\hat{\omega}$ durch den Ursprung. Sie kann geometrisch durch das Trägheitsellipsoid veranschaulicht werden, dessen Hauptachsen die Hauptträgheitsachsen sind. Für die Beispielkörper aus Abschn. 7.4 werden die Trägheitsellipsoide berechnet.

Zur Verdeutlichung von (7.5.3) nehmen wir zunächst der Einfachheit halber an, daß der Trägheitstensor $\underline{\underline{\Theta}}$ in Diagonalform

$$\underline{\underline{\Theta}} = \Theta_1\mathbf{e}_1 \otimes \mathbf{e}_1 + \Theta_2\mathbf{e}_2 \otimes \mathbf{e}_2 + \Theta_3\mathbf{e}_3 \otimes \mathbf{e}_3$$

dargestellt ist. Mit der Zerlegung

$$\hat{\omega} = \hat{\omega}_1\mathbf{e}_1 + \hat{\omega}_2\mathbf{e}_2 + \hat{\omega}_3\mathbf{e}_3$$

erhalten wir aus (7.5.3)

$$\Theta_{\hat{\omega}} = \Theta_1\hat{\omega}_1^2 + \Theta_2\hat{\omega}_2^2 + \Theta_3\hat{\omega}_3^2 \quad . \tag{7.6.1}$$

Wir können dieser Beziehung auf folgende Weise eine geometrische Bedeutung geben. Im körperfesten Koordinatensystem, dessen Achsen die Hauptträgheitsachsen des Körpers sind, konstruieren wir vom Ursprung aus in jeder Richtung $\hat{\omega}$ einen Vektor der Länge $1/\sqrt{\Theta_{\hat{\omega}}}$,

$$\mathbf{a} = a\hat{\boldsymbol{\omega}} \quad , \qquad a = \frac{1}{\sqrt{\Theta_{\hat{\omega}}}} \quad . \tag{7.6.2}$$

Seine Richtungskosinus sind

$$\hat{\omega}_1 = \frac{a_1}{a} = a_1\sqrt{\Theta_{\hat{\omega}}} \quad , \qquad \hat{\omega}_2 = \frac{a_2}{a} = a_2\sqrt{\Theta_{\hat{\omega}}} \quad , \qquad \hat{\omega}_3 = \frac{a_3}{a} = a_3\sqrt{\Theta_{\hat{\omega}}} \quad .$$

Die Beziehung (7.6.1) lautet dann

$$\Theta_1 a_1^2 + \Theta_2 a_2^2 + \Theta_3 a_3^2 = 1 \quad .$$

Schreiben wir sie in der Form

$$\frac{a_1^2}{\left(\dfrac{1}{\sqrt{\Theta_1}}\right)^2} + \frac{a_2^2}{\left(\dfrac{1}{\sqrt{\Theta_2}}\right)^2} + \frac{a_3^2}{\left(\dfrac{1}{\sqrt{\Theta_3}}\right)^2} = 1 \quad , \tag{7.6.3}$$

so sehen wir sofort, daß sie die Gleichung des Ellipsoids ist, dessen Hauptachsen in Richtung der Koordinatenachsen liegen und deren Halbachsen in diesen Richtungen die Längen

$$\frac{1}{\sqrt{\Theta_1}} \quad , \qquad \frac{1}{\sqrt{\Theta_2}} \quad , \qquad \frac{1}{\sqrt{\Theta_3}}$$

haben. Hat $\underline{\Theta}$ nicht Diagonalform, so führt (7.5.3) trotzdem auf ein Ellipsoid der gleichen geometrischen Form, dessen Hauptachsen in Richtung der Hauptträgheitsachsen liegen, aber nicht mit den Basisvektoren des körperfesten Systems zusammenfallen.

Die Gesamtheit der Trägheitsmomente $\Theta_{\hat{\omega}}$ um alle Achsen $\hat{\omega}$ ist also durch 6 unabhängige Größen gekennzeichnet, die wir als die drei Hauptträgheitsmomente $\Theta_1, \Theta_2, \Theta_3$, und die drei Winkel identifizieren können, die die räumliche Orientierung der Hauptträgheitsachsen angeben. Das entspricht der Tatsache, daß von den 9 Elementen des Trägheitstensors nur 6 unabhängig sind.

Zum Abschluß berechnen wir die Trägheitsellipsoide für die Beispiele in Abschn. 7.4.

Zweiatomiges Molekül Aus (7.4.2) und (7.6.2) folgt die Beziehung

$$2md^2\left(a_2^2 + a_3^2\right) = 1 \quad . \tag{7.6.4}$$

Sie beschreibt ein Ellipsoid, das zu einem Zylinder entartet ist, dessen Achse mit der 1-Achse zusammenfällt und den Radius

$$a = \frac{1}{d\sqrt{2m}}$$

hat (Abb. 7.3b). Die Trägheitsmomente um alle Achsen senkrecht zur Verbindungslinie der Atome sind gleich. Das Trägheitsmoment um die Verbindungslinie selbst verschwindet.

Wassermolekül Aus (7.4.3) entnehmen wir die Hauptträgheitsmomente

$$\Theta_1 = 2m\ell^2 \frac{M}{M+2m}\cos^2\frac{\alpha}{2} \quad, \qquad \Theta_2 = 2m\ell^2\sin^2\frac{\alpha}{2} \quad,$$

$$\Theta_3 = 2m\ell^2\left(\sin^2\frac{\alpha}{2} + \frac{M}{M+2m}\cos^2\frac{\alpha}{2}\right) \quad. \tag{7.6.5}$$

Die drei Hauptachsen des Trägheitsellipsoids sind verschieden (Abb. 7.4b).

Kugel Da nach (7.4.5) alle Hauptträgheitsmomente

$$\Theta_1 = \Theta_2 = \Theta_3 = \frac{2}{5}MR^2 \tag{7.6.6}$$

gleich sind, ist auch das Trägheitsellipsoid eine Kugel.

7.7 Steinerscher Satz

Inhalt: Der Steinersche Satz in seiner allgemeinen Form stellt den Zusammenhang zwischen den beiden Trägheitstensoren eines starren Körpers für die Rotationen um zwei verschiedene feste Punkte her. Ist speziell einer der beiden Punkte der Schwerpunkt des Körpers, so ist der Trägheitstensor für die Drehung um einen anderen Drehpunkt gleich dem Trägheitstensor für Drehung um den Schwerpunkt plus dem Trägheitstensor der im Schwerpunkt vereinigten Gesamtmasse des Körpers für Drehung um diesen anderen Punkt.

Trägheitstensoren sind abhängig vom Ursprung des körperfesten Koordinatensystems definiert. Seien O und O_b die Ursprünge zweier verschiedener Systeme. Der i-te Massenpunkt des starren Körpers werde bezüglich O durch den Ortsvektor $\mathbf{r}_i$ und bezüglich O_b durch

$$\mathbf{r}_{bi} = \mathbf{r}_i - \mathbf{b} \tag{7.7.1}$$

charakterisiert (Abb. 7.5). Das Trägheitsmoment um O_b ist

$$\begin{aligned}
\underline{\underline{\Theta}}_b &= \sum_{i=1}^{N} m_i(\mathbf{r}_{bi}^2\underline{\underline{1}} - \mathbf{r}_{bi}\otimes\mathbf{r}_{bi}) = \sum_{i=1}^{N} m_i\left[(\mathbf{r}_i-\mathbf{b})^2\underline{\underline{1}} - (\mathbf{r}_i-\mathbf{b})\otimes(\mathbf{r}_i-\mathbf{b})\right] \\
&= \underline{\underline{\Theta}} + M(\mathbf{b}^2\underline{\underline{1}} - \mathbf{b}\otimes\mathbf{b}) - M(2\mathbf{b}\cdot\mathbf{R}\underline{\underline{1}} - \mathbf{R}\otimes\mathbf{b} - \mathbf{b}\otimes\mathbf{R}) \quad. \tag{7.7.2}
\end{aligned}$$

Dabei ist

$$\underline{\underline{\Theta}} = \sum_{i=1}^{N} m_i(\mathbf{r}_i^2\underline{\underline{1}} - \mathbf{r}_i\otimes\mathbf{r}_i)$$

das Trägheitsmoment um O,

$$\mathbf{R} = \frac{1}{M}\sum_{i=1}^{N} m_i\mathbf{r}_i$$

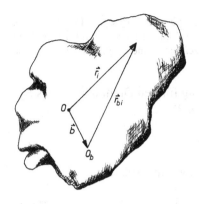

Abb. 7.5. Zum Steinerschen Satz

der Schwerpunktvektor bezogen auf O und

$$M = \sum_{i=1}^{N} m_i$$

die Gesamtmasse. Falls der Aufpunkt O der Ortsvektoren r der Schwerpunkt des betrachteten Körpers war, gilt

$$\mathbf{R} = \frac{1}{M} \sum_{k=1}^{N} m_k \mathbf{r}_k = 0$$

und

$$\underline{\underline{\Theta}} = \underline{\underline{\Theta}}_\mathrm{S} \quad ,$$

wobei $\underline{\underline{\Theta}}_\mathrm{S}$ das Trägheitsmoment des Körpers um seinen Schwerpunkt ist.

Der Steinersche Satz besagt dann, daß der Trägheitstensor um einen beliebigen anderen Punkt des Körpers, der den Ortsvektor b im Schwerpunktsystem hat, gegeben ist durch

$$\underline{\underline{\Theta}}_b = \underline{\underline{\Theta}}_\mathrm{S} + M(\mathbf{b}^2 \underline{\underline{1}} - \mathbf{b} \otimes \mathbf{b}) \quad . \tag{7.7.3}$$

Das ist die Summe aus dem Trägheitsmoment des Körpers um seinen Schwerpunkt und dem Trägheitsmoment der im Schwerpunkt vereinigten Gesamtmasse um den Ursprung O_b. Als Spezialfall erhält man (4.5.5) für das Trägheitsmoment $\hat{\omega}\underline{\underline{\Theta}}\hat{\omega}$ um eine neue feste Achse $\hat{\omega}$.

7.8 Bewegungsgleichungen des starren Körpers. Drehimpulserhaltungssatz. Eulersche Gleichungen

Inhalt: Wirkt auf einen starren Körper das Drehmoment **D**, so gilt für die zeitliche Änderung des Drehimpulses **L** die Bewegungsgleichung $\dot{\mathbf{L}} = \mathbf{D}$. Für $\mathbf{D} = 0$ bleibt der Drehimpuls erhalten. Der Zusammenhang zwischen Trägheitstensor $\underline{\underline{\Theta}}$, Winkelgeschwindigkeit

ω und Drehmoment wird durch die Vektorgleichung $\underline{\underline{\Theta}}\dot{\omega} + \omega \times (\underline{\underline{\Theta}}\omega) = \mathbf{D}$ beschrieben. Sie entspricht den drei Eulerschen Gleichungen für die Komponenten von $\mathbf{D}$. Dargestellt im körperfesten System der Hauptträgheitsachsen besitzen diese eine vergleichsweise einfache Form.

Im Kap. 3 hatten wir als Bewegungsgleichung für den Drehimpuls eines Systems von Massenpunkten die Gleichung (3.4.3)

$$\frac{\mathrm{d}}{\mathrm{d}t}\mathbf{L} = \mathbf{D}$$

hergeleitet. Wegen $\mathbf{L} = \underline{\underline{\Theta}}\omega$, (7.5.4), erhalten wir die Relation

$$\dot{\mathbf{L}} = \frac{\mathrm{d}}{\mathrm{d}t}(\underline{\underline{\Theta}}\omega) = \mathbf{D} \tag{7.8.1}$$

in formaler Analogie zur Newtonschen Bewegungsgleichung

$$\dot{\mathbf{p}} = \frac{\mathrm{d}}{\mathrm{d}t}(m\mathbf{v}) = \mathbf{F}$$

eines Massenpunktes.

Bei Maschinen und Apparaturen wird oft dafür gesorgt, daß Drehungen nur um eine körperfeste Achse erfolgen können, die im Raum festgehalten wird. Der Vektor der Winkelgeschwindigkeit zeigt dann stets in Richtung dieser Achse, $\dot{\hat{\omega}} = 0$. Zur Bewegung trägt nur die Komponente des Drehmoments $D_{\hat{\omega}}$ in Richtung der Achse bei. Die Komponente senkrecht zur Achse wird von den Lagern der Achse aufgefangen. Man erhält aus (7.8.1)

$$D_{\hat{\omega}} = \hat{\omega} \cdot \mathbf{D} = \hat{\omega} \cdot \dot{\mathbf{L}} = \dot{L}_{\hat{\omega}} \quad . \tag{7.8.2}$$

Da die Achse körperfest ist, sind die Komponenten $\hat{\omega}'_k$ von $\hat{\omega}$ im körperfesten System zeitunabhängig. Deswegen ist das Trägheitsmoment um diese Achse

$$\Theta_{\hat{\omega}} = \hat{\omega}\underline{\underline{\Theta}}\hat{\omega} = \sum_{k,\ell=1}^{3} \hat{\omega}'_k \Theta'_{k\ell} \hat{\omega}'_\ell$$

eine zeitunabhängige Größe, so daß mit (7.5.2)

$$\dot{L}_{\hat{\omega}} = \frac{\mathrm{d}}{\mathrm{d}t}(\Theta_{\hat{\omega}}\omega) = \Theta_{\hat{\omega}}\dot{\omega} = D_{\hat{\omega}} \tag{7.8.3}$$

folgt. Die letzte Beziehung ist eine Gleichung zwischen den skalaren Größen $D_{\hat{\omega}}$, $\Theta_{\hat{\omega}}$ und $\dot{\omega}$, die wir bereits im Abschn. 4.3 hergeleitet hatten. Da die Richtung der Achse einmal durch den Einheitsvektor $\hat{\omega}$ festgelegt wurde, treten keine Vektoren oder Tensoren mehr auf.

Für verschwindendes Drehmoment, $\mathbf{D} = 0$, gilt der Drehimpulserhaltungssatz für den starren Körper,

$$\dot{\mathbf{L}} = \frac{\mathrm{d}}{\mathrm{d}t}\mathbf{L} = \frac{\mathrm{d}}{\mathrm{d}t}(\underline{\underline{\Theta}}\omega) = 0 \quad \text{d. h.} \quad \mathbf{L} = \underline{\underline{\Theta}}\omega = \mathbf{L}_0 = \text{const} \quad . \tag{7.8.4}$$

Wir berechnen die Zeitableitung des Drehimpulses und benutzen dabei die Beziehung (7.3.16):

$$\frac{d}{dt}\mathbf{L} = \frac{d}{dt}(\underline{\underline{\Theta}}\boldsymbol{\omega}) = \underline{\dot{\underline{\Theta}}}\boldsymbol{\omega} + \underline{\underline{\Theta}}\dot{\boldsymbol{\omega}} = \boldsymbol{\omega} \times (\underline{\underline{\Theta}}\boldsymbol{\omega}) + \underline{\underline{\Theta}}\dot{\boldsymbol{\omega}} \quad . \tag{7.8.5}$$

Damit finden wir als Bewegungsgleichungen für den starren Körper bei Drehung um einen raumfesten Punkt

$$\underline{\underline{\Theta}}\dot{\boldsymbol{\omega}} + \boldsymbol{\omega} \times (\underline{\underline{\Theta}}\boldsymbol{\omega}) = \mathbf{D} \tag{7.8.6}$$

oder in Komponenten

$$\sum_{\ell} \Theta_{i\ell}\dot{\omega}_{\ell} + \sum_{mn\ell} \varepsilon_{imn}\omega_m\Theta_{n\ell}\omega_{\ell} = D_i \quad , \qquad i = 1, 2, 3 \quad .$$

In dieser Gleichung sind sowohl $\underline{\underline{\Theta}}(t)$ wie $\boldsymbol{\omega}(t)$ in ihrer Zeitabhängigkeit unbekannte Größen. Die Differentialgleichungen (7.8.6) sind die *Eulerschen Gleichungen* für die Bewegung eines starren Körpers um einen festen Punkt. Im körperfesten System ist zwar $\underline{\underline{\Theta}}$ eine zeitlich konstante Größe, dafür ist in diesem System im allgemeinen die Berechnung des Drehmomentes $\mathbf{D}$ vergleichsweise kompliziert.

Legt man das körperfeste System $\mathbf{e}'_i$ in die Hauptträgheitsachsen, so ist der Trägheitstensor diagonal ($\Theta'_{n\ell} = \Theta'_{\ell}\delta_{n\ell}$),

$$\underline{\underline{\Theta}} = \sum_{\ell=1}^{3} \Theta'_{\ell}\mathbf{e}'_{\ell}(t) \otimes \mathbf{e}'_{\ell}(t) \quad , \tag{7.8.7}$$

und das Drehmoment hat die Komponentenzerlegung

$$\mathbf{D} = \sum_{\ell=1}^{3} D'_{\ell}\mathbf{e}'_{\ell}(t) \quad .$$

Für die Winkelgeschwindigkeit

$$\boldsymbol{\omega} = \sum_{\ell=1}^{3} \omega'_{\ell}\mathbf{e}'_{\ell}(t)$$

gilt

$$\dot{\boldsymbol{\omega}} = \sum_{\ell=1}^{3} (\dot{\omega}'_{\ell}\mathbf{e}'_{\ell}(t) + \omega'_{\ell}\boldsymbol{\omega} \times \mathbf{e}'_{\ell}(t)) = \sum_{\ell=1}^{3} \dot{\omega}'_{\ell}\mathbf{e}'_{\ell}(t) + \boldsymbol{\omega} \times \boldsymbol{\omega} = \sum_{\ell=1}^{3} \dot{\omega}'_{\ell}\mathbf{e}'_{\ell}(t) \quad , \tag{7.8.8}$$

so daß die Eulerschen Gleichungen im körperfesten System der Hauptträgheitsachsen die spezielle Gestalt

$$\begin{aligned}
\Theta'_1\dot{\omega}'_1 - (\Theta'_2 - \Theta'_3)\omega'_2\omega'_3 &= D'_1 \quad , \\
\Theta'_2\dot{\omega}'_2 - (\Theta'_3 - \Theta'_1)\omega'_3\omega'_1 &= D'_2 \quad , \\
\Theta'_3\dot{\omega}'_3 - (\Theta'_1 - \Theta'_2)\omega'_1\omega'_2 &= D'_3
\end{aligned} \tag{7.8.9}$$

haben.

7.9 Kinetische Energie des starren Körpers. Translationsenergie. Rotationsenergie. Energieerhaltungssatz

Inhalt: Die kinetische Energie einer beliebigen Bewegung eines starren Körpers kann als Summe der Translationsenergie des Schwerpunktes und der Rotationsenergie bezüglich des Schwerpunktes zerlegt werden. Für die Rotationsenergie der Drehung mit Winkelgeschwindigkeit ω um einen festen Punkt bezüglich dessen der Körper den Trägheitstensor $\underline{\underline{\Theta}}$ besitzt, gilt $E_{\text{rot}} = \omega \cdot \mathbf{L}/2 = \omega\underline{\underline{\Theta}}\omega/2$. Wirkt auf den Körper kein Drehmoment, so ist die Rotationsenergie erhalten.

Bezeichnungen: m_i Masse des i-ten Massenpunktes, M Gesamtmasse; $\mathbf{r}_i$, $\mathbf{v}_i = \dot{\mathbf{r}}_i$ Orts- und Geschwindigkeitsvektor des i-ten Massenpunktes im raumfesten System; $\boldsymbol{\varrho}_i$, $\mathbf{v}_{\text{S}i}$ Orts- und Geschwindigkeitsvektor im Schwerpunktsystem; $\mathbf{R}$, $\mathbf{V}$ Orts- und Geschwindigkeitsvektor des Schwerpunktes; $\boldsymbol{\omega}$ Winkelgeschwindigkeit, $\mathbf{L}_{\text{S}}$ Drehimpuls bezüglich des Schwerpunktes, E_{kin} kinetische Energie; E_{trans}, E_{rot} Translations- und Rotationsenergie; $\underline{\underline{\Theta}}$ Trägheitstensor, $\mathbf{L}$ Drehimpuls, $\mathbf{D}$ Drehmoment.

Die kinetische Energie eines Systems von Massenpunkten ist durch

$$E_{\text{kin}} = \sum_{i=1}^{N} \frac{1}{2} m_i \mathbf{v}_i^2 \qquad (7.9.1)$$

gegeben. Wir zerlegen die Geschwindigkeit des i-ten Massenpunktes in die Schwerpunktsgeschwindigkeit

$$\mathbf{V} = \dot{\mathbf{R}} = \frac{1}{M} \sum_{i=1}^{N} m_i \dot{\mathbf{r}}_i = \frac{1}{M} \sum_{i=1}^{N} m_i \mathbf{v}_i \qquad (7.9.2)$$

und die Geschwindigkeit $\mathbf{v}_{\text{S}i}$ relativ zum Schwerpunkt

$$\mathbf{v}_i = \mathbf{V} + \mathbf{v}_{\text{S}i} \quad . \qquad (7.9.3)$$

Offenbar gilt

$$\sum_{i=1}^{N} m_i \mathbf{v}_{\text{S}i} = 0 \quad . \qquad (7.9.4)$$

Durch Einsetzen von (7.9.3) in den Ausdruck (7.9.1) für die gesamte kinetische Energie erhält man mit Hilfe von (7.9.4)

$$\begin{aligned} E_{\text{kin}} &= \frac{1}{2} \sum_{i} m_i (\mathbf{V} + \mathbf{v}_{\text{S}i})^2 = \frac{1}{2} \sum_{i} m_i (\mathbf{V}^2 + 2\mathbf{V} \cdot \mathbf{v}_{\text{S}i} + \mathbf{v}_{\text{S}i}^2) \\ &= \frac{1}{2} M \mathbf{V}^2 + \frac{1}{2} \sum_{i=1}^{N} m_i \mathbf{v}_{\text{S}i}^2 \quad . \end{aligned} \qquad (7.9.5)$$

Wegen der Starrheit des Körpers dreht sich jeder Massenpunkt i mit der gleichen Winkelgeschwindigkeit ω um den Schwerpunkt,

$$\mathbf{v}_{Si} = \boldsymbol{\omega} \times \boldsymbol{\varrho}_i \quad . \tag{7.9.6}$$

Dabei ist $\boldsymbol{\varrho}_i$ der Ortsvektor des Punktes $\mathbf{r}_i$ im Schwerpunktsystem, vgl. auch (3.2.9),

$$\mathbf{r}_i = \mathbf{R} + \boldsymbol{\varrho}_i \quad . \tag{7.9.7}$$

Für die kinetische Energie erhält man damit

$$
\begin{aligned}
E_{\text{kin}} &= \frac{1}{2}M\mathbf{V}^2 + \frac{1}{2}\sum_{i=1}^{N} m_i \mathbf{v}_{Si} \cdot (\boldsymbol{\omega} \times \boldsymbol{\varrho}_i) \\
&= \frac{1}{2}M\mathbf{V}^2 + \frac{1}{2}\sum_{i=1}^{N} m_i \boldsymbol{\omega} \cdot (\boldsymbol{\varrho}_i \times \mathbf{v}_{Si}) \\
&= \frac{1}{2}M\mathbf{V}^2 + \frac{1}{2}\boldsymbol{\omega} \cdot \sum_{i=1}^{N} m_i (\boldsymbol{\varrho}_i \times \mathbf{v}_{Si}) \quad .
\end{aligned} \tag{7.9.8}
$$

Da

$$\sum_i m_i (\boldsymbol{\varrho}_i \times \mathbf{v}_{Si}) = \mathbf{L}_S \tag{7.9.9}$$

der Gesamtdrehimpuls des Körpers um den Schwerpunkt ist, gilt

$$E_{\text{kin}} = \frac{1}{2}M\mathbf{V}^2 + \frac{1}{2}\boldsymbol{\omega} \cdot \mathbf{L}_S = \frac{1}{2}M\mathbf{V}^2 + \frac{1}{2}\boldsymbol{\omega} \cdot (\underline{\underline{\Theta}}_S \boldsymbol{\omega}) = E_{\text{trans}} + E_{\text{rot}} \tag{7.9.10}$$

mit

$$E_{\text{trans}} = \frac{1}{2}M\mathbf{V}^2 \quad , \qquad E_{\text{rot}} = \frac{1}{2}\boldsymbol{\omega}\underline{\underline{\Theta}}_S \boldsymbol{\omega} \quad .$$

Der erste Term stellt die kinetische Energie der Bewegung der im Schwerpunkt vereinigten Gesamtmasse M dar, die *Translationsenergie*. Der zweite Term gibt die Energie der Drehung des starren Körpers um den Schwerpunkt wieder, die *Rotationsenergie*. Die Aufspaltung der gesamten kinetischen Energie eines starren Körpers in Translations- und Rotationsenergie in der obigen Form gilt nur, wenn der Schwerpunkt als Drehpunkt gewählt wird, weil nur in diesem Fall die Beziehung (7.9.4) zur Vereinfachung von (7.9.5) herangezogen werden kann.

Bei Drehung mit der Winkelgeschwindigkeit $\boldsymbol{\omega}$ um einen beliebigen festen Punkt des starren Körpers, der als Ursprung des Koordinatensystems gewählt wird, gilt für die Geschwindigkeit $\mathbf{v}_i$ jedes Punktes $\mathbf{r}_i$

$$\mathbf{v}_i = \boldsymbol{\omega} \times \mathbf{r}_i \quad . \tag{7.9.11}$$

Die gesamte kinetische Energie stellt sich dann als

$$
\begin{aligned}
E_{\text{kin}} = E_{\text{rot}} &= \frac{1}{2}\sum_{i=1}^{N} m_i \mathbf{v}_i^2 = \frac{1}{2}\sum_{i=1}^{N} m_i \mathbf{v}_i \cdot (\boldsymbol{\omega} \times \mathbf{r}_i) \\
&= \frac{1}{2}\boldsymbol{\omega} \cdot \mathbf{L} = \frac{1}{2}\boldsymbol{\omega}\underline{\underline{\Theta}}\boldsymbol{\omega}
\end{aligned} \tag{7.9.12}
$$

dar, wobei die Gleichung

$$\mathbf{L} = \underline{\underline{\Theta}}\boldsymbol{\omega} = \sum_{i=1}^{N} m_i(\mathbf{r}_i \times \mathbf{v}_i)$$

für den Gesamtdrehimpuls um den ortsfesten Punkt ausgenutzt wurde; $\underline{\underline{\Theta}}$ ist der zugehörige Trägheitstensor um den ortsfesten Punkt.

Mit Hilfe des Ausdrucks für das Trägheitsmoment $\Theta_{\hat{\omega}}$ um die Achse $\hat{\omega}$,

$$\Theta_{\hat{\omega}} = \hat{\omega}\underline{\underline{\Theta}}\hat{\omega} \quad ,$$

läßt sich die kinetische Energie der Drehbewegung um einen festen Punkt in der Form

$$E_{\text{rot}} = \frac{1}{2}\hat{\omega}\underline{\underline{\Theta}}\hat{\omega} \, \omega^2 = \frac{1}{2}\Theta_{\hat{\omega}}\omega^2 \tag{7.9.13}$$

darstellen. Dieser Ausdruck stimmt mit (4.6.1) aus Kap. 4 überein.

Für verschwindendes Drehmoment $0 = \mathbf{D} = \frac{\mathrm{d}}{\mathrm{d}t}(\underline{\underline{\Theta}}\boldsymbol{\omega})$ gilt

$$\frac{1}{2}\frac{\mathrm{d}}{\mathrm{d}t}(\boldsymbol{\omega}\underline{\underline{\Theta}}\boldsymbol{\omega}) = \frac{1}{2}\dot{\boldsymbol{\omega}}\underline{\underline{\Theta}}\boldsymbol{\omega} + \frac{1}{2}\boldsymbol{\omega}\cdot\frac{\mathrm{d}}{\mathrm{d}t}(\underline{\underline{\Theta}}\boldsymbol{\omega}) = \frac{1}{2}\dot{\boldsymbol{\omega}}\underline{\underline{\Theta}}\boldsymbol{\omega} = \frac{1}{2}\boldsymbol{\omega}\underline{\underline{\Theta}}^{+}\dot{\boldsymbol{\omega}} \quad . \tag{7.9.14}$$

Wegen der Symmetrie des Trägheitstensors (7.3.10), d. h. wegen $\underline{\underline{\Theta}}^{+} = \underline{\underline{\Theta}}$, gilt also

$$\frac{1}{2}\frac{\mathrm{d}}{\mathrm{d}t}(\boldsymbol{\omega}\underline{\underline{\Theta}}\boldsymbol{\omega}) = \frac{1}{2}(\boldsymbol{\omega}\underline{\underline{\Theta}}\dot{\boldsymbol{\omega}}) \quad . \tag{7.9.15}$$

Wegen $\mathbf{D} = 0$ folgt aus den Eulerschen Gleichungen (7.8.6)

$$\underline{\underline{\Theta}}\dot{\boldsymbol{\omega}} = -\boldsymbol{\omega} \times (\underline{\underline{\Theta}}\boldsymbol{\omega}) \tag{7.9.16}$$

und damit

$$\frac{\mathrm{d}E_{\text{rot}}}{\mathrm{d}t} = \frac{1}{2}\frac{\mathrm{d}}{\mathrm{d}t}(\boldsymbol{\omega}\underline{\underline{\Theta}}\boldsymbol{\omega}) = -\frac{1}{2}\boldsymbol{\omega}\cdot[\boldsymbol{\omega} \times (\underline{\underline{\Theta}}\boldsymbol{\omega})] = 0 \quad , \tag{7.9.17}$$

weil das Kreuzprodukt $\boldsymbol{\omega} \times (\underline{\underline{\Theta}}\boldsymbol{\omega})$ senkrecht auf $\boldsymbol{\omega}$ steht.

Damit haben wir für verschwindendes Drehmoment $\mathbf{D} = 0$ den Erhaltungssatz für die Rotationsenergie des starren Körpers

$$E_{\text{rot}} = \frac{1}{2}\boldsymbol{\omega}\underline{\underline{\Theta}}\boldsymbol{\omega} = \frac{1}{2}\boldsymbol{\omega}\cdot\mathbf{L} = \frac{1}{2}\mathbf{L}\underline{\underline{\Theta}}^{-1}\mathbf{L} = E_0 \quad . \tag{7.9.18}$$

Diese Aussage unterscheidet sich von dem im Abschn. 3.3 für beliebige Mehrteilchensysteme hergeleiteten Energieerhaltungssatz. Dort wurde die Konstanz der Gesamtenergie für konservative Kräfte bewiesen.

7.10 Kräftefreier Kugelkreisel

Inhalt: Ein starrer Körper mit drei gleichen Hauptträgheitsmomenten bezüglich des Schwerpunktes heißt Kugelkreisel. Sein Trägheitstensor ist ein Vielfaches des Einheitstensors. Bei verschwindendem Drehmoment bleiben sein Drehimpuls und seine Winkelgeschwindigkeit konstant.

Ein starrer Körper, der sich ohne weitere Einschränkungen um einen festen Punkt bewegen kann, heißt *Kreisel*. Als *kräftefrei* bezeichnet man einen Kreisel, auf den kein resultierendes Drehmoment wirkt. Im Schwerefeld läßt er sich realisieren, indem man ihn im Schwerpunkt unterstützt. Für Demonstrationsexperimente benutzt man gewöhnlich einen „Fahrradkreisel" (Abb. 7.6), dessen mit einer Spitze ausgestattete Achse sich so verschieben läßt, daß die Spitze genau in den Schwerpunkt kommt. Die Spitze ist in einer Pfanne gelagert, die von einem festen Stativ gehalten wird. Der Kreisel kann sich dann (allerdings nur in einem begrenzten Polarwinkelbereich bezogen auf die Vertikale) frei bewegen. Eleganter und technisch bedeutungsvoll ist die *kardanische Aufhängung* (Abb. 7.7).

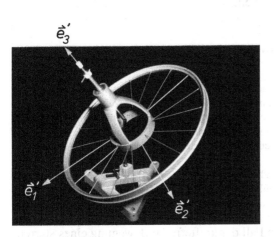

Abb. 7.6. Fahrradkreisel

Abb. 7.7. Kardanische Aufhängung

Die Bewegungsgleichung (3.4.3) vereinfacht sich bei Abwesenheit von Kräften zum Drehimpulserhaltungssatz

$$\frac{\mathrm{d}}{\mathrm{d}t}\mathbf{L} = 0 \quad , \qquad \mathbf{L} = \mathbf{L}_0 = \text{const} \quad . \tag{7.10.1}$$

Als ersten Fall betrachten wir einen Körper mit drei gleichen Hauptträgheitsmomenten

$$\Theta'_\ell = \Theta' = \text{const} \quad , \qquad \ell = 1, 2, 3 \quad .$$

Sein Trägheitsellipsoid ist zu einer Trägheitskugel entartet. Das bedeutet natürlich nicht, daß der Körper selbst die geometrische Form einer Kugel haben muß. Auch homogene Würfel haben eine Trägheitskugel. Starre Körper mit Trägheitskugel, die sich um einen raumfesten Punkt bewegen, heißen *Kugelkreisel*.

Das Trägheitsmoment eines starren Körpers mit drei gleichen Hauptträgheitsachsen ist in jedem System zeitunabhängig. Im körperfesten System gilt wegen $\sum_{\ell=1}^{3} \mathbf{e}'_\ell(t) \otimes \mathbf{e}'_\ell(t) = \underline{1}$, vgl. (B.2.3),

$$\underline{\underline{\Theta}} = \sum_{\ell=1}^{3} \Theta'_\ell \mathbf{e}'_\ell(t) \otimes \mathbf{e}'_\ell(t) = \Theta' \sum_{\ell=1}^{3} \mathbf{e}'_\ell(t) \otimes \mathbf{e}'_\ell(t) = \Theta' \underline{1} \quad . \tag{7.10.2}$$

Damit liefert (7.8.4), der Drehimpulserhaltungssatz,

$$\underline{\underline{\Theta}}\boldsymbol{\omega} = \Theta' \underline{1} \boldsymbol{\omega} = \Theta' \boldsymbol{\omega} = \mathbf{L}_0 = \Theta' \boldsymbol{\omega}_0 \quad , \tag{7.10.3}$$

d. h.

$$\boldsymbol{\omega} = \boldsymbol{\omega}_0 = \text{const} \quad . \tag{7.10.4}$$

Die Winkelgeschwindigkeit ist eine zeitliche Konstante und damit gleich der anfänglichen Winkelgeschwindigkeit.

7.11 Kräftefreie Rotation um eine Hauptträgheitsachse

Inhalt: Rotiert ein starrer Körper, ohne daß ein Drehmoment auf ihn wirkt, um eine seiner Hauptträgheitsachsen, so bleiben Drehimpuls und Winkelgeschwindigkeit konstant. Fällt die Richtung der anfänglichen Winkelgeschwindigkeit fast mit der Richtung einer Hauptträgheitsachse zusammen, so bleibt die Bewegung stabil, wenn es sich um die Achse größten oder kleinsten Trägheitsmoments handelt. Sie ist instabil für die Hauptachse mittleren Trägheitsmoments.
Bezeichnungen: $\mathbf{e}'_1, \mathbf{e}'_2, \mathbf{e}'_3$ Hauptträgheitsachsen; $\Theta'_1, \Theta'_2, \Theta'_3$ Hauptträgheitsmomente mit $\Theta'_1 > \Theta'_2 > \Theta'_3$; $\boldsymbol{\omega}$ Winkelgeschwindigkeit, $\mathbf{L}$ Drehimpuls; $\omega'_i(t) = W_i + w_i(t)$, $W_i = \text{const}$, Komponenten der Winkelgeschwindigkeit im körperfesten System der Hauptträgheitsachsen.

Als nächstes betrachten wir den Fall der kräftefreien Bewegung eines starren Körpers um eine seiner Hauptträgheitsachsen. Die Anfangsbedingungen der Bewegung sind also

$$\boldsymbol{\omega}_0 = \boldsymbol{\omega}(0) = \omega_0 \mathbf{e}'_1(0) \quad , \tag{7.11.1}$$

dabei ist $\mathbf{e}'_1(0)$ eine der drei körperfesten Hauptträgheitsachsen, für die wir der Einfachheit halber die Numerierung $i = 1$ gewählt haben. In den körperfesten Basisvektoren $\mathbf{e}'_i$ in Richtung der Hauptachsen lautet der Drehimpulserhaltungssatz (7.8.4)

$$\underline{\underline{\Theta}}\boldsymbol{\omega} = \sum_{\ell=1}^{3} \Theta'_\ell \omega'_\ell \mathbf{e}'_\ell = \mathbf{L} = \mathbf{L}_0 \quad . \tag{7.11.2}$$

Zum Zeitpunkt $t = 0$ gilt

$$\underline{\Theta}\omega_0 = \Theta_1' \omega_0 \mathbf{e}_1'(0) = \mathbf{L}_0 \quad ,$$

woraus

$$\omega_0 = \frac{1}{\Theta_1'}\mathbf{L}_0$$

folgt. Der Energieerhaltungssatz (7.9.18) besagt andererseits, daß die Komponente von ω in Richtung von $\mathbf{L}$

$$\omega \cdot \mathbf{L} = \omega \cdot (\underline{\Theta}\omega) = 2E_0 = \omega_0 \cdot \mathbf{L}_0 \tag{7.11.3}$$

zeitlich konstant ist. Da schon bei $t = 0$ die Parallelität $\omega_0 \| \mathbf{L}_0$ galt, können der Energieerhaltungssatz und Drehimpulssatz gleichzeitig nur erfüllt werden, wenn für alle Zeiten gilt

$$\omega(t) = \omega_0 \quad .$$

Der kräftefreie Kreisel verharrt im Zustand der Rotation um eine Hauptträgheitsachse.

Experiment 7.1.
Rotation des kräftefreien Kreisels um eine Hauptträgheitsachse
Ein im Schwerpunkt aufgehängter Fahrradkreisel wird in Rotation um seine Symmetrieachse versetzt und dann sich selbst überlassen. Eine Photographie, die über mehrere Sekunden belichtet wurde, zeigt, daß die Lage der Symmetrieachse erhalten bleibt (Abb. 7.8.).

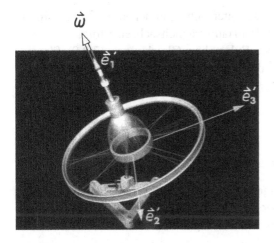

Abb. 7.8. Rotation eines kräftefreien Kreisels um eine Hauptträgheitsachse

Die obige Diskussion der kräftefreien Rotation um eine Hauptträgheitsachse läßt keinen Schluß auf die Stabilität der Bewegung zu. Wir nehmen an, daß eine kleine Störung in der Anfangsbedingung bewirkt, daß die anfängliche Rotation zur Zeit $t = 0$ nur näherungsweise eine Rotation um eine Hauptträgheitsachse ist. Es stellt sich die Frage, ob die Bewegung auf längere Zeit näherungsweise eine Rotation um die Hauptträgheitsachse bleibt oder nicht.

Experiment 7.2. Stabilität der Rotation um Hauptträgheitsachsen

Die Hauptträgheitsachsen eines Quaders, Abb. 7.9, stehen senkrecht auf den Quaderflächen. Ihre Durchstoßpunkte durch die Quaderflächen sind durch Aufkleber verschiedener Form markiert. Die allgemeinste Bewegung des Quaders im Schwerefeld ist die Bewegung seines Schwerpunkts auf einer Wurfparabel bei gleichzeitiger kräftefreier Rotation um den Schwerpunkt. Nacheinander werden verschiedene Würfe mit dem Quader ausgeführt, der beim Abwurf in Rotation um jeweils eine der Hauptträgheitsachsen versetzt wird. Bei dem Wurf aus freier Hand stimmen natürlich Hauptträgheitsachse und Rotationsachse nicht exakt überein. Die Stroboskopaufnahmen der Abb. 7.9 zeigen, daß die Rotation um die Achse größten Trägheitsmoments (auf dem Quader als Kreis markiert) stabil bleibt. Auch die Rotation um die Achse kleinsten Trägheitsmoments (Quadrat) bleibt stabil. Instabil wird die Rotation dagegen, wenn die Rotationsachse anfänglich nur wenig von der Hauptträgheitsachse mittleren Trägheitsmoments (Dreieck) abweicht.

Wir benennen die Achse des größten Trägheitsmoments e_1', die des mittleren e_2' und die des kleinsten e_3', so daß wir die Anordnung

$$\Theta_1' > \Theta_2' > \Theta_3'$$

haben. Es sind jetzt die drei Fälle zu untersuchen, in denen die Anfangsrotation näherungsweise um eine der drei Hauptträgheitsachsen erfolgt.

Wir stellen die Lösungen der Eulerschen Gleichungen (7.8.9) für die Komponenten $\omega_1'(t), \omega_2'(t), \omega_3'(t)$ der Winkelgeschwindigkeit im körperfesten System durch die Zerlegung

$$\begin{aligned}
\omega_1'(t) &= W_1 + w_1(t) \\
\omega_2'(t) &= W_2 + w_2(t) \\
\omega_3'(t) &= W_3 + w_3(t)
\end{aligned} \qquad (7.11.4)$$

dar. Dabei soll die zeitunabhängige Größe W_i von null verschieden sein, wenn die Anfangsrotation näherungsweise um die Achse e_i' erfolgt. Damit haben wir für die drei Fälle näherungsweiser Anfangsrotation um

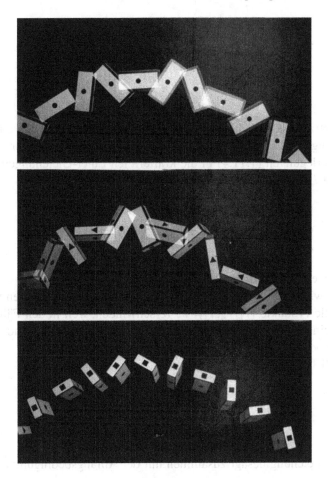

Abb. 7.9. Wurf eines um den Schwerpunkt kräftefrei rotierenden Quaders. Stimmt die anfängliche Rotationsachse etwa mit der Achse größten (*oben*) oder kleinsten (*unten*) Hauptträgheitsmoments überein, so bleibt sie stabil

1) Achse 1

$$
\begin{aligned}
W_1 \neq 0 \quad , \quad & w_1(0) = 0 \quad , \\
W_2 = 0 \quad , \quad & w_2(0) \ll W_1 \quad , \\
W_3 = 0 \quad , \quad & w_3(0) \ll W_1 \quad ,
\end{aligned}
\tag{7.11.5}
$$

2) Achse 2

$$
\begin{aligned}
W_1 = 0 \quad , \quad & w_1(0) \ll W_2 \quad , \\
W_2 \neq 0 \quad , \quad & w_2(0) = 0 \quad , \\
W_3 = 0 \quad , \quad & w_3(0) \ll W_2 \quad ,
\end{aligned}
\tag{7.11.6}
$$

3) Achse 3

$$W_1 = 0 \quad , \quad w_1(0) \ll W_3 \quad ,$$
$$W_2 = 0 \quad , \quad w_2(0) \ll W_3 \quad , \qquad (7.11.7)$$
$$W_3 \neq 0 \quad , \quad w_3(0) = 0 \quad .$$

Wir betrachten zunächst nur Zeiten, die klein genug sind, um eine lineare Näherung der Euler-Gleichungen in den $w_i(t)$ zuzulassen. Durch Einsetzen der Zerlegungen (7.11.4) in die kräftefreien Euler-Gleichungen, die aus (7.8.9) mit $D_i' = 0$ hervorgehen, finden wir

$$\Theta_1' \dot{w}_1(t) = (\Theta_2' - \Theta_3')[W_3 w_2(t) + W_2 w_3(t)] \quad ,$$
$$\Theta_2' \dot{w}_2(t) = -(\Theta_1' - \Theta_3')[W_3 w_1(t) + W_1 w_3(t)] \quad ,$$
$$\Theta_3' \dot{w}_3(t) = (\Theta_1' - \Theta_2')[W_2 w_1(t) + W_1 w_2(t)]$$

als linearisierte Gleichungen für die „kleinen" Komponenten w_1, w_2, w_3. Dabei haben wir alle bilinearen Glieder $w_i(t)w_k(t)$ gegen die linearen vernachlässigt. Alle Produkte $W_i W_k, i \neq k$, verschwinden, weil in den Fällen 1,2,3 stets nur ein W_i von null verschieden ist. Alle Differenzen in runden Klammern sind positiv, wegen $\Theta_1' > \Theta_2' > \Theta_3'$.

Im Fall 1, (7.11.5), finden wir jetzt

$$\Theta_1' \dot{w}_1(t) = 0 \quad ,$$
$$\Theta_2' \dot{w}_2(t) = -(\Theta_1' - \Theta_3') W_1 w_3(t) \quad , \qquad (7.11.8)$$
$$\Theta_3' \dot{w}_3(t) = (\Theta_1' - \Theta_2') W_1 w_2(t) \quad .$$

Die erste Gleichung besagt zusammen mit der Anfangsbedingung im Fall 1, (7.11.5),

$$w_1(t) = 0 \quad , \quad \omega_1'(t) = W_1 \quad .$$

Durch Differentiation der zweiten und dritten Gleichung erhält man erste Ableitungen $\dot{w}_3(t), \dot{w}_2(t)$ auf der rechten Seite, die mit den obigen Gleichungen eliminiert werden können. So erhält man die ungekoppelten Gleichungen

$$\ddot{w}_2(t) = -\frac{(\Theta_1' - \Theta_3')(\Theta_1' - \Theta_2')}{\Theta_2' \Theta_3'} W_1^2 w_2(t) \quad ,$$
$$\ddot{w}_3(t) = -\frac{(\Theta_1' - \Theta_2')(\Theta_1' - \Theta_3')}{\Theta_2' \Theta_3'} W_1^2 w_3(t) \quad . \qquad (7.11.9)$$

Sie sind identische Gleichungen für $w_2(t)$ und $w_3(t)$. Man löst beide durch die Ansätze

$$w_2(t) = w_2(0) \frac{1}{\cos \delta} \cos(\Omega t + \delta) \quad ,$$
$$w_3(t) = w_3(0) \frac{1}{\sin \delta} \sin(\Omega t + \delta) \qquad (7.11.10)$$

und findet durch Einsetzen in (7.11.8)

$$\Omega = \sqrt{\frac{(\Theta_1' - \Theta_3')(\Theta_1' - \Theta_2')}{\Theta_2'\Theta_3'}}W_1 \quad , \qquad \tan\delta = \sqrt{\frac{\Theta_3'(\Theta_1' - \Theta_3')}{\Theta_2'(\Theta_1' - \Theta_2')}}\frac{w_3(0)}{w_2(0)} \quad .$$

Die $w_i(0)$ sind die Anfangswerte der wegen $w_i \ll W_1, i = 2,3$, kleinen Störungen.

Die Lösungen $w_i(t)$ bedeuten, daß der Vektor $\mathbf{w}_\perp(t) = w_2(t)\mathbf{e}_2' + w_3(t)\mathbf{e}_3'$ in der $(\mathbf{e}_2', \mathbf{e}_3')$-Ebene eine Ellipse beschreibt. Der Vektor der Winkelgeschwindigkeit des Kreisels hat also die Komponenten

$$\omega_1' = W_1 \quad , \qquad \omega_2' = w_2(t) \quad , \qquad \omega_3' = w_3(t)$$

und führt eine Bewegung auf einem elliptischen Kegelmantel um die Achse $\mathbf{e}_1'$ aus. Für Trägheitsmomente $\Theta_1', \Theta_2', \Theta_3'$, die nicht zu nahe beieinander liegen, gilt für die Lösungen für alle Zeiten $w_i(t) \ll W_1, i = 2,3$. Damit ist die lineare Näherung der Euler-Gleichungen auch für größere Zeiten gerechtfertigt. Man sagt, die Rotation um die Achse $\mathbf{e}_1'$ des größten Hauptträgheitsmomentes ist *stabil gegen kleine Störungen*.

Den Fall 3 diskutiert man ganz analog und findet ebenso Stabilität der Rotation um die Achse $\mathbf{e}_3'$ des kleinsten Trägheitsmomentes gegen kleine Störungen.

Die Situation gestaltet sich anders im Fall 2. Hier finden wir als linearisierte Gleichungen für die Komponenten w_i

$$\begin{aligned}
\Theta_1'\dot{w}_1(t) &= (\Theta_2' - \Theta_3')W_2 w_3(t) \quad , \\
\Theta_2'\dot{w}_2(t) &= 0 \quad , \\
\Theta_3'\dot{w}_3(t) &= (\Theta_1' - \Theta_2')W_2 w_1(t)
\end{aligned}$$

für Zeiten t, die so klein sind, daß die Produkte $w_1(t)w_2(t)$ und $w_2(t)w_3(t)$ klein gegen $W_2 w_3(t)$ und $W_2 w_1(t)$ sind. Mit dem oben benutzten Eliminationsverfahren, jetzt auf die erste und dritte Gleichung angewendet, finden wir die entkoppelten Gleichungen

$$\ddot{w}_i(t) = \frac{(\Theta_1' - \Theta_2')(\Theta_2' - \Theta_3')}{\Theta_1'\Theta_3'}W_2^2 w_i(t) \quad , \qquad i = 1,3 \quad . \tag{7.11.11}$$

Sie unterscheiden sich von (7.11.9) durch das positive Vorzeichen auf der rechten Seite. Die Lösungen sind jetzt (für kleine Zeiten)

$$w_1(t) = w_1(0)\frac{1}{\cosh\delta}\cosh(\Omega t + \delta) \quad ,$$

$$w_3(t) = w_3(0)\frac{1}{\sinh\delta}\sinh(\Omega t + \delta) \tag{7.11.12}$$

mit

$$\Omega = \sqrt{\frac{(\Theta_1' - \Theta_2')(\Theta_2' - \Theta_3')}{\Theta_1' \Theta_3'}} \quad , \qquad \tanh \delta = \sqrt{\frac{\Theta_3'(\Theta_2' - \Theta_3')}{\Theta_1'(\Theta_1' - \Theta_2')} \frac{w_3(0)}{w_1(0)}} \quad .$$

Es zeigt sich, daß in diesem Fall die anfänglich, d. h. zur Zeit $t = 0$, kleinen Störungen exponentiell mit der Zeit anwachsen. Damit kann keine Stabilität der Rotation um die Achse e_2' des mittleren Trägheitsmomentes erwartet werden. Für größere Zeiten ist wegen des schnellen Wachstums der Störungen mit der Zeit die lineare Näherung der Euler-Gleichungen für die Rotation um die Achse e_2' nicht richtig.

7.12 Kräftefreie Rotation um eine beliebige Achse. Poinsotsche Konstruktion

Inhalt: Die kräftefreie Rotation eines starren Körpers erfolgt im allgemeinen Fall so, daß die Spitze des Vektors $\boldsymbol{\omega}$ der Winkelgeschwindigkeit sich auf einer Bahn in der invariablen Ebene senkrecht zum konstanten Drehimpulsvektor **L** bewegt. Mit der Poinsotschen Konstruktion kann die Form dieser Bahn aus Energie- und Drehimpulserhaltungssatz gewonnen werden. Die Bahn ist die Abrollkurve des Trägheitsellipsoids auf der invariablen Ebene.

Für die allgemeine Bewegung eines kräftefreien Kreisels haben wir zwei Erhaltungssätze:

1. Drehimpulserhaltungssatz (7.8.4)

$$\underline{\underline{\Theta}}\boldsymbol{\omega} = \mathbf{L} = \mathbf{L}_0 = \text{const} \quad .$$

2. Energieerhaltungssatz (7.9.18)

$$\frac{1}{2}\boldsymbol{\omega} \cdot \mathbf{L} = \frac{1}{2}\boldsymbol{\omega}\underline{\underline{\Theta}}\boldsymbol{\omega} = E_{\text{rot}} = E_0 = \text{const} \quad .$$

Graphisch läßt sich der Energieerhaltungssatz folgendermaßen deuten: Die Vektoren $\boldsymbol{\omega}$, die die Gleichung

$$\boldsymbol{\omega}\underline{\underline{\Theta}}\boldsymbol{\omega} = 2E_0 \tag{7.12.1}$$

erfüllen, bilden ein Ellipsoid, das dem Trägheitsellipsoid (7.6.3) ähnlich ist und dessen Hauptachsen die drei Hauptträgheitsachsen des starren Körpers sind. Das Quadrat des Drehimpulses ist gegeben durch

$$\mathbf{L}^2 = \boldsymbol{\omega}\underline{\underline{\Theta}}^2\boldsymbol{\omega} = \mathbf{L}_0^2 \quad . \tag{7.12.2}$$

Die Gleichung definiert ein Ellipsoid, dessen Hauptachsenrichtungen mit denen des Energieellipsoids (7.12.1) übereinstimmen, jedoch andere Längen

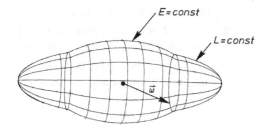

Abb. 7.10. Energieellipsoid und Drehimpulsellipsoid. Der Vektor der Winkelgeschwindigkeit liegt auf ihrer Schnittlinie

haben. Die Schnittkurve der beiden Ellipsoide definiert die Bahn im körperfesten System, auf der sich $\boldsymbol{\omega}$ bewegen kann. Ein Beispiel ist in Abb. 7.10 dargestellt.

Die Bewegung im raumfesten System wird durch folgende Konstruktion klar. Die Normale auf dem Energieellipsoid (7.12.1) ist durch den Gradienten

$$\boldsymbol{\nabla}_\omega(2E_{\text{rot}}) = \boldsymbol{\nabla}_\omega(\omega\underline{\underline{\Theta}}\omega)\Big|_{\omega\underline{\underline{\Theta}}\omega=2E_0} = \mathbf{n}(\omega) \tag{7.12.3}$$

der die Oberfläche definierenden Funktion $2E_{\text{rot}} = \omega\underline{\underline{\Theta}}\omega = 2E_0$ gegeben. Man sieht das sofort ein, wenn man sich in Analogie überlegt, daß die Kraft **F**, die auf der Äquipotentialfläche $V_0 = V(\mathbf{x})$ durch die Gleichung

$$\mathbf{F}(\mathbf{x}) = -\boldsymbol{\nabla}V(\mathbf{x})\big|_{V(\mathbf{x})=V_0} \tag{7.12.4}$$

gegeben ist, auf der Äquipotentialfläche senkrecht steht (vgl. Abschn. 2.11). Durch Ausführung des Gradienten finden wir wegen der Symmetrie des Trägheitstensors, $\underline{\underline{\Theta}} = \underline{\underline{\Theta}}^+$,

$$\boldsymbol{\nabla}_\omega(\omega\underline{\underline{\Theta}}\omega) = \underline{\underline{\Theta}}\omega + \omega\underline{\underline{\Theta}} = \underline{\underline{\Theta}}\omega + \underline{\underline{\Theta}}^+\omega = 2\underline{\underline{\Theta}}\omega = 2\mathbf{L} \quad . \tag{7.12.5}$$

Somit steht das Energieellipsoid stets so, daß die Tangentialebene des Ellipsoids am Punkt $\boldsymbol{\omega}$ senkrecht auf dem Drehimpulsvektor **L** steht, vgl. Abb. 7.11.

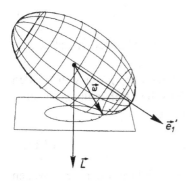

Abb. 7.11. Poinsotsche Konstruktion

Die raumfeste Ebene senkrecht zum konstanten Vektor **L** heißt *invariable Ebene*. Diese Veranschaulichung der Kreiselbewegung nennt man *Poinsotsche Konstruktion*. Die Bewegung des starren Körpers ist dann durch das Abrollen des Trägheitsellipsoids auf der invariablen Ebene gegeben. Die Abrollkurve auf dem Ellipsoid heißt *Polhodie*, die entsprechende Kurve in der invariablen Ebene heißt *Herpolhodie*.

7.13 Symmetrischer Kreisel

Inhalt: Das Trägheitsellipsoid eines symmetrischen Kreisels ist ein Rotationsellipsoid. Seine Symmetrieachse heißt Figurenachse des Kreisels. Die Poinsotsche Konstruktion vereinfacht sich dadurch so, daß die Bahnkurve der Spitze des Drehimpulsvektors $\boldsymbol{\omega}$ ein Kreis in der invariablen Ebene wird, sich also der Vektor $\boldsymbol{\omega}$ auf einem Kegel um den konstanten Drehimpulsvektor **L** bewegt. Die Vektoren **L**, $\boldsymbol{\omega}$ und $\mathbf{e}_1'$ liegen stets in einer Ebene.
Bezeichnungen: $\mathbf{e}_1'(t)$, $\mathbf{e}_2'(t)$, $\mathbf{e}_3'(t)$ körperfestes Basissystem der Hauptträgheitsachsen; $\Theta_1' \neq \Theta'$, $\Theta_2' = \Theta_3' = \Theta'$ Hauptträgheitsmomente; $\boldsymbol{\omega}(t)$ Winkelgeschwindigkeit, $\mathbf{L} = \mathbf{L}_0$ Drehimpuls, $\underline{R}$ Rotationstensor, λ Winkelgeschwindigkeit der Rotation von $\boldsymbol{\omega}$ und $\mathbf{e}_1'$ um **L**.

Unter einem symmetrischen Kreisel versteht man im allgemeinen einen starren Körper mit zwei gleichen Hauptträgheitsmomenten

$$\Theta_2' = \Theta_3' = \Theta' \quad , \qquad \Theta_1' \neq \Theta' \quad . \tag{7.13.1}$$

Die Energie- und Drehimpulsellipsoide (7.12.1) und (7.12.2) sind dann Rotationsellipsoide mit der $\mathbf{e}_1'$-Achse als Symmetrieachse. Die Schnittlinien sind in diesem Fall Kreise, es gilt

$$|\boldsymbol{\omega}|^2 = \text{const} \quad . \tag{7.13.2}$$

Die Poinsotsche Konstruktion besteht nun aus einem Rotationsellipsoid, das auf der invariablen Ebene abrollt. Man sieht in dieser Konstruktion, daß für die Projektion von $\boldsymbol{\omega}$ auf **L**

$$\boldsymbol{\omega} \cdot \hat{\mathbf{L}} = \text{const} \tag{7.13.3}$$

gilt, so daß die Spitze von $\boldsymbol{\omega}$ nur auf einem Kreis liegen kann, d. h. daß $\boldsymbol{\omega}$ sich auf einem Kegelmantel um **L** bewegt.

Die Zeitabhängigkeit der Winkelgeschwindigkeit $\boldsymbol{\omega}(t)$ läßt sich für den Fall des symmetrischen Kreisels in einer analytischen Behandlung ausrechnen. Aus dem Energieerhaltungssatz (7.9.18) folgt

$$2E_0 = \boldsymbol{\omega} \cdot \mathbf{L} = \omega_L L \quad , \qquad \omega_L = \boldsymbol{\omega} \cdot \hat{\mathbf{L}} \quad , \tag{7.13.4}$$

d. h. die Projektion ω_L von $\boldsymbol{\omega}$ auf **L** ändert sich nicht mit der Zeit. Wegen der Symmetrie des Kreisels (7.13.1) kann man das Trägheitsmoment in einen konstanten und einen zeitabhängigen Anteil zerlegen. Seien $\mathbf{e}'_i(t)$ die körperfesten Basisvektoren in Richtung der Hauptträgheitsachsen, dann hat der Trägheitstensor wegen (7.13.1) die Darstellung

$$
\begin{aligned}
\underline{\underline{\Theta}} &= \sum_{i=1}^{3} \Theta'_i \mathbf{e}'_i(t) \otimes \mathbf{e}'_i(t) = \Theta' \sum_{i=1}^{3} \mathbf{e}'_i(t) \otimes \mathbf{e}'_i(t) + (\Theta'_1 - \Theta') \mathbf{e}'_1(t) \otimes \mathbf{e}'_1(t) \\
&= \Theta' \underline{\underline{1}} + (\Theta'_1 - \Theta') \mathbf{e}'_1(t) \otimes \mathbf{e}'_1(t) \quad .
\end{aligned}
\tag{7.13.5}
$$

Der Basisvektor $\mathbf{e}'_1$ hat die Richtung derjenigen Hauptträgheitsachse, um die der Körper ein rotationssymmetrisches Trägheitsellipsoid hat. Man nennt sie die *Figurenachse*, weil sie häufig auch die Achse einer geometrischen Symmetrie der Körperform ist. Der Drehimpulssatz nimmt jetzt die Form an

$$
\begin{aligned}
\mathbf{L}_0 = \mathbf{L} = \underline{\underline{\Theta}} \boldsymbol{\omega} &= \Theta' \boldsymbol{\omega} + (\Theta'_1 - \Theta') \mathbf{e}'_1(t) \otimes \mathbf{e}'_1(t) \boldsymbol{\omega} \\
&= \Theta' \boldsymbol{\omega} + (\Theta'_1 - \Theta') \omega'_1 \mathbf{e}'_1(t) \quad .
\end{aligned}
\tag{7.13.6}
$$

Das Skalarprodukt

$$
\boldsymbol{\omega} \cdot \mathbf{e}'_1(t) = \omega'_1
\tag{7.13.7}
$$

ist die Projektion von $\boldsymbol{\omega}$ auf die Figurenachse $\mathbf{e}'_1(t)$. Wir erhalten durch Einsetzen der Darstellung (7.13.5) in den Ausdruck für das Quadrat des Drehimpulses (7.12.2)

$$
\mathbf{L}_0^2 = \Theta'^2 \boldsymbol{\omega}^2 + (\Theta'^2_1 - \Theta'^2)(\omega'_1)^2
\tag{7.13.8}
$$

und durch Einsetzen in den Energieerhaltungssatz (7.12.1)

$$
2E_0 = \boldsymbol{\omega} \cdot \mathbf{L} = \Theta' \boldsymbol{\omega}^2 + (\Theta'_1 - \Theta')(\omega'_1)^2 \quad .
\tag{7.13.9}
$$

Aus den beiden so erhaltenen Gleichungen gewinnt man

$$
\boldsymbol{\omega}^2 = \frac{2E_0(\Theta'_1 + \Theta') - \mathbf{L}_0^2}{\Theta'\Theta'_1} = \boldsymbol{\omega}_0^2 = \text{const}
\tag{7.13.10}
$$

und

$$
(\omega'_1)^2 = \frac{\mathbf{L}_0^2 - 2E_0\Theta'}{\Theta'_1(\Theta'_1 - \Theta')} = (\omega'_{10})^2 = \text{const} \quad .
\tag{7.13.11}
$$

Sowohl der Betrag von $\boldsymbol{\omega}$ wie die Projektion ω_1 von $\boldsymbol{\omega}$ auf die Figurenachse sind zeitlich konstant.

Der Drehimpulssatz (7.13.6) besagt, daß der Drehimpulsvektor $\mathbf{L}_0 = \mathbf{L}$, die Winkelgeschwindigkeit $\boldsymbol{\omega}(t)$ und die Figurenachse stets in einer Ebene liegen. Wegen der Konstanz der Komponente $\omega'_1 = \boldsymbol{\omega} \cdot \mathbf{e}'_1$ hat die Figurenachse dieselbe Zeitabhängigkeit wie die Winkelgeschwindigkeit. Es gilt

$$
\mathbf{e}'_1(t) = \frac{1}{(\Theta'_1 - \Theta')\omega'_1}[\mathbf{L}_0 - \Theta' \boldsymbol{\omega}(t)] \quad .
\tag{7.13.12}
$$

Die Zeitabhängigkeit der Winkelgeschwindigkeit $\boldsymbol{\omega}(t)$ kann jetzt aus den zwei Bedingungen (7.13.4), $\boldsymbol{\omega} \cdot \mathbf{L} = 2E_0$, und (7.13.10), $\boldsymbol{\omega}^2 = \text{const}$, erschlossen werden. Wegen $\boldsymbol{\omega} \cdot \mathbf{L} = 2E_0$ muß der Vektor $\boldsymbol{\omega}$ auf einem Kreiskegelmantel um den im Raum feststehenden Drehimpulsvektor $\mathbf{L}_0$ umlaufen. Somit geht $\boldsymbol{\omega}(t)$ durch eine zeitabhängige Drehung (6.2.1,B.12.25) aus dem Vektor $\boldsymbol{\omega}_0$ zur Zeit $t = 0$ hervor,

$$\boldsymbol{\omega}(t) = \underline{R}[\boldsymbol{\lambda}(t)]\boldsymbol{\omega}_0 \quad . \tag{7.13.13}$$

Die Drehachse ist die Achse des Kegelmantels, auf dem $\boldsymbol{\omega}$ umläuft, d. h. die Richtung $\mathbf{L}$ des Drehimpulsvektors

$$\boldsymbol{\lambda}(t) = \lambda(t)\hat{\mathbf{L}} \quad . \tag{7.13.14}$$

Mit der expliziten Darstellung (B.12.25) gilt

$$\underline{R}(\boldsymbol{\lambda}(t))\boldsymbol{\omega}_0 = \boldsymbol{\omega}_0 \cos\lambda(t) + \hat{\mathbf{L}}(\hat{\mathbf{L}} \cdot \boldsymbol{\omega}_0)(1 - \cos\lambda(t)) + (\hat{\mathbf{L}} \times \boldsymbol{\omega}_0)\sin\lambda(t) \quad . \tag{7.13.15}$$

Durch Differentiation nach der Zeit folgt

$$\begin{aligned}
\dot{\boldsymbol{\omega}}(t) &= \frac{\mathrm{d}}{\mathrm{d}t}\underline{R}(\boldsymbol{\lambda}(t))\boldsymbol{\omega}_0 \\
&= -\dot{\lambda}(t)\left[\boldsymbol{\omega}_0 \sin\lambda(t) - \hat{\mathbf{L}}(\hat{\mathbf{L}} \cdot \boldsymbol{\omega}_0)\cos\lambda(t) - (\hat{\mathbf{L}} \times \boldsymbol{\omega}_0)\cos\lambda(t)\right] \quad .
\end{aligned}$$

Unter Nutzung von (7.13.15) rechnet man nach, daß die rechte Seite der letzten Gleichung als Vektorprodukt

$$\frac{\mathrm{d}\boldsymbol{\omega}}{\mathrm{d}t}(t) = \frac{\mathrm{d}}{\mathrm{d}t}\underline{R}(\boldsymbol{\lambda}(t))\boldsymbol{\omega}_0 = \dot{\lambda}(t)\hat{\mathbf{L}} \times (\underline{R}(\boldsymbol{\lambda}(t))\boldsymbol{\omega}_0) = \dot{\lambda}(t)\hat{\mathbf{L}} \times \boldsymbol{\omega}(t) \tag{7.13.16}$$

geschrieben werden kann. Den Inhalt dieser Gleichung sieht man auch direkt ein. Die Änderung des auf dem Kegelmantel umlaufenden Vektors $\boldsymbol{\omega}$ steht auf $\mathbf{L}$ und $\boldsymbol{\omega}$ senkrecht und hat die Größe $\dot{\lambda}(t)|\boldsymbol{\omega}_\perp|$.

Die Figurenachse $\mathbf{e}_1'(t)$ ist nach (7.13.12) durch $\boldsymbol{\omega}(t)$ bestimmt. Da $\hat{\mathbf{L}}$ die Drehachse von $\underline{R}[\lambda(t)\hat{\mathbf{L}}]$ ist, bleibt $\hat{\mathbf{L}}$ bei der Drehung unverändert,

$$\underline{R}[\boldsymbol{\lambda}(t)]\hat{\mathbf{L}} = \underline{R}[\lambda(t)\hat{\mathbf{L}}]\hat{\mathbf{L}} = \hat{\mathbf{L}} = \hat{\mathbf{L}}_0 \quad .$$

Damit folgt jetzt, daß auch die Figurenachse $\mathbf{e}_1'(t)$ auf einem Kegelmantel um den raumfesten Drehimpuls $\mathbf{L}$ umläuft,

$$\begin{aligned}
\mathbf{e}_1'(t) &= \frac{1}{(\Theta_1' - \Theta')\omega_1'}\left(\mathbf{L}_0 - \underline{R}[\lambda(t)\hat{\mathbf{L}}_0]\Theta'\boldsymbol{\omega}_0\right) \\
&= \underline{R}[\lambda(t)\hat{\mathbf{L}}_0]\left(\frac{1}{(\Theta_1' - \Theta')\omega_1'}(\mathbf{L}_0 - \Theta'\boldsymbol{\omega}_0)\right) \\
&= \underline{R}[\lambda(t)\hat{\mathbf{L}}_0]\mathbf{e}_1'(0) \quad . \tag{7.13.17}
\end{aligned}$$

Die letzte Rückführung auf die Figurenachse zur Zeit $t = 0$ ist möglich, weil der Ausdruck in den großen Klammern $e'_1(0)$ ist, wie man durch Spezialisierung von (7.13.12) auf $t = 0$ sieht. Da $e'_1(t)$ nach (7.13.12) in der von L_0 und $\omega(t)$ aufgespannten Ebene liegt, gilt

$$e'_1(t) \cdot [L_0 \times \omega(t)] = 0 \quad . \tag{7.13.18}$$

Damit läßt sich nun der Betrag der Winkelgeschwindigkeit $\dot\lambda(t)$, mit dem ω und e'_1 um den raumfesten Vektor $L = L_0$ umlaufen, ausrechnen: Die Eulerschen Gleichungen (7.8.6) liefern mit $L = \underline{\underline{\Theta}}\omega$

$$\underline{\underline{\Theta}}\dot\omega + \omega \times L = 0 \quad , \tag{7.13.19}$$

und durch Einsetzen der Darstellung des rotationssymmetrischen Trägheitsmomentes (7.13.5) finden wir

$$\Theta' \frac{\dot\lambda}{L}(L \times \omega) + (\Theta'_1 - \Theta') \frac{\dot\lambda}{L} e'_1 \otimes e'_1 (L \times \omega) + \omega \times L = 0 \quad . \tag{7.13.20}$$

Wegen (7.13.18) verschwindet der mittlere Term, und man erhält

$$\left(\Theta' \frac{\dot\lambda}{L} - 1 \right) (L \times \omega) = 0 \tag{7.13.21}$$

oder

$$\dot\lambda = \frac{L}{\Theta'} \quad , \qquad \lambda(t) = \frac{L}{\Theta'} \cdot t \quad . \tag{7.13.22}$$

Die Winkelgeschwindigkeit $\dot\lambda$ der Umläufe von ω und e'_1 um die Drehimpulsrichtung ist konstant, der Drehwinkel λ wächst linear mit der Zeit.

Insgesamt haben wir folgende Charakterisierung der Bewegung eines kräftefreien symmetrischen Kreisels gewonnen:

1. Der Drehimpuls L ist ein raumfester Vektor.

2. Die Winkelgeschwindigkeit ω und die Figurenachse e'_1 laufen auf Kegelmänteln um den Drehimpulsvektor L. Sie liegen stets in einer Ebene. Ihre Winkelgeschwindigkeit ist $\dot\lambda = L/\Theta'$. Dabei ist L der Betrag des Drehimpulses und Θ' der Wert des Trägheitsmomentes bezüglich der symmetrischen Hauptträgheitsachsen.

Die Bewegung der Figurenachse des kräftefreien Kreisels nennt man *kräftefreie Präzession*.

Experiment 7.3. Kräftefreier symmetrischer Kreisel

Ein im Schwerpunkt aufgehängter Fahrradkreisel wird in Rotation um eine Achse versetzt, die nicht seine Symmetrieachse ist. (Dazu kann man den Kreisel zunächst um die Symmetrieachse rotieren lassen und seinen Drehimpuls durch einen seitlich gegen die Achse geführten Stoß ändern.) Man beobachtet, daß sich die Symmetrieachse um eine raumfeste Richtung, die Richtung des Drehimpulses, dreht. Das zeigt auch eine über längere Zeit belichtete Photographie (Abb. 7.12).

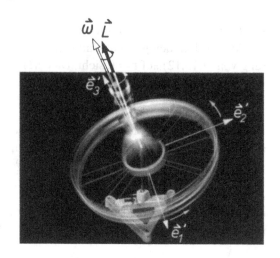

Abb. 7.12. Kräftefreier symmetrischer Kreisel

7.14 Kreisel unter der Einwirkung von Kräften. Larmor-Präzession

Inhalt: Im homogenen magnetischen Induktionsfeld $\mathbf{B}$ präzediert ein magnetisches Moment $\mathbf{M} = \gamma\mathbf{L}$, das proportional zum Drehimpuls $\mathbf{L}$ eines rotierenden geladenen Teilchens ist, mit der Larmor-Frequenz $\Omega = \gamma B$ um die Richtung $\hat{\mathbf{B}}$ des Feldes.

Die Behandlung der Bewegung eines in einem Punkt festgehaltenen starren Körpers, auf den äußere Kräfte bzw. Drehmomente wirken, ist ein mathematisch sehr kompliziertes Problem. Mit den Bewegungsgleichungen des starren Körpers haben wir zwar die Grundlage der Berechnung einer solchen Bewegung geliefert, die Schwierigkeit besteht jedoch in der expliziten Lösung der komplizierten nichtlinearen Gleichungen. Selbst für den besonders einfachen Fall des symmetrischen Kreisels unter der Wirkung der Schwerkraft ist die Lösung der Bewegungsgleichung keineswegs schnell zu erhalten.

Für einen speziellen Fall läßt sich jedoch eine explizite Lösung für einen Kreisel unter der Einwirkung von Kräften angeben. Es handelt sich um das Verhalten eines magnetischen Dipols mit dem Dipolmoment $\mathbf{M}$ in einem konstanten magnetischen Induktionsfeld $\mathbf{B}$. Das Drehmoment $\mathbf{D}$, das die magnetische Induktion auf den Dipol $\mathbf{M}$ ausübt ist

$$\mathbf{D} = \mathbf{M} \times \mathbf{B} \quad . \tag{7.14.1}$$

Die Bewegungsgleichung für den Drehimpuls $\mathbf{L}$ eines Systems mit dem magnetischen Moment $\mathbf{M}$ im magnetischen Induktionsfeld $\mathbf{B}$ ist dann

$$\frac{d\mathbf{L}}{dt} = \mathbf{M} \times \mathbf{B} \quad . \tag{7.14.2}$$

Das magnetische Moment ist eine elektromagnetische Größe, die von einem Kreisstrom hervorgerufen wird. Es ist das Produkt aus Stromstärke I und Kreisfläche a,

$$\mathbf{M} = I\mathbf{a} \quad ,$$

und hat die Richtung der Normalen $\hat{a}$ auf der Kreisfläche. Für das magnetische Moment, das ein Elektron (Ladung $-e$) beim Umlauf um einen Atomkern auf einer Kreisbahn vom Radius R erzeugt, ist der zeitlich gemittelte Strom gleich der Ladung mal der Zahl der Umläufe pro Sekunde,

$$I = -e\nu = -e\frac{v}{2\pi R} = -e\frac{p}{2\pi mR} = -e\frac{L}{2\pi mR^2} = -\frac{e}{2m}\frac{L}{a} \quad .$$

Dabei sind v, p und L die Beträge der Geschwindigkeit, des Impulses und des Drehimpulses des Elektrons und m ist seine Masse. Offenbar zeigt der Drehimpulsvektor $\mathbf{L}$ in Richtung der Flächennormalen $\mathbf{a}$. Damit gilt

$$\mathbf{M} = -\frac{e}{2m}\mathbf{L} \quad .$$

Zwar haben wir für die Herleitung dieser Beziehung angenommen, daß sich das Elektron nach den Gesetzen der klassischen Mechanik auf einer Kreisbahn bewegt, doch bleibt sie auch quantenmechanisch insofern gültig, als magnetisches Moment und Drehimpuls parallel zueinander stehen,

$$\mathbf{M} = \gamma\mathbf{L} \quad , \qquad \gamma = -e/(2m) = \text{const} \quad . \qquad (7.14.3)$$

Durch Einsetzen in (7.14.2) erhalten wir eine Differentialgleichung für $\mathbf{L}(t)$,

$$\frac{d\mathbf{L}}{dt} = -\gamma\mathbf{B} \times \mathbf{L} \quad . \qquad (7.14.4)$$

Sie unterscheidet sich von den Bewegungsgleichungen für Kreisel dadurch, daß die Bewegung des Drehimpulses $\mathbf{L}(t)$ die Bewegung des magnetischen Dipols wegen (7.14.3) direkt charakterisiert. Das magnetische Moment $\mathbf{M}$ kennzeichnet den Dipol so wie die Figurenachse den Kreisel.

Für ein in der Richtung zeitlich konstantes Magnetfeld $\mathbf{B}$ hat diese Gleichung für den Vektor $\mathbf{L}(t)$ die gleiche Gestalt wie die Gleichung (7.13.16) für den Vektor $\boldsymbol{\omega}(t)$. Damit ist in Analogie zu (7.13.13) die Lösung in diesem Falle durch

$$\mathbf{L}(t) = \underline{R}(\Omega t\hat{\mathbf{B}})\mathbf{L}_0 \qquad (7.14.5)$$

für die Anfangsbedingung $\mathbf{L}(0) = \mathbf{L}_0$ gegeben. Dabei ist die Winkelgeschwindigkeit der Präzession des Vektors $\mathbf{L}$ um die Achse $\hat{\mathbf{B}}$ der Magnetfeldrichtung durch die *Larmor-Frequenz*

$$\Omega = -\frac{e}{2m}B$$

gegeben. In jedem Zeitpunkt t steht $\dot{\mathbf{L}}$ senkrecht auf $\mathbf{L}$ und auf $\mathbf{B}$ (Abb. 7.13).

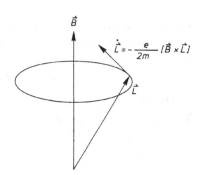

Abb. 7.13. Larmor-Präzession

Die Bewegung von $\mathbf{L}(t)$, die man *Larmor-Präzession* nennt, ist in Abb. 7.13 veranschaulicht. Die gleichförmige Präzession des Drehimpulses im Magnetfeld spielt eine wichtige Rolle bei verschiedenen Meßverfahren der Atomphysik.

7.15 Aufgaben

7.1: Gegeben sei ein homogener Quader der Masse M mit den Seitenlängen a, b und c (Abb 7.14). Berechnen Sie

(a) die Komponenten des Trägheitstensors $\underline{\Theta}$ im skizzierten Koordinatensystem (dessen Ursprung O im Schwerpunkt des Quaders liege),

(b) das Trägheitsmoment bezüglich der Achse $\overline{OA}$,

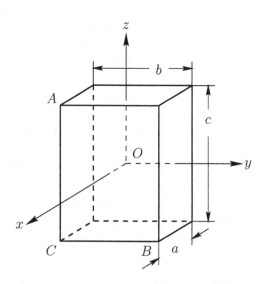

Abb. 7.14. Zu Aufgabe 7.1

(c) den Betrag und die Richtung des Drehimpulses **L** für die Winkelgeschwindigkeit $\boldsymbol{\omega} = (\omega/\sqrt{2})(\mathbf{e}_x + \mathbf{e}_y)$ und den Spezialfall $a = b$.

7.2: In einem Ammoniakmolekül (NH_3) sei die Masse eines H-Atoms m, die Masse des N-Atoms $14\,m$; der Abstand zwischen den H-Atomen sei s und der Abstand zwischen der Ebene der H-Atome und dem N-Atom sei t (Abb. 7.15).

(a) Berechnen Sie den Trägheitstensor in dem in der Abbildung angedeuteten Koordinatensystem.

(b) Bestimmen Sie mit Hilfe des Trägheitstensors das Trägheitsmoment des Ammoniakmoleküls bezüglich der durch $\mathbf{a} = (\mathbf{e}_x + \mathbf{e}_y)/\sqrt{2}$ definierten Achse.

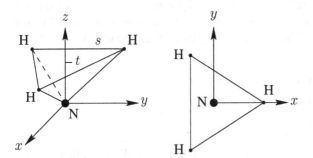

Abb. 7.15. Zu Aufgabe 7.2

7.3: Gegeben ist ein starres System aus den folgenden vier Massenpunkten (siehe Abb. 7.16):

$$
\begin{aligned}
m_1 &= 2m &\text{bei}& \quad \mathbf{r}_1 = a\mathbf{e}_1 + a\mathbf{e}_2, \\
m_2 &= 2m &\text{bei}& \quad \mathbf{r}_2 = a\mathbf{e}_2, \\
m_3 &= m &\text{bei}& \quad \mathbf{r}_3 = -2a\mathbf{e}_1 - 2a\mathbf{e}_2, \\
m_4 &= m &\text{bei}& \quad \mathbf{r}_4 = -2a\mathbf{e}_2.
\end{aligned}
$$

(a) Berechnen Sie die Komponenten des Trägheitstensors in der Basis $\{\mathbf{e}_1, \mathbf{e}_2, \mathbf{e}_3\}$.

(b) Bestimmen Sie die Hauptträgheitsmomente und -achsen.

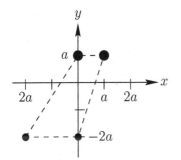

Abb. 7.16. Zu Aufgabe 7.3

7.4: Gegeben sei ein symmetrischer Kreisel mit dem Trägheitstensor $\underline{\underline{\Theta}} = \Theta'\underline{\underline{1}} + (\Theta_1' - \Theta')e_1' \otimes e_1'$ im körperfesten System.

(a) Berechnen Sie die Rotationsenergie bei festem Drehimpuls **L** als Funktion des Winkels ϑ zwischen **L** und der Figurenachse, und zeigen Sie, daß die Energie zwischen den beiden Extremwerten $E_1 = L^2/(2\Theta')$ und $E_2 = L^2/(2\Theta_1')$ variiert.

(b) Zerlegen Sie die Winkelgeschwindigkeit $\boldsymbol{\omega}$ in einen zur Figurenachse e_1' parallelen Anteil $\boldsymbol{\omega}_1 = \omega_1'e_1'$ und einen zu e_1' senkrechten Anteil $\boldsymbol{\omega}_\perp$. Berechnen Sie die Beträge dieser Anteile bei gegebenem **L** als Funktionen des Winkels ϑ.

7.5: Gegeben sei symmetrischer Kreisel, also ein Körper, dessen Trägheitstensor im körperfesten Koordinatensystem die Form $\underline{\underline{\Theta}} = \Theta'\underline{\underline{1}} + \Theta''e_3' \otimes e_3'$ hat. Untersuchen Sie die Stabilität der kräftefreien Rotation des Körpers um die Hauptträgheitsachsen e_1', e_2' und e_3'. Betrachten Sie dazu – in Analogie zur Diskussion in Abschn. 7.11 – die folgenden Zerlegungen der Winkelgeschwindigkeit $\boldsymbol{\omega}$: Für näherungsweise Rotation um die

- e_1'-Achse: $\boldsymbol{\omega}(t) = W_1 e_1' + \mathbf{w}(t)$, $w_1(0) = 0$,
- e_2'-Achse: $\boldsymbol{\omega}(t) = W_2 e_2' + \mathbf{w}(t)$, $w_2(0) = 0$,
- e_3'-Achse: $\boldsymbol{\omega}(t) = W_3 e_3' + \mathbf{w}(t)$, $w_3(0) = 0$,

wobei die Komponenten von $\mathbf{w}(0)$ jeweils viel kleiner als die W_i sein sollen. Bestimmen Sie aus den linearisierten Eulerschen Gleichungen die $\mathbf{w}(t)$, und geben Sie im Falle einer stabilen Bewegung die Periodendauer der Oszillation um die Ruhelage an.

8. Schwingungen

8.1 Vorbemerkungen

Inhalt: Besitzt ein Massenpunkt eine stabile Gleichgewichtslage, so wird seine Bewegung in der Nähe der Gleichgewichtslage durch eine Schwingungsgleichung beschrieben.
Bezeichnungen: x Ort, $\ddot{x}$ Beschleunigung, m Masse, D Federkonstante, $a = D/m$, F Kraft.

In Abschn. 2.6.1 haben wir die Bewegung des Federpendels durch eine *Schwingungsgleichung* der Form

$$\ddot{x} = -ax \tag{8.1.1}$$

beschrieben. Dabei war a ein Skalar und x die Ortskoordinate des Pendels, dessen Gleichgewichtslage durch $x = 0$ gegeben war. Gleichungen dieses Typs treten in den verschiedensten physikalischen Zusammenhängen auf. Dies hat folgenden Grund: Im Gleichgewichtszustand greifen an einem System keine Kräfte an. Falls die Gleichgewichtslage durch $x = 0$ beschrieben wird, gilt demnach

$$F(x = 0) = F(0) = 0 \quad .$$

Für kleine Auslenkungen aus der Gleichgewichtslage genügt es, den ersten nichtverschwindenden Term der Taylor-Entwicklung, Anhang D,

$$F(x) = F(0) + F'(0)x + \frac{1}{2}F''(0)x^2 + \cdots \tag{8.1.2}$$

zu berücksichtigen. Soll die Gleichgewichtslage stabil sein, so muß die Kraft der Auslenkung entgegenwirken, d. h.

$$F'(0) < 0 \quad .$$

Für kleine Auslenkungen eines Massenpunktes aus seiner Ruhelage gilt somit die Bewegungsgleichung

$$m\ddot{x} = F'(0)x = -Dx \quad . \tag{8.1.3}$$

Dabei ist m die Masse des Punktes. Mit der Bezeichnung

$$a = \frac{D}{m} = -\frac{1}{m}F'(0) > 0$$

ist (8.1.3) identisch mit (8.1.1).

8.2 Ungedämpfte Schwingung. Komplexe Schreibweise

Inhalt: Läßt man komplexe Auslenkungen $x(t)$ zu, so wird die Schwingungsgleichung durch einen einfachen Exponentialansatz gelöst. Bei reellen Anfangsbedingungen bleiben die Lösungen reell. Die zeitlichen Mittelwerte von kinetischer und potentieller Energie sind gleich.
Bezeichnungen: $x(t)$ Ort und $v(t)$ Geschwindigkeit; x_0, v_0 Anfangsort und -geschwindigkeit; c, c_1, c_2 Amplitudenfaktoren; ω_0 Kreisfrequenz, ν Frequenz und T Periode des Oszillators, $a = \omega_0^2$; E_{pot}, E_{kin}, E potentielle, kinetische und Gesamtenergie des Oszillators.

Zur Lösung der Schwingungsgleichung (8.1.1) benutzen wir eine möglichst gut an das Problem angepaßte mathematische Schreibweise. Wir gehen aus von dem Lösungsansatz (siehe auch Anhang E)

$$x = c\,\mathrm{e}^{\mathrm{i}\omega t} = c\,(\cos\omega t + \mathrm{i}\sin\omega t) \quad , \tag{8.2.1}$$

in dem x eine komplexe Größe ist. Wir werden später sehen, daß für alle physikalischen Vorgänge die reellen Anfangsbedingungen die Realität von x erzwingen. Trotzdem vereinfacht es die Rechnungen, wenn man komplexe x zuläßt. Durch Einsetzen des Ansatzes (8.2.1) in die Schwingungsgleichung (8.1.1) finden wir

$$-\omega^2 c\,\mathrm{e}^{\mathrm{i}\omega t} = -a c\,\mathrm{e}^{\mathrm{i}\omega t} \quad .$$

Für die Werte

$$\omega = \pm\omega_0 \quad , \qquad \omega_0 = \sqrt{a} \tag{8.2.2}$$

liefert der Ansatz je eine Lösung. Die allgemeine Lösung erhält man dann durch Linearkombination

$$x = c_1\mathrm{e}^{\mathrm{i}\omega_0 t} + c_2\mathrm{e}^{-\mathrm{i}\omega_0 t} \quad . \tag{8.2.3}$$

Die Werte c_1 und c_2 werden aus den Anfangsbedingungen, d. h. Angabe von Ort $x_0 = x(t = 0)$ und Geschwindigkeit $v_0 = v(t = 0)$ für den festen Zeitpunkt $t = t_0 = 0$ bestimmt:

$$\begin{aligned} x_0 &= c_1\mathrm{e}^{\mathrm{i}\omega_0 t_0} + c_2\mathrm{e}^{-\mathrm{i}\omega_0 t_0} = c_1 + c_2 \quad , \\ v_0 &= \mathrm{i}\omega_0\left(c_1\mathrm{e}^{\mathrm{i}\omega_0 t_0} - c_2\mathrm{e}^{-\mathrm{i}\omega_0 t_0}\right) = \mathrm{i}\omega_0(c_1 - c_2) \quad . \end{aligned} \tag{8.2.4}$$

Durch Auflösung dieses linearen algebraischen Gleichungssystems ergibt sich

$$c_1 = \frac{1}{2}\left(x_0 - \mathrm{i}\frac{v_0}{\omega_0}\right) \quad , \qquad c_2 = \frac{1}{2}\left(x_0 + \mathrm{i}\frac{v_0}{\omega_0}\right) = c_1^* \quad . \tag{8.2.5}$$

Nach Einsetzen der Konstanten in die allgemeine Lösung erhalten wir

$$x(t) = \frac{1}{2}\left(x_0 - \mathrm{i}\frac{v_0}{\omega_0}\right)\mathrm{e}^{\mathrm{i}\omega_0 t} + \frac{1}{2}\left(x_0 + \mathrm{i}\frac{v_0}{\omega_0}\right)\mathrm{e}^{-\mathrm{i}\omega_0 t} \quad . \tag{8.2.6}$$

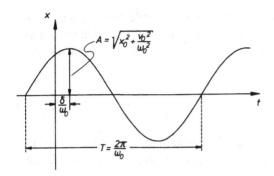

Abb. 8.1. Darstellung der ungedämpften Schwingung

Mit Hilfe einer Funktion $\xi(t)$ und ihrem komplex konjugierten $\xi^*(t)$

$$\xi(t) = \left(x_0 - i\frac{v_0}{\omega_0}\right) e^{i\omega_0 t} \quad , \quad \xi^*(t) = \left(x_0 + i\frac{v_0}{\omega_0}\right) e^{-i\omega_0 t} \quad (8.2.7)$$

läßt sich der Ausdruck (8.2.6) sofort explizit reell schreiben:

$$x(t) = \frac{1}{2}[\xi(t) + \xi^*(t)] = \text{Re}\{\xi(t)\} \quad . \quad (8.2.8)$$

Unter Benutzung der Formeln (E.25) gewinnt man aus (8.2.6) eine Darstellung der Schwingung $x(t)$ als Überlagerung von Kosinus- und Sinusfunktion,

$$x(t) = x_0 \cos\omega_0 t + \frac{v_0}{\omega_0} \sin\omega_0 t \quad . \quad (8.2.9)$$

Eine andere Schreibweise mit nur einer Winkelfunktion erhält man, indem man die komplexe Amplitude von (8.2.7) durch Betrag A und Phase δ ausdrückt – vgl. (E.8), (E.9), (E.20) –

$$\left(x_0 - i\frac{v_0}{\omega_0}\right) = A e^{-i\delta} \quad , \quad A = \left(x_0^2 + \frac{v_0^2}{\omega_0^2}\right)^{1/2} \quad , \quad \tan\delta = \frac{v_0}{\omega_0 x_0} \quad .$$
$$(8.2.10)$$

Damit hat $\xi(t)$ die Darstellung

$$\xi(t) = A e^{i(\omega_0 t - \delta)} \quad .$$

Wir erhalten für den Ort, Abb. 8.1,

$$x(t) = \text{Re}\{\xi(t)\} = A\cos(\omega_0 t - \delta) \quad (8.2.11)$$

und für die durch ω_0 dividierte Geschwindigkeit

$$v(t)/\omega_0 = \dot{x}(t)/\omega_0 = -A\sin(\omega_0 t - \delta) \quad . \quad (8.2.12)$$

Zur physikalischen Interpretation genügen folgende Bemerkungen (vgl. auch Abschn. 2.6.1). Die Funktion $x(t)$ beschreibt einen zeitlich veränderlichen Vorgang mit der Kreisfrequenz ω_0 bzw. der Frequenz ν oder der Periode T,

$$\omega_0 = \sqrt{a} \quad , \qquad \nu = \frac{\omega_0}{2\pi} \quad , \qquad T = \frac{1}{\nu} = \frac{2\pi}{\omega_0} \quad . \tag{8.2.13}$$

Wir bezeichnen ω_0 auch als *Eigenfrequenz* des harmonischen Oszillators. Die Amplitude A ist vollständig durch die Anfangsbedingungen x_0 und v_0 und die Kreisfrequenz ω_0 bestimmt, vgl. (8.2.10).

Der Vollständigkeit halber seien hier noch einmal die potentielle Energie

$$E_{\text{pot}} = \frac{m}{2}\omega_0^2 x^2 = \frac{m}{2}\omega_0^2 A^2 \cos^2(\omega_0 t - \delta) \tag{8.2.14}$$

und die kinetische Energie

$$E_{\text{kin}} = \frac{m}{2}\dot{x}^2 = \frac{m}{2}\omega_0^2 A^2 \sin^2(\omega_0 t - \delta) \tag{8.2.15}$$

angegeben. Ihre zeitlichen Mittelwerte – wir berechnen sie durch Mittelung über eine Periode –

$$\begin{aligned}
\bar{E}_{\text{pot}} &= \frac{1}{T}\int_{t=0}^{t=T} E_{\text{pot}}(t)\,\mathrm{d}t = \frac{1}{\omega_0 T}\int_{\omega_0 t=0}^{\omega_0 t=2\pi} E_{\text{pot}}(\omega_0 t)\,\mathrm{d}(\omega_0 t) \\
&= \frac{m}{2}\frac{\omega_0^2}{2\pi}A^2 \int_{\omega_0 t=0}^{\omega_0 t=2\pi} \cos^2(\omega_0 t - \delta)\,\mathrm{d}(\omega_0 t) = \frac{m\omega_0^2}{4}A^2 \quad , \tag{8.2.16} \\
\bar{E}_{\text{kin}} &= \frac{m}{2}\frac{\omega_0^2}{2\pi}A^2 \int_{\omega_0 t=0}^{\omega_0 t=2\pi} \sin^2(\omega_0 t - \delta)\,\mathrm{d}(\omega_0 t) = \frac{m\omega_0^2}{4}A^2 \tag{8.2.17}
\end{aligned}$$

sind gleich,

$$\bar{E}_{\text{kin}} = \bar{E}_{\text{pot}} \quad . \tag{8.2.18}$$

Diese Aussage heißt *Virialsatz* für die Schwingung.

Da die Gesamtenergie eine Erhaltungsgröße für den Schwingungsvorgang ist, gilt auch

$$\bar{E}_{\text{kin}} + \bar{E}_{\text{pot}} = E \quad . \tag{8.2.19}$$

8.3 Phasenebene

Inhalt: Die Zeitabhängigkeit von Ort x und Impuls p eines Massenpunktes kann als Trajektorie in einer von x und p aufgespannten Phasenebene veranschaulicht werden. Wird anstelle von p die Größe $p/(m\omega_0) = v/\omega_0$ verwendet, ist die Trajektorie für den ungedämpften Oszillator ein Kreis.

Anfangsort und Anfangsgeschwindigkeit oder -impuls zur Zeit t_0 bestimmen die Lösung der Newtonschen Bewegungsgleichung eindeutig. Für einen Massenpunkt in einer Raumdimension werden die möglichen Bewegungen damit durch zwei unabhängige Parameter $x(t_0)$ und $p(t_0)$ bestimmt. Sie bilden eine zweidimensionale Mannigfaltigkeit, die *Phasenebene*. Für ein festgehaltenes Paar $x(t_0), p(t_0)$ von Anfangsbedingungen entspricht die zeitliche Entwicklung des Systems einer Kurve (Trajektorie) $x(t), p(t)$ in der Phasenebene. Für die dreidimensionale Bewegung eines Massenpunktes ist der *Phasenraum* sechsdimensional. Im Phasenraum läßt sich die Bewegung eines Massenpunktes durch die zeitabhängigen Funktionen $\mathbf{x}(t)$, $\mathbf{p}(t)$ als Kurve darstellen.

Für den ungedämpften eindimensionalen harmonischen Oszillator der Eigenfrequenz ω_0 wählt man als Koordinaten an Stelle von $x(t)$ und $p(t)$ das Paar $x(t)$ und $p(t)/(m\omega_0) = v(t)/\omega_0$. Abbildung 8.2 gibt die Phasenraumtrajektorie des ungedämpften Oszillators zusammen mit den zeitabhängigen

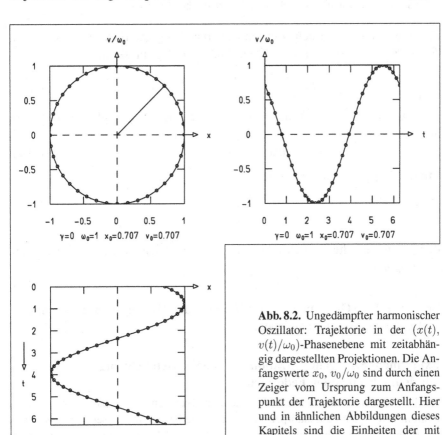

Abb. 8.2. Ungedämpfter harmonischer Oszillator: Trajektorie in der $(x(t), v(t)/\omega_0)$-Phasenebene mit zeitabhängig dargestellten Projektionen. Die Anfangswerte x_0, v_0/ω_0 sind durch einen Zeiger vom Ursprung zum Anfangspunkt der Trajektorie dargestellt. Hier und in ähnlichen Abbildungen dieses Kapitels sind die Einheiten der mit Zahlwerten angegebenen Größen die entsprechenden SI-Einheiten

Projektionen $x(t)$ und $v(t)/\omega_0$ wieder. Die kleinen Kreise auf der Phasen-raumtrajektorie deuten den zeitlichen Ablauf durch zeitlich äquidistante Marken an. Aus (8.2.11) und (8.2.12) folgt unmittelbar, daß die Trajektorie ein Kreis vom Radius A ist.

8.4 Gedämpfte Schwingung

Inhalt: Tritt neben der linearen rücktreibenden Kraft $F = -Dx$ eine Reibungskraft $F_{\mathrm{R}} = -R\dot{x}$ auf, so wird die Bewegung durch eine Schwingungsgleichung mit Dämpfungs-konstante $\gamma = R/(2m)$ beschrieben. Ist γ kleiner als die Eigenfrequenz ω_0 des ungedämpften Oszillators, so erhält man eine exponentiell abklingende Schwingung. Für $\gamma > \omega_0$ fällt $x(t)$ ohne Oszillationen ab. Die Zeitkonstante des Abfalls ist für $\gamma = \omega_0$ minimal.

Bezeichnungen: x Auslenkung; x_0, v_0 Anfangsbedingungen; γ Dämpfungskonstante, $a = \omega_0^2$, ω_0 Eigenfrequenz des ungedämpften Oszillators, $\omega_{\mathrm{R}} = (\omega_0^2 - \gamma^2)^{1/2}$; τ_{S}, τ_{K}, τ_{A} Zeit-konstanten für Schwingfall, Kriechfall und aperiodischen Grenzfall.

Für Bewegungen, bei denen neben der ortsabhängigen rücktreibenden Kraft $F(x)$, (8.1.2), eine geschwindigkeitsabhängige Reibungskraft

$$F_{\mathrm{R}}(\dot{x}) = -R\dot{x} \quad , \qquad R > 0 \quad , \tag{8.4.1}$$

(vgl. Abschn. 2.6.4) auftritt, erweitert sich die Bewegungsgleichung (8.1.3) auf

$$m\ddot{x} = -R\dot{x} - Dx \quad . \tag{8.4.2}$$

Mit der *Dämpfungskonstante* γ, die durch

$$2\gamma = \frac{R}{m}$$

definiert ist, erhalten wir anstelle von (8.1.1) die Gleichung einer *gedämpften Schwingung*

$$\ddot{x} = -2\gamma\dot{x} - ax \quad . \tag{8.4.3}$$

Bevor wir diese Gleichung lösen, wollen wir den Vorgang, den sie beschreibt, im Experiment veranschaulichen.

Experiment 8.1. Demonstration der gedämpften Schwingung mit dem schreibenden Federpendel

Wir benutzen das schreibende Federpendel aus Experiment 2.6, das einen aus Aluminium gefertigten Pendelkörper mit einer Länge besitzt, die wesentlich größer als die Amplitude der Schwingung ist. Ein Teil des Pendelkörpers befindet sich immer im Feld eines gleichstromdurchflossenen Elektromagneten. Durch die Bewegung des Pendelkörpers werden vom Magnetfeld Wirbelströme induziert. Dabei tritt nach der „Lenzschen Regel" eine Kraft auf, die der Ursache der Induktion (Geschwindigkeit

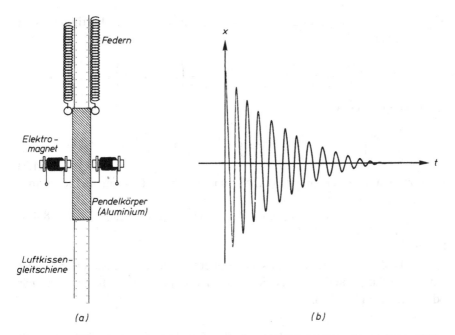

Abb. 8.3 a,b. Gedämpfte Schwingung des schreibenden Federpendels. Anordnung zur Wirbelstromdämpfung (**a**), Aufzeichnung einer gedämpften Schwingung (**b**)

des Pendelkörpers) entgegengerichtet ist. Durch Wahl der Stromstärke im Magneten kann der Reibungskoeffizient R festgelegt werden. Abbildung 8.3 zeigt das Schema der Anordnung und einen von ihr aufgezeichneten Schwingungsvorgang. Er hat im Gegensatz zum ungedämpften Fall eine mit der Zeit fallende Amplitude.

Zur Lösung von (8.4.3) machen wir wie im Fall der ungedämpften Schwingung den Ansatz

$$x = c\,\mathrm{e}^{\mathrm{i}\omega t} \quad ,$$

der jetzt zu der *charakteristischen Gleichung*

$$\omega^2 - 2\mathrm{i}\omega\gamma - a \doteq 0 \qquad (8.4.4)$$

führt. Sie hat die Lösungen

$$\Omega_\pm = \mathrm{i}\gamma \pm \omega_\mathrm{R} \quad , \qquad \omega_\mathrm{R} = \sqrt{\omega_0^2 - \gamma^2} \quad . \qquad (8.4.5)$$

Dabei ist ω_R rein reell oder rein imaginär. Wie früher ist $\omega_0^2 = a$. Wie erwartet, werden für verschwindende Reibung ($\gamma = 0$) die Lösungen für die ungedämpfte Schwingungsgleichung reproduziert.

Die allgemeine Lösung erhält man wieder durch Superposition:

$$x = c_1\mathrm{e}^{\mathrm{i}\Omega_+ t} + c_2\mathrm{e}^{\mathrm{i}\Omega_- t} \quad . \qquad (8.4.6)$$

Mit den Anfangsbedingungen $x_0 = x(t = 0)$, $v_0 = \dot{x}(t = 0)$ bestimmen sich die Koeffizienten c_1, c_2 zu

$$c_1 = \left(x_0 + i\frac{v_0}{\Omega_-}\right)\frac{\Omega_-}{\Omega_- - \Omega_+} \quad , \qquad c_2 = \left(x_0 + i\frac{v_0}{\Omega_+}\right)\frac{\Omega_+}{\Omega_+ - \Omega_-} \quad .$$

Als Lösung finden wir

$$x(t) = \frac{1}{2}e^{-\gamma t}\left\{\left[x_0 - \frac{i}{\omega_R}(v_0 + \gamma x_0)\right]e^{i\omega_R t} + \left[x_0 + \frac{i}{\omega_R}(v_0 + \gamma x_0)\right]e^{-i\omega_R t}\right\} \quad .$$

$$(8.4.7)$$

Benutzt man die Beziehungen (E.25), so läßt sich das Ergebnis in die Form

$$x(t) = e^{-\gamma t}\left[x_0 \cos\omega_R t + \frac{1}{\omega_R}(v_0 + \gamma x_0)\sin\omega_R t\right] \qquad (8.4.8)$$

bringen.

Die Diskussion der physikalischen Bedeutung der Ergebnisse erfordert die Unterscheidung von drei Fällen, je nachdem ob ω_R positiv reell, rein imaginär oder null ist (vgl. 8.4.5).

Schwingfall (ω_R positiv reell) Aus (8.4.8) sieht man sofort, daß $x(t)$ reell ist. Mit Hilfe der Zerlegung nach Betrag und Phase entsprechend (8.2.10) schreibt man

$$x_0 - \frac{i}{\omega_R}(v_0 + \gamma x_0) = Ae^{-i\delta} \quad , \qquad A = \left[x_0^2 + \left(\frac{v_0 + \gamma x_0}{\omega_R}\right)^2\right]^{1/2} \quad ,$$

$$\tan\delta = \frac{v_0 + \gamma x_0}{x_0\omega_R} \quad . \qquad (8.4.9)$$

Damit erhält man aus (8.4.7)

$$x(t) = Ae^{-\gamma t}\cos(\omega_R t - \delta) \quad , \qquad (8.4.10)$$

$$v(t)/\omega_0 = -\frac{\omega_R}{\omega_0}Ae^{-\gamma t}\left\{\sin(\omega_R t - \delta) + \frac{\gamma}{\omega_R}\cos(\omega_R t - \delta)\right\} \quad . \quad (8.4.11)$$

Diese Lösung stellt eine exponentiell gedämpfte Schwingung dar. In Abb. 8.4 sind die Trajektorie in der Phasenebene und die beiden Projektionen $x(t)$ und $v(t)/\omega_0$ auf die x- bzw. v/ω_0-Achse dargestellt. In der Phasenebene spiralt die Trajektorie von außen nach innen als Folge der Dämpfung, die im Laufe der Zeit die Amplitude von Auslenkung und Geschwindigkeit verringert. Die Nulldurchgänge erfolgen im zeitlichen Abstand

$$T_R = \frac{2\pi}{\omega_R} \quad . \qquad (8.4.12)$$

Den Ausdruck

$$d = e^{-\gamma t} \qquad (8.4.13)$$

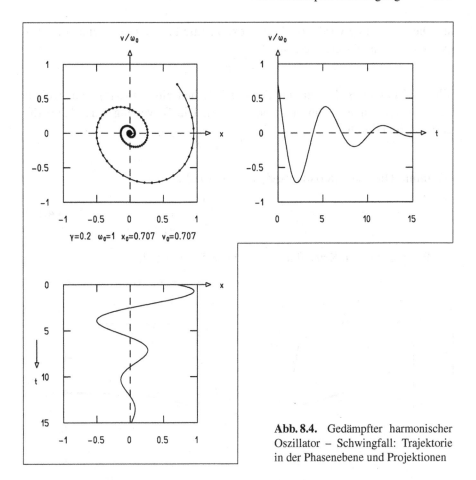

Abb. 8.4. Gedämpfter harmonischer Oszillator – Schwingfall: Trajektorie in der Phasenebene und Projektionen

nennen wir *Dämpfungsfaktor*. Er bestimmt den Abfall der Schwingungsweiten. Die charakteristische Zeit, in der der Dämpfungsfaktor eine Reduktion um den Faktor $1/\mathrm{e}$ bewirkt, ist

$$\tau_S = 1/\gamma \quad . \tag{8.4.14}$$

Kriechfall ($\omega_R = \mathrm{i}\lambda$, rein imaginär, $\lambda = \sqrt{\gamma^2 - \omega_0^2}$) Aus (8.4.7) erhält man

$$x(t) = \frac{1}{2}\mathrm{e}^{-\gamma t}(a_1 \mathrm{e}^{-\lambda t} + a_2 \mathrm{e}^{\lambda t}) \tag{8.4.15}$$

mit

$$a_1 = x_0 - \frac{1}{\lambda}(v_0 + \gamma x_0) \quad , \qquad a_2 = x_0 + \frac{1}{\lambda}(v_0 + \gamma x_0) \quad .$$

Der obige Ausdruck ist wieder explizit reell. In der runden Klammer fällt der erste Term exponentiell mit der Zeit ab, der zweite steigt exponentiell an. Dieser Anstieg wird jedoch vom exponentiell stärker abfallenden Faktor $\exp(-\gamma t)$ kompensiert, weil stets

$$\gamma > \sqrt{\gamma^2 - \omega_0^2} = \lambda$$

gilt. Für Zeiten $t \gg 1/\lambda$ stammt der wesentliche Beitrag zu $x(t)$ vom zweiten Term in der runden Klammer von (8.4.15). Die Bewegung wird daher für große Zeiten durch

$$x(t) = \frac{a_2}{2}\mathrm{e}^{-(\gamma-\lambda)t}$$

bestimmt. Die charakteristische Zeit ihres Abfallens ist

$$\tau_{\mathrm{K}} = \frac{1}{\gamma - \lambda} = \frac{1}{\gamma - \sqrt{\gamma^2 - \omega_0^2}} \quad . \tag{8.4.16}$$

Ein Beispiel für den Kriechfall ist in Abb. 8.5 dargestellt.

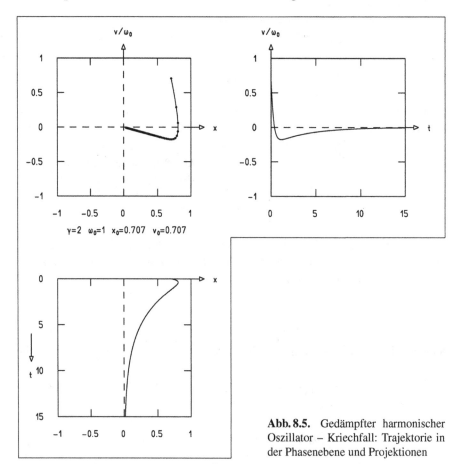

Abb. 8.5. Gedämpfter harmonischer Oszillator – Kriechfall: Trajektorie in der Phasenebene und Projektionen

Aperiodischer Grenzfall ($\omega_R = 0$) Für den Fall $\omega_R = 0$ hat unsere Lösung (8.4.7) wegen des ω_R im Nenner erst eine Bedeutung nach einer Grenzbetrachtung. Wir können schreiben

$$x(t) = \mathrm{e}^{-\gamma t}\left[x_0 - \mathrm{i}(v_0 + \gamma x_0)\lim_{\omega_R \to 0}\frac{\mathrm{e}^{\mathrm{i}\omega_R t} - \mathrm{e}^{-\mathrm{i}\omega_R t}}{2\omega_R}\right] \quad .$$

Wegen der Definition des Differentialquotienten ist

$$\lim_{\omega_R \to 0}\frac{\mathrm{e}^{\mathrm{i}\omega_R t} - \mathrm{e}^{-\mathrm{i}\omega_R t}}{2\omega_R} = \frac{\mathrm{d}\mathrm{e}^{\mathrm{i}\omega_R t}}{\mathrm{d}\omega_R}\bigg|_{\omega_R=0} = \mathrm{i}t \quad . \tag{8.4.17}$$

Damit erhalten wir

$$x(t) = \mathrm{e}^{-\gamma t}[x_0 + (v_0 + \gamma x_0)t] \quad . \tag{8.4.18}$$

Aus dem Auftreten der beiden Summanden

$$\mathrm{e}^{-\gamma t} \quad \text{und} \quad t\mathrm{e}^{-\gamma t}$$

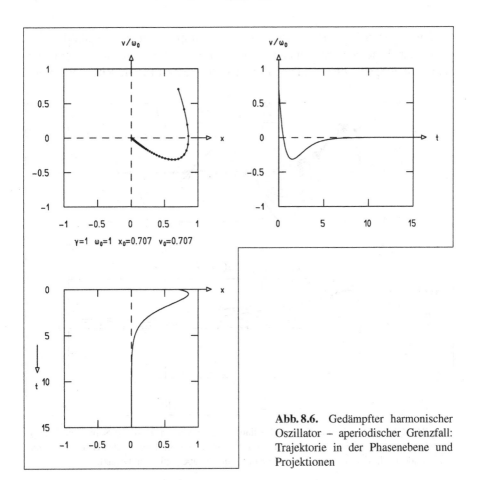

Abb. 8.6. Gedämpfter harmonischer Oszillator – aperiodischer Grenzfall: Trajektorie in der Phasenebene und Projektionen

folgt, daß auch im Falle $\omega_R = 0$, d. h. $\Omega_+ = \Omega_-$, zwei linear unabhängige Lösungen existieren, die durch Linearkombination zur allgemeinen Lösung

$$x = c_1 e^{-\gamma t} + c_2 t e^{-\gamma t}$$

superponiert werden. Physikalisch tritt der aperiodische Grenzfall für

$$\gamma = \sqrt{a} \quad \text{bzw.} \quad R = 2\sqrt{mD} \tag{8.4.19}$$

auf. Er trennt den Bereich der Werte von R und D, in dem Schwingungen auftreten, vom Bereich des Kriechfalles. Ein Beispiel für den aperiodischen Grenzfall zeigt Abb. 8.6.

Für große Zeiten $t \gg x_0/(v_0 + \gamma x_0)$ dominiert der zweite Term in (8.4.18). Die charakteristische Zeit für seinen Abfall ist bis auf kleine Korrekturen

$$\tau_A = \frac{1}{\gamma} \quad . \tag{8.4.20}$$

Die meisten Meßinstrumente stellen gedämpfte schwingungsfähige Systeme dar. Eine Messung entspricht einer Auslenkung des Meßsystems aus seiner Gleichgewichtslage. Die charakteristische Zeit für die Rückkehr in die

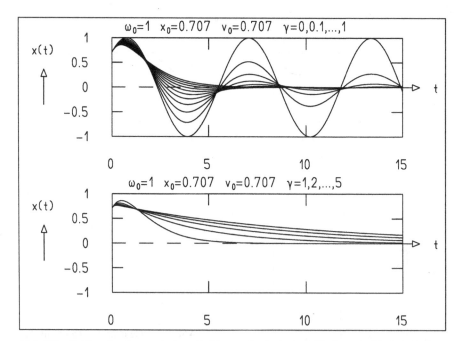

Abb. 8.7. Gedämpfter harmonischer Oszillator: Auslenkung $x(t)$ für verschiedene Dämpfungskonstanten γ im Bereich des Schwingfalls (*oben*) und im Bereich des Kriechfalls (*unten*). Beide Teilbilder enthalten auch die Kurve für den aperiodischen Grenzfall

neue Gleichgewichtslage ist eine wichtige Eigenschaft, die das Instrument charakterisiert, weil sie die Dauer der Messung bestimmt. Um möglichst kurze Meßzeiten zu erhalten, wird die Dämpfung so eingestellt, daß sie dem aperiodischen Grenzfall entspricht. Aus Abb. 8.7 wird noch einmal sehr deutlich, daß die Auslenkung $x(t)$ in diesem Fall am schnellsten abfällt.

8.5 Erzwungene Schwingung

Inhalt: Ein von außen harmonisch erregter Oszillator wird durch eine inhomogene Schwingungsgleichung beschrieben. Ihre Lösung hängt ab von den Anfangsbedingungen (Anfangsort x_0, Anfangsgeschwindigkeit v_0) sowie von zwei Parametern, die den Oszillator kennzeichnen (Eigenfrequenz ω_0, Dämpfungskonstante γ) und zwei Parametern, die den Erreger kennzeichnen (Erregerfrequenz ω, Erregeramplitude k). Für nichtverschwindende Dämpfung ($\gamma \neq 0$) ist das Zeitverhalten des Oszillators die Überlagerung einer stationären harmonischen Schwingung (mit der Frequenz ω), die nicht von den Anfangsbedingungen abhängt und einer gedämpften Schwingung, die mit der Zeit abklingt. Die stationäre Schwingung zeigt eine charakteristische Abhängigkeit von der Erregerfrequenz. Die zeitgemittelte Energie des Oszillators hat ein Maximum bei der Resonanzfrequenz $\omega = \omega_0$, auch die zeitgemittelte Leistungsaufnahme ist maximal. Bei Resonanz ist die Phasenverschiebung von Oszillator- und Erregerschwingung $\pi/2$. Bei verschwindender Dämpfung ($\gamma = 0$) treten Schwebungen auf, die durch die Summe und die Differenz aus Eigenfrequenz ω_0 und Erregerfrequenz ω charakterisiert werden. Für den Fall $\omega = \omega_0$ tritt die Resonanzkatastrophe ein: Die Amplitude des Oszillators wächst linear mit der Zeit an.

8.5.1 Erregter Oszillator. Schwingungsgleichung

Inhalt: Aufstellung der Bewegungsgleichung der erzwungenen Schwingung. Diskussion des mechanischen Aufbaus zur harmonischen Erregung eines gedämpften Federpendels und zur Messung des Zeitverlaufs $x(t)$ seiner Lage.
Bezeichnungen: x Ort, m Masse, D Federkonstante, $a = D/m$, R Reibungskoeffizient, $\gamma = R/(2m)$ Dämpfungskonstante, $F = F_0 \cos \omega t$ erregende Kraft, $k = F_0/m$.

Im Falle der bisher in diesem Kapitel behandelten Schwingungen wurden die Anfangsbedingungen zur Zeit $t = 0$ von außen eingestellt. Dazu war einmal ein bestimmter Energieaufwand erforderlich. In vielen Fällen wird jedoch dem schwingenden System periodisch Energie zugeführt. Wir bezeichnen den dann auftretenden Bewegungsvorgang als *erzwungene Schwingung*.

Besonders wichtig ist die Diskussion von Schwingungsvorgängen mit harmonischer Anregung. Die Energiezufuhr von außen geschieht über eine harmonische äußere Kraft

$$F(t) = F_0 \cos(\omega t - \varepsilon) \quad .$$

Die Größe ε ist eine Phase, die die Kraft $F(t = 0) = F_0 \cos(-\varepsilon)$ zur Zeit $t = 0$ angibt. Wir können aber die Zeitskala stets so wählen, daß $F(t = 0) = F_0$, also $\varepsilon = 0$ und

$$F(t) = F_0 \cos \omega t \quad . \tag{8.5.1}$$

Damit wird die Bewegungsgleichung (8.4.2) zu

$$m\ddot{x} = -R\dot{x} - Dx + F_0 \cos \omega t \tag{8.5.2}$$

erweitert. Außerdem kann die Zeitskala stets so gewählt werden, daß

$$F_0 > 0$$

gilt. Mit der Bezeichnung

$$k = \frac{F_0}{m} \quad , \qquad a = \frac{D}{m} \tag{8.5.3}$$

hat die Normalform der Schwingungsgleichung die Gestalt

$$\ddot{x} = -2\gamma\dot{x} - ax + k \cos \omega t \quad . \tag{8.5.4}$$

Experiment 8.2.
Erzwungene Schwingung und Resonanz des schreibenden Federpendels
Beim schreibenden Federpendel (vgl. Experiment 2.6) kann die Zusatzbeschleunigung wie folgt erreicht werden (Abb. 8.8). Der Aufhängepunkt der Federn wird über eine geführte *Kolbenstange*, ein *Kreuzkopfgelenk* und eine *Pleuelstange* mit einer Scheibe verbunden, die durch einen Motor mit fester Winkelgeschwindigkeit ω angetrieben wird. Damit beschreibt der Aufhängepunkt für nicht zu große Scheibenradien die Bewegung

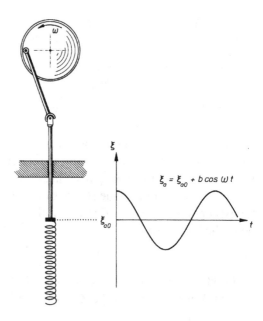

Abb. 8.8. Anordnung zur Erregung einer erzwungenen Schwingung des schreibenden Federpendels

$$\xi_a(t) = \xi_{a0} + b\cos(\omega t - \varepsilon) \quad,$$

also eine harmonische Schwingung um den Wert ξ_{a0}. Der Winkel ε gibt die Lage der Scheibe zur Zeit $t = 0$ an. Für unsere Betrachtungen bedeutet es keine Einschränkung, wenn wir $\varepsilon = 0$ setzen. Entsprechend der Diskussion zu Experiment 2.6 erhalten wir die Bewegungsgleichung

$$m\ddot{\xi} = -D(\xi - \xi_{a0} + \ell) - mg - R\dot{\xi} + Db\cos\omega t \quad.$$

Die Dämpfung wird wie im Experiment 8.1 durch Wirbelströme erreicht. Als Ruhelage des Pendels bezeichnen wir wie im Experiment 2.6

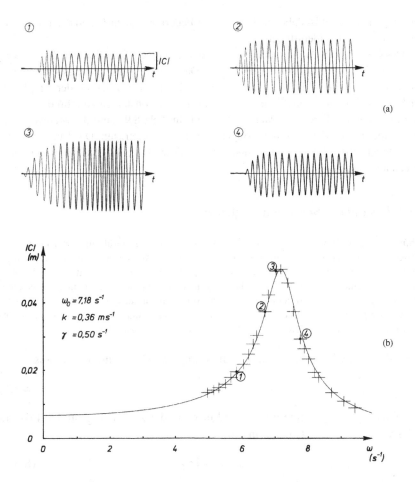

(a)

(b)

Abb. 8.9. (a) Aufzeichnungen des Einschwingvorgangs des schreibenden Federpendels für verschiedene Erregerfrequenzen ω, jedoch feste Eigenfrequenzen ω_0 und feste Dämpfung γ. **(b)** Meßwerte der stationären Amplitude $|C|$ als Funktion der Erregerfrequenz ω. (Die Meßwerte aus **(a)** sind durch Numerierung gekennzeichnet). Die durchgezogene Kurve entspricht der Beziehung (8.5.17)

$$\xi_0 = -\frac{m}{D}g + \xi_{a0} - \ell \quad .$$

Sie entspricht dem kräftefreien Zustand ohne Erregung mit $\xi_a = \xi_{a0}$. Durch Übergang zur Variablen

$$x = \xi - \xi_0$$

gewinnt man direkt

$$m\ddot{x} = -Dx - R\dot{x} + Db\cos\omega t \quad ,$$

also eine Gleichung der Form (8.5.2). Die Amplitude

$$F_0 = Db$$

der erregenden Kraft ist dabei als Produkt der Federkonstanten D und des Radius der Rotationsbewegung identifiziert.

Das Gerät liefert Aufzeichnungen der Auslenkung als Funktion der Zeit für verschiedene Erregerfrequenzen ω (Abb. 8.9a). Dabei wurden die Anfangsbedingungen $x_0 = 0, v_0 = 0$ gewählt. Man beobachtet zunächst ein Anwachsen der Amplitude der Schwingung und schließlich das Erreichen einer konstanten Amplitude $|C|$, die allerdings von der Erregerfrequenz ω abhängt. In Abb. 8.9b sind die Meßwerte der Amplitude $|C|$ als Funktion der Erregerfrequenz ω aufgetragen. Die Kurve, die ein charakteristisches Maximum hat, entspricht der Formel (8.5.17), die wir weiter unten berechnen werden.

8.5.2 Lösung der Schwingungsgleichung

Inhalt: Verallgemeinerung der Schwingungsgleichung durch Einführung einer komplexen Auslenkung $z(t)$. Auffindung einer stationären, von den Anfangsbedingungen unabhängigen Schwingung $z_S(t) = C\exp\{-i\omega t\}$ mit komplexer Amplitude $C(\omega)$ als partikuläre Lösung. Die allgemeine Lösung ist eine Überlagerung dieser stationären Schwingung und einer Schwingung des freien Oszillators, die von den Anfangsbedingungen abhängt.
Bezeichnungen: $z(t)$ komplexwertige Ortsvariable, $z_S(t)$ stationäre Lösung, $C = |C|e^{i\eta}$ komplexe Amplitude mit Betrag $|C|$ und Phase η, sonst wie in Abschn. 8.5.1.

Anstelle von (8.5.4) behandeln wir die komplexe Differentialgleichung

$$\ddot{z} = -2\gamma\dot{z} - az + ke^{-i\omega t} \quad . \tag{8.5.5}$$

Dabei ist $z = x + iy$ eine komplexe Funktion der Zeit. Die gesuchte Lösung x der Gleichung (8.5.4) ist dann durch

$$x = \text{Re}\{z\} \tag{8.5.6}$$

gegeben, weil (8.5.4) der Realteil von (8.5.5) ist.

Da (8.5.5) eine inhomogene lineare Differentialgleichung ist, setzt sich ihre allgemeine Lösung additiv aus einer partikulären Lösung und der allgemeinen Lösung der zugehörigen homogenen Gleichung zusammen. Die Partikularlösung der inhomogenen Gleichung finden wir mit dem Ansatz

$$z_S(t) = Ce^{-i\omega't} \quad . \tag{8.5.7}$$

Durch Einsetzen in (8.5.5) erhalten wir

$$(-\omega'^2 - 2i\gamma\omega' + a)Ce^{-i\omega't} = ke^{-i\omega t} \quad . \tag{8.5.8}$$

Für $\omega' = \omega$ löst der Ansatz die Differentialgleichung, wenn man

$$C = -\frac{k}{(\omega^2 - \omega_0^2) + 2i\gamma\omega} = -\frac{k}{(\omega - \omega_R + i\gamma)(\omega + \omega_R + i\gamma)} \tag{8.5.9}$$

setzt. Es gelten die Bezeichnungen aus Abschn. 8.4, d. h.

$$\omega_0 = \sqrt{a}$$

ist die *Eigenfrequenz* des ungedämpften Oszillators und

$$\omega_R = \sqrt{\omega_0^2 - \gamma^2} \quad .$$

Die Amplitude C ist eine komplexe Funktion der Variablen ω. Sie läßt sich durch Betrag $|C|$ und Phase η in der folgenden Weise darstellen (vgl. Anhang E):

$$C = |C|e^{i\eta} \quad . \tag{8.5.10}$$

Für die Lösung $z_S(t)$ der komplexen Gleichung (8.5.5) haben wir somit

$$z_S(t) = Ce^{-i\omega t} = |C|e^{-i(\omega t - \eta)} \quad . \tag{8.5.11}$$

Die Partikularlösung $x_S(t)$ der reellen Gleichung (8.5.4) erhält man nach (8.5.6) nun als Realteil dieser komplexen Lösung

$$x_S(t) = \text{Re}\{z_S(t)\} \quad . \tag{8.5.12}$$

Aus den beiden Darstellungen der komplexen Lösung in (8.5.11) läßt sich der Realteil auf zwei verschiedene Weisen gewinnen:

$$x_S(t) = \text{Re}\left\{|C|e^{-i(\omega t - \eta)}\right\} = |C|\cos(\omega t - \eta) \tag{8.5.13}$$

und

$$\begin{aligned} x_S(t) &= \text{Re}\left\{Ce^{-i\omega t}\right\} = \text{Re}\{C\}\,\text{Re}\left\{e^{-i\omega t}\right\} - \text{Im}\{C\}\,\text{Im}\left\{e^{-i\omega t}\right\} \\ &= \text{Re}\{C\}\cos\omega t + \text{Im}\{C\}\sin\omega t \quad . \end{aligned}$$

Die Lösung $z_S(t)$ bzw. ihr Realteil $x_S(t)$ beschreibt eine ungedämpfte Schwingung. Die allgemeine Lösung der Gleichung (8.5.4) besteht aus der Superposition der allgemeinen Lösung (8.4.6) der zugehörigen homogenen Gleichung und der Partikularlösung (8.5.13),

$$x = c_1 e^{i\Omega_+ t} + c_2 e^{i\Omega_- t} + |C|\cos(\omega t - \eta) \quad . \tag{8.5.14}$$

Die freien Konstanten c_1 und c_2 werden wieder durch die Anfangsbedingungen x_0 und v_0 festgelegt.

8.5.3 Stationäre Schwingung

Inhalt: Diskussion der Abhängigkeit der komplexen Amplitude $C(\omega) = |C|\exp\{i\eta\}$ der stationären Schwingung von der Erregerfrequenz ω. Für $\omega \to 0$ ist C rein reell, für $\omega \to \infty$ verschwindet C. Bei der Eigenfrequenz $\omega = \omega_0$ des ungedämpften Oszillators ist die Phasenverschiebung η zwischen der Schwingung des Erregers und der des Oszillators $\eta = \pi/2$.

In diesem Abschnitt wollen wir ausdrücklich voraussetzen, daß die Dämpfung γ *nicht* verschwindet. (Der Fall verschwindender Dämpfung wird im Abschn. 8.5.6 behandelt.) Dann verschwindet nach der Diskussion aus Abschn. 8.4 für große Zeiten

$$t \gg \frac{1}{\gamma} \quad \text{bzw.} \quad t \gg \frac{1}{\gamma - \sqrt{\gamma^2 - \omega_0^2}}$$

der Beitrag der Lösung der homogenen Gleichung. Man unterscheidet daher einen Bereich kleiner Zeiten, in denen ein *Einschwingvorgang* stattfindet, der von den Anfangsbedingungen abhängt, und den stationären Zustand, der vollständig von der Partikularlösung beschrieben wird. Den Einschwingvorgang werden wir weiter unten im Abschn. 8.5.5 beschreiben. Die Lösung für den stationären Zustand

$$z_\mathrm{S}(t) = |C|\mathrm{e}^{-\mathrm{i}(\omega t - \eta)} \quad , \quad x_\mathrm{S}(t) = \mathrm{Re}\{z_\mathrm{S}(t)\} = |C|\cos(\omega t - \eta) \quad (8.5.15)$$

stellt eine harmonische Schwingung mit der von außen eingeprägten Kreisfrequenz ω, der Amplitude C und der Phase η dar.

Die komplexe Amplitude (8.5.9) können wir durch Erweiterung mit $\omega^2 - \omega_0^2 - 2\mathrm{i}\gamma\omega$ explizit in Real- und Imaginärteil zerlegen,

$$
\begin{aligned}
C &= -\frac{k}{(\omega^2 - \omega_0^2)^2 + 4\gamma^2\omega^2}(\omega^2 - \omega_0^2 - 2\mathrm{i}\gamma\omega) \\
&= \frac{k(\omega_0^2 - \omega^2)}{(\omega^2 - \omega_0^2)^2 + 4\gamma^2\omega^2} + \mathrm{i}\frac{2k\gamma\omega}{(\omega^2 - \omega_0^2)^2 + 4\gamma^2\omega^2} \quad , \quad (8.5.16)
\end{aligned}
$$

und, wie in Abb. 8.10 gezeigt, in der komplexen Zahlenebene darstellen.

Wir interessieren uns besonders für die Abhängigkeit der komplexen Amplitude C als Funktion der Erregerfrequenz ω. Für das Verhalten des Realteils und des Imaginärteils der komplexen Amplitude bei sehr kleinen und sehr großen Erregerfrequenzen lesen wir aus (8.5.16) ab:

$$
\begin{aligned}
\omega \to 0: \quad & \mathrm{Re}\{C\} \to k/\omega_0^2 \quad , \quad \mathrm{Im}\{C\} \to 0 \quad , \\
\omega \to \infty: \quad & \mathrm{Re}\{C\} \to 0 \quad , \quad \mathrm{Im}\{C\} \to 0 \quad .
\end{aligned}
$$

In der komplexen C-Ebene dargestellt, bewegt sich der Punkt $C(\omega)$ auf einer Trajektorie, die für $\omega = 0$ bei $(k/\omega_0^2, 0)$ beginnt und für $\omega \to \infty$ in den Ursprung $(0,0)$ führt, Abb. 8.11.

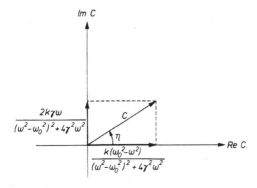

Abb. 8.10. Darstellung der Amplitude C in der komplexen Zahlenebene

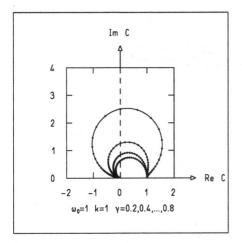

Abb. 8.11. Trajektorien der Amplitude $C(\omega)$ in der komplexen C-Ebene. Für die gewählten Werte von ω_0 und k beginnen die Trajektorien für $\omega = 0$ auf der reellen Achse bei $(1,0)$ und streben für $\omega \to \infty$ dem Ursprung zu. Die Marken auf den Trajektorien sind äquidistant in ω. Die äußere Trajektorie gehört zum kleinsten, die innere zum größten Wert der Dämpfungskonstanten γ

In Abb. 8.12 sind der Betrag $|C|$ und die Phase η der komplexen Amplitude C als Funktion der Erregerfrequenz ω dargestellt, und zwar für festgehaltene Masse m und Eigenfrequenz ω_0 des Oszillators und festgehaltene Amplitude F_0 der erregenden Kraft (d. h. festen Wert von $k = F_0/m$), aber verschiedene Werte der Dämpfungskonstanten γ. Man beobachtet, daß der Betrag der Amplitude

$$|C| = \frac{k}{\sqrt{(\omega^2 - \omega_0^2)^2 + 4\gamma^2\omega^2}} \qquad (8.5.17)$$

für nicht zu große Werte von γ ein Maximum bei

$$\omega = \sqrt{\omega_0^2 - 2\gamma^2} \qquad (8.5.18)$$

erreicht. Die Lage des Maximums hängt von der Dämpfung ab und nähert sich für kleine Dämpfung ($\gamma^2 \ll \omega_0^2$) der Eigenfrequenz ω_0 des ungedämpften Systems. Für nichtverschwindende Dämpfung ist sie weder gleich ω_0 noch gleich der Eigenfrequenz des gedämpften Systems ω_R, vgl. (8.4.5).

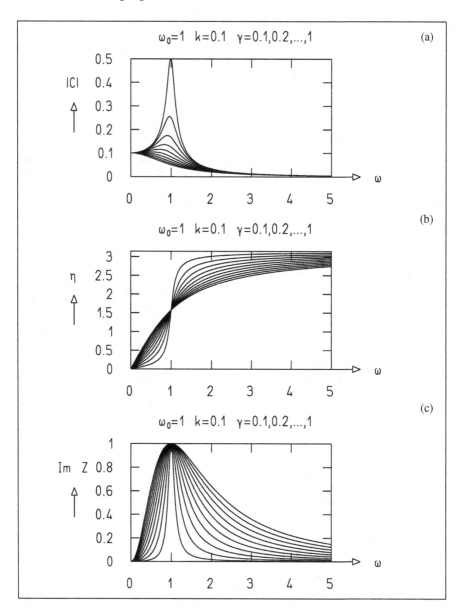

Abb. 8.12. (a) Schwingungsweite $|C|$, (b) Phasenwinkel η und (c) mittlere Leistungsaufnahme Im $\{Z\}$ für feste Werte von k, m und ω_0, aber verschiedene Dämpfungskonstanten γ, als Funktion der Erregerfrequenz ω

An der Abb. 8.10 sieht man, daß die Phase η, d. h. die Phasenverschiebung zwischen der Bewegung des Erregers und der Schwingung des Oszillators, durch

$$\cot \eta = \frac{\omega_0^2 - \omega^2}{2\gamma\omega} \quad , \qquad \eta = \text{arccot}\, \frac{\omega_0^2 - \omega^2}{2\gamma\omega} \tag{8.5.19}$$

gegeben ist. Sie geht unabhängig von der Dämpfung bei $\omega = \omega_0$ durch $\pi/2$. Als Grenzverhalten für Betrag und Phase von C finden wir:

$$\omega \to 0: \quad |C| \to k/\omega_0^2 \quad , \qquad \eta \to 0 \quad ,$$
$$\omega \to \infty: \quad |C| \to 0 \quad , \qquad \eta \to \pi \quad .$$

8.5.4 Energie- und Leistungsbilanz. Resonanz

Inhalt: Neben der komplexen Amplitude $C(\omega)$ wird die dimensionslose komplexe Amplitude $Z(\omega) = 2\gamma\omega C(\omega)/k$ eingeführt. Für sie gilt die Unitaritätsrelation $\text{Im}\{Z(\omega)\} = |Z(\omega)|^2$. Die graphische Darstellung dieser Beziehung ist ein Kreis in der komplexen Z-Ebene (Argand-Diagramm). Der Imaginärteil von Z ist proportional zu der im Zeitmittel vom Oszillator aufgenommenen und durch Reibungsverluste verbrauchten Leistung (Verlustleistung), der Realteil ist proportional zu der während einer Periode zwischen Erreger und Oszillator verlustfrei ausgetauschten Leistung (Blindleistung). Bei der Resonanzfrequenz $\omega = \omega_0$ ist $\text{Im}\{Z\} = \max = 1$, $\text{Re}\{Z\} = 0$, $|Z| = \max = 1$, $\eta = \pi/2$. Die Breite der Resonanz ist der Bereich $\omega_1 \le \omega \le \omega_2$ für den $\text{Im}\{Z\} \ge 1/2$. Für $\gamma \ll \omega_0$ gilt $\omega_2 - \omega_1 \approx 2\gamma$.

Um eine Energiebilanz der erzwungenen Schwingung aufzustellen, multiplizieren wir die Bewegungsgleichung (8.5.2) mit $\dot{x}$:

$$\frac{\mathrm{d}}{\mathrm{d}t}\left(\frac{m}{2}\dot{x}^2\right) = m\dot{x}\ddot{x}$$

$$= -Dx\dot{x} - R\dot{x}^2 + F(t)\dot{x} = -\frac{\mathrm{d}}{\mathrm{d}t}\left(\frac{D}{2}x^2\right) - R\dot{x}^2 + F(t)\dot{x} \quad .$$

Wir erkennen die Terme in den Klammern als kinetische bzw. potentielle Energie des Massenpunktes wieder. Damit läßt sich die obige Gleichung als

$$\frac{\mathrm{d}E}{\mathrm{d}t} = \frac{\mathrm{d}}{\mathrm{d}t}(E_{\text{kin}} + E_{\text{pot}}) = -R\dot{x}^2 + F(t)\dot{x} \tag{8.5.20}$$

schreiben. Physikalisch bedeutet diese Gleichung, daß die zeitliche Änderung der mechanischen Gesamtenergie des schwingenden Massenpunktes in jedem Moment durch die Summe der Reibungsverlustleistung und der aufgenommenen Erregerleistung bestimmt ist. Der Gleichung sieht man unmittelbar an, daß das Vorzeichen der Erregerleistung davon abhängt, ob die äußere Kraft in oder gegen die Geschwindigkeitsrichtung wirkt. Wie nicht anders zu erwarten, ist das Vorzeichen der Verlustleistung stets negativ.

Wir betrachten zunächst die Änderung der mechanischen Gesamtenergie über eine Periode der erregenden Schwingung:

$$E(t+T) - E(t) = \int_t^{t+T} \frac{\mathrm{d}E}{\mathrm{d}t'}\,\mathrm{d}t' = \int_t^{t+T} [-R\dot{x}^2 + F(t')\dot{x}]\,\mathrm{d}t' \quad.$$

Im stationären Zustand ist die mechanische Gesamtenergie nach Ablauf einer Periode ungeändert:

$$E(t+T) = E(t) \quad.$$

Damit gilt

$$\bar{N}T = \int_t^{t+T} F(t')\dot{x}\,\mathrm{d}t' = \int_t^{t+T} R\dot{x}^2\,\mathrm{d}t' \quad. \tag{8.5.21}$$

Wie nicht anders zu erwarten, wird im stationären Zustand die in einer Periode von außen zugeführte Energie im gleichen Zeitraum vollständig in Wärme umgewandelt. In der obigen Beziehung stellt $\bar{N}$ die mittlere Verlustleistung dar.

Mit (8.5.15) ist

$$\dot{x} = -\omega|C|\sin(\omega t - \eta) \quad \text{bzw.} \quad \dot{x} = -\omega\,\mathrm{Re}\{C\}\sin\omega t + \omega\,\mathrm{Im}\{C\}\cos\omega t \quad.$$

Damit ist

$$\begin{aligned}
\bar{N} &= \frac{1}{T}\int_t^{t+T} F\dot{x}\,\mathrm{d}t' \\
&= \frac{\omega F_0}{T}\int_t^{t+T} \cos\omega t'\,(-\mathrm{Re}\{C\}\sin\omega t' + \mathrm{Im}\{C\}\cos\omega t')\,\mathrm{d}t' \\
&= \frac{\omega F_0}{2\pi}\,\mathrm{Im}\{C\}\int_u^{u+2\pi}\cos^2 u'\,\mathrm{d}u' = \frac{\omega}{2}F_0\,\mathrm{Im}\{C\} \quad, \tag{8.5.22}
\end{aligned}$$

wie man durch Substitution von $u' = \omega t'$ findet. Andererseits gilt auch

$$\begin{aligned}
\bar{N} &= \frac{1}{T}\int_t^{t+T} R\dot{x}^2\,\mathrm{d}t' \\
&= \frac{\omega^2 R}{T}|C|^2\int_t^{t+T}\sin^2(\omega t' - \eta)\,\mathrm{d}t' = \frac{\omega^2 R}{2\pi}|C|^2\int_v^{v+2\pi}\sin^2 v'\,\mathrm{d}v' \\
&= \frac{\omega^2 R}{2}|C|^2 \quad. \tag{8.5.23}
\end{aligned}$$

Die Verlustleistung $\bar{N}$ als Funktion der Erregerfrequenz ist in Abb. 8.12c dargestellt. Im Gegensatz zur Amplitude $|C|$ erreicht sie ihr Maximum stets für $\omega = \omega_0$.

Aus den obigen Energiebetrachtungen haben wir also die *Unitaritätsrelation* für die komplexe Amplitude C

$$\mathrm{Im}\{C\} = \omega\frac{R}{F_0}|C|^2 = \omega\frac{2\gamma}{k}|C|^2 \tag{8.5.24}$$

erhalten. Führen wir anstelle von C die *dimensionslose komplexe Amplitude*

$$Z = \omega \frac{R}{F_0} C = \frac{2\gamma\omega}{k} C$$

$$= \frac{2\gamma\omega(\omega_0^2 - \omega^2)}{(\omega^2 - \omega_0^2)^2 + 4\gamma^2\omega^2} + i\frac{4\gamma^2\omega^2}{(\omega^2 - \omega_0^2)^2 + 4\gamma^2\omega^2} \qquad (8.5.25)$$

ein, so nimmt die Unitaritätsrelation die besonders einfache Form

$$\text{Im}\{Z\} = |Z|^2 \qquad (8.5.26)$$

an. Wegen

$$|Z|^2 = (\text{Re}\{Z\})^2 + (\text{Im}\{Z\})^2$$

läßt sie sich auch in der Form

$$(\text{Re}\{Z\})^2 + \left(\text{Im}\{Z\} - \frac{1}{2}\right)^2 = \frac{1}{4} \qquad (8.5.27)$$

schreiben. Das ist die Gleichung für einen Kreis mit dem Radius $1/2$ und dem Mittelpunkt $(0, i/2)$ in der komplexen Z-Ebene (Abb. 8.13). Diese Darstellung ist in der Elementarteilchenphysik unter dem Namen *Argand-Diagramm* bekannt. Wegen der Unitaritätsrelation (8.5.26) hat die komplexe Zahl Z nur ein unabhängiges Bestimmungsstück. Das Argand-Diagramm erlaubt es auf einfache Weise, aus der Vorgabe einer der Größen $|Z|, \eta, \text{Re}\{Z\}, \text{Im}\{Z\}$ die übrigen drei zu entnehmen.

Physikalisch bedeutet die Gleichung (8.5.24),

$$\bar{N} = \frac{\omega}{2} F_0 \, \text{Im}\{C\} = \frac{F_0^2}{2R} \, \text{Im}\{Z\} \quad , \qquad (8.5.28)$$

daß die vom Erreger an das System im zeitlichen Mittel abgegebene Leistung durch den Imaginärteil von Z bestimmt ist. Die Frequenz, für die diese vom System im zeitlichen Mittel absorbierte Leistung maximal wird, heißt *Resonanzfrequenz*. Bei dieser Frequenz befinden sich Erreger und schwingendes System *in Resonanz*. Bei der Resonanzfrequenz muß dann die Bedingung

$$\text{Im}\{Z\} = \text{max}$$

erfüllt sein.

Aus dem Argand-Diagramm liest man ab, daß die folgenden vier Bedingungen für Resonanz offenbar äquivalent sind:

$$\eta = \frac{\pi}{2} \quad , \qquad |Z| = \text{max} \quad , \qquad \text{Im}\{Z\} = \text{max} \quad , \qquad \text{Re}\{Z\} = 0 \quad .$$
$$(8.5.29)$$

Jede einzelne von ihnen kann zur Bestimmung der Resonanzfrequenz benutzt werden. Man rechnet leicht nach, daß diese Bedingungen für $\omega = \omega_0$ erfüllt sind. Für die Phase η ersieht man die obige Behauptung sofort aus (8.5.19)

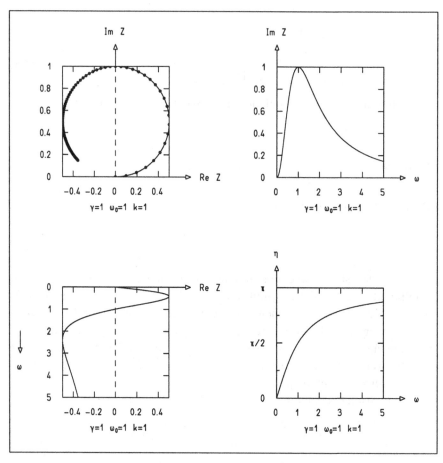

Abb. 8.13. Argand-Diagramm. Verlauf von $\mathrm{Im}\{Z\}, \mathrm{Re}\{Z\}$ und der Phase η als Funktion der Erregerfrequenz ω

und Abb. 8.12c. Abbildung 8.12a zeigt, daß bei der Resonanzfrequenz $\omega = \omega_0$ keineswegs die Schwingungsamplitude ein Maximum hat. Ihr Maximum liegt vielmehr stets unterhalb der Resonanzfrequenz.

Es ist nun sehr leicht, mit Hilfe des Argand-Diagramms und der aus (8.5.25) gewonnenen Beziehungen

$$\mathrm{Im}\{Z\} = \frac{4\gamma^2\omega^2}{(\omega^2 - \omega_0^2)^2 + 4\gamma^2\omega^2} = |Z|^2 \quad , \tag{8.5.30}$$

$$\mathrm{Re}\{Z\} = \frac{2\gamma\omega(\omega_0^2 - \omega^2)}{(\omega^2 - \omega_0^2)^2 + 4\gamma^2\omega^2} \tag{8.5.31}$$

den qualitativen Verlauf dieser Größen als Funktion von ω zu diskutieren. Der Imaginärteil zeigt eine Glockenform, die

- bei $\omega = 0$ parabelförmig vom Wert 0 ansteigt,

- bei $\omega = \omega_0$ ihren Maximalwert 1 hat,

- für $\omega \to \infty$ wie $1/\omega^2$ gegen null geht.

Der Realteil

- steigt bei $\omega = 0$ linear an,

- geht bei $\omega = \omega_0$ durch null,

- und verschwindet für $\omega \to \infty$ wie $1/\omega$.

Mit ω_1 und ω_2 bezeichnen wir die Frequenzen, für die gilt

$$\begin{aligned}
\mathrm{Re}\{Z(\omega_1)\} &= 1/2 \quad , \quad \mathrm{Im}\{Z(\omega_1)\} = 1/2 \quad , \\
\mathrm{Re}\{Z(\omega_2)\} &= -1/2 \quad , \quad \mathrm{Im}\{Z(\omega_2)\} = 1/2 \quad .
\end{aligned}$$

Aus der Forderung

$$(\mathrm{Re}\{Z\})^2 = (\mathrm{Im}\{Z\})^2 = \frac{1}{4}$$

erhält man für die Differenz

$$\omega_2^2 - \omega_1^2 = 4\gamma\sqrt{\omega_0^2 + \gamma^2} \quad , \tag{8.5.32}$$

was für kleine Dämpfung ($\gamma \ll \omega_0$, d. h. $\omega_1 + \omega_2 \approx 2\omega_0$) auf die *volle Breite bei halber Höhe* von $\mathrm{Im}\{Z\}$,

$$\omega_2 - \omega_1 \approx 2\gamma \quad ,$$

führt.

Von den vier Größen (8.5.29) haben drei für uns bereits eine unmittelbare physikalische Bedeutung:

- η ist die relative Phase zwischen der erregenden Schwingung und der Schwingung des Systems,

- $|C| = \frac{F_0}{\omega R}|Z|$ ist die Schwingungsweite des Oszillators,

- $\bar{N} = \frac{F_0^2}{2R}\mathrm{Im}\{Z\}$ ist die mittlere Leistungsaufnahme des Oszillators.

Abschließend wollen wir noch die Bedeutung von $\mathrm{Re}\{Z\}$ aufklären. Anstelle der mittleren Erregerleistung $\bar{N}$ betrachten wir nun die momentane Erregerleistung

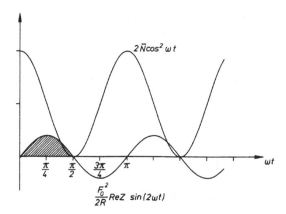

Abb. 8.14. Zeitabhängigkeit der beiden Terme in (8.5.33). Schraffiert ist der Bereich, in dem der zweite Term gleichbleibendes Vorzeichen hat

$$
\begin{aligned}
N(t) &= F(t)\dot{x}(t) = \omega F_0 \cos\omega t(-\operatorname{Re}\{C\}\sin\omega t + \operatorname{Im}\{C\}\cos\omega t) \\
&= \omega F_0 \operatorname{Im}\{C\}\cos^2\omega t - \frac{\omega}{2}F_0\operatorname{Re}\{C\}\sin(2\omega t) \\
&= 2\bar{N}\cos^2\omega t - \frac{\omega}{2}F_0\operatorname{Re}\{C\}\sin(2\omega t) \quad .
\end{aligned}
\tag{8.5.33}
$$

Der erste Term in der letzten Zeile ist stets positiv; sein über eine Periode genommener zeitlicher Mittelwert ist gerade die mittlere Erregerleistung $\bar{N}$. Der zweite Term stellt eine harmonische Schwingung mit der Kreisfrequenz 2ω dar. Sein Mittelwert über eine Periode ist zwar null, sein Auftreten zeigt jedoch, daß Energie sowohl vom Erreger in das schwingende System als auch umgekehrt fließt. Die Zeitabhängigkeit der beiden Beiträge ist in Abb. 8.14 dargestellt. Ein Maß für die periodisch ihr Vorzeichen wechselnde Leistung ist der Mittelwert über eine Viertelperiode, in der ihr Beitrag sein Vorzeichen nicht wechselt,

$$
\bar{N}_B = \frac{\omega}{\pi}F_0\operatorname{Re}\{C\} = \frac{F_0^2}{\pi R}\operatorname{Re}\{Z\} \quad .
\tag{8.5.34}
$$

Das $\pi/2$-fache dieser Größe wird in der Elektrotechnik als Blindleistung definiert. Wie wir sehen, ist dieser zwischen Erreger und schwingendem System ausgetauschte Energiebetrag durch den Realteil von Z bzw. C bestimmt.

Auch in anderen Gebieten der Physik spielen erzwungene Schwingungen eine wichtige Rolle. An die Stelle der Auslenkung x können dabei andere physikalische Größen (z. B. Stromstärke, Ladung, Feldstärke, Wahrscheinlichkeitsamplitude) treten. In der Optik und in der Quantenmechanik bezeichnet man den Imaginärteil von Z bzw. C auch als *Absorptivteil*, den Realteil dieser Größe auch als *Dispersivteil*. Bei allen erzwungenen Schwingungsvorgängen sind die oben diskutierten qualitativen Züge ähnlich. Insbesondere geht die vom System absorbierte Leistung bei Resonanz durch ein Maximum.

8.5.5 Einschwingvorgang

Inhalt: Auffindung einer partikulären Lösung $z_\mathrm{e}(t)$ der Bewegungsgleichung zu den speziellen Anfangsbedingungen $x_0 = 0$, $v_0 = 0$. Die allgemeine Lösung zu beliebigen Anfangsbedingungen ist die Summe $z_\mathrm{e}(t) + x_\mathrm{d}(t)$. Dabei ist $x_\mathrm{d}(t)$ eine gedämpfte (nicht erregte) Schwingung mit diesen Anfangsbedingungen. Unterscheidung der drei Fälle $\gamma < \omega_0$, $\gamma > \omega_0$, $\gamma = \omega_0$.

Die stationäre Schwingung (8.5.15) ist eine partikuläre Lösung der Bewegungsgleichung (8.5.5). Sie gehört zu den speziellen, komplexen Anfangsbedingungen

$$z_{\mathrm{s}0} = z_\mathrm{s}(t = 0) = C \quad , \qquad \dot{z}_{\mathrm{s}0} = \dot{z}_\mathrm{s}(0) = -\mathrm{i}\omega C \quad . \tag{8.5.35}$$

Eine andere, kompliziertere partikuläre Lösung ist

$$z_\mathrm{e}(t) = C\left\{ \mathrm{e}^{-\mathrm{i}\omega t} \quad - \quad \frac{1}{2}\left(1 - \frac{\omega + \mathrm{i}\gamma}{\omega_\mathrm{R}}\right) \mathrm{e}^{-\gamma t}\mathrm{e}^{\mathrm{i}\omega_\mathrm{R} t} \right.$$
$$\left. - \quad \frac{1}{2}\left(1 + \frac{\omega + \mathrm{i}\gamma}{\omega_\mathrm{R}}\right) \mathrm{e}^{-\gamma t}\mathrm{e}^{-\mathrm{i}\omega_\mathrm{R} t} \right\} \quad . \tag{8.5.36}$$

Sie gehört zu den einfachen Anfangsbedingungen

$$z_{\mathrm{e}0} = z_\mathrm{e}(t = 0) = 0 \quad , \qquad \dot{z}_{\mathrm{e}0} = \dot{z}_\mathrm{e}(t = 0) = 0 \quad , \tag{8.5.37}$$

wie man durch Nachrechnen verifiziert.

In Abb. 8.15 ist diese Lösung als Trajektorie in der Phasenebene und deren Projektionen auf die Orts- und Geschwindigkeitsachse dargestellt. Wie erwartet nähert sich die Trajektorie für große Zeiten der Kreisform an, die der stationären Schwingung entspricht. Diese Kreisbahn heißt *Grenzkurve*.

Die Form (8.5.36) gilt insbesondere für den Fall ω_R reell, d. h. $\gamma < \omega_0$. Für $\omega_\mathrm{R} = \mathrm{i}\lambda$ rein imaginär, also $\gamma > \omega_0$, erhält man direkt durch Einsetzen in (8.5.36) die in diesem Fall übersichtlichere Form

$$z_\mathrm{e}(t) = C\left\{ \mathrm{e}^{-\mathrm{i}\omega t} \quad - \quad \frac{1}{2}\left(1 - \frac{\gamma}{\lambda} + \mathrm{i}\frac{\omega}{\lambda}\right) \mathrm{e}^{-(\gamma+\lambda)t} \right.$$
$$\left. - \quad \frac{1}{2}\left(1 + \frac{\gamma}{\lambda} - \mathrm{i}\frac{\omega}{\lambda}\right) \mathrm{e}^{-(\gamma-\lambda)t} \right\} \quad . \tag{8.5.38}$$

Für den Fall $\omega_\mathrm{R} = 0$, also $\gamma = \omega_0$ muß man eine Grenzwertbetrachtung durchführen. In (8.5.36) treten Differenzenquotienten auf, die für $\omega_\mathrm{R} \to 0$ durch Differentialquotienten ersetzt werden können,

$$\lim_{\omega_\mathrm{R}\to 0} \frac{\mathrm{e}^{\mathrm{i}\omega_\mathrm{R} t} - \mathrm{e}^{-\mathrm{i}\omega_\mathrm{R} t}}{\omega_\mathrm{R}} = 2\left[\frac{\mathrm{d}}{\mathrm{d}\omega_\mathrm{R}}\mathrm{e}^{\mathrm{i}\omega_\mathrm{R} t}\right]_{\omega_\mathrm{R}=0} = 2\mathrm{i}t \quad .$$

Damit erhält man

$$z_\mathrm{e}(t) = C\left\{\mathrm{e}^{-\mathrm{i}\omega t} - \mathrm{e}^{-\gamma t}[1 + (\gamma - \mathrm{i}\omega)t]\right\} \quad . \tag{8.5.39}$$

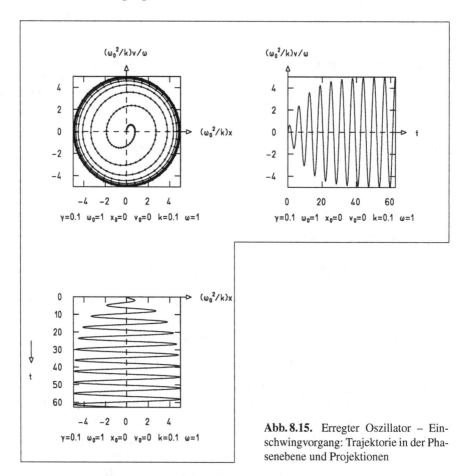

Abb. 8.15. Erregter Oszillator – Einschwingvorgang: Trajektorie in der Phasenebene und Projektionen

Die allgemeine Lösung der Bewegungsgleichung (8.5.5) ist dann

$$z(t) = z_e(t) + x_d(t) \quad . \tag{8.5.40}$$

Dabei ist $x_d(t)$ die Lösung der zu (8.5.5) gehörenden homogenen Differentialgleichung, d. h. der Schwingungsgleichung (8.4.3) für den nichterregten gedämpften Oszillator. Für $x_d(t)$ ist also einer der Ausdrücke (8.4.10), (8.4.15) oder (8.4.18) zu nehmen, je nachdem, ob es sich bei der gedämpften Schwingung um den Schwingfall $\gamma < \omega_0$, den Kriechfall $\gamma > \omega_0$ oder den aperiodischen Grenzfall $\gamma = \omega_0$ handelt. Da $z_e(t)$ die Anfangswerte $z_e(0) = 0$ und $\dot{z}_e(0) = 0$ besitzt, sind in diese Ausdrücke diejenigen Anfangsbedingungen einzusetzen, die jeweils für den erregten Oszillator gelten.

In Abb. 8.16 sind Beispiele für die drei verschiedenen Fälle graphisch dargestellt.

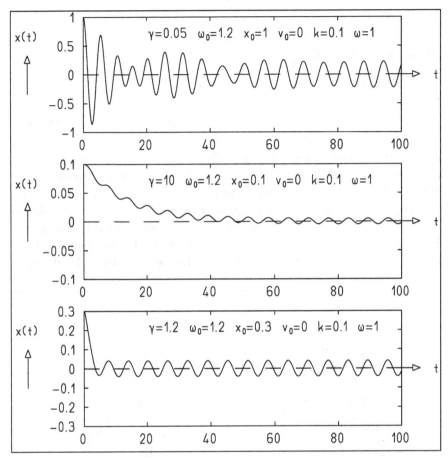

Abb. 8.16. Auslenkung $x(t)$ des erregten Oszillators während des Einschwingvorgangs für $\gamma \ll \omega_0$ *(oben)*, $\gamma \gg \omega_0$ *(Mitte)* und $\gamma = \omega_0$ *(unten)*

8.5.6 Grenzfall verschwindender Dämpfung. Schwebung

Inhalt: Die erzwungene Schwingung ohne Dämpfung ist eine Überlagerung von zwei Schwingungen mit den Kreisfrequenzen ω_0 des Oszillators und ω des Erregers. Für $\omega \approx \omega_0$ tritt ausgeprägte Schwebung auf: eine Schwingung der Kreisfrequenz $(\omega_0 + \omega)/2$ mit einer Amplitude, die selbst mit der Kreisfrequenz $|\omega_0 - \omega|/2$ oszilliert.

Für den Fall verschwindender Dämpfung gilt

$$\gamma = 0 \quad , \quad \omega_R = \omega_0 \quad , \quad C = \frac{k}{\omega_0^2 - \omega^2} \quad , \tag{8.5.41}$$

und die Lösung (8.5.36) der Bewegungsgleichung nimmt die Form

$$z_{\mathrm{e}}(t) = \frac{k}{\omega_0^2 - \omega^2}\left\{\mathrm{e}^{-\mathrm{i}\omega t} - \frac{\omega_0 - \omega}{2\omega_0}\mathrm{e}^{\mathrm{i}\omega_0 t} - \frac{\omega_0 + \omega}{2\omega_0}\mathrm{e}^{-\mathrm{i}\omega_0 t}\right\} \qquad (8.5.42)$$

an. Sie hat den Realteil

$$\begin{aligned}x_{\mathrm{e}}(t) &= \frac{k}{\omega_0^2 - \omega^2}\left\{\cos\omega t - \cos\omega_0 t\right\}\\[2mm] &= \frac{2k}{\omega_0^2 - \omega^2}\sin\left(\frac{\omega_0 - \omega}{2}t\right)\sin\left(\frac{\omega_0 + \omega}{2}t\right)\quad ,\qquad (8.5.43)\end{aligned}$$

der die Überlagerung zweier ungedämpfter Schwingungen mit den verschiedenen Kreisfrequenzen ω und ω_0 beschreibt. Aus der Schreibweise in der zweiten Zeile wird deutlich, daß *Schwebungen* auftreten: Man erhält eine Schwingung vergleichsweise hoher Kreisfrequenz $\omega_+ = (\omega_0 + \omega)/2$, deren Amplitude allerdings nicht konstant ist, sondern selbst mit der niedrigeren Kreisfrequenz $\omega_- = |\omega_0 - \omega|/2$ oszilliert. Man spricht von einer *Amplitudenmodulation* der *Trägerwelle* mit der Kreisfrequenz ω_+. Die Schwebungen

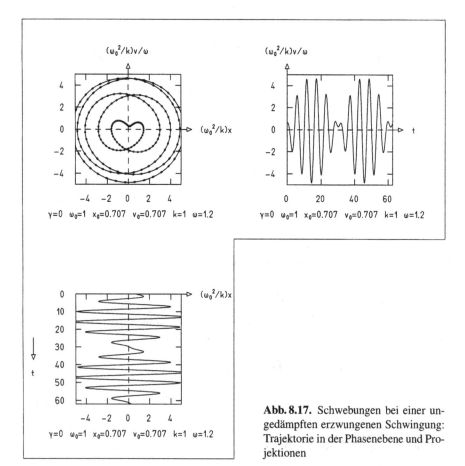

Abb. 8.17. Schwebungen bei einer ungedämpften erzwungenen Schwingung: Trajektorie in der Phasenebene und Projektionen

werden um so ausgeprägter, je ähnlicher die beiden Frequenzen ω_0 und ω sind.

Die Lösung $x_e(t)$ gehört zu den speziellen Anfangsbedingungen $x_0 = 0$, $v_0 = 0$. Für beliebige Anfangsbedingungen x_0, v_0 hat man die Lösung

$$x(t) = x_e(t) + x_{fu}(t) \quad . \tag{8.5.44}$$

Dabei ist $x_{fu}(t)$ die Lösung (8.2.9) der Schwingungsgleichung des freien ungedämpften Oszillators mit den Anfangsbedingungen x_0, v_0. Genau wie $x_e(t)$ ist $x(t)$ eine Schwebung, die durch die Frequenzen ω und ω_0 charakterisiert ist. Abbildung 8.17 zeigt ein Beispiel.

8.5.7 Resonanzkatastrophe

Inhalt: Verschwindet die Dämpfung und ist die Erregerfrequenz gleich der Oszillatorfrequenz, $\omega = \omega_0$, so wächst die Amplitude der Schwingung linear mit der Zeit an.

Von besonderem Interesse ist der Fall, in dem, wie in der Diskussion des vorangegangenen Abschnitts, die Dämpfung verschwindet und zusätzlich die Erregerfrequenz gleich der Eigenfrequenz ist, $\omega = \omega_0$. Für diesen Fall schreiben wir zunächst

$$\Delta\omega = \omega - \omega_0 \tag{8.5.45}$$

und führen dann den Grenzprozeß $\Delta\omega \to 0$ durch. Mit (8.5.45) erhält (8.5.43) die Form

$$x_e(t) = \frac{k}{\omega_0 + \omega} \frac{\cos(\omega_0 + \Delta\omega)t - \cos\omega_0 t}{-\Delta\omega} \quad ,$$

die im Grenzwert $\Delta\omega \to 0$ einfach zu

$$x_e(t) = \frac{k}{2\omega_0} t \sin\omega_0 t \tag{8.5.46}$$

wird. Die Amplitude des ungedämpften, in Resonanz erregten Resonators steigt linear mit der Zeit an. Ein physisch existierender Oszillator wird dabei früher oder später zerstört. Man spricht deshalb von der *Resonanzkatastrophe*.

Wieder gilt die Lösung (8.5.46) für die speziellen Anfangsbedingungen $x_0 = 0$, $v_0 = 0$. Für beliebige Anfangsbedingungen erhält man als Lösung wieder den Ausdruck (8.5.44). Dabei wird $x_e(t)$ aus (8.5.46) eingesetzt. Für große Zeiten $t \gg T = 2\pi/\omega_0$ überwiegt $x_e(t)$ völlig gegenüber $x_{fu}(t)$. Ein Beispiel für das Zeitverhalten eines ungedämpften, in Resonanz erregten Oszillators zeigt Abb. 8.18.

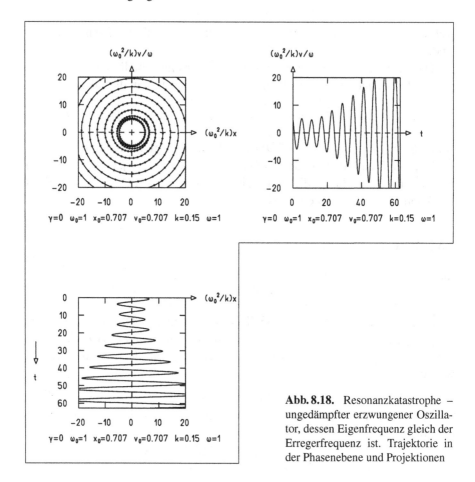

Abb. 8.18. Resonanzkatastrophe – ungedämpfter erzwungener Oszillator, dessen Eigenfrequenz gleich der Erregerfrequenz ist. Trajektorie in der Phasenebene und Projektionen

8.6 Gekoppelte Oszillatoren

Inhalt: Angabe eines mechanischen Aufbaus zur Erzeugung von Schwingungen zweier gekoppelter Oszillatoren. Die Bewegungsgleichungen sind ein gekoppeltes Differentialgleichungssystem für die Auslenkungen $x_1(t)$, $x_2(t)$ der Oszillatoren aus ihren Ruhelagen. Beschreibung des Systems durch den Vektor $\mathbf{x}(t) = x_1(t)\mathbf{e}_1 + x_2(t)\mathbf{e}_2$ im Konfigurationsraum, der von der orthonormierten Basis $\mathbf{e}_1$, $\mathbf{e}_2$ aufgespannt wird. Übergang zu einem Vektor $\mathbf{z} = \underline{\underline{Q}}^{1/2}\mathbf{x}$. Bewegungsgleichung für $\mathbf{z}$ lautet $\ddot{\mathbf{z}} = -\underline{\underline{A}}\mathbf{z}$ mit symmetrischem Tensor $\underline{\underline{A}}$. Durch Darstellung von $\mathbf{z} = z_1\mathbf{e}_1 + z_2\mathbf{e}_2 = y_1\boldsymbol{\eta}_1 + y_2\boldsymbol{\eta}_2$ in der Basis der Eigenvektoren von $\underline{\underline{A}}$ erhält man entkoppelte Schwingungsgleichungen für die y_1, y_2. Ihre Lösungen sind die Normalschwingungen mit den Kreisfrequenzen ω_1, ω_2. Die Schwingungen $x_1(t)$, $x_2(t)$ der Oszillatoren werden durch Überlagerungen der Normalschwingungen beschrieben. Sind die ω_1, ω_2 wenig verschieden, so treten deutliche Schwebungen auf.

Bezeichnungen: m_1, m_2 Massen der Oszillatoren; $M = m_1 + m_2$; x_1, x_2 Orte der Oszillatoren; D_1, D_2 Federkonstanten für Bindung der Oszillatoren an die Ruhelagen; D Federkonstante der Kopplung; $\mathbf{e}_1$, $\mathbf{e}_2$ Basis des Konfigurationsraumes; $\mathbf{x} = x_1\mathbf{e}_1 + x_2\mathbf{e}_2$ Vektor im Konfigurationsraum, der das System kennzeichnet; $\underline{\underline{Q}}$ Tensor der Massenverhältnisse, $\underline{\underline{K}}$ Tensor der durch die Gesamtmasse dividierten Federkonstanten, $\mathbf{z} = \underline{\underline{Q}}^{1/2}\mathbf{x}$, $\underline{\underline{A}} = \underline{\underline{Q}}^{-1/2}\underline{\underline{K}}\underline{\underline{Q}}^{-1/2}$; η_1, η_2 Eigenvektoren von $\underline{\underline{A}}$; y_1, y_2 Komponenten von $\mathbf{z} = z_1\mathbf{e}_1 + z_2\mathbf{e}_2 = y_1\eta_1 + y_2\eta_2$ im Basissystem η_1, η_2; ω_1, ω_2 Kreisfrequenzen der Normalschwingungen $y_1(t)$, $y_2(t)$.

Experiment 8.3.
Gekoppelte Schwingungen zweier schreibender Federpendel

Zwei Federn sind am Punkt ξ_a aufgehängt. Sie haben die Federkonstanten D_1 und D_2, die Längen ℓ_1 und ℓ_2 (im unbelasteten Zustand) und sind mit zwei schreibenden Pendelkörpern der Massen m_1 und m_2 belastet. Zwischen beiden ist eine zusätzliche Feder der Federkonstanten D und der Ruhelänge ℓ gespannt. Das Schema der Anordnung und die Aufzeichnung der schreibenden Pendel sind in Abb. 8.19 wiedergegeben. Man beobachtet, daß der zuerst angestoßene Pendelkörper eine Schwingung ausführt, deren Amplitude zunächst mit der Zeit abnimmt. Der zweite Pendelkörper wird über die Kopplungsfeder vom ersten zu Schwingungen angeregt, deren Amplitude ein Maximum erreicht, wenn die des ersten minimal ist. Darauf fällt die Amplitude des zweiten Körpers, während die des ersten wieder wächst, usw.

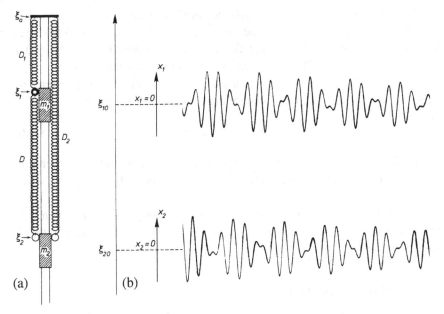

Abb. 8.19 a,b. Anordnung zur Erzeugung gekoppelter Schwingungen zweier schreibender Federpendel (**a**) und Aufzeichnung dieser Pendel (**b**)

Unter Vernachlässigung von Reibung lauten die Bewegungsgleichungen für die beiden Massenpunkte

$$
\begin{aligned}
m_1\ddot{\xi}_1 &= -D_1(\xi_1 - \xi_a + \ell_1) + D(\xi_2 - \xi_1 + \ell) - m_1 g \quad, \\
m_2\ddot{\xi}_2 &= -D_2(\xi_2 - \xi_a + \ell_2) + D(\xi_1 - \xi_2 - \ell) - m_2 g \quad.
\end{aligned}
\tag{8.6.1}
$$

Die Gleichgewichtslagen ξ_{10}, ξ_{20} sind durch

$$\ddot{\xi}_i = 0 \quad , \qquad i = 1, 2 \quad , \tag{8.6.2}$$

charakterisiert, so daß sie sich sofort aus den Gleichungen

$$\begin{aligned}
0 &= -D_1(\xi_{10} - \xi_a + \ell_1) + D(\xi_{20} - \xi_{10} + \ell) - m_1 g \quad , \\
0 &= -D_2(\xi_{20} - \xi_a + \ell_2) + D(\xi_{10} - \xi_{20} - \ell) - m_2 g
\end{aligned} \tag{8.6.3}$$

bestimmen lassen. Mit den neuen Variablen

$$x_i = \xi_i - \xi_{i0} \quad , \qquad i = 1, 2 \quad , \tag{8.6.4}$$

erhalten die Bewegungsgleichungen die Form

$$\begin{aligned}
m_1 \ddot{x}_1 &= -D_1 x_1 + D(x_2 - x_1) \quad , \\
m_2 \ddot{x}_2 &= -D_2 x_2 + D(x_1 - x_2) \quad .
\end{aligned} \tag{8.6.5}$$

Wir können die Orte $x_1(t)$, $x_2(t)$ der beiden Oszillatoren für jede Zeit t als Punkt in einer (x_1, x_2)-Ebene kennzeichnen. Die Zeitentwicklung des Systems entspricht der Bewegung des Punktes auf einer Trajektorie in der (x_1, x_2)-Ebene, Abb. 8.20 (oben). Etwas formaler bezeichnen wir die (x_1, x_2)-Ebene als den *Konfigurationsraum* des Systems der beiden gekoppelten Oszillatoren und beschreiben das System zur Zeit t durch den Vektor

$$\mathbf{x}(t) = x_1(t)\mathbf{e}_1 + x_2(t)\mathbf{e}_2 \quad . \tag{8.6.6}$$

Die Basisvektoren $\mathbf{e}_1$, $\mathbf{e}_2$ spannen den Konfigurationsraum auf. Sie haben keine räumliche Bedeutung. Sie bilden eine orthonormierte Basis, $\mathbf{e}_i \cdot \mathbf{e}_j = \delta_{ij}$.

Die Bewegungsgleichungen (8.6.5) sind ein gekoppeltes System von Differentialgleichungen in den Komponenten x_1, x_2 von $\mathbf{x}$. Wir dividieren durch die Gesamtmasse

$$M = m_1 + m_2$$

und schreiben es in der Form

$$\begin{pmatrix} m_1/M & 0 \\ 0 & m_2/M \end{pmatrix} \begin{pmatrix} \ddot{x}_1 \\ \ddot{x}_2 \end{pmatrix} = -\begin{pmatrix} (D_1 + D)/M & -D/M \\ -D/M & (D_2 + D)/M \end{pmatrix} \begin{pmatrix} x_1 \\ x_2 \end{pmatrix} \tag{8.6.7}$$

oder als Vektorgleichung

$$\underline{\underline{Q}}\ddot{\mathbf{x}} = -\underline{\underline{K}}\mathbf{x} \tag{8.6.8}$$

mit dem Tensor der Massenverhältnisse

$$\underline{\underline{Q}} = (m_1/M)\mathbf{e}_1 \otimes \mathbf{e}_1 + (m_2/M)\mathbf{e}_2 \otimes \mathbf{e}_2 \tag{8.6.9}$$

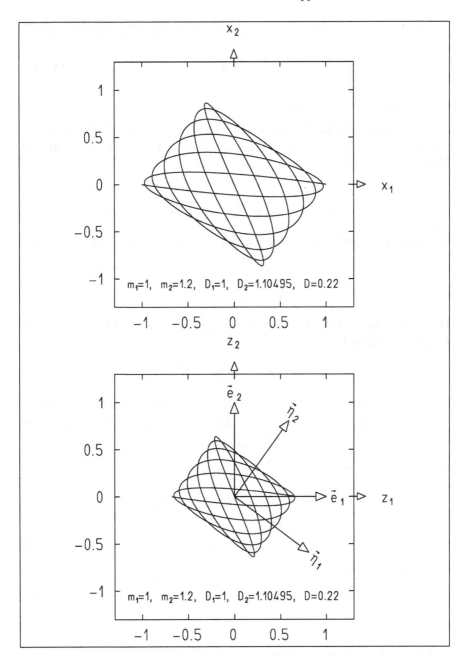

Abb. 8.20. Gekoppelte Oszillatoren. Darstellung der Zeitabhängigkeit durch die Trajektorie des Punktes $\mathbf{x}(t)$ im Konfigurationsraum (*oben*) und durch die Trajektorie des Punktes $\mathbf{z}(t)$ (*unten*). Zusätzlich eingezeichnet sind die Basisvektoren $\mathbf{e}_1$, $\mathbf{e}_2$ des ursprünglichen Basissystems und $\boldsymbol{\eta}_1$, $\boldsymbol{\eta}_2$ des Hauptachsensystems des Tensors $\underline{\underline{A}}$

und dem Tensor der durch die Gesamtmasse dividierten Federkonstanten

$$\underline{\underline{K}} = \sum_{i,j=1}^{2} K_{ij}\mathbf{e}_i \otimes \mathbf{e}_j \quad , \tag{8.6.10}$$

$$K_{11} = (D_1 + D)/M \quad , \qquad K_{22} = (D_2 + D)/M \quad , \qquad K_{12} = K_{21} = -D/M \quad .$$

Wir versuchen jetzt, das gekoppelte Gleichungssystem (8.6.8) durch ein ungekoppeltes zu ersetzen. Dazu bilden wir zunächst den Tensor $\underline{\underline{Q}}^{1/2}$ mit der Matrix

$$(\underline{\underline{Q}}^{1/2}) = \begin{pmatrix} \sqrt{m_1/M} & 0 \\ 0 & \sqrt{m_2/M} \end{pmatrix} \quad , \qquad \underline{\underline{Q}}^{1/2}\underline{\underline{Q}}^{1/2} = \underline{\underline{Q}} \quad . \tag{8.6.11}$$

Sie ist diagonal und nichtsingulär und kann leicht invertiert werden. Ihr Inverses ist

$$(\underline{\underline{Q}}^{-1/2}) = \begin{pmatrix} \sqrt{M/m_1} & 0 \\ 0 & \sqrt{M/m_2} \end{pmatrix} \quad . \tag{8.6.12}$$

Den zugehörigen Tensor bezeichnen wir mit $\underline{\underline{Q}}^{-1/2}$. Wir können jetzt (8.6.8) wie folgt umschreiben:

$$\underline{\underline{Q}}\ddot{\mathbf{x}} = -\underline{\underline{K}}\mathbf{x} = -\underline{\underline{K}}\underline{\underline{Q}}^{-1/2}\underline{\underline{Q}}^{1/2}\mathbf{x} \quad .$$

Dabei wurde auf der rechten Seite der Einheitstensor $\underline{\underline{1}} = \underline{\underline{Q}}^{-1/2}\underline{\underline{Q}}^{1/2}$ eingeschoben. Den Tensor $\underline{\underline{Q}}$ auf der linken Seite schreiben wir jetzt in der Form $\underline{\underline{Q}} = \underline{\underline{Q}}^{1/2}\underline{\underline{Q}}^{1/2}$, multiplizieren anschließend die ganze Gleichung von links mit $\underline{\underline{Q}}^{-1/2}$ und erhalten

$$\underline{\underline{Q}}^{1/2}\ddot{\mathbf{x}} = -(\underline{\underline{Q}}^{-1/2}\underline{\underline{K}}\underline{\underline{Q}}^{-1/2})(\underline{\underline{Q}}^{1/2}\mathbf{x})$$

oder

$$\ddot{\mathbf{z}} = -\underline{\underline{A}}\mathbf{z} \tag{8.6.13}$$

mit dem Vektor der neuen Variablen

$$\mathbf{z} = \underline{\underline{Q}}^{1/2}\mathbf{x} \quad , \tag{8.6.14}$$

$$z_1 = \sqrt{m_1/M}\,x_1 \quad , \qquad z_2 = \sqrt{m_2/M}\,x_2$$

und dem symmetrischen Tensor

$$\underline{\underline{A}} = \underline{\underline{Q}}^{-1/2}\underline{\underline{K}}\underline{\underline{Q}}^{-1/2} \quad , \tag{8.6.15}$$

$$(\underline{\underline{A}}) = \begin{pmatrix} \dfrac{D_1+D}{m_1} & -\dfrac{D}{\sqrt{m_1 m_2}} \\ -\dfrac{D}{\sqrt{m_1 m_2}} & \dfrac{D_2+D}{m_2} \end{pmatrix} \quad .$$

Der Vektor $\mathbf{z}(t)$ beschreibt ebenfalls eine Trajektorie in der von $\mathbf{e}_1$, $\mathbf{e}_2$ aufgespannten Ebene, Abb. 8.20 (unten). Während die Einhüllende der Trajektorie $\mathbf{x}(t)$ ein Parallelogramm ist, ist die Einhüllende von $\mathbf{z}(t)$ stets ein Rechteck. Das liegt daran, daß der Tensor $\underline{\underline{A}}$ in (8.6.13) symmetrisch ist.

Wir bestimmen jetzt ein neues orthonormiertes Basissystem $\boldsymbol{\eta}_1$, $\boldsymbol{\eta}_2$,

$$\boldsymbol{\eta}_i \cdot \boldsymbol{\eta}_j = \delta_{ij} \quad , \tag{8.6.16}$$

in dem der Tensor $\underline{\underline{A}}$ Diagonalform mit den Eigenwerten λ_i hat,

$$\underline{\underline{A}} = \sum_{i,j} A_{ij} \mathbf{e}_i \otimes \mathbf{e}_j = \sum_j \lambda_j \boldsymbol{\eta}_j \otimes \boldsymbol{\eta}_j \quad . \tag{8.6.17}$$

Dieses Basissystem ist das Hauptachsensystem des Tensors $\underline{\underline{A}}$. Die Basisvektoren $\mathbf{e}_1$, $\mathbf{e}_2$ und das Hauptachsensystem $\boldsymbol{\eta}_1$, $\boldsymbol{\eta}_2$ sind in Abb. 8.20 eingezeichnet. Die $\boldsymbol{\eta}_1$, $\boldsymbol{\eta}_2$ haben die Richtung der Kanten des die Trajektorie $\mathbf{z}(t)$ einhüllenden Rechtecks. Die beiden Basissysteme sind durch den Tensor $\underline{\underline{R}}$ der Hauptachsentransformation miteinander verknüpft,

$$\mathbf{e}_k = \underline{\underline{R}} \boldsymbol{\eta}_k \quad , \qquad \boldsymbol{\eta}_k = \underline{\underline{R}}^+ \mathbf{e}_k \quad , \qquad k = 1, 2 \quad , \tag{8.6.18}$$

vgl. Anhang B.15.

Die Eigenwerte λ_1, λ_2 ergeben sich als Lösungen der Gleichung

$$\det(\underline{\underline{A}} - \lambda_k \underline{\underline{1}}) = (A_{11} - \lambda_k)(A_{22} - \lambda_k) - (A_{12})^2 = 0 \quad , \qquad k = 1, 2$$

zu

$$\lambda_{1,2} = \frac{1}{2}(A_{11} + A_{22}) \pm \frac{1}{2}\sqrt{(A_{11} - A_{22})^2 + 4A_{12}^2} \quad . \tag{8.6.19}$$

Zur Bestimmung der Eigenvektoren benutzen wir die beiden Matrizen (B.15.7)

$$(\underline{\underline{B}}^{(k)}) = (\underline{\underline{A}}) - \lambda_k(\underline{\underline{1}}) = \begin{pmatrix} A_{11} - \lambda_k & A_{12} \\ A_{12} & A_{12} - \lambda_k \end{pmatrix} \quad , \qquad k = 1, 2 \quad ,$$

und finden nach (B.15.8) die noch nicht normierten Eigenvektoren

$$\begin{aligned} \boldsymbol{\eta}_1' &= B_{21}^{(1)\dagger} \mathbf{e}_1 + B_{22}^{(1)\dagger} \mathbf{e}_2 = -A_{12}\mathbf{e}_1 + (A_{11} - \lambda_1)\mathbf{e}_2 \quad , \\ \boldsymbol{\eta}_2' &= B_{21}^{(2)\dagger} \mathbf{e}_1 + B_{22}^{(2)\dagger} \mathbf{e}_2 = -A_{12}\mathbf{e}_1 + (A_{11} - \lambda_2)\mathbf{e}_2 \quad . \end{aligned}$$

Die normierten Eigenvektoren sind schließlich

$$\boldsymbol{\eta}_1 = \frac{\boldsymbol{\eta}_1'}{\eta_1'} = \frac{-A_{12}\mathbf{e}_1 + (A_{11} - \lambda_1)\mathbf{e}_2}{\sqrt{(A_{11} - \lambda_1)^2 + A_{12}^2}} \quad , \tag{8.6.20}$$

$$\boldsymbol{\eta}_2 = \frac{\boldsymbol{\eta}_2'}{\eta_2'} = \frac{-A_{12}\mathbf{e}_1 + (A_{11} - \lambda_2)\mathbf{e}_2}{\sqrt{(A_{11} - \lambda_2)^2 + A_{12}^2}} \quad . \tag{8.6.21}$$

Sie sind die Spaltenvektoren des Tensors $\underline{\underline{R}}^+$,

$$(\underline{\underline{R}}^+) = ((\boldsymbol{\eta}_1), (\boldsymbol{\eta}_2)) = \begin{pmatrix} R_{11} & R_{12} \\ R_{21} & R_{22} \end{pmatrix}^+ = \begin{pmatrix} R_{11} & R_{21} \\ R_{12} & R_{22} \end{pmatrix} \quad . \quad (8.6.22)$$

Die Vektorgleichung (8.6.13) hat in der ursprünglichen Basis $\mathbf{e}_1$, $\mathbf{e}_2$ die Spaltendarstellung

$$(\ddot{\mathbf{z}}) = -(\underline{\underline{A}})(\mathbf{z}) \quad , \quad \begin{pmatrix} \ddot{z}_1 \\ \ddot{z}_2 \end{pmatrix} = -\begin{pmatrix} A_{11} & A_{12} \\ A_{12} & A_{22} \end{pmatrix} \begin{pmatrix} z_1 \\ z_2 \end{pmatrix} \quad . \quad (8.6.23)$$

In der neuen Basis der Hauptachsen $\boldsymbol{\eta}_1$, $\boldsymbol{\eta}_2$ von $\underline{\underline{A}}$ seien die Komponenten des Vektors $\mathbf{z}$ mit y_1, y_2 bezeichnet,

$$\mathbf{z} = \sum_{i=1}^{2} z_i \mathbf{e}_i = \sum_{i=1}^{2} y_i \boldsymbol{\eta}_i \quad . \quad (8.6.24)$$

Die Matrix des Tensors $\underline{\underline{A}}$ in der Basis $\boldsymbol{\eta}_1$, $\boldsymbol{\eta}_2$ bezeichnen wir mit $(\underline{\underline{\Omega}}^2)$,

$$\begin{aligned} \underline{\underline{A}} &= \sum_{i,k=1}^{2} A_{ik} \mathbf{e}_i \otimes \mathbf{e}_k = \sum_{i,k=1}^{2} \Omega_{ik}^2 \boldsymbol{\eta}_i \otimes \boldsymbol{\eta}_k \\ &= \sum_{i=1}^{2} \omega_i^2 \boldsymbol{\eta}_i \otimes \boldsymbol{\eta}_i = \sum_{i=1}^{2} \lambda_i \boldsymbol{\eta}_i \otimes \boldsymbol{\eta}_i \quad , \end{aligned} \quad (8.6.25)$$

mit den Eigenwerten $\omega_i^2 = \lambda_i$. In dieser Basis hat die Bewegungsgleichung die Darstellung

$$(\ddot{\mathbf{y}}) = -(\underline{\underline{\Omega}}^2)(\mathbf{y}) \quad , \quad \begin{pmatrix} \ddot{y}_1 \\ \ddot{y}_2 \end{pmatrix} = -\begin{pmatrix} \omega_1^2 & 0 \\ 0 & \omega_2^2 \end{pmatrix} \begin{pmatrix} y_1 \\ y_2 \end{pmatrix} \quad . \quad (8.6.26)$$

Sie besteht im Gegensatz zum ursprünglichen System (8.6.23) bzw. (8.6.5) aus zwei ungekoppelten Schwingungsgleichungen

$$\ddot{y}_1 = -\omega_1^2 y_1 \quad , \quad \ddot{y}_2 = -\omega_2^2 y_2 \quad . \quad (8.6.27)$$

Deren allgemeine Lösungen sind nach (8.2.3) und (8.2.5)

$$y_i(t) = c_i e^{i\omega_i t} + c_i^* e^{-i\omega_i t} \quad , \quad i = 1, 2 \quad . \quad (8.6.28)$$

Wir bestimmen jetzt die Konstanten c_i aus den Anfangsbedingungen. Durch Einsetzen in (8.6.24) und mit (8.6.14) erhalten wir

$$\mathbf{z} = \underline{\underline{Q}}^{1/2} \mathbf{x} = \sum_{i=1}^{2} (c_i e^{i\omega_i t} + c_i^* e^{-i\omega_i t}) \boldsymbol{\eta}_i$$

und

$$\dot{\mathbf{z}} = \underline{\underline{Q}}^{1/2} \dot{\mathbf{x}} = \sum_{i=1}^{2} i\omega_i (c_i e^{i\omega_i t} - c_i^* e^{-i\omega_i t}) \boldsymbol{\eta}_i \quad .$$

Wir setzen $t = 0$, multiplizieren von links mit $\boldsymbol{\eta}_\ell$, nutzen die Orthonormalität (8.6.16) aus,

$$\boldsymbol{\eta}_\ell \underline{\underline{Q}}^{1/2}\mathbf{x}_0 = c_\ell + c_\ell^* \quad , \qquad \boldsymbol{\eta}_\ell \underline{\underline{Q}}^{1/2}\mathbf{v}_0 = \mathrm{i}\omega_\ell(c_\ell - c_\ell^*) \quad ,$$

und erhalten

$$c_\ell = \frac{1}{2}\boldsymbol{\eta}_\ell \underline{\underline{Q}}^{1/2}\left(\mathbf{x}_0 - \frac{\mathrm{i}}{\omega_\ell}\mathbf{v}_0\right) \quad .$$

Mit den Ausdrücken (8.6.11) und (8.6.22) für die Darstellungen von $\boldsymbol{\eta}_\ell$ und $\underline{\underline{Q}}^{1/2}$ gilt

$$\boldsymbol{\eta}_\ell \underline{\underline{Q}}^{1/2}\mathbf{x}_0 = \frac{1}{\sqrt{M}}(\sqrt{m_1}R_{\ell 1}x_{10} + \sqrt{m_2}R_{\ell 2}x_{20}) \quad ,$$

$$\boldsymbol{\eta}_\ell \underline{\underline{Q}}^{1/2}\mathbf{v}_0 = \frac{1}{\sqrt{M}}(\sqrt{m_1}R_{\ell 1}v_{10} + \sqrt{m_2}R_{\ell 2}v_{20})$$

und damit schließlich

$$c_\ell = \frac{1}{2\sqrt{M}}\left\{\sqrt{m_1}R_{\ell 1}\left(x_{10} - \frac{\mathrm{i}}{\omega_\ell}v_{10}\right) + \sqrt{m_2}R_{\ell 2}\left(x_{20} - \frac{\mathrm{i}}{\omega_\ell}v_{20}\right)\right\} \quad . \tag{8.6.29}$$

Einsetzen in (8.6.28) ergibt

$$y_\ell = \frac{1}{\sqrt{M}}\left\{(\sqrt{m_1}R_{\ell 1}x_{10} + \sqrt{m_2}R_{\ell 2}x_{20})\cos\omega_\ell t \right.$$
$$\left. + \left(\sqrt{m_1}R_{\ell 1}\frac{v_{10}}{\omega_\ell} + \sqrt{m}R_{\ell 2}\frac{v_{20}}{\omega_\ell}\right)\sin\omega_\ell t\right\} \quad .$$

Die beiden Normalschwingungen $y_1(t)$, $y_2(t)$ sind harmonische Schwingungen der Kreisfrequenzen ω_1, ω_2. Sie haben eine gemeinsame Periode, wenn der Quotient ω_1/ω_2 ein rationales Verhältnis ist. Liegt ein solcher Spezialfall vor (wie in Abb. 8.20, dort ist $\omega_1/\omega_2 = 13/11$), so erhält man geschlossene Trajektorien.

Wir kehren jetzt mit Hilfe von (8.6.14) und (8.6.24) zu den ursprünglichen Variablen zurück und erhalten

$$\mathbf{x} = \underline{\underline{Q}}^{-1/2}\mathbf{z} = y_1\underline{\underline{Q}}^{-1/2}\boldsymbol{\eta}_1 + y_2\underline{\underline{Q}}^{-1/2}\boldsymbol{\eta}_2 \tag{8.6.30}$$

oder, in Spaltendarstellung bezüglich der Basis $\mathbf{e}_1$, $\mathbf{e}_2$,

$$(\mathbf{x}) = y_1(\underline{\underline{Q}}^{-1/2})(\boldsymbol{\eta}_1) + y_2(\underline{\underline{Q}}^{-1/2})(\boldsymbol{\eta}_2) \quad . \tag{8.6.31}$$

Wegen (8.6.12) und (8.6.22) ist

$$(\underline{\underline{Q}}^{-1/2})(\boldsymbol{\eta}_\ell) = \begin{pmatrix} \sqrt{M/m_1} & 0 \\ 0 & \sqrt{M/m_2} \end{pmatrix}\begin{pmatrix} R_{1\ell}^+ \\ R_{2\ell}^+ \end{pmatrix} = \sqrt{M}\begin{pmatrix} R_{\ell 1}/\sqrt{m_1} \\ R_{\ell 2}/\sqrt{m_2} \end{pmatrix}$$

und damit schließlich

$$x_i = \sqrt{\frac{M}{m_i}} (R_{1i} y_1 + R_{2i} y_2)$$

oder, ganz explizit,

$$
\begin{aligned}
x_i = \ & R_{1i} \left\{ \left(\sqrt{\frac{m_1}{m_i}} R_{11} x_{10} + \sqrt{\frac{m_2}{m_i}} R_{12} x_{20} \right) \cos \omega_1 t \right. \\
& \left. + \left(\sqrt{\frac{m_1}{m_i}} R_{11} \frac{v_{10}}{\omega_1} + \sqrt{\frac{m_2}{m_i}} R_{12} \frac{v_{20}}{\omega_1} \right) \sin \omega_1 t \right\} \\
& + R_{2i} \left\{ \left(\sqrt{\frac{m_1}{m_i}} R_{21} x_{10} + \sqrt{\frac{m_2}{m_i}} R_{22} x_{20} \right) \cos \omega_2 t \right. \\
& \left. + \left(\sqrt{\frac{m_1}{m_i}} R_{21} \frac{v_{10}}{\omega_2} + \sqrt{\frac{m_2}{m_i}} R_{22} \frac{v_{20}}{\omega_2} \right) \sin \omega_2 t \right\} \quad . \quad (8.6.32)
\end{aligned}
$$

Die Bewegungen $x_1(t)$, $x_2(t)$ der Oszillatoren 1, 2 sind Linearkombinationen der harmonischen Normalschwingungen. Sind deren Kreisfrequenzen ω_1, ω_2 nicht sehr verschieden, so treten Schwebungen auf, wie wir sie schon im Abschn. 8.5.6 kennengelernt haben.

Als Beispiel zeigen wir in Abb. 8.21 die Trajektorie des Systems in einer von y_1 und y_2 aufgespannten Ebene. Es handelt sich um die gleiche Darstellung wie in Abb. 8.20 (unten). Sie ist lediglich um den Winkel gedreht, den e_1 und η_1 einschließen. Zusätzlich sind die zeitabhängigen Projektionen auf die Achsen, also die Normalschwingungen $y_1(t)$, $y_2(t)$ dargestellt. Die Abb. 8.22 enthält die Trajektorie in der (x_1, x_2)-Ebene und als zeitabhängige Projektionen die Schwingungen $x_1(t)$, $x_2(t)$ der beiden Oszillatoren.

Als ein Beispiel, daß sich mühelos durchrechnen läßt, betrachten wir den Fall gleicher Massen $m_1 = m_2 = m$ und gleicher Federkonstanten $D_1 = D_2$. Wir haben

$$\underline{\underline{Q}} = \frac{1}{2} \underline{\underline{1}} \, , \qquad (\underline{\underline{A}}) = \frac{1}{m} \begin{pmatrix} D_1 + D & -D \\ -D & D_1 + D \end{pmatrix} \, ,$$

$$\lambda_1 = \omega_1^2 = \frac{D_1 + 2D}{m} \, , \qquad \lambda_2 = \omega_2^2 = \frac{D_1}{m} \, ,$$

$$(\boldsymbol{\eta}_1) = \frac{1}{\sqrt{2}} \begin{pmatrix} 1 \\ -1 \end{pmatrix} \, , \qquad (\boldsymbol{\eta}_2) = \frac{1}{\sqrt{2}} \begin{pmatrix} 1 \\ 1 \end{pmatrix} \, , \qquad (\underline{\underline{R}}) = \frac{1}{\sqrt{2}} \begin{pmatrix} 1 & -1 \\ 1 & 1 \end{pmatrix} \, ,$$

$$c_1 = \frac{1}{2\sqrt{2}} \left\{ (x_{10} - x_{20}) - \frac{i}{\omega_1} (v_{10} - v_{20}) \right\} \, ,$$

$$c_2 = \frac{1}{2\sqrt{2}} \left\{ (x_{10} + x_{20}) - \frac{i}{\omega_2} (v_{10} + v_{20}) \right\} \, .$$

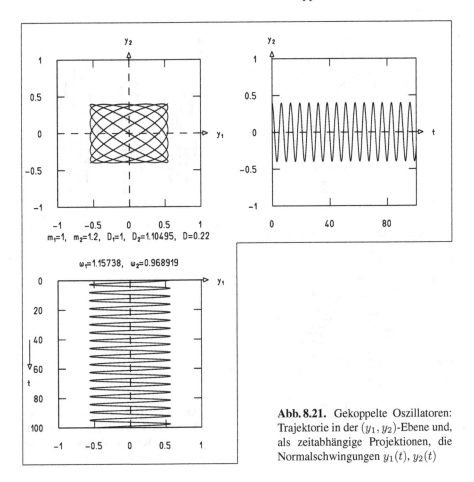

Abb. 8.21. Gekoppelte Oszillatoren: Trajektorie in der (y_1, y_2)-Ebene und, als zeitabhängige Projektionen, die Normalschwingungen $y_1(t)$, $y_2(t)$

Nun ist

$$x_S = \frac{1}{2}(x_1 + x_2)$$

der Ort des Schwerpunkts und

$$v_S = \frac{1}{2}(\dot{x}_1 + \dot{x}_2) = \frac{1}{2}(v_1 + v_2)$$

die Geschwindigkeit des Schwerpunkts. Damit ist

$$c_2 = \frac{1}{\sqrt{2}}\left(x_{S0} - \frac{i}{\omega_2}v_{S0}\right) \quad,$$

und die Normalschwingung

$$y_2(t) = \sqrt{2}\left\{x_{S0}\cos\omega_2 t + \frac{v_{S0}}{\omega_2}\sin\omega_2 t\right\}$$

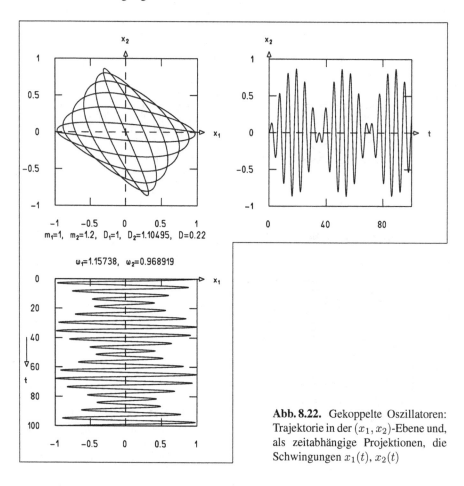

Abb. 8.22. Gekoppelte Oszillatoren: Trajektorie in der (x_1, x_2)-Ebene und, als zeitabhängige Projektionen, die Schwingungen $x_1(t)$, $x_2(t)$

beschreibt eine harmonische Schwingung des Schwerpunkts. Die Größe

$$x_{\mathrm{r}} = x_1 - x_2$$

ist die Differenz der Auslenkungen der beiden Oszillatoren aus ihren Ruhelagen. Wir bezeichnen sie als Relativkoordinate. Ihre Geschwindigkeit ist

$$v_{\mathrm{r}} = \dot{x}_1 - \dot{x}_2 = v_1 - v_2 \quad .$$

Damit gilt

$$c_1 = \frac{1}{2\sqrt{2}} \left\{ x_{\mathrm{r}0} - \frac{\mathrm{i}}{\omega_1} v_{\mathrm{r}0} \right\} \quad ,$$

und die Normalschwingung

$$y_1(t) = \frac{1}{\sqrt{2}} \left\{ x_{\mathrm{r}0} \cos \omega_1 t + \frac{v_{\mathrm{r}0}}{\omega_1} \sin \omega_1 t \right\}$$

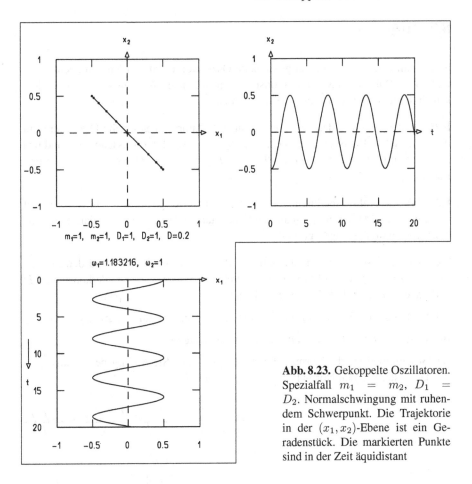

Abb. 8.23. Gekoppelte Oszillatoren. Spezialfall $m_1 = m_2$, $D_1 = D_2$. Normalschwingung mit ruhendem Schwerpunkt. Die Trajektorie in der (x_1, x_2)-Ebene ist ein Geradenstück. Die markierten Punkte sind in der Zeit äquidistant

beschreibt die harmonische Schwingung der Relativkoordinate. Für bestimmte Anfangsbedingungen tritt nur eine der beiden Normalschwingungen auf, die Amplitude der anderen bleibt null. So bleibt für

$$x_{10} = -x_{20} \quad , \qquad v_{10} = -v_{20}$$

der Schwerpunkt dauernd in Ruhe, d. h. $y_2(t) \equiv 0$. Für

$$x_{10} = x_{20} \quad , \qquad v_{10} = v_{20}$$

haben wir $y_1(t) \equiv 0$. Tritt nur eine Normalschwingung auf, so sind auch die Schwingungen $x_1(t)$, $x_2(t)$ harmonische Schwingungen mit der Frequenz der Normalschwingung. Abbildung 8.23 zeigt für unser Beispiel den Fall, in dem der Schwerpunkt in Ruhe bleibt.

Die Anfangsbedingungen, bei denen im allgemeinen Fall $m_1 \neq m_2$, $D_1 \neq D_2$ nur eine Normalschwingung auftritt, werden in Aufgabe 8.3 berechnet.

8.7 Aufgaben

8.1: Man zeige, daß für zwei gekoppelte Oszillatoren mit den Kreisfrequenzen ω_1 und ω_2 die Bahnen im Konfigurationsraum für rationales Verhältnis ω_1/ω_2 geschlossen sind, nicht aber für irrationales Verhältnis.

8.2: Man formuliere den Energiesatz für ungedämpfte gekoppelte Oszillatoren in den kinetischen Energien $T_1 = m_1 \dot{x}_1^2/2$, $T_2 = m_2 \dot{x}_2^2/2$ der Massenpunkte und den potentiellen Energien $V_1 = D_1 x_1^2/2$, $V_2 = D_2 x_2^2/2$, $V = D(x_2 - x_1)^2/2$ der drei Federn.

8.3: Welche Anfangsbedingungen muß man für zwei gekoppelte Oszillatoren mit verschiedenen Massen m_1, m_2 und Federkonstanten D_1, D_2 wählen, damit nur eine Normalschwingung angeregt wird?

8.4: Gegeben seien zwei mathematische Pendel mit der Länge l und den Massen m_1 bzw. m_2. Die beiden Massen seien durch eine Feder mit der Federkonstanten D verbunden (siehe Abb. 8.24); die Feder sei bei $\varphi_1 = \varphi_2 = 0$ entspannt.

(a) Stellen Sie die Bewegungsgleichungen für φ_1 und φ_2 auf (für $\varphi_1, \varphi_2 \ll 1$).

(b) Bestimmen Sie die Normalfrequenzen des Systems.

(c) Beschreiben Sie die Normalschwingungen. Geben Sie Anfangsbedingungen an, die das System zu den Normalschwingungen anregen.

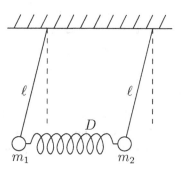

Abb. 8.24. Zu Aufgabe 8.4

9. Nichtlineare Dynamik. Deterministisches Chaos

9.1 Duffing-Oszillator

Inhalt: Das Duffing-Potential $V = Dx^2/2 + Bx^4/4$ mit $B > 0$ besitzt für $D > 0$ ein stabiles Minimum, für $D < 0$ zwei stabile Minima. Bei $D = 0$ tritt eine spontane Symmetriebrechung verbunden mit einer Bifurkation der Position des Potentialminimums auf. Experimente zu Bewegung mit Reibung im Duffing-Potential und mit zusätzlicher äußerer harmonischer Erregung. Der erregte Duffing-Oszillator kann periodische Schwingungen und nichtperiodische (chaotische) Bewegungen ausführen.
Bezeichnungen: x Ort, $F = -Dx - Bx^3$ Duffing-Kraft, m Masse, R Reibungskoeffizient, $2\gamma = R/m$, $a = \omega_0^2 = D/m$, $\beta = B/m$, V Duffing-Potential, x_m Ort eines Potentialminimums; x_1, x_2, x_3 Orte von Extremwerten des Potentials; F_0 Erregeramplitude, $k = F_0/m$, ω Erregerfrequenz.

In Abschn. 8.1 haben wir die ortsabhängige Kraft $F(x)$ um die Gleichgewichtslage $x = 0$ nach Taylor entwickelt und die Entwicklung mit dem in x linearen Glied abgebrochen. Wir betrachten jetzt die Entwicklung bis zur dritten Ordnung

$$F(x) = F(0) + F'(0)x + \frac{1}{2}F''(0)x^2 + \frac{1}{6}F'''(0)x^3 + \cdots \quad .$$

Der Punkt $x = 0$ sei kräftefrei. Weiter fordern wir, daß die Kraft antisymmetrisch in x ist. Damit gilt $F(0) = 0$, $F''(0) = 0$, und wir erhalten

$$F(x) = -Dx - Bx^3 \tag{9.1.1}$$

mit

$$D = -F'(0) \quad , \qquad B = -\frac{1}{6}F'''(0) \quad .$$

Die Bewegungsgleichung eines Massenpunktes der Masse m unter dem Einfluß der Reibungskraft $-R\dot{x}$ und der Kraft (9.1.1) lautet

$$m\ddot{x} = -R\dot{x} - Dx - Bx^3 \quad . \tag{9.1.2}$$

Division durch m liefert

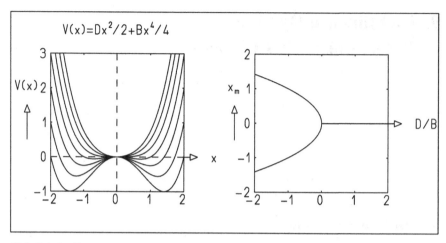

Abb. 9.1. Duffing-Potential. *Links:* Darstellung des Duffing-Potentials $V(x)$ für $B = 1$ und $D = -2, -1.5, -1, \ldots, 1$. Die unterste Kurve entspricht $D = -2$, die oberste $D = 1$. *Rechts:* Lage des Potentialminimums als Funktion von D/B. Für $D/B \geq 0$ existiert ein Minimum bei $x = 0$, für $D/B < 0$ gibt es zwei Minima bei $x = \pm\sqrt{-D/B}$. Hier und in ähnlichen Abbildungen dieses Kapitels sind die Einheiten der mit Zahlwerten angegebenen Größen die entsprechenden SI-Einheiten

$$\ddot{x} = -2\gamma\dot{x} - ax - \beta x^3 \qquad (9.1.3)$$

mit

$$2\gamma = \frac{R}{m} \quad , \qquad a = \frac{D}{m} \quad , \qquad \beta = \frac{B}{m} \quad . \qquad (9.1.4)$$

Die Gleichung (9.1.2) bzw. (9.1.3) ist die um ein kubisches Glied erweiterte Bewegungsgleichung (8.4.2) bzw. (8.4.3) des harmonischen Oszillators. Sie beschreibt die Bewegung eines Massenpunktes mit Reibung in einem *anharmonischen Kraftfeld*. Die Gleichung wurde erstmals ausführlich von G. Duffing untersucht. Eine Anordnung, die dieser Gleichung genügt, heißt *Duffing-Oszillator*.

Wir betrachten zunächst das *Duffing-Potential*, also das Potential

$$V(x) = \frac{1}{2}Dx^2 + \frac{1}{4}Bx^4 \qquad (9.1.5)$$

der Kraft (9.1.1). Es ist in Abb. 9.1 für einen festen positiven Wert von B und verschiedene (positive und negative) Werte von D dargestellt. Wir berechnen die Lagen der Extremwerte von $V(x)$ durch Nullsetzen der Ableitung,

$$\frac{\mathrm{d}V}{\mathrm{d}x} = Dx + Bx^3 = 0 \quad ,$$

und erhalten

$$x_1 = 0 \quad , \qquad x_{2,3} = \pm\sqrt{-\frac{D}{B}} \quad . \qquad (9.1.6)$$

Wir beschränken uns wie in Abb. 9.1 auf den Fall $B > 0$ und finden

- ein Minimum bei $x_1 = 0$ für $D \geq 0$,

- ein Maximum bei $x_1 = 0$ und zwei Minima bei $x_{2,3} = \pm\sqrt{-D/B}$ für $D < 0$.

In Abb. 9.1 ist auch die Lage x_m des Potentialminimums bzw. der Potentialminima als Funktion des Quotienten D/B dargestellt. Wir betrachten die Position von x_m für einen positiven Wert von D/B und lassen dann D/B sinken. Für alle Werte $D/B \geq 0$ ist $x_m = 0$: Die graphische Darstellung der Funktion $x_m(D/B)$ ist eine horizontale Gerade. Bei $D/B = 0$ tritt eine *Verzweigung* oder *Bifurkation* auf: Für $D/B < 0$ besteht die graphische Darstellung von $x_m(D/B)$ aus den beiden Zweigen $+\sqrt{-D/B}$ und $-\sqrt{-D/B}$ einer Quadratwurzelfunktion.

Wegen des Dämpfungsgliedes $-2\gamma\dot{x}$ in der Bewegungsgleichung (9.1.3) wird sich der Massenpunkt für große Zeiten ($t \gg 1/\gamma$) am Ort eines Potentialminimums befinden. Wir stellen uns vor, es sei zunächst $D/B > 0$, so daß sich der Massenpunkt schließlich bei $x = 0$ in Ruhe befindet. Nun werde D/B stetig verkleinert. Bei Unterschreiten von $D/B = 0$ treten an die Stelle des einen Potentialminimums bei $x = 0$ jetzt zwei Minima bei $x = \pm\sqrt{-D/B}$. Die Lage des Massenpunktes bei $x = 0$ ist nicht mehr stabil. Eine beliebig kleine Störung, etwa eine beliebig kleine Geschwindigkeit in Richtung $+x$ oder $-x$, entscheidet darüber, in welches der beiden Potentialminima sich der Massenpunkt begibt. Diese Erscheinung heißt *spontane Symmetriebrechung*.

Experiment 9.1. Eulerscher Stab. Spontane Symmetriebrechung

Eine Blattfeder, also ein langer schmaler Stab aus elastischem Stahl, ist am unteren Ende so eingespannt, daß sie senkrecht steht. Eine Masse kann in verschiedenen Höhen am Stab angebracht werden. Verschiebt man die Masse schrittweise nach oben, so bleibt der Stab zunächst in der senkrechten Position, neigt sich aber bei Überschreiten einer bestimmten Höhe nach links oder nach rechts, Abb. 9.2. Bezeichnen wir mit x die horizontale Lage der Masse bezüglich des Stabfußpunktes und mit $V(x)$ die gesamte potentielle Energie, d. h. die Summe aus der elastischen Verformungsenergie des Stabes und der potentiellen Energie der Masse im Schwerefeld, so hat $V(x)$ offenbar qualitativ die Form eines Duffing-Potentials, das entweder ein Minimum bei $x = 0$ oder zwei Minima bei $x = \pm x_m$ besitzen kann.

Experiment 9.2. Gedämpfter Duffing-Oszillator

Wir ergänzen die Anordnung aus Experiment 9.1 um ein Dämpfungselement. Dazu montieren wir oben am Stab eine leichte, größere Platte, an der bei Bewegung Luftreibung entsteht. Die Befestigungshöhe der Masse wird so gewählt, daß das System

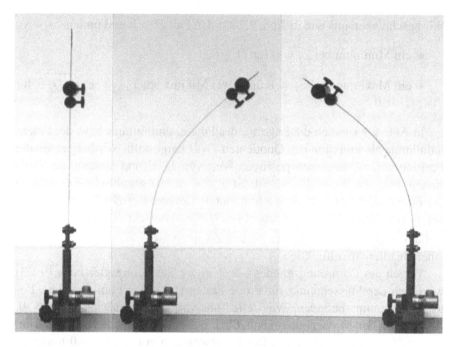

Abb. 9.2. Eulerscher Stab: An einer senkrecht eingespannten Blattfeder ist eine Masse angebracht. Bei geringer Höhe über dem Einspannpunkt ist die Ruhelage der Masse bei $x = 0$, für größere Höhe ist sie bei $x = +x_m$ oder $x = -x_m$

zwei deutlich verschiedene Ruhelagen bei $x = \pm x_m$ hat. Bei kleiner Anfangsauslenkung aus einer dieser Ruhelagen kommt die Masse nach einer gedämpften Schwingung wieder in dieser Lage zur Ruhe. Bei großer Anfangsauslenkung schwingt die Masse zunächst mehrmals über den Punkt $x = 0$ hinweg, um dann nach einer gedämpften Schwingung um einen der beiden Punkte $x = \pm x_m$ dort zur Ruhe zu kommen.

Experiment 9.3. Erregter Duffing-Oszillator

Der Duffing-Oszillator aus Experiment 9.2 kann durch eine äußere harmonische Kraft zu erzwungenen Schwingungen angeregt werden. Dazu werden etwas oberhalb des Einspannpunktes zwei gleichartige Schraubenfedern am Eulerschen Stab angebracht. Der zweite Endpunkt einer der Federn ist fest eingespannt, der der anderen an einem Punkt außerhalb des Mittelpunktes einer Scheibe befestigt, die durch einen kleinen Elektromotor in gleichförmige Rotation versetzt werden kann, Abb. 9.3. Auf den Oszillator wird dann näherungsweise eine erregende Kraft

$$F_e = F_0 \cos \omega t \tag{9.1.7}$$

ausgeübt, deren Kreisfrequenz ω durch die Drehzahl des Motors und deren Amplitude F_0 durch den Abstand des Endpunktes der bewegten Feder vom Mittelpunkt der rotierenden Scheibe (und durch die Federkonstanten) gegeben sind.

Abb. 9.3. Erregter Duffing-Oszillator realisiert durch einen Eulerschen Stab mit Luftdämpfung, der durch eine horizontal gespannte, periodisch verlängerte bzw. verkürzte Feder erregt wird

Wir wählen die Befestigungshöhe der Masse wieder so, daß das System zwei deutlich verschiedene Ruhelagen $x = \pm x_m$ hat und setzen es vor Einschalten der Erregung stets in die Ruhelage $x = +x_m$. Bei festgehaltener Frequenz, aber verschiedenen Werten der Erregeramplitude treten qualitativ völlig verschiedene Bewegungsformen auf, von denen wir hier vier beschreiben:

1. Bei sehr kleiner Erregeramplitude F_0 und nach Abklingen eines Einschwingvorgangs schwingt die Masse mit kleiner räumlicher Amplitude und mit der Erregerfrequenz ω um die Ruhelage x_m. Die Schwingung ist nahezu sinusförmig.

2. Bei sehr großer Erregeramplitude und nach Abklingen eines Einschwingvorgangs schwingt die Masse mit großer räumlicher Amplitude und mit der Erregerfrequenz um den Punkt $x = 0$.

3. Bei mittleren Erregeramplituden können nach Abklingen eines Einschwingvorgangs ebenfalls periodische Schwingungen auftreten, die positive und negative x-Werte überstreichen. Die Periode solcher Schwingungen ist ein Mehrfaches der Periode $T = 2\pi/\omega$ der Erregung.

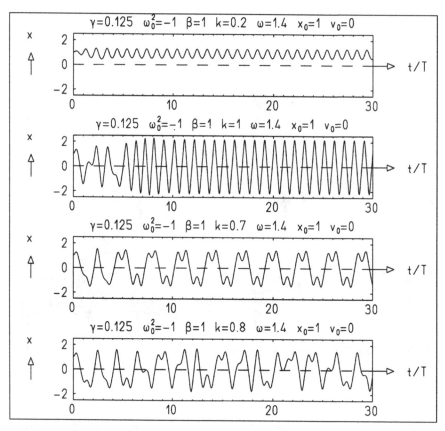

Abb. 9.4. Auslenkung $x(t)$ eines erregten Duffing-Oszillators für verschiedene Erregerampli-tuden. *Zeile 1:* sehr kleine Erregeramplitude $k = F_0/m$, Schwingung der Periode $T = 2\pi/\omega$ um Ruhelage x_m. *Zeile 2:* sehr große Erregeramplitude, Schwingung der Periode T um $x = 0$. *Zeile 3:* mittlere Erregeramplitude, Schwingung der Periode $3\,T$ um $x = 0$. *Zeile 4:* mittlere Erregeramplitude, nichtperiodische (chaotische) Bewegung

4. Bei mittleren Erregeramplituden können aber auch Bewegungen auftreten, die nie in eine periodische Bewegung einmünden, sondern immer unregelmäßig bleiben. Eine solche Bewegung wird als *chaotisch* bezeichnet.

Beispiele für den zeitlichen Verlauf $x(t)$ dieser vier Bewegungsformen sind in Abb. 9.4 dargestellt.

Im Vergleich zum Duffing-Oszillator ist das Verhalten des erregten harmonischen Oszillators denkbar einfach: Nach dem Abklingen eines Einschwingvorgangs führt er eine streng sinusförmige Schwingung mit der Erregerfrequenz ω aus. Lediglich Amplitude und Phase dieser Schwingung hängen von den Systemparametern ab. Eine Abhängigkeit von den Anfangsbedingungen besteht überhaupt nicht.

Die Reichhaltigkeit der Bewegungsformen des Duffing-Oszillators beruht auf dem nichtlinearen Glied $-Bx^3$ in der Bewegungsgleichung. Bewegungsgleichungen, die nichtlineare Glieder enthalten, heißen *nichtlineare Differentialgleichungen*. Das Gebiet, das durch sie beschrieben wird, wird auch als *nichtlineare Dynamik* bezeichnet. In den folgenden Abschnitten wollen wir – ausgehend von linearen Differentialgleichungen – einige charakteristische Eigenschaften nichtlinearer Gleichungen und ihrer Lösungen betrachten und dabei auf den Duffing-Oszillator als Beispiel zurückgreifen. Es sei hier betont, daß die nichtlineare Dynamik ein aktuelles, keineswegs abgeschlossenes Forschungsgebiet ist. Es kann uns deshalb hier nur darum gehen, einige Aspekte aus diesem Gebiet herauszugreifen.

9.2 Lineare Bewegungsgleichung. Stabilität. Fixpunkte

Inhalt: Eine Bewegungsgleichung kann als System von Differentialgleichungen erster Ordnung in x und $v = \dot{x}$ geschrieben werden. Ein lineares System hat die Form $(\dot{\mathbf{u}}) = (\underline{A})(\mathbf{u})$. Hier ist $(\mathbf{u})$ ein Spaltenvektor mit den Komponenten x, v und $(\underline{A})$ eine Matrix. Angabe eines numerischen Lösungsverfahrens für lineare und nichtlineare Systeme. Der Vektor $(\dot{\mathbf{u}})$ beschreibt an jedem Ort $(\mathbf{u})$ ein Geschwindigkeitsfeld in der Phasenebene. Punkte mit $(\dot{\mathbf{u}}) = 0$ sind Fixpunkte, die eine Trajektorie nicht verlassen kann. Stabilität (oder Instabilität) eines Fixpunktes bedeutet, daß anfänglich benachbarte Phasenraumtrajektorien zueinander und zum Fixpunkt hin (oder voneinander und vom Fixpunkt fort) laufen. Ein Fixpunkt ist stabil, wenn seine Ljapunov-Exponenten sämtlich negativ sind.
Bezeichnungen: $x, v, \gamma, a = \omega_0^2$ wie in Abschn. 9.1; $(\mathbf{u})$ Spaltenvektor aus x, v; $(\underline{A})$ Matrix in dem linearen System $(\dot{\mathbf{u}}) = (\underline{A})(\mathbf{u})$, $\alpha = \alpha_r + i\alpha_i$ komplexer Exponent im Lösungsansatz $x(t) = x_0 \exp\{\alpha t\}$, $\alpha_{1,2}$ Lösungen der charakteristischen Gleichung $\det(\underline{A} - \alpha\underline{1}) = 0$ und somit komplexe Eigenwerte von $(\underline{A})$, Re $\alpha_{1,2}$ Ljapunov-Exponenten; λ Ljapunov-Exponent, berechnet aus dem Langzeitverhalten benachbarter Trajektorien.

Die Bewegungsgleichung des gedämpften harmonischen Oszillators ohne Erregung,

$$\ddot{x} = -2\gamma\dot{x} - ax \quad , \tag{9.2.1}$$

ist eine lineare Differentialgleichung zweiter Ordnung in x. Durch Einführung der Geschwindigkeit

$$v = \dot{x} \tag{9.2.2}$$

kann man sie auch als System zweier Differentialgleichungen erster Ordnung auffassen:

$$\begin{aligned} \dot{x} &= v \quad , \\ \dot{v} &= -ax - 2\gamma v \quad . \end{aligned} \tag{9.2.3}$$

Aus den beiden Größen x und v können wir einen formalen Spaltenvektor

$$(\mathbf{u}) = \begin{pmatrix} x \\ v \end{pmatrix} \tag{9.2.4}$$

bilden und das Gleichungssystem (9.2.3) in der Form

$$(\dot{\mathbf{u}}) = (\underline{A})(\mathbf{u}) \tag{9.2.5}$$

schreiben. Dabei ist $(\underline{A})$ die (2×2)-Matrix

$$(\underline{A}) = \begin{pmatrix} 0 & 1 \\ -a & -2\gamma \end{pmatrix} \quad . \tag{9.2.6}$$

Der Spaltenvektor $(\mathbf{u})$ gibt zu jeder Zeit t die Ortskoordinate $x(t)$ und die Geschwindigkeitskoordinate $v(t)$ des Punktes in der Phasenebene[1] an. Wir können $(\mathbf{u})$ formal als *Ortsvektor in der Phasenebene* und $(\dot{\mathbf{u}})$ als *Geschwindigkeitsvektor in der Phasenebene* auffassen. Die Gleichung (9.2.5) gibt zu jedem Ortsvektor $(\mathbf{u})$ den Geschwindigkeitsvektor $(\dot{\mathbf{u}})$ an, sie definiert damit ein *Geschwindigkeitsfeld* in der Phasenebene.

Die Anfangsbedingungen einer Bewegung sind durch einen Ortsvektor $(\mathbf{u}_0) = (\mathbf{u}(t = 0))$ festgelegt. Ist das Geschwindigkeitsfeld gegeben, so kann die Trajektorie in der Phasenebene und damit die Lösung der Bewegungsgleichung stets numerisch gefunden werden und zwar auch dann, wenn zwischen $(\dot{\mathbf{u}})$ und $(\mathbf{u})$ nicht der einfache lineare Zusammenhang (9.2.5) besteht. Das numerische Lösungsverfahren läßt sich in der Phasenebene gut veranschaulichen. Befindet sich das System zur Zeit t am Ort $(\mathbf{u}(t))$, so ist es zur Zeit $t + \mathrm{d}t$ am Ort

$$(\mathbf{u}(t + \mathrm{d}t)) = (\mathbf{u}(t)) + \frac{\mathrm{d}}{\mathrm{d}t}(\mathbf{u}(t))\,\mathrm{d}t = (\mathbf{u}(t)) + (\dot{\mathbf{u}}(t))\,\mathrm{d}t \quad .$$

Es hat sich in der kurzen Zeitspanne $\mathrm{d}t$ um den Vektor

$$\mathrm{d}(\mathbf{u}) = (\dot{\mathbf{u}}(t))\,\mathrm{d}t \tag{9.2.7}$$

verschoben, der die Richtung des Geschwindigkeitsvektors $(\dot{\mathbf{u}}(t))$ hat. Damit hat die Trajektorie stets die Richtung des Geschwindigkeitsfeldes. Sie kann numerisch berechnet werden, wenn man statt eines infinitesimalen Zeitschrittes $\mathrm{d}t$ einen endlichen, aber kleinen Zeitschritt benutzt, mit $t = 0$ beginnt und viele Schritte nacheinander ausführt:

$$
\begin{aligned}
t = 0: &\quad (\mathbf{u}) = (\mathbf{u}_0) \quad , \\
t = \Delta t: &\quad (\mathbf{u}(\Delta t)) = (\mathbf{u}_1) = (\mathbf{u}_0) + (\dot{\mathbf{u}}_0)\,\Delta t \quad , \\
t = 2\,\Delta t: &\quad (\mathbf{u}(2\,\Delta t)) = (\mathbf{u}_2) = (\mathbf{u}_1) + (\dot{\mathbf{u}}_1)\,\Delta t \quad , \\
&\quad \vdots
\end{aligned}
$$

Am Ende jedes Schrittes wird aus dem jeweils gültigen Ort $(\mathbf{u}_i)$ die zugehörige Geschwindigkeit $(\dot{\mathbf{u}}_i)$ aus (9.2.5) berechnet, die im nächsten Schritt benötigt wird. Gilt statt (9.2.5) ein nichtlinearer Zusammenhang zwischen $(\dot{\mathbf{u}})$ und $(\mathbf{u})$, so wird dieser benutzt.

---

[1]Im Abschnitt 8.3 wurde die Phasenebene durch x und v/ω_0 aufgespannt. In diesem Kapitel werden wir von Fall zu Fall neben x die Koordinaten v, v/ω_0 oder auch v/ω verwenden. Dabei ist $\omega_0^2 = a$ und ω eine Erregerfrequenz.

In unseren bisherigen Überlegungen hing die Geschwindigkeit ($\dot{\mathbf{u}}$) nur vom Ort ($\mathbf{u}$) ab. Eine *implizite Zeitabhängigkeit* ergab sich nur daraus, daß der Ort ($\mathbf{u}$) des Massenpunktes auf der Trajektorie von der Zeit abhängt. Aber auch, wenn die Geschwindigkeit ($\dot{\mathbf{u}}$) *explizit* von der Zeit abhängt, etwa bei erzwungenen Schwingungen, bei denen die erregende Kraft zeitabhängig ist, bleibt das Verfahren anwendbar.

Wir betrachten jetzt das durch (9.2.5) und (9.2.6) gegebene Geschwindigkeitsfeld und zwar für verschiedene Wertepaare der beiden Parameter a und γ. Wie früher verwenden wir auch die Bezeichnung

$$\omega_0^2 = a \quad . \tag{9.2.8}$$

Dabei ist ω_0 die Kreisfrequenz des ungedämpften harmonischen Oszillators. Wir lassen allerdings auch Werte $\omega_0^2 = a < 0$ zu, die einer abstoßenden Kraft entsprechen, bei der keine Schwingung auftritt. Ebenso untersuchen wir Systeme mit $\gamma < 0$. Dann tritt nicht mehr eine Reibungskraft auf, die der Geschwindigkeit entgegengerichtet ist und dem System Energie entzieht, sondern eine geschwindigkeitsproportionale Kraft in Richtung der Geschwindigkeit, die Energie zuführt.

In Abb. 9.5 sind die Geschwindigkeitsfelder in der Phasenebene für alle wesentlich verschiedenen Wertekombinationen von γ und ω_0^2 dargestellt. Zunächst stellen wir fest (und entnehmen dies auch sofort aus (9.2.5)), daß im Ursprung ($\mathbf{u}$) $= 0$ der Phasenebene das Geschwindigkeitsfeld ($\dot{\mathbf{u}}$) in allen Fällen verschwindet. Punkte ($\mathbf{u}^0$) in der Phasenebene, an denen ($\dot{\mathbf{u}}$) $= 0$ gilt, heißen *Fixpunkte* des Geschwindigkeitsfeldes. Der Ursprung ist also stets Fixpunkt des durch (9.2.5) gegebenen Feldes. Für $a = \omega_0^2 = 0$ sind alle Punkte auf der x-Achse Fixpunkte. Die physikalische Bedeutung eines Fixpunktes ist einfach: Befindet sich das System an einem Fixpunkt ($\mathbf{u}^0$), d. h. erreicht die Phasenraumtrajektorie ($\mathbf{u}^0$) oder sind die Anfangsbedingungen durch ($\mathbf{u}^0$) gegeben, so verharrt das System dauernd bei ($\mathbf{u}^0$). Die weitere Trajektorie besteht nur aus dem Fixpunkt selbst.

Abbildung 9.6 zeigt ebenfalls die Phasenebene für verschiedene Wertepaare von γ und ω_0^2. Statt des Geschwindigkeitsfeldes sind jedoch Trajektorien für verschiedene Anfangsbedingungen (gekennzeichnet durch kleine Kreise) dargestellt.

Bei der Diskussion der Trajektorien beginnen wir mit dem Fall $\omega_0^2 > 0$ (anziehende Federkraft), also den oberen drei Zeilen in Abb. 9.6. Für $\gamma > 0$ (gedämpfter Oszillator) laufen alle Trajektorien auf den Fixpunkt hin. Für $\gamma = 0$ (ungedämpfter Oszillator) bleiben sie dauernd in der Umgebung des Fixpunktes. Für $\gamma < 0$ streben sie vom Fixpunkt fort. Für den Fall $\omega_0^2 = 0$ (vierte Zeile in Abb. 9.6) ist die Kraft nicht ortsabhängig, wohl aber (für $\gamma \neq 0$) geschwindigkeitsabhängig. Für $\gamma > 0$ laufen die Trajektorien zur x-Achse, deren Punkte Fixpunkte sind. Für $\gamma < 0$ laufen sie von der x-Achse fort.

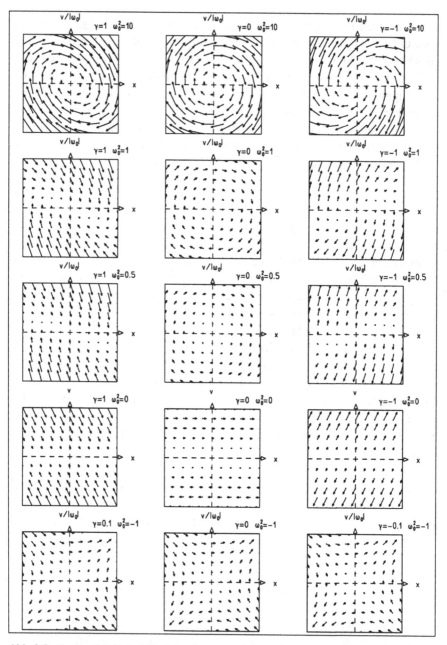

Abb. 9.5. Geschwindigkeitsfeld (9.2.5) in der Phasenebene dargestellt durch Vektorpfeile, die den Geschwindigkeiten an den Fußpunkten der Pfeile entsprechen. Das Feld ist für verschiedene Werte der Parameter γ und ω_0^2 dargestellt

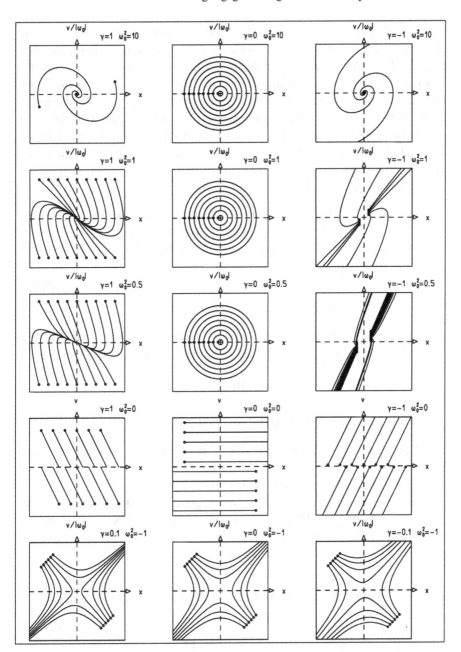

Abb. 9.6. Trajektorien in der Phasenebene. Anfangspunkte sind durch kleine Kreise markiert. Die Parameter γ und ω_0^2 der einzelnen Teilbilder sind wie in Abb. 9.5 gewählt

Für $\gamma = 0$ laufen sie parallel zur x-Achse. Das entsprechende Bild ist eine Illustration des ersten Newtonschen Gesetzes über kräftefreie Bewegung. Die letzte Zeile in Abb. 9.6 bezieht sich auf den Fall $\omega_0^2 < 0$, also eine abstoßende Kraft. Die Trajektorien sind ähnlich für $\gamma > 0$, $\gamma = 0$ und $\gamma < 0$: Sie haben Hyperbelform und führen für große Zeiten vom Fixpunkt fort. Es gibt genau zwei (nicht eingezeichnete) Trajektorien, die auf dem Fixpunkt enden. Liegt der Anfangspunkt einer Bewegung aber nicht ganz genau auf einer dieser beiden Trajektorien, so führt die Bewegung in der Phasenebene auf die Dauer vom Fixpunkt fort.

Wir führen jetzt den Begriff der *Stabilität des Fixpunktes* ein.

- Ein Fixpunkt heißt *stabil*, wenn alle Phasenraumtrajektorien, die zur Zeit $t = 0$ in einer Umgebung des Fixpunktes beginnen, auch in der Umgebung des Fixpunktes bleiben. D. h. für jedes $\varepsilon > 0$ gibt es ein $\delta > 0$, so daß

$$|(\mathbf{u}(t)) - (\mathbf{u}^0)| < \varepsilon \qquad (9.2.9)$$

für alle $t > 0$ und $|(\mathbf{u}(t = 0)) - (\mathbf{u}^0)| < \delta$.[2]

- Ein Fixpunkt heißt darüber hinaus *asymptotisch stabil*, wenn alle diese Trajektorien für große Zeiten im Fixpunkt enden, oder genauer, wenn

$$\lim_{t \to \infty} (\mathbf{u}(t)) = (\mathbf{u}^0) \quad .$$

- Ein Fixpunkt, der nicht stabil ist, heißt *instabil*.

In dieser Charakterisierung ist der Fixpunkt $(\mathbf{u}^0) = 0$ für $\omega_0^2 > 0$ und $\gamma \geq 0$ stabil, für $\omega_0^2 > 0$ und $\gamma > 0$ sogar asymptotisch stabil. Für $\omega_0^2 \leq 0$ oder $\gamma < 0$ gibt es keinen stabilen Fixpunkt.

Nach diesen qualitativen Diskussionen geben wir jetzt eine quantitative Bedingung für die Stabilität eines Fixpunktes an. Dazu lösen wir erneut die Bewegungsgleichung (9.2.1) der gedämpften Schwingung mit dem Ansatz[3]

$$x(t) = x_0 \mathrm{e}^{\alpha t} \qquad (9.2.10)$$

und erhalten durch Einsetzen in (9.2.1) die *charakteristische Gleichung*

$$\alpha^2 + 2\gamma\alpha + a = 0 \qquad (9.2.11)$$

mit den Lösungen

---

[2]Der Ausdruck (9.2.9) ist der Abstand zwischen zwei Punkten im Phasenraum. Seine Berechnung ist problemlos, wenn die beiden Variablen x und v, die die Phasenebene aufspannen, die gleiche Dimension haben. Deshalb ist v mit einer geeignet gewählten festen Zeit (z. B. $1/\omega_0$ oder $1/\omega$) zu multiplizieren.

[3]In Abschn. 8.4 haben wir die Exponentialfunktion im gleichen Ansatz in der Form $\mathrm{e}^{\mathrm{i}\omega t}$ geschrieben. Es ist also $\alpha = \mathrm{i}\omega$. Sowohl α als auch ω sind im allgemeinen komplex.

$$\alpha_{1,2} = -\gamma \pm \sqrt{\gamma^2 - a} = -\gamma \pm \sqrt{\gamma^2 - \omega_0^2} \quad . \tag{9.2.12}$$

Zerlegen wir α_1 in Realteil α_{1r} und Imaginärteil α_{1i},

$$\alpha_1 = \alpha_{1r} + i\alpha_{1i} \quad , \tag{9.2.13}$$

so lautet die Lösung (9.2.10) für $\alpha = \alpha_1$

$$x(t) = x_0 e^{(\alpha_{1r}+i\alpha_{1i})t} = x_0 e^{\alpha_{1r}t}(\cos(\alpha_{1i}t) + i\sin(\alpha_{1i}t)) \quad .$$

Der Realteil von α_1 bewirkt also einen reellen, exponentiell mit der Zeit (für $\alpha_{1r} > 0$) steigenden oder (für $\alpha_{1r} < 0$) fallenden Faktor, der Imaginärteil einen oszillierenden Faktor. Da die allgemeine Lösung eine Linearkombination der Form

$$x(t) = c_1 e^{\alpha_1 t} + c_2 e^{\alpha_2 t} \tag{9.2.14}$$

ist, fällt sie nur dann exponentiell mit der Zeit ab, wenn die Realteile von α_1 und α_2 negativ sind.[4] Wir schließen also, daß ein asymptotisch stabiler Fixpunkt nur für

$$\mathrm{Re}\{\alpha_1\} < 0 \quad , \qquad \mathrm{Re}\{\alpha_2\} < 0 \tag{9.2.15}$$

auftritt. Der Vergleich von Abb. 9.7, in der α_1 und α_2 in der komplexen α-Ebene dargestellt sind, mit den Abbildungen 9.5 und 9.6 bestätigt diese Aussage.

Je nach der charakteristischen Form der Trajektorien in ihrer Nähe haben die Fixpunkte anschauliche Namen:

- *Wirbel* für $\mathrm{Re}\,\alpha_{1,2} = 0$, $\mathrm{Im}\,\alpha_{1,2} \neq 0$,

- *Strudel* für $\mathrm{Re}\,\alpha_{1,2} \neq 0$, $\mathrm{Im}\,\alpha_{1,2} \neq 0$,

- *Knoten* für ($\mathrm{Re}\,\alpha_{1,2} < 0$, $\mathrm{Im}\,\alpha_{1,2} = 0$) oder ($\mathrm{Re}\,\alpha_{1,2} > 0$, $\mathrm{Im}\,\alpha_{1,2} = 0$),

- *Sattel* für $\mathrm{Re}\,\alpha_1 < 0$, $\mathrm{Re}\,\alpha_2 > 0$, $\mathrm{Im}\,\alpha_{1,2} = 0$.

Die obersten Zeilen der Abbildungen 9.5 und 9.6 zeigen also (von links) einen stabilen Strudel, einen Wirbel und einen instabilen Strudel. Die untersten Zeilen zeigen Sättel.

Zum Schluß dieses Abschnitts geben wir noch (ohne Beweis) das Stabilitätsverhalten von Fixpunkten eines linearen Gleichungssystems vom Typ (9.2.5) im allgemeinen Fall an, in dem die Matrix $(\underline{\underline{A}})$ nicht unbedingt die Form (9.2.6) hat. Die *charakteristische Gleichung* ist die Gleichung zur Bestimmung der *Eigenwerte* α der Matrix $(\underline{\underline{A}})$, vgl. Abschnitt B.15. Sie lautet

$$\det(\underline{\underline{A}} - \alpha\underline{\underline{1}}) = 0 \tag{9.2.16}$$

oder, ausgeschrieben,

$$(A_{11} - \alpha)(A_{22} - \alpha) - A_{11}A_{22} = 0 \quad . \tag{9.2.17}$$

---

[4]Hier und im folgenden sehen wir von der Diskussion des aperiodischen Grenzfalles ab, da er für die weitere Untersuchung keine besonderen Gesichtspunkte liefert.

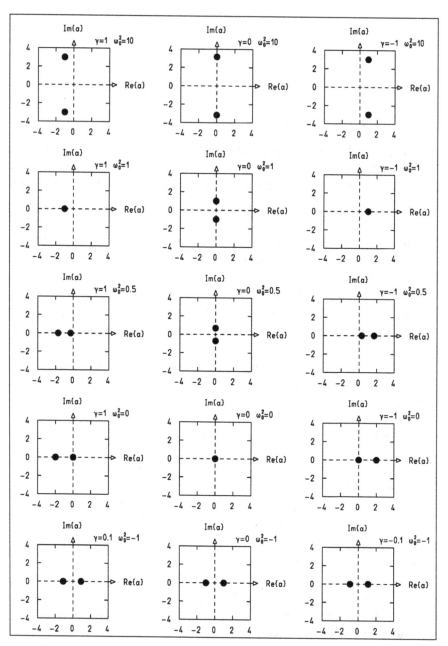

Abb. 9.7. Lösungen α_1, α_2 der charakteristischen Gleichung, dargestellt als Punkte in der komplexen α-Ebene. Ist nur ein Punkt eingezeichnet, so sind die Lösungen entartet, $\alpha_1 = \alpha_2$. Die Parameter γ und ω_0^2 der einzelnen Teilbilder sind wie in Abb. 9.5 und Abb. 9.6 gewählt

Sie ist eine quadratische Gleichung mit zwei (im allgemeinen verschiedenen) Lösungen α_1, α_2. Die Realteile $\mathrm{Re}\,\alpha_1$, $\mathrm{Re}\,\alpha_2$ heißen *Ljapunov-Exponenten* des linearen Systems (9.2.5). Die Aussage (9.2.15) wird dann wie folgt verallgemeinert: *Ein lineares System hat einen stabilen Fixpunkt, wenn seine Ljapunov-Exponenten negativ sind.*

Bisher haben wir ein System betrachtet, das nur eine Ortsvariable x und eine Geschwindigkeitsvariable $v = \dot{x}$ besitzt. Aus beiden haben wir die Phasenebene aufgespannt, in der der aus x und v gebildete Spaltenvektor (**u**) die Rolle eines Ortsvektors spielt. Bei einer Bewegung im dreidimensionalen Ortsraum treten drei Komponenten x_1, x_2, x_3 des Ortsvektors **x** und drei Komponenten v_1, v_2, v_3 des Geschwindigkeitsvektors $\mathbf{v} = \dot{\mathbf{x}}$ auf. An die Stelle der Phasenebene tritt dann ein *Phasenraum* in sechs Dimensionen. Der Ortsvektor (**u**) in diesem Phasenraum ist ein Spaltenvektor, dessen Elemente x_1, x_2, x_3, v_1, v_2, v_3 sind. Im allgemeinen hat der Phasenraum n Dimensionen. Ein lineares System wird dann durch ein Gleichungssystem der Form (9.2.5) beschrieben, in dem (**u**) und (**u̇**) Vektoren mit n Elementen sind und $(\underline{A})$ eine $(n \times n)$-Matrix ist. Sie besitzt n Eigenwerte, die aus (9.2.16) bestimmt werden können, die alle voneinander verschieden sein können, und deren Realteile wieder Ljapunov-Exponenten heißen. Sind diese sämtlich negativ, so hat das System einen stabilen Fixpunkt.

Für die Entscheidung über die Stabilität brauchen wir nur den größten Ljapunov-Exponenten des Systems zu kennen. Ist er negativ, so herrscht Stabilität. Oft wird dieser größte Exponent auch als *der* Ljapunov-Exponent bezeichnet.

Im Hinblick auf spätere Überlegungen skizzieren wir jetzt einen Weg zur numerischen Berechnung des Ljapunov-Exponenten durch Analyse benachbarter Trajektorien. Dazu betrachten wir ein besonders einfaches System, das durch eine einzige Differentialgleichung erster Ordnung,

$$\dot{x} = \lambda x \quad , \tag{9.2.18}$$

mit der Lösung

$$x(t) = x(0)\mathrm{e}^{\lambda t} = x_0 \mathrm{e}^{\lambda t} \tag{9.2.19}$$

beschrieben wird. In Abb. 9.8 sind die beiden Lösungen zu den Anfangswerten x_0 und x'_0 als Kurven in der (t, x)-Ebene aufgetragen. Zur Zeit t ist die Differenz der beiden Lösungen, also der Abstand zwischen den Kurven,

$$\Delta x(t) = x(t) - x'(t) = (x_0 - x'_0)\mathrm{e}^{\lambda t} \quad . \tag{9.2.20}$$

Das Verhältnis des Abstandes zum Anfangsabstand ist

$$\frac{\Delta x(t)}{\Delta x_0} = \frac{x(t) - x'(t)}{x_0 - x'_0} = \mathrm{e}^{\lambda t} \quad . \tag{9.2.21}$$

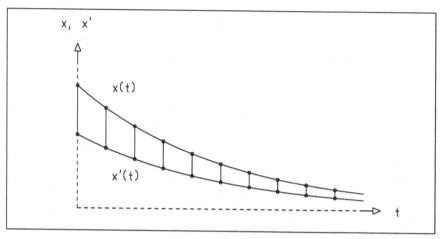

Abb. 9.8. Zur Berechnung des Ljapunov-Exponenten: zeitliche Entwicklung des Abstandes (9.2.20) zweier Lösungen

Nehmen wir den Logarithmus und dividieren durch t, so erhalten wir den Exponenten λ, der offensichtlich der Ljapunov-Exponent unseres einfachen Systems ist,

$$\lambda = \frac{1}{t} \ln \frac{\Delta x(t)}{\Delta x_0} \quad . \tag{9.2.22}$$

Für kompliziertere Systeme beschränken wir uns auf die Betrachtung von Grenzwerten. Wir interessieren uns besonders dafür, ob die Trajektorien für große Zeiten zusammen- oder auseinanderlaufen und beschränken uns auf den Fall ursprünglich eng benachbarter Trajektorien. Damit erhalten wir zur Berechnung des Ljapunov-Exponenten die Vorschrift[5]

$$\lambda = \lim_{\substack{t \to \infty \\ \Delta x_0 \to 0}} \frac{1}{t} \ln \frac{\Delta x(t)}{\Delta x_0} \quad . \tag{9.2.23}$$

In numerischen Rechnungen kann dieser Grenzwert natürlich nicht wirklich erreicht werden. Es kann aber eine Folge von Ausdrücken

$$\lambda_{mn} = \frac{1}{t_n} \ln \frac{\Delta x(t_n)}{\Delta x_{0,m}} \tag{9.2.24}$$

berechnet werden mit $t_{n+1} > t_n$ und $\Delta x_{0,m+1} < \Delta x_{0,m}$. Ändern sich die Werte dieser Folge mit steigenden Werten von m und n nur noch wenig, so kann der Grenzwert als erreicht gelten. Ist der so berechnete Ljapunov-Exponent negativ, so nähern sich die Trajektorien im Laufe der Zeit immer mehr einander an: Die an der Stelle x_0 beginnende Trajektorie ist *stabil* gegen eine beliebige kleine Störung Δx_0 der Anfangsbedingungen.

Die Verallgemeinerung auf Systeme mit mehr als einer Variablen, die durch einen Spaltenvektor $(\mathbf{u})$ beschrieben werden, ist jetzt offensichtlich. Um die Stabilität einer Trajektorie $(\mathbf{u}(t))$ zu untersuchen, die am Punkte $(\mathbf{u}_0)$ beginnt, betrachten wir eine zweite Trajektorie $(\mathbf{u}'(t))$ mit dem benachbarten Anfangspunkt $(\mathbf{u}_0')$ und bilden den Ljapunov-Exponenten[5]

$$\lambda = \lim_{\substack{t \to \infty \\ |(\Delta \mathbf{u}_0)| \to 0}} \frac{1}{t} \ln \frac{|(\Delta \mathbf{u}(t))|}{|(\Delta \mathbf{u}_0)|} \quad . \tag{9.2.25}$$

Dabei sind

$$(\Delta \mathbf{u}(t)) = (\mathbf{u}(t)) - (\mathbf{u}'(t)) \quad , \qquad (\Delta \mathbf{u}_0) = (\mathbf{u}_0) - (\mathbf{u}_0')$$

die Abstandsvektoren zwischen Punkten im Phasenraum auf den beiden Trajektorien zur Zeit t und zur Anfangszeit $t = 0$. In die Berechnung des Ljapunov-Exponenten gehen die Beträge dieser Vektoren ein. Wieder gilt: Ist der Ljapunov-Exponent negativ, so ist die Trajektorie *stabil* gegen kleine Störungen.

9.3 Nichtlineare Bewegungsgleichung. Linearisierung

Inhalt: Ein nichtlineares System $(\dot{\mathbf{u}}) = (\mathbf{f}(\mathbf{u}))$ kann in der Nähe jedes seiner Fixpunkte $(\mathbf{u}^0)$ durch ein lineares System angenähert werden. Ein Fixpunkt ist stabil, wenn alle Ljapunov-Exponenten des linearisierten Systems negativ sind. Der gedämpfte Duffing-Oszillator besitzt (für $a < 0$) zwei stabile und einen instabilen Fixpunkt. Die Anziehungsbecken der beiden stabilen Fixpunkte sind offene Mengen in der Phasenebene, die durch eine Linie, die Separatrix, getrennt werden. In der Nähe des Randes eines Einzugsbeckens ist eine Phasenraumtrajektorie instabil gegen Veränderung der Anfangsbedingungen. In der Nähe von Bifurkationspunkten der Systemparameter ist das System strukturell instabil.
Bezeichnungen: $x, v, \gamma, a = \omega_0^2, \beta$ wir in Abschn. 9.1; $(\mathbf{u})$ Spaltenvektor aus x, v; $(\mathbf{u}^0)$ Fixpunkt, $(\mathbf{w}) = (\mathbf{u} - \mathbf{u}^0)$ Abstandsvektor bzgl. eines Fixpunktes, $(\underline{A})$ Matrix im linearisierten System $(\dot{\mathbf{w}}) = (\underline{A})(\mathbf{w})$.

Wir betrachten das Geschwindigkeitsfeld in der Phasenebene des nichterregten Duffing-Oszillators. Aus der Bewegungsgleichung (9.1.3) erhalten wir mit $v = \dot{x}$ in Analogie zu (9.2.3)

$$\begin{aligned} \dot{x} &= v \quad , \\ \dot{v} &= -ax - \beta x^3 - 2\gamma v \quad . \end{aligned} \tag{9.3.1}$$

---

[5]Die simple Formulierung mittels dieser Grenzwertausdrücke ist nicht ganz präzise. Zum einen müssen für feste Werte von Δx_0 bzw. $(\Delta \mathbf{u}_0)$ große Zeiten betrachtet werden. Zum anderen hängen die Ergebnisse explizit vom gewählten $(\Delta \mathbf{u}_0)$ ab. Daher ist in einer Umgebung von $(\mathbf{u}_0)$ über alle Werte $(\Delta \mathbf{u}_0)$, insbesondere alle Richtungen, zu mitteln.

Wie in Abschn. 9.2 benutzen wir die Spaltenvektoren

$$(\mathbf{u}) = \begin{pmatrix} x \\ v \end{pmatrix} \quad , \quad (\dot{\mathbf{u}}) = \begin{pmatrix} \dot{x} \\ \dot{v} \end{pmatrix} \tag{9.3.2}$$

von Ort und Geschwindigkeit in der Phasenebene. Zwischen beiden besteht jetzt nicht mehr ein einfacher linearer Zusammenhang der Art (9.2.5). Nach unserer Diskussion aus den Abschnitten 9.1 und 9.2 hat das System (9.3.1) stets einen Fixpunkt bei

$$(\mathbf{u}_1^0) = \begin{pmatrix} 0 \\ 0 \end{pmatrix} \tag{9.3.3}$$

und für $a < 0$ zusätzlich zwei Fixpunkte bei

$$(\mathbf{u}_{2,3}^0) = \begin{pmatrix} \pm\sqrt{-a/\beta} \\ 0 \end{pmatrix} \quad . \tag{9.3.4}$$

Das Geschwindigkeitsfeld $(\dot{\mathbf{u}})$ in der Phasenebene ist in Abb. 9.9 für den Fall $a = \omega_0^2 = -1$ dargestellt. Der Vergleich mit den verschiedenen Feldern in Abb. 9.5 legt es nahe, den Fixpunkt $(\mathbf{u}_1^0)$ als instabil (genauer: als Sattel) und die Fixpunkte $(\mathbf{u}_{2,3}^0)$ als stabil (genauer: als stabile Strudel) zu bezeichnen. Diese Feststellung wollen wir jetzt genauer begründen.

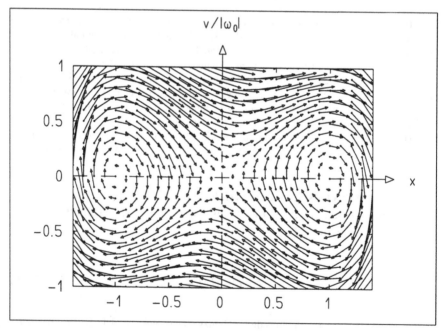

Abb. 9.9. Geschwindigkeitsfeld (9.3.1) des gedämpften Duffing-Oszillators für $a = \omega_0^2 = -1$, $\beta = 1$. Es besitzt Fixpunkte auf der x-Achse bei $x_1 = 0$, $x_2 = 1$, $x_3 = -1$

In der Nähe jedes dieser Fixpunkte können wir das nichtlineare System durch ein lineares System annähern. Dazu führen wir den Differenzvektor

$$(\mathbf{w}) = (\mathbf{u}) - (\mathbf{u}^0) \qquad (9.3.5)$$

und die Matrix der am Fixpunkt berechneten Ableitungen

$$(\underline{A}) = \begin{pmatrix} \dfrac{\partial \dot{x}}{\partial x} & \dfrac{\partial \dot{x}}{\partial v} \\ \dfrac{\partial \dot{v}}{\partial x} & \dfrac{\partial \dot{v}}{\partial v} \end{pmatrix}_{(\mathbf{u})=(\mathbf{u}^0)} \qquad (9.3.6)$$

ein und erhalten in linearer Näherung

$$(\dot{\mathbf{w}}) = (\underline{A})(\mathbf{w}) \quad . \qquad (9.3.7)$$

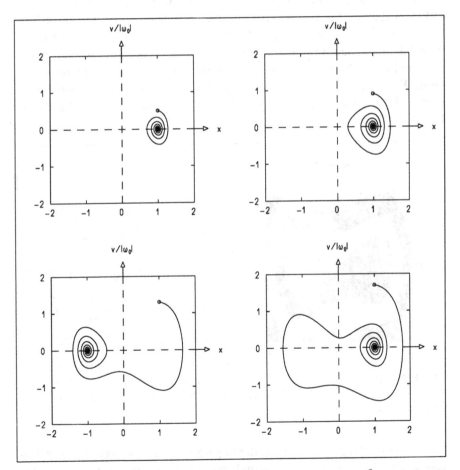

Abb. 9.10. Trajektorien eines gedämpften Duffing-Oszillators ($\gamma = 0{,}1$, $\omega_0^2 = -1$, $\beta = 1$) für verschiedene Anfangsbedingungen (*kleine Kreise*) in der Phasenebene

Das Stabilitätsverhalten der Fixpunkte beschreiben wir nun wie in Abschn. 9.2 durch die Ljapunov-Exponenten der Matrix ($\underline{A}$). Für unser Beispiel (9.3.1) des gedämpften Duffing-Oszillators stellen wir durch Nachrechnen (Aufgaben 9.1 und 9.2) fest, daß

- für $a = \omega_0^2 > 0$ der einzige Fixpunkt ($\mathbf{u}_1^0$) stabil ist,

- für $a = \omega_0^2 < 0$ der Fixpunkt ($\mathbf{u}_1^0$) instabil ist und die beiden Fixpunkte ($\mathbf{u}_{2,3}^0$) stabil sind.

Diese Feststellung entspricht unserer einfachen Beschreibung des gedämpften Duffing-Oszillators in Abschn. 9.1 und dem dort diskutierten Experiment 9.2.

In Abb. 9.10 sind Trajektorien des gedämpften Duffing-Oszillators für verschiedene Anfangsbedingungen dargestellt und zwar für den Fall $a = \omega_0^2 < 0$ mit zwei stabilen Fixpunkten. Alle gezeigten Bahnen enden für große Zeiten in einem der stabilen Fixpunkte. Welcher der beiden Fixpunkte erreicht wird, hängt von den Anfangsbedingungen ab. Die Menge aller Anfangspunkte in der Phasenebene, die zu einem Fixpunkt führen, heißt *Anziehungsbecken* dieses Fixpunktes. Abbildung 9.11 zeigt die Becken der beiden stabilen Fixpunkte. Es handelt sich um offene Mengen, deren gemeinsamer Rand eine Linie ist. Diese Linie heißt *Separatrix*.

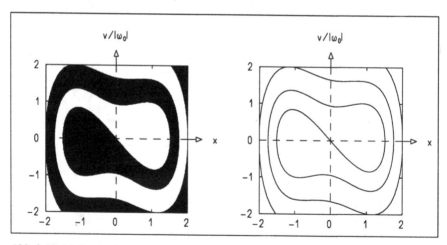

Abb. 9.11. *Links:* Anziehungsbecken der stabilen Fixpunkte bei $v = 0$, $x = -1$ (*schwarz*) und bei $v = 0$, $x = 1$ (*weiß*) des gedämpften Duffing-Oszillators ($\gamma = 0{,}1$, $\omega_0^2 = -1$, $\beta = 1$). *Rechts:* Separatrix

Anfangsbedingungen, die auf der Separatrix liegen, führen zu einer Trajektorie, die Teil der Separatrix ist und im instabilen Fixpunkt ($\mathbf{u}_1^0$) $= 0$ endet. Eine solche Trajektorie ist instabil, d. h. kleinste Änderungen der Anfangsbedingungen oder kleinste Störungen im Verlauf der Bewegung verändern die

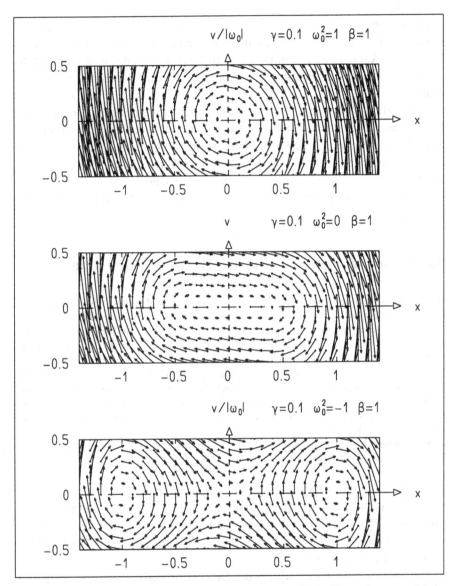

Abb. 9.12. Im Geschwindigkeitsfeld des Duffing-Oszillators in der Phasenebene entwickeln sich aus einem stabilen Fixpunkt (*oben*) bei Veränderung des Parameters ω_0^2 beim Durchgang durch $\omega_0^2 = 0$ (*Mitte*) zwei stabile Fixpunkte (*unten*)

Trajektorie drastisch. Statt im instabilen Fixpunkt (u_1^0) endet sie in einem der stabilen Fixpunkte $(u_{2,3}^0)$. Auch Trajektorien, deren Anfangspunkte im Anziehungsbecken eines stabilen Fixpunktes liegen, sind instabil gegen Veränderungen der Anfangsbedingungen oder Störungen, die sie aus dem Becken hinauswerfen. Diese Instabilitäten können sämtlich als *Instabilitäten des Sy-*

stems bezüglich der Anfangsbedingungen aufgefaßt werden, weil jeder gestörte Punkt einer Trajektorie als Anfangspunkt einer neuen Trajektorie angesehen werden kann. Die Instabilität kann zur Folge haben, daß eng benachbarte
Anfangspunkte in der Phasenebene zu drastisch verschiedenen Endpunkten
führen.

Zusätzlich besitzt unser System (9.3.1) auch eine *strukturelle Instabilität*.
Dieser Begriff kennzeichnet die Tatsache, daß eine leichte Veränderung des
Systems drastische Folgen haben kann. Geht nämlich der Systemparameter
$a = \omega_0^2$ von einem beliebig kleinen positiven Wert in einen negativen Wert
beliebig kleinen Betrages über, so gehen aus dem (für $\omega_0^2 > 0$) einzigen stabilen Fixpunkt durch Bifurkation zwei stabile Fixpunkte hervor, vgl. Abb. 9.1
und 9.12.

9.4 Grenzmengen. Attraktoren. Poincaré-Darstellung

Inhalt: Stabile Fixpunkte sind Attraktoren für Trajektorien in der Phasenebene. Die Grenzkurve eines erregten harmonischen Oszillators ist ebenfalls ein Attraktor. Erweiterung der
(x, v)-Phasenebene zum (x, v, t)-Bewegungsraum. Schnittpunkte von Trajektorien mit Ebenen $t = t_n = nT$, $n = 0, 1, \ldots$ heißen Poincaré-Schnitte, die Menge der Schnittpunkte
$(x(t_n), v(t_n))$ heißt Poincaré-Darstellung der Trajektorie. Nimmt man nur Schnittpunkte für
große Werte von n in die Menge auf, so erhält man die Grenzmenge der Trajektorie (in
Poincaré-Darstellung). Für den erregten Duffing-Oszillator gibt es periodische bzw. nichtperiodische Grenzkurven. Die zugehörigen Grenzmengen bestehen aus einem oder wenigen
Punkten bzw. einer unendlichen Punktmenge, die gleichwohl auf einen kleinen Bereich der
Phasenebene beschränkt bleiben.
Bezeichnungen: x, v, γ, $a = \omega_0^2$, β, m wie in Abschn. 9.1; F_0 Amplitude der erregenden
Kraft, $k = F_0/m$, ω Kreisfrequenz der erregenden Kraft.

Für den gedämpften Duffing-Oszillator mit $\gamma > 0$ haben wir im vorigen Abschnitt festgestellt, daß fast jeder Punkt der Phasenebene (ausgenommen sind
nur Punkte der Separatrix) für große Zeiten in einen der stabilen Fixpunkte wandert. Punkte mit dieser Eigenschaft sind also „anziehend" und werden
deshalb *Attraktoren* genannt.

In Abschn. 8.5.5 haben wir bei der Diskussion des erregten harmonischen
Oszillators gefunden, daß bei festgehaltenen Systemparametern, aber unterschiedlichen Anfangsbedingungen für große Zeiten (also nach Abklingen des
Einschwingvorgangs) die gleiche geschlossene Trajektorie in der Phasenebene beschrieben wurde. Diese Bahn, die in Abb. 9.13 ein Kreis ist, hatten wir
Grenzkurve genannt. Nach Abklingen des Einschwingvorgangs ist damit beim
harmonischen Oszillator die Menge der Punkte, an denen sich das System befinden kann (das war ursprünglich die ganze Phasenebene) auf die Menge A
der Punkte der Grenzkurve zusammengeschrumpft. Es liegt daher nahe, auch
diese Menge als *Attraktor* zu bezeichnen.

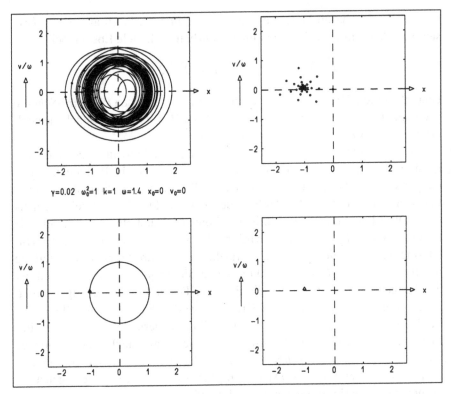

Abb. 9.13. *Oben links:* Trajektorie eines erregten harmonischen Oszillators für $0 \leq t \leq 100\,T$. Hier ist $T = 2\pi/\omega$ die Erregerperiode. Die kleinen Kreise entsprechen den Zeiten $t = t_n = nT$, $n = 0, 1, \ldots, 100$. *Oben rechts:* Poincaré-Darstellung der Trajektorie. *Unten links:* Grenzkurve. *Unten rechts:* Die Grenzmenge ist ein einziger Punkt, der durch das Dreieck markiert ist

Neben dem Begriff der Grenzkurve wollen wir jetzt den allgemeineren Begriff der *Grenzmenge* einführen. Wir könnten etwa die Menge aller Punkte auf der Grenzkurve als Grenzmenge bezeichnen, weil für große Zeiten $(t \to \infty)$ sich die Menge der Punkte auf jeder Phasenraumtrajektorie der Grenzmenge beliebig nähert.

Für explizit zeitabhängige Geschwindigkeitsfelder im Phasenraum, also für Systeme mit zeitabhängiger Kraft wie den erregten Oszillator, wollen wir die (x, v)-Phasenebene zu einem (x, v, t)-Bewegungsraum erweitern. Die Trajektorie im Phasenraum ist dann eine Kurve im dreidimensionalen (x, v, t)-Raum. Unsere bisherigen Darstellungen in der (x, v)-Phasenebene sind Projektionen aus dem (x, v, t)-Raum in die (x, v)-Ebene. Konstruiert man für einen festen Wert $t = \tau$ eine Ebene im (x, v, t)-Raum senkrecht zur t-Achse, so durchstößt die Trajektorie diese Ebene zur Zeit $t = \tau$. Der Schnittpunkt der Trajektorie mit der Ebene ist der Punkt $(x(\tau), v(\tau), \tau)$. Er kann natürlich auf die Phasenebene projiziert werden und wird dort als $(x(\tau), v(\tau))$ sichtbar. Statt nur einer Ebene können natürlich auch viele Ebenen bei

$$t = t_n = nT \quad , \qquad n = 0, 1, 2, \dots \quad ,$$

benutzt werden. Die Schnittpunkte $(x(t_n), v(t_n), t_n)$ heißen *Poincaré-Schnitte* der Trajektorie, die Menge der Punkte $(x(t_n), v(t_n))$ in der Phasenebene heißt *Poincaré-Darstellung* der Trajektorie.

Wir betrachten noch einmal den zu erzwungenen Schwingungen angeregten harmonischen Oszillator. Die Erregerfrequenz sei ω, die Periode der Erregung also $T = 2\pi/\omega$. In Abb. 9.13 ist die Trajektorie für die ersten hundert Perioden dargestellt. Nach jeder Periode ist ein Punkt auf der Trajektorie markiert. Die Menge dieser Punkte ist die Poincaré-Darstellung der Trajektorie für die Zeit $0 \le t \le 100\,T$. Sie wird in Abb. 9.13 auch getrennt von der Trajektorie gezeigt. Zeichnen wir die Trajektorie und ihre Poincaré-Darstellung nur für die Zeit $90\,T \le t \le 100\,T$, so ist die Trajektorie (im Rahmen der Zeichengenauigkeit) ein Kreis, die Poincaré-Darstellung ein einziger Punkt. Diesen Punkt bezeichnen wir als Grenzmenge der Poincaré-Darstellung. Die Punkte $(x(t_n), v(t_n))$ der Poincaré-Darstellung nähern sich für $n \to \infty$ immer mehr der Grenzmenge. In unserem Beispiel ist also auch die Grenzmenge ein *Attraktor*. Als *Grenzmenge* wollen wir allgemein die Menge aller Punkte $(x(t_n), v(t_n))$ der Poincaré-Darstellung für $n \to \infty$ bezeichnen, genaugenommen die der Häufungspunkte der Punktfolge.

Wenden wir uns jetzt dem erzwungenen Duffing-Oszillator zu, dessen Verhalten wir bereits an Hand von Experiment 9.3 kennengelernt haben. Seine Bewegungsgleichung erhalten wir, indem wir (9.1.2) um die erregende Kraft (9.1.7) ergänzen. Sie lautet

$$m\ddot{x} = -R\dot{x} - Dx - Bx^3 + F_0 \cos \omega t \tag{9.4.1}$$

oder, nach Division durch m,

$$\ddot{x} = -2\gamma\dot{x} - ax - \beta x^3 + k \cos \omega t \tag{9.4.2}$$

mit

$$2\gamma = \frac{R}{m} \quad , \qquad a = \omega_0^2 = \frac{D}{m} \quad , \qquad \beta = \frac{B}{m} \quad , \qquad k = \frac{F_0}{m} \quad . \tag{9.4.3}$$

Wir können sie auch entsprechend (9.2.3) als ein System von zwei Differentialgleichungen erster Ordnung schreiben,

$$
\begin{aligned}
\dot{x} &= v \quad , \\
\dot{v} &= -ax - \beta x^3 - 2\gamma v + k \cos \omega t \quad .
\end{aligned}
\tag{9.4.4}
$$

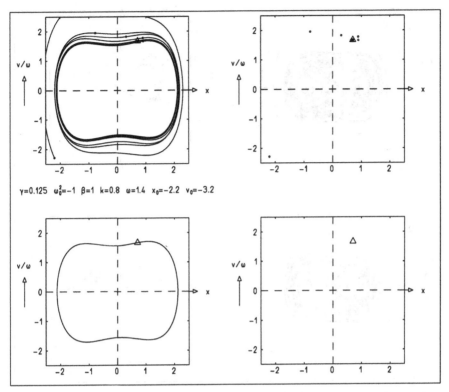

$\gamma=0.125$ $\omega_0^2=-1$ $\beta=1$ $k=0.8$ $\omega=1.4$ $x_0=-2.2$ $v_0=-3.2$

Abb. 9.14. Wie in Abb. 9.13, jedoch für den erregten Duffing-Oszillator mit den angegebenen Systemparametern und Anfangsbedingungen

In Abb. 9.14 werden für einen bestimmten Satz von Systemparametern $(\gamma, \omega_0^2, k, \omega, \beta)$ und bestimmte Anfangsbedingungen Trajektorie, Poincaré-Darstellung, Grenzkurve und Grenzmenge gezeigt. Wie beim erzwungenen harmonischen Oszillator gibt es eine geschlossene Grenzkurve, die Grenzmenge besteht wieder aus einem einzigen Punkt, der wieder ein Attraktor ist. Allerdings ist dessen Einzugsgebiet nicht die ganze Phasenebene.

Wählen wir nämlich nur leicht verschiedene Anfangsbedingungen, behalten aber die Systemparameter bei, so ergibt sich ein qualitativ völlig anderes Bild, Abb. 9.15: Es gibt keine geschlossene Grenzkurve, selbst nicht nach sehr langer Zeit. Ebenso schrumpft die Poincaré-Darstellung nicht auf einen oder wenige Punkte zusammen. Obwohl die Trajektorie scheinbar regellos verläuft, gibt es doch eine deutlich sichtbare Regelmäßigkeit in der Grenzmenge: Sie besteht aus einem durchbrochenen, mehrfach gefalteten Band von Punkten.

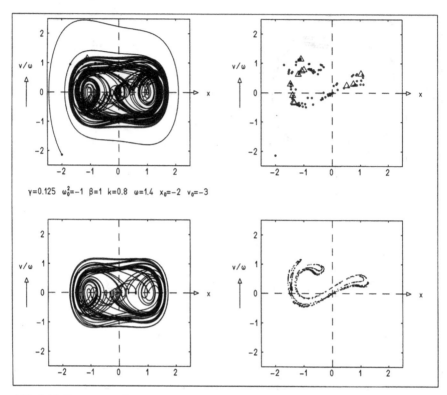

$\gamma = 0.125 \quad \omega_0^2 = -1 \quad \beta = 1 \quad k = 0.8 \quad \omega = 1.4 \quad x_0 = -2 \quad v_0 = -3$

Abb. 9.15. Erregter Duffing-Oszillator mit System-Parametern wie in Abb. 9.14, aber leicht verschiedenen Anfangsbedingungen. *Oben links:* Trajektorie für $0 \leq t \leq 100\,T$. *Oben rechts:* zugehörige Poincaré-Darstellung. Die Punkte $t = 90\,T, 91\,T, \ldots, 100\,T$ sind als Dreiecke dargestellt. *Unten links:* Trajektorie für $950\,T \leq t \leq 1000\,T$. *Unten rechts:* Grenzmenge (tatsächlich Poincaré-Darstellung für $t = 100\,T, \ldots, 1000\,T$). Diese Grenzmenge ist ein chaotischer Attraktor

9.5 Stabile und seltsame Attraktoren. Deterministisches Chaos

Inhalt: Die Poincaré-Darstellungen von Trajektorien können sich für große Zeiten auf Grenzmengen zusammenziehen, die im Endlichen bleiben. Man nennt sie dann auch einfach Attraktoren. Ein chaotischer oder seltsamer Attraktor beschreibt für große Zeiten eine Trajektorie, die im Endlichen bleibt, jedoch instabil ist, weil sie einen positiven Ljapunov-Exponenten besitzt.

Auch die Grenzmenge unten rechts in Abb. 9.15 ist ein Attraktor. Das macht ein Vergleich mit der Poincaré-Darstellung oben rechts oder der Trajektorie oben links in Abb. 9.15 deutlich. Die dort eingezeichneten Punkte $(x(t_n), v(t_n))$ gehören für $t = t_0$ und $t = t_1$ ganz offensichtlich nicht zur Grenzmenge, werden aber für $n \to \infty$ von der Grenzmenge angezogen. Allerdings gibt es zu dieser Grenzmenge keine periodische Grenzkurve. Die Trajektorie ändert sich auch für sehr große Zeiten noch dauernd. Sie macht einen unregelmäßigen oder *chaotischen* Eindruck. Wir haben es mit einem *seltsamen Attraktor* oder *chaotischen Attraktor* zu tun, im Gegensatz zu den *stabilen Attraktoren* in den Fällen der Abbildungen 9.13 und 9.14. Das chaotische Verhalten können wir mit den in diesem Kapitel eingeführten Begriffen wie folgt näher beschreiben:

Ein chaotischer (oder seltsamer) Attraktor besitzt eine Grenzmenge, die auf einen endlichen Bereich des Phasenraumes beschränkt ist. Dadurch bleiben die zugehörigen Phasenraumtrajektorien ebenfalls im Endlichen. Sie sind aber instabil, d. h. sie besitzen positive Ljapunov-Exponenten im Sinne von (9.2.25).

Der (vielleicht etwas unglücklich gewählte) Begriff *Chaos*, der sich in der Literatur über nichtlineare Dynamik eingebürgert hat, kennzeichnet also das Zusammentreffen zweier scheinbar widersprüchlicher Erscheinungen: Anziehung und Auseinanderlaufen. Trajektorien werden wegen der Existenz eines Attraktors in ein bestimmtes Phasenraumgebiet hineingezogen. Zwei beliebig dicht benachbarte Trajektorien laufen jedoch wegen des positiven Ljapunov-Exponenten voneinander fort, wenngleich sie in dem genannten Phasenraumgebiet bleiben.

Natürlich gehorcht auch ein dynamisches System, das sich in einem chaotischen Zustand befindet, den physikalischen Gesetzen, die seine zeitliche Entwicklung eindeutig bestimmen (determinieren). Dieses Chaos ist keineswegs willkürlich. Man bezeichnet es daher auch als *deterministisches Chaos*. Trotzdem sind chaotische Systeme in der Praxis nicht für beliebig lange Zeiten im voraus berechenbar. Das liegt nicht an (im Prinzip überwindbaren) technischen Schwierigkeiten, sondern an der Tatsache, daß die Anfangsbedingungen nie ganz exakt bekannt sind.

In diesem Zusammenhang wird gelegentlich die romantisch anmutende Aussage gemacht, der Flügelschlag eines Schmetterlings in den Tropen könne vielleicht einmal den Ausschlag dafür geben, ob ein sich dort entwickelndes Tiefdruckgebiet schlechtes Wetter nach Nord- oder nach Südeuropa bringt. Dieser *Schmetterlingseffekt* dient natürlich nur zur Illustration der Empfindlichkeit nichtlinearer Systeme auf ihre Anfangsbedingungen. Jedenfalls mögen großräumige meteorologische Vorgänge durchaus chaotisch sein. Hier sei schließlich noch erwähnt, daß der erste chaotische Attraktor 1963 von dem Meteorologen E. N. Lorenz beim Studium eines nichtlinearen Differentialgleichungssystems gefunden wurde.

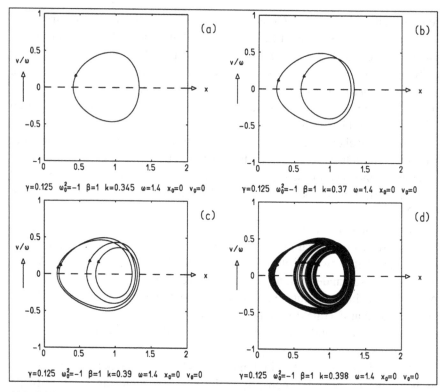

Abb. 9.16 a–d. Trajektorien eines erregten Duffing-Oszillators in der Phasenebene für große Zeiten und kleine Erregeramplitude k. Grenzzyklen mit der Periode T der Erregung (**a**), mit der Periode $2T$ (**b**) bzw. $4T$ (**c**) und chaotische Trajektorie (**d**)

9.6 Feigenbaum-Diagramm

Inhalt: Eine Amplitude eines Duffing-Oszillators ist die für große Zeiten bestimmte Differenz $A = (x_{max} - x_{min})/2$ eines Ortsmaximums vom vorhergehenden Ortsminimum. Bei geringer Erregeramplitude k besitzt der Duffing-Oszillator nur eine einzige Amplitude. Für wachsendes k treten durch Bifurkation $2, 4, 8, \ldots$ Amplituden auf. Jenseits eines Häufungspunktes von Bifurkationen herrscht chaotisches Verhalten. Das (k, A)-Diagramm heißt Feigenbaum-Diagramm.

Wir untersuchen jetzt die Veränderung der Eigenschaften des erzwungenen Duffing-Oszillators mit einem der Systemparameter etwas systematischer. Wir verändern nur die Amplitude k der Erregung, halten alle anderen Parameter $(\gamma, \omega_0^2, \omega, \beta)$ und auch die Anfangsbedingungen (x_0, v_0) fest und untersuchen, ob sich eine Grenzkurve einstellt. In Abb. 9.16 ist die Phasenraumtrajektorie für den Zeitraum $90\,T \leq t \leq 150\,T$ und ihre Poincaré-Darstellung für vier verschiedene Werte von k gezeigt. Für drei dieser Werte gibt es Grenzkurven. Sie haben die Perioden T, $2\,T$ bzw. $4\,T$. Für den vierten Fall ist die Tra-

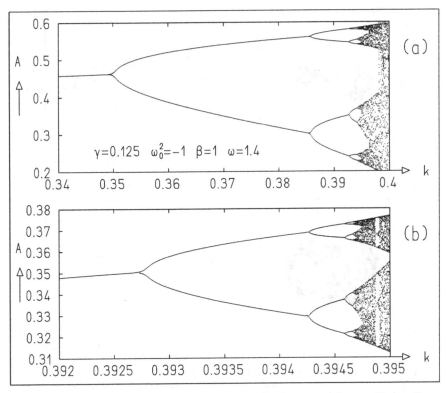

Abb. 9.17. (a) Feigenbaum-Diagramm möglicher Amplitudenwerte A für verschiedene Erregeramplituden k. **(b)** Vergrößerter Ausschnitt aus (a)

jektorie chaotisch. Alle Trajektorien durchlaufen abwechselnd Minima und Maxima in x. Die Extremwerte werden in der Reihenfolge

$$x_{\min}^{(n)}, \; x_{\max}^{(n)}, \; x_{\min}^{(n+1)}, \; x_{\max}^{(n+1)}, \; \ldots$$

erreicht. Als Amplitude

$$A^{(n)} = \frac{x_{\max}^{(n)} - x_{\min}^{(n)}}{2}$$

bezeichnen wir die halbe Differenz in x zwischen einem Maximum und dem vorausgegangenen Minimum. Stabile Grenzzyklen haben offenbar eine endliche Anzahl verschiedener Amplituden; diese Anzahl ist gleich der Zahl der Perioden, die das einmalige Durchlaufen der geschlossenen Grenzkurve dauert. Chaotische Trajektorien haben unendlich viele, die aber in einem endlichen Bereich liegen.

Das *Feigenbaum-Diagramm* der Abb. 9.17 wurde wie folgt konstruiert. Für einen festen Wert von k wird die Trajektorie während der Zeit $0 < t < t_2$ verfolgt. In der Zeitspanne $t_1 < t < t_2$ werden alle Minima und Maxima

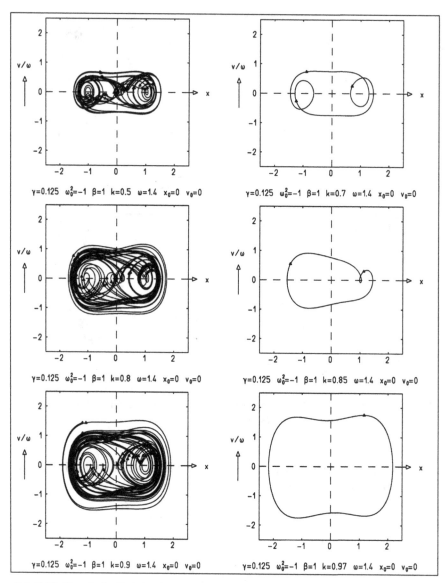

Abb. 9.18. Chaotische Trajektorien *(links)* und stabile Grenzkurven *(rechts)* für größere Erregeramplituden

bestimmt und aus ihnen die Amplituden berechnet. Für jede Amplitude $A^{(n)}$ wird ein Punkt in der (k, A)-Ebene über dem Wert von k aufgetragen. Gibt es z. B. nur zwei verschiedene Werte von $A^{(n)}$, so treten über dem Wert von k zwei verschiedene Punkte auf. Für eine chaotische Trajektorie sind im allgemeinen alle $A^{(n)}$ verschieden. Es treten viele Punkte für festes k auf. Ihre genaue Zahl hängt von der Wahl der Zeiten t_1 und t_2 ab.

Das Feigenbaum-Diagramm zeigt, daß für $k < 0{,}35$ nur eine Amplitude existiert. Etwa bei $k = 0{,}35$ setzt eine Periodenverdopplung der Grenzkurve ein. Es treten zwei verschiedene Amplituden auf. Das Feigenbaum-Diagramm zeigt augenfällig die *Bifurkation*, vgl. Abschn. 9.1, und damit die *strukturelle Instabilität*, vgl. Abschn. 9.3, des Systems an dieser Stelle. Weitere Bifurkationen treten bei Werten von etwa $k = 0{,}3927$, $k = 0{,}3943$, $k = 0{,}3946$ auf. Sie folgen in immer kürzeren Abständen in k aufeinander. Nach der Folge von Bifurkationen tritt chaotisches Verhalten auf.

Der Vergleich von Abb. 9.17b mit Abb. 9.17a zeigt, daß in kleineren Bereichen des Feigenbaum-Diagramms die gleichen Strukturen wieder auftreten wie in größeren. Diese Erscheinung wird als *Selbstähnlichkeit* bezeichnet. Man beobachtet ferner, daß es auch nach dem Erreichen des Chaos immer wieder kleine Bereiche in k gibt, für die periodische und nicht chaotische Bahnen auftreten, sogenannte *Fenster im Chaos*, z. B. bei $k \approx 0{,}39488$.

In Abb. 9.16 und 9.17 war die Erregeramplitude k so klein, daß die Trajektorien auf die nähere Umgebung des Fixpunktes bei $x = 1$ beschränkt blieben. Bei größeren Werten von k treten andere chaotische oder stabile Bahnformen auf. Beispiele zeigt Abb. 9.18. Wie schon am Beispiel der Abbildungen 9.14 und 9.15 gezeigt, können bei gleichen Systemparametern, aber verschiedenen Anfangsbedingungen verschiedene Lösungen (z. B. stabile Lösungen unterschiedlicher Periode und chaotische Lösungen) auftreten.

Im Feigenbaum-Diagramm in Abb. 9.17 haben wir k variiert und die übrigen Systemparameter festgehalten. Hätten wir einen anderen Parameter variiert, so wäre ein ähnliches Diagramm mit Bifurkationen und Chaos entstanden.

9.7 Hysterese

Inhalt: Die Amplitude eines erregten Duffing-Oszillators kann davon abhängen, ob die stationäre Erregerfrequenz ω von kleineren Anfangswerten $\omega_A < \omega$ oder größeren Anfangswerten $\omega_A > \omega$ aus erreicht wurde. Dieses Verhalten kann mit einer Näherungsmethode (Störungsrechnung) qualitativ gut beschrieben werden.
Bezeichnungen: x, v, γ, $a = \omega_0^2$, β, k, ω wie in Abschn. 9.4; C komplexe Amplitude, η Phase; $x(t) = x^{(1)}(t) + x^{(2)}(t)$ Zerlegung der Auslenkungsfunktion in zwei Terme, von denen $x^{(1)}(t)$ harmonisch ist und die Erregerfrequenz ω hat; $\omega_+^2(|C|^2)$, $\omega_-^2(|C|^2)$ Äste der Funktion $\omega^2(|C|^2)$ in der $(|C|^2, \omega^2)$-Ebene.

Als *Hysterese* bezeichnet man die Abhängigkeit des Verhaltens eines Systems von seiner Vorgeschichte. Wir wollen jetzt demonstrieren, daß der erregte Duffing-Oszillator Hysterese zeigt. Dazu führen wir eine Zeitabhängigkeit der Erregerfrequenz ein. In Abb. 9.19 ist der zeitliche Verlauf der erregenden Kraft dargestellt. Dabei wird die endgültige Erregerfrequenz ω einmal von unten her erreicht (die Anfangsfrequenz ω_A ist kleiner als ω) und einmal

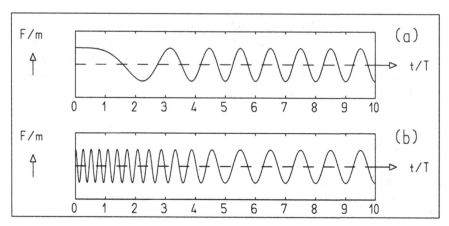

Abb. 9.19 a,b. Zeitlicher Verlauf der erregenden Kraft, die für große Zeiten die Periode T, also die Kreisfrequenz $\omega = 2\pi/T$, hat. **(a)** Die Erregerfrequenz steigt von kleinen Werten bis zum Erreichen von ω. **(b)** Sie beginnt bei großen Werten und fällt bis zum Erreichen von ω

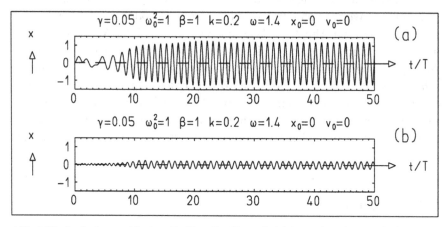

Abb. 9.20. Auslenkung $x(t)$ eines Duffing-Oszillators bei **(a)** ansteigender und **(b)** abfallender Erregerfrequenz

von oben her ($\omega_A > \omega$). Wir lassen eine derart zeitabhängige Erregerkraft, deren Frequenz sich nur sehr langsam ändert, nun auf einen Duffing-Oszillator mit $a = \omega_0^2 > 0$ einwirken, dessen Potential nur einen (stabilen) Fixpunkt hat.

Für bestimmte festgehaltene Systemparameter und festgehaltene Anfangsbedingungen zeigt Abb. 9.20 den zeitlichen Verlauf der Position $x(t)$ des Oszillators. Im Fall ursprünglich ansteigender Erregerfrequenz stellt sich ein Grenzzyklus relativ großer Amplitude ein, für ursprünglich fallende Erregerfrequenz ein Grenzzyklus viel kleinerer Amplitude. Der Zustand des Systems hängt also von der Erregerfrequenz zu früherer Zeit ab und zwar selbst dann,

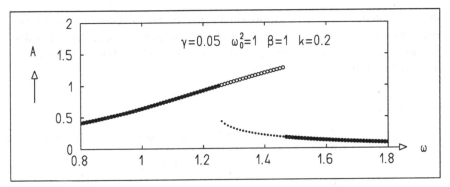

Abb. 9.21. Hysterese: Amplitude a eines Duffing-Oszillators als Funktion der Erregerfrequenz ω, wenn der Endwert ω von unten (*große Kreise*) bzw. von oben (*kleine Kreise*) erreicht wird

wenn diese Frequenz sich schon seit langem nicht mehr ändert, die Endfrequenz also schon seit langem erreicht ist.

Abbildung 9.21 zeigt die möglichen Amplituden des Grenzzyklus für verschiedene Werte des Endwertes der Erregerfrequenz. Man beobachtet, daß Hysterese (also die Erscheinung zweier verschiedener Amplituden) nur in einem bestimmten Bereich $\omega_1 < \omega < \omega_2$ der Endfrequenz ω auftritt.

Dieses Verhalten läßt sich auch aus einer analytischen Näherungsrechnung gewinnen. Die Bewegungsgleichung des erzwungenen gedämpften Duffing-Oszillators ist, vgl. (9.4.2),

$$\ddot{x}(t) + 2\gamma\dot{x}(t) + \omega_0^2 x(t) + \beta x^3(t) = k\cos\omega t \quad . \tag{9.7.1}$$

Durch das Glied dritter Ordnung werden Beiträge in die Gleichung eingebracht, in denen Vielfache der Frequenz ω auftreten. Für die Lösung der Bewegungsgleichung kann man von einem Ansatz ausgehen, in dem der Term mit der Frequenz ω explizit abgespalten wird,

$$x(t) = x^{(1)}(t) + x^{(2)}(t) \quad ,$$

mit

$$x^{(1)}(t) = |C|\cos(\omega t - \eta) = \mathrm{Re}\{Ce^{-\mathrm{i}\omega t}\} \quad , \qquad C = |C|e^{\mathrm{i}\eta} \quad .$$

Der Term $x^{(2)}(t)$ enthalte Beiträge mit Frequenzen verschieden von ω. Der vollständige Ansatz für eine Schwingung mit der Grundfrequenz ω ist eine Fourier-Reihe, vgl. Abschn. 10.9. Die nachfolgende Rechnung liefert einen Ausdruck für den Koeffizienten der Terms mit der Grundfrequenz. Die höheren Terme können iterativ berechnet werden. Die Näherung besteht nun in deren Vernachlässigung, die bei bestimmten Sätzen von Parametern, wie für die gewählten, bereits gute Approximationen liefert. Schwingungen mit anderen Grundfrequenzen ω', die bei anderen Parametersätzen, vgl. auch den vorherigen Abschnitt, auftreten, werden nicht betrachtet. Wir berechnen den Term dritter Potenz in $x^{(1)}$ und finden

$$
\begin{aligned}
\left(x^{(1)}\right)^3 &= \frac{1}{8}\left(C^* e^{i\omega t} + C e^{-i\omega t}\right)^3 \\
&= \frac{1}{8}\left(C^{*3} e^{i3\omega t} + C^3 e^{-i3\omega t} + 3C^{*2}C e^{i\omega t} + 3C^* C^2 e^{-i\omega t}\right) \\
&= \frac{3}{8}|C|^2\left(C^* e^{i\omega t} + C e^{-i\omega t}\right) + \frac{1}{8}\left(C^{*3} e^{i3\omega t} + C^3 e^{-i3\omega t}\right) \\
&= \frac{3}{4}|C|^2 x^{(1)}(t) + \frac{1}{4}\,\mathrm{Re}\{C^3 e^{-i3\omega t}\} \quad.
\end{aligned}
$$

Wir betrachten in (9.7.1) nur die Terme der Frequenz ω und erhalten dafür

$$
\ddot{x}^{(1)} + 2\gamma \dot{x}^{(1)} + \left(\omega_0^2 + \frac{3}{4}\beta|C|^2\right) x^{(1)} = k \cos \omega t \qquad (9.7.2)
$$

Diese Gleichung für den Term $x^{(1)}(t)$ der Frequenz ω in der Lösung für $x(t)$ hat die gleiche Form wie die Bewegungsgleichung für die erzwungene Schwingung, (8.5.4), wenn man die Konstante a durch das Quadrat der amplitudenabhängigen Frequenz ω_A,

$$
\omega_A^2 = \omega_0^2 + \frac{3}{4}\beta|C|^2 \qquad (9.7.3)
$$

ersetzt. Die stationäre Lösung von (9.7.2) ist durch (8.5.9) mit

$$
C = -\frac{k}{(\omega^2 - \omega_A^2) + 2i\gamma\omega}
$$

gegeben. Durch Multiplikation beider Seiten dieser Gleichung mit ihrem komplex konjugierten erhält man

$$
|C|^2 = \frac{|k|^2}{(\omega^2 - \omega_A^2)^2 + 4\gamma^2\omega^2} \quad.
$$

Wegen des Auftretens von $|C|^2$ in (9.7.3) kann dies in die Form einer Gleichung dritter Ordnung in $|C|^2$ gebracht werden,

$$
\left[\left(\omega^2 - \omega_0^2 - \frac{3}{4}\beta|C|^2\right)^2 + 4\gamma^2\omega^2\right]|C|^2 = |k|^2 \quad,
$$

deren Lösung das Absolutquadrat der Schwingungsamplitude $|C|^2$ als Funktion des Quadrates der Erregerfrequenz ω^2 liefert.

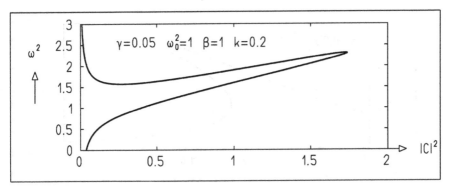

Abb. 9.22. Zur Diskussion von (9.7.4)

In der Variablen ω^2 ist diese Gleichung quadratisch. Ihre Lösungen

$$\omega_\pm^2 = \omega_0^2 + \frac{3}{4}\beta|C|^2 - 2\gamma^2 \pm \frac{1}{|C|}\sqrt{R} \quad ,$$

$$R = |k|^2 - 4\gamma^2\left(\omega_0^2 + \frac{3}{4}\beta|C|^2\right)|C|^2 + 4\gamma^4|C|^2 \quad , \qquad (9.7.4)$$

sind als zwei Funktionen $\omega_\pm^2(|C|^2)$ der unabhängigen Variablen $|C|^2$, dargestellt in Abb. 9.22, leichter zu diskutieren als $|C|^2$ als Funktion des Frequenzquadrates ω^2. Reelle Werte für $\omega_\pm^2$ erhalten wir nur für Werte $|C|^2$ für die der Radikand R positiv ist. Hieraus folgt, daß reelle Werte $\omega_\pm^2$ nur für $|C|^2 \le |C|_{\max}^2$ auftreten, wobei

$$|C|_{\max}^2 = \sqrt{\left[\frac{2}{3\beta}(\omega_0^2 - \gamma^2)\right]^2 + \frac{|k|^2}{3\beta\gamma^2} - \frac{2}{3\beta}(\omega_0^2 - \gamma^2)}$$

gilt. Für diesen Wert haben beide Funktionen $\omega_\pm^2$ den gleichen Wert

$$\omega_M^2 = \omega_+^2(|C|_{\max}^2) = \omega_-^2(|C|_{\max}^2) = \omega_0^2 + \frac{3}{4}\beta|C|_{\max}^2 - 2\gamma^2 \quad .$$

Vom Punkt $(|C|_{\max}^2, \omega_M^2)$ in der $(|C|^2, \omega^2)$-Ebene ausgehend, erstreckt sich die Kurve $\omega_+^2(|C|^2)$ oberhalb der Kurve $\omega_-^2(|C|^2)$ nach links im Bereich $0 < |C|^2 \le |C|_{\max}^2$. Bei der Annäherung an den Punkt $|C|^2 = 0$ divergiert $\omega_+^2 \to \infty$. Man rechnet leicht nach, daß die Steigung dieses Zweiges ω_-^2 für $\beta > 0$ stets positiv ist.

Die so gewonnene Größe $|C|$ als Funktion von ω ist in Abb. 9.23 dargestellt. Für den hier betrachteten *anharmonischen Oszillator*, d. h. für $\omega_0^2 > 0$, $\beta \ne 0$ tritt die Kurve aus Abb. 9.23 an die Stelle der Resonanzkurve des harmonischen Oszillators, vgl. Abb. 8.12a. Die Kurve neigt sich nach rechts für $\beta > 0$ bzw. nach links für $\beta < 0$. Übersteigt $|\beta|$, wie in Abb. 9.23, einen

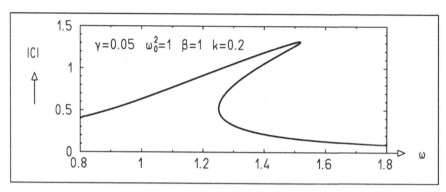

Abb. 9.23. Amplitude $|C|$ des anharmonischen Oszillators als Funktion der Erregerfrequenz ω berechnet aus (9.7.4)

bestimmten Wert $\beta_{\min}$, so gibt es einen Bereich $\omega_1 < \omega < \omega_2$, in dem $|C(\omega)|$ nicht eindeutig ist. In diesem Bereich gibt es drei verschiedene Amplitudenwerte $|C|$ zu jeder Erregerfrequenz ω. Der Vergleich mit Abb. 9.21 zeigt, daß der größte Wert für ursprünglich steigende Frequenz und der kleinste Wert für ursprünglich fallende Frequenz angenommen wird. Für den mittleren Wert stellt sich keine stabile stationäre Lösung ein. Der Vergleich von Abb. 9.23 mit Abb. 9.21 zeigt die gute Übereinstimmung der näherungsweisen analytischen Rechnung mit der numerischen Simulation.

9.8 Aufgaben

9.1: Zeigen Sie durch Berechnung der Ljapunov-Exponenten der Matrix (9.3.6), daß für $a < 0$ der Fixpunkt $(\mathbf{u}_1^0)$ instabil ist, die Fixpunkte $(\mathbf{u}_{2,3}^0)$ aber stabil sind.

9.2: Verwenden Sie die Rechnungen aus Aufgabe 9.1, um zu zeigen, daß für $a > 0$ der einzige Fixpunkt $(\mathbf{u}_1^0)$ stabil ist.

9.3: Geben Sie die Fixpunkte des Geschwindigkeitsfeldes in der Phasenebene für einen gedämpften Duffing-Oszillator mit den Parametern $\gamma = 0{,}1$, $a = \omega_0^2 = 1$, $\beta = -1$ an. Welche Fixpunkte sind stabil? Diskutieren Sie die Ergebnisse an Hand der Form des Duffing-Potentials $V(x)$.

9.4: Ein nichtlineares System habe nur eine einzige unabhängige Variable x. Es habe die Bewegungsgleichung

$$\dot{x} = f(x)$$

und einen Fixpunkt x_0, d. h.

$$f(x_0) = 0 \quad .$$

Linearisieren Sie die Bewegungsgleichung in der Nähe von x_0 in Analogie zu (9.3.7). Wie lautet die Bedingung für die Stabilität des Fixpunktes?

9.5: Auf einem ringförmig gebogenen Draht (Radius R), der sich um eine vertikale, durch seinen Mittelpunkt laufende Achse mit der Winkelgeschwindigkeit ω dreht, kann sich eine Perle (Masse m) reibungsfrei bewegen (siehe Abb. 9.24).

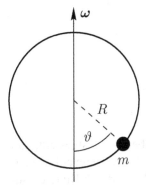

Abb. 9.24. Zu Aufgabe 9.5

(a) Berechnen Sie die Gleichgewichtslagen der Perle. Wie hängt die Existenz dieser Lagen vom Wert von ω ab?

(b) Untersuchen Sie die Stabilität der in (a) gefundenen Gleichgewichtslagen in Abhängigkeit von ω.

10. Wellen auf ein- und zweidimensionalen Trägern

Bei der Diskussion der gekoppelten Oszillatoren haben wir festgestellt, daß die Energie des Gesamtsystems sich im Laufe der Zeit von einem auf den anderen Oszillator verlagern konnte. Wir erwarten, daß sich durch Hintereinanderschalten einer großen Zahl von Oszillatoren ein Energietransport bewerkstelligen läßt, ohne daß sich die Oszillatoren selbst weit von ihrer Ruhelage entfernen. Einen solchen Vorgang bezeichnet man als *Welle*.

10.1 Longitudinale Wellen

Inhalt: Modell einer linearen Kette aus elastisch gekoppelten Massenpunkten, die in longitudinaler (d. h. in Ketten-) Richtung aus ihren Ruhelagen ausgelenkt werden können. Aus der Newtonschen Bewegungsgleichung für die einzelnen Massenpunkte ergibt sich für den Kontinuumslimes der Kette die d'Alembertsche Wellengleichung. Die Ausbreitungsgeschwindigkeit $c_L = \sqrt{E/\varrho}$ der Longitudinalwellen ist durch Elastizitätsmodul E und Massendichte ϱ des Materials gegeben.

Bezeichnungen: x_n Ruhelage, $u_n(t)$ momentane Lage, $w_n(t)$ Auslenkung des n-ten Massenpunktes einer Kette aus diskreten Massenpunkten, m Masse jedes Massenpunktes, D Federkonstante der Koppelfedern, ℓ Länge der Einzelfeder im entspannten Zustand; Δx Länge der Einzelfeder, wenn Kette in Ruhe; $\omega = \sqrt{D/m}$ Kreisfrequenz und $T = 2\pi/\omega$ Periode des Einzeloszillators, N Zahl der Federn in der Kette, L Länge der Kette, ΔT Signallaufzeit über die Länge der Kette, $w(t,x)$ Auslenkungsfunktion der Kette im Kontinuumslimes, μ lineare und ϱ räumliche Massendichte, E Elastizitätsmodul, q Querschnittsfläche, c_L Ausbreitungsgeschwindigkeit der Longitudinalwelle.

Wir gehen aus von einem einfachen Modell (Abb. 10.1) einer linearen Kette von Massenpunkten der Masse m, die durch Federn der Federkonstanten D verknüpft sind. Die Federn haben im entspannten Zustand die Länge ℓ. Wir betrachten den allgemeinen Fall, in dem auch die ruhende Kette unter einer Spannung stehen kann. Alle Massenpunkte haben dann im allgemeinen Abstände $\Delta x \neq \ell$ von ihren Nachbarn. Wir bezeichnen die *Ruhelagen* der Massenpunkte mit

$$x_n = n\,\Delta x \quad , \qquad -\infty < n < \infty \tag{10.1.1}$$

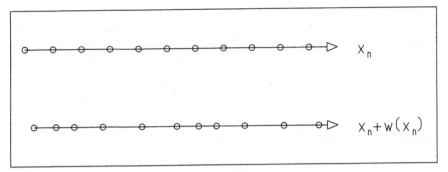

Abb. 10.1. Modell einer Massenpunktkette als Träger longitudinaler Wellen. Die Ruhelagen der einzelnen Massenpunkte sind bei $x = x_n = n\,\Delta x$ (*oben*), die momentanen Lagen bei $u_n(t) = x_n + w_n(t)$ (*unten*). Dabei ist $w_n(t)$ die (longitudinale) zeitabhängige Auslenkung des Massenpunktes n aus seiner Ruhelage

und die *momentanen Lagen* der Massenpunkte mit

$$u_n(t) = x_n + w_n(t) \tag{10.1.2}$$

mit den *Auslenkungen* w_n in Richtung der Kette. Wellen mit solchen Auslenkungen bezeichnet man als Longitudinalwellen.

Die Newtonsche Bewegungsgleichung für den n-ten Massenpunkt lautet

$$m\ddot{u}_n = -D(u_n - u_{n-1} - \ell) + D(u_{n+1} - u_n - \ell) \quad . \tag{10.1.3}$$

Umrechnungen auf die Auslenkungen w liefert die Bewegungsgleichung

$$m\ddot{w}_n = -D(w_n - w_{n-1}) + D(w_{n+1} - w_n) \quad . \tag{10.1.4}$$

Für große Dichte der Massenpunkte der Kette bedeutet es eine erhebliche Vereinfachung, wenn man zum Grenzfall einer kontinuierlichen Verteilung

$$w_n(t) = w(t, x) \tag{10.1.5}$$

übergeht, indem man anstelle des Index n die kontinuierliche Variable x als zweites Argument von w einführt. Sie gibt die Ruhelage des Massenpunktes an. Dementsprechend gilt für die benachbarten Punkte

$$w_{n\pm1}(t) = w(t, x \pm \Delta x) \quad . \tag{10.1.6}$$

Damit läßt sich die Bewegungsgleichung in die Form

$$m\frac{\partial^2 w}{\partial t^2}(t, x) = D[w(t, x + \Delta x) - w(t, x)]$$
$$-D[w(t, x) - w(t, x - \Delta x)] \tag{10.1.7}$$

bringen. Jetzt läßt sich der Grenzübergang zur kontinuierlichen Verteilung der Oszillatoren leicht durch $\Delta x \rightarrow 0$ ausführen. Man entwickelt die Differenzen auf der rechten Seite von (10.1.7) bis zur zweiten Ordnung in Δx,

$$w(t, x \pm \Delta x) - w(t, x) = \pm \frac{\partial w}{\partial x}(t, x)\, \Delta x + \frac{1}{2}\frac{\partial^2 w}{\partial x^2}(t, x)(\Delta x)^2 + \cdots \quad , \tag{10.1.8}$$

und erhält durch Einsetzen die Gleichung

$$\frac{\partial^2 w}{\partial t^2}(t, x) = \frac{D(\Delta x)^2}{m}\frac{\partial^2 w}{\partial x^2}(t, x) \quad . \tag{10.1.9}$$

Mit der Annahme, daß im Grenzfall $\Delta x \rightarrow 0$ die Größe

$$\lim_{\Delta x \to 0} \frac{D(\Delta x)^2}{m} = c_{\mathrm{L}}^2 \tag{10.1.10}$$

gegen den festen Wert c_{L}^2 strebt, erhalten wir die *Wellengleichung* von d'Alembert oder *d'Alembert-Gleichung*

$$\frac{1}{c_{\mathrm{L}}^2}\frac{\partial^2 w}{\partial t^2} - \frac{\partial^2 w}{\partial x^2} = 0 \quad . \tag{10.1.11}$$

Die Annahme (10.1.10) ist aus folgenden Gründen plausibel. Für eine kontinuierliche Massenbelegung der x-Achse ist

$$\mu = \frac{m}{\Delta x} = \varrho q \tag{10.1.12}$$

die lineare Massendichte, d. h. ein Längenelement Δx besitzt die Masse $m = \mu\, \Delta x = \varrho\, \Delta V$. Dabei ist $\Delta V = q\, \Delta x$ das Volumenelement und q die Querschnittsfläche; ϱ ist die Massendichte. Die Kopplung zwischen den einzelnen Oszillatoren wird im kontinuierlichen Grenzfall durch die endliche Größe

$$\delta = D\, \Delta x \tag{10.1.13}$$

beschrieben, wobei

$$\delta = Eq \tag{10.1.14}$$

das Produkt aus Elastizitätsmodul E (vgl. Abschn. 11.2) und der Querschnittsfläche q ist. Damit bleibt der Quotient

$$\frac{D(\Delta x)^2}{m} = \frac{D\, \Delta x}{m/\Delta x} = \frac{\delta}{\mu} = \frac{E}{\varrho} = c_{\mathrm{L}}^2 \tag{10.1.15}$$

endlich.

Vorwegnehmend wollen wir anmerken, daß der Parameter c_{L}, der die Dimension einer Geschwindigkeit hat, die *Ausbreitungsgeschwindigkeit* der d'Alembert-Wellen ist, siehe Abschn. 10.3. Die Geschwindigkeit c_L der Longitudinalwelle ist einerseits durch den Elastizitätsmodul E und die Massendichte ϱ bestimmt, andererseits zeigt (10.1.10), daß in den Größen der Oszillatorkette

$$c_L = \omega\,\Delta x \qquad (10.1.16)$$

gilt. Hier ist $\omega = \sqrt{D/m}$ die Frequenz des Einzeloszillators der Masse m und der Federkonstante D der Einzelfeder. Für eine Oszillatorkette von $N+1$ Massenpunkten mit den Abständen Δx und der Länge

$$L = N\,\Delta x$$

gilt

$$\Delta T = \frac{L}{c_L} = \frac{N}{\omega} = \frac{1}{2\pi}NT \quad .$$

Die Laufzeit ΔT eines Signals über die ganze Länge der Kette hängt nur von der Anzahl der Massenpunkte und der Periode $T = 2\pi/\omega$ des Einzeloszillators ab. Sie ist unabhängig davon, wie sehr die Kette gespannt ist, d. h. unabhängig von der Länge L der Kette.

Longitudinale Wellen mit einer durch das System gegebenen Vorzugsrichtung treten z. B. auf in

- gespannten Drähten oder Fäden aus elastischem Material, die wir als *Saiten* bezeichnen,

- Stäben,

- Luftsäulen in gestreckten Rohren.

In allen Fällen wirken longitudinale elastische Kräfte zwischen den Atomen oder Molekülen des Materials, das den Träger der Welle bildet.

10.2 Transversale Wellen

Inhalt: Modell einer linearen Massenpunktkette mit transversaler Auslenkung. Aus der Bewegungsgleichung eines Massenpunktes der Kette ergibt sich beim Übergang zum Kontinuumslimes ebenfalls eine Wellengleichung vom d'Alembert-Typ. Eine Transversalwelle kann sich nur auf einer Saite ausbreiten, die gespannt ist. Die Ausbreitungsgeschwindigkeit c_T transversaler Wellen ist um den Faktor $\sqrt{B}$ kleiner als die longitudinaler Wellen. Dabei ist B die Verzerrung der Saite, d. h. ihre relative Verlängerung im Vergleich zum ungespannten Zustand.

Bezeichnungen: w_n transversale Auslenkung des n-ten Massenpunktes, m Masse jedes Massenpunktes, D Federkonstante der Kopplungsfedern, ℓ bzw. ℓ' Federlänge im entspannten bzw. gespannten Zustand, Δx Federlänge bei ruhender Kette, $B = (\Delta x - \ell)/\ell$ Verzerrung, F transversale Kraft auf Massenpunkt, $w(t,x)$ transversale Auslenkungsfunktion der Kette im Kontinuumslimes, E Elastizitätsmodul, μ bzw. ϱ lineare bzw. räumliche Massendichte, $T = EB$ Spannung, c_T Ausbreitungsgeschwindigkeit der Transversalwelle.

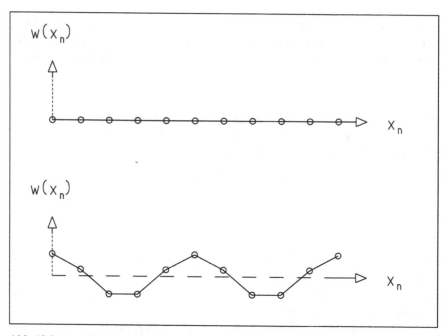

Abb. 10.2. Modell einer Massenpunktkette als Träger transversaler Wellen. Die Ruhelagen der einzelnen Massenpunkte sind bei $(x = x_n = n\,\Delta x, y = 0)$ *(oben)*, die momentanen Lagen bei $(x = x_n = n\,\Delta x, y = w_n(t))$ *(unten)*. Dabei ist $w_n(t)$ die (transversale) zeitabhängige Auslenkung des Massenpunktes n aus seiner Ruhelage

Wir betrachten jetzt den Fall, daß die Auslenkungen w_n senkrecht zur Ruherichtung der Kette erfolgen, Abb. 10.2. Die Feder zwischen den Punkten $n-1$ und n hat die Länge

$$\ell' = \sqrt{(\Delta x)^2 + (w_n - w_{n-1})^2} \quad . \tag{10.2.1}$$

Sie übt daher auf den Punkt n die Kraft vom Betrage $D(\ell' - \ell)$ aus. Ihre Komponente senkrecht zur Kette ist $-D(\ell' - \ell)(w_n - w_{n-1})/\ell'$. Wir setzen voraus, daß

$$|w_n - w_{n-1}| \ll \Delta x$$

gilt. In linearer Näherung in $(w_n - w_{n-1})/\Delta x$ erhalten wir

$$-D(\ell' - \ell)\frac{w_n - w_{n-1}}{\ell'} = -D(\Delta x - \ell)\frac{w_n - w_{n-1}}{\Delta x} \quad . \tag{10.2.2}$$

Die resultierende Senkrechtkomponente der beiden Federn links und rechts von x_n ist dann in linearer Näherung

$$F = -D\frac{\Delta x - \ell}{\Delta x}[(w_n - w_{n-1}) + (w_n - w_{n+1})] \quad . \tag{10.2.3}$$

Wir gehen jetzt wieder zum kontinuierlichen Grenzfall über, in welchem wir die Massenpunktkette eine *Saite* nennen. Für den Übergang gelten die Formeln (10.1.5) bis (10.1.8). Damit erhalten wir

$$F = D \, \Delta x (\Delta x - \ell) \frac{\partial^2 w}{\partial x^2}$$

und als Bewegungsgleichung

$$\frac{\partial^2 w}{\partial t^2} = \frac{D \, \Delta x \, (\Delta x - \ell)}{m} \frac{\partial^2 w}{\partial x^2} = c_{\mathrm{T}}^2 \frac{\partial^2 w}{\partial x^2} \quad . \tag{10.2.4}$$

Unter Benutzung von (10.1.12) bis (10.1.14) und des Begriffs der *Verzerrung*

$$B = \frac{\Delta x - \ell}{\ell} \tag{10.2.5}$$

erhalten wir

$$c_{\mathrm{T}}^2 = \frac{D}{m} \Delta x \, (\Delta x - \ell) = \frac{EqB}{\mu} \frac{\ell}{\Delta x} = \frac{EB}{\varrho} \frac{1}{1 + B} \quad . \tag{10.2.6}$$

Das Produkt aus Elastizitätsmodul E und Verzerrung B ist die *Spannung*

$$T = EB \tag{10.2.7}$$

der Saite. Damit ist

$$c_{\mathrm{T}}^2 = \frac{T}{\varrho} \frac{1}{1 + B} \quad . \tag{10.2.8}$$

Für den gewöhnlich vorliegenden Fall kleiner Verzerrung, $B \ll 1$, gilt damit in guter Näherung

$$c_{\mathrm{T}}^2 \approx \frac{T}{\varrho} = B \frac{E}{\varrho} = B c_{\mathrm{L}}^2 \quad . \tag{10.2.9}$$

Die *Wellengleichung für Transversalwellen*

$$\frac{1}{c_{\mathrm{T}}^2} \frac{\partial^2 w}{\partial t^2} - \frac{\partial^2 w}{\partial x^2} = 0 \tag{10.2.10}$$

hat damit die gleiche Form wie die für Longitudinalwellen (10.1.11).

Die Fortpflanzungsgeschwindigkeit c_{T} der Transversalwelle ist durch die Wurzel aus dem Verhältnis von Spannung $T = EB$ und Massendichte ϱ gegeben. In den Größen der Oszillatorkette gilt nach (10.1.16)

$$c_{\mathrm{T}} = \sqrt{B} c_{\mathrm{L}} = \sqrt{B} \omega \, \Delta x \quad . \tag{10.2.11}$$

Da die Verzerrung B einer Saite stets klein gegen eins ist, ist die Transversalgeschwindigkeit klein gegen die Longitudinalgeschwindigkeit. Eine nicht gespannte Saite hat in der hier gewählten linearen Näherung keine Transversalwellen.

10.3 Allgemeine Lösung der Wellengleichung

Inhalt: Spezielle Lösungen der d'Alembert-Gleichung in nur einer Raumdimension haben die Form $w_+(t,x) = w(-ct + x)$, und $w_-(t,x) = w(ct + x)$. Sie sind Funktionen des Arguments $-ct + x$ bzw. $ct + x$ und beschreiben Auslenkungsmuster, die sich, in räumlicher Form unverändert, mit der Geschwindigkeit c in positive (für w_+) bzw. negative (für w_-) x-Richtung verschieben. Die allgemeine Lösung hat die Form $w_1(-ct + x) + w_2(ct + x)$. Eine Funktion w_+ oder w_-, die stets nur in einem eng begrenzten Raumbereich wesentlich von null verschieden ist, heißt Soliton.
Bezeichnungen: $w(t,x)$ Auslenkungsfunktion; $w_+ = w(-ct + x)$ nach rechts laufende, $w_- = w(ct + x)$ nach links laufende Welle; x_0 Ort maximaler Auslenkung zur Zeit $t = 0$ für ein Gaußsches Soliton, σ Breite des Solitons, v_G Gruppengeschwindigkeit.

Da die Wellengleichungen (10.1.11) bzw. (10.2.10) für longitudinale bzw. transversale Wellen die gleiche Form haben, schreiben wir sie jetzt ohne Unterscheidung der Geschwindigkeiten als

$$\frac{1}{c^2}\frac{\partial^2 w}{\partial t^2} - \frac{\partial^2 w}{\partial x^2} = 0 \quad . \tag{10.3.1}$$

Für eine solche Wellengleichung in nur einer Raumdimension können wir die Differentiationen in der folgenden Form faktorisieren:

$$\left(\frac{1}{c}\frac{\partial}{\partial t} + \frac{\partial}{\partial x}\right)\left(\frac{1}{c}\frac{\partial}{\partial t} - \frac{\partial}{\partial x}\right)w(t,x) = 0$$

bzw.

$$\left(\frac{1}{c}\frac{\partial}{\partial t} - \frac{\partial}{\partial x}\right)\left(\frac{1}{c}\frac{\partial}{\partial t} + \frac{\partial}{\partial x}\right)w(t,x) = 0 \quad . \tag{10.3.2}$$

Damit ist klar, daß es Lösungen der d'Alembert-Gleichung in einer Raumdimension gibt, die eine der beiden Differentialgleichungen

$$\left(\frac{1}{c}\frac{\partial}{\partial t} + \frac{\partial}{\partial x}\right)w_+(t,x) = 0 \tag{10.3.3}$$

oder

$$\left(\frac{1}{c}\frac{\partial}{\partial t} - \frac{\partial}{\partial x}\right)w_-(t,x) = 0 \tag{10.3.4}$$

erfüllen.

Wir beschreiben die Auslenkungsfunktion w zu einer festen Zeit $t = 0$ durch $w(0,x) = w(x)$. Nehmen wir an, daß sich das Auslenkungsmuster mit der Geschwindigkeit c in positive x-Richtung verschiebt, ohne dabei seine Form zu ändern, so wird es zu einer Zeit t durch

$$w_+(t,x) = w(-ct + x) \tag{10.3.5}$$

beschrieben. Durch Einsetzen bestätigt man, daß dieser Ansatz die d'Alembert-Gleichung löst. Das gleiche gilt für einen Ansatz der Form

$$w_-(t,x) = w(ct+x) \quad , \tag{10.3.6}$$

der die Verschiebung des Auslenkungsmusters in negative x-Richtung wiedergibt. Die Funktionen $w_+(t,x)$ und $w_-(t,x)$ lösen gerade die Gleichungen (10.3.3) bzw. (10.3.4). Die allgemeine Lösung der d'Alembert-Gleichung besteht aus einer Summe zweier beliebiger Funktionen w_1 und w_2 der Argumente $(-ct+x)$ bzw. $(ct+x)$,

$$w(t,x) = w_1(-ct+x) + w_2(ct+x) \quad . \tag{10.3.7}$$

Ist das Anregungsmuster w zu einer Zeit nur in einem räumlich eng begrenzten Bereich wesentlich von null verschieden und hat es nur eines der beiden Argumente $(-ct+x)$ oder $(ct+x)$, so spricht man von einem *Soliton*. Als ein Beispiel wählen wir zur Zeit $t=0$ für $w(x)$ eine *Gaußsche Glockenkurve* um die Stelle x_0,

$$w(t,x) = w_0 \exp\left[-\frac{(-ct+x-x_0)^2}{2\sigma^2}\right] \quad . \tag{10.3.8}$$

Der Parameter σ ist ein Maß für die *Breite* der Glockenkurve. Abbildung 10.3 zeigt die zeitliche Entwicklung des Auslenkungsmusters. Die Gaußsche Glokkenkurve wandert mit der Geschwindigkeit c in positive x-Richtung.

Das erweist auch die explizite Form der Funktion w in (10.3.8). Das Maximum der Glockenkurve ist stets bei verschwindendem Argument der Exponentialfunktion, d. h. bei

$$x = x_0 + ct \quad . \tag{10.3.9}$$

Die Ausbreitungsgeschwindigkeit einer Wellenformation endlicher räumlicher Ausdehnung heißt Gruppengeschwindigkeit v_G. Sie ist durch

$$v_G = \frac{dx}{dt} = c \tag{10.3.10}$$

gegeben.

10.4 Harmonische Wellen

Inhalt: Harmonische Wellen $w_\pm = w_0 \cos[(2\pi/\lambda)(\mp ct + x - x_0)]$ stellen zu fester Zeit Wellenformen im Raum mit der Wellenlänge λ und an festem Ort Schwingungen in der Zeit mit der Periode $T = \lambda/c$ dar. Einführung der Begriffe Wellenzahl, Kreisfrequenz, Frequenz und Phasengeschwindigkeit.
Bezeichnungen: $w_\pm(t,x)$ Auslenkungsfunktionen, w_0 Amplitude, c Ausbreitungsgeschwindigkeit, x_0 Ort eines Maximums von $w_\pm$ zur Zeit $t=0$, λ Wellenlänge, k Wellenzahl, T Periode, ν Frequenz, ω Kreisfrequenz, v_P Phasengeschwindigkeit.

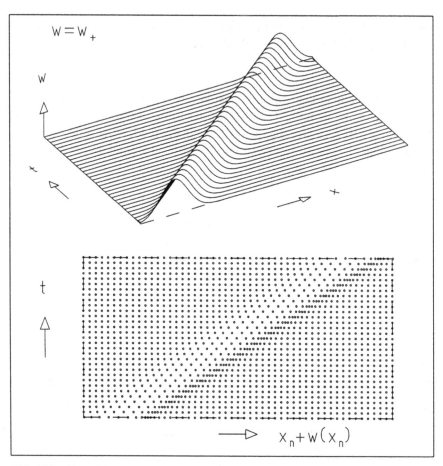

Abb. 10.3. *Oben:* Ein glockenförmiges Auslenkungsmuster verschiebt sich mit konstanter Geschwindigkeit in positive x-Richtung (Solitonwelle). Die Darstellung ist ein Graph der Funktion (10.3.8), die sowohl longitudinale als auch transversale Solitonwellen darstellt. Sie ist zugleich ein Bild einer Saite, auf der eine transversale Solitonwelle läuft, für verschiedene feste Zeiten t. *Unten:* Massenpunkte einer Oszillatorkette, auf der eine longitudinale Solitonwelle läuft, für verschiedene feste Zeiten t

Neben Wellenformen endlicher räumlicher Ausdehnung, wie wir sie im letzten Abschnitt besprochen haben, kann man auch unendlich ausgedehnte Wellenzüge diskutieren. Man denkt sie sich am einfachsten durch periodische harmonische Anregung erzeugt. Wir betrachten daher als Beispiel die *harmonischen Wellen*. Das bedeutet für die Funktion w die Wahl von Kosinus oder Sinus. Da beide nur durch die feste Phase $\pi/2$ voneinander verschieden sind, betrachten wir für die folgende Diskussion nur die Ausdrücke

$$w_+(t,x) = w_0 \cos\left[\frac{2\pi}{\lambda}(-ct + x - x_0)\right] \tag{10.4.1}$$

bzw.

$$w_-(t,x) = w_0 \cos\left[\frac{2\pi}{\lambda}(ct + x - x_0)\right] \quad . \tag{10.4.2}$$

Zwei benachbarte Punkte gleicher Phase des Kosinus – also etwa zwei aufeinanderfolgende Wellenmaxima – haben im Argument gerade den Abstand 2π, denn

$$\cos\left[\frac{2\pi}{\lambda}(-ct + x - x_0) + 2\pi\right] = \cos\left[\frac{2\pi}{\lambda}(-ct + x - x_0)\right] \quad . \tag{10.4.3}$$

Das Argument läßt sich in folgender Weise umformen:

$$\frac{2\pi}{\lambda}(-ct + x - x_0) + 2\pi = \frac{2\pi}{\lambda}(-ct + x - x_0 + \lambda)$$

$$= \frac{2\pi}{\lambda/c}\left(-t + \frac{x - x_0 + \lambda}{c}\right) \quad .$$

Die erste Gleichung führt auf die Interpretation der Größe λ als *Wellenlänge*, d. h. als der räumliche Abstand zwischen zwei Punkten gleicher Phase zu fester Zeit t. Die zweite Gleichung erweist die Zeit

$$T = \frac{\lambda}{c} \tag{10.4.4}$$

als die *Periode* der von der Welle am festen Ort $(x - x_0)$ verursachten Schwingung.

Die Größe

$$k = \frac{2\pi}{\lambda} \tag{10.4.5}$$

heißt *Wellenzahl*. Der Quotient

$$\nu = \frac{1}{T} \tag{10.4.6}$$

heißt wieder *Frequenz*, das Verhältnis

$$\omega = \frac{2\pi}{T} = 2\pi\nu \tag{10.4.7}$$

wieder *Kreisfrequenz*. Es besteht die Beziehung

$$\omega = \frac{2\pi}{T} = c\frac{2\pi}{\lambda} = ck \quad . \tag{10.4.8}$$

Die Größe

$$v_P = \frac{\lambda}{T} = c \tag{10.4.9}$$

ist die Geschwindigkeit eines Punktes fester Phase bei der Ausbreitung der Welle. Sie heißt in diesem Zusammenhang deshalb *Phasengeschwindigkeit*

v_P. Sie ist für die Lösungen der d'Alembert-Gleichung gleich dem in der Gleichung auftretenden Geschwindigkeitsparameter c und daher von der Wellenlänge der betrachteten harmonischen Welle unabhängig. Für Wellengleichungen von anderem Typ als dem der d'Alembert-Gleichung ist die Phasengeschwindigkeit v_P abhängig von der Wellenlänge λ bzw. der Wellenzahl $k = 2\pi/\lambda$. In diesen Fällen ist sie nicht gleich der Gruppengeschwindigkeit v_G endlich ausgedehnter Wellenformen, wie der Gaußschen Glockenkurve im vorigen Abschnitt.

Abbildung 10.4 zeigt die Ausbreitung einer harmonischen Welle in positive x-Richtung. Man sieht die Wanderung des Wellenberges, der sich bei $t = 0$ am unteren linken Rand des Bildes befindet und sich mit der Zeit nach rechts verschiebt. Das ganze Wellenmuster zur Zeit $t = 0$ versetzt sich mit fester Geschwindigkeit c, in der Form ungeändert, nach rechts. Die Strecke λ zwischen zwei Wellenbergen erweist sich hier ganz anschaulich als Wellenlänge. Die Zeit T, die benötigt wird, um ein Wellenmaximum gerade die Strecke λ der Wellenlänge durchlaufen zu lassen, ist die Periode der Welle. In Abb. 10.4 ist eine Periode gerade die Zeit, die insgesamt abgebildet ist. Sie ist für einen festen Ort die Periode einer Schwingung der Auslenkung $w(t, x)$ der harmonischen Welle.

10.5 Superpositionsprinzip

Inhalt: Beliebige Linearkombinationen von Lösungen der d'Alembert-Gleichung sind ihrerseits Lösungen.

Da die Wellenfunktion $w(t, x)$ in der d'Alembert-Gleichung nur linear auftritt, ist mit jeder Lösung $w_1(t, x)$ auch ein konstantes Vielfaches $aw_1(t, x)$ Lösung. Ferner ist mit jeder weiteren Lösung $w_2(t, x)$ auch jede Linearkombination

$$w(t, x) = aw_1(t, x) + bw_2(t, x) \tag{10.5.1}$$

Lösung der d'Alembert-Gleichung.

Diese Aussage ist gerade der Inhalt des *Superpositionsprinzips*. Als ein Beispiel haben wir in Abb. 10.6 die Funktion $w = w_+ + w_-$ aus den weiter oben in Abb. 10.6 dargestellten nach rechts bzw. links laufenden Glockenkurven überlagert. Die Abbildung zeigt, daß wir einen besonders hohen Berg beobachten, wenn beide Solitonen am gleichen Ort sind. Anschließend laufen die beiden Solitonen unverändert auseinander.

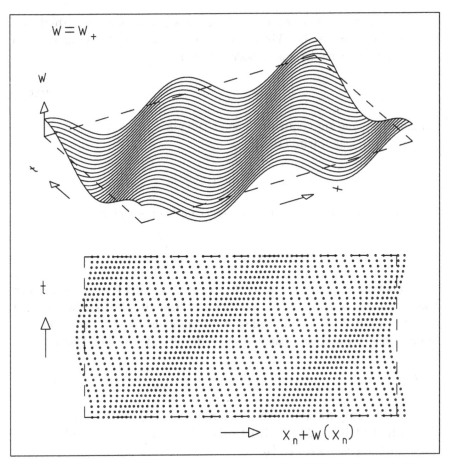

Abb. 10.4. *Oben:* Zeitliche Entwicklung einer harmonischen Welle, die in die positive x-Richtung wandert. Abgebildet ist ein Bereich in x der Länge 2λ. Der abgebildete Bereich in t entspricht gerade einer Periode T. Die Darstellung ist ein Graph der Funktion (10.4.1), die sowohl longitudinale als auch transversale harmonische Wellen darstellt. Sie ist zugleich ein Bild einer Saite, auf der eine transversale harmonische Welle läuft, für verschiedene feste Zeiten t. *Unten:* Massenpunkte einer Oszillatorkette, auf der eine longitudinale harmonische Welle läuft, für verschiedene feste Zeiten t

10.6 Energiedichte und Energiestromdichte

Inhalt: Einführung der kinetischen, potentiellen und gesamten Energiedichte. Aus der Wellengleichung wird die Kontinuitätsgleichung gewonnen. Sie sagt aus, daß eine zeitliche Änderung der Energiedichte mit einer räumlichen Änderung der Energiestromdichte einhergeht.
Bezeichnungen: m bzw. D Massen bzw. Federkonstanten in einer Massenpunktkette, Δx Abstand zweier Massenpunkte bei ruhender Kette, w_n Auslenkung des n-ten Massenpunktes, w bzw. μ Auslenkungsfunktion bzw. Massendichte bei kontinuierlicher Kette, c Ausbreitungsgeschwindigkeit; η_{kin}, η_{pot}, η kinetische, potentielle und gesamte Energiedichte; S_x Energiestromdichte in x-Richtung.

Wir kehren zunächst kurz zum Modell der Massenpunktkette der Abschnitte 10.1 und 10.2 zurück. Die kinetische Energie des n-ten Massenpunktes in einer longitudinalen oder transversalen Welle ist

$$E_{\text{kin}} = \frac{1}{2} m \dot{w}_n^2 \quad . \tag{10.6.1}$$

Für den Übergang zur kontinuierlichen Kette gilt $E_{\text{kin}} \to \mathrm{d}E_{\text{kin}}$, $m \to \mu \, \mathrm{d}x$, $\dot{w}_n \to \dot{w}(t, x)$. Damit wird (10.6.1) zu

$$\mathrm{d}E_{\text{kin}} = \frac{1}{2} \mu [\dot{w}(t, x)]^2 \, \mathrm{d}x \quad .$$

Division durch $\mathrm{d}x$ liefert die lineare *kinetische Energiedichte*

$$\eta_{\text{kin}} = \frac{\mathrm{d}E_{\text{kin}}}{\mathrm{d}x} = \frac{1}{2} \mu \left(\frac{\partial w}{\partial t} \right)^2 \quad . \tag{10.6.2}$$

Wir betrachten jetzt die potentielle Energie, die in der Feder zwischen den Massenpunkten n und $n + 1$ gespeichert ist. Dabei beschränken wir uns auf den Spezialfall einer longitudinalen Welle auf einer Kette, deren Federn im Ruhezustand der Kette entspannt sind, für die also $\Delta x = \ell$ gilt. Dann ist

$$E_{\text{pot}} = \frac{D}{2} (w_{n+1} - w_n)^2 = \frac{D(\Delta x)^2}{2\mu \, \Delta x} \mu \left(\frac{w_{n+1} - w_n}{\Delta x} \right)^2 \Delta x \quad . \tag{10.6.3}$$

Für den Übergang zur kontinuierlichen Kette gilt $E_{\text{pot}} \to \mathrm{d}E_{\text{pot}}$, $\Delta x \to \mathrm{d}x$ und nach (10.1.10) und (10.1.12) $D(\Delta x)^2/(\mu \, \Delta x) \to c_{\text{L}}^2$. Wir erhalten die lineare *potentielle Energiedichte*

$$\eta_{\text{pot}} = \frac{\mathrm{d}E_{\text{pot}}}{\mathrm{d}x} = \frac{1}{2} \mu c_{\text{L}}^2 \left(\frac{\partial w}{\partial x} \right)^2 \quad . \tag{10.6.4}$$

Eine etwas längere Rechnung (Aufgabe 10.1) zeigt, daß der Ausdruck

$$\eta_{\text{pot}} = \frac{1}{2} \mu c^2 \left(\frac{\partial w}{\partial x} \right)^2 \tag{10.6.5}$$

ganz allgemein für longitudinale und transversale Wellen gilt, wenn nur die potentielle Energie berücksichtigt wird, die über den konstanten Anteil hinausgeht, der in der ruhenden Kette gespeichert ist. Dieser konstante Anteil braucht nicht berücksichtigt zu werden, weil die potentielle Energie nach Abschn. 2.10 ohnehin nur bis auf eine beliebige Konstante bestimmt ist.

Insgesamt erhalten wir also als lineare *Energiedichte* den Ausdruck

$$\eta = \eta_{\text{kin}} + \eta_{\text{pot}} = \frac{1}{2} \mu c^2 \left\{ \frac{1}{c^2} \left(\frac{\partial w}{\partial t} \right)^2 + \left(\frac{\partial w}{\partial x} \right)^2 \right\} \quad . \tag{10.6.6}$$

Eine Aussage über den Energietransport in einer Welle erhalten wir, indem wir die Wellengleichung (10.3.1) mit $\partial w / \partial t$ multiplizieren,

$$\frac{\partial w}{\partial t} \left(\frac{1}{c^2} \frac{\partial^2 w}{\partial t^2} \right) - \frac{\partial w}{\partial t} \frac{\partial^2 w}{\partial x^2} = 0 \quad . \tag{10.6.7}$$

Mit Hilfe der identischen Umformungen

$$\frac{\partial w}{\partial t} \frac{\partial^2 w}{\partial t^2} = \frac{\partial}{\partial t} \left[\frac{1}{2} \left(\frac{\partial w}{\partial t} \right)^2 \right] \quad ,$$

$$\frac{\partial w}{\partial t} \frac{\partial^2 w}{\partial x^2} = -\frac{\partial}{\partial t} \left[\frac{1}{2} \left(\frac{\partial w}{\partial x} \right)^2 \right] + \frac{\partial}{\partial x} \left(\frac{\partial w}{\partial t} \frac{\partial w}{\partial x} \right)$$

erhält man die Form

$$\frac{\partial}{\partial t} \left\{ \frac{1}{2} \left[\frac{1}{c^2} \left(\frac{\partial w}{\partial t} \right)^2 + \left(\frac{\partial w}{\partial x} \right)^2 \right] \right\} + \frac{\partial}{\partial x} \left\{ -\frac{\partial w}{\partial t} \frac{\partial w}{\partial x} \right\} = 0 \tag{10.6.8}$$

und schließlich nach Multiplikation mit μc^2 die *Kontinuitätsgleichung* für die Energiedichte

$$\frac{\partial}{\partial t} \eta(t,x) + \frac{\partial}{\partial x} S_x(t,x) = 0 \quad . \tag{10.6.9}$$

Dabei ist

$$S_x(t,x) = -\mu c^3 \left(\frac{1}{c} \frac{\partial w}{\partial t} \frac{\partial w}{\partial x} \right) \tag{10.6.10}$$

die *Energiestromdichte*.

Die Bedeutung der Kontinuitätsgleichung und der Begriff der Energiestromdichte werden deutlich, wenn wir (10.6.9) über das Raumintervall $x_1 \leq x \leq x_2$ integrieren,

$$\frac{\partial}{\partial t} \int_{x_1}^{x_2} \eta(t,x) \, \mathrm{d}x = \frac{\partial}{\partial t} \Delta E(t) = -[S_x(t,x_2) - S_x(t,x_1)] \quad .$$

Diese Beziehung sagt aus, daß sich die Energie ΔE im Intervall Δx nur ändert, wenn der Energiefluß in x-Richtung an den beiden Grenzen des Intervalls verschieden ist. Die Energie ΔE im Intervall ändert sich also nur dann, wenn nicht bei x_1 genausoviel Energie pro Zeiteinheit in das Intervall hineinfließt, wie bei x_2 herausfließt.

Für die speziellen Lösungen $w_\pm$ der Gleichungen (10.3.3, 10.3.4) gilt

$$S_{x\pm}(t,x) = -\mu c^3 \left\{ \frac{1}{c} \frac{\partial w_\pm}{\partial t} \frac{\partial w_\pm}{\partial x} \right\} = (\pm c) \eta_\pm(t,x) \quad . \tag{10.6.11}$$

Die Energiestromdichte $S_x(t,x)$ für eine der speziellen Lösungen w_+ oder w_- ist somit einfach das Produkt aus der Energiedichte $\eta(t,x)$ und der Ausbreitungsgeschwindigkeit der Welle c bzw. $(-c)$.

Graphische Darstellungen der Größen η_{kin}, η_{pot}, η und S_x für den Fall stehender Wellen findet man weiter unten in Abb. 10.8.

10.7 Reflexion

Inhalt: Die eine Welle tragende Oszillatorkette wird auf den Bereich $x \leq x_\mathrm{r}$ beschränkt. Für den Randpunkt x_r werden die Randbedingungen des festen Endes $w(t, x_\mathrm{r}) = 0$ bzw. des losen Endes $[\partial w(t, x)/\partial x]_{x=x_\mathrm{r}} = 0$ betrachtet. Allgemeine Lösungen der Wellengleichung für diese Fälle sind Superpositionen einer beliebigen nach rechts laufenden Welle w_+ auf dem unendlich langen Träger und der aus ihr durch Spiegelung zu jeder Zeit am Punkt x_r hervorgehenden, nach links laufenden Welle w_-. Für die Reflexion am festen bzw. am losen Ende gilt $w = w_+ - w_-$ bzw. $w = w_+ + w_-$. Als Beispiele für w_+ werden Soliton und harmonische Welle diskutiert. Ist w_+ eine harmonische Welle, so sind die Lösungen $w = w_+ \pm w_-$ stehende Wellen.

Bezeichnungen: w_+, w_- Auslenkungsfunktion einer nach rechts laufenden bzw. nach links laufenden Welle; x_r rechter Rand der Oszillatorkette, c Ausbreitungsgeschwindigkeit. Für das Soliton gelten die Bezeichnungen des Abschnitts 10.3, für die harmonische Welle die des Abschnitts 10.4.

Randbedingungen Bisher haben wir die Ausbreitung von Wellen nur entlang einer unendlich ausgedehnten Kette betrachtet. Wir begrenzen jetzt die Kette auf den Bereich $x \leq x_\mathrm{r}$. An der Stelle $x = x_\mathrm{r}$ legen wir *Randbedingungen* fest. Zwei besonders einfache Randbedingungen werden durch die Stichworte *Kette mit festem Ende* bzw. *losem Ende* gekennzeichnet. Sie sind in Abb. 10.5 am Beispiel der Transversalwelle erläutert.

Den Träger der Transversalwelle bezeichnen wir wieder als Saite. Ist sie am Randpunkt festgeklemmt (Abb. 10.5a), sagen wir, sie hat ein festes Ende. Für die Auslenkung w gilt offenbar zu zu jeder Zeit die Randbedingung

$$w(t, x_\mathrm{r}) = 0 \quad . \tag{10.7.1}$$

Eine Saite mit losem Ende kann auf die in Abb. 10.5b skizzierte Weise realisiert werden. An der Stelle x_r wird senkrecht zur x-Richtung eine Stange montiert. Das Saitenende ist als Öse ausgeformt, die reibungsfrei auf der Stange gleiten kann. Die Lage der Öse stellt sich so ein, daß keine Kraftkomponente in Richtung der Stange auftritt. Die Saite muß also parallel zur x-Achse orientiert bleiben. Die Randbedingung lautet

$$\left. \frac{\partial}{\partial x} w(t, x) \right|_{x=x_\mathrm{r}} = 0 \quad . \tag{10.7.2}$$

Reflexion am losen Ende Wir konstruieren eine Lösung der d'Alembert-Gleichung, die die Randbedingung (10.7.2) erfüllt. Wir schreiben zunächst eine in positive x-Richtung laufende Welle in der Form

$$w_+(t, x) = u(-ct + x - x_0) \quad , \tag{10.7.3}$$

die im Falle eines Solitons dieses zur Zeit $t = 0$ um den Ort x_0 lokalisiert, Abb. 10.5c. Die Ableitung dieser Funktion am Ort $x = x_\mathrm{r}$ verschwindet im

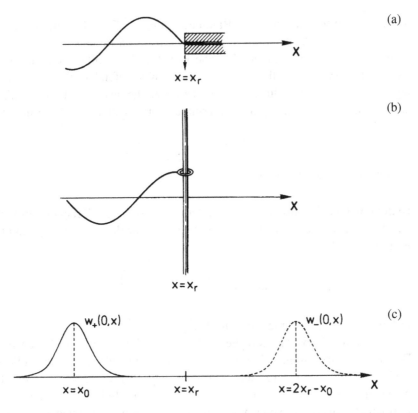

(a)

(b)

(c)

Abb. 10.5. (a) Für eine an der Stelle $x = x_r$ fest eingeklemmte Saite gilt die Randbedingung $w(x_r) = 0$. (b) Ist die Saite bei x_r senkrecht zur Wellenausbreitungsrichtung frei beweglich, so gilt $(\partial w / \partial x)_{x=x_r} = 0$. (c) Auslenkungsmuster der Teilwellen w_+ und w_-, Gln. (10.7.3) und (10.7.4) zur Zeit $t = 0$

allgemeinen nicht. Addieren wir die am Ort $x = x_r$ gespiegelte Funktion, die die Form

$$w_-(t, x) = u(-ct - x - x_0 + 2x_r) \qquad (10.7.4)$$

hat und in Richtung der negativen x-Achse läuft, so ist die Ableitung der Summe am Ort x_r aus Symmetriegründen gleich null und damit (10.7.2) erfüllt. Für den Fall eines Solitons ist die Auslenkung w_- zur Zeit $t = 0$ nur in der Umgebung von $2x_r - x_0$ wesentlich von null verschieden, also im unphysikalischen Bereich $x > x_r$, der nicht mehr zur Saite gehört. Die volle Lösung, die die Randbedingung (10.7.2) erfüllt, ist

$$w(t, x) = w_+(t, x) + w_-(t, x) \quad , \qquad (10.7.5)$$

also die Überlagerung einer nach rechts laufenden Welle und einer aus dieser durch Spiegelung am Punkt x_r hervorgehenden, nach links laufenden Welle.

Reflexion am festen Ende Die Randbedingung (10.7.1), d. h. die Bedingung verschwindender Auslenkung $w(x_r) = 0$ am festen Ende $x = x_r$ der Saite, können wir leicht durch eine ähnliche Konstruktion erfüllen, indem wir die nach rechts laufende Welle w_+ mit der nach links laufenden Welle $-w_-$ überlagern, die durch Spiegelung bei x_r und zusätzliche Inversion der Auslenkung aus w_+ hervorgeht. Aus Symmetriegründen verschwindet der Ausdruck

$$w(t, x) = w_+(t, x) - w_-(t, x) \qquad (10.7.6)$$

am Punkt $x = x_r$ für alle Zeiten.

Reflexion von Solitonen Als besonders durchsichtiges Beispiel betrachten wir die Reflexion eines Solitons, benutzen also für die Auslenkungsfunktion u die Form (10.3.8),

$$u = u_0 \exp \left\{ -\frac{(ct - x - x_0)^2}{2\sigma^2} \right\} \quad .$$

Dabei ist u_0 ein konstanter Amplitudenfaktor.

Abbildung 10.6 illustriert die Reflexion am losen bzw. am festen Ende. Die nach rechts laufende Welle w_+ und die nach links laufende Welle w_- sind zunächst einzeln dargestellt, gefolgt von der Lösung $w = w_+ + w_-$. Der physikalische Bereich $x \leq x_r$ entspricht jeweils der linken Hälfte der Bilder. Betrachtet man die Lösung nur in diesem Bereich, so beobachtet man für frühe Zeiten $t \ll (x_r - x_0)/c$ ein nach rechts laufendes Soliton und für späte Zeiten $t \gg (x_r - x_0)/c$ ein nach links laufendes Soliton, das die gleiche Form und insbesondere das gleiche Amplitudenvorzeichen hat, wie das einlaufende. Während des Reflexionsvorganges $t \approx (x_r - x_0)/c$ wird die Form verändert. Die Randbedingung (10.7.2) einer horizontalen Tangente ist erfüllt.

Die Reflexion eines Solitons am festen Ende einer Saite wird durch die Superposition $w = w_+ - w_-$ beschrieben. Sie erfüllt die Randbedingung $w(x_r) = 0$. Im physikalischen Bereich beobachtet man für frühe Zeiten ein nach rechts laufendes Soliton, für späte Zeiten ein nach links laufendes Soliton gleicher Form aber invertierter Amplitude. Zum Zeitpunkt $t = (x_r - x_0)/c$ verschwindet die Auslenkung längs der ganzen Saite.

Reflexion harmonischer Wellen Wir geben jetzt der Auslenkungsfunktion die Form (10.4.1) einer harmonischen Welle. Wählen wir der Einfachheit halber $x_0 = x_r$, so erhalten wir für die Reflexion am losen Ende

$$w = w_+ + w_- = u_0 \cos \left[\frac{2\pi}{\lambda}(-ct + x - x_r) \right] + u_0 \cos \left[\frac{2\pi}{\lambda}(-ct - x + x_r) \right] .$$
$$(10.7.7)$$

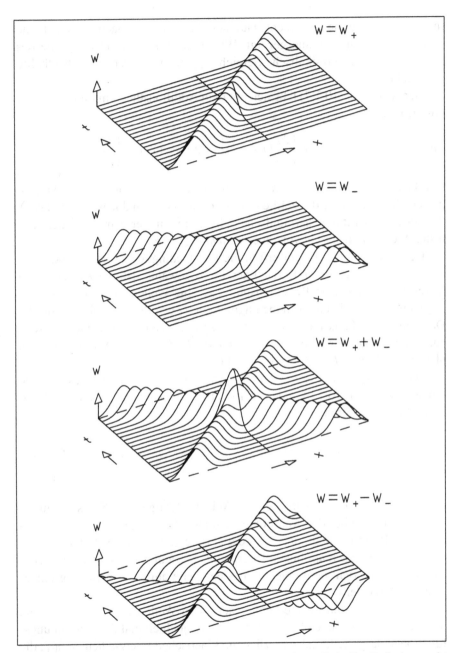

Abb. 10.6. Reflexion einer Solitonwelle am losen bzw. am festen Ende. Der Reflexionspunkt $x = x_r$ liegt genau in der Mitte des gezeichneten x-Bereiches. Der physikalische Bereich entspricht der linken Bildhälfte. Die Darstellungen zeigen die nach rechts laufende Teilwelle w_+, die nach links laufende Teilwelle w_-, die Superposition $w = w_+ + w_-$ und die Superposition $w = w_+ - w_-$

In Abb. 10.7 sind die nach rechts laufende Welle w_+, die nach links laufende Welle w_- und die Summe gezeigt. Wieder liegt $x = x_r$ in der Mitte des Bildes, so daß der physikalische Bereich $x \le x_r$ jeweils der linken Bildhälfte entspricht.

Der Ausdruck (10.7.7) läßt sich mit dem Additionstheorem für $\cos(\alpha + \beta)$ umformen,

$$
w = 2u_0 \cos\left(\frac{2\pi}{\lambda}ct\right) \cos\left[\frac{2\pi}{\lambda}(x - x_r)\right] = 2u_0 \cos\omega t \cos\left[\frac{2\pi}{\lambda}(x - x_r)\right] \quad .
$$
(10.7.8)

Der Faktor $\cos[2\pi(x - x_r)/\lambda]$ beschreibt eine wellenförmige Struktur in der Ortskoordinate x, die zeitlich konstant ist. Der zeitabhängige Vorfaktor $2u_0 \cos\omega t$ bewirkt eine harmonische Schwingung in der Amplitude der ortsfesten Welle. Man spricht von einer *stehenden Welle*.

Der ortsabhängige Faktor erfüllt die Randbedingung am losen Ende $x = x_r$. In Abb. 10.7 ist der x-Bereich gerade so gewählt, daß der Abstand vom linken Bildrand x_l zum Reflexionspunkt x_r eine Wellenlänge ist, $x_r - x_l = \lambda$. Damit ist die gleiche Randbedingung bei x_l erfüllt. Die linke Hälfte der Darstellung der Funktion $w = w_+ + w_-$ zeigt also auch eine stehende Welle auf einem Träger der Länge λ mit *zwei losen Enden*. In der Abbildung ist sie über den Zeitraum $T = 2\pi/\omega$ dargestellt.

Die Lösung für die Reflexion einer harmonischen Welle am festen Ende erhalten wir nach (10.7.6), indem wir in (10.7.7) das Vorzeichen der rückläufigen Welle umkehren,

$$
\begin{aligned}
w = w_+ - w_- &= u_0 \cos\left[\frac{2\pi}{\lambda}(-ct + x - x_r)\right] - u_0 \cos\left[\frac{2\pi}{\lambda}(-ct - x + x_r)\right] \\
&= 2u_0 \sin\omega t \sin[2\pi(x - x_r)/\lambda] \quad .
\end{aligned}
$$
(10.7.9)

Diese Superposition ist ganz unten in Abb. 10.7 dargestellt. Sie ist ebenfalls eine stehende Welle. Die Amplitude verschwindet am Ort $x = x_r$, der wieder in der Bildmitte liegt, und, weil der x-Bereich der linken Bildhälfte wieder gleich λ ist, auch am linken Bildrand. Das Raumzeitverhalten der linken Bildhälfte entspricht dem einer stehenden Welle auf einer beidseitig eingespannten Saite der Länge λ.

In Abb. 10.8 sind für die beiden stehenden Wellen $w = w_+ + w_-$ und $w = w_+ - w_-$ im Bereich $x_r - \lambda \le x \le x_r$ noch einmal die Auslenkungsfunktionen dargestellt und zusätzlich die kinetischen Energiedichten η_{kin}, die potentiellen Energiedichten η_{pot}, die Energiedichten $\eta = \eta_{\text{kin}} + \eta_{\text{pot}}$ und die Energiestromdichten S_x. Man beobachtet (und kann durch Rechnung entsprechend Aufgabe 10.4 nachweisen), daß η und S_x für die stehende Welle mit zwei losen Enden und die mit zwei festen Enden identisch sind, daß aber η_{kin} und η_{pot} beim Übergang von zwei losen Enden zu zwei festen Enden ihre Rollen tauschen.

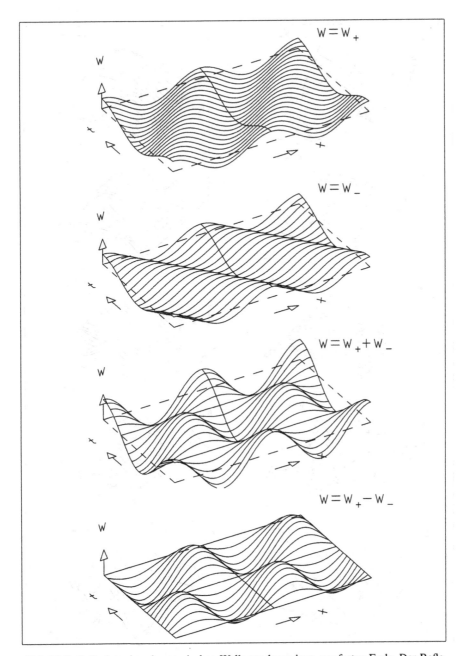

Abb. 10.7. Reflexion einer harmonischen Welle am losen bzw. am festen Ende. Der Reflexionspunkt $x = x_r$ liegt genau in der Mitte des gezeichneten x-Bereichs. Der physikalische Bereich entspricht der linken Bildhälfte. Die Darstellungen zeigen die nach rechts laufende Teilwelle w_+, die nach links laufende Teilwelle w_-, die Superposition $w = w_+ + w_-$ und die Superposition $w = w_+ - w_-$

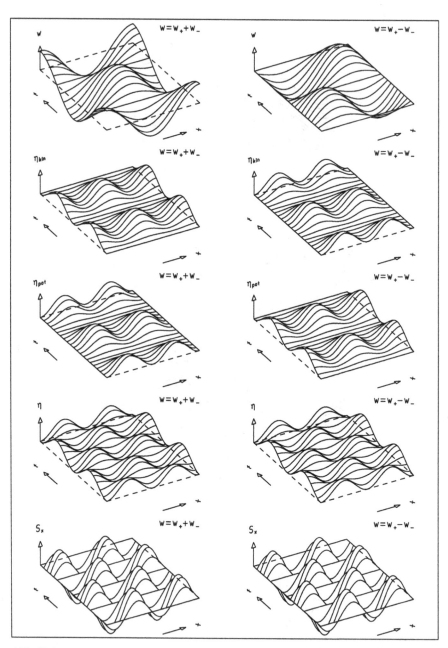

Abb. 10.8. Stehende Welle mit zwei losen Enden, berechnet nach (10.7.7), (*links*) bzw. zwei festen Enden, berechnet nach (10.7.9), (*rechts*). Dargestellt sind (*von oben nach unten*) die Auslenkung w, die kinetische, potentielle und gesamte Energiedichte η_{kin}, η_{pot} und η sowie die Energieflußdichte S_x als Funktion des Ortes x für verschiedene konsekutive Zeiten t

10.8 Stehende Wellen

Inhalt: Der Träger der Welle wird auf den Bereich $0 \leq x \leq L$ beschränkt. An den Enden $x = 0$, $x = L$ werden die Randbedingungen des festen Endes (Auslenkung w verschwindet für alle Zeiten) bzw. des losen Endes (Ortsableitung der Auslenkung verschwindet für alle Zeiten) vorgegeben. Es können stehende harmonische Wellen auftreten, deren Wellenlängen für zwei feste oder zwei lose Enden gleich $\lambda_n = 2L/n$, $n = 1, 2, \ldots$ sind. Bei einem festen und einem losen Ende gilt $\lambda_n = 4L/n$, $n = 1, 3, 5, \ldots$. Demonstration stehender Wellen auf Saiten und in Luftsäulen.
Bezeichnungen: $w(t,x)$ Auslenkungsfunktion; w_{gn}, w_{un} in der Zeit gerade bzw. ungerade Auslenkungsfunktionen; $w_{gn}^{(0)}$, $w_{un}^{(0)}$ Amplitudenfaktoren dieser Funktionen; $n = 1, 2, \ldots$ Index, der die Harmonischen numeriert: $n = 1$ Grundschwingung, $n = 2$ zweite Harmonische, usw.; λ_n Wellenlänge, k_n Wellenzahl, ω_n Kreisfrequenz.

Zu Ende des letzten Abschnitts haben wir gezeigt, daß wir durch Superposition einer nach rechts und einer nach links laufenden harmonischen Welle eine stehende Welle konstruieren können. Wir geben hier systematisch alle Lösungen der Wellengleichung an, welche stehende Wellen darstellen, und zwar für drei Arten von Randbedingungen. Die Oszillatorkette – wir denken sie uns als Saite oder als Luftsäule realisiert – habe die Länge L. Ihre Endpunkte haben die Koordinaten $x = 0$ und $x = L$.

Zwei feste Enden Die Randbedingungen, wie sie etwa von jeder Saite eines Musikinstruments erfüllt werden, lauten

$$w(t, 0) = 0 \quad , \qquad w(t, L) = 0 \quad . \tag{10.8.1}$$

Die folgenden Funktionen $w(t, x)$ haben die Form stehender Wellen, die die d'Alembert-Gleichung erfüllen:

$$w_{gn}(t, x) = w_{gn}^{(0)} \cos \omega_n t \sin k_n x \quad , \tag{10.8.2}$$

$$w_{un}(t, x) = w_{un}^{(0)} \sin \omega_n t \sin k_n x \quad . \tag{10.8.3}$$

Für die Wellenlängen λ_n, Wellenzahlen k_n und die Kreisfrequenzen ω_n gilt

$$\lambda_n = \frac{2L}{n} \quad , \qquad k_n = \frac{\pi}{L} n \quad , \qquad \omega_n = ck_n \quad , \qquad n = 1, 2, 3, \ldots \quad , \tag{10.8.4}$$

wie man durch Einsetzen in die d'Alembert-Gleichung zeigt (Aufgabe 10.3). Die Zahl $(n - 1)$ ist die Zahl der *Knoten* der stehenden Welle, d. h. die Zahl der Nullstellen im offenen Intervall $0 < x < L$.

Die *in der Zeit geraden Funktionen* w_{gn} erfüllen die zeitlichen Anfangsbedingungen

$$w_{gn}(0, x) = w_{gn}^{(0)} \sin k_n x \quad , \qquad \frac{\partial w_{gn}}{\partial t}(0, x) = 0 \quad . \tag{10.8.5}$$

Sie entsprechen stehenden Wellen, für die die Geschwindigkeit der Auslenkung zur Zeit $t = 0$ an jedem Ort x verschwindet.

Für die *in der Zeit ungeraden Funktionen* w_{un} gelten die Anfangsbedingungen

$$w_{\mathrm{un}}(0, x) = 0 \quad , \qquad \frac{\partial w_{\mathrm{un}}}{\partial t}(0, x) = w_{\mathrm{un}}^{(0)} \omega_n \sin k_n x \quad . \tag{10.8.6}$$

Für sie verschwindet die Auslenkung w selbst für alle x zur Zeit $t = 0$. Die allgemeine Lösung zu fester Knotenzahl n ist eine Linearkombination von w_{gn} und w_{un}.

Die linke Spalte von Abb. 10.9 zeigt für $n = 1, 2, \ldots, 6$ die stehende Welle für verschiedene feste Zeiten während des Ablaufs einer Schwingungsperiode. Die stehenden Wellen auf einer Saite oder in einer Luftsäule werden auch *Eigenschwingungen* genannt. Die Schwingung der niedrigsten Kreisfrequenz $\omega = \omega_1$ heißt *Grundschwingung*, die mit $\omega = \omega_2 = 2\omega_1$ heißt *erste Oberschwingung* oder auch *zweite Harmonische*, usw.

Experiment 10.1. Stehende Schallwelle im Kundtschen Rohr

Die linke Öffnung eines waagerecht liegenden Glasrohres der Länge L ist durch einen Metallblock abgeschlossen. Unmittelbar vor der rechten Öffnung steht eine Platte, die eine kleine Lautsprecher-Membran enthält. Die Membran wird durch einen elektrischen Frequenzgenerator von einstellbarer Frequenz erregt, so daß eine Schallwelle der Frequenz ν und der Wellenlänge $\lambda = c/\nu$ in das Rohr eingestrahlt wird. Dabei ist c die Schallgeschwindigkeit in Luft. Zwischen dem Metallblock und der Platte bildet sich eine stehende Welle mit zwei festen Enden, wenn die Bedingung

$$L = n\lambda/2 \quad , \qquad n = 1, 2, 3, \ldots \tag{10.8.7}$$

erfüllt ist, vgl. (10.8.4). An den beiden Enden der Säule und an $n - 1$ weiteren Punkten (Bewegungsknoten), an denen der ortsabhängige Sinusfaktor in (10.8.2),(10.8.3) verschwindet, bleibt die Luft in Ruhe. In den Zwischenbereichen führt sie longitudinale Schwingungen verschieden großer Amplitude aus (Bewegungsbäuche). Sie können als *Kundtsche Staubfiguren* sichtbar gemacht werden, indem man vor Beginn des Versuchs feinen Korkstaub auf dem Rohrboden verteilt und das Rohr anschließend um etwa 60° dreht. In den Bewegungsbäuchen wird der Staub vom Rohrrand losgeschüttelt, gleitet auf den Rohrboden und schwingt dort mit der Luft. (Dabei bilden sich noch feinere Unterstrukturen, die durch Einzelheiten der Luftströmung bedingt sind.) Abbildung 10.10 zeigt von senkrecht oben photographierte Staubfiguren mit einem, zwei bzw. drei Bewegungsbäuchen. Sie entsprechen den ersten drei Eigenschwingungen der Luftsäule. (Da der Lautsprecher aus einer festen Platte und einer schwingenden Membran besteht, stellt sich dort ein Zwischenzustand von festem oder losem Ende ein, der eine geringfügige Asymmetrie der Bilder bewirkt.)

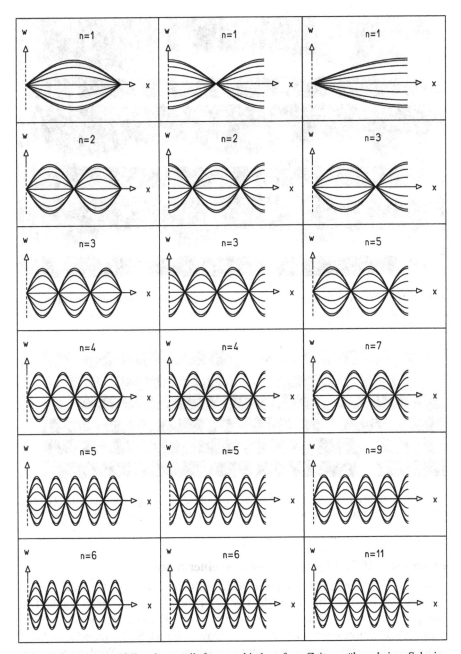

Abb. 10.9. Stehende Wellen dargestellt für verschiedene feste Zeiten während einer Schwingungsperiode. Die linke Spalte entspricht zwei festen Enden, die mittlere zwei losen Enden, die rechte einem festen und einem losen Ende. Die Zahl n gibt die Nummer der Harmonischen an, $n = 1$ Grundschwingung, $n = 2$ zweite Harmonische, ...

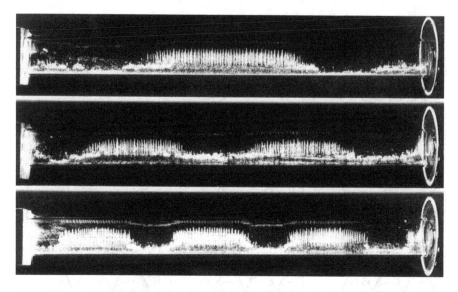

Abb. 10.10. Longitudinale Eigenschwingungen einer Luftsäule, sichtbar gemacht als Staubfigur im Kundtschen Rohr

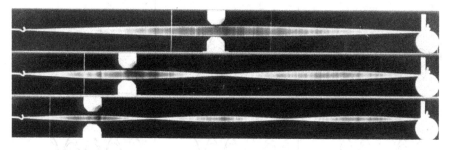

Abb. 10.11. Transversale Eigenschwingungen einer beidseitig eingespannten Saite. Die Belichtungszeit der Photographien ist groß gegen die Perioden der Eigenschwingungen

Experiment 10.2. Eigenschwingungen einer Saite

Abbildung 10.11 zeigt Photographien einer beidseitig eingespannten Saite, die zu transversalen Eigenschwingungen der Ordnungen $n = 1, 2, 3$ angeregt wurde. Die Anregung erfolgt durch eine harmonische magnetische Kraft geeignet gewählter Frequenz. Ein Elektromagnet wird mit dieser Frequenz erregt. Sein senkrecht zur Saite gerichtetes Feld wird am Ort eines Schwingungsbauches erzeugt. Wird die Saite von Gleichstrom durchflossen, so bewirkt das harmonisch schwingende Magnetfeld eine entsprechende transversale Kraft auf die Saite.

Zwei lose Enden Die schwingende Luftsäule in einer Flöte oder Orgelpfeife hat an der Stelle, an der das Instrument angeblasen wird, ein loses Ende, weil das Instrument dort offen ist, die Luftsäule also mit der Außenluft in Verbindung steht. Meist ist auch das zweite Ende offen. Dann gelten die Randbedingungen

$$\frac{\partial w}{\partial x}(t,0) = 0 \quad , \qquad \frac{\partial w}{\partial x}(t,L) = 0 \quad . \qquad (10.8.8)$$

Die zugehörigen Lösungen der d'Alembert-Gleichung, die in der Zeit gerade bzw. ungerade sind, lauten

$$w_{gn}(t,x) = w_{gn}^{(0)} \cos \omega_n t \cos k_n x \quad , \qquad (10.8.9)$$

$$w_{un}(t,x) = w_{un}^{(0)} \sin \omega_n t \cos k_n x \quad . \qquad (10.8.10)$$

Im Vergleich zu (10.8.2), (10.8.3), dem Fall zweier fester Enden, ist nur die räumliche Funktion $\sin k_n x$ durch die Funktion $\cos k_n x$ ersetzt. Wellenlänge und Frequenz (10.8.4) von Grundschwingung, erster Oberschwingung, usw., bleiben die gleichen. Stehende Wellen mit zwei losen Enden sind in der mittleren Spalte von Abb. 10.9 wiedergegeben.

Ein festes und ein loses Ende Die schwingende Luftsäule in einer *gedackten Orgelpfeife* die an dem Ende, an dem sie nicht angeblasen wird, verschlossen ist, besitzt ein festes und ein loses Ende. Die Randbedingungen sind dann

$$w(t,0) = 0 \quad , \qquad \frac{\partial w}{\partial x}(t,L) = 0 \quad . \qquad (10.8.11)$$

Die entsprechenden, in der Zeit geraden bzw. ungeraden Lösungen der d'Alembert-Gleichung sind

$$w_{gn}(t,x) = w_{gn}^{(0)} \cos \omega_n t \sin k_n x \quad , \qquad (10.8.12)$$

$$w_{un}(t,x) = w_{un}^{(0)} \sin \omega_n t \sin k_n x \quad . \qquad (10.8.13)$$

Sie haben also die gleiche Form wie im Fall zweier fester Enden. Im Gegensatz zu (10.8.4) gilt jetzt aber

$$\lambda_n = \frac{4L}{n} \quad , \qquad k_n = \frac{\pi}{2L}n \quad , \qquad \omega_n = c k_n \quad , \qquad n = 1,3,5,\ldots \quad .$$
$$(10.8.14)$$

Die Eigenschwingungen eines Systems der Länge L mit einem festen und einem losen Ende (Abb. 10.9, rechte Spalte) entsprechen denen eines Systems der Länge $2L$ mit zwei festen Enden, die in der Mitte (bei $x = L$) keinen Knoten besitzen. Daher tritt die Grundschwingung mit der Frequenz ω_1, die zweite Oberschwingung (oder dritte Harmonische) mit $\omega_3 = 3\omega_1$, usw., auf.

Ein gedackter *Sechzehnfuß*, eine Orgelpfeife der Länge von etwa 4,80 m, erzeugt als Grundton das Subcontra C mit einer Wellenlänge von etwa 20 m. In der *international gleichteilig temperierten Stimmung* hat dieser Ton die Frequenz 16,35 Hz, auf die die Orgelpfeife gestimmt wird.

10.9 Laufende Welle auf eingespannter Saite

Inhalt: Als Beispiel für eine nichtharmonische Welle auf einer beidseitig eingespannten Saite wird die zeitliche Veränderung einer ursprünglich dreieckförmigen Auslenkung einer Cembalo-Saite diskutiert. Sie kann als Superposition stehender Wellen beschrieben werden.
Bezeichnungen: $w(t, x)$ Auslenkungsfunktion, L Saitenlänge; h, b maximale Anfangsauslenkung und deren Ort; w_n Fourier-Komponenten der Fourier-Zerlegung von $w(0, x)$, a_n zugehörige Koeffizienten, $k_n = n\pi/L$ Wellenzahlen, $\omega_n = ck_n$ Kreisfrequenzen, c Ausbreitungsgeschwindigkeit.

Damit auf einer beidseitig eingespannten Saite wirklich eine harmonische stehende Welle auftritt, müssen auf dem ganzen Wellenträger, also für $0 \leq x \leq L$, Anfangsbedingungen $w(0, x)$, $[\partial w(t, x)/\partial t]_{t=0}$ vorliegen, die zu einer harmonischen Welle führen. (Auch harmonische Anregungen an festem Ort wie in den Experimenten 10.1 und 10.2 liefern harmonische stehende Wellen.)
   Wir berechnen jetzt den zeitlichen Verlauf der Welle auf einer Saite des *Cembalos*. Durch einen durch die Taste bedienten *Kiel* wird die Saite der Länge L zur Form eines Dreiecks der Höhe h ausgedehnt. Die Knickstelle liegt bei $x = b$. Es gelten damit die Anfangsbedingungen

$$
w(0, x) = \begin{cases} \dfrac{h}{b}x \, , & 0 \leq x \leq b \\[2mm] -\dfrac{h}{L-b}(x - L) \, , & b < x \leq L \end{cases} \quad , \qquad (10.9.1)
$$

$$
\dot{w}(0, x) = 0 \, , \qquad 0 \leq x \leq L \quad . \qquad (10.9.2)
$$

Wir beschreiben diese anfängliche Auslenkungsfunktion durch eine unendliche *Fourier-Summe* von stehenden Wellen auf einer Saite mit zwei festen Enden,

$$
w(0, x) = \frac{1}{\sqrt{L}} \sum_{m=1}^{\infty} a_m \sin k_m x \, , \qquad k_m = \frac{m\pi}{L} \quad . \qquad (10.9.3)
$$

Zur Berechnung der Koeffizienten a_m erweitern wir zunächst den Definitionsbereich von w auch auf den Bereich $-L \leq x < 0$ und zwar durch die Forderung $w(t, -x) = -w(t, x)$, also durch Spiegelung am Punkt $x = 0$. Die Anfangsauslenkung nimmt dann die Form

$$
w(0, x) = \begin{cases} -\dfrac{h}{L-b}(x + L) \, , & -L \leq x \leq -b \\[2mm] \dfrac{h}{b}x \, , & -b < x \leq b \\[2mm] -\dfrac{h}{L-b}(x - L) \, , & b < x \leq L \end{cases} \qquad (10.9.4)
$$

an.

Man kann leicht zeigen (Aufgabe 10.6), daß für die Funktionen $(1/\sqrt{L})$ $\sin k_n x$ die folgende *Orthonormalitätsrelation* gilt:

$$\frac{1}{L} \int_{-L}^{L} \sin k_m x \sin k_n x \, dx = \delta_{mn} \quad . \tag{10.9.5}$$

Nach Multiplikation von (10.9.3) mit $(1/\sqrt{L}) \sin k_n x$ und Integration ergibt sich

$$\frac{1}{\sqrt{L}} \int_{-L}^{L} w(0, x) \sin k_n x \, dx$$

$$= \frac{1}{L} \int_{-L}^{L} \sum_{m=1}^{\infty} a_m \sin k_m x \sin k_n x \, dx$$

$$= a_n \quad .$$

Durch Einsetzen von $w(0, x)$ aus (10.9.4) und Ausführung der Integrationen erhalten wir

$$a_n = \frac{\sqrt{L}h}{k_n^2 b(L-b)} \sin k_n b = \frac{\sqrt{L}hL^2}{\pi^2 b(L-b)} \frac{1}{n^2} \sin(n\frac{\pi}{L}b) \quad . \tag{10.9.6}$$

In Abb. 10.12 ist die Überlagerung der Dreiecksform der Anfangsauslenkung der Saite aus den Fourier-Komponenten

$$w_n(0, x) = \frac{1}{\sqrt{L}} a_n \sin k_n x \quad ,$$

die in der linken Spalte gezeigt werden, durch die Partialsummen

$$\sum_{n=1}^{N} w_n(0, x)$$

in Schritten $N = 2, \ldots, 6$ dargestellt (rechte Spalte). Man beobachtet, daß die Summanden $w_n(0, x)$ für steigende Indizes n im allgemeinen kleiner werden, und die Reproduktion der scharfen Ecke der Saite eine große Zahl von Gliedern benötigt. (Tatsächlich ist die genaue Dreiecksform ohnehin eine Idealisierung; der Kiel des Cembalos erzeugt nur eine abgerundete, im Einzelfall jedoch nicht genau bekannte Form der Saite anstelle eines scharfen Knicks.) Wir haben jetzt die anfängliche Auslenkung der Cembalo-Saite durch eine Summe von Funktionen der Art (10.8.2) zur Zeit $t = 0$ beschrieben. Diese Funktionen beschreiben die Eigenschwingung der Saite, wenn die Anfangsgeschwindigkeit $\partial w/\partial t$ auf der ganzen Saite verschwindet, wie das beim Cembalo der Fall ist. Die zeitabhängige Bewegung der Saite erhalten wir also, wenn wir in die einzelnen Terme w_n noch den Faktor $\cos \omega_n t$ mit $\omega_n = ck_n$ aus (10.8.2) einfügen,

$$w(t, x) = \sum_{n=1}^{\infty} w_n(t, x) = \frac{1}{\sqrt{L}} \sum_{n=1}^{\infty} a_n \cos \omega_n t \sin k_n x \quad . \tag{10.9.7}$$

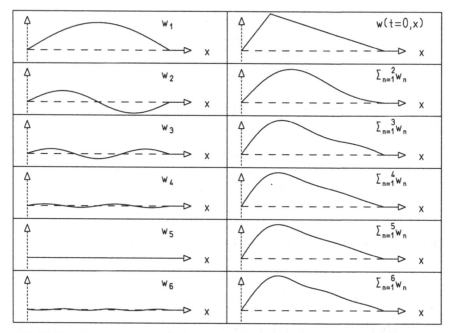

Abb. 10.12. Dreieckförmige Auslenkung einer Cembalo-Saite. *Linke Spalte:* harmonische Auslenkungen w_1, w_2, ... *Rechte Spalte oben:* dreieckige Auslenkung w, *darunter:* Partialsummen der w_n, die mit wachsender Gliederzahl die Dreiecksform immer besser annähern

Abbildung 10.13 zeigt die Saitenform für feste aufeinanderfolgende Zeitpunkte $t_j = j\,\Delta t$, $j = 0, 1, \ldots$. Der Knick der ursprünglichen Dreiecksform spaltet auf in je einen mit der Geschwindigkeit c nach rechts bzw. links laufenden Knick. Die Winkel der Saite gegen die x-Achse an den Saitenenden bleiben zunächst erhalten. Sobald ein Knick ein Saitenende erreicht, schwingt er durch: Auslenkung und Winkel ändern ihr Vorzeichen. Der ganze Vorgang ist periodisch mit der Periode $T_1 = c/(2L)$ der Grundschwingung der Saite.

Die Fourier-Zerlegung (10.9.7) besteht aus einer Überlagerung von harmonischen Saitenschwingungen, deren relative Stärke durch die Fourier-Koeffizienten a_n, (10.9.6), bestimmt wird. Die Schwingung $\cos \omega_1 t \sin k_1 x$, $k_1 = \pi/L$, heißt *Grundschwingung* oder *Grundton*. Die weiteren Schwingungen $\cos \omega_m t \sin k_m x$, $m \geq 2$, heißen *Oberschwingungen* oder *Obertöne*. Die Verteilung der Größe der Fourier-Koeffizienten a_m über die durch den Index m bestimmten Frequenzen $\omega_m = c k_m$, $k_m = m\pi/L$, bestimmt die *Klangfarbe* des Tones eines Musikinstrumentes. Sie variiert zwischen den verschiedenen Arten von Musikinstrumenten beträchtlich. An (10.9.6) sieht man, daß die Klangfarbe des Cembalos durch die Wahl der Position b des Kiels beeinflußt werden kann. In Abb. 10.12 rührt das Fehlen der Oberschwingung w_5 gerade daher, daß der Kiel die Saite bei $L/5$ teilt.

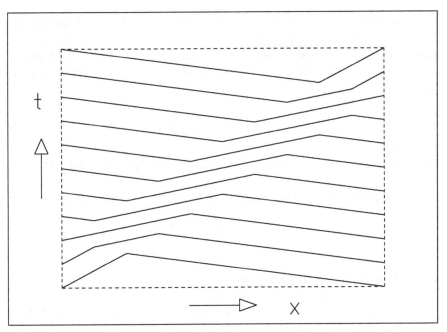

Abb. 10.13. Laufende Welle auf der Saite eines Cembalos. Die einzelnen Linien zeigen die Saitenform für verschiedene feste Zeiten während einer Halbperiode. Die ursprüngliche Dreiecksform (*unten*) verformt sich bis die inverse Form (*oben*) hergestellt ist. (Nach einer weiteren Halbperiode wird die ursprüngliche Form wieder erreicht werden)

10.10 Membranschwingungen

Inhalt: Für die Auslenkungsfunktion $w(t, x, y)$ einer eingespannten Membran gilt eine d'Alembert-Gleichung in zwei Raumdimensionen. Die stehenden Wellen (Eigenschwingungen) auf der Membran in einem Rechteckrahmen können durch die Anzahlen $n_x - 1$ und $n_y - 1$ der Knotenlinien in x bzw. y klassifiziert werden. Sichtbarmachung der Eigenschwingungen als Chladnische Klangfiguren.

Wir betrachten eine elastische Membran, die über einen rechteckigen Rahmen gespannt ist. Die Kanten des Rahmens verlaufen parallel zur x- bzw. y-Achse. Die Membran erstreckt sich über den Bereich

$$0 \leq x \leq L_x \quad , \qquad 0 \leq y \leq L_y \quad . \tag{10.10.1}$$

Sie kann als ein Netz von Massenpunkten mit den Ruhelagen (x_n, y_m),

$$x_n = n \, \Delta x \quad , \qquad y_m = m \, \Delta x \quad ,$$

beschrieben werden, zwischen denen in x-Richtung und in y-Richtung Federn mit der Federkonstante D und der Länge $\Delta x = \Delta y$ gespannt sind. Im entspannten Zustand hätten die Federn die Länge ℓ. Mit einer Argumentation wie im Falle der linearen Oszillatorkette (Abschn. 10.2) erhalten wir im Kontinuumslimes für die transversale Auslenkung $w(t, x, y)$ jedes Punktes der Membran, der die Ruhelage (x, y) besitzt, eine *d'Alembert-Gleichung in zwei Raumdimensionen,*

$$\frac{1}{c_T^2}\frac{\partial^2 w}{\partial t^2} - \frac{\partial^2 w}{\partial x^2} - \frac{\partial^2 w}{\partial y^2} = 0 \quad . \tag{10.10.2}$$

Dabei ist die Geschwindigkeit c_T der Transversalwelle durch (10.2.8) gegeben.

Die Randbedingungen der eingespannten Membran lauten offenbar

$$w(t, x, 0) = w(t, x, L_y) = 0 \quad ,$$
$$w(t, 0, y) = w(t, L_x, y) = 0 \quad .$$

Die Wellengleichung (10.10.2) wird durch die Ansätze

$$w_{gn_x n_y}(t, x, y) = \cos\omega_{n_x n_y}t \sin k_{xn_x}x \sin k_{yn_y}y \quad , \tag{10.10.3}$$
$$w_{un_x n_y}(t, x, y) = \sin\omega_{n_x n_y}t \sin k_{xn_x}x \sin k_{yn_y}y \quad , \tag{10.10.4}$$

$$k_{xn_x} = n_x\frac{\pi}{L_x} \quad , \qquad k_{yn_y} = n_y\frac{\pi}{L_y} \quad , \qquad n_x, n_y = 1, 2, 3, \ldots \quad , \tag{10.10.5}$$

gelöst. Durch Einsetzen des Lösungsansatzes in die Wellengleichung finden wir für die Kreisfrequenzen

$$\omega^2_{n_x n_y} = c_T^2(k^2_{xn_x} + k^2_{yn_y}) \quad . \tag{10.10.6}$$

Die Lösungen (10.10.3) bzw. (10.10.4) sind wieder in der Zeit gerade bzw. ungerade. Ihre nur von den Ortskoordinaten x, y abhängigen Faktoren sind gleich. Sie besitzen $n_x - 1$ *Knotenlinien* bei

$$x = mL_x/n_x \quad , \qquad m = 1, 2, \ldots, n_x - 1$$

und $n_y - 1$ Knotenlinien bei

$$y = mL_y/n_y \quad , \qquad m = 1, 2, \ldots, n_y - 1 \quad .$$

Längs der Knotenlinien verschwindet die Auslenkung für alle Zeiten. Die Lösungen (10.10.3), (10.10.4) beschreiben stehende Wellen in zwei Raumdimensionen. Sie werden auch *Eigenschwingungen der Membran* genannt. Zu vorgegebenen Zahlen n_x, n_y ist die allgemeine Form der Eigenschwingung eine Linearkombination

$$w_{n_x n_y} = aw_{gn_x n_y} + bw_{un_x n_y} \quad .$$

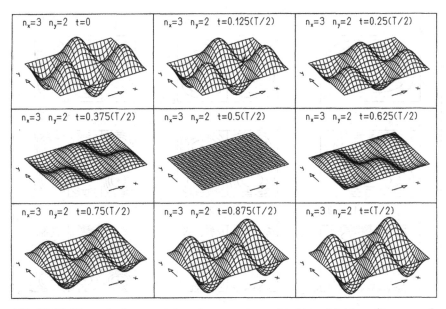

Abb. 10.14. Eigenschwingungen einer eingespannten rechteckigen Membran für neun aufeinanderfolgende feste Zeiten während einer halben Schwingungsperiode

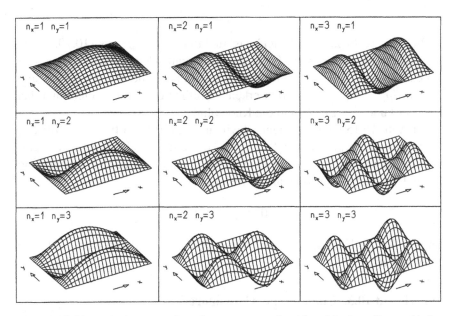

Abb. 10.15. Eigenschwingungen einer eingespannten rechteckigen Membran für verschiedene n_x, n_y. Dargestellt ist die Auslenkungsfunktion (10.10.3) für $t = 0$

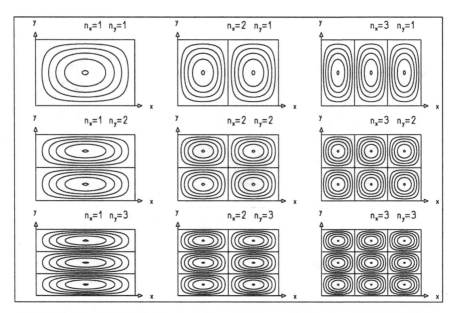

Abb. 10.16. Wie Abb. 10.15. Die Auslenkungsfunktion w ist allerdings nicht als Fläche im (x, y, w)-Raum dargestellt, sondern durch Linien konstanter Auslenkung $w = $ const in der (x, y)-Ebene

In Abb. 10.14 ist die Auslenkungsfunktion $w(t, x, y)$ aus (10.10.3), die auch direkt die momentane Form der Membran wiedergibt, für neun verschiedene feste Zeiten während der ersten Halbperiode wiedergegeben und zwar für $n_x = 3$, $n_y = 2$. Man erkennt deutlich die zwei Knotenlinien bei $x = L_x/3$ und $x = 2L_x/3$ und die Knotenlinie bei $y = L_y/2$.

In Abb. 10.15 sind die Eigenschwingungen (10.10.3) für $t = 0$ für alle Wertepaare (n_x, n_y), $n_x = 1, 2, 3$, $n_y = 1, 2, 3$ dargestellt. Eine andere graphische Darstellung der gleichen Funktionen $w(0, x, y)$ enthält die Abbildung 10.16. Hier sind Linien konstanter Auslenkung

$$w(0, x, y) = \text{const}$$

dargestellt. Die Knotenlinien sind dabei Geraden, die durch $w(0, x, y) = 0$ gegeben sind.

Experiment 10.3. Chladnische Klangfiguren

Eine horizontal eingespannte Membran wird gleichmäßig mit feinem Sand bestreut. Dicht unter der Membran wird ein kleiner Lautsprecher plaziert. An einem Frequenzgenerator kann die Tonhöhe, d. h. die Kreisfrequenz ω der vom Lautsprecher abgestrahlten Schallwellen eingestellt werden. Bei bestimmten Kreisfrequenzen $\omega_{n_x n_y}$ bilden sich symmetrische Sandmuster auf der Membran aus (Abb. 10.17), wenn sich der Lautsprecher etwa an der Stelle eines Schwingungsbauches, also in der Mitte eines aus Knotenlinien gebildeten Rechtecks, befindet. Aus Gebieten, in denen die Geschwindigkeit $\dot{w}$ der Membran einen bestimmten Wert überschreitet, wird der Sand zu weniger stark bewegten Gebieten geschüttelt. Die Grenzen zwischen sandfreien und sandigen Gebieten haben deshalb die Form der Linien in Abb. 10.16.

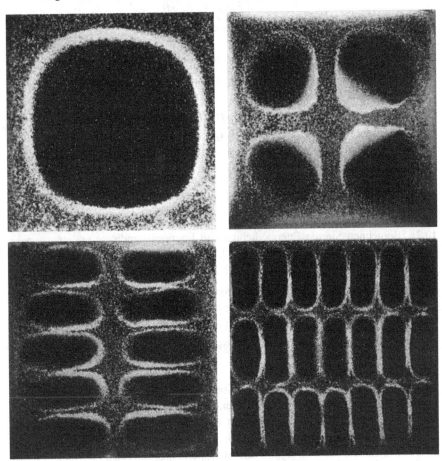

Abb. 10.17. Chladnische Klangfiguren auf einer eingespannten quadratischen Membran

10.11 Aufgaben

10.1: Wir betrachten im folgenden den Anteil der potentiellen Energiedichte einer Welle auf einer vorgespannten Kette (d. h. $\Delta x \neq \ell$), der über die in der ruhenden Kette gespeicherte Energie hinausgeht.

(a) Zeigen Sie, daß für Transversalwellen auf einer vorgespannten Kette die Beziehung (10.6.5) gilt.

(b) Zeigen Sie, daß man für die potentielle Energiedichte einer Longitudinalwelle auf einer vorgespannten Kette die Beziehung

$$\tilde{\eta}_{\text{pot}} = \frac{\mu c_{\text{L}}^2}{2} \left[\left(\frac{\partial w}{\partial x} \right)^2 + \frac{2B}{B+1} \frac{\partial w}{\partial x} \right]$$

erhält. Dabei ist $B = (\Delta x - \ell)/\ell$ die (longitudinale) Verzerrung der Kette.

(c) Wie lautet die Kontinuitätsgleichung für $\tilde{\eta} = \eta_{\text{kin}} + \tilde{\eta}_{\text{pot}}$, welchen Ausdruck erhält man für die Energiestromdichte?

(d) Zeigen Sie, daß der Zusatzterm $\mu c_{\text{L}}^2 (B/(B+1)) \partial w / \partial x$ in $\tilde{\eta}_{\text{pot}}$ keinen Beitrag zur in der Kette gespeicherten Gesamtenergie liefert. (Beachten Sie, daß eine longitudinale Welle auf einer vorgespannten Kette nur mit festen Enden realisiert werden kann.)

Aufgrund der in (d) zu zeigenden Eigenschaft wird auch für Longitudinalwellen der kanonische Ausdruck (10.6.5) benutzt.

10.2: Berechnen Sie die Energiedichten und Energiestromdichte η_{kin}, η_{pot}, $\eta = \eta_{\text{kin}} + \eta_{\text{pot}}$ und S_x für die Solitonwelle (10.3.8). Drücken Sie die Energiestromdichte durch die Gesamtenergiedichte $\eta = \eta_{\text{kin}} + \eta_{\text{pot}}$ und die Geschwindigkeit c aus.

10.3: **(a)** Zeigen Sie, daß die Wellenfunktionen (10.8.2) und (10.8.3) die d'Alembert-Gleichung und die Randbedingungen (10.8.1) erfüllen, wenn man die Kreisfrequenzen ω_n und Wellenzahlen k_n gemäß (10.8.4) wählt.

(b) Welche Werte nimmt die Gesamtenergie $E_{\text{tot}} = E_{\text{kin}} + E_{\text{pot}}$ für diese Lösungen an?

10.4: Berechnen Sie unter Benutzung von (10.7.8) und (10.7.9) die in Abb. 10.8 graphisch dargestellten Energiedichten und Energiestromdichten η_{kin}, η_{pot}, $\eta = \eta_{\text{kin}} + \eta_{\text{pot}}$ und S_x für stehende Wellen mit zwei losen bzw. zwei festen Enden. Zeigen Sie, daß η und S_x für die stehende Welle mit zwei losen Enden und die mit zwei festen Enden identisch sind, während η_{kin} und η_{pot} in diesen Fällen ihre Rollen vertauschen.

10.5: Berechnen Sie die über eine zeitliche Periode gemittelte Energiestromdichte

$$\langle S_x \rangle = \frac{1}{T} \int_0^T S_x(t, x) \, \mathrm{d}t$$

(a) für die harmonischen Wellen w_+ und w_-, Gl. (10.4.1) und (10.4.2).

(b) für die stehenden Wellen an festen bzw. losen Enden, (10.7.8) und (10.7.9).

Erläutern Sie die Resultate.

10.6: Zeigen Sie die Orthonormalitätsrelation (10.9.5).

10.7: Wie sieht das Obertonspektrum einer

(a) in der Mitte,

(b) bei dem Bruchteil p/q der Saitenlänge

gezupften Saite aus?

10.8: Wir untersuchen die Lösung der d'Alembertschen Wellengleichung für die spezielle Anfangsbedingung $b = L/2$ einer symmetrischen dreieckigen Auslenkung einer schwingenden Saite,

$$w(0,x) = \begin{cases} w_{\mathrm{I}}(0,x) = \alpha x & , \quad 0 \le x < b \\ w_{\mathrm{III}}(0,x) = \alpha(2b - x) & , \quad b \le x \le 2b = L \end{cases} \quad ,$$

$\partial w(0,x)/\partial t = 0$.

(a) Zeigen Sie, daß die Wellenfunktion

$$w(t,x) = \begin{cases} w_{\mathrm{I}}(t,x) = \alpha x & , \quad 0 \le x < b - v_1 t & \text{(I)} \\ w_{\mathrm{II}}(t,x) = w_0 - v_2 t & , \quad b - v_1 t \le x < b + v_1 t & \text{(II)} \\ w_{\mathrm{III}}(t,x) = \alpha(2b - x) & , \quad b + v_1 t \le x \le 2b = L & \text{(III)} \end{cases}$$

für $v_1 t \le b$ stückweise, d. h. in den Bereichen I, II, III Lösung der d'Alembertschen Wellengleichung ist.

(b) Nutzen Sie die Stetigkeit der Saite in den Knickpunkten $b \pm v_1 t$ zur Bestimmung der anfänglichen Auslenkung w_0. Welche Beziehung zwischen den Geschwindigkeiten v_1 und v_2 folgt aus der Stetigkeit?

(c) Warum muß $v_1 = c_{\mathrm{T}}$ gewählt werden? (Schreiben Sie die Lösungsfunktion als Summe von Ausdrücken, die nur von $x - v_1 t$ oder $x + v_1 t$ abhängen!)

(d) Bestimmen Sie die Frequenz der Saitenschwingung.

(e) Wie sieht die Lösung für $v_1 t > b$ aus?

10.9: **(a)** Bestimmen Sie für die Funktion $w(t,x)$ aus Aufgabe 10.8 die Energie- und Energiestromdichten $\eta_{\mathrm{kin}}, \eta_{\mathrm{pot}}, \eta = \eta_{\mathrm{kin}} + \eta_{\mathrm{pot}}, S_x$.

(b) Erläutern Sie das Resultat für die Energiedichte für $t = 0$ und $t = T/4$.

(c) Warum verschwindet die Energiestromdichte zu jeder Zeit?

10.10: Wiederholen Sie die Aufgabe 10.8 für eine Anfangsauslenkung in der Form eines nicht gleichschenkligen Dreiecks mit $b < L/2$, vgl. Abb. 10.13, bei verschwindender Anfangsgeschwindigkeit:

$$w(0,x) = \begin{cases} w_{\mathrm{I}}(0,x) = \alpha x & , \quad 0 \le x < b \\ w_{\mathrm{III}}(0,x) = \alpha b \dfrac{L - x}{L - b} & , \quad b \le x < L \end{cases} \quad ,$$

$\partial w(0,x)/\partial t = 0$.

(a) Zeigen Sie, daß die Funktion

$$w(t,x) = \begin{cases} w_{\mathrm{I}}(t,x) & , \quad 0 \le x < b - c_{\mathrm{T}}t \qquad \text{(I)} \\ w_{\mathrm{II}}(t,x) & , \quad b - c_{\mathrm{T}}t \le x < b + c_{\mathrm{T}}t \quad \text{(II)} \\ w_{\mathrm{III}}(t,x) & , \quad b + c_{\mathrm{T}}t \le x < L \qquad \text{(III)} \end{cases}$$

mit

$$\begin{aligned} w_{\mathrm{I}}(t,x) &= \alpha x \ , \\ w_{\mathrm{II}}(t,x) &= \alpha \left[b - c_{\mathrm{T}}t + \frac{L - 2b}{2(L-b)}(x - b + c_{\mathrm{T}}t) \right] \ , \\ w_{\mathrm{III}}(t,x) &= \alpha b \frac{L - x}{L - b} \end{aligned}$$

für $t \le b/c_{\mathrm{T}}$ die d'Alembert-Gleichung in den drei Bereichen I, II, III löst.

(b) Zeigen Sie, daß die Lösung $w(t,x)$ stetig ist.

(c) Wie groß ist die Periode T der Schwingung?

(d) Wie sehen die Lösungen für die Zeiten $b/c_{\mathrm{T}} < t \le T/2$ aus?

10.11: **(a)** Bestimmen Sie für die Funktion $w(t,x)$ aus Aufgabe 10.10 die Energie- und Energiestromdichten η_{kin}, η_{pot}, $\eta = \eta_{\mathrm{kin}} + \eta_{\mathrm{pot}}$, S_x.

(b) Berechnen Sie die Energieinhalte E_{I}, E_{II}, E_{III} in den einzelnen Bereichen I, II, III der Saite und die Summe E_{tot} der drei Energien.

(c) Bei welcher Form des Dreiecks konstanter Höhe w_0 der Anfangsauslenkung der Saite ist die Gesamtenergie E_{tot} minimal?

10.12: Berechnen Sie für die Saitenauslenkung, die in Aufgabe 10.10 für das Intervall $0 < t < b/c_{\mathrm{T}}$ betrachtet wurde

(a) die Energien $E_1(t)$, $E_2(t)$, die sich zur Zeit $t < b/c_{\mathrm{T}}$ in den Bereichen $b - c_{\mathrm{T}}t - \varepsilon \le x < b - c_{\mathrm{T}}t$ bzw. $b + c_{\mathrm{T}}t \le x \le b + c_{\mathrm{T}}t + \varepsilon$ befinden,

(b) die Energien $E_1(t+\tau)$, $E_2(t+\tau)$, die sich zur Zeit $t+\tau$, $\tau = \varepsilon/c_{\mathrm{T}}$, $t+\tau < b/c_{\mathrm{T}}$, in den Bereichen $b - c_{\mathrm{T}}(t + \tau) \le x \le b - c_{\mathrm{T}}(t + \tau) + \varepsilon$ bzw. $b + c_{\mathrm{T}}(t + \tau) - \varepsilon \le x < b + c_{\mathrm{T}}(t + \tau)$ befinden,

(c) die Größen $(E_1(t) - E_1(t + \tau))/\tau$ bzw. $(E_2(t) - E_2(t + \tau))/\tau$, und erläutern Sie, warum die Energiestromdichte im Bereich II,

$$S_x = \frac{\mu}{2}\alpha^2 c_{\mathrm{T}}^3 \frac{1}{2} \left(1 - \frac{b^2}{(L-b)^2} \right) \ ,$$

nicht verschwindet.

11. Elastizität

11.1 Elastische Körper

Inhalt: Qualitative Überlegungen zum Aufbau von Festkörpern, Flüssigkeiten und Gasen und den Kräften zwischen ihren Bausteinen.

Bezeichnungen: r Abstand zwischen zwei Molekülen, $V(r)$ Potential.

Als einen ersten Schritt in der Beschreibung des Verhaltens fester Körper haben wir in Kap. 4 das Modell des starren Körpers eingeführt. In ihm sind die Relativabstände aller Bausteine (Atome, Moleküle) zueinander konstant. Eine Relativbewegung der Bausteine gegeneinander ist nicht möglich. Feste Körper können natürlich gebogen oder zu Schwingungen angeregt werden. Diese Erscheinungen können mit dem Modell des starren Körpers nicht beschrieben werden.

Verformungen eines *Festkörpers* erfolgen oft *elastisch*: Nach Aufhebung der verformenden Kräfte nimmt der Körper seine ursprüngliche Form an. Das läßt sich aus dem atomaren Aufbau des Festkörpers sofort verstehen, wenn man annimmt, daß die Atome im Festkörper durch rücktreibende Kräfte an feste Ruhelagen gebunden sind. Ist $r = |\mathbf{r}_2 - \mathbf{r}_1|$ der Abstand zwischen den Zentren zweier Atome an den Orten $\mathbf{r}_1$ und $\mathbf{r}_2$, so kann die Kraft zwischen ihnen für unsere Überlegungen durch ein gemeinsames Potential, vgl. Abschn. 3.3, beschrieben werden. Wir benutzen für unsere Überlegungen das in Abb. 11.1 dargestellte *Lennard–Jones-Potential*

$$V(r) = ar^{-p} - br^{-q} \quad , \qquad a, b > 0 \quad , \qquad p > q \quad . \tag{11.1.1}$$

Es liefert eine stark abstoßende Kraft für kleine Abstände und eine leicht anziehende Kraft für große Abstände. Im Potentialminimum bei

$$r = r_0 = \left(\frac{pa}{qb} \right)^{\frac{1}{p-q}}$$

herrscht Kräftefreiheit. In der Nähe des Potentialminimums kann man das Potential durch eine Parabelform annähern und erhält eine rücktreibende harmonische Kraft. Es sei betont, daß die Beziehung (11.1.1) nicht als ein physikalisches Gesetz, sondern als ein nützlicher Ansatz aufzufassen ist. Der Ansatz

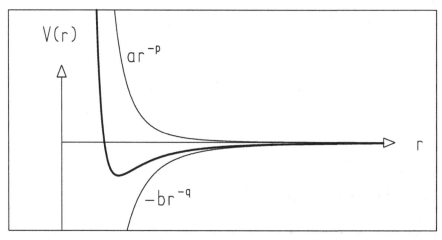

Abb. 11.1. Das Potential (11.1.1) (*dicke Linie*) und seine Einzelterme (*dünne Linien*)

läßt sich allerdings durch Diskussion der Kräfte zwischen den Elektronenhüllen benachbarter Atome qualitativ begründen.

Im Festkörper befindet sich jedes Atom im Potential aller anderen. In Abb. 11.2 und Abb. 11.3 ist das Potential einer Anordnung von 5×5 Atomen dargestellt, die im Abstand r_0 auf Linien $x = $ const bzw. $y = $ const symmetrisch zum Ursprung in der (x, y)-Ebene angeordnet sind, dabei ist der Platz bei $x = 0$, $y = 0$ freigelassen worden. Man beobachtet dort eine ausgeprägte Potentialmulde, in der ein weiteres Atom durch rücktreibende Kräfte an den Ort $x = y = 0$ gebunden werden könnte.

In einem regelmäßig aufgebauten Festkörper, einem *Kristall*, befindet sich jedes Atom in einer Potentialmulde, die von den es umgebenden Atomen gebildet wird. Anschaulich kann man sich damit den Festkörper als eine regelmäßige Anordnung von Massenpunkten vorstellen, die sämtlich mit ihren Nachbarn über Federn verbunden sind. Greifen an den Außenflächen des Festkörpers Kräfte an, so verschieben sich die Massenpunkte gegeneinander.

Bei der Betrachtung der Abbildungen 11.2 und 11.3 fällt zusätzlich auf, daß die gesamte Anordnung von Atomen von einem Potentialgraben umgeben ist. Gelangen weitere Atome in dieses Gebiet, so werden sie an den Kristall angelagert, der Kristall wächst.

Es sei hier noch bemerkt, daß auch dann, wenn keine Kräfte an den Außenflächen des Körpers angreifen, sich die Atome des Körpers gewöhnlich nicht im Potentialminimum der lokalen Potentialmulde befinden. Die Atome besitzen nämlich auch eine kinetische Energie, deren Mittelwert proportional zur Temperatur ist. Sie führen Schwingungen um den Ort des lokalen Potentialminimums aus. Da sie sich im zeitlichen Mittel aber im wesentlichen am

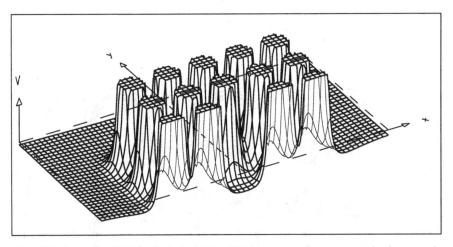

Abb. 11.2. In der (x, y)-Ebene befinden sich auf Linien $x = $ const, $y = $ const in einem regelmäßigen Gitter Atome im Gleichgewichtsabstand r_0. Der Gitterplatz am Ursprung $x = y = 0$ ist freigehalten. Dargestellt ist das gemeinsame Potential aller Atome als Fläche über dem Bereich $y \geq 0$ der (x, y)-Ebene. An den Orten der Atomzentren selbst geht das Potential gegen unendlich. In der Umgebung dieser Orte ist stattdessen ein konstanter hoher Wert dargestellt

Ort des Minimums befinden, ändert dieser Effekt die elastischen Eigenschaften von Festkörpern nicht grundsätzlich.

Die bisherigen Überlegungen reichen als qualitativer Hintergrund für die Behandlung elastischer Körper in den nächsten Abschnitten aus. Wir schließen hier noch einige Bemerkungen über Flüssigkeiten und Gase an.

Steigt die Temperatur über einen bestimmten Wert, den *Schmelzpunkt*, so wird die mittlere kinetische Energie der Atome oder Moleküle so groß, daß sie die Potentialmulde verlassen können, die sie an ihre Nachbarn bindet. Die Atome oder Moleküle können sich gegeneinander beliebig verschieben. Die Ordnung geht verloren: Der Festkörper schmilzt, es bildet sich eine *Flüssigkeit*. Allerdings können die Atome oder Moleküle einer Flüssigkeit den Potentialgraben, der die Gesamtheit aller Bausteine umgibt, nicht überwinden: Flüssigkeiten besitzen grundsätzlich eine *Oberfläche*. Ein augenfälliges Beispiel ist die Oberfläche eines Wassertropfens, innerhalb derer sich die Moleküle befinden.

Bei Temperaturerhöhung über einen zweiten charakteristischen Wert, den *Siedepunkt*, kann auch die Außenwand des Potentialgrabens überwunden werden. Die Oberfläche löst sich auf. Atome oder Moleküle entfernen sich bei Abwesenheit äußerer Kräfte (die etwa durch Gefäßwände oder die Erdanziehung ausgeübt werden können) beliebig weit voneinander. Sie bilden ein *Gas*.

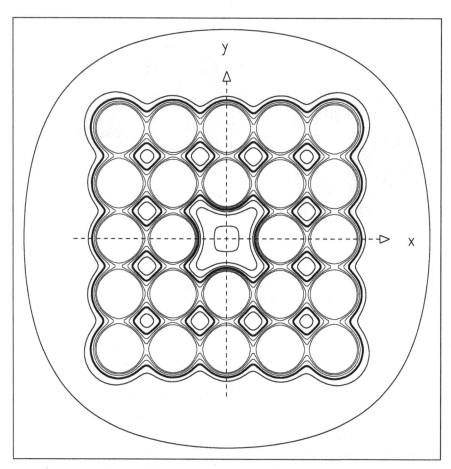

Abb. 11.3. Potential wie in Abb. 11.2, jedoch dargestellt durch Linien konstanten Potentials, also durch Höhenlinien der in Abb. 11.2 dargestellten Fläche. Die *sehr dicken Linien* entsprechen $V = 0$, die *dicken Linien* $V < 0$ und die *dünnen Linien* $V > 0$

11.2 Dehnung

Inhalt: Die relative Längenänderung einer elastischen Schnur (oder eines Stabes) ist proportional zur angelegten Zugspannung (Zugkraft durch Querschnittsfläche). Der Kehrwert des Proportionalitätsfaktors heißt Elastizitätsmodul.

Bezeichnungen: ℓ Länge, $\Delta\ell$ Längenänderung, F Kraft, q Querschnitt, E Elastizitätsmodul, σ Zugspannung, x Längenkoordinate eines Punktes, $u(x) = \Delta x$ Verschiebung dieses Punktes, $\varepsilon = \mathrm{d}u/\mathrm{d}x$ Verzerrung.

Experiment 11.1. Dehnung in einer Dimension

Eine dünne Gummischnur der Querschnittsfläche q ist an einem Ende aufgehängt. Am anderen Ende kann sie durch Anhängen von Massen mit verschieden großen Gewichtskräften F belastet werden, Abb. 11.4. Bezeichnen wir mit ℓ die Länge der

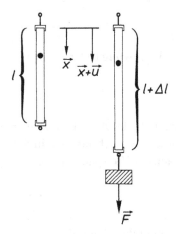

Abb. 11.4. Elastische Schnur unbelastet *(links)* und belastet *(rechts)*

unbelasteten Schnur und mit $\Delta\ell$ die Verlängerung durch die Kraft F, so stellen wir fest, daß die relative Verlängerung oder *Dehnung* $\Delta\ell/\ell$ proportional zur Kraft F ist. Messungen mit Gummischnüren aus gleichem Material aber mit verschiedenem Querschnitt zeigen, daß $\Delta\ell/\ell$ umgekehrt proportional zu q ist. Insgesamt erhalten wir

$$\frac{\Delta\ell}{\ell} = \frac{1}{E}\frac{F}{q} \quad , \tag{11.2.1}$$

wenn wir den Proportionalitätsfaktor $1/E$ nennen.

Das gleiche Ergebnis erhält man für dünne Schnüre oder Stäbe aus anderem elastischem Material. Die Größe E heißt der *Elastizitätsmodul* des Materials. Er hat offenbar die Dimension

$$\dim(E) = \dim(\text{Kraft/Fläche})$$

und damit die Einheit, die auch die Einheit des Druckes ist, vgl. Abschn. 13.4,

$$[E]_{\text{SI}} = \text{N}\,\text{m}^{-2} = \text{J}\,\text{m}^{-3} \quad . \tag{11.2.2}$$

Auf die Schnur (oder den Stab) wirkt die Kraft **F** vom Betrag F. Den Quotienten

$$\sigma = \frac{F}{q} \tag{11.2.3}$$

nennen wir die *Zugspannung*, unter der das Material steht. Sie wirkt an jeder Stelle des Materials. Denn denken wir uns die Schnur an irgendeiner Stelle durchgeschnitten, so müssen wir am entstandenen Querschnitt die Kraft **F** anbringen, wollen wir die Dehnung der Schnur aufrechterhalten. Ist x die Lage eines Punktes im ungedehnten Material und $x' = x + u(x)$ seine Lage unter Dehnung, so gilt für die *Verschiebung* $u(x)$ des Punktes, der sich ursprünglich bei x befand,

$$u(x) = x\frac{\Delta\ell}{\ell} = \frac{x}{E}\frac{F}{q} = \frac{x}{E}\sigma \quad , \tag{11.2.4}$$

oder, für die Ortsableitung der Verschiebung, die *Verzerrung* (oder *Deformation*),

$$\varepsilon = \frac{\mathrm{d}u(x)}{\mathrm{d}x} = \frac{\sigma}{E} \quad . \tag{11.2.5}$$

Die Verzerrung ist der Quotient aus der Veränderung $\mathrm{d}u$ des Abstandes zweier benachbarter Punkte in der gespannten Schnur und ihrem Abstand $\mathrm{d}x$ in der ungespannten Schnur. Auflösung von (11.2.5) nach der Zugspannung liefert

$$\sigma = E\frac{\mathrm{d}u(x)}{\mathrm{d}x} = E\varepsilon \quad , \tag{11.2.6}$$

eine Proportionalität zwischen der Spannung, unter der das Material steht, und der Verzerrung, die diese Spannung bewirkt. Da Spannung und Verzerrung an jedem Punkt des Materials definiert sind (wenngleich die Größen in unserem einfachen Beispiel nicht vom Ort abhängen), ist der Zusammenhang (11.2.6) eine Aussage über die lokalen Verhältnisse im Material. Er ist die einfachste Form des *lokalen Hookeschen Gesetzes*.

11.3 Dehnung und Querkontraktion

Inhalt: Ein Quader, der in Längsrichtung gedehnt wird, wird gleichzeitig in Querrichtung kontrahiert. Der Quotient der relativen Längenänderungen in Quer- und in Längsrichtung heißt Poissonzahl.
Bezeichnungen: $\Delta\ell$ und ℓ Längenänderung und Länge, Δb und b Breitenänderung und Breite, F Zugkraft, q Querschnittsfläche, σ Zugspannung, E Elastizitätsmodul, μ Poissonzahl.

Experiment 11.2. Querkontraktion

Wir wiederholen das Experiment 11.1, benutzen jedoch jetzt keine dünne Schnur, sondern ein Stück elastisches Material (Schaumstoff) quadratischen Querschnitts, das im unbelasteten Zustand die Länge ℓ und die Breite b besitzt, Abb. 11.5. An den Enden sind Platten mit Ösen aufgeklebt. An einem Ende wird der Quader aufgehängt, am anderen mit der Gewichtskraft F belastet. Wir beobachten eine Verlängerung des Quaders um $\Delta\ell$, aber gleichzeitig eine Verminderung seiner Breite um Δb. Bezeichnen wir wieder die Querschnittsfläche des unbelasteten Materials mit $q = b^2$ und die Zugspannung F/q mit σ, so erhalten wir für die Dehnung (wie im Experiment 11.1)

$$\frac{\Delta\ell}{\ell} = \frac{1}{E}\frac{F}{q} = \frac{1}{E}\sigma \tag{11.3.1}$$

und für die *Querkontraktion*

$$\frac{\Delta b}{b} = -\frac{\mu}{E}\frac{F}{q} = -\frac{\mu}{E}\sigma \quad . \tag{11.3.2}$$

Die dimensionslose Größe μ heißt *Poissonzahl*. Sie ist positiv und gibt das Verhältnis von Querkontraktion zu Dehnung bei gleicher Belastung an. Das negative Vorzeichen in (11.3.2) zeigt an, daß bei positiver Zugspannung die Veränderung Δb der Breite negativ ist, der Quader also in Längsrichtung gedehnt und in Querrichtung kontrahiert wird. Dehnung und Querkontraktion sind für jedes quaderförmige Volumenelement des Materials gleich, wie man an der Verzerrung des Punktmusters in Abb. 11.5 sieht. Abweichungen an den Quaderenden rühren daher, daß dort die Querkontraktion durch die aufgeklebten Platten behindert wird.

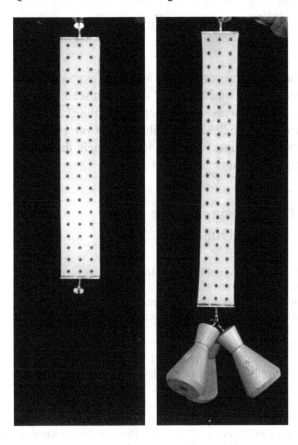

Abb. 11.5. Quader aus elastischem Schaumstoff mit regelmäßigem Punktmuster. *Links:* unbelastet. *Rechts:* belastet. Unter Belastung erfährt das Material eine Längsdehnung und eine Querkontraktion

Als Ergebnis des Experiments halten wir fest, daß die elastische Verformung unter dem Einfluß einer Zugspannung durch zwei Materialkonstanten, den Elastizitätsmodul E und die Poissonzahl μ beschrieben wird. Die Tabelle 11.1 enthält Zahlwerte für einige Materialien. Die Beziehungen (11.3.1) und (11.3.2) beschreiben allerdings das Verhalten unter Belastung nicht vollständig. Bei hoher Belastung treten *inelastische Verformungen* auf, die sich bei Wegnahme der Belastung nicht mehr völlig zurückbilden. Bei sehr hoher Belastung reißt das Material.

Tabelle 11.1. Elastizitätsmodul E und Poissonzahl μ für einige Materialien

	E $(10^9\,\mathrm{N\,m^{-2}})$	μ
Beryllium	290	0,1
Stahl	210	0,28
Quarzglas	75	0,17
Marmor	72	0,30
Eis ($-4°$C)	9,8	0,33

Auch bei niedriger Belastung kann nur solches Material durch nur zwei Konstanten beschrieben werden, das im Bezug auf seine elastischen Eigenschaften homogen und isotrop ist. *Homogenität* bedeutet, daß die elastischen Eigenschaften nicht vom Ort innerhalb des Körpers abhängen. *Isotropie* heißt, daß Dehnung und Querkontraktion eines Volumenelements nicht davon abhängen, in welcher Richtung die Zugspannung wirkt.

11.4 Spannungs- und Verzerrungstensor für den längsverzerrten Quader

Inhalt: Der Spannungszustand eines achsenparallelen, in 3-Richtung gezogenen Quaders kann durch einen Spannungstensor beschrieben werden, seine Formänderung durch einen Verzerrungstensor. Der Zusammenhang zwischen beiden ist durch zwei Materialkonstanten, den Schubmodul G und den Volumenmodul K gegeben. Von den vier gebräuchlichen Elastizitätskenngrößen E, μ, G, K sind nur zwei unabhängig.

Bezeichnungen: $\mathbf{A}_{3-} = -q\mathbf{e}_3$ Vektor, der die Quaderfläche mit der Normalenrichtung $-\mathbf{e}_3$ und dem Flächeninhalt q kennzeichnet (allgemein $\mathbf{A}_{j\pm}$); $\mathbf{F}_{j\pm}$ Kraft, die an der Fläche $\mathbf{A}_{j\pm}$ angreift; σ_{ij} Spannungen, $\underline{\sigma}$ Spannungstensor, $\mathbf{x}$ Ortsvektor im unverzerrten Quader, $\mathbf{u}$ Verschiebungsvektor, $\varepsilon_{ij} = (\partial u_j/\partial x_i + \partial u_i/\partial x_j)/2$ Matrixelemente des Verzerrungstensors $\underline{\varepsilon}$, $\sigma_{\mathrm{m}} = \mathrm{Sp}\,\underline{\sigma}/3$ mittlere Spannung, $\underline{\sigma}^0 = \sigma_{\mathrm{m}}\underline{1}$ Kugeltensor der mittleren Spannung, $\underline{\sigma}^{\mathrm{Dev}} = \underline{\sigma} - \underline{\sigma}^0$ Deviator des Spannungstensors, $e = \mathrm{Sp}\,\underline{\varepsilon}$ Volumendilatation, $\underline{\varepsilon}^0 = (e/3)\underline{1}$ Kugeltensor der Volumendilatation, $\underline{\varepsilon}^{\mathrm{Dev}} = \underline{\varepsilon} - \underline{\varepsilon}^0$ Deviator des Verzerrungstensors, G Schubmodul, K Volumenmodul, E Elastizitätsmodul, μ Poissonzahl.

Wir verallgemeinern die Diskussion des Experiments 11.2, indem wir die Veränderung der Lage jedes einzelnen Punktes im Körper diskutieren. Zur Beschreibung der Orte und Kräfte benutzen wir das in Abb. 11.6 angegebene Koordinatensystem. Sein Ursprung liegt in der oberen Endfläche des Quaders. Die Basisvektoren $\mathbf{e}_1$, $\mathbf{e}_2$ bzw. $\mathbf{e}_3$ zeigen nach rechts, nach hinten bzw. nach oben.

Zunächst beschreiben wir den Spannungszustand, in dem sich der Körper unter dem Einfluß der Kraft $\mathbf{F} = -F\mathbf{e}_3$ befindet, die auf die untere Endfläche

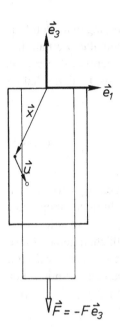

Abb. 11.6. Längsverzerrung eines Quaders. Ein Punkt, der sich im unverzerrten Quader am Ort **x** befindet, wird an den Ort **x′** = **x** + **u** verschoben

wirkt. Die Endfläche kann als Vektor

$$\mathbf{A}_{3-} = A_{3-}\mathbf{e}_3 = -q\mathbf{e}_3$$

mit dem Betrag q und der Richtung $-\mathbf{e}_3$ der äußeren Normalen des Quaders dargestellt werden. Für die angreifende Kraft gilt

$$\mathbf{F}_{3-} = F_{3-}\mathbf{e}_3 = -F\mathbf{e}_3 \quad .$$

Wir definieren jetzt als *Normalspannung* an der Endfläche den Quotienten

$$\sigma_{33} = \frac{F_{3-}}{A_{3-}} = \frac{F}{q}$$

und als *Tangentialspannungen* oder *Schubspannungen* die Größen

$$\sigma_{31} = \frac{F_{1-}}{A_{3-}} = 0 \quad ; \quad \sigma_{32} = \frac{F_{2-}}{A_{3-}} = 0 \quad .$$

Die gleichen Spannungen wirken auch auf die obere Endfläche

$$\mathbf{A}_{3+} = A_{3+}\mathbf{e}_3 = q\mathbf{e}_3 \quad ,$$

weil die vom Aufhängepunkt auf diese Fläche ausgeübte Kraft (wegen actio = reactio) gerade

$$\mathbf{F}_{3+} = F_{3+}\mathbf{e}_3 = F\mathbf{e}_3$$

ist. Die entsprechend definierten Normal- und Schubspannungen an den Flächen mit den Normalenrichtungen $\pm e_1$, $\pm e_2$ verschwinden alle, weil an diesen Flächen keine Kraft angreift. Wir bezeichnen die neuen Größen σ_{ij} als Matrixelemente des *Spannungstensors* $\underline{\sigma}$ in der Basis e_1, e_2, e_3 und erhalten für seine Matrix

$$(\underline{\sigma}) = \begin{pmatrix} 0 & 0 & 0 \\ 0 & 0 & 0 \\ 0 & 0 & \sigma_{33} \end{pmatrix} = \sigma_{33} \begin{pmatrix} 0 & 0 & 0 \\ 0 & 0 & 0 \\ 0 & 0 & 1 \end{pmatrix} \quad . \tag{11.4.1}$$

Die in der Matrix zusammengefaßten neun Spannungen σ_{ij} wirken auch an den Oberflächen eines beliebigen quaderförmigen Volumenelements mit achsenparallelen Kanten. Denkt man sich nämlich den Quader in solche Volumenelemente zerschnitten, so müssen an deren Außenflächen gerade diese Spannungen angebracht werden, damit die Volumenelemente in dem Zustand bleiben, in dem sie sich in dem zusammenhängenden Quader befinden. Für die Kräfte $F_{1\pm}$, $F_{2\pm}$, $F_{3\pm}$ auf die verschiedenen Oberflächen $A_{1\pm} = \pm A_1 e_1$, $A_{2\pm} = \pm A_2 e_2$, $A_{3\pm} = \pm A_3 e_3$ des Quaders gilt offenbar

$$F_{i\pm} = \underline{\sigma} A_{i\pm} \quad . \tag{11.4.2}$$

Nachdem wir den Spannungszustand des Quaders durch einen Tensor beschrieben haben, wollen wir auch seine Verzerrung durch einen Tensor kennzeichnen. Ein Punkt mit dem Ort

$$x = x_1 e_1 + x_2 e_2 + x_3 e_3$$

im spannungsfreien Körper nimmt im gespannten Körper den Ort $x + u$ ein, Abb. 11.6. Für die Komponenten des Vektors u der *Verschiebung* gilt wegen (11.3.1) und (11.3.2)

$$u_1 = -\frac{\mu}{E}\sigma_{33}x_1 \quad ,$$
$$u_2 = -\frac{\mu}{E}\sigma_{33}x_2 \quad ,$$
$$u_3 = \frac{1}{E}\sigma_{33}x_3 \quad .$$

In dem hier untersuchten besonders einfachen Fall hängt jede Verschiebung u_i nur von der Ortskoordinate x_i ab. Als *Längsverzerrungen* bezeichnen wir die partiellen Ableitungen $\varepsilon_{ii} = \partial u_i/\partial x_i$. Allgemein führen wir als *Verzerrungen* (oder *Deformationen*) oder Matrixelemente des *Verzerrungstensors* (oder *Deformationstensors*) in der Basis e_1, e_2, e_3 die Größen

$$\varepsilon_{ij} = \frac{1}{2}\left(\frac{\partial u_j}{\partial x_i} + \frac{\partial u_i}{\partial x_j}\right)$$

ein. Für unseren Quader hat die Matrix des Verzerrungstensors die Form

$$(\underline{\varepsilon}) = \begin{pmatrix} -\mu\sigma_{33}/E & 0 & 0 \\ 0 & -\mu\sigma_{33}/E & 0 \\ 0 & 0 & \sigma_{33}/E \end{pmatrix} = \frac{\sigma_{33}}{E} \begin{pmatrix} -\mu & 0 & 0 \\ 0 & -\mu & 0 \\ 0 & 0 & 1 \end{pmatrix} .$$

(11.4.3)

Der Vergleich mit (11.4.1) zeigt, daß keine Proportionalität zwischen Spannungstensor $\underline{\sigma}$ und Verzerrungstensor $\underline{\varepsilon}$ besteht, sondern nur eine Proportionalität zwischen gleichstelligen Matrixelementen. Dabei treten aber nur zwei verschiedene Proportionalitätskonstanten auf. Unser Ergebnis (11.2.6) für die Dehnung einer dünnen Schnur in Längsrichtung entspricht der Beziehung

$$\sigma_{33} = E\varepsilon_{33}$$

zwischen den $(3, 3)$-Matrixelementen.

Man kann den Zusammenhang zwischen Spannungs- und Verzerrungstensor verdeutlichen, indem man beide Tensoren als Summen zweier Tensoren schreibt. Dazu definieren wir die *mittlere Spannung*

$$\sigma_{\mathrm{m}} = -p = \frac{1}{3}\,\mathrm{Sp}\,\underline{\sigma} = \frac{1}{3}(\sigma_{11} + \sigma_{22} + \sigma_{33}) \qquad (11.4.4)$$

und den *Drucktensor*

$$\underline{\sigma}^0 = \sigma_{\mathrm{m}}\underline{1} = -p\underline{1} \quad , \qquad (11.4.5)$$

der ein Vielfaches des Einheitstensors ist und die gleiche Spur trägt wie $\underline{\sigma}$. Die negative mittlere Spannung $p = -\sigma_{\mathrm{m}}$ heißt *Druck*. Schließlich definieren wir den Resttensor oder *Deviator des Spannungstensors* als

$$\underline{\sigma}^{\mathrm{Dev}} = \underline{\sigma} - \underline{\sigma}^0 \quad , \qquad (11.4.6)$$

der nach Definition spurlos ist.

Ganz entsprechend verfahren wir mit dem Verzerrungstensor. Seine Spur ist

$$e = \mathrm{Sp}\,\underline{\varepsilon} = \varepsilon_{11} + \varepsilon_{22} + \varepsilon_{33} \quad . \qquad (11.4.7)$$

Sie ist für kleine Verzerrungen gleich der Volumendilatation $\Delta V/V$ des Quaders, vgl. (B.11.11). Wir bilden den Tensor

$$\underline{\varepsilon}^0 = \frac{e}{3}\underline{1} \quad , \qquad (11.4.8)$$

der ein Vielfaches des Einheitstensors ist und die gleiche Spur trägt wie $\underline{\varepsilon}$. Der *Deviator des Verzerrungstensors* ist dann

$$\underline{\varepsilon}^{\mathrm{Dev}} = \underline{\varepsilon} - \underline{\varepsilon}^0 \quad . \qquad (11.4.9)$$

Aus (11.4.1) erhalten wir

$$\sigma_{\mathrm{m}} = \frac{1}{3}\sigma_{33} \quad , \qquad \underline{\underline{\sigma}}^0 = \frac{1}{3}\sigma_{33}\underline{\underline{1}} \quad , \qquad (11.4.10)$$

$$(\underline{\underline{\sigma}}^{\mathrm{Dev}}) = (\underline{\underline{\sigma}}) - (\underline{\underline{\sigma}}^0) = \frac{1}{3}\sigma_{33}\begin{pmatrix} -1 & 0 & 0 \\ 0 & -1 & 0 \\ 0 & 0 & 2 \end{pmatrix} \qquad (11.4.11)$$

und aus (11.4.3)

$$e = \mathrm{Sp}\,\underline{\underline{\varepsilon}} = \frac{\sigma_{33}}{E}(1-2\mu) \quad , \qquad \underline{\underline{\varepsilon}}^0 = \frac{\sigma_{33}}{3E}(1-2\mu)\underline{\underline{1}} = \frac{e}{3}\underline{\underline{1}} \quad , \qquad (11.4.12)$$

$$(\underline{\underline{\varepsilon}}^{\mathrm{Dev}}) = (\underline{\underline{\varepsilon}}) - (\underline{\underline{\varepsilon}}^0) = \frac{1+\mu}{3E}\sigma_{33}\begin{pmatrix} -1 & 0 & 0 \\ 0 & -1 & 0 \\ 0 & 0 & 2 \end{pmatrix} \qquad . \qquad (11.4.13)$$

Durch Vergleich finden wir, daß $\underline{\underline{\sigma}}^{\mathrm{Dev}}$ proportional zu $\underline{\underline{\varepsilon}}^{\mathrm{Dev}}$ ist,

$$\underline{\underline{\sigma}}^{\mathrm{Dev}} = \frac{E}{1+\mu}\underline{\underline{\varepsilon}}^{\mathrm{Dev}} = 2G\underline{\underline{\varepsilon}}^{\mathrm{Dev}} \qquad . \qquad (11.4.14)$$

Es ist üblich, den Proportionalitätsfaktor mit $2G$ zu bezeichnen. Die Größe

$$G = \frac{E}{2(1+\mu)} \qquad (11.4.15)$$

heißt *Schubmodul*. Die Proportionalität (11.4.14) konnte durch die Abspaltung von $\underline{\underline{\sigma}}^0$ bzw. $\underline{\underline{\varepsilon}}^0$ aus $\underline{\underline{\sigma}}$ bzw. $\underline{\underline{\varepsilon}}$ erreicht werden. Da $\underline{\underline{\sigma}}^0$ und $\underline{\underline{\varepsilon}}^0$ jeweils Vielfache des Einheitstensors sind, gilt zwischen ihnen ebenfalls eine Proportionalität,

$$\underline{\underline{\sigma}}^0 = \frac{E}{1-2\mu}\underline{\underline{\varepsilon}}^0 = 3K\underline{\underline{\varepsilon}}^0 \qquad . \qquad (11.4.16)$$

Sie entspricht der Beziehung

$$\sigma_{\mathrm{m}} = \frac{E}{3(1-2\mu)}e = Ke \qquad (11.4.17)$$

zwischen den skalaren Größen mittlere Spannung σ_{m} und Volumendilatation e. Der Proportionalitätsfaktor K heißt *Volumenmodul*.

Die beiden einfachen Beziehungen (11.4.14), (11.4.16) geben zusammen mit den Definitionen (11.4.6), (11.4.9) den Zusammenhang zwischen der lokalen Spannung (gekennzeichnet durch den Spannungstensor $\underline{\underline{\sigma}}$) und der lokalen Verzerrung (gekennzeichnet durch den Verzerrungstensor $\underline{\underline{\varepsilon}}$) an. Wir haben sie hier nur für das einfache Beispiel des längsverzerrten Quaders aufgestellt, werden aber in den nächsten Abschnitten zeigen, daß sie jede elastische Verzerrung in einem homogenen isotropen Material beschreiben.

Die beiden Beziehungen (11.4.14), (11.4.16) stellen das Hookesche Gesetz dar. Durch Zusammenfassung dieser Beziehungen kann man es auch kompakter aber weniger übersichtlich als eine einzige Formel schreiben:

$$
\begin{aligned}
\underline{\underline{\sigma}} &= 3K\underline{\underline{\varepsilon}}^0 + 2G\underline{\underline{\varepsilon}}^{\mathrm{Dev}} \\
&= 2G\left\{\left(\frac{3K}{2G}-1\right)\underline{\underline{\varepsilon}}^0 + \underline{\underline{\varepsilon}}^0 + \underline{\underline{\varepsilon}}^{\mathrm{Dev}}\right\} = 2G\left\{\frac{1}{3}\left(\frac{3K}{2G}-1\right)\underline{\underline{1}}\,\mathrm{Sp}\,\underline{\underline{\varepsilon}} + \underline{\underline{\varepsilon}}\right\} \\
&= 2G\left\{\underline{\underline{\varepsilon}} + \frac{\mu}{1-2\mu}\underline{\underline{1}}\,\mathrm{Sp}\,\underline{\underline{\varepsilon}}\right\}\quad .
\end{aligned}
\tag{11.4.18}
$$

Sie gibt direkt $\underline{\underline{\sigma}}$ als Funktion von $\underline{\underline{\varepsilon}}$ an. Durch Auflösung nach $\underline{\underline{\varepsilon}}$ erhält man eine andere Form des Hookeschen Gesetzes. Wieder andere Formen ergeben sich bei Verwendung eines anderen Paares von Materialkonstanten an Stelle von K und G bzw. G und μ. (Für den Übergang von der vorletzten zur letzten Zeile von (11.4.18) wurde nach Tabelle 11.2 die Größe K durch G und μ ersetzt.)

In unserer Beschreibung treten vier Materialkonstanten (E, μ, G, K) auf. Es sei noch einmal betont, daß nur zwei davon unabhängig sind. Wir haben zunächst E und μ eingeführt und daraus durch (11.4.15) und (11.4.17) die Größen G und K gebildet. In Tabelle 11.2 sind für jedes Paar vorgegebener Größen die beiden anderen angegeben.

Tabelle 11.2. Zusammenhänge zwischen den elastischen Kenngrößen E (Elastizitätsmodul), G (Schubmodul), K (Volumenmodul) und μ (Poissonzahl)

Ges. Größe	Ausgangsgrößen					
	E, μ	E, G	E, K	G, K	G, μ	K, μ
E				$\dfrac{9KG}{3K+G}$	$2G(1+\mu)$	$3K(1-2\mu)$
G	$\dfrac{E}{2(1+\mu)}$		$\dfrac{3KE}{3K-E}$			$\dfrac{3}{2}K\dfrac{1-2\mu}{1+\mu}$
K	$\dfrac{E}{3(1-2\mu)}$	$\dfrac{EG}{3(3G-E)}$			$G\dfrac{2(1+\mu)}{3(1-2\mu)}$	
μ		$\dfrac{E}{2G}-1$	$\dfrac{1}{2}-\dfrac{E}{3K}$	$\dfrac{1}{2}\dfrac{3K-2G}{3K+G}$		

11.5 Lokaler Verzerrungstensor

Inhalt: Ein Punkt $\mathbf{x}$ im spannungsfreien Körper wird an die Stelle $\mathbf{x}' = \mathbf{x} + \mathbf{u}(\mathbf{x})$ verschoben. Die Verschiebung $\mathbf{u}(\mathbf{x})$ ist in linearer Näherung durch den Verschiebungstensor $\underline{\underline{C}} = \boldsymbol{\nabla} \otimes \mathbf{u}$ mit den Matrixelementen $C_{ij} = \partial u_j / \partial x_i$ charakterisiert. Für die Veränderung eines kurzen Abstandsvektors gilt $\mathrm{d}\mathbf{x}' = (\underline{\underline{1}} + \underline{\underline{C}}^+)\,\mathrm{d}\mathbf{x} = (\underline{\underline{1}} - \underline{\underline{C}}^{\mathrm{A}} + \underline{\underline{C}}^{\mathrm{S}})\,\mathrm{d}\mathbf{x}$. Dabei ist $\underline{\underline{C}}^{\mathrm{A}}$ der antisymmetrisierte und $\underline{\underline{C}}^{\mathrm{S}} = \underline{\underline{\varepsilon}}$ der symmetrisierte Verschiebungstensor oder Verzerrungstensor. Dieser läßt sich weiter in einen Kugeltensor $\underline{\underline{\varepsilon}}^0 = (\mathrm{Sp}\,\underline{\underline{\varepsilon}}/3)\underline{\underline{1}}$ und den Deviator $\underline{\underline{\varepsilon}}^{\mathrm{Dev}} = \underline{\underline{\varepsilon}} - \underline{\underline{\varepsilon}}^0$ zerlegen. Die Transformation $\mathrm{d}\mathbf{x}' = (\underline{\underline{1}} - \underline{\underline{C}}^{\mathrm{A}} + \underline{\underline{\varepsilon}}^{\mathrm{Dev}} + \underline{\underline{\varepsilon}}^0)\,\mathrm{d}\mathbf{x} = (\underline{\underline{1}} - \underline{\underline{C}}^{\mathrm{A}})(\underline{\underline{1}} + \underline{\underline{\varepsilon}}^{\mathrm{Dev}})(\underline{\underline{1}} + \underline{\underline{\varepsilon}}^0)\,\mathrm{d}\mathbf{x}$ ist gleichbedeutend mit der Abfolge einer gleichmäßigen Dilatation, einer volumenerhaltenden Verzerrung und einer Rotation.

Bezeichnungen: $\mathbf{x}$ Ortsvektor, $\mathbf{x}'$ verschobener Ortsvektor, $\mathbf{u}$ Verschiebung, $\underline{\underline{C}}$ Verschiebungstensor; $\underline{\underline{C}}^{\mathrm{A}} = (\underline{\underline{C}} - \underline{\underline{C}}^+)/2$, $\underline{\underline{C}}^{\mathrm{S}} = \underline{\underline{\varepsilon}} = (\underline{\underline{C}} + \underline{\underline{C}}^+)/2$ Verzerrungstensor; η_1, η_2, η_3 seine Hauptachsen; ε_{ij} Matrixelemente des Verzerrungstensors oder Verzerrungen, ε_i Diagonalelemente des Verzerrungstensors in Hauptachsendarstellung, $e = \mathrm{Sp}\,\underline{\underline{\varepsilon}}$ Volumendilatation.

In diesem Abschnitt führen wir Begriffe ein, die die Beschreibung der elastischen Verformung eines Festkörpers im allgemeinen Fall ermöglichen.

Es sei $\mathbf{x}$ der Ortsvektor eines Punktes im spannungsfreien Körper. Unter dem Einfluß von Spannungen wird er an den Punkt $\mathbf{x}' = \mathbf{x} + \mathbf{u}$ verschoben. Das ortsabhängige Vektorfeld $\mathbf{u} = \mathbf{u}(\mathbf{x})$ heißt *Verschiebungsfeld*. Wir betrachten jetzt die Verschiebung $\mathbf{u}(\mathbf{x} + \mathrm{d}\mathbf{x})$ eines Nachbarpunktes mit dem ursprünglichen Ort $\mathbf{x} + \mathrm{d}\mathbf{x}$, Abb. 11.7. Durch Entwicklung jeder Komponente entsprechend (C.2.9),

$$u_i(\mathbf{x} + \mathrm{d}\mathbf{x}) = u_i(\mathbf{x}) + \mathrm{d}\mathbf{x} \cdot \boldsymbol{\nabla} u_i(\mathbf{x}) \quad , \qquad i = 1, 2, 3 \quad ,$$

erhalten wir

$$
\begin{aligned}
\mathbf{u}(\mathbf{x} + \mathrm{d}\mathbf{x}) &= \sum_i u_i(\mathbf{x} + \mathrm{d}\mathbf{x})\mathbf{e}_i \\
&= \sum_i u_i(\mathbf{x})\mathbf{e}_i + \sum_i (\mathrm{d}\mathbf{x} \cdot \boldsymbol{\nabla} u_i(\mathbf{x}))\mathbf{e}_i \\
&= \mathbf{u}(\mathbf{x}) + \mathrm{d}\mathbf{x}(\boldsymbol{\nabla} \otimes \mathbf{u}(\mathbf{x})) \quad .
\end{aligned}
\tag{11.5.1}
$$

Die letzte Zeile enthält den *Verschiebungstensor* $\underline{\underline{C}}$. Er ist das Tensorprodukt aus Nabla-Operator und Verschiebungsvektor,

$$\underline{\underline{C}}(\mathbf{x}) = \boldsymbol{\nabla} \otimes \mathbf{u}(\mathbf{x}) = \sum_{ij} \frac{\partial}{\partial x_i} u_j(\mathbf{x})\mathbf{e}_i \otimes \mathbf{e}_j \quad . \tag{11.5.2}$$

Seine Matrixelemente

$$C_{ij} = \frac{\partial u_j}{\partial x_i} \tag{11.5.3}$$

sind die neun möglichen partiellen Ableitungen der Komponenten des Verschiebungsvektors u_j nach den Komponenten des Ortsvektors x_i. Wir bilden den adjungierten Tensor $\underline{\underline{C}}^+$ mit den Matrixelementen

$$C_{ij}^+ = \frac{\partial u_i}{\partial x_j} \quad , \tag{11.5.4}$$

den wir gelegentlich auch in der Form

$$\underline{\underline{C}}^+(\mathbf{x}) = \mathbf{u}(\mathbf{x}) \otimes \overleftarrow{\nabla} = \sum_{ij} \frac{\partial}{\partial x_j} u_i(\mathbf{x}) \mathbf{e}_i \otimes \mathbf{e}_j \tag{11.5.5}$$

schreiben. (Das Symbol $\overleftarrow{\nabla}$ deutet an, daß der Nabla-Operator ausnahmsweise nach links wirkt. Seine Komponenten tragen den Index, der im Matrixelement rechts steht. Er selbst muß deshalb im Tensorprodukt rechts stehen.)

Die lokale Veränderung der Verschiebung

$$\mathbf{u}(\mathbf{x} + d\mathbf{x}) - \mathbf{u}(\mathbf{x}) = d\mathbf{x}\,\underline{\underline{C}}(\mathbf{x}) \tag{11.5.6}$$

ist durch den ursprünglichen Abstandsvektor $d\mathbf{x}$ und den Verschiebungstensor $\underline{\underline{C}}(\mathbf{x})$ am Ort $\mathbf{x}$ bestimmt. Für den veränderten Abstandsvektor $d\mathbf{x}'$ erhält man, vgl. Abb. 11.7,

$$d\mathbf{x}' = d\mathbf{x} + \mathbf{u}(\mathbf{x} + d\mathbf{x}) - \mathbf{u}(\mathbf{x}) = d\mathbf{x}(\underline{\underline{1}} + \underline{\underline{C}}(\mathbf{x})) \quad , \tag{11.5.7}$$

oder, wenn wir wie üblich den Vektor $d\mathbf{x}'$ als Multiplikation eines Tensors von rechts mit dem Vektor $d\mathbf{x}$ schreiben,

$$d\mathbf{x}' = (\underline{\underline{1}} + \underline{\underline{C}}^+(\mathbf{x}))\,d\mathbf{x} \quad . \tag{11.5.8}$$

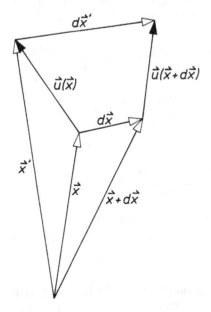

Abb. 11.7. Zur Definition des Verschiebungs-feldes $\mathbf{u}(\mathbf{x})$

Wir beschränken uns in der weiteren Diskussion auf den Fall

$$\left|\frac{\partial u_j}{\partial x_i}\right| = |C_{ij}| \ll 1 \quad , \tag{11.5.9}$$

der bei elastischen Verformungen praktisch immer vorliegt. Zunächst zerlegen wir $\underline{\underline{C}}$ entsprechend (B.10.3),

$$\underline{\underline{C}} = \underline{\underline{C}}^{\mathrm{S}} + \underline{\underline{C}}^{\mathrm{A}} \quad , \tag{11.5.10}$$

in einen symmetrischen Tensor

$$\underline{\underline{C}}^{\mathrm{S}} = \frac{1}{2}(\underline{\underline{C}} + \underline{\underline{C}}^{+}) = \frac{1}{2}(\boldsymbol{\nabla} \otimes \mathbf{u} + \mathbf{u} \otimes \overset{\leftarrow}{\boldsymbol{\nabla}}) \tag{11.5.11}$$

und einen antisymmetrischen Tensor

$$\underline{\underline{C}}^{\mathrm{A}} = \frac{1}{2}(\underline{\underline{C}} - \underline{\underline{C}}^{+}) \quad . \tag{11.5.12}$$

Für den in (11.5.8) auftretenden Tensor $\underline{\underline{1}} + \underline{\underline{C}}^{+}$ gilt dann

$$\underline{\underline{1}} + \underline{\underline{C}}^{+} = \underline{\underline{1}} - \underline{\underline{C}}^{\mathrm{A}} + \underline{\underline{C}}^{\mathrm{S}} = (\underline{\underline{1}} - \underline{\underline{C}}^{\mathrm{A}})(\underline{\underline{1}} + \underline{\underline{C}}^{\mathrm{S}}) \quad . \tag{11.5.13}$$

Das zweite Gleichheitszeichen gilt in guter Näherung wegen (11.5.9), denn der beim Ausmultiplizieren von $(\underline{\underline{1}} - \underline{\underline{C}}^{\mathrm{A}})(\underline{\underline{1}} + \underline{\underline{C}}^{\mathrm{S}})$ auftretende zusätzliche Tensor $\underline{\underline{C}}^{\mathrm{A}}\underline{\underline{C}}^{\mathrm{S}}$ hat nur Matrixelemente, die von zweiter Ordnung in den C_{ij} und deshalb vernachlässigbar sind. Die Abbildung (11.5.8) durch den Tensor $(\underline{\underline{1}} + \underline{\underline{C}}^{+})$ ist also gleichbedeutend mit zwei aufeinanderfolgenden Abbildungen durch $(\underline{\underline{1}} + \underline{\underline{C}}^{\mathrm{S}})$ und $(\underline{\underline{1}} - \underline{\underline{C}}^{\mathrm{A}})$.

Betrachten wir zunächst die Abbildung durch $(\underline{\underline{1}} - \underline{\underline{C}}^{\mathrm{A}})$. Sie ist nach (B.13.1) eine infinitesimale Rotation. Für die Matrix von $\underline{\underline{C}}^{\mathrm{A}}$ gilt

$$
\begin{aligned}
(\underline{\underline{C}}^{\mathrm{A}}) &= \frac{1}{2}
\begin{pmatrix}
0 & \dfrac{\partial u_2}{\partial x_1} - \dfrac{\partial u_1}{\partial x_2} & \dfrac{\partial u_3}{\partial x_1} - \dfrac{\partial u_1}{\partial x_3} \\[2ex]
\dfrac{\partial u_1}{\partial x_2} - \dfrac{\partial u_2}{\partial x_1} & 0 & \dfrac{\partial u_3}{\partial x_2} - \dfrac{\partial u_2}{\partial x_3} \\[2ex]
\dfrac{\partial u_1}{\partial x_3} - \dfrac{\partial u_3}{\partial x_1} & \dfrac{\partial u_2}{\partial x_3} - \dfrac{\partial u_3}{\partial x_2} & 0
\end{pmatrix} \\[3ex]
&= \frac{1}{2}
\begin{pmatrix}
0 & (\mathrm{rot}\,\mathbf{u})_3 & -(\mathrm{rot}\,\mathbf{u})_2 \\
-(\mathrm{rot}\,\mathbf{u})_3 & 0 & (\mathrm{rot}\,\mathbf{u})_1 \\
(\mathrm{rot}\,\mathbf{u})_2 & -(\mathrm{rot}\,\mathbf{u})_1 & 0
\end{pmatrix} \quad . \tag{11.5.14}
\end{aligned}
$$

Die Abbildung eines beliebigen Vektors a durch $(\underline{\underline{1}} - \underline{\underline{C}}^{\mathrm{A}})$ ist damit nach (B.13.1) und (B.11.17) eine Rotation mit der Drehachse $\hat{\boldsymbol{\alpha}} = \mathrm{rot}\,\mathbf{u}/|\,\mathrm{rot}\,\mathbf{u}|$

um den Drehwinkel $\alpha = -\frac{1}{2}|\operatorname{rot} \mathbf{u}|$. Durch diese Abbildung wird die lokale Umgebung des Punktes $\mathbf{x}$ als Ganzes gedreht. Die Abstände benachbarter Punkte bleiben bei der Rotation ungeändert. Es tritt keine lokale Verzerrung auf.

Der Tensor $(\underline{1} + \underline{\underline{C}}^{\mathrm{S}})$ ist symmetrisch. Seine *Hauptachsen* $\boldsymbol{\eta}_1$, $\boldsymbol{\eta}_2$, $\boldsymbol{\eta}_3$ können mit dem Verfahren des Abschnitts B.15 bestimmt werden. Sie sind identisch mit den Hauptachsen des symmetrischen Tensors $\underline{\underline{C}}^{\mathrm{S}}$, den wir den *Verzerrungstensor* nennen und auch mit dem Symbol $\underline{\underline{\varepsilon}} = \underline{\underline{C}}^{\mathrm{S}}$ bezeichnen. Bezüglich der ursprünglichen Basis $\mathbf{e}_1$, $\mathbf{e}_2$, $\mathbf{e}_3$ ist die Matrix des Verzerrungstensors

$$
\begin{aligned}
(\underline{\underline{\varepsilon}}) &= \begin{pmatrix} \varepsilon_{11} & \varepsilon_{12} & \varepsilon_{13} \\ \varepsilon_{21} & \varepsilon_{22} & \varepsilon_{23} \\ \varepsilon_{31} & \varepsilon_{32} & \varepsilon_{33} \end{pmatrix} = \left(\frac{1}{2}(\boldsymbol{\nabla} \otimes \mathbf{u} + \mathbf{u} \otimes \overleftarrow{\boldsymbol{\nabla}}) \right) \\[2ex]
&= \begin{pmatrix} \dfrac{\partial u_1}{\partial x_1} & \dfrac{1}{2}\left(\dfrac{\partial u_2}{\partial x_1} + \dfrac{\partial u_1}{\partial x_2}\right) & \dfrac{1}{2}\left(\dfrac{\partial u_3}{\partial x_1} + \dfrac{\partial u_1}{\partial x_3}\right) \\[2ex] \dfrac{1}{2}\left(\dfrac{\partial u_2}{\partial x_1} + \dfrac{\partial u_1}{\partial x_2}\right) & \dfrac{\partial u_2}{\partial x_2} & \dfrac{1}{2}\left(\dfrac{\partial u_3}{\partial x_2} + \dfrac{\partial u_2}{\partial x_3}\right) \\[2ex] \dfrac{1}{2}\left(\dfrac{\partial u_3}{\partial x_1} + \dfrac{\partial u_1}{\partial x_3}\right) & \dfrac{1}{2}\left(\dfrac{\partial u_3}{\partial x_2} + \dfrac{\partial u_2}{\partial x_3}\right) & \dfrac{\partial u_3}{\partial x_3} \end{pmatrix} .
\end{aligned}
$$

$$(11.5.15)$$

Ihre Diagonalelemente

$$
\varepsilon_{ii} = \frac{\partial u_i}{\partial x_i} \quad , \qquad i = 1, 2, 3 \quad , \tag{11.5.16}
$$

heißen *Längsverzerrungen* oder *Dehnungen*. Die Nichtdiagonalelemente

$$
\varepsilon_{ij} = \varepsilon_{ji} = \frac{1}{2}\left(\frac{\partial u_j}{\partial x_i} + \frac{\partial u_i}{\partial x_j}\right) \quad , \qquad i \neq j \quad , \tag{11.5.17}
$$

heißen *Schubverzerrungen*, *Schiebungen* oder *Scherungen*.

Bezüglich der Hauptachsen $\boldsymbol{\eta}_i$ ist die Matrix des Verzerrungstensors diagonal. Sie hat die Form

$$
(\underline{\underline{\varepsilon}})^{\mathrm{H}} = \begin{pmatrix} \varepsilon_1 & 0 & 0 \\ 0 & \varepsilon_2 & 0 \\ 0 & 0 & \varepsilon_3 \end{pmatrix} . \tag{11.5.18}
$$

Bezüglich der *Hauptverzerrungsachsen* $\boldsymbol{\eta}_1$, $\boldsymbol{\eta}_2$, $\boldsymbol{\eta}_3$ treten also nur Dehnungen und keine Scherungen auf. Die Diagonalelemente ε_1, ε_2, ε_3 der Matrix (11.5.18) heißen *Hauptdehnungen* oder *Hauptverzerrungen*.

Eine Wirkung des Tensors

$$\underline{\underline{1}} + \underline{\underline{C}}^{\mathrm{S}} = \underline{\underline{1}} + \underline{\underline{\varepsilon}} \qquad (11.5.19)$$

ist nach (B.11.12) eine *infinitesimale Volumendilatation*

$$e = \varepsilon_1 + \varepsilon_2 + \varepsilon_3 = \mathrm{Sp}\,\underline{\underline{\varepsilon}} \quad . \qquad (11.5.20)$$

Wir konstruieren nun einen *Kugeltensor*, d. h. ein Vielfaches des Einheitstensors, der die gleiche Volumendilatation bewirkt,

$$\underline{\underline{\varepsilon}}^0 = \frac{e}{3}\underline{\underline{1}} = \frac{1}{3}(\mathrm{Sp}\,\underline{\underline{\varepsilon}})\underline{\underline{1}} \quad , \qquad (11.5.21)$$

und den Differenztensor, oder *Deviator*,

$$\underline{\underline{\varepsilon}}^{\mathrm{Dev}} = \underline{\underline{\varepsilon}} - \underline{\underline{\varepsilon}}^0 \quad , \qquad (11.5.22)$$

der (nach Konstruktion) keine Spur besitzt, also keine Dilatation bewirkt. Damit kann der Tensor (11.5.19) ähnlich wie (11.5.13) in der Form

$$\underline{\underline{1}} + \underline{\underline{C}}^{\mathrm{S}} = \underline{\underline{1}} + \underline{\underline{\varepsilon}} = 1 + \underline{\underline{\varepsilon}}^{\mathrm{Dev}} + \underline{\underline{\varepsilon}}^0 = (1 + \underline{\underline{\varepsilon}}^{\mathrm{Dev}})(1 + \underline{\underline{\varepsilon}}^0)$$

geschrieben werden. Die Abbildung durch $\underline{\underline{1}} + \underline{\underline{\varepsilon}}$ ist also gleichbedeutend mit einer gleichmäßigen Dilatation in alle Richtungen durch $(\underline{\underline{1}} + \underline{\underline{\varepsilon}}^0)$ gefolgt von einer volumenerhaltenden Verzerrung durch $(\underline{\underline{1}} + \underline{\underline{\varepsilon}}^{\mathrm{Dev}})$.

Insgesamt erhalten wir für den Tensor (11.5.13) den Ausdruck

$$\underline{\underline{1}} + \underline{\underline{C}}^{+} = \underline{\underline{1}} - \underline{\underline{C}}^{\mathrm{A}} + \underline{\underline{\varepsilon}}^{\mathrm{Dev}} + \underline{\underline{\varepsilon}}^0 = (\underline{\underline{1}} - \underline{\underline{C}}^{\mathrm{A}})(\underline{\underline{1}} + \underline{\underline{\varepsilon}}^{\mathrm{Dev}})(\underline{\underline{1}} + \underline{\underline{\varepsilon}}^0) \quad ,$$

dessen Wirkung die einer Abfolge von drei Abbildungen ist,

- einer gleichmäßigen Dilatation,

- einer volumenerhaltenden Verzerrung

- und einer Rotation.

In Abb. 11.8 zeigen wir die Veränderung eines kleinen Würfels durch die infinitesimale Verschiebung $\underline{\underline{1}} + \underline{\underline{C}}^{+}$ und die verschiedenen diskutierten Teilabbildungen. Man erkennt deutlich die gleichförmige Dilatation durch $\underline{\underline{1}} + \underline{\underline{\varepsilon}}^0$ und die verzerrungsfreie Rotation durch $\underline{\underline{1}} - \underline{\underline{C}}^{\mathrm{A}}$. Die Produktabbildung $(\underline{\underline{1}} - \underline{\underline{C}}^{\mathrm{A}})(\underline{\underline{1}} + \underline{\underline{\varepsilon}}^{\mathrm{Dev}})(\underline{\underline{1}} + \underline{\underline{\varepsilon}}^0)$ gibt die ursprüngliche Abbildung $\underline{\underline{1}} + \underline{\underline{C}}^{+}$ in guter Näherung wieder. Man beachte dabei, daß für die zur Berechnung der Abbildung benutzten Zahlwerte die Bedingung (11.5.9) nicht streng eingehalten wurde, um deutlich sichtbare Effekte zu erhalten.

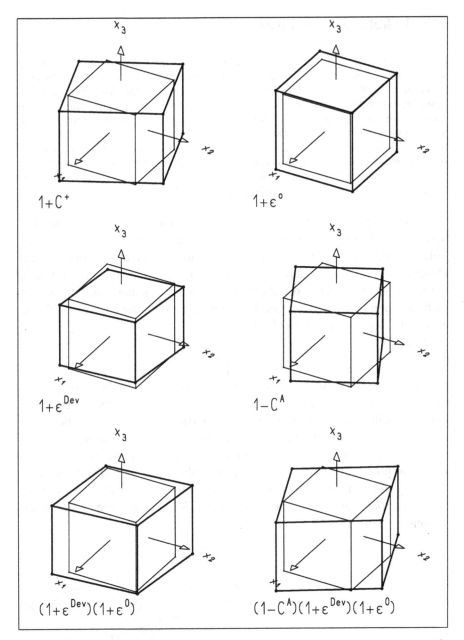

Abb. 11.8. Abbildung eines kleinen Würfels durch die infinitesimale Verschiebung $\underline{1} + \underline{\underline{C}}^+$, durch deren Faktoren $\underline{1} + \underline{\underline{\varepsilon}}^0$, $\underline{1} + \underline{\underline{\varepsilon}}^{\mathrm{Dev}}$ und $\underline{1} - \underline{\underline{C}}^{\mathrm{A}}$ sowie durch die Produkte $(\underline{1} + \underline{\underline{\varepsilon}}^{\mathrm{Dev}})(\underline{1} + \underline{\underline{\varepsilon}}^0)$ und $(\underline{1} - \underline{\underline{C}}^{\mathrm{A}})(\underline{1} + \underline{\underline{\varepsilon}}^{\mathrm{Dev}})(\underline{1} + \underline{\underline{\varepsilon}}^0)$. Die ursprüngliche Form des Würfels ist durch *dünne Linien*, seine Gestalt nach der Abbildung durch *dicke Linien* markiert

11.6 Lokaler Spannungstensor

Inhalt: Der Spannungszustand eines Volumenelements ist durch den symmetrischen Spannungstensor $\underline{\sigma}$ gekennzeichnet. Die Kraft auf eine Außenfläche $\mathbf{da} = \mathrm{d}a\,\hat{\mathbf{n}}$ mit der äußeren Normalen $\hat{\mathbf{n}}$ ist $\mathrm{d}\mathbf{F} = \mathbf{s}(\hat{\mathbf{n}})\,\mathrm{d}a$. Dabei ist $\mathbf{s}(\hat{\mathbf{n}}) = \underline{\sigma}\hat{\mathbf{n}}$ der zur Normalenrichtung $\hat{\mathbf{n}}$ gehörende Spannungsvektor. Das Matrixelement $\sigma_{ij} = \mathbf{e}_i\underline{\sigma}\mathbf{e}_j = \mathbf{e}_i\mathbf{s}(\mathbf{e}_j)$ des Spannungstensors ist die i-Komponente des zur Richtung $\mathbf{e}_j$ gehörenden Spannungsvektors. Der besonders einfache Spannungstensor $\underline{\sigma}^{\mathrm{P}} = -p\underline{1}$ heißt Drucktensor.
Bezeichnungen: $\mathbf{da} = \mathrm{d}a\,\hat{\mathbf{n}}$ Teiloberfläche eines Volumenelements mit äußerer Normale $\hat{\mathbf{n}}$, $\mathrm{d}\mathbf{F}$ darauf wirkende Kraft, $\mathbf{s}(\hat{\mathbf{n}})$ Spannungsvektor, $\underline{\sigma}$ Spannungstensor mit Matrixelementen σ_{ij}; η_1, η_2, η_3 Hauptachsen des Spannungstensors; σ_1, σ_2, σ_3 Diagonalelemente des Spannungstensors in Hauptachsendarstellung; $\underline{\sigma}^{\mathrm{P}} = -p\underline{1}$ Drucktensor, p Druck.

Wir denken uns einen elastischen Körper in Volumenelemente zerlegt und beschreiben die *inneren Kräfte*, die aufgrund elastischer Spannungen auf ein Volumenelement von einem benachbarten Volumenelement ausgeübt werden. Daneben können noch *äußere Kräfte* auftreten, die direkt von außen (etwa in Form der Schwerkraft) an den Atomen des Volumenelements angreifen, also nicht von den Nachbarelementen herrühren. Die Wirkung äußerer Kräfte ist aber nicht Gegenstand unserer Diskussion.

Es sei

$$\mathbf{da} = \hat{\mathbf{n}}\,\mathrm{d}a \qquad (11.6.1)$$

ein Flächenelement, Abb. 11.9, das Teil der Oberfläche des betrachteten Volumenelements $\mathrm{d}V$ ist, und die Grenzfläche zu einem Nachbarelement $\mathrm{d}V'$ darstellt. Seine Fläche ist $\mathrm{d}a$, seine *Normalenrichtung* $\hat{\mathbf{n}}$ ist der Einheitsvektor, der senkrecht zur Oberfläche steht und aus dem Volumen herauszeigt, also die *äußere Normale*. Die Kraft $\mathrm{d}\mathbf{F}$, die von $\mathrm{d}V'$ auf $\mathrm{d}V$ ausgeübt wird, ist offenbar proportional zum Betrag $\mathrm{d}a$ der Grenzfläche, braucht aber nicht deren Richtung zu haben. Wir erhalten daher den Vektor $\mathrm{d}\mathbf{F}$ nicht als Produkt einer skalaren Proportionalitätskonstanten mit dem Vektor $\mathbf{da}$, sondern durch die Beziehung, vgl. (11.4.2),

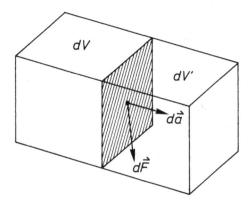

Abb. 11.9. Kraft $\mathrm{d}\mathbf{F}$ auf die Teiloberfläche $\mathrm{d}a$ des Volumenelements $\mathrm{d}V$. Die Kraft wird vom angrenzenden Volumenelement $\mathrm{d}V'$ ausgeübt

$$dF = \underline{\underline{\sigma}}\, da \quad . \tag{11.6.2}$$

Das Produkt von da mit dem *Spannungstensor* $\underline{\underline{\sigma}}$ ist der Vektor dF, der nicht notwendig die Richtung von da hat, vgl. Abschnitt B.4. Es sei hier daran erinnert, daß das Wort *Tensor* aus dem lateinischen Stamm *tendere* (spannen) gebildet wurde, weil die Tensorrechnung ursprünglich für die Beschreibung elastischer Körper entwickelt wurde. Die Kraft, die von dV auf dV' ausgeübt wird, ist nach dem dritten Newtonschen Gesetz $dF' = -dF$. Da jedoch die Grenzfläche, als Teil der Oberfläche von dV' betrachtet, $da' = -da$ ist, gilt ganz analog zu (11.6.2)

$$dF' = \underline{\underline{\sigma}}\, da' \quad .$$

Division von (11.6.2) durch den Betrag da der Fläche da ergibt

$$s(\hat{n}) = \frac{dF}{da} = \underline{\underline{\sigma}}\hat{n} \quad . \tag{11.6.3}$$

Den Vektor $s(\hat{n})$, der von der Richtung der äußeren Normalen, nicht aber von der Größe des Flächenelements abhängt, nennen wir den *Spannungsvektor*. Er hat die Dimension Kraft durch Fläche und gibt die Kraft pro Flächeneinheit an, die an einer Oberfläche mit der Normalen $\hat{n}$ angreift. Mit (11.6.3) erhalten die Matrixelemente σ_{ij} des Spannungstensors $\underline{\underline{\sigma}}$ in einer kartesischen Basis e_1, e_2, e_3 eine unmittelbar anschauliche Bedeutung. Wählen wir nämlich $\hat{n} = e_j$ und multiplizieren mit e_i, so erhalten wir

$$e_i \cdot s(e_j) = s_i(e_j) = e_i\underline{\underline{\sigma}}e_j = \sigma_{ij} \quad , \tag{11.6.4}$$

also das Matrixelement σ_{ij} als die i-Komponente des Spannungsvektors, der auf ein Flächenelement mit der Normalenrichtung e_j wirkt, Abb. 11.10. Die Komponente σ_{jj}, die in Normalenrichtung wirkt, heißt *Normalspannung* oder *Zugspannung*. Die beiden Komponenten σ_{ij} ($i \neq j$), die senkrecht zur Normalenrichtung e_j wirken, heißen *Schubspannungen* oder *Scherspannungen*.

Natürlich ist der Spannungstensor (und damit auch jeder Spannungsvektor) im allgemeinen abhängig vom Ort x, also $s = s(\hat{n}, x)$. Er beschreibt den lokalen Spannungszustand des elastischen Körpers. Wirkt auf eine Oberfläche mit der Normalen $\hat{n}$ keine äußere Kraft, muß der Spannungsvektor dort verschwinden,

$$s(\hat{n}, x) = \underline{\underline{\sigma}}(x)\hat{n} = 0 \quad . \tag{11.6.5}$$

Wir zeigen jetzt noch, daß der Spannungstensor symmetrisch ist. Die Symmetrie folgt aus der plausiblen Bedingung, daß die inneren Kräfte auf ein beliebig herausgegriffenes Volumenelement kein Drehmoment ausüben dürfen. Wir betrachten ein würfelförmiges Volumenelement mit achsenparallelen Kanten der Längen $2\,dx$, Abb. 11.11. Das Drehmoment bezüglich seines Mittelpunktes ist die Summe der Kreuzprodukte aus den vom Mittelpunkt des

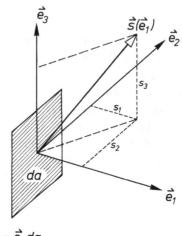

Abb. 11.10. Zerlegung des Spannungsvektors $s(e_1)$ bezüglich der e_1-Richtung in seine Komponenten $s_1 = \sigma_{11}$, $s_2 = \sigma_{21} = \sigma_{12}$, $s_3 = \sigma_{31} = \sigma_{13}$. Der Spannungsvektor $s(e_1)$ ist gleich der Kraft pro Flächeneinheit, die auf das Flächenelement $da = e_1\,da$ mit der Normalenrichtung e_1 wirkt

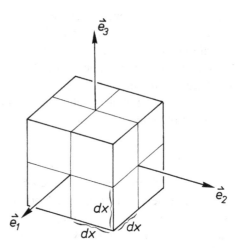

Abb. 11.11. Achsenparalleles würfelförmiges Volumenelement der Kantenlänge $2\,dx$

Würfels zu den Mittelpunkten der Würfelflächen führenden Abstandsvektoren ($dx_1 = dx\,e_1$, $-dx_1$, $dx_2 = dx\,e_2$, $-dx_2$, $dx_3 = dx\,e_3$, $-dx_3$) und den an den Flächenmittelpunkten wirkenden Kraftvektoren. Betrachten wir nur die 3-Komponente D_3 des Drehmoments D, so tragen nur die vier Flächen bei, deren Normalen nicht parallel zur 3-Richtung sind,

$$
\begin{aligned}
D_3 &= D \cdot e_3 \\
&= \{dx_1 \times [s(e_1, x + dx_1) - s(-e_1, x - dx_1)](2\,dx)^2 \\
&\quad + dx_2 \times [s(e_2, x + dx_2) - s(-e_2, x - dx_2)](2\,dx)^2\} \cdot e_3 \\
&= \{e_1 \times [\underline{\sigma}(x + dx_1)e_1 + \underline{\sigma}(x - dx_1)e_1]4(dx)^3 \\
&\quad + e_2 \times [\underline{\sigma}(x + dx_2)e_2 + \underline{\sigma}(x - dx_2)e_2]4(dx)^3\} \cdot e_3 \quad .
\end{aligned}
$$

Mit der Identität

$$\underline{\sigma} = \sum_i \mathbf{e}_i \otimes \mathbf{e}_i \,\underline{\sigma}$$

erhält man

$$
\begin{aligned}
D_3 &= \{\mathbf{e}_1 \times \mathbf{e}_2[\mathbf{e}_2\underline{\sigma}(\mathbf{x}+d\mathbf{x}_1)\mathbf{e}_1 + \mathbf{e}_2\underline{\sigma}(\mathbf{x}-d\mathbf{x}_1)\mathbf{e}_1]4(dx)^3 \\
&\quad + \mathbf{e}_2 \times \mathbf{e}_1[\mathbf{e}_1\underline{\sigma}(\mathbf{x}+d\mathbf{x}_2)\mathbf{e}_2 + \mathbf{e}_1\underline{\sigma}(\mathbf{x}-d\mathbf{x}_2)\mathbf{e}_2]4(dx)^3\} \cdot \mathbf{e}_3 \\
&= \{\mathbf{e}_3[\sigma_{21}(\mathbf{x}+d\mathbf{x}_1) + \sigma_{21}(\mathbf{x}-d\mathbf{x}_1)] \\
&\quad - \mathbf{e}_3[\sigma_{12}(\mathbf{x}+d\mathbf{x}_2) + \sigma_{12}(\mathbf{x}-d\mathbf{x}_2)]\}4(dx)^3 \cdot \mathbf{e}_3 \;.
\end{aligned}
$$

Die Komponente D_3 verschwindet nur dann, wenn die beiden Summen in den eckigen Klammern gleich sind. Für kleine dx sind diese beiden Summen gerade $2\sigma_{21}(\mathbf{x})$ bzw. $2\sigma_{12}(\mathbf{x})$. Damit ist $\sigma_{21} = \sigma_{12}$. Durch Betrachtung aller drei Komponenten von $\mathbf{D}$ erhält man insgesamt die *Symmetrie des Spannungstensors*,

$$\sigma_{ij} = \sigma_{ji} \quad , \qquad i,j = 1,2,3 \;. \tag{11.6.6}$$

Als Ergebnis dieses Abschnitts halten wir fest, daß der lokale Spannungszustand eines elastischen Körpers durch einen im allgemeinen ortsabhängigen symmetrischen Tensor $\underline{\sigma}$ dargestellt werden kann. Die Hauptachsen dieses symmetrischen Tensors nennen wir die *Hauptspannungsachsen* $\boldsymbol{\eta}_1$, $\boldsymbol{\eta}_2$, $\boldsymbol{\eta}_3$. Bezüglich der Hauptachsen hat der Spannungstensor die Darstellung

$$\underline{\sigma} = \sum_{i=1}^3 \sigma_i \boldsymbol{\eta}_i \otimes \boldsymbol{\eta}_i \quad , \tag{11.6.7}$$

und seine Matrix hat Diagonalform,

$$(\underline{\sigma})^{\mathrm{H}} = \begin{pmatrix} \sigma_1 & 0 & 0 \\ 0 & \sigma_2 & 0 \\ 0 & 0 & \sigma_3 \end{pmatrix} \;. \tag{11.6.8}$$

Auf die Begrenzungsflächen eines quaderförmigen Volumenelements, deren Flächennormalen parallel zu den Hauptachsen sind, wirken nur Zugspannungen und keine Schubspannungen. Es gilt entsprechend (11.6.3)

$$\mathbf{s}(\boldsymbol{\eta}_i) = \sigma_i \boldsymbol{\eta}_i \quad , \qquad \mathbf{s}(-\boldsymbol{\eta}_i) = -\sigma_i \boldsymbol{\eta}_i \;. \tag{11.6.9}$$

Für $\sigma_i > 0$ zeigen die Spannungen in Richtung der äußeren Normalen und üben tatsächlich einen *Zug* auf das Volumenelement aus, Abb. 11.12. Ist $\sigma_i < 0$ so zeigen die Spannungen entgegen der Richtung der äußeren Normalen, sie üben einen *Druck* auf das Volumenelement aus.

Der einfachste Spannungstensor ist ein Vielfaches des Einheitstensors. Wir schreiben ihn in der Form

$$\underline{\sigma}^{\mathrm{P}} = -p\underline{\mathbb{1}} \;. \tag{11.6.10}$$

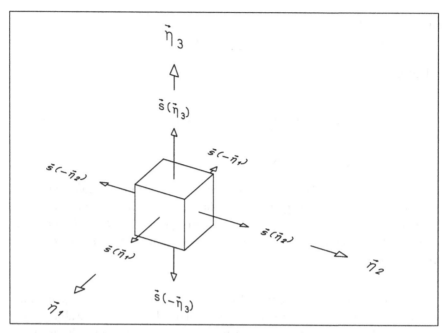

Abb. 11.12. Hauptspannungsachsen η_i und Spannungsvektoren $s(\pm\eta_i)$ bezüglich der äußeren Normalenrichtungen eines achsenparallel orientierten Volumenelements

Dieser *Drucktensor* beschreibt für $p > 0$ folgenden Spannungszustand. Unabhängig von der Orientierung der Grenzfläche eines Volumenelements zeigt der Spannungsvektor entgegen der Richtung der äußeren Normalen $\hat{n}$ und hat den Betrag p,

$$\mathbf{s}(\hat{\mathbf{n}}) = -p\hat{\mathbf{n}} \quad . \tag{11.6.11}$$

Die skalare Größe p heißt *Druck*.

11.7 Kraftdichte

Inhalt: Die vom Spannungszustand herrührende Kraftdichte **f** ist gleich der Divergenz des Spannungstensors $\underline{\underline{\sigma}}$. Hinzu kommt gegebenenfalls eine äußere Kraftdichte $\mathbf{f}^a$, z. B. durch die Schwerkraft. Im Gleichgewicht gilt die Bedingung $\mathbf{f}^a + \mathbf{f} = \mathbf{f}^a + \nabla\underline{\underline{\sigma}} = 0$.
Bezeichnungen: d**F** Gesamtkraft auf die Oberfläche des Volumenelements dV, $\mathbf{f} = d\mathbf{F}/dV$ Kraftdichte; **x** Ortsvektor; $\mathbf{e}_1, \mathbf{e}_2, \mathbf{e}_3$ Basisvektoren; $\underline{\underline{\sigma}}$ Spannungstensor, $\mathbf{f}^a$ äußere Kraftdichte.

Wir betrachten die gesamte Kraft d**F** auf die sechs Oberflächen des würfelförmigen Volumenelements der Abb. 11.11, dessen Mittelpunkt sich am Ort **x** befindet, und erhalten

$$\mathrm{d}\mathbf{F} = \{\mathbf{s}(\mathbf{e}_1, \mathbf{x} + \mathrm{d}\mathbf{x}_1) + \mathbf{s}(-\mathbf{e}_1, \mathbf{x} - \mathrm{d}\mathbf{x}_1)\}(2\,\mathrm{d}x)^2$$
$$+ \{\mathbf{s}(\mathbf{e}_2, \mathbf{x} + \mathrm{d}\mathbf{x}_2) + \mathbf{s}(-\mathbf{e}_2, \mathbf{x} - \mathrm{d}\mathbf{x}_2)\}(2\,\mathrm{d}x)^2$$
$$+ \{\mathbf{s}(\mathbf{e}_3, \mathbf{x} + \mathrm{d}\mathbf{x}_3) + \mathbf{s}(-\mathbf{e}_3, \mathbf{x} - \mathrm{d}\mathbf{x}_3)\}(2\,\mathrm{d}x)^2$$

$$= \left\{ \frac{\mathbf{s}(\mathbf{e}_1, \mathbf{x} + \mathrm{d}x\,\mathbf{e}_1) - \mathbf{s}(\mathbf{e}_1, \mathbf{x} - \mathrm{d}x\,\mathbf{e}_1)}{2\,\mathrm{d}x} \right.$$
$$+ \frac{\mathbf{s}(\mathbf{e}_2, \mathbf{x} + \mathrm{d}x\,\mathbf{e}_2) - \mathbf{s}(\mathbf{e}_2, \mathbf{x} - \mathrm{d}x\,\mathbf{e}_2)}{2\,\mathrm{d}x}$$
$$\left. + \frac{\mathbf{s}(\mathbf{e}_3, \mathbf{x} + \mathrm{d}x\,\mathbf{e}_3) - \mathbf{s}(\mathbf{e}_3, \mathbf{x} - \mathrm{d}x\,\mathbf{e}_3)}{2\,\mathrm{d}x} \right\} (2\,\mathrm{d}x)^3 \quad .$$

Sie ist proportional zur Größe $\mathrm{d}V = (2\,\mathrm{d}x)^3$ des Volumenelements. Wir erhalten daher die *Kraftdichte*

$$\mathbf{f} = \frac{\mathrm{d}\mathbf{F}}{\mathrm{d}V} = \frac{\partial\mathbf{s}(\mathbf{e}_1, \mathbf{x})}{\partial x_1} + \frac{\partial\mathbf{s}(\mathbf{e}_2, \mathbf{x})}{\partial x_2} + \frac{\partial\mathbf{s}(\mathbf{e}_3, \mathbf{x})}{\partial x_3} \quad .$$

Mit (11.6.4) ergibt sich daraus

$$\mathbf{f} = \sum_j \frac{\partial\mathbf{s}(\mathbf{e}_j, \mathbf{x})}{\partial x_j} = \sum_{ij} \mathbf{e}_i \frac{\partial}{\partial x_j} \sigma_{ij}(\mathbf{x}) \tag{11.7.1}$$

oder

$$\mathbf{f} = \boldsymbol{\nabla}\underline{\sigma} = \mathrm{div}\,\underline{\sigma} \quad , \tag{11.7.2}$$

wenn wir die Anwendung des Nabla-Operators auf einen Tensor als *Divergenz des Tensors* bezeichnen. Die Gültigkeit dieser Beziehung zeigen wir durch Nachrechnen:

$$\mathbf{f} = \left(\sum_i \frac{\partial}{\partial x_i}\mathbf{e}_i\right)\left(\sum_{k\ell} \sigma_{k\ell}\mathbf{e}_k \otimes \mathbf{e}_\ell\right) = \sum_{ik\ell} \frac{\partial}{\partial x_i}\sigma_{k\ell}(\mathbf{e}_i \cdot \mathbf{e}_k)\mathbf{e}_\ell$$
$$= \sum_{k\ell} \frac{\partial}{\partial x_k}\sigma_{k\ell}\mathbf{e}_\ell = \sum_{k\ell} \frac{\partial}{\partial x_k}\sigma_{\ell k}\mathbf{e}_\ell \quad .$$

Für das letzte Gleichheitszeichen wurde die Symmetrie des Spannungstensors benutzt.

Zu der Kraftdichte $\mathbf{f}$, die sich aus dem Spannungszustand eines elastischen Körpers ergibt, kann noch eine äußere Kraftdichte $\mathbf{f}^{\mathrm{a}}$ hinzutreten, die direkt an den Atomen des Körpers angreift. Der wichtigste Fall ist der der Gewichtskraftdichte $\mathbf{f}^{\mathrm{a}} = \varrho\mathbf{g}$. Dabei ist ϱ die (im allgemeinen ortsabhängige) Massendichte des Körpers und $\mathbf{g}$ die Erdbeschleunigung.

Bedingung dafür, daß sich ein elastischer Körper im *Gleichgewicht* befindet, d. h. daß seine Volumenelemente sich nicht bewegen, ist offenbar das Verschwinden der Kraftdichte in allen Volumenelementen,

$$\mathbf{f} + \mathbf{f}^{\mathrm{a}} = \boldsymbol{\nabla}\underline{\sigma} + \mathbf{f}^{\mathrm{a}} = 0 \quad . \tag{11.7.3}$$

Verschwinden die äußeren Kräfte oder können sie vernachlässigt werden, so lautet die *Gleichgewichtsbedingung* einfach

$$\mathbf{f} = \nabla \underline{\underline{\sigma}} = 0 \quad . \tag{11.7.4}$$

11.8 Lokales Hookesches Gesetz

Inhalt: Wird der Verzerrungstensor $\underline{\underline{\varepsilon}} = \underline{\underline{\varepsilon}}^0 + \underline{\underline{\varepsilon}}^{\mathrm{Dev}}$ in einen Kugeltensor und einen Deviator zerlegt und verfährt man ebenso mit dem Spannungstensor $\underline{\underline{\sigma}} = \underline{\underline{\sigma}}^0 + \underline{\underline{\sigma}}^{\mathrm{Dev}}$, so sind die Kugeltensoren und die Deviatoren jeweils zueinander proportional: $\underline{\underline{\sigma}}^0 = 3K\underline{\underline{\varepsilon}}^0$, $\underline{\underline{\sigma}}^{\mathrm{Dev}} = 2G\underline{\underline{\varepsilon}}^{\mathrm{Dev}}$.

Bezeichnungen: $\underline{\underline{\varepsilon}}, \underline{\underline{\varepsilon}}^0, \underline{\underline{\varepsilon}}^{\mathrm{Dev}}$ Verzerrungstensor mit Kugeltensor und Deviator; $\underline{\underline{\sigma}}, \underline{\underline{\sigma}}^0, \underline{\underline{\sigma}}^{\mathrm{Dev}}$ Spannungstensor mit Kugeltensor und Deviator; K Volumenmodul, G Schubmodul, μ Poissonzahl.

In den beiden vorangegangenen Abschnitten haben wir festgestellt, daß der Verzerrungszustand eines elastischen Körpers durch den ortsabhängigen symmetrischen Verzerrungstensor $\underline{\underline{\varepsilon}}$ beschrieben wird. Sein Spannungszustand wird durch den ebenfalls symmetrischen Spannungstensor $\underline{\underline{\sigma}}$ beschrieben. Da wir für den Körper selbst Isotropie voraussetzen, der Körper durch seine innere Struktur also keine Richtung im Raum auszeichnet, müssen die Hauptachsen $\boldsymbol{\eta}_1, \boldsymbol{\eta}_2, \boldsymbol{\eta}_3$ von $\underline{\underline{\varepsilon}}$ mit denen von $\underline{\underline{\sigma}}$ zusammenfallen. Allerdings ändern sich diese Hauptachsen im allgemeinen von Volumenelement zu Volumenelement.

Wir können für jedes Volumenelement die Konstruktion des allgemeinen Spannungstensors aus drei Tensoren der Form

$$\underline{\underline{\sigma}}_i = \sigma_i \boldsymbol{\eta}_i \otimes \boldsymbol{\eta}_i \quad , \qquad i = 1, 2, 3 \quad , \tag{11.8.1}$$

als Summe

$$\underline{\underline{\sigma}} = \sum_{i=1}^{3} \underline{\underline{\sigma}}_i \tag{11.8.2}$$

vornehmen. Jedem Spannungstensor $\underline{\underline{\sigma}}_i$ entspricht eine Dehnung in Richtung $\boldsymbol{\eta}_i$. Wir zerlegen jeden Spannungstensor

$$\underline{\underline{\sigma}}_i = \underline{\underline{\sigma}}_i^0 + \underline{\underline{\sigma}}_i^{\mathrm{Dev}}$$

wie in Abschn. 11.4 in einen Kugeltensor

$$\underline{\underline{\sigma}}_i^0 = \sigma_{im}\underline{\underline{1}} \quad , \qquad \sigma_{im} = \frac{1}{3}\operatorname{Sp}\underline{\underline{\sigma}}_i \quad ,$$

der mittleren Spannung und einen Deviator

$$\underline{\underline{\sigma}}_i^{\mathrm{Dev}} = \underline{\underline{\sigma}}_i - \underline{\underline{\sigma}}_i^0 \quad .$$

Für jeden Spannungstensor $\underline{\underline{\sigma}}_i$ gilt das Hookesche Gesetz (11.4.18)

$$\underline{\underline{\sigma}}_i = 2G \left\{ \underline{\underline{\varepsilon}}_i + \frac{\mu}{1 - 2\mu} \underline{\underline{1}} \operatorname{Sp} \underline{\underline{\varepsilon}}_i \right\} \quad , \qquad i = 1, 2, 3 \quad . \tag{11.8.3}$$

Die Zerlegungen (11.4.12) und (11.4.13) werden für jeden Verzerrungstensor $\underline{\underline{\varepsilon}}_i$ entsprechend übertragen,

$$e_i = \operatorname{Sp} \underline{\underline{\varepsilon}}_i = \varepsilon_i = \frac{\sigma_i}{E}(1 - 2\mu) \quad , \qquad \underline{\underline{\varepsilon}}_i^0 = \frac{e_i}{3} \underline{\underline{1}} \quad ,$$

$$\underline{\underline{\varepsilon}}_i^{\mathrm{Dev}} = \frac{1 + \mu}{3E} \sigma_i (3 \boldsymbol{\eta}_i \otimes \boldsymbol{\eta}_i - \underline{\underline{1}}) \quad , \qquad \underline{\underline{\varepsilon}}_i = \underline{\underline{\varepsilon}}_i^{\mathrm{Dev}} + \underline{\underline{\varepsilon}}_i^0 \quad .$$

Mit

$$\underline{\underline{\varepsilon}} = \sum_{i=1}^{3} \underline{\underline{\varepsilon}}_i \quad , \qquad \underline{\underline{\varepsilon}}^0 = \sum_{i=1}^{3} \underline{\underline{\varepsilon}}_i^0 \quad , \qquad \underline{\underline{\varepsilon}}^{\mathrm{Dev}} = \sum_{i=1}^{3} \underline{\underline{\varepsilon}}_i^{\mathrm{Dev}}$$

liefert die Addition der drei Gleichungen (11.8.3) das *lokale Hookesche Gesetz*

$$\underline{\underline{\sigma}} = 2G \left\{ \underline{\underline{\varepsilon}} + \frac{\mu}{1 - 2\mu} \underline{\underline{1}} \operatorname{Sp} \underline{\underline{\varepsilon}} \right\} \quad . \tag{11.8.4}$$

Ganz entsprechend erhalten die beiden Beziehungen (11.4.16) und (11.4.14)

$$\underline{\underline{\sigma}}^0 = 3K \underline{\underline{\varepsilon}}^0 \quad , \qquad \underline{\underline{\sigma}}^{\mathrm{Dev}} = 2G \underline{\underline{\varepsilon}}^{\mathrm{Dev}} \tag{11.8.5}$$

jetzt lokale Gültigkeit.

Das Hookesche Gesetz ist in der Form (11.8.4) unabhängig von der Wahl eines bestimmten Basissystems. Zwar haben wir bei seiner Herleitung das Basissystem der Hauptachsen $\boldsymbol{\eta}_i$ des Spannungstensors benutzt, wir können jedoch auch jedes andere Basissystem mit gegenüber den $\boldsymbol{\eta}_i$ gedrehten Basisvektoren e_i benutzen.

11.9 Scherung

Inhalt: Die dilatationsfreie Verzerrung eines Quaders zu einem Parallelepiped heißt Scherung. Spannungs- und Verzerrungstensor sind ortsunabhängig. An vier der sechs Quaderflächen müssen Schubkräfte angebracht werden.
Bezeichnungen: $\mathbf{x}$ Ort, $\mathbf{u}$ Verschiebung, $\mathbf{x}' = \mathbf{x} + \mathbf{u}$ verschobener Ort, $\underline{\underline{\varepsilon}}$ Verzerrungstensor, $\underline{\underline{\sigma}}$ Spannungstensor, G Schubmodul, $\mathbf{s}(\hat{\mathbf{n}})$ Spannungsvektor bzgl. Flächennormale $\hat{\mathbf{n}}$, $\mathbf{F}(\hat{\mathbf{n}})$ Kraft an Quaderfläche mit Flächennormale $\hat{\mathbf{n}}$; ℓ_1, ℓ_2, ℓ_3 Kantenlängen des achsenparallelen Quaders.

Wir betrachten die Wirkung eines Verzerrungstensors mit der einfachen ortsunabhängigen Matrix

$$(\underline{\underline{\varepsilon}}) = a \begin{pmatrix} 0 & 0 & 0 \\ 0 & 0 & 1 \\ 0 & 1 & 0 \end{pmatrix} \quad . \tag{11.9.1}$$

Sehen wir von einer etwaigen Rotation des Körpers ab, setzen also $\underline{\underline{C}}^A = 0$, d. h. $\underline{\underline{C}} = \underline{\underline{C}}^+ = \underline{\underline{C}}^S = \underline{\underline{\varepsilon}}$, so erhalten wir mit (11.5.6) für die Verschiebung $\mathbf{u}(\mathbf{x}) = \mathbf{x}'(\mathbf{x}) - \mathbf{x}$ einfach

$$\mathbf{u}(\mathbf{x}) = \mathbf{u}(\mathbf{x}_0) + \underline{\underline{\varepsilon}}(\mathbf{x} - \mathbf{x}_0) \quad . \tag{11.9.2}$$

Wir haben hier mit $\mathbf{x}_0$ die ursprüngliche Lage eines zunächst beliebig gewählten Punktes des Körpers bezeichnet. Nehmen wir als $\mathbf{x}_0$ einen Punkt, dessen Lage sich bei der Verzerrung nicht ändert, $\mathbf{u}(\mathbf{x}_0) = 0$, und machen diesen Punkt zusätzlich zum Ursprung unseres Koordinatensystems, $\mathbf{x}_0 = 0$, wie in Abb. 11.13, so erhalten wir einfach $\mathbf{u}(\mathbf{x}) = \underline{\underline{\varepsilon}}\mathbf{x}$, d. h.

$$\mathbf{x}' = \mathbf{x} + \underline{\underline{\varepsilon}}\mathbf{x} \tag{11.9.3}$$

oder, in Komponenten,

$$x_1' = x_1 \quad , \qquad x_2' = x_2 + ax_3 \quad , \qquad x_3' = x_3 + ax_2 \quad . \tag{11.9.4}$$

Für einen achsenparallelen Quader erhalten wir durch diese Transformation ein Parallelepiped, Abb. 11.13. Eine solche Verzerrung bezeichnet man als *Scherung*.

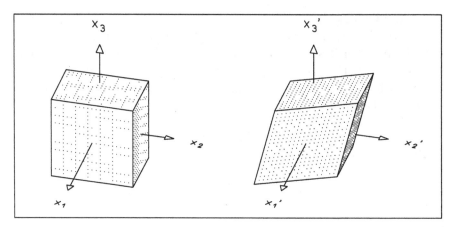

Abb. 11.13. Scherung: Transformation eines ursprünglich achsenparallelen Quaders *(links)* entsprechend (11.9.4) *(rechts)*

Wir berechnen jetzt den Spannungstensor für die Scherung. Da der Verzerrungstensor spurlos ist, gilt

$$\underline{\underline{\varepsilon}}^0 = 0 \quad , \qquad \underline{\underline{\sigma}}^0 = 0 \quad . \tag{11.9.5}$$

Aus (11.8.5) folgt

$$\underline{\underline{\sigma}} = \underline{\underline{\sigma}}^{\mathrm{Dev}} = 2G\underline{\underline{\varepsilon}}^{\mathrm{Dev}} = 2G\underline{\underline{\varepsilon}} \quad . \tag{11.9.6}$$

Die Matrix des Spannungstensors lautet also

$$(\underline{\sigma}) = 2Ga \begin{pmatrix} 0 & 0 & 0 \\ 0 & 0 & 1 \\ 0 & 1 & 0 \end{pmatrix} \quad . \tag{11.9.7}$$

Mit (11.6.3) erhalten wir sofort die Spannungsvektoren für Flächen, deren Normalen die Basisvektoren sind,

$$s(e_1) = 0 \quad , \qquad s(e_2) = 2Gae_3 \quad , \qquad s(e_3) = 2Gae_2 \quad . \tag{11.9.8}$$

Daraus ergeben sich die Kräfte auf die Quaderflächen mit den Normalen e_1, e_2, e_3 durch Multiplikation mit den entsprechenden Flächenbeträgen. Bezeichnen wir die Kantenlängen des Quaders mit ℓ_1, ℓ_2, ℓ_3, so erhalten wir

$$\mathbf{F}(e_1) = 0 \quad , \qquad \mathbf{F}(e_2) = 2Ga\ell_1\ell_3 e_3 \quad , \qquad \mathbf{F}(e_3) = 2Ga\ell_1\ell_2 e_2 \quad . \tag{11.9.9}$$

Es müssen also Schubkräfte an den Flächen mit den Normalen $\pm e_2$ und $\pm e_3$ angebracht werden, Abb. 11.14.

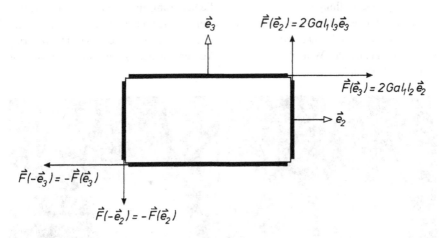

Abb. 11.14. An den Quaderflächen mit den Normalen $\pm e_2$, $\pm e_3$ müssen Schubkräfte angebracht werden, um den Spannungstensor (11.9.7) im Quader aufzubauen

Experiment 11.3. Scherung eines Würfels

Wir können die in Abb. 11.14 dargestellten Kräfte einigermaßen realisieren, indem wir Platten auf vier Flächen eines Schaumstoffwürfels aufkleben und an zwei der Kanten, die diesen Platten gemeinsam sind, Kräfte in Richtung der Summenkräfte $\mathbf{F} = \mathbf{F}(e_2) + \mathbf{F}(e_3)$ bzw. $-\mathbf{F}$ anbringen. Tatsächlich verformt sich der Würfel zu einem Parallelepiped, Abb. 11.15.

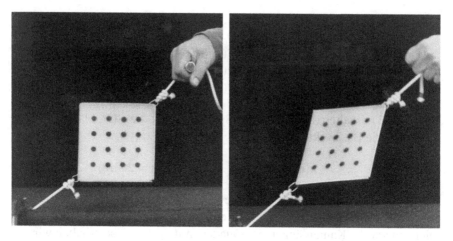

Abb. 11.15. Schaumstoffwürfel mit Punktmuster. *Links:* spannungsfrei. *Rechts:* unter dem Einfluß einer Scherspannung

Experiment 11.4. Verbiegung eines Würfels

In manchen Darstellungen wird angegeben, die Scherung eines Quaders erfordere nur Schubkräfte an einem Paar gegenüberliegender Flächen, etwa die Kräfte $\mathbf{F}(\mathbf{e}_3)$ und $\mathbf{F}(-\mathbf{e}_3)$ in Abb. 11.14. Das trifft nicht zu. Bei dem Versuch, solche Kräfte anzubringen, verbiegt sich der Würfel (Abb. 11.16). Verzerrungstensor und Spannungstensor werden ortsabhängig.

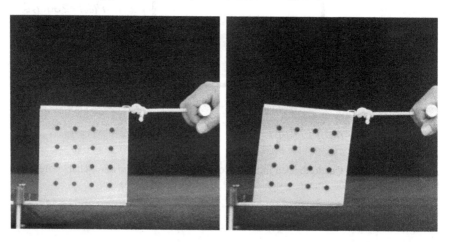

Abb. 11.16. Schaumstoffwürfel mit Punktmuster. Auf Unter- und Oberfläche sind Platten aufgeklebt. Die Unterfläche ist auf einer Tischplatte befestigt. *Links:* spannungsfrei. *Rechts:* An der oberen Fläche wirkt eine Kraft parallel zur Tischplatte. Es tritt keine Scherung, sondern eine Verbiegung des Würfels ein

11.10 Torsion

Inhalt: Durch Anlegen eines Drehmoments in Achsenrichtung wird die Torsion eines Kreiszylinders bewirkt. Dabei erfährt jedes Volumenelement eine Scherung.

Bezeichnungen: x Ort, u Verschiebung, $x' = x + u$ verschobener Ort, ℓ Zylinderlänge, α Verdrehungswinkel der beiden Zylinderendflächen, $\alpha' = \alpha/\ell$, $\underline{R}$ Rotationstensor, $\underline{C}$ Verschiebungstensor, $\underline{\varepsilon}$ Verzerrungstensor, $\underline{\sigma}$ Spannungstensor, G Schubmodul, $s(\hat{n})$ Spannungsvektor bzgl. Flächennormale $\hat{n}$, R Zylinderradius, D Drehmoment, C Direktionskonstante.

Experiment 11.5. Torsion eines Zylinders

Ein Kreiszylinder aus Schaumstoff der Länge ℓ trägt auf seinem Mantel ein regelmäßiges Punktmuster, Abb. 11.17. Die Punkte sind auf Kreisen angebracht, die Querschnitte des Zylinders sind und den Abstand $\Delta\ell$ voneinander haben. Auf den beiden Endflächen sind Platten aufgeklebt. Hält man die untere Platte fest und verdreht die obere um die Zylinderachse um den Winkel α, so verändert sich die Form des Zylinders nicht. An dem Punktmuster liest man aber ab, daß jeder der markierten Querschnitte gegenüber dem benachbarten um den Winkel $\Delta\alpha = \alpha\,\Delta\ell/\ell$ verdreht ist. Diese Erscheinung heißt *Torsion* oder *Verdrillung* des Zylinders.

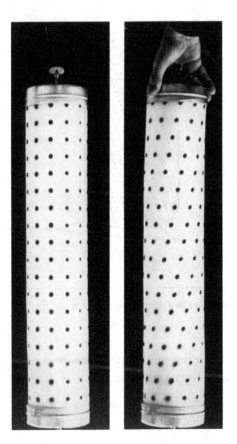

Abb. 11.17. Schaumstoffzylinder mit Punktmuster, spannungsfrei *(links)* und tordiert *(rechts)*

Wir beschreiben den Befund zunächst geometrisch. Die Zylinderachse liege in Richtung e_3, die festgehaltene Endfläche in der (e_1, e_2)-Ebene, also der Ebene $x_3 = 0$. Jede andere Ebene $x_3 \neq 0$ wird gegenüber der (e_1, e_2)-Ebene um den Winkel $\alpha' x_3$ verdreht. Dabei ist $\alpha' = \alpha/\ell$ der Drehwinkel pro Längeneinheit. Ist wieder $\mathbf{x}$ der Ort eines Punktes im ursprünglichen Zylinder und $\mathbf{x}'$ der im tordierten Zylinder, so wird diese Rotation durch

$$\mathbf{x}' = \underline{\underline{R}}\mathbf{x} \qquad (11.10.1)$$

beschrieben, Abb. 11.18. Dabei ist die Matrix des Rotationstensors $\underline{\underline{R}}$ nach (B.12.21)

$$(\underline{\underline{R}}) = \begin{pmatrix} \cos(\alpha' x_3) & -\sin(\alpha' x_3) & 0 \\ \sin(\alpha' x_3) & \cos(\alpha' x_3) & 0 \\ 0 & 0 & 1 \end{pmatrix} \quad . \qquad (11.10.2)$$

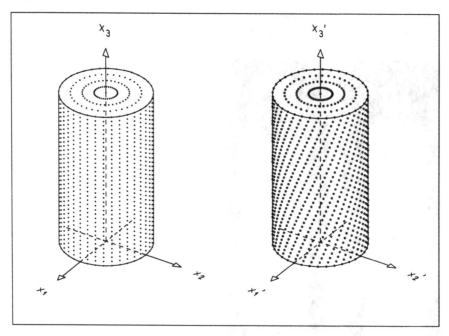

Abb. 11.18. Punkte $\mathbf{x}$ auf einem Kreiszylinder *(links)* und deren neue Lagen $\mathbf{x}' = \underline{\underline{R}}\mathbf{x}$, berechnet mit (11.10.2) *(rechts)*

Für die folgende Diskussion können wir uns auf kleine Drehwinkel $\alpha' x_3$ beschränken. Dadurch vereinfacht sich der Rotationstensor zu

$$(\underline{\underline{R}}) = \begin{pmatrix} 1 & -\alpha' x_3 & 0 \\ \alpha' x_3 & 1 & 0 \\ 0 & 0 & 1 \end{pmatrix} \quad . \qquad (11.10.3)$$

Für die Verschiebung $u(x) = x' - x = \underline{R}x - x$ erhalten wir

$$(u) = \begin{pmatrix} -\alpha' x_3 x_2 \\ \alpha' x_3 x_1 \\ 0 \end{pmatrix} \tag{11.10.4}$$

und für die Matrix des Verschiebungstensors nach (11.5.3)

$$(\underline{C}) = \begin{pmatrix} 0 & \alpha' x_3 & 0 \\ -\alpha' x_3 & 0 & 0 \\ -\alpha' x_2 & \alpha' x_1 & 0 \end{pmatrix} \quad . \tag{11.10.5}$$

Durch Symmetrisierung ergibt sich der Verzerrungstensor $\underline{\varepsilon} = \frac{1}{2}(\underline{C} + \underline{C}^+)$ mit der Matrix

$$(\underline{\varepsilon}) = \frac{1}{2}\alpha' \begin{pmatrix} 0 & 0 & -x_2 \\ 0 & 0 & x_1 \\ -x_2 & x_1 & 0 \end{pmatrix} \quad . \tag{11.10.6}$$

Der Verzerrungstensor ist spurlos. Damit ist die Torsion dilatationsfrei und es gilt $\underline{\varepsilon}^0 = 0$, $\underline{\sigma}^0 = 0$. Der Spannungstensor ist dann nach (11.8.5)

$$\underline{\sigma} = 2G\underline{\varepsilon} \quad . \tag{11.10.7}$$

Wir berechnen jetzt die Spannungsvektoren auf der Oberfläche des Zylinders, die zu der Verzerrung (11.10.5) führen. Der Spannungsvektor auf der Deckfläche mit der Normalen e_3 ist nach (11.6.3)

$$s(e_3) = \underline{\sigma}e_3 = -\alpha' G x_2 e_1 + \alpha' G x_1 e_2 = \alpha' G r_\perp e_\varphi \quad , \tag{11.10.8}$$

weil in Zylinderkoordinaten $(r_\perp, \varphi, z)$

$$x_1 = r_\perp \cos\varphi \quad , \qquad x_2 = r_\perp \sin\varphi$$

gilt und

$$e_\varphi = -\sin\varphi \, e_1 + \cos\varphi \, e_2$$

der Einheitsvektor in φ-Richtung ist, vgl. (A.5.15). Für die Normale auf dem Zylindermantel gilt

$$e_\perp = \frac{1}{R}(x_1 e_1 + x_2 e_2) \quad . \tag{11.10.9}$$

Damit ist $s(e_\perp) = 0$, am Zylindermantel greifen bei der durch (11.10.5) beschriebenen Torsion keine Spannungsvektoren an. Die Torsion wird allein durch die Spannungen (11.10.8) bewirkt, die wie im Experiment 11.5 an den Endflächen angebracht sind. Ist allerdings der Körper kein Kreiszylinder, sondern vielleicht ein langer Quader und möchte man die einfache Verschiebung (11.10.5) aufrecht erhalten, so müssen auch an der Mantelfläche Spannungen angebracht werden, weil die Normalen auf der Mantelfläche nicht mehr durch (11.10.9) beschrieben werden.

Wir greifen ein kleines Volumenelement in Zylinderkoordinaten wie in Abb. A.18 heraus. Seine Flächennormalen sind $\pm\mathbf{e}_\perp$, $\pm\mathbf{e}_\varphi$, $\pm\mathbf{e}_z$. Die Spannungsvektoren bezüglich dieser Flächennormalen berechnet man unter Benutzung von (A.5.15) und erhält

$$\mathbf{s}(\mathbf{e}_\perp) = 0 \quad , \quad \mathbf{s}(\mathbf{e}_\varphi) = \alpha'Gr_\perp\mathbf{e}_z \quad , \quad \mathbf{s}(\mathbf{e}_z) = \alpha'Gr_\perp\mathbf{e}_\varphi \quad .$$

Das Volumenelement dV, das wir als kleinen Quader ansehen können, erfährt also eine *Scherung*, denn sein Spannungszustand entspricht völlig dem Zustand (11.9.8) des im letzten Abschnitt beschriebenen Quaders. An vier der insgesamt sechs Flächen greifen Spannungen an. Sie sind dem Betrage nach gleich und stehen paarweise senkrecht aufeinander und auf den Flächennormalen.

Wir berechnen jetzt noch das gesamte äußere Drehmoment, das zur Verdrehung der beiden Endflächen des Zylinders um den Winkel $\alpha = \alpha'\ell$ benötigt wird. Ein Flächenelement der oberen Endfläche hat den Betrag

$$da = r_\perp \, dr_\perp \, d\varphi \quad .$$

An ihm greift die Kraft

$$d\mathbf{F} = \mathbf{s}(\mathbf{e}_3) \, da = \alpha'Gr_\perp^2 \, dr_\perp \, d\varphi \, \mathbf{e}_\varphi$$

an. Sie bewirkt das Drehmoment

$$d\mathbf{D} = \mathbf{r}_\perp \times d\mathbf{F} = \alpha'Gr_\perp^3 \, dr_\perp \, d\varphi \, \mathbf{e}_z \quad .$$

Damit ist das Gesamtdrehmoment

$$\mathbf{D} = \int d\mathbf{D} = \int_0^{2\pi} \int_0^R \alpha'Gr_\perp^3 \, dr_\perp \, d\varphi \, \mathbf{e}_z = \frac{\pi}{2}G\alpha'R^4\mathbf{e}_z \quad . \qquad (11.10.10)$$

Lösen wir nach dem Drehwinkel $\alpha = \alpha'\ell$ auf, so erhalten wir den Zusammenhang

$$\alpha = \frac{2\ell}{\pi GR^4}D = CD \qquad (11.10.11)$$

zwischen dem Drehwinkel α und dem Betrag D des Drehmoments. Die Proportionalitätskonstante

$$C = \frac{2\ell}{\pi GR^4}$$

heißt *Direktionskonstante* des Torsionszylinders.

11.11 Biegung

Inhalt: Verformung eines Balkens unter der Wirkung entgegengesetzter Drehmomente, die an gegenüberliegenden Endflächen angebracht sind. Der sich einstellende Krümmungsradius $R = EJ/D$ ist umgekehrt proportional zum Betrag D des Drehmoments und proportional zum Biegemoment J, das nur von der Geometrie des Balkenquerschnitts abhängt.

Bezeichnungen: $\mathbf{x}$ Ort, $\mathbf{u}$ Verschiebung, $\mathbf{x}' = \mathbf{x} + \mathbf{u}$ verschobener Ort, $\mathbf{s}$ Spannungsvektor, $\mathbf{f}$ Kraftdichte, $\underline{\varepsilon}$ Verzerrungstensor, $\underline{\sigma}$ Spannungstensor, E Elastizitätsmodul, G Schubmodul, μ Poissonzahl, R Krümmungsradius, D Drehmoment, J Biegemoment.

Experiment 11.6. Biegung eines Quaders

Wir beobachten die Verformung eines Quaders aus elastischem Material durch Biegung. Abbildung 11.19 zeigt die Photographie eines quaderförmigen Radiergummis, das zwischen den Backen einer Zange eingeklemmt ist.

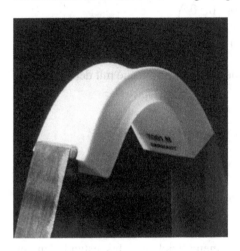

Abb. 11.19. Stark gebogenes Radiergummi

Durch die Biegung wird das Material in der ursprünglichen Längsrichtung auf seiner Oberseite (und in deren Nähe) auseinandergezogen und auf seiner Unterseite (und in deren Nähe) zusammengepreßt. Dadurch erfährt das Material nahe der Oberseite eine Querkontraktion und nahe der Unterseite eine Querausdehnung. Diese Effekte sind in der Abbildung an der Verformung der Vorderfläche abzulesen. Die Oberseite nimmt eine Sattelform an. Sie ist in Längsrichtung nach oben konvex, in Querrichtung nach oben konkav. Diese Erscheinungen kann man durch Drücken eines Radiergummis zwischen Daumen und Zeigefinger leicht selbst studieren.

Wir diskutieren jetzt die Biegung eines *Balkens*. Wir bezeichnen seine Längsrichtung mit x_1. Der Querschnitt senkrecht zur x_1-Richtung ist symmetrisch bezüglich der (x_2, x_3)-Ebene und ändert sich nicht mit x_1. Unser Balken kann z. B. ein runder oder rechteckiger Stab oder ein Rohr sein. An den Enden des Balkens bringen wir Kräfte an, die ihn oben auf Zug und unten auf Druck

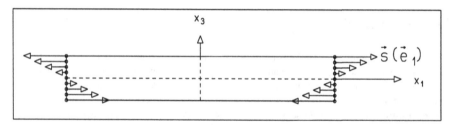

Abb. 11.20. Balken in Ausgangslage. Die Vektorpfeile geben die an seinen Endflächen angreifenden Spannungsvektoren wieder

beanspruchen, Abb. 11.20. Im Koordinatensystem dieser Abbildung hat der Spannungstensor die Matrix

$$(\underline{\underline{\sigma}}) = a \begin{pmatrix} x_3 & 0 & 0 \\ 0 & 0 & 0 \\ 0 & 0 & 0 \end{pmatrix} \quad , \tag{11.11.1}$$

denn damit erhält man in der Tat auf der rechten Endfläche mit der Normalen e_1 den Spannungsvektor

$$s(e_1) = ax_3 e_1 \quad ,$$

der proportional zu x_3 ist, und auf der linken Endfläche

$$s(-e_1) = -ax_3 e_1 \quad .$$

An den Mantelflächen, deren Normalen senkrecht auf e_1 stehen, greifen keine Spannungen an. Auch die Ebene $x_3 = 0$ ist spannungsfrei. Sie heißt *neutrale Schicht*.

Der Spannungstensor $\underline{\underline{\sigma}}$ beschreibt einen Gleichgewichtszustand, denn er erfüllt die Gleichgewichtsbedingung (11.7.4),

$$f = \nabla \underline{\underline{\sigma}} = \frac{\partial \sigma_{11}}{\partial x_1} e_1 = 0 \quad .$$

Aus dem Spannungstensor $\underline{\underline{\sigma}}$ folgt nach dem Hookeschen Gesetz der Verzerrungstensor, vgl. Aufgabe 11.5,

$$\underline{\underline{\varepsilon}} = \frac{1}{2G} \left\{ \underline{\underline{\sigma}} - \frac{3\mu}{\mu+1} \sigma_m \underline{\underline{1}} \right\} \quad , \qquad \sigma_m = \frac{1}{3} \mathrm{Sp}\,\underline{\underline{\sigma}} \quad . \tag{11.11.2}$$

Seine Matrix ergibt sich mit (11.11.1) zu

$$(\underline{\underline{\varepsilon}}) = \frac{ax_3}{E} \begin{pmatrix} 1 & 0 & 0 \\ 0 & -\mu & 0 \\ 0 & 0 & -\mu \end{pmatrix} \quad . \tag{11.11.3}$$

Da die Matrix im gewählten Koordinatensystem diagonal ist, entspricht (11.11.3) mit der Definition (11.5.16) der Verzerrungen den sechs Differentialgleichungen

$$\varepsilon_{11} = \frac{\partial u_1}{\partial x_1} = \frac{a}{E}x_3 \quad , \quad \varepsilon_{22} = \frac{\partial u_2}{\partial x_2} = -\frac{a\mu}{E}x_3 \quad , \quad \varepsilon_{33} = \frac{\partial u_3}{\partial x_3} = -\frac{a\mu}{E}x_3 \quad ,$$

$$\varepsilon_{ij} = \frac{1}{2}\left(\frac{\partial u_j}{\partial x_i} + \frac{\partial u_i}{\partial x_j}\right) = 0 \quad , \quad i > j \quad , \tag{11.11.4}$$

für die Komponenten des Verschiebungsvektors $\mathbf{u}(\mathbf{x})$. Bei unserer symmetrischen Ausgangslage bleibt der Punkt im Koordinatenursprung unverschoben, und auch die Ableitungen der Verschiebung verschwinden dort:

$$\mathbf{u}(0) = 0 \quad , \quad \frac{\partial u_i}{\partial x_i}(0) = 0 \quad , \quad i = 1, 2, 3 \quad . \tag{11.11.5}$$

Die Verschiebung

$$\mathbf{u}(\mathbf{x}) = \frac{a}{E}x_3 x_1 \mathbf{e}_1 - \frac{a\mu}{E}x_3 x_2 \mathbf{e}_2 - \frac{a}{2E}(x_1^2 - \mu(x_2^2 - x_3^2))\mathbf{e}_3 \tag{11.11.6}$$

erfüllt (11.11.4) und (11.11.5), wie man leicht durch Differenzieren der Komponenten nachrechnet. Ein Punkt mit der ursprünglichen Lage $\mathbf{x}$ erhält durch die Biegung die Lage

$$\mathbf{x}' = \mathbf{x} + \mathbf{u} \quad .$$

In Abb. 11.21 ist der Übergang $\mathbf{x} \to \mathbf{x}'$ graphisch dargestellt. Sie gibt die bereits qualitativ diskutierten Ergebnisse des Experiments gut wieder. Die neutrale Schicht $x_3 = 0$ wird jetzt durch die Beziehungen

$$x_1' = x_1 \quad , \quad x_2' = x_2 \quad , \quad x_3' = -\frac{a}{2E}(x_1^2 - \mu x_2^2)$$

dargestellt, die eine Sattelfläche beschreiben. Die Punkte $x_2 = x_3 = 0$ der *neutralen Faser* liegen auf der nach unten gekrümmten Parabel

$$x_3' = -\frac{a}{2E}x_1^2$$

mit dem *Krümmungsradius*

$$R = \left|\frac{\mathrm{d}^2 x_3'}{\mathrm{d}x_1^2}\right|^{-1} = \frac{E}{a} \quad . \tag{11.11.7}$$

Wir berechnen jetzt noch das am Balkenende wirkende Drehmoment bezüglich des Koordinatenursprungs. Auf ein Flächenelement $\mathrm{d}a = \mathrm{d}x_2\,\mathrm{d}x_3\,\mathbf{e}_1$ am Ort $\mathbf{x} = x_1\mathbf{e}_1 + x_2\mathbf{e}_2 + x_3\mathbf{e}_3$ der rechten Stirnfläche wirkt die Kraft

$$\mathrm{d}\mathbf{F} = \mathbf{s}(\mathbf{e}_1)\,\mathrm{d}x_2\,\mathrm{d}x_3 = ax_3\mathbf{e}_1\,\mathrm{d}x_2\,\mathrm{d}x_3 \quad .$$

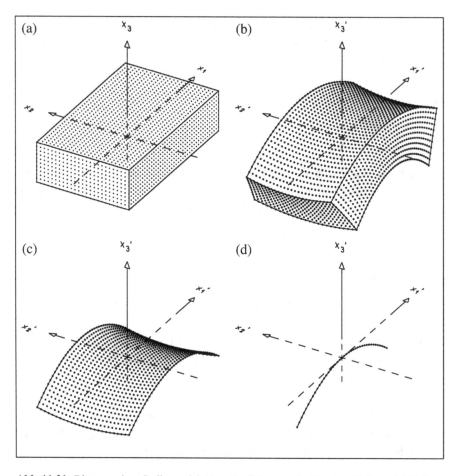

Abb. 11.21. Biegung eines Balkens. **(a)** Ursprünglicher quaderförmiger Balken, **(b)** Balken nach Biegung, **(c)** neutrale Schicht ($x_3 = 0$) nach Biegung, **(d)** neutrale Faser ($x_2 = x_3 = 0$) nach Biegung

Sie verursacht das Drehmoment

$$\mathrm{d}\mathbf{D} = \mathbf{x} \times \mathrm{d}\mathbf{F} = (ax_3^2\mathbf{e}_2 - ax_2x_3\mathbf{e}_3)\,\mathrm{d}x_2\,\mathrm{d}x_3 \quad .$$

Das Gesamtdrehmoment ergibt sich durch Integration über den Balkenquerschnitt Q,

$$\mathbf{D} = \int_Q \mathrm{d}\mathbf{D} = \mathbf{e}_2 a \iint_Q x_3^2\,\mathrm{d}x_2\,\mathrm{d}x_3 - \mathbf{e}_3 a \iint_Q x_2x_3\,\mathrm{d}x_2\,\mathrm{d}x_3 \quad .$$

Das zweite Integral verschwindet, weil der Balkenquerschnitt spiegelsymmetrisch in der (x_2, x_3)-Ebene ist. Damit erhält das Drehmoment die Form

$$\mathbf{D} = aJ\mathbf{e}_2 \quad . \tag{11.11.8}$$

Die nur von der Geometrie des Balkens bestimmte Größe

$$J = \iint_Q x_3^2 \, \mathrm{d}x_2 \, \mathrm{d}x_3 \qquad (11.11.9)$$

heißt *Biegemoment*.

Die zu Beginn dieses Abschnitts eingeführte Konstante a, die die Stärke der Verspannung des Balkens bestimmt, ergibt sich zu

$$a = \frac{D}{J} \quad ,$$

also als Quotient aus Drehmoment und Biegemoment. Für den Krümmungsradius R erhalten wir

$$R = \frac{E}{a} = E \frac{J}{D} \quad . \qquad (11.11.10)$$

Bei gleichem Drehmoment D und gleichem Elastizitätsmodul E ist der Krümmungsradius durch das Biegemoment, also durch die Form des Balken-Querschnitts bestimmt, vgl. Aufgabe 11.11.

11.12 Aufgaben

11.1: *Dehnungsschwingungen:* An einen Draht geringer Masse mit dem Querschnitt q, der Länge L und dem Elastizitätsmodul E wird eine Masse m gehängt.

(a) Berechnen Sie die Gleichgewichtsauslenkung $x_3^G - L$ des Drahtes.

(b) Stellen Sie die Bewegungsgleichung für die am Draht hängende Masse m unter Vernachlässigung der Masse des Drahtes auf.

(c) Berechnen Sie die Schwingung der Masse m für die Anfangsauslenkung ξ_{30} der Masse aus ihrer Gleichgewichtslage und die Anfangsgeschwindigkeit $\dot{\xi}_{30}$ zur Zeit $t = 0$.

11.2: **(a)** Berechnen Sie den Spannungstensor einer auf dem Erdboden stehenden, 5 m hohen Quarzglasplatte mit der Dicke 5 cm. (Dichte von Quarzglas: $\varrho = 3{,}8 \, \mathrm{t \, m^{-3}}$; benutzen Sie darüber hinaus die Werte aus Tabelle 11.1.)

(b) Geben Sie den Verzerrungstensor an.

(c) Wie groß ist die senkrechte Verkürzung der Platte?

(d) Wie groß ist die Querausdehnung in Abhängigkeit von der Höhe über dem Boden?

11.3: **(a)** Berechnen Sie die Kraftdichte $\mathbf{f} = \nabla \underline{\sigma}$ für den Spannungszustand

$$\underline{\sigma} = \sigma_{33} \mathbf{e}_3 \otimes \mathbf{e}_3 \quad , \qquad \sigma_{33} = -\varrho g(l - x_3)$$

eines Körpers.

(b) Welche äußere Kraftdichte wirkt auf diesen Körper im Gleichgewicht?

11.4: Ein Würfel der Kantenlänge ℓ befindet sich in einem Zustand endlicher Scherung, wie in Gl. (11.9.1) beschrieben.

(a) Berechnen Sie die Normalen $\mathbf{n}_1$, $\mathbf{n}_2$, $\mathbf{n}_3$ auf den drei Oberflächen des Parallelepipeds, die im unverzerrten Zustand die Normalen $\mathbf{e}_1$, $\mathbf{e}_2$, $\mathbf{e}_3$ haben.

(b) Berechnen Sie die Spannungsvektoren $\mathbf{s}(\mathbf{n}_i)$, $i = 1, 2, 3$.

(c) Berechnen Sie die Schubkräfte, die auf die drei Oberflächen wirken.

11.5: Zeigen Sie, daß aus dem Hookeschen Gesetz (11.4.18) Gleichung (11.11.2) folgt.

11.6: **(a)** Zeigen Sie, daß aus der Definition des Verzerrungstensors $\underline{\underline{\varepsilon}}$ folgende *Kompatibilitätsbedingungen* an seine Matrixelemente ε_{jk} folgen:

$$\frac{\partial}{\partial x_i}\frac{\partial}{\partial x_l}\varepsilon_{jk} - \frac{\partial}{\partial x_j}\frac{\partial}{\partial x_i}\varepsilon_{kl} + \frac{\partial}{\partial x_k}\frac{\partial}{\partial x_j}\varepsilon_{li} - \frac{\partial}{\partial x_l}\frac{\partial}{\partial x_k}\varepsilon_{ij} = 0 \quad .$$

(b) Welche der 81 Bedingungen sind unabhängig?

11.7: **(a)** Zeigen Sie, daß Verzerrungstensoren mit Elementen $\varepsilon_{jk}(\mathbf{x})$, die lineare Funktionen der Koordinaten sind,

$$\varepsilon_{jk}(\mathbf{x}) = \varepsilon_{jk}^{(0)} + \sum_{l=1}^{3} \eta_{jkl} x_l \quad ,$$

die Kompatibilitätsbedingungen aus Aufgabe 11.6 erfüllen.

(b) Zeigen Sie, daß alle gemischten und zweiten Ableitungen der Verschiebungen verschwinden, $\partial^2 u_j / (\partial x_i \partial x_k) = 0$, wenn alle Elemente des Verzerrungstensors $\varepsilon_{jk} = \varepsilon_{jk}^{(0)}$ von den Koordinaten x_l unabhängig sind. Die Matrixelemente C_{jk}^{A} des antisymmetrischen Anteils $\underline{\underline{C}}^{\mathrm{A}}$ des Verschiebungstensors

$$\frac{1}{2}\left(\frac{\partial u_k}{\partial x_j} - \frac{\partial u_j}{\partial x_k}\right) = C_{jk}^{\mathrm{A},(0)}$$

sind dann ebenfalls unabhängig von den Koordinaten x_l.

(c) Berechnen Sie die Verschiebungen $u_j(\mathbf{x})$ und die Koordinaten $\mathbf{x}'$ für einen von $\mathbf{x}$ unabhängigen Verzerrungstensor $\varepsilon_{jk} = \varepsilon_{jk}^{(0)}$ und die Anfangsbedingung $\mathbf{u}(0) = 0$.

11.8: *Torsionsschwingungen:* An einem Stab der Länge L mit dem Radius R aus einem Material mit dem Schubmodul G sei ein starrer Körper mit der Masse m und dem Trägheitsmoment Θ befestigt. Das Trägheitsmoment des Stabes sei klein gegen Θ.

(a) Wie groß ist das rücktreibende Drehmoment des Stabes gegen eine Torsion um den Winkel α?

(b) Das obere Ende des Stabes sei an einer Halterung fest montiert. Der am unteren Ende des Stabes befestigte Körper mit dem Trägheitsmoment Θ bezüglich der Stabachse werde in Torsionsschwingung versetzt. Stellen Sie die Gleichung für die Torsionsschwingung unter Vernachlässigung des Stabträgheitsmomentes auf.

(c) Die Anfangsbedingungen zur Zeit $t = 0$ seien α_0 für die Anfangstorsion und $\dot{\alpha}_0$ für die anfängliche Torsionsgeschwindigkeit. Lösen Sie die Schwingungsgleichung. Wie groß ist die Kreisfrequenz der Schwingung?

11.9: *Torsionswellen*

(a) Formulieren Sie den Spannungstensor der Torsion um die 3-Achse, ausgehend vom Verzerrungstensor mit der Beziehung $\alpha' = \partial\psi/\partial x_3$ für den Drehwinkel $\psi(t, x_3)$.

(b) Wie lautet die Kraftdichte $\mathbf{f}(t, \mathbf{x})$ im Material?

(c) Wie lautet die Impulsdichte

$$\mathbf{p}(t, \mathbf{x}) = \varrho \frac{\partial \mathbf{u}}{\partial t}$$

der Torsionsbewegung im Material?

(d) Formulieren Sie die Bewegungsgleichung für die zeitliche Änderung von $\mathbf{p}(t, \mathbf{x})$, und leiten Sie daraus die Wellengleichung der Torsionswelle her.

(e) Wie groß ist die Ausbreitungsgeschwindigkeit der Torsionswelle?

(f) Wie lauten die beiden allgemeinen Lösungen für eine in positive oder negative x-Richtung fortschreitende Welle?

11.10: *Stehende Torsionswellen*

(a) Wie lauten die harmonischen Wellenlösungen der d'Alembert-Gleichung für die Torsion,

$$\frac{1}{c^2}\frac{\partial^2 \psi}{\partial t^2} - \frac{\partial^2 \psi}{\partial x_3^2} = 0 \quad ,$$

vgl. Aufgabe 11.9?

(b) Formulieren Sie die Randbedingungen für das „feste Ende" und das „lose Ende" bei $x_3 = x_{30}$ für Torsionswellen.

Wie lauten die Lösungen für stehende Torsionswellen auf einem Stab der Länge L für vorgegebene Anfangsauslenkung und -geschwindigkeit für

(c) zwei feste Enden und eine Anfangsauslenkung und -geschwindigkeit bei $t = 0$ in der Form $\psi(0, x_3) = \psi_0 \sin k_n x_3$, $\dot{\psi}(0, x_3) = \dot{\psi}_0 \sin k_n x_3$,

(d) zwei lose Enden, Anfangsauslenkung und -geschwindigkeit bei $t = 0$ gemäß $\psi(0, x_3) = \psi_0 \cos k_n x_3$, $\dot{\psi}(0, x_3) = \dot{\psi}_0 \cos k_n x_3$,

(e) ein loses und ein festes Ende, Anfangsauslenkung und -geschwindigkeit bei $t = 0$ gemäß $\psi(0, x_3) = \psi_0 \sin k_n x_3$, $\dot{\psi}(0, x_3) = \dot{\psi}_0 \sin k_n x_3$,

mit jeweils geeignet definierten, von den Randbedingungen abhängigen k_n?

11.11: Berechnen Sie das Biegemoment (11.11.9)

(a) für einen Balken mit rechteckigem Querschnitt,

(b) für einen *Doppel-T-Träger* gleicher Querschnittsfläche aber anderer Querschnittsform, vgl. Abb. 11.22.

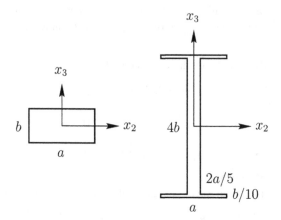

Abb. 11.22. Zu Aufgabe 11.11

12. Wellen in elastischen Medien

Im vorigen Kapitel haben wir zeitunabhängige Spannungs- und Verzerrungszustände elastischer Medien untersucht. In diesen Materialien können aber auch zeitabhängige Vorgänge ablaufen. Dazu gehören dreidimensionale transversale und longitudinale Wellen in unendlich ausgedehnten Medien, wie auch ihre Reflexion und Brechung an Oberflächen.

12.1 Eulersche Bewegungsgleichung elastischer Medien

Inhalt: Herleitung der Eulerschen Bewegungsgleichung für die Verschiebung $\mathbf{u}(t, \mathbf{x})$ in isotropen Materialien. Dazu wird die Newtonsche Bewegungsgleichung für die Beschleunigung $\partial^2 \mathbf{u}/\partial t^2$ der Masse ΔM eines Volumenelementes ΔV formuliert. Die Kraft $\Delta \mathbf{F}$ auf das Volumenelement wird aus der inneren Kraft $\boldsymbol{\nabla}\underline{\underline{\sigma}}\,\Delta V$ und äußeren Kraft $\mathbf{f}^{\mathrm{a}}\,\Delta V$ zusammengesetzt. Mit Hilfe des Hookeschen Gesetzes wird der Spannungstensor $\underline{\underline{\sigma}}$ durch den Verzerrungstensor $\underline{\underline{\varepsilon}}$ und damit durch die Verschiebungen $\mathbf{u}$ ersetzt.
Bezeichnungen: $\underline{\underline{\sigma}}$ Spannungstensor, $\underline{\underline{\varepsilon}}$ Verzerrungstensor, $\mathbf{u}(t, \mathbf{x})$ Verschiebung, $\mathbf{f}^{\mathrm{a}}$ äußere Kraftdichte, ϱ Massendichte, G Schubmodul, μ Poissonzahl des Materials.

Zeitabhängige Zustände elastischer Materialien werden durch zeit- und ortsabhängige Verzerrungs- und Spannungstensoren $\underline{\underline{\varepsilon}}(t, \mathbf{x})$ bzw. $\underline{\underline{\sigma}}(t, \mathbf{x})$ beschrieben. Für die Bewegung der Volumenelemente ΔV mit der Masse $\Delta M = \varrho\,\Delta V$ gilt die Newtonsche Bewegungsgleichung für die Verschiebung $\mathbf{u}(t, \mathbf{x})$ des Volumenelements aus seiner Ruhelage $\mathbf{x}$:

$$\Delta M\,\frac{\partial^2 \mathbf{u}}{\partial t^2}(t, \mathbf{x}) = \Delta \mathbf{F}(t, \mathbf{x}) \quad . \tag{12.1.1}$$

Hier ist

$$\Delta \mathbf{F}(t, \mathbf{x}) = (\mathbf{f}(t, \mathbf{x}) + \mathbf{f}^{\mathrm{a}}(t, \mathbf{x}))\,\Delta V = (\boldsymbol{\nabla}\underline{\underline{\sigma}}(t, \mathbf{x}) + \mathbf{f}^{\mathrm{a}}(t, \mathbf{x}))\,\Delta V \tag{12.1.2}$$

die Summe der inneren und äußeren Kräfte auf das Volumenelement, welche im allgemeinen auch zeitabhängig sind. Die inneren und äußeren Kraftdichten $\mathbf{f}$ und $\mathbf{f}^{\mathrm{a}}$ wurden bereits in Abschn. 11.7 diskutiert. Dividieren durch das Volumen ΔV liefert die Gleichung mit den Dichten der Masse und der Kräfte

$$\varrho\frac{\partial^2 \mathbf{u}}{\partial t^2} = \boldsymbol{\nabla}\underline{\underline{\sigma}} + \mathbf{f}^{\mathrm{a}} \quad . \tag{12.1.3}$$

Für ein Material, dessen momentaner Spannungszustand nur durch den momentanen Verzerrungszustand bestimmt wird, gilt das Hookesche Gesetz für einen homogenen isotropen elastischen Körper als linearer Zusammenhang zwischen Verzerrungstensor und Spannungstensor zur gleichen Zeit,

$$\underline{\underline{\sigma}}(t,\mathbf{x}) = 2G\left(\underline{\underline{\varepsilon}}(t,\mathbf{x}) + \frac{\mu}{1-2\mu}[\mathrm{Sp}\,\underline{\underline{\varepsilon}}(t,\mathbf{x})]\underline{\underline{1}}\right) \quad , \tag{12.1.4}$$

wie in (11.8.4) angegeben.

Der Zustand eines solchen Materials ist unabhängig von der Vorgeschichte. Es zeigt keine Relaxation, d. h. Nachwirkungseffekte früherer Zustände auf spätere. Ein Material kann aber auch *elastische Hysterese* zeigen, ein Verhalten, bei dem bei Erhöhung der Spannung die Verzerrung kleiner ist als bei ihrer Erniedrigung. Eigenschaften dieser Art können nicht durch ein lineares Gesetz beschrieben werden, in dem Spannung und Verzerrung nur zur gleichen Zeit vorkommen.

Durch Einsetzen des Hookeschen Gesetzes in (12.1.3), Verwendung von (11.5.15) und Benutzung der Relation $\mathrm{Sp}\,\underline{\underline{\varepsilon}} = \boldsymbol{\nabla}\cdot\mathbf{u}$, die ihrerseits aus (11.5.15) folgt, erhalten wir

$$
\begin{aligned}
\varrho\frac{\partial^2 \mathbf{u}}{\partial t^2} &= 2G\left(\boldsymbol{\nabla}\underline{\underline{\varepsilon}} + \frac{\mu}{1-2\mu}\boldsymbol{\nabla}(\mathrm{Sp}\,\underline{\underline{\varepsilon}})\right) + \mathbf{f}^{\mathrm{a}}(t,\mathbf{x})\\
&= 2G\left(\frac{1}{2}\Delta\mathbf{u} + \frac{1}{2}\boldsymbol{\nabla}(\boldsymbol{\nabla}\cdot\mathbf{u}) + \frac{\mu}{1-2\mu}\boldsymbol{\nabla}(\boldsymbol{\nabla}\cdot\mathbf{u})\right) + \mathbf{f}^{\mathrm{a}}(t,\mathbf{x}) \quad .
\end{aligned}
\tag{12.1.5}
$$

Durch Zusammenfassen der Terme mit der Divergenz $\boldsymbol{\nabla}\cdot\mathbf{u}$ erhalten wir die *Eulersche Bewegungsgleichung* der Verschiebung $\mathbf{u}(t,\mathbf{x})$ für das homogene isotrope elastische Material ohne Relaxation,

$$\varrho\frac{\partial^2 \mathbf{u}}{\partial t^2} = G\left(\Delta\mathbf{u} + \frac{1}{1-2\mu}\boldsymbol{\nabla}(\boldsymbol{\nabla}\cdot\mathbf{u})\right) + \mathbf{f}^{\mathrm{a}}(t,\mathbf{x}) \quad . \tag{12.1.6}$$

Bei Abwesenheit oder Vernachlässigung äußerer Kraftdichten ist sie eine homogene lineare partielle Differentialgleichung,

$$\varrho\frac{\partial^2 \mathbf{u}}{\partial t^2} = G\left(\Delta\mathbf{u} + \frac{1}{1-2\mu}\boldsymbol{\nabla}(\boldsymbol{\nabla}\cdot\mathbf{u})\right) \quad . \tag{12.1.7}$$

12.2 Zerlegung in Quell- und Wirbelfeld

Inhalt: Zerlegung des Verschiebungsfeldes $\mathbf{u} = \mathbf{v} + \mathbf{w}$ in ein Quellfeld $\mathbf{v}$ und ein Wirbelfeld $\mathbf{w}$, mit $\mathbf{\nabla} \times \mathbf{v} = 0$, $\mathbf{\nabla} \cdot \mathbf{v} = e$, $\mathbf{\nabla} \cdot \mathbf{w} = 0$, $\mathbf{\nabla} \times \mathbf{w} \neq 0$. Herleitung je einer d'Alembert-Gleichung für $\mathbf{v}$ und $\mathbf{w}$.
Bezeichnungen: $\mathbf{u}$ Verschiebung, $\mathbf{v}$ Quellfeld und $\mathbf{w}$ Wirbelfeld der Verschiebung, σ_m mittlere Spannung, e Volumendilatation.

Aus der Eulerschen Bewegungsgleichung eines elastischen Materials ohne äußere Kraftdichten (12.1.7) läßt sich durch Divergenzbildung auf beiden Seiten der Gleichung eine Beziehung für die skalare Volumendilatation $e = \mathbf{\nabla} \cdot \mathbf{u} = \mathrm{Sp}\,\underline{\varepsilon}$ herleiten,

$$\varrho \frac{\partial^2}{\partial t^2} e = 2G \frac{1-\mu}{1-2\mu} \Delta e \quad . \tag{12.2.1}$$

Wegen des Zusammenhangs (11.4.17)

$$e = \frac{\sigma_m}{K} \tag{12.2.2}$$

zwischen Volumendilatation und mittlerer Spannung σ_m ist (12.2.1) in der Form

$$\varrho \frac{\partial^2}{\partial t^2} \sigma_m = 2G \frac{1-\mu}{1-2\mu} \Delta \sigma_m \tag{12.2.3}$$

eine Differentialgleichung für die mittlere Spannung in einem elastischen Material.

Die Tatsache, daß die Divergenz von $\mathbf{u}$ eine separate Gleichung erfüllt, legt es nahe, die Rotation von $\mathbf{u}$ ebenfalls zu separieren, indem wir auf beiden Seiten von (12.1.7) die Rotation bilden. So erhalten wir eine Gleichung für die Rotation $\mathbf{\nabla} \times \mathbf{u}$,

$$\varrho \frac{\partial^2 (\mathbf{\nabla} \times \mathbf{u})}{\partial t^2} = G \Delta (\mathbf{\nabla} \times \mathbf{u}) \quad . \tag{12.2.4}$$

Wir betrachten zwei Typen von Verschiebungsfeldern, das *Quellfeld* $\mathbf{v}(t, \mathbf{x})$, das nichtverschwindende Divergenz besitzt, aber wirbelfrei ist,

$$\mathbf{\nabla} \cdot \mathbf{v}(t, \mathbf{x}) = e(t, \mathbf{x}) \quad , \qquad \mathbf{\nabla} \times \mathbf{v}(t, \mathbf{x}) = 0 \quad , \tag{12.2.5}$$

und das *Wirbelfeld* $\mathbf{w}(t, \mathbf{x})$, das nichtverschwindende Rotation besitzt, aber quellfrei ist,

$$\mathbf{\nabla} \times \mathbf{w}(t, \mathbf{x}) \neq 0 \quad , \qquad \mathbf{\nabla} \cdot \mathbf{w}(t, \mathbf{x}) = 0 \quad . \tag{12.2.6}$$

Für das wirbelfreie Quellfeld $\mathbf{v}$ gilt $\mathbf{\nabla} \times (\mathbf{\nabla} \times \mathbf{v}) = 0$ und wegen (C.8.4)

$$\nabla(\nabla \cdot \mathbf{v}) = \Delta \mathbf{v} \quad .$$

Damit lassen sich für den Fall des wirbelfreien Feldes $\mathbf{v}$ die beiden Terme auf der rechten Seite von (12.1.7) zusammenfassen, und man erhält

$$\frac{1}{c_{\mathrm{L}}^2} \frac{\partial^2}{\partial t^2} \mathbf{v}(t, \mathbf{x}) = \Delta \mathbf{v}(t, \mathbf{x}) \quad , \qquad c_{\mathrm{L}}^2 = 2 \frac{1 - \mu}{1 - 2\mu} \frac{G}{\varrho} \quad . \tag{12.2.7}$$

Das quellenfreie Wirbelfeld $\mathbf{w}(t, \mathbf{x})$ erfüllt die Gleichung

$$\frac{1}{c_{\mathrm{T}}^2} \frac{\partial^2}{\partial t^2} \mathbf{w}(t, \mathbf{x}) = \Delta \mathbf{w}(t, \mathbf{x}) \quad , \qquad c_{\mathrm{T}}^2 = \frac{G}{\varrho} \quad . \tag{12.2.8}$$

Der Vergleich mit (10.3.1) zeigt, daß diese Gleichungen für die Vektorfelder $\mathbf{v}$ bzw. $\mathbf{w}$ d'Alembertsche Wellengleichungen sind.

12.3 Das Quellfeld. Longitudinalwellen im unendlich ausgedehnten Medium

Inhalt: Lösung der Gleichung für das Quellfeld $\mathbf{v}$ durch ebene Longitudinalwelle im unendlich ausgedehnten Medium.
Bezeichnungen: $\mathbf{v}(t, \mathbf{x})$ Verschiebung der Longitudinalwelle, $c_{\mathrm{L}}^2 = (1 - \mu)2G/[(1 - 2\mu)\varrho]$ Quadrat der Phasengeschwindigkeit c_{L} der Longitudinalwelle, $\mathbf{k} = k\hat{\mathbf{k}}$ Wellenvektor, $k = 2\pi/\lambda$ Wellenzahl, λ Wellenlänge, $\omega_{\mathrm{L}} = c_{\mathrm{L}}k$ Kreisfrequenz der ebenen Longitudinalwelle.

Die Wellengleichung (12.2.7) für das vektorielle Quellfeld $\mathbf{v}(t, \mathbf{x})$ entspricht je einer Gleichung für jede Komponente

$$\frac{1}{c_{\mathrm{L}}^2} \frac{\partial^2 v_i}{\partial t^2} = \Delta v_i \quad , \qquad i = 1, 2, 3 \quad . \tag{12.3.1}$$

Wir betrachten als einfachsten Fall die Komponente v_1, die nur von der Zeit und der Variablen x_1 abhängen soll, $v_1 = v_1(t, x_1)$. Wegen $\partial v_1/\partial x_j = 0$, $j = 2, 3$, vereinfacht sich die Wellengleichung zu

$$\frac{1}{c_{\mathrm{L}}^2} \frac{\partial^2 v_1}{\partial t^2} = \frac{\partial^2 v_1}{\partial x_1^2} \quad . \tag{12.3.2}$$

Sie stimmt mit der Gleichung (10.1.11) für die longitudinalen Wellen im Eindimensionalen überein. Damit hat sie die beiden allgemeinen Lösungen

$$v_{1+}(t, x_1) = v(-c_{\mathrm{L}}t + x_1) \quad , \qquad v_{1-}(t, x_1) = v(c_{\mathrm{L}}t + x_1) \quad , \tag{12.3.3}$$

vgl. (10.3.5), (10.3.6), wobei v eine beliebige (zweimal differenzierbare) Funktion einer Variablen ist.

Wegen der Wirbelfreiheit von **v** gilt ferner

$$\frac{\partial v_2}{\partial x_1} = \frac{\partial v_1}{\partial x_2} = 0 \quad , \qquad \frac{\partial v_3}{\partial x_1} = \frac{\partial v_1}{\partial x_3} = 0 \quad ,$$

so daß v_2 und v_3 nicht von x_1 abhängen. Wir können die beiden Funktionen v_2 und v_3 gleich null setzen und erhalten so eine Lösung

$$\mathbf{v}_\pm(t, \mathbf{x}) = v_{1\pm}(t, x_1)\mathbf{e}_1 = v(\mp c_\mathrm{L} t + \mathbf{e}_1 \cdot \mathbf{x})\mathbf{e}_1$$

der Wellengleichung für das Quellfeld. Diese Welle breitet sich mit der Geschwindigkeit c_L in positive oder negative x_1-Richtung aus. Die Wellenfunktion $\mathbf{v}(t, \mathbf{x})$ hängt nicht von x_2, x_3, den Variablen senkrecht zur Ausbreitungsrichtung x_1, ab. Die Flächen konstanter Werte der Wellenfunktion $\mathbf{v}$ sind Ebenen, die senkrecht auf der x_1-Achse stehen. Eine Welle mit dieser Eigenschaft heißt *ebene Welle*. Da der Vektor $\mathbf{v}$ in $\mathbf{e}_1$-Richtung, d. h. in die Ausbreitungsrichtung zeigt, nennt man sie *Longitudinalwelle*.

Wir wählen ein anderes kartesisches Koordinatensystem K' mit den Basisvektoren $\mathbf{e}_1', \mathbf{e}_2', \mathbf{e}_3'$, in dem die Richtung $\mathbf{e}_1$ durch

$$\mathbf{e}_1 = \hat{k}_1 \mathbf{e}_1' + \hat{k}_2 \mathbf{e}_2' + \hat{k}_3 \mathbf{e}_3' = \hat{\mathbf{k}}$$

beschrieben wird, und nennen zur Vermeidung von Verwechslungen $\mathbf{e}_1$ nun $\hat{\mathbf{k}}$. Dann ist die allgemeine Lösung für eine *ebene Longitudinalwelle*

$$\mathbf{v}_\pm(t, \mathbf{x}) = v(\mp c_\mathrm{L} t + \hat{\mathbf{k}} \cdot \mathbf{x})\hat{\mathbf{k}} \tag{12.3.4}$$

im Koordinatensystem K'. Die Flächen konstanter Werte $\mathbf{v}$ sind nun die Ebenen senkrecht zu $\hat{\mathbf{k}}$. Die Ausbreitungsrichtung der Welle ist $\hat{\mathbf{k}}$ für das Minuszeichen und $(-\hat{\mathbf{k}})$ für das Pluszeichen im Argument von v. Da wir für $\hat{\mathbf{k}}$ alle Richtungen im dreidimensionalen Raum wählen können, genügt es, das Minuszeichen im Argument von v zu wählen,

$$\mathbf{v}(t, \mathbf{x}) = v(-c_\mathrm{L} t + \hat{\mathbf{k}} \cdot \mathbf{x})\hat{\mathbf{k}} \quad , \tag{12.3.5}$$

so daß die Ausbreitungsrichtung stets gleich $\hat{\mathbf{k}}$ ist.

Wie im Abschn. 10.4 erhalten wir *ebene harmonische Wellen*, wenn wir für v Sinus oder Kosinus wählen und allgemein mit der Phase $\alpha = -\hat{\mathbf{k}} \cdot \mathbf{x}_0$ schreiben,

$$\mathbf{v}(t, \mathbf{x}) = v_0 \hat{\mathbf{k}} \sin\left[\frac{2\pi}{\lambda}(-c_\mathrm{L} t + \hat{\mathbf{k}} \cdot \mathbf{x} - \hat{\mathbf{k}} \cdot \mathbf{x}_0)\right] \quad . \tag{12.3.6}$$

Hier bedeutet λ wieder die Wellenlänge der harmonischen Welle, v_0 gibt ihre Amplitude an. Mit der Wellenzahl $k = 2\pi/\lambda$ und der Kreisfrequenz $\omega_\mathrm{L} = c_\mathrm{L} k$ der Longitudinalwelle läßt sich die obige Gleichung in die übliche Form

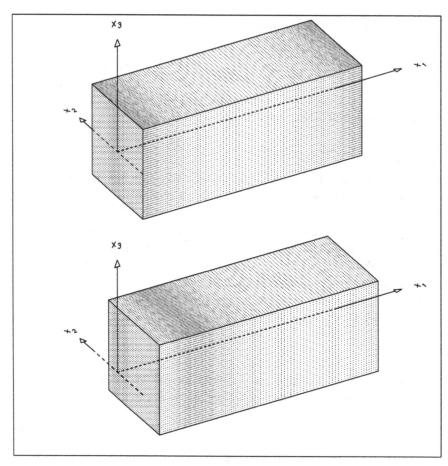

Abb. 12.1. Harmonische ebene Longitudinalwelle $\mathbf{v}(t, \mathbf{x})$ in einem quaderförmigen Ausschnitt der Länge λ eines unendlich ausgedehnten elastischen Mediums für die Zeitpunkte $t = 0$ und $t = T/4$

$$\mathbf{v}(t, \mathbf{x}) = -v_0 \hat{\mathbf{k}} \sin[\omega_{\mathrm{L}} t - \mathbf{k} \cdot (\mathbf{x} - \mathbf{x}_0)] \qquad (12.3.7)$$

bringen, wenn man

$$\mathbf{k} = k\hat{\mathbf{k}} = \frac{2\pi}{\lambda}\hat{\mathbf{k}} \qquad (12.3.8)$$

als *Wellenvektor* einführt.

Abbildung 12.1 zeigt einen Ausschnitt eines unendlich ausgedehnten Mediums, der im unverzerrten Zustand quaderförmig ist. In diesem Zustand bilden die Gitterpunkte $\mathbf{x}_i$ auf den Außenflächen des Quaders ein regelmäßiges Muster. Die in der Figur abgebildeten Punktmuster geben die Verschiebungen $\mathbf{x}'_i = \mathbf{x}_i + \mathbf{v}(t, \mathbf{x}_i)$ an, die von einer Longitudinalwelle (12.3.7) im Medium hervorgerufen werden. Das obere Bild zeigt die Deformation zur Zeit

$t = 0$, das untere zur Zeit $t = T/4$. Die Verdichtungen der Punkte treten in der Umgebung der Nullstellen der Wellenfunktion $\mathbf{v}(t, \mathbf{x})$ auf, bei denen die Volumendilatation $e = \nabla \cdot \mathbf{v}$ negativ ist, die Verdünnungen für $e > 0$. Daher beobachten wir zum Zeitpunkt $t = 0$ die Verdichtungen bei $x_1 = N\lambda$, $N = 0, 1, 2, \ldots$. Im unteren Bild haben sich die Verdünnungen und Verdichtungen nach rechts bewegt, die linke Seitenfläche des dargestellten Materialausschnitts befindet sich nicht mehr wie zur Zeit $t = 0$ bei $x_1 = 0$ sondern bei $x_1 > 0$.

12.4 Das Wirbelfeld. Transversalwellen im unendlich ausgedehnten Medium

Inhalt: Lösung der Gleichung für das Wirbelfeld $\mathbf{w}$ durch ebene Transversalwelle im unendlich ausgedehnten Medium.
Bezeichnungen: $\mathbf{w}(t, \mathbf{x})$ Verschiebung der Transversalwelle, $c_T^2 = G/\varrho$ Quadrat der Phasengeschwindigkeit c_T der Transversalwelle, $\mathbf{k} = k\hat{\mathbf{k}}$ Wellenvektor, $k = 2\pi/\lambda$ Wellenzahl, λ Wellenlänge, $\omega_T = c_T k$ Kreisfrequenz der ebenen Transversalwelle.

Das quellfreie Wirbelfeld besitzt nach (12.2.6) verschwindende Divergenz $\nabla \cdot \mathbf{w}(t, \mathbf{x}) = 0$. Betrachten wir wieder nur die Komponente w_1 und setzen $w_2 = w_3 = 0$, so darf w_1 nicht von x_1 abhängen, weil sonst die Divergenz nicht verschwindet. Eine Abhängigkeit von der Koordinate x_1 können daher nur die Komponenten w_2, w_3 besitzen. Die Verschiebung

$$\mathbf{w}(t, \mathbf{x}) = w_2(-c_T t + x_1)\mathbf{e}_2 + w_3(-c_T t + x_1)\mathbf{e}_3 \qquad (12.4.1)$$

ist Lösung der Wellengleichung (12.2.8). Die so erhaltene Welle besitzt eine Auslenkung $\mathbf{w}$, die senkrecht zur Ausbreitungsrichtung $\mathbf{e}_1$ steht. Man bezeichnet sie daher als *Transversalwelle*.

Mit denselben Schritten wie im vorigen Abschnitt erhalten wir bei allgemeiner Lage des Koordinatensystems

$$\mathbf{w}(t, \mathbf{x}) = \mathbf{w}_T(-c_T t + \hat{\mathbf{k}} \cdot \mathbf{x}) \qquad (12.4.2)$$

für die *ebene Transversalwelle*. Es gilt

$$\nabla \cdot \mathbf{w} = 0 \quad , \qquad (12.4.3)$$

die Auslenkung $\mathbf{w}_T$ ist transversal zur Ausbreitungsrichtung $\hat{\mathbf{k}}$.

Die Ausbreitungsgeschwindigkeit der Transversalwelle ist $c_T = \sqrt{G/\varrho}$ und damit stets kleiner als die der Longitudinalwelle,

$$c_L = \sqrt{\frac{2(1 - \mu)}{1 - 2\mu}} c_T \quad . \qquad (12.4.4)$$

Für die *ebene harmonische Transversalwelle* erhalten wir

$$\mathbf{w}(t,\mathbf{x}) = \mathbf{w}_{0T}\sin[\omega_T t - \mathbf{k}\cdot(\mathbf{x}-\mathbf{x}_0)] \qquad (12.4.5)$$

mit der Kreisfrequenz

$$\omega_T = c_T k \qquad (12.4.6)$$

der Transversalwelle. Der Amplitudenvektor $\mathbf{w}_0$ steht senkrecht zur Ausbreitungsrichtung,

$$\hat{\mathbf{k}}\cdot\mathbf{w}_0 = 0 \quad . \qquad (12.4.7)$$

Abbildung 12.2 zeigt die Deformation eines quaderförmigen Ausschnitts eines unendlich ausgedehnten Mediums durch eine Transversalwelle (12.4.5).

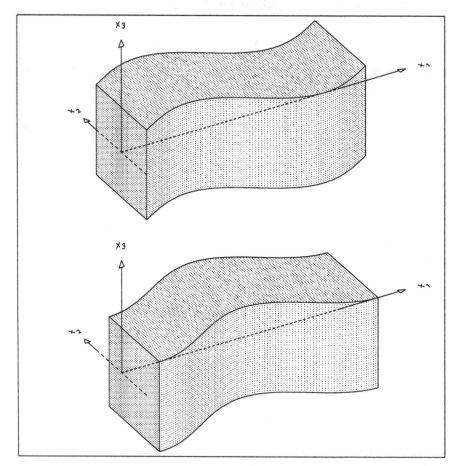

Abb. 12.2. Harmonische ebene Transversalwelle $\mathbf{w}(t,\mathbf{x})$ mit $\mathbf{w}_0 = w_0\mathbf{e}_2$ in einem im Ruhezustand quaderförmigen Ausschnitt der Länge λ eines unendlich ausgedehnten elastischen Mediums für die Zeitpunkte $t = 0$ und $t = T/4$

12.5 Verzerrungs- und Spannungstensoren von Transversal- und Longitudinalwellen

Inhalt: Berechnung der Verzerrungstensoren $\underline{\varepsilon}_T, \underline{\varepsilon}_L$ von Überlagerungen transversaler bzw. longitudinaler harmonischer ebener Wellen $\mathbf{w}(t, \mathbf{x}), \mathbf{v}(t, \mathbf{x})$. Bestimmung der zugehörigen Spannungstensoren $\underline{\sigma}_T, \underline{\sigma}_L$ aus dem Hookeschen Gesetz.
Bezeichnungen: $\mathbf{w}(t, \mathbf{x}), \mathbf{v}(t, \mathbf{x})$ Verschiebungen transversaler bzw. longitudinaler Wellen; $\mathbf{k}_1 = k_1\mathbf{e}_1 + k_2\mathbf{e}_2, \mathbf{k}_2 = k_1\mathbf{e}_1 - k_2\mathbf{e}_2$ Wellenvektoren der einlaufenden bzw. reflektierten Transversalwellen; $\mathbf{q}_1 = k_1\mathbf{e}_1 + q_2\mathbf{e}_2, \mathbf{q}_2 = k_1\mathbf{e}_1 - q_2\mathbf{e}_2$ Wellenvektoren der einlaufenden bzw. auslaufenden Longitudinalwellen; ω gemeinsame Kreisfrequenz der Wellen; $c_T = \sqrt{G/\varrho}, c_L = nc_T$ Phasengeschwindigkeiten der Transversal- bzw. Longitudinalwellen; $n^2 = 2(1 - \mu)/(1 - 2\mu)$ Quadrat des Verhältnisses der Phasengeschwindigkeiten von Longitudinal- und Transversalwellen, μ Poissonzahl; $\underline{\varepsilon}_T, \underline{\varepsilon}_L$ Verzerrungstensoren und $\underline{\sigma}_T, \underline{\sigma}_L$ Spannungstensoren der Überlagerungen der Transversal- bzw. Longitudinalwellen.

In den Abschnitten 12.3 und 12.4 haben wir gesehen, daß in unendlich ausgedehnten elastischen Medien transversale und longitudinale Wellen unabhängig voneinander existieren können. In diesem und den folgenden Abschnitten werden wir das Verhalten elastischer Wellen in einem unendlichen Halbraum und einer unendlich ausgedehnten Platte endlicher Dicke untersuchen. Das Koordinatensystem sei so gewählt, daß die Oberfläche durch $x_2 = 0$ gegeben ist und das Medium im Gebiet $x_2 < 0$ liegt.

Auf der Oberfläche mit der Normalen $\hat{\mathbf{n}}$ muß der Spannungsvektor $\mathbf{s}(\hat{\mathbf{n}})$ verschwinden. Da wir Reflexion an der Oberfläche erwarten, betrachten wir die Überlagerung zweier ebener Transversalwellen gleicher Kreisfrequenz ω,

$$\mathbf{w}(t, \mathbf{x}) = (\mathbf{k}_1 \times \mathbf{e}_3)W_1 \sin(\omega t - k_1 x_1 - k_2 x_2) \\ + (\mathbf{k}_2 \times \mathbf{e}_3)W_2 \sin(\omega t - k_1 x_1 + k_2 x_2) \quad . \quad (12.5.1)$$

Der erste Summand auf der rechten Seite stellt die einlaufende Welle mit dem Wellenvektor

$$\mathbf{k}_1 = k_1\mathbf{e}_1 + k_2\mathbf{e}_2 \quad\quad\quad (12.5.2)$$

dar, der zweite die reflektierte mit dem Wellenvektor

$$\mathbf{k}_2 = k_1\mathbf{e}_1 - k_2\mathbf{e}_2 \quad , \quad\quad\quad (12.5.3)$$

vgl. Abb. 12.3 weiter unten.

Die transversalen Amplituden sind durch

$$(\mathbf{k}_1 \times \mathbf{e}_3)W_1 = (k_2\mathbf{e}_1 - k_1\mathbf{e}_2)W_1 \quad , \quad\quad (\mathbf{k}_2 \times \mathbf{e}_3)W_2 = -(k_2\mathbf{e}_1 + k_1\mathbf{e}_2)W_2$$
$$(12.5.4)$$

gegeben. Da die Beträge der beiden Wellenvektoren durch

$$|\mathbf{k}_1| = |\mathbf{k}_2| = \sqrt{k_1^2 + k_2^2} = k \quad\quad\quad (12.5.5)$$

gegeben sind, ist ihre Kreisfrequenz durch

$$\omega = c_{\text{T}} k \tag{12.5.6}$$

gegeben, wobei c_{T} die Phasengeschwindigkeit der Transversalwellen ist.

Entsprechend schreiben wir die Superposition zweier Longitudinalwellen gleicher Kreisfrequenz ω,

$$\mathbf{v}(t, \mathbf{x}) = \mathbf{q}_1 V_1 \sin(\omega t - k_1 x_1 - q_2 x_2) + \mathbf{q}_2 V_2 \sin(\omega t - k_1 x_1 + q_2 x_2) \quad , \tag{12.5.7}$$

mit den Wellenvektoren

$$\mathbf{q}_1 = k_1 \mathbf{e}_1 + q_2 \mathbf{e}_2 \quad , \qquad \mathbf{q}_2 = k_1 \mathbf{e}_1 - q_2 \mathbf{e}_2 \quad . \tag{12.5.8}$$

Wieder sind ihre Beträge gleich,

$$|\mathbf{q}_1| = |\mathbf{q}_2| = \sqrt{k_1^2 + q_2^2} = q \quad . \tag{12.5.9}$$

Die Kreisfrequenz ist allerdings durch

$$\omega = c_{\text{L}} q \tag{12.5.10}$$

gegeben. Hier ist c_{L} die Phasengeschwindigkeit der Longitudinalwelle.

Mit

$$c_{\text{L}}^2 = n^2 c_{\text{T}}^2 \quad , \qquad n^2 = \frac{2(1-\mu)}{1-2\mu} \quad , \qquad k_2^2 = \frac{\omega^2}{c_{\text{T}}^2} - k_1^2 \tag{12.5.11}$$

folgt nun

$$q_2^2 = \frac{\omega^2}{c_{\text{L}}^2} - k_1^2 = \frac{1}{n^2} \frac{\omega^2}{c_{\text{T}}^2} - k_1^2 \quad . \tag{12.5.12}$$

Mit den abkürzenden Bezeichnungen

$$c_{\pm} = \cos(\omega t - k_1 x_1 \mp k_2 x_2) \quad , \qquad d_{\pm} = \cos(\omega t - k_1 x_1 \mp q_2 x_2) \tag{12.5.13}$$

nehmen die Verzerrungstensoren der beiden Wellen die folgenden Formen an:

$$(\underline{\varepsilon}_{\text{T}}) =$$
$$-\begin{pmatrix} k_1 k_2 (W_1 c_+ - W_2 c_-) & (-\frac{1}{2})(k_1^2 - k_2^2)(W_1 c_+ + W_2 c_-) & 0 \\ (-\frac{1}{2})(k_1^2 - k_2^2)(W_1 c_+ + W_2 c_-) & -k_1 k_2 (W_1 c_+ - W_2 c_-) & 0 \\ 0 & 0 & 0 \end{pmatrix}$$
$$\tag{12.5.14}$$

und

$$(\underline{\underline{\varepsilon}}_{\mathrm{L}}) = - \begin{pmatrix} k_1^2(V_1 d_+ + V_2 d_-) & k_1 q_2(V_1 d_+ - V_2 d_-) & 0 \\ k_1 q_2(V_1 d_+ - V_2 d_-) & q_2^2(V_1 d_+ + V_2 d_-) & 0 \\ 0 & 0 & 0 \end{pmatrix} . \quad (12.5.15)$$

Die Transversalwelle ist dilatationsfrei, es gilt

$$\mathrm{Sp}\,\underline{\underline{\varepsilon}}_{\mathrm{T}} = 0 \quad ,$$

während für die Longitudinalwelle die Spur des Verzerrungstensors nicht verschwindet,

$$\mathrm{Sp}\,\underline{\underline{\varepsilon}}_{\mathrm{L}} = -(k_1^2 + q_2^2)(V_1 d_+ + V_2 d_-) \quad .$$

Damit sind die Spannungstensoren der beiden Wellen durch

$$\underline{\underline{\sigma}}_{\mathrm{T}} = 2G\underline{\underline{\varepsilon}}_{\mathrm{T}} \quad , \qquad \underline{\underline{\sigma}}_{\mathrm{L}} = 2G\left(\underline{\underline{\varepsilon}}_{\mathrm{L}} + \frac{\mu}{1 - 2\mu}(\mathrm{Sp}\,\underline{\underline{\varepsilon}}_{\mathrm{L}})\underline{\underline{1}}\right) \qquad (12.5.16)$$

gegeben.

12.6 Reflexion und Brechung der Transversal- und Longitudinalwelle an der Oberfläche eines Mediums

Inhalt: Berechnung der Normalspannungsvektoren $\mathbf{s}_{\mathrm{T}2} = \underline{\underline{\sigma}}_{\mathrm{T}}\mathbf{e}_2$, $\mathbf{s}_{\mathrm{L}2} = \underline{\underline{\sigma}}_{\mathrm{L}}\mathbf{e}_2$ der Überlagerungen von Transversal- bzw. Longitudinalwellen auf der Oberfläche eines Mediums, das einen unendlichen Halbraum ausfüllt. $\mathbf{s}_{\mathrm{T}2}$ bzw. $\mathbf{s}_{\mathrm{L}2}$ können nicht einzeln verschwinden. Aus dem Verschwinden von $\mathbf{s}_{\mathrm{T}2} + \mathbf{s}_{\mathrm{L}2}$ folgt, daß die Reflexion einer Transversalwelle mit Einfalls- und Reflexionswinkel α stets vom Auftreten einer Longitudinalwelle unter einem Winkel β begleitet ist. Der Winkel β folgt dem Brechungsgesetz $\sin\beta/\sin\alpha = n$.
Bezeichnungen: $\mathbf{s}_{\mathrm{T}2}, \mathbf{s}_{\mathrm{L}2}$ Normalspannungsvektoren; $\underline{\underline{\sigma}}_{\mathrm{T}}, \underline{\underline{\sigma}}_{\mathrm{L}}$ Spannungstensoren der Überlagerungen von Transversal- bzw. Longitudinalwellen; $(\mathbf{k}_1 \times \mathbf{e}_3)W_1$ Amplitudenvektor der einlaufenden Transversalwelle, $(\mathbf{k}_2 \times \mathbf{e}_3)W_2$ Amplitudenvektor der reflektierten Transversalwelle, $\mathbf{q}_1 V_1$ Amplitudenvektor der einlaufenden Longitudinalwelle; $\mathbf{q}_2 V_2$ Amplitudenvektor der gebrochenen Longitudinalwelle, $\mathbf{k}_i, \mathbf{q}_i$, $i = 1, 2$, Wellenvektoren der Transversal- bzw. Longitudinalwellen; α Einfalls- und Reflexionswinkel der Transversalwelle, β Brechungswinkel der Longitudinalwelle, $n^2 = 2(1 - \mu)/(1 - 2\mu)$ Quadrat des Brechungsindex, μ Poissonzahl; $c_\pm, d_\pm$ wie im vorigen Abschnitt.

Wir untersuchen das Verhalten der beiden Wellentypen in einem Medium, das den Halbraum $x_2 \leq 0$ ausfüllt. Auf einer freien Oberfläche mit der Normalen $\mathbf{e}_2$ sind die Spannungsvektoren der Transversalwelle unter Nutzung von (12.5.14) und (12.5.16) durch

$$(\mathbf{s}_{\mathrm{T}2}) = (\mathbf{s}_{\mathrm{T}}(\mathbf{e}_2)) = (\underline{\underline{\sigma}}_{\mathrm{T}}\mathbf{e}_2) = -2G \begin{pmatrix} (-\frac{1}{2})(k_1^2 - k_2^2)(W_1 c_+ + W_2 c_-) \\ -k_1 k_2(W_1 c_+ - W_2 c_-) \\ 0 \end{pmatrix}$$

$$(12.6.1)$$

und die der Longitudinalwelle mit (12.5.15) und (12.5.16) durch

$$(\mathbf{s}_{L2}) = (\mathbf{s}_L(\mathbf{e}_2)) = (\underline{\underline{\sigma}}_L \mathbf{e}_2) = -2G \begin{pmatrix} k_1 q_2 (V_1 d_+ - V_2 d_-) \\ \frac{\mu}{1-2\mu}[k_1^2 + \frac{1-\mu}{\mu} q_2^2] \, (V_1 d_+ + V_2 d_-) \\ 0 \end{pmatrix}$$

(12.6.2)

gegeben.

Mit Hilfe der Beziehungen (12.5.11), (12.5.12) finden wir noch

$$-\frac{1}{2}(k_1^2 - k_2^2) = \frac{\omega^2}{2c_T} - k_1^2 \quad , \qquad \frac{\mu}{1-2\mu}(k_1^2 + \frac{1-\mu}{\mu} q_2^2) = \frac{\omega^2}{2c_T^2} - k_1^2$$

und erhalten

$$(\mathbf{s}_{T2}) = -2G \begin{pmatrix} (\frac{\omega^2}{2c_T^2} - k_1^2) \, (W_1 c_+ + W_2 c_-) \\ -k_1 \sqrt{\frac{\omega^2}{c_T^2} - k_1^2}(W_1 c_+ - W_2 c_-) \\ 0 \end{pmatrix} \quad ,$$

$$(\mathbf{s}_{L2}) = -2G \begin{pmatrix} k_1 \sqrt{\frac{\omega^2}{n^2 c_T^2} - k_1^2}(V_1 d_+ - V_2 d_-) \\ (\frac{\omega^2}{2c_T^2} - k_1^2)(V_1 d_+ + V_2 d_-) \\ 0 \end{pmatrix} \quad . \quad (12.6.3)$$

Für die betrachtete Halbraumoberfläche muß in diesen Ausdrücken $x_2 = 0$ gesetzt werden, das bedeutet $c_- = c_+ = d_- = d_+$.

Die Spannungsvektoren $\mathbf{s}_{T2}$ und $\mathbf{s}_{L2}$ auf der Oberfläche $x_2 = 0$ können nicht einzeln zum Verschwinden gebracht werden. Nur für das identische Verschwinden aller Amplituden $W_i = 0$, $V_i = 0$, $i = 1, 2$, gilt $\mathbf{s}_{T2} = 0$, $\mathbf{s}_{L2} = 0$. Damit kann sich in einem elastischen Medium mit begrenzenden Oberflächen keine rein transversale oder longitudinale Welle fortpflanzen.

Daher verlangen wir an Stelle des einzelnen Verschwindens der Spannungsvektoren $\mathbf{s}_{T2}, \mathbf{s}_{L2}$ auf der Oberfläche nun nur das Verschwinden der Summe der beiden,

$$\mathbf{s}_2 = \mathbf{s}_{T2} + \mathbf{s}_{L2} = 0 \quad \text{für} \quad x_2 = 0 \quad . \qquad (12.6.4)$$

Das führt unter Benutzung von (12.6.3) auf zwei lineare Gleichungen mit den vier Unbekannten $W_i, V_i, i = 1, 2$:

$$-\left(\frac{\omega^2}{2c_T^2} - k_1^2\right) W_2 + k_1 \sqrt{\frac{\omega^2}{n^2 c_T^2} - k_1^2} \, V_2$$

$$= \left(\frac{\omega^2}{2c_T^2} - k_1^2\right) W_1 + k_1 \sqrt{\frac{\omega^2}{n^2 c_T^2} - k_1^2} \, V_1 \quad ,$$

$$k_1 \sqrt{\frac{\omega^2}{c_T^2} - k_1^2}\, W_2 + \left(\frac{\omega^2}{2c_T^2} - k_1^2\right) V_2$$

$$= k_1 \sqrt{\frac{\omega^2}{c_T^2} - k_1^2}\, W_1 - \left(\frac{\omega^2}{2c_T^2} - k_1^2\right) V_1 \quad . \tag{12.6.5}$$

Wir betrachten als Standardsituation bei der Reflexion und Brechung von Wellen an Oberflächen jene, bei der k_1 oder q_1 als Wellenvektoren (12.5.2), (12.5.8) der auf die Oberfläche einlaufenden Transversal- bzw. Longitudinalwelle und k_2 und q_2 als die der auslaufenden Wellen betrachtet werden. In diesem Fall können beliebige Werte für W_1 und V_1 vorgegeben werden, das Gleichungssystem (12.6.5) legt dann W_2, V_2 fest. Als *Standardlösungen* wählt man

$$W_1 = 1, \ V_1 = 0 \quad \text{und} \quad W_1 = 0, \ V_1 = 1 \quad .$$

Für $W_1 = 1$, $V_1 = 0$ haben wir nur eine einlaufende Transversalwelle, für $W_1 = 0$, $V_1 = 1$ nur eine einlaufende Longitudinalwelle. Andere Werte von W_1, V_1 entsprechen linearen Superpositionen der beiden Standardlösungen.

Im folgenden betrachten wir die erste Möglichkeit einer einlaufenden Transversalwelle, d. h. $W_1 = 1$, $V_1 = 0$. Als Lösung des obigen Gleichungssystems erhalten wir die Amplituden W_2, V_2 der auslaufenden Wellen,

$$W_2 = \frac{k_1^2 k_2 q_2 - (\frac{\omega^2}{2c_T^2} - k_1^2)^2}{k_1^2 k_2 q_2 + (\frac{\omega^2}{2c_T^2} - k_1^2)^2} \quad , \qquad V_2 = \frac{2 k_1 k_2 (\frac{\omega^2}{2c_T^2} - k_1^2)}{k_1^2 k_2 q_2 + (\frac{\omega^2}{2c_T^2} - k_1^2)^2} \quad . \tag{12.6.6}$$

Als Lösung haben wir für die Verschiebung

$$\mathbf{u}(t, \mathbf{x}) = \mathbf{w}(t, \mathbf{x}) + \mathbf{v}(t, \mathbf{x}) \tag{12.6.7}$$

oder explizit

$$\begin{aligned}
\mathbf{u}(t, \mathbf{x}) = \ & (\mathbf{k}_1 \times \mathbf{e}_3) \sin(\omega t - k_1 x_1 - k_2 x_2) \\
& + (\mathbf{k}_2 \times \mathbf{e}_3) W_2 \sin(\omega t - k_1 x_1 + k_2 x_2) \\
& + \mathbf{q}_2 V_2 \sin(\omega t - k_1 x_1 + q_2 x_2) \quad .
\end{aligned} \tag{12.6.8}$$

Das Resultat zeigt, daß die einlaufende Transversalwelle mit der Amplitude eins und dem Wellenvektor $\mathbf{k}_1 = k_1 \mathbf{e}_1 + k_2 \mathbf{e}_2$ an der Oberfläche $x_2 = 0$ in eine Transversalwelle mit der Amplitude W_2 und dem reflektierten Wellenvektor $\mathbf{k}_2 = k_1 \mathbf{e}_1 - k_2 \mathbf{e}_2$ sowie eine Longitudinalwelle mit der Amplitude V_2 und dem gebrochenen Wellenvektor $\mathbf{q}_2 = k_1 \mathbf{e}_1 - q_2 \mathbf{e}_2$ übergeht.

Der Wellenvektor – und damit die Fortpflanzungsrichtung – der reflektierten ebenen Transversalwelle erfüllt das *Reflexionsgesetz* $\alpha = \alpha'$, das besagt, daß der Einfallswinkel α, definiert gegen die ins Medium zeigende Normale $(-\mathbf{e}_2)$ auf der Einfallsebene durch

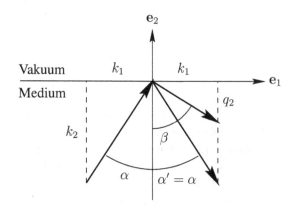

Abb. 12.3. Wellenvektoren der einlaufenden (k_1) und der reflektierten (k_2) Transversalwelle sowie der ins Medium hineingebrochenen Longitudinalwelle (q_2)

$$\sin\alpha = \frac{k_1}{|\mathbf{k}_1|} \quad , \qquad |\mathbf{k}_1|^2 = k_1^2 + k_2^2 = \frac{\omega^2}{c_T^2} \quad , \qquad (12.6.9)$$

gleich dem Ausfallswinkel α' ist, vgl. Abb. 12.3.

Der Wellenvektor q_2 der auslaufenden ebenen Longitudinalwelle besitzt gegen die Normale $-e_2$ den *Brechungswinkel* β definiert durch

$$\sin\beta = \frac{k_1}{|\mathbf{q}_1|} = \frac{k_1}{\sqrt{k_1^2 + q_2^2}} \quad .$$

Mit

$$k_1^2 + q_2^2 = \frac{1}{n^2}\frac{\omega^2}{c_T^2} = \frac{1}{n^2}|\mathbf{k}_1|^2$$

gilt

$$\frac{\sin\beta}{\sin\alpha} = n \quad , \qquad n^2 = \frac{2(1-\mu)}{1-2\mu} \quad . \qquad (12.6.10)$$

Für die Longitudinalwelle gilt das *Brechungsgesetz für elastische Wellen* allerdings – im Unterschied zur Optik – für eine Brechung in das Medium hinein. Die Phasengeschwindigkeiten der Transversal- und Longitudinalwelle in e_1-Richtung, d. h. parallel zur Oberfläche des Mediums, sind gleich und besitzen den Wert

$$v = \frac{c_T}{\sin\alpha} = \frac{c_L}{\sin\beta} \quad . \qquad (12.6.11)$$

Als ein Beispiel betrachten wir den Zustand eines elastischen Mediums, der sich aus der Überlagerung einer einlaufenden Transversalwelle und der von ihr hervorgerufenen reflektierten Transversalwelle und der ebenfalls von ihr hervorgerufenen gebrochenen Longitudinalwelle ergibt. Die durch diese drei Wellen hervorgerufenen Verschiebungen $\mathbf{u}_e$, $\mathbf{u}_r$ und $\mathbf{u}_g$ addieren sich zur gesamten Verschiebung $\mathbf{u}$. Ein Punkt des Mediums mit der Ruhelage $\mathbf{x}_i$ befindet sich zur Zeit t am verschobenen Ort

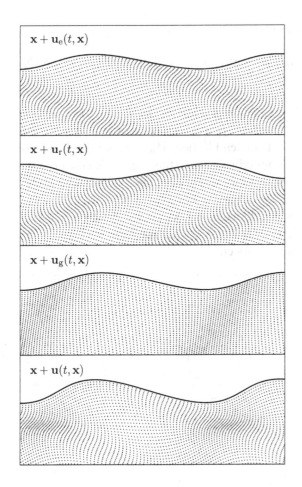

$\mathbf{x} + \mathbf{u}_e(t, \mathbf{x})$

$\mathbf{x} + \mathbf{u}_r(t, \mathbf{x})$

$\mathbf{x} + \mathbf{u}_g(t, \mathbf{x})$

$\mathbf{x} + \mathbf{u}(t, \mathbf{x})$

Abb. 12.4. Welle im halbunendlichen Medium. Die Teilbilder zeigen das Verschiebungsmuster berechnet mit der einlaufenden Transversalwelle $\mathbf{u}_e(t, \mathbf{x})$, der reflektierten Transversalwelle $\mathbf{u}_r(t, \mathbf{x})$, der an der Oberfläche ins Innere gebrochenen Longitudinalwelle $\mathbf{u}_g(t, \mathbf{x})$ und die Überlagerung $\mathbf{u}_e + \mathbf{u}_r + \mathbf{u}_g$. In allen Teilbildern zeigt $\mathbf{e}_1$ nach rechts und $\mathbf{e}_2$ nach oben

$$\mathbf{x}'_i(t, \mathbf{x}_i) = \mathbf{x}_i + \mathbf{u}(t, \mathbf{x}_i) = \mathbf{x}_i + \mathbf{u}_e(t, \mathbf{x}_i) + \mathbf{u}_r(t, \mathbf{x}_i) + \mathbf{u}_g(t, \mathbf{x}_i) \quad .$$

Obwohl physikalisch die drei Verschiebungen nicht zu trennen sind, können wir sie doch graphisch einzeln darstellen. Die Teilbilder der Abb. 12.4 zeigen von oben nach unten die verschobenen Orte $\mathbf{x}'_i$, die mit

- der einlaufender Transversalwelle

$$\mathbf{u}_e(t, \mathbf{x}) = (\mathbf{k}_1 \times \mathbf{e}_3) \sin(\omega t - k_1 x_1 - k_2 x_2) \quad , \qquad (12.6.12)$$

- der reflektierten Transversalwelle

$$\mathbf{u}_r(t, \mathbf{x}) = (\mathbf{k}_2 \times \mathbf{e}_3) W_2 \sin(\omega t - k_1 x_1 + k_2 x_2) \quad , \qquad (12.6.13)$$

- der ins Medium hinein gebrochenen Longitudinalwelle

$$\mathbf{u}_g(t, \mathbf{x}) = \mathbf{q}_2 V_2 \sin(\omega t - k_1 x_1 + q_2 x_2) \qquad (12.6.14)$$

- und der Überlagerung (12.6.8)

$$\mathbf{u}(t, \mathbf{x}) = \mathbf{u}_e(t, \mathbf{x}) + \mathbf{u}_r(t, \mathbf{x}) + \mathbf{u}_g(t, \mathbf{x}) \qquad (12.6.15)$$

berechnet werden.

Die abgebildeten Verschiebungen liegen alle in der (x_1, x_2)-Ebene. Die Fortpflanzungsrichtungen der Einzelwellen $\mathbf{u}_e, \mathbf{u}_r, \mathbf{u}_g$ stehen senkrecht auf den Streifen größerer Punktdichte in den Flächen. Man erkennt deutlich, daß die Ausbreitungsrichtung der longitudinalen Konstituentenwelle einen größeren Winkel β mit der inneren Normalen $-\mathbf{e}_2$ auf der Materialoberfläche bildet als die reflektierte transversale Konstituentenwelle.

Abbildung 12.5 zeigt die Verschiebung $\mathbf{u}(t, \mathbf{x})$ zu den Zeiten $t = 0$ und $t = T/2$. Im Vergleich zur Zeit $t = 0$ ist das Muster zur Zeit t als Ganzes um die Strecke vt in $\mathbf{e}_1$-Richtung verschoben.

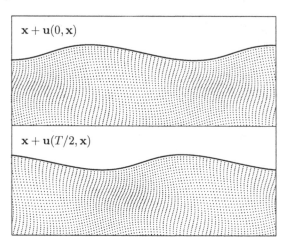

$\mathbf{x} + \mathbf{u}(0, \mathbf{x})$

$\mathbf{x} + \mathbf{u}(T/2, \mathbf{x})$

Abb. 12.5. Verschiebungsmuster berechnet mit $\mathbf{u}(t, \mathbf{x})$ wie in Abb. 12.4 jedoch für verschiedene Zeiten. Das obere Teilbild zeigt die Verschiebungen zur Zeit $t = 0$, das untere zur Zeit $t = T/2$

12.7 Transversal- und Longitudinalwellen in einer Materialplatte

Inhalt: Berechnung der Normalspannungsvektoren $\mathbf{s}_{T2} = \underline{\underline{\sigma}}_T \hat{\mathbf{n}}$, $\mathbf{s}_{L2} = \underline{\underline{\sigma}}_L \hat{\mathbf{n}}$ der Überlagerungen von Transversal- bzw. Longitudinalwellen auf den beiden Oberflächen einer Platte. Aus der Forderung $\mathbf{s}_{T2} + \mathbf{s}_{L2} = 0$ auf den Oberflächen folgt, daß transversale und longitudinale Wellen stets gemeinsam auftreten. Es werden spezielle Lösungen studiert, bei denen nur die Transversalwelle an der Oberfläche reflektiert wird, die Longitudinalwelle dagegen läuft nur von einer Oberfläche zur anderen entweder von oben nach unten oder umgekehrt.

Bezeichnungen: $\mathbf{s}_{T2}, \mathbf{s}_{L2}$ Normalspannungsvektoren; L_2 Dicke der Platte; $\mathbf{k}_1, \mathbf{k}_2$ Wellenvektoren der einlaufenden bzw. reflektierten Transversalwelle; $\mathbf{q}_2$ Wellenvektor der gebrochenen Longitudinalwelle, α Einfalls- und Reflexionswinkel der Transversalwelle, $n^2 = c_L^2/c_T^2 = 2(1 - \mu)/(1 - 2\mu)$ Quadrat des Brechungsindex, μ Poissonzahl.

Wir betrachten eine Platte der Dicke L_2 im Bereich $0 \geq x_2 \geq -L_2$ an Stelle des unendlich ausgedehnten Halbraumes. Wie wir im vorigen Abschnitt gesehen haben, kann eine Transversalwelle bei $x_2 = 0$ nur unter Aussendung einer „gebrochenen" Longitudinalwelle reflektiert werden. Die reflektierte Transversalwelle und die Longitudinalwelle propagieren von der Oberfläche bei $x_2 = 0$ zu der bei $x_2 = -L_2$. Wenn für die Wellenvektorkomponenten k_2 der reflektierten Transversalwelle und q_2 der Longitudinalwelle die Werte

$$k_2 = M\frac{2\pi}{L_2} \quad , \qquad q_2 = N\frac{2\pi}{L_2} \quad , \qquad M, N \text{ ganzzahlig} \qquad (12.7.1)$$

gewählt werden, besteht zwischen beiden die Phasenbeziehung

$$k_2 L_2 = q_2 L_2 + (M - N)2\pi \quad . \qquad (12.7.2)$$

Die beiden Wellen vereinigen sich bei $x_2 = -L_2$ zu einer reinen Transversalwelle mit dem ursprünglichen Wellenvektor $\mathbf{k}_1$ der Transversalwelle. Das kann man direkt an Hand der Gleichungen des vorigen Abschnitts bestätigen. In diesem Fall gilt für den Gesamtspannungsvektor

$$\mathbf{s}_{T2} + \mathbf{s}_{L2} = 0 \qquad (12.7.3)$$

auch bei $x_2 = -L_2$, also auf der Unterseite der Platte. Für die Werte (12.7.1) gibt es in der Platte zwei Lösungen:

i) die Überlagerung (12.6.8) einer Transversalwelle mit dem Wellenvektor $\mathbf{k}_1 = k_1 \mathbf{e}_1 + k_2 \mathbf{e}_2$ mit der an der Materialoberfläche reflektierten Transversalwelle mit $\mathbf{k}_2 = k_1 \mathbf{e}_1 - k_2 \mathbf{e}_2$ und einer zusätzlichen Longitudinalwelle mit dem Wellenvektor $\mathbf{q}_2 = k_1 \mathbf{e}_1 - q_2 \mathbf{e}_2$, die unter dem Winkel β mit

$$\sin\beta = n\sin\alpha \qquad (12.7.4)$$

fortschreitet. Eine Longitudinalwelle zum gespiegelten Wellenvektor $\mathbf{q}_1 = k_1 \mathbf{e}_1 + q_2 \mathbf{e}_2$ tritt in diesem Fall nicht auf. D. h.: Unter der Wechselwirkung der Transversalwelle mit der Materialoberfläche bei $x_2 = 0$ sendet diese eine Longitudinalwelle ins Medium aus, die ihrerseits an der Unterseite bei $x_2 = -L_2$ zusammen mit dem an der Oberseite reflektierten Teil der Transversalwelle die Aussendung einer rein transversalen Welle mit der ursprünglichen Richtung $\mathbf{k}_1$ bewirkt.

ii) die Überlagerung einer Transversalwelle mit dem Wellenvektor $\mathbf{k}_1 = k_1 \mathbf{e}_1 - k_2 \mathbf{e}_2$ mit einer Transversalwelle mit dem an der Unterfläche gespiegelten Vektor $\mathbf{k}_2 = k_1 \mathbf{e}_1 + k_2 \mathbf{e}_2$ und einer Longitudinalwelle mit dem Wellenvektor $\mathbf{q}_2 = k_1 \mathbf{e}_1 + q_2 \mathbf{e}_2$. Diese Lösung stellt die zu (i) gespiegelte Situation dar.

Abbildung 12.6 gibt die Bahnen einzelner Massenpunkte der Platte wieder. Die Bahnen sind Ellipsen oder der Geradenabschnitte. Die Ruhelagen der Massenpunkte befinden sich jeweils im Zentrum der Bahnen. Da das Hooke- sche Gesetz (11.8.4) zwischen Verschiebungen und Kraftdichte einen isotro- pen linearen Zusammenhang herstellt, bewegen sich die Materieteilchen in isotropen Oszillatorpotentialen. Damit sind die Bahnen Ellipsen, deren Mit- telpunkte die Ruhelagen der Teilchen sind, oder im Entartungsfalle Geraden, vgl. Aufgabe 2.17.

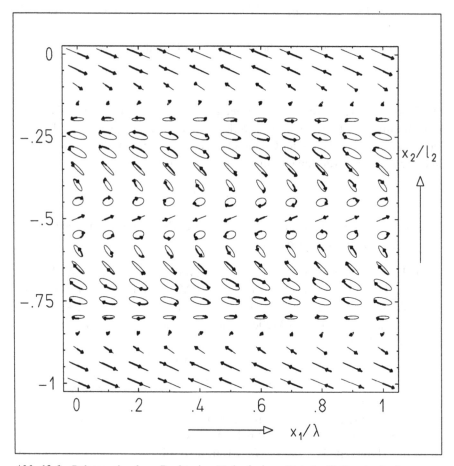

Abb. 12.6. Bahnen einzelner Punkte im Verlauf einer Periode T der Ausbreitung von Transversal- und Longitudinalwellen in einer elastischen Platte. Die Ruhelagen der Punk- te befinden sich im Mittelpunkt der Ellipsen oder in der Mitte der Geradenstücke. Die Pfeile geben die Bewegungsrichtungen der Teilchen in einem Zeitpunkt an. Die dicker gezeichneten Bahnstücke werden in einer Viertelperiode durchlaufen

Jede Überlagerung der oben diskutierten Lösungen (i) und (ii) ist wieder eine Lösung des Problems. Insbesondere können diese so überlagert werden, daß eine Longitudinalwelle mit dem Wellenvektor q_1 einläuft, eine reflektierte Longitudinalwelle und eine gebrochene Transversalwelle mit den Wellenvektoren q_2 und k_2 auslaufen, aber keine Transversalwelle mit dem Wellenvektor k_1 auftritt. Die dazu gespiegelte Situation vervollständigt eine zu oben gewissermaßen komplementäre Betrachtung.

Neben den Werten (12.7.1) für k_2, q_2 gibt es ein Kontinuum von Lösungen der Gleichungen für das Verschwinden der Spannungsvektoren s_2 an den Begrenzungsflächen der Platte. Sie sind nur numerisch zu finden. Für solche Werte gibt es jeweils nur eine Wellenlösung und nicht – wie für die speziellen Werte (12.7.1) – ein Paar. Diese Wellenlösungen bestehen aus Überlagerungen von Transversalwellen mit Wellenvektoren k_1, k_2 und Longitudinalwellen mit den Wellenvektoren q_1, q_2.

In Abb. 12.7 sind die Wellen der Form (12.6.12), (12.6.13), (12.6.14) sowie deren Überlagerung $\mathbf{u}(t, \mathbf{x})$, Gl. (12.6.8), für die Werte $k_2 = 2\pi/L_2$, $q_2 = 4\pi/L_2$ dargestellt. Die Zeitentwicklung der Überlagerung $\mathbf{u}(t, \mathbf{x})$, Gl. (12.6.8), ist für zwei verschiedene Zeiten $t = 0, T/2, T = 2\pi/\omega$, in Abb. 12.8 wiedergegeben.

12.8 Aufgaben

12.1: *Longitudinale Kugelwelle:*

(a) Zeigen Sie, daß die Funktion

$$\mathbf{v}(t, \mathbf{r}) = v(t, r)\mathbf{e}_r \quad ,$$

mit

$$v(t, r) = v_0 \left\{ \frac{k}{r} \sin(\omega t - kr) - \frac{1}{r^2} \cos(\omega t - kr) \right\} \quad , \qquad \omega^2 = c^2 k^2 \quad ,$$

für $\mathbf{r} \neq 0$ Lösung der Wellengleichung

$$\frac{1}{c^2} \frac{\partial^2}{\partial t^2} \mathbf{v} = \Delta \mathbf{v}$$

ist, vgl. Abb. 12.9.

(b) Welches sind die Flächen konstanter Phase?

(c) Zeigen Sie, daß die Normalen auf den Flächen konstanter Phase parallel zur Schwingungsrichtung sind, d. h. daß die Welle longitudinal polarisiert ist.

(d) Beweisen Sie $\nabla \times \mathbf{v} = 0$.

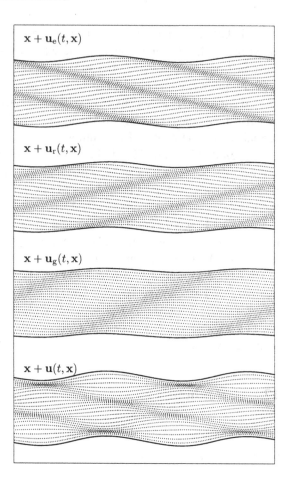

$$\mathbf{x} + \mathbf{u}_e(t, \mathbf{x})$$

$$\mathbf{x} + \mathbf{u}_r(t, \mathbf{x})$$

$$\mathbf{x} + \mathbf{u}_g(t, \mathbf{x})$$

$$\mathbf{x} + \mathbf{u}(t, \mathbf{x})$$

Abb. 12.7. Welle in einer Platte. Die Teilbilder zeigen die Verschiebungsmuster der von der unteren zur oberen Plattenoberfläche laufenden Transversalwelle $\mathbf{u}_e(t, \mathbf{x})$, der von der oberen zur unteren Plattenoberfläche laufenden Transversalwelle $\mathbf{u}_r(t, \mathbf{x})$, der von der oberen zur unteren Plattenoberfläche laufenden Longitudinalwelle $\mathbf{u}_g(t, \mathbf{x})$ sowie die Überlagerung $\mathbf{u}(t, \mathbf{x})$

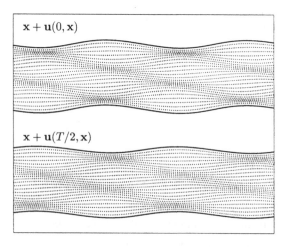

$$\mathbf{x} + \mathbf{u}(0, \mathbf{x})$$

$$\mathbf{x} + \mathbf{u}(T/2, \mathbf{x})$$

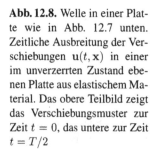

Abb. 12.8. Welle in einer Platte wie in Abb. 12.7 unten. Zeitliche Ausbreitung der Verschiebungen $\mathbf{u}(t, \mathbf{x})$ in einer im unverzerrten Zustand ebenen Platte aus elastischem Material. Das obere Teilbild zeigt das Verschiebungsmuster zur Zeit $t = 0$, das untere zur Zeit $t = T/2$

(e) Zeigen Sie, daß mit

$$\phi = \frac{v_0}{r} e^{i(\omega t - kr)}$$

die Darstellung

$$\mathbf{v} = \mathrm{Re}\{\boldsymbol{\nabla}\phi\}$$

gilt.

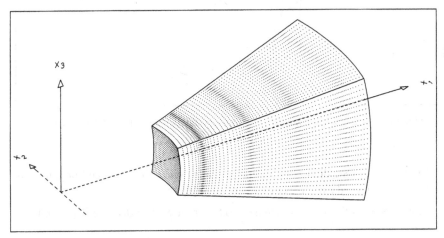

Abb. 12.9. Verschiebungsmuster einer longitudinalen Kugelwelle zu einer festen Zeit. Dargestellt ist ein Ausschnitt des Raumes, der im unverzerrten Zustand durch drei Flächenpaare $(r = r_1, r_2; \vartheta = \vartheta_1, \vartheta_2; \varphi = \varphi_1, \varphi_2)$ begrenzt wird und Punkte, die im unverzerrten Zustand ein regelmäßiges Gitter bilden

12.2: *Transversale Kugelwelle:*

(a) Zeigen Sie, daß die Funktion

$$\mathbf{v}(t, \mathbf{r}) = v(t, r) \sin\vartheta\, \mathbf{e}_\varphi \quad ,$$

vgl. Abb. 12.10, für $\mathbf{r} \neq 0$ Lösung der Wellengleichung

$$\frac{1}{c^2}\frac{\partial^2}{\partial t^2}\mathbf{v} = \Delta\mathbf{v}$$

ist. Die Funktion $v(t, r)$ ist in Aufgabe 12.1 angegeben.

(b) Zeigen Sie, daß die Schwingungsrichtung senkrecht auf der Ausbreitungsrichtung der Welle steht, d. h. daß die Welle transversal polarisiert ist.

(c) Beweisen Sie $\boldsymbol{\nabla} \cdot \mathbf{v} = 0$.

12.3: Zeigen Sie, daß die Phasengeschwindigkeiten parallel zu Oberfläche des Halbraums, d. h. die Geschwindigkeiten, mit denen sich Punkte gleicher Phase entlang dieser Oberfläche bewegen, für die reflektierte Transversalwelle und die nach innen gebrochene Longitudinalwelle durch (12.6.11) gegeben sind.

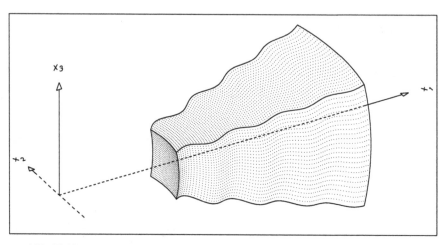

Abb. 12.10. Verschiebungsmuster einer transversalen Kugelwelle zu einer festen Zeit

12.4: Berechnen Sie die Reflexion und Brechung einer einlaufenden Longitudinalwelle an einer Oberfläche eines materieerfüllten Halbraumes.

(a) Lösen Sie das Gleichungssystem (12.6.5) für die Standardlösung $W_1 = 0$, $V_1 = 1$.

(b) Unter welchem Reflexionswinkel breitet sich die auslaufende Longitudinalwelle aus?

(c) Unter welchem Brechungswinkel breitet sich die nach innen gebrochene Transversalwelle aus?

12.5: Welche Phasengeschwindigkeiten parallel zur Materialoberfläche des Halbraumes besitzen die reflektierte Longitudinalwelle und die nach innen gebrochene Transversalwelle für den Fall $W_1 = 0$, $V_1 = 1$?

12.6: **(a)** Formulieren Sie als Erweiterung des Gleichungssystems (12.6.5) für den Halbraum mit der Oberfläche bei $x_2 = 0$ die zusätzlichen Gleichungen $s_2 = \underline{\sigma}(-e_2) = 0$ für den Boden einer Platte bei $x_2 = -L_2$.

(b) Zeigen Sie, daß die Bedingungen (12.7.1) an k_2 und q_2 das Gleichungssystem (12.7.3) auf (12.6.5) reduzieren.

12.7: *Trajektorien* in Abb. 12.6: Die Lösung (12.6.8) der Eulerschen Bewegungsgleichung läßt sich in die Form

$$\mathbf{u}(t) = \underline{A}\mathbf{e}(t)$$

bringen, wobei der zeitabhängige Einheitsvektor $\mathbf{e}(t)$ durch

$$\mathbf{e}(t) = \mathbf{e}_1 \cos(\omega t - k_1 x_1) + \mathbf{e}_2 \sin(\omega t - k_1 x_1)$$

definiert ist. Die Matrix $(\underline{A})$ hat die Gestalt

$$(\underline{A}) = \begin{pmatrix} a_{11} & a_{12} & 0 \\ a_{21} & a_{22} & 0 \\ 0 & 0 & 1 \end{pmatrix} \quad .$$

Durch Umkehrung der Matrix $(\underline{A})$,

$$(\underline{A})^{-1} = \frac{1}{D} \begin{pmatrix} a_{22} & -a_{12} & 0 \\ -a_{21} & a_{11} & 0 \\ 0 & 0 & D \end{pmatrix} \quad , \qquad D = a_{11}a_{22} - a_{12}a_{21} \quad ,$$

erhält man

$$\mathbf{e}(t) = \underline{A}^{-1}\mathbf{u}(t) \quad .$$

(a) Bestimmen Sie die Matrixelemente von $(\underline{A})$ aus (12.6.8). Sie sind nur Funktionen von x_2.

(b) Berechnen Sie die Inverse $(\underline{A})^{-1}$ von $(\underline{A})$, mit der sich $\mathbf{e}(t)$ durch $\mathbf{u}(t)$ ausdrücken läßt, $\mathbf{e}(t) = \underline{A}^{-1}\mathbf{u}(t)$.

(c) Berechnen Sie die Matrix $(\underline{A})(\underline{A}^{+})$.

(d) Berechnen Sie $[(\underline{A})(\underline{A}^{+})]^{-1}$.

(e) Drücken Sie in der Gleichung

$$1 = \mathbf{e}(t) \cdot \mathbf{e}(t)$$

den Vektor $\mathbf{e}(t)$ durch $\mathbf{u}(t)$ aus. Zeigen Sie, daß das Resultat als

$$1 = (\mathbf{u})^{+}(\underline{A}\,\underline{A}^{+})^{-1}(\mathbf{u})$$

geschrieben werden kann.

(f) Bestimmen Sie die Eigenwerte λ_1, λ_2 der Matrix $(\underline{A}\,\underline{A}^{+})^{-1}$.

(g) Berechnen Sie die normierten Eigenvektoren $\boldsymbol{\eta}_i = \eta_{i1}\mathbf{e}_1 + \eta_{i2}\mathbf{e}_2$, $i = 1, 2$, $\boldsymbol{\eta}_3 = \mathbf{e}_3$ von $(\underline{A}\,\underline{A}^{+})^{-1}$:

$$(\underline{A}\,\underline{A}^{+})^{-1}(\boldsymbol{\eta}_i) = \lambda_i(\boldsymbol{\eta}_i) \quad , \qquad i = 1, 2 \quad .$$

(h) Bestimmen Sie die Rotationsmatrix $(\underline{R}^{+})$, vgl. Anhang (B.15), die die Matrix $(\underline{A}\,\underline{A}^{+})^{-1}$ diagonalisiert:

$$(\underline{A}\,\underline{A}^{+})^{-1} = (\underline{R}^{+})(\underline{D})(\underline{R}) \quad , \qquad (\underline{D}) = \begin{pmatrix} \lambda_1 & 0 & 0 \\ 0 & \lambda_2 & 0 \\ 0 & 0 & 1 \end{pmatrix} \quad .$$

(i) Zeigen Sie, daß die Komponenten v_1, v_2 von

$$\begin{pmatrix} v_1 \\ v_2 \\ 0 \end{pmatrix} = (\underline{R}) \begin{pmatrix} u_1 \\ u_2 \\ 0 \end{pmatrix}$$

die Ellipsengleichung

$$\frac{v_1^2}{a^2} + \frac{v_2^2}{b^2} = 1$$

mit den Hauptachsen $a^2 = 1/\lambda_1$, $b^2 = 1/\lambda_2$ erfüllen.

13. Hydrodynamik

13.1 Deformation eines Flüssigkeitselementes

Inhalt: Einführung des Strömungsfeldes $\mathbf{v}(t, \mathbf{r})$ der Flüssigkeit am Ort $\mathbf{r}$ zur Zeit t. Differentialgleichung für die Trajektorie $\mathbf{r}(t)$ eines Flüssigkeitsteilchens $d\mathbf{r}/dt = \mathbf{v}(t, \mathbf{r}(t))$. Diskussion des Zusammenhangs zwischen Lagrange- und Euler-Koordinaten $\mathbf{x}$ bzw. $\mathbf{r}$. Berechnung der Beschleunigung $d^2\mathbf{r}/dt^2$ des Flüssigkeitsteilchens. Zerlegung des Tensors der Verschiebungsgeschwindigkeit $\boldsymbol{\nabla}_{\mathbf{r}} \otimes \mathbf{v} = \partial \underline{C}/\partial t$.

Bezeichnungen: $\mathbf{x} = x_1\mathbf{e}_1 + x_2\mathbf{e}_2 + x_3\mathbf{e}_3$, x_i Lagrange-Koordinaten; $\mathbf{r} = \mathbf{r}(t) = r_1\mathbf{e}_1 + r_2\mathbf{e}_2 + r_3\mathbf{e}_3$ Ortsvektor der Euler-Koordinaten $r_i = r_i(t)$, $\mathbf{v}(t, \mathbf{r})$ Verschiebungsgeschwindigkeit, $\boldsymbol{\nabla}_{\mathbf{r}} \otimes \mathbf{v}$ Tensor der Verschiebungsgeschwindigkeit, $\partial \underline{C}/\partial t$ Tensor der Verschiebungsgeschwindigkeit, $\underline{C}$ Verschiebungstensor.

Die Beschreibung eines elastischen Mediums macht sich den Umstand zunutze, daß jedem Atom oder Molekül eine Ruhelage $\mathbf{x}$ zugeordnet werden kann, um die es sich bewegt. Diese Tatsache erlaubt die Einteilung des elastischen Mediums in Volumenelemente, die sich durch ihre Ruhelage kennzeichnen lassen.

Zur Zeit t ist die momentane Position $\mathbf{x}'(t, \mathbf{x})$ eines Teilchens (oder Volumenelementes) mit dem (zeitunabhängigen) Ruheort $\mathbf{x}$ dann durch die Verschiebung $\mathbf{u}(t, \mathbf{x})$ des Ruheortes in die zeitabhängige Position

$$\mathbf{x}' = \mathbf{x}'(t, \mathbf{x}) = \mathbf{x} + \mathbf{u}(t, \mathbf{x}) \tag{13.1.1}$$

gegeben, vgl. Abschn. 11.5. Die Geschwindigkeit des Teilchens mit dem Ruheort $\mathbf{x}$ ist durch

$$\mathbf{v}'(t, \mathbf{x}) = \frac{\partial \mathbf{x}'}{\partial t}(t, \mathbf{x}) = \frac{\partial \mathbf{u}}{\partial t}(t, \mathbf{x}) \tag{13.1.2}$$

definiert. Bei dieser *Lagrangeschen Beschreibungsweise* eines Vielteilchensystems ist jedes Teilchen durch seinen Ort $\mathbf{x}$ im verschiebungsfreien Zustand charakterisiert. Die zeitunabhängigen Koordinaten x_i des Vektors

$$\mathbf{x} = x_1\mathbf{e}_1 + x_2\mathbf{e}_2 + x_3\mathbf{e}_3 \tag{13.1.3}$$

heißen *Lagrange-Koordinaten* des Teilchens.

In einer Flüssigkeit ist eine Identifizierung eines Teilchens durch seine Position zu irgendeiner früheren Zeit nicht möglich, weil die Positionen zweier zu einer Zeit in einem Volumenelement ΔV nahe beieinander befindlicher Teilchen zu späterer Zeit weit voneinander entfernt sein können. Zu fester Zeit t bewirken die intermolekularen Kräfte, daß Geschwindigkeiten der Atome oder Moleküle, die sich zu fester Zeit t in einer hinreichend kleinen Umgebung des Ortes $\mathbf{x}' = \mathbf{x}'(t)$ befinden, ähnlich der Geschwindigkeit $\mathbf{v}(t, \mathbf{x}')$ des Teilchens am Ort $\mathbf{x}'(t)$ sind.

In der *Eulerschen Beschreibung* geschieht die Identifizierung eines Teilchens durch seine momentane Position $\mathbf{x}' = \mathbf{x}'(t) = \mathbf{r}(t)$. Zur Vermeidung des Striches an der Koordinate $\mathbf{x}'$ wollen wir die zeitabhängige Position des Teilchens oder Volumenelementes mit $\mathbf{r} = \mathbf{r}(t)$ bezeichnen. Die zeitabhängigen Koordinaten $r_i = r_i(t)$ des momentanen Ortsvektors des Teilchens

$$\mathbf{r}(t) = r_1 \mathbf{e}_1 + r_2 \mathbf{e}_2 + r_3 \mathbf{e}_3 \qquad (13.1.4)$$

heißen *Euler-Koordinaten*. Die Geschwindigkeit in der Eulerschen Beschreibung ist durch die *Bahngleichung*

$$\frac{d\mathbf{r}}{dt} = \mathbf{v}(t, \mathbf{r}) = \mathbf{v}(t, \mathbf{r}(t)) \qquad (13.1.5)$$

gegeben, so daß die Beziehung

$$\mathbf{v}'(t, \mathbf{x}) = \mathbf{v}(t, \mathbf{r}) \qquad (13.1.6)$$

zwischen dem Geschwindigkeitsfeld $\mathbf{v}(t, \mathbf{r})$ der Eulerschen und $\mathbf{v}'(t, \mathbf{x})$ der Lagrangeschen Beschreibung gilt. Die Beziehung (13.1.1) lautet

$$\mathbf{r} = \mathbf{r}(t, \mathbf{x}) = \mathbf{x} + \mathbf{u}(t, \mathbf{x}) \quad , \qquad (13.1.7)$$

ihre Auflösung nach $\mathbf{x}$ kann dann als

$$\mathbf{x}(t, \mathbf{r}) = \mathbf{r} + \mathbf{u}'(t, \mathbf{r}) \qquad (13.1.8)$$

geschrieben werden, wobei $\mathbf{u}'$ eine Funktion von $\mathbf{r}$ ist, im Gegensatz zu $\mathbf{u}$, welches eine Funktion von $\mathbf{x}$ ist.

In der Hydrodynamik wird die *Bahnkurve* $\mathbf{r}(t)$ eines Teilchens als Lösung der Differentialgleichung erster Ordnung (13.1.5) für vorgegebenes *Strömungs-* oder *Geschwindigkeitsfeld* $\mathbf{v}(t, \mathbf{r})$ gewonnen. Das Strömungsfeld selbst wird, wie wir in den Abschnitten 13.5 und 13.11 untersuchen werden, für eine ideale Flüssigkeit durch die Eulersche, für eine zähe Flüssigkeit durch die Navier–Stokessche Bewegungsgleichung beschrieben.

Die Beschleunigung des Punktes $\mathbf{r}(t)$ folgt dann als totale Zeitableitung der Geschwindigkeit, vgl. Abschn. C.7,

$$\frac{d^2\mathbf{r}}{dt^2} = \frac{d\mathbf{v}}{dt}(t, \mathbf{r}(t)) = \frac{\partial \mathbf{v}}{\partial t}(t, \mathbf{r}) + \left(\frac{d\mathbf{r}}{dt} \cdot \boldsymbol{\nabla}_{\mathbf{r}}\right) \mathbf{v}(t, \mathbf{r})$$

$$= \frac{\partial \mathbf{v}}{\partial t}(t, \mathbf{r}) + \mathbf{v}(t, \mathbf{r})(\boldsymbol{\nabla}_{\mathbf{r}} \otimes \mathbf{v}(t, \mathbf{r})) \quad . \quad (13.1.9)$$

Hier ist

$$\boldsymbol{\nabla}_{\mathbf{r}} = \mathbf{e}_1 \frac{\partial}{\partial r_1} + \mathbf{e}_2 \frac{\partial}{\partial r_2} + \mathbf{e}_3 \frac{\partial}{\partial r_3} \qquad (13.1.10)$$

der Nabla-Operator in den partiellen Ableitungen nach den Komponenten des Vektors $\mathbf{r}$. Auf der rechten Seite dieser Gleichung tritt der *Verschiebungsgeschwindigkeitstensor* $\boldsymbol{\nabla}_{\mathbf{r}} \otimes \mathbf{v}(t, \mathbf{r})$ auf. Den Zusammenhang mit dem Verschiebungstensor $\underline{\underline{C}} = \boldsymbol{\nabla} \otimes \mathbf{u}(t, \mathbf{x})$ stellen wir mit Hilfe der Beziehungen (13.1.7) und (13.1.8) her: Es gelten die Beziehungen

$$\boldsymbol{\nabla} \otimes \mathbf{r} = \underline{\underline{1}} + \boldsymbol{\nabla} \otimes \mathbf{u}(t, \mathbf{x}) \quad , \qquad \boldsymbol{\nabla}_{\mathbf{r}} \otimes \mathbf{x} = \underline{\underline{1}} + \boldsymbol{\nabla}_{\mathbf{r}} \otimes \mathbf{u}'(t, \mathbf{r}) \quad . \quad (13.1.11)$$

Damit kann der Verschiebungsgeschwindigkeitstensor unter Zuhilfenahme von (13.1.6) und der Kettenregel als

$$\begin{aligned}\boldsymbol{\nabla}_{\mathbf{r}} \otimes \mathbf{v}(t, \mathbf{r}) &= \boldsymbol{\nabla}_{\mathbf{r}} \otimes \mathbf{v}'(t, \mathbf{x}) = (\boldsymbol{\nabla}_{\mathbf{r}} \otimes \mathbf{x})(\boldsymbol{\nabla} \otimes \mathbf{v}'(t, \mathbf{x})) \\ &= \boldsymbol{\nabla} \otimes \mathbf{v}'(t, \mathbf{x}) + (\boldsymbol{\nabla}_{\mathbf{r}} \otimes \mathbf{u}'(t, \mathbf{r}))(\boldsymbol{\nabla} \otimes \mathbf{v}'(t, \mathbf{x}))\end{aligned} \quad (13.1.12)$$

dargestellt werden. Wie auch in der Beschreibung elastischer Medien vernachlässigen wir Terme in höherer als erster Ordnung der Verzerrungs- und Verzerrungsgeschwindigkeitstensoren, so daß in erster Ordnung die Gleichsetzung

$$\boldsymbol{\nabla}_{\mathbf{r}} \otimes \mathbf{v}(t, \mathbf{r}) = \boldsymbol{\nabla} \otimes \mathbf{v}'(t, \mathbf{x}) = \frac{\partial}{\partial t} \boldsymbol{\nabla} \otimes \mathbf{u}(t, \mathbf{x}) = \frac{\partial}{\partial t} \underline{\underline{C}}(t, \mathbf{x}) \qquad (13.1.13)$$

gilt. Der Verschiebungsgeschwindigkeitstensor $\boldsymbol{\nabla}_{\mathbf{r}} \otimes \mathbf{v}(t, \mathbf{r})$ in der Eulerschen Beschreibung in linearer Näherung ist gleich der Zeitableitung des Verschiebungstensors $\underline{\underline{C}}(t, \mathbf{x}) = \boldsymbol{\nabla} \otimes \mathbf{u}(t, \mathbf{x})$, Gl. (11.5.2), der Lagrangeschen Beschreibung.

13.2 Rotations- und Verzerrungsgeschwindigkeitstensor

Inhalt: Zerlegung des Verschiebungsgeschwindigkeitstensors in $\partial \underline{\underline{C}}/\partial t = -\underline{\underline{W}} + \partial \underline{\underline{\varepsilon}}/\partial t$. Rotations- und Verzerrungsgeschwindigkeitstensor $\underline{\underline{W}}$ bzw. $\partial \underline{\underline{\varepsilon}}/\partial t$. Darstellung des Rotationsgeschwindigkeitstensors durch die Rotation $\boldsymbol{\nabla}_{\mathbf{r}} \times \mathbf{v}$ des Strömungsfeldes. Diskussion von zentralem Wirbel- und Quellfeld.
Bezeichnungen: $\mathbf{r} = r_1\mathbf{e}_1 + r_2\mathbf{e}_2 + r_3\mathbf{e}_3$, r_i Euler-Koordinaten; $\boldsymbol{\nabla}_{\mathbf{r}}$ Nabla-Operator bezüglich $\mathbf{r}$, $\mathbf{v}$ Strömungsfeld, $\underline{\underline{W}}$ Rotationsgeschwindigkeitstensor, $\partial \underline{\underline{\varepsilon}}/\partial t$ Verzerrungsgeschwindigkeitstensor, $\underline{\underline{\varepsilon}}$ Verzerrungstensor, Ψ Geschwindigkeitspotential, $\mathbf{w}$ Vektor der Rotation des Strömungsfeldes, $4\pi Q$ Quellstärke des zentralen Strömungsfeldes.

Zerlegen wir den Verschiebungsgeschwindigkeitstensor $\partial \underline{\underline{C}}/\partial t = \boldsymbol{\nabla}_{\mathbf{r}} \otimes \mathbf{v}$ in seinen antisymmetrischen und symmetrischen Anteil, so gilt mit den Definitionen des Abschnitts 11.5, vgl. (11.5.12), daß der antisymmetrische Anteil

$$\underline{\underline{W}} = -\frac{1}{2}(\boldsymbol{\nabla}_{\mathbf{r}} \otimes \mathbf{v} - \mathbf{v} \otimes \overleftarrow{\boldsymbol{\nabla}}_{\mathbf{r}}) = -\frac{\partial \underline{\underline{C}}^{\mathrm{A}}}{\partial t} \qquad (13.2.1)$$

der *Rotationsgeschwindigkeitstensor* und, vgl. (11.5.11), der symmetrische Anteil

$$\frac{1}{2}(\boldsymbol{\nabla}_{\mathbf{r}} \otimes \mathbf{v} + \mathbf{v} \otimes \overleftarrow{\boldsymbol{\nabla}}_{\mathbf{r}}) = \frac{\partial \underline{\underline{\varepsilon}}}{\partial t} \quad , \qquad (13.2.2)$$

der *Verzerrungsgeschwindigkeitstensor* ist. In Komponenten gelten die Darstellungen

$$\underline{\underline{W}} = \sum_{i,j} W_{ij}\mathbf{e}_i \otimes \mathbf{e}_j \quad , \quad W_{ij} = -\frac{1}{2}\left(\frac{\partial v_j}{\partial r_i} - \frac{\partial v_i}{\partial r_j}\right) \quad ,$$

$$\frac{\partial \underline{\underline{\varepsilon}}}{\partial t} = \sum_{i,j} \frac{\partial \varepsilon_{ij}}{\partial t}\mathbf{e}_i \otimes \mathbf{e}_j \quad , \quad \frac{\partial \varepsilon_{ij}}{\partial t} = \frac{1}{2}\left(\frac{\partial v_j}{\partial r_i} + \frac{\partial v_i}{\partial r_j}\right) \quad . \qquad (13.2.3)$$

Insgesamt haben wir dann

$$\frac{\partial \underline{\underline{C}}}{\partial t} = \boldsymbol{\nabla}_{\mathbf{r}} \otimes \mathbf{v} = \frac{\partial \underline{\underline{\varepsilon}}}{\partial t} - \underline{\underline{W}} \quad . \qquad (13.2.4)$$

Die Matrixelemente W_{ij} des antisymmetrischen Anteils $\underline{\underline{W}}$ des Verzerrungsgeschwindigkeitstensors (13.2.1) lassen sich mit Hilfe des Levi-Civita-Symbols (A.3.20) als

$$W_{ij} = -\frac{1}{2}\sum_{k=1}^{3} \varepsilon_{ijk}w_k = \frac{1}{2}\sum_{k=1}^{3} \varepsilon_{ikj}w_k \qquad (13.2.5)$$

durch die Komponenten

$$w_1 = \frac{\partial v_3}{\partial r_2} - \frac{\partial v_2}{\partial r_3} \quad , \qquad w_2 = \frac{\partial v_1}{\partial r_3} - \frac{\partial v_3}{\partial r_1} \quad , \qquad w_3 = \frac{\partial v_2}{\partial r_1} - \frac{\partial v_1}{\partial r_2} \quad (13.2.6)$$

des Vektors der *Rotation des Strömungsfeldes*

$$\mathbf{w} = \boldsymbol{\nabla}_{\mathbf{r}} \times \mathbf{v} = \sum_{k=1}^{3} w_k\mathbf{e}_k \quad , \qquad (13.2.7)$$

vgl. (C.5.1), ausdrücken. Für den antisymmetrischen Tensor $\underline{\underline{W}}$ selbst gilt dann

$$\underline{\underline{W}} = \frac{1}{2}[\underline{\underline{\varepsilon}}\mathbf{w}] \quad , \qquad (13.2.8)$$

wobei $\underline{\underline{\varepsilon}}$ der Levi-Civita-Tensor (B.6.1) ist und die Bedeutung der eckigen Klammer in (B.11.16) gegeben ist. Wir vergleichen die letzte Gleichung mit (6.2.7) und erkennen, daß $\mathbf{w}/2$ mit der Winkelgeschwindigkeit

$$\boldsymbol{\omega} = \frac{\mathbf{w}}{2} = \frac{1}{2}(\boldsymbol{\nabla}_{\mathbf{r}} \times \mathbf{v}) \qquad (13.2.9)$$

einer Drehung identifiziert werden kann.

Für zeit- und ortsunabhängige Winkelgeschwindigkeit $\boldsymbol{\omega}$ beschreibt die Rotation $\underline{\underline{R}}(\boldsymbol{\alpha})$, Gl. (B.12.25), für

$$\boldsymbol{\alpha} = \boldsymbol{\omega}t \qquad (13.2.10)$$

eine zeitabhängige Drehung, (6.2.10),

$$\mathbf{r}(t) = \underline{\underline{R}}(\boldsymbol{\omega}t)\mathbf{r}_0 \qquad (13.2.11)$$

um die Achse $\hat{\boldsymbol{\omega}}$ mit der zeitlich konstanten, aber ortsabhängigen Geschwindigkeit, (6.2.11),

$$\mathbf{v}(\mathbf{r}) = \boldsymbol{\omega} \times \mathbf{r} \quad . \qquad (13.2.12)$$

Das Feld $\mathbf{v}(\mathbf{r})$ ist ein axiales Wirbelfeld, wie es in Abschn. C.5 diskutiert wird. Wählen wir $\boldsymbol{\omega} = \omega\mathbf{e}_z$ in z-Richtung, so gilt

$$\mathbf{v}(\mathbf{r}) = \omega r_\perp \mathbf{e}_\varphi(\varphi) \quad , \qquad (13.2.13)$$

wobei $r_\perp, \varphi, z$ die Zylinderkoordinaten des Ortes $\mathbf{r}$ sind.

Die *Wirbelstärke* ist als Rotation

$$\boldsymbol{\nabla}_{\mathbf{r}} \times \mathbf{v}(\mathbf{r}) = \boldsymbol{\nabla}_{\mathbf{r}} \times (\boldsymbol{\omega} \times \mathbf{r}) = (\boldsymbol{\nabla}_{\mathbf{r}} \cdot \mathbf{r})\boldsymbol{\omega} - (\boldsymbol{\omega} \cdot \boldsymbol{\nabla}_{\mathbf{r}})\mathbf{r} = 2\boldsymbol{\omega} \qquad (13.2.14)$$

definiert. Ein Beispiel eines axialen Wirbelfeldes mit ortsunabhängiger Rotation ist in Abb. C.3 dargestellt. Wie auch aus (13.2.13) folgt, sieht man, daß die Geschwindigkeit mit steigendem Abstand $r_\perp$ von der z-Achse linear zunimmt.

Die Bahnkurve (13.2.11) ist die Lösung der Bahngleichung

$$\frac{\mathrm{d}\mathbf{r}}{\mathrm{d}t} = \boldsymbol{\omega} \times \mathbf{r} = \mathbf{v}(\mathbf{r}) \quad .$$

Für Strömungsfelder, die wirbelfrei sind, gilt $\boldsymbol{\nabla}_{\mathbf{r}} \times \mathbf{v} = 0$ und damit

$$\underline{\underline{W}} = 0 \quad . \qquad (13.2.15)$$

Ein wirbelfreies Strömungsfeld läßt sich nach Abschn. C.13 als Gradient eines *Geschwindigkeitspotentials* $\Psi(t, \mathbf{r})$,

$$\mathbf{v}(t, \mathbf{r}) = \boldsymbol{\nabla}_{\mathbf{r}}\Psi(t, \mathbf{r}) \quad , \qquad (13.2.16)$$

schreiben. Der Verschiebungsgeschwindigkeitstensor $\partial \underline{\underline{C}}/\partial t$ ist dann durch

$$\frac{\partial \underline{C}}{\partial t} = \boldsymbol{\nabla}_{\mathbf{r}} \otimes \boldsymbol{\nabla}_{\mathbf{r}} \Psi = \frac{\partial \underline{\varepsilon}}{\partial t} \qquad (13.2.17)$$

gegeben. Wegen des Verschwindens von $\underline{W}$ für wirbelfreie Strömungsfelder $\mathbf{v}$ ist der Verschiebungsgeschwindigkeitstensor selbst symmetrisch und damit gleich dem Verzerrungsgeschwindigkeitstensor $\partial \underline{\varepsilon}/\partial t$.

Als Beispiel eines Quellfeldes betrachten wir das *zentrale Strömungsfeld*

$$\mathbf{v}(\mathbf{r}) = \boldsymbol{\nabla}_{\mathbf{r}} \left(-\frac{Q}{r} \right) = Q \frac{\hat{\mathbf{r}}}{r^2} \quad , \qquad (13.2.18)$$

vgl. (C.1.12), das sich aus dem Geschwindigkeitspotential $\Psi = -Q/r$, das selbst ein zentrales Skalarfeld ist, vgl. (C.1.7), als Gradient ergibt. Nach (C.4.12) verschwindet die Divergenz dieses Strömungsfeldes überall außer bei $\mathbf{r} = 0$. Das Oberflächenintegral des Strömungsfeldes, erstreckt über die geschlossene Oberfläche eines Volumens, das den Punkt $\mathbf{r} = 0$ als inneren Punkt beinhaltet, ist nach (C.11.10) gleich der *Quellstärke* des Feldes am Ort $\mathbf{r} = 0$,

$$\oint_{(V)} \mathbf{v}(\mathbf{r}) \cdot d\mathbf{a} = 4\pi Q \quad . \qquad (13.2.19)$$

Ihre Einheit ist $[4\pi Q]_{\mathrm{SI}} = \mathrm{m}^3\,\mathrm{s}^{-1}$. Die Bahnkurve $\mathbf{r}(t)$ berechnet man mit Hilfe der Bahngleichung

$$\frac{d\mathbf{r}}{dt} = \mathbf{v}(t, \mathbf{r}) = Q \frac{\hat{\mathbf{r}}}{r^2} \quad . \qquad (13.2.20)$$

Man rechnet leicht nach, daß die Bahnkurve mit dem Anfangsort $\mathbf{r}_0 = r_0 \hat{\mathbf{r}}_0$ zur Zeit $t = 0$ radial nach außen verläuft und die Zeitabhängigkeit

$$\mathbf{r}(t) = (r_0^3 + 3Qt)^{1/3} \hat{\mathbf{r}}_0 \qquad (13.2.21)$$

folgt.

In Abschn. 11.4 haben wir die Volumendilatation e als Spur des Verzerrungstensors $\underline{\varepsilon}$ eingeführt. Dementsprechend ist die *Geschwindigkeit der Volumendilatation*

$$\frac{\partial e}{\partial t} = \mathrm{Sp}\, \frac{\partial \underline{\varepsilon}}{\partial t} = \mathrm{Sp}\,(\boldsymbol{\nabla}_{\mathbf{r}} \otimes \mathbf{v}) = \frac{\partial v_1}{\partial r_1} + \frac{\partial v_2}{\partial r_2} + \frac{\partial v_3}{\partial r_3} = \boldsymbol{\nabla}_{\mathbf{r}} \cdot \mathbf{v} \qquad (13.2.22)$$

durch die Divergenz $\boldsymbol{\nabla}_{\mathbf{r}} \cdot \mathbf{v}$ des Geschwindigkeitsfeldes gegeben. Für eine *inkompressible Flüssigkeit* gilt $\partial e/\partial t = 0$ und damit

$$\boldsymbol{\nabla}_{\mathbf{r}} \cdot \mathbf{v} = \frac{\partial v_1}{\partial r_1} + \frac{\partial v_2}{\partial r_2} + \frac{\partial v_3}{\partial r_3} = 0 \quad , \qquad (13.2.23)$$

d. h. das Verschwinden der Divergenz des Geschwindigkeitsfeldes.

13.3 Kontinuitätsgleichung

Inhalt: Herleitung der Kontinuitätsgleichung $\partial \varrho / \partial t + \boldsymbol{\nabla}_{\mathbf{r}} \cdot \mathbf{j} = 0$ aus der Erhaltung der Masse. Dabei ist die Massenstromdichte durch $\mathbf{j} = \varrho \mathbf{v}$ gegeben.
Bezeichnungen: $\varrho(t, \mathbf{r})$ Massendichte der Flüssigkeit, $\mathbf{v}(t, \mathbf{r})$ Strömungsfeld, $\mathbf{j}(t, \mathbf{r}) = \varrho(t, \mathbf{r})\mathbf{v}(t, \mathbf{r})$ Massenstromdichte der Flüssigkeit.

Die Masse der Flüssigkeit ist eine erhaltene Größe. Die zu einer Zeit in einem Volumen V befindliche Masse M ist durch das Volumenintegral

$$M(t) = \int_V \varrho(t, \mathbf{r}) \, \mathrm{d}V \qquad (13.3.1)$$

der Massendichte $\varrho(t, \mathbf{r})$ gegeben. Die zeitliche Änderung der Masse M im zeitunabhängigen Volumen V ist

$$\frac{\mathrm{d}}{\mathrm{d}t} M(t) = \int_V \frac{\partial \varrho}{\partial t}(t, \mathbf{r}) \, \mathrm{d}V \quad . \qquad (13.3.2)$$

Wählen wir das Oberflächenelement d**a** in der Richtung der äußeren Normalen $\hat{\mathbf{n}}(\mathbf{r})$ in jedem Punkt $\mathbf{r}$ auf der Oberfläche (V) des Volumens, so ist die Gesamtmasse, die pro Zeiteinheit durch die Oberfläche (V) aus dem Volumen V ausströmt, durch den Gesamtmassenstrom I als Oberflächenintegral

$$I(t) = \oint_{(V)} \varrho(t, \mathbf{r})\mathbf{v}(t, \mathbf{r}) \cdot \mathrm{d}\mathbf{a} \qquad (13.3.3)$$

über das Produkt aus Massendichte $\varrho(t, \mathbf{r})$ am Ort $\mathbf{r}$ und der Geschwindigkeit $\mathbf{v}(t, \mathbf{r})$ der Teilchen am gleichen Ort $\mathbf{r}$ gegeben. Man bezeichnet dieses Produkt als *Massenstromdichte*,

$$\mathbf{j}(t, \mathbf{r}) = \varrho(t, \mathbf{r})\mathbf{v}(t, \mathbf{r}) \quad . \qquad (13.3.4)$$

Wegen der Massenerhaltung muß nun die zeitliche Abnahmerate $-\mathrm{d}M/\mathrm{d}t$ der Masse M in V gleich dem Gesamtstrom durch die Oberfläche (V) sein,

$$-\int_V \frac{\partial \varrho}{\partial t}(t, \mathbf{r}) \, \mathrm{d}V = -\frac{\mathrm{d}M}{\mathrm{d}t}(t) = I(t) = \oint_{(V)} \mathbf{j}(t, \mathbf{r}) \cdot \mathrm{d}\mathbf{a} \quad . \qquad (13.3.5)$$

Die rechte Seite dieser Gleichung läßt sich mit Hilfe des Gaußschen Satzes (C.14.3) in ein Volumenintegral über die Divergenz $\boldsymbol{\nabla}_{\mathbf{r}} \cdot \mathbf{j}(t, \mathbf{r})$ umwandeln, so daß

$$\int_V \left(-\frac{\partial \varrho}{\partial t}(t, \mathbf{r}) \right) \mathrm{d}V = \int_V \boldsymbol{\nabla}_{\mathbf{r}} \cdot \mathbf{j}(t, \mathbf{r}) \, \mathrm{d}V \quad . \qquad (13.3.6)$$

Da das Volumen beliebig angenommen wurde, kann es auch sehr klein gewählt werden. Also muß die Gleichheit der beiden Seiten für die Integranden gelten. Wir erhalten die *Kontinuitätsgleichung*

$$\frac{\partial \varrho}{\partial t}(t, \mathbf{r}) + \boldsymbol{\nabla}_{\mathbf{r}} \cdot \mathbf{j}(t, \mathbf{r}) = 0 \quad . \qquad (13.3.7)$$

Sie drückt die Erhaltung der Masse in differentieller Form aus.

Während die partielle Ableitung $\partial\varrho(t,\mathbf{r})/\partial t$ die zeitliche Änderungsrate der Dichte bei festgehaltenem Ort $\mathbf{r}$ ist, beschreibt die totale Ableitung, vgl. Abschn. C.7,

$$\frac{\mathrm{d}\varrho(t,\mathbf{r})}{\mathrm{d}t} = \frac{\partial\varrho(t,\mathbf{r})}{\partial t} + \mathbf{v}(t,\mathbf{r}) \cdot \boldsymbol{\nabla}_{\mathbf{r}}\varrho(t,\mathbf{r}) \tag{13.3.8}$$

die Änderung der Dichte ϱ in einem mit der Flüssigkeit mitgeführten Punkt $\mathbf{r} = \mathbf{r}(t)$. Unter Nutzung der Kontinuitätsgleichung (13.3.7) für die partielle Ableitung von ϱ nach der Zeit folgt

$$\frac{\mathrm{d}\varrho}{\mathrm{d}t} = \mathbf{v} \cdot \boldsymbol{\nabla}_{\mathbf{r}}\varrho - \boldsymbol{\nabla}_{\mathbf{r}}(\varrho\mathbf{v}) \tag{13.3.9}$$

und wegen

$$\boldsymbol{\nabla}_{\mathbf{r}}(\varrho\mathbf{v}) = \mathbf{v} \cdot \boldsymbol{\nabla}_{\mathbf{r}}\varrho + \varrho\boldsymbol{\nabla}_{\mathbf{r}} \cdot \mathbf{v} \tag{13.3.10}$$

schließlich

$$\frac{\mathrm{d}\varrho}{\mathrm{d}t} = -\varrho\boldsymbol{\nabla}_{\mathbf{r}} \cdot \mathbf{v} \quad . \tag{13.3.11}$$

Die Divergenz der Geschwindigkeit hatten wir in (13.2.22) als zeitliche Änderung der Volumendilatation erkannt, so daß wir schließlich

$$\frac{\mathrm{d}\varrho}{\mathrm{d}t} = -\varrho\frac{\partial e}{\partial t} \tag{13.3.12}$$

erhalten. Diese Beziehung ist plausibel, denn sie besagt, daß die relative zeitliche Zunahme der Dichte $(1/\varrho)(\partial\varrho/\partial t)$ gleich der zeitlichen Abnahme der Volumendilatation ist.

13.4 Konservative äußere und innere Kräfte

Inhalt: Die konservativen Kräfte auf die Flüssigkeit werden in äußere und innere Kräfte unterteilt. Sie führen auf die Zerlegung der Kraftdichte $\mathbf{f}(\mathbf{r}) = \mathbf{f}^{\mathrm{a}}(\mathbf{r}) + \mathbf{f}^{\mathrm{i}}(\mathbf{r})$ in eine äußere Kraftdichte $\mathbf{f}^{\mathrm{a}}(\mathbf{r})$ und eine innere Kraftdichte $\mathbf{f}^{\mathrm{i}}(\mathbf{r})$. Als äußere Kraft tritt meist die Schwerkraft auf. Die zugehörige Kraftdichte ist $\mathbf{f}^{\mathrm{a}} = \varrho\mathbf{g}$. Konservative innere Kräfte treten gegen die Kompression der Flüssigkeit auf. Die innere Kraftdichte ist die Divergenz des Drucktensors, $\mathbf{f}^{\mathrm{i}} = \boldsymbol{\nabla}_{\mathbf{r}}\underline{\sigma}^{\mathrm{P}}$. Der Drucktensor ist ein Kugeltensor, $\underline{\sigma}^{\mathrm{P}} = -p\underline{1}$. Mit dem Tensor der Volumendilatation, $\underline{\varepsilon}^0 = (e/3)\underline{1}$, hängt er durch $\underline{\sigma}^{\mathrm{P}} = (3/\kappa)\underline{\varepsilon}^0 = 3K\underline{\varepsilon}^0$ zusammen, dabei ist κ die Kompressibilität der Flüssigkeit, $K = 1/\kappa$ der Volumenmodul.
Bezeichnungen: $\mathbf{f}^{\mathrm{a}}$ äußere Kraftdichte, ϱ Massendichte, $\mathbf{g}$ Erdbeschleunigung, $\mathbf{f}^{\mathrm{i}}$ innere Kraftdichte, $\underline{\sigma}^{\mathrm{P}}$ Drucktensor, $\underline{\varepsilon}^0$ Tensor der Volumendilatation, $K = 1/\kappa$ Volumenmodul, κ Kompressibilität.

Als äußere Volumenkraft auf die Flüssigkeit ist vorwiegend die Schwerkraft zu berücksichtigen. Auf ein Volumenelement der Größe $\mathrm{d}V$ wirkt die Schwerkraft

$$\mathrm{d}\mathbf{F} = \varrho\,\mathbf{g}\,\mathrm{d}V \quad, \tag{13.4.1}$$

wobei ϱ die Dichte der Flüssigkeit und $\mathbf{g}$ die Erdbeschleunigung ist. Die zugehörige *Dichte der äußeren Kräfte* ist dann die Gewichtskraftdichte

$$\mathbf{f}^{\mathrm{a}}(\mathbf{r}) = \varrho\mathbf{g} \quad. \tag{13.4.2}$$

Als konservative innere Kräfte treten solche auf, die gegen Kompression wirken. Wegen der freien Beweglichkeit der Teilchen in der Flüssigkeit ist der Spannungstensor $\underline{\underline{\sigma}}^{\mathrm{P}}$ dieser Kräfte ein Kugeltensor.

Betrachtet man ein Flächenelement $\mathrm{d}\mathbf{a} = \hat{\mathbf{n}}\,\mathrm{d}a$ im Innern der Flüssigkeit mit der Normalen $\hat{\mathbf{n}}$, so ist nach (11.6.3) die Kraft $\mathrm{d}\mathbf{F}$ auf das Flächenelement

$$\mathrm{d}\mathbf{F} = \underline{\underline{\sigma}}\,\mathrm{d}\mathbf{a} = \underline{\underline{\sigma}}\hat{\mathbf{n}}\,\mathrm{d}a \quad. \tag{13.4.3}$$

Da die Teilchen in einer Flüssigkeit frei beweglich sind, verschieben sich diese, so daß die Kraft nur eine Normalkomponente, $\mathrm{d}\mathbf{F} = \mathrm{d}F\,\hat{\mathbf{n}}$, besitzt. Damit gilt für die Normalspannung

$$\mathbf{s}(\hat{\mathbf{n}}) = \underline{\underline{\sigma}}\hat{\mathbf{n}} = -p\hat{\mathbf{n}} \tag{13.4.4}$$

für beliebige Normalenrichtung $\hat{\mathbf{n}}$. Der Proportionalitätsfaktor $(-p)$ ist wegen der Isotropie der Flüssigkeit unabhängig von $\hat{\mathbf{n}}$. Somit ist der Tensor $\underline{\underline{\sigma}}$ ein Kugeltensor,

$$\underline{\underline{\sigma}} = \underline{\underline{\sigma}}^{\mathrm{P}} = -p\underline{\underline{1}} \quad, \qquad p = -\sigma_{\mathrm{m}} \quad, \tag{13.4.5}$$

den wir mit $\underline{\underline{\sigma}}^{\mathrm{P}}$ bezeichnen wollen. Dabei ist p der Druck in der Flüssigkeit. Er ist eine richtungsunabhängige und daher skalare Größe.

Die Einheit des Druckes im SI-System ist das *Pascal*:

$$[p]_{\mathrm{SI}} = 1\,\mathrm{Pa} = 1\,\mathrm{N\,m}^{-2} \quad. \tag{13.4.6}$$

Eine ältere, häufig noch verwendete, Einheit ist das Bar:

$$\begin{aligned}
1\,\mathrm{bar} &= 10\,\mathrm{N\,cm}^{-2} = 1000\,\mathrm{hPa} \quad, \\
1\,\mathrm{hPa} &= 1\,\mathrm{Hektopascal} = 100\,\mathrm{Pa} \quad.
\end{aligned} \tag{13.4.7}$$

Die in der Meteorologie traditionell übliche Einheit Millibar (mbar) ist gleich einem Hektopascal:

$$1\,\mathrm{mbar} = 1\,\mathrm{hPa} \quad. \tag{13.4.8}$$

Aus den Verschiebungen in der Flüssigkeit läßt sich der Kugeltensor der Volumendilatation

$$\underline{\underline{\varepsilon}}^{0} = \frac{e}{3}\underline{\underline{1}} \quad, \qquad e = \mathrm{Sp}\,\underline{\underline{\varepsilon}}^{0} \quad, \tag{13.4.9}$$

bilden, vgl. (11.5.21). Wegen der Isotropie der Flüssigkeit sind die beiden Tensoren zueinander proportional, vgl. das Hookesche Gesetz (11.4.18),

$$\underline{\underline{\sigma}}^{\mathrm{P}} = 3\frac{1}{\kappa}\underline{\underline{\varepsilon}}^0 = 3K\underline{\underline{\varepsilon}}^0 \quad . \tag{13.4.10}$$

Die Materialkonstante κ heißt *Kompressibilität*. Sie ist das Inverse des Volumenmoduls K, vgl. (11.4.16). Für den Druck $p(t, \mathbf{r})$ folgt aus (13.4.10)

$$p(t, \mathbf{r}) = -\frac{1}{\kappa}e(t, \mathbf{r}) = -Ke(t, \mathbf{r}) \quad . \tag{13.4.11}$$

Wie beim elastischen Körper ist die *Dichte der inneren Kräfte* als

$$\mathbf{f}^{\mathrm{i}}(\mathbf{r}) = \boldsymbol{\nabla}_{\mathbf{r}}\underline{\underline{\sigma}}^{\mathrm{P}}(\mathbf{r}) \quad , \tag{13.4.12}$$

also als *Divergenz des Drucktensors* gegeben. Da der Drucktensor als Vielfaches des Einheitstensors, (13.4.5), vgl. auch (11.6.10),

$$\underline{\underline{\sigma}}^{\mathrm{P}}(\mathbf{r}) = -p(\mathbf{r})\underline{\underline{1}} \quad , \tag{13.4.13}$$

geschrieben werden kann, gilt

$$\mathbf{f}^{\mathrm{i}}(\mathbf{r}) = -\boldsymbol{\nabla}_{\mathbf{r}}p(\mathbf{r}) \quad , \tag{13.4.14}$$

die *innere Kraftdichte* ist der negative Gradient des (skalaren) Druckes.

Die auf eine Flüssigkeit insgesamt wirkenden konservativen Kräfte sind durch die Summe der Dichten der äußeren und inneren Kräfte gegeben,

$$\mathbf{f}(\mathbf{r}) = \mathbf{f}^{\mathrm{a}}(\mathbf{r}) + \mathbf{f}^{\mathrm{i}}(\mathbf{r}) = \mathbf{f}^{\mathrm{a}}(\mathbf{r}) - \boldsymbol{\nabla}_{\mathbf{r}}p(\mathbf{r}) \quad . \tag{13.4.15}$$

Die Schwerkraftdichte $\mathbf{f}^{\mathrm{a}} = \varrho\mathbf{g}$ läßt sich in der Form

$$\mathbf{f}^{\mathrm{a}} = -\varrho\boldsymbol{\nabla}_{\mathbf{r}}U^{\mathrm{a}} \tag{13.4.16}$$

durch das *äußere Potential*

$$U^{\mathrm{a}}(\mathbf{r}) = -\mathbf{g}\cdot\mathbf{r} \tag{13.4.17}$$

darstellen. Damit erhält die Kraftdichte die Form

$$\mathbf{f} = -\varrho\boldsymbol{\nabla}_{\mathbf{r}}U^{\mathrm{a}} - \boldsymbol{\nabla}_{\mathbf{r}}p \quad . \tag{13.4.18}$$

Neben den konservativen Kräften treten in realen Flüssigkeiten auch Reibungskräfte auf. Sie werden in Abschn. 13.10 untersucht.

13.5 Ideale Flüssigkeiten. Eulersche Bewegungsgleichung

Inhalt: Eine ideale Flüssigkeit ist dadurch definiert, daß Reibungskräfte vernachlässigt werden können. Die auftretenden Kraftdichten sind konservativ. Aus der Newtonschen Bewegungsgleichung wird die Eulersche Bewegungsgleichung der idealen Flüssigkeit hergeleitet.
Bezeichnungen: $\mathbf{r}$ Vektor der Euler-Koordinaten, $\varrho(t, \mathbf{r})$ Massendichte, $\mathbf{v}(t, \mathbf{r})$ Strömungsfeld, $\mathbf{f}^a$ äußere Kraftdichte, $\underline{\underline{\sigma}}^P$ Drucktensor.

Bei einer Reihe von Erscheinungen in Flüssigkeiten können Reibungskräfte vernachlässigt werden. Flüssigkeiten, die so behandelt werden, heißen *ideale Flüssigkeiten*. Es treten nur konservative Kräfte auf. Die für die Bewegung eines Volumenelementes ΔV gültige Newtonsche Gleichung lautet dann

$$\varrho \, \Delta V \frac{d\mathbf{v}}{dt} = \mathbf{f} \, \Delta V = (\mathbf{f}^a - \boldsymbol{\nabla}_{\mathbf{r}} p) \, \Delta V \quad . \tag{13.5.1}$$

Als Gleichung für die Massen- und Kraftdichten lautet sie

$$\varrho \frac{d\mathbf{v}}{dt} = \mathbf{f}^a - \boldsymbol{\nabla}_{\mathbf{r}} p \quad . \tag{13.5.2}$$

Die totale Zeitableitung, vgl. Abschn. C.7, läßt sich als

$$\frac{d\mathbf{v}}{dt} = \frac{\partial \mathbf{v}}{\partial t} + (\mathbf{v} \cdot \boldsymbol{\nabla}_{\mathbf{r}})\mathbf{v} = \frac{\partial \mathbf{v}}{\partial t} + \mathbf{v}(\boldsymbol{\nabla}_{\mathbf{r}} \otimes \mathbf{v}) \tag{13.5.3}$$

schreiben. Mit Hilfe von

$$\frac{1}{2}\boldsymbol{\nabla}_{\mathbf{r}}\mathbf{v}^2 = (\boldsymbol{\nabla}_{\mathbf{r}} \otimes \mathbf{v})\mathbf{v} \tag{13.5.4}$$

und

$$\begin{aligned}
-\mathbf{v} \times (\boldsymbol{\nabla}_{\mathbf{r}} \times \mathbf{v}) &= -(\boldsymbol{\nabla}_{\mathbf{r}} \otimes \mathbf{v})\mathbf{v} + (\mathbf{v} \cdot \boldsymbol{\nabla}_{\mathbf{r}})\mathbf{v} \\
&= -(\boldsymbol{\nabla}_{\mathbf{r}} \otimes \mathbf{v})\mathbf{v} + \mathbf{v}(\boldsymbol{\nabla}_{\mathbf{r}} \otimes \mathbf{v})
\end{aligned} \tag{13.5.5}$$

gewinnt man

$$\mathbf{v}(\boldsymbol{\nabla}_{\mathbf{r}} \otimes \mathbf{v}) = \frac{1}{2}\boldsymbol{\nabla}_{\mathbf{r}}\mathbf{v}^2 - \mathbf{v} \times (\boldsymbol{\nabla}_{\mathbf{r}} \times \mathbf{v}) \quad .$$

Damit erhält die totale Zeitableitung von $\mathbf{v}$ die Form

$$\frac{d\mathbf{v}}{dt} = \frac{\partial \mathbf{v}}{\partial t} + \frac{1}{2}\boldsymbol{\nabla}_{\mathbf{r}}\mathbf{v}^2 - \mathbf{v} \times (\boldsymbol{\nabla}_{\mathbf{r}} \times \mathbf{v}) \quad . \tag{13.5.6}$$

Die Newtonsche Bewegungsgleichung (13.5.1) geht damit in die *Eulersche Bewegungsgleichung der idealen Flüssigkeit* über:

$$\varrho\frac{\partial \mathbf{v}}{\partial t} + \frac{1}{2}\varrho\boldsymbol{\nabla}_{\mathbf{r}}\mathbf{v}^2 - \varrho\mathbf{v} \times (\boldsymbol{\nabla}_{\mathbf{r}} \times \mathbf{v}) = \mathbf{f}^a - \boldsymbol{\nabla}_{\mathbf{r}} p \quad . \tag{13.5.7}$$

13.6 Hydrostatik

Inhalt: Ruhende Flüssigkeiten besitzen kein Strömungsfeld, $\mathbf{v}(t, \mathbf{r}) = 0$. Die Eulersche Bewegungsgleichung vereinfacht sich auf die hydrostatische Gleichung $\boldsymbol{\nabla}_{\mathbf{r}} p = \mathbf{f}^{\mathrm{a}}$. Druckmessung mit dem U-Rohr-Manometer. Messung des Luftdrucks mit dem Quecksilberbarometer.
Bezeichnungen: $\mathbf{r}$ Vektor der Euler-Koordinaten, $\mathbf{f}^{\mathrm{a}}(\mathbf{r}) = \varrho(\mathbf{r})\mathbf{g}$ äußere Kraftdichte, $\mathbf{g} = -g\mathbf{e}_z$ Erdbeschleunigung, ϱ Dichte, p Druck.

In einer ruhenden Flüssigkeit, $\mathbf{v} = 0$, vereinfacht sich die Eulersche Gleichung (13.5.7) zu

$$\mathbf{f}^{\mathrm{a}} = \boldsymbol{\nabla}_{\mathbf{r}} p \quad . \tag{13.6.1}$$

Für den Fall reiner Schwerkraft hat die äußere Kraftdichte die Form

$$\mathbf{f}^{\mathrm{a}} = \varrho\mathbf{g} \quad . \tag{13.6.2}$$

Zeigt die z-Achse nach oben, ist also $\mathbf{g} = -g\mathbf{e}_z$, so ist für eine in x und y weit ausgedehnte Flüssigkeit der Druck p von x und y unabhängig. Daher ist nur die z-Ableitung von p von null verschieden, und es gilt

$$\frac{\mathrm{d}p}{\mathrm{d}z} = -\varrho g \quad . \tag{13.6.3}$$

Legen wir den Nullpunkt der z-Achse in die Flüssigkeitsoberfläche, so folgt für eine inkompressible Flüssigkeit, d. h. eine mit konstanter Dichte ϱ,

$$p = p_0 - \varrho g z \quad . \tag{13.6.4}$$

Dabei ist p_0 der Druck, der auf der Flüssigkeitsoberfläche lastet, im allgemeinen also der Luftdruck.

Experiment 13.1. Hydrostatischer Druck

In einem Gefäß befindet sich der Wasserspiegel bei $z = 0$, der Gefäßboden bei $z = -4h$. In den Höhen $z = -nh$, $n = 1, 2, 3, 4$, befinden sich Löcher in der Gefäßwand, durch die das Wasser ausströmt, vgl. Abb. 13.1. Die durch die vier Löcher pro Sekunde austretende Flüssigkeitsmenge wird durch einen Zufluß der gleichen Menge pro Sekunde in das Gefäß kompensiert. Der Wasserspiegel bleibt dadurch stets bei $z = 0$. Wir beobachten, daß die aus den vier Löchern ausströmenden Wasserstrahlen die Form von Wurfparabelbögen haben, deren Maxima in den Austrittsöffnungen liegen. Damit gilt für den Wasserstrahl, der aus der Öffnung n austritt,

$$z_n = -nh - \frac{g}{2}t^2 \quad , \qquad x_n = -v_n t \quad .$$

Hier haben wir die Geschwindigkeit des Wassers in der Austrittsöffnung n mit v_n bezeichnet. Die Bahnkurve des n-ten Strahls lautet damit

$$z_n = -nh - \frac{g}{2}\left(\frac{x_n}{v_n}\right)^2 \quad .$$

Abb. 13.1. Demonstration der Abhängigkeit des hydrostatischen Druckes von der Tiefe

Der obere ($n = 1$) und der nächste ($n = 2$) Strahl kreuzen einander auf der Höhe $-3h$. Dort ist $x_1 = x_2 = x$. Aus den beiden Gleichungen, die wir für $z_1 = z_2 = -3h$ erhalten,

$$-3h = -h - gx^2/(2v_1^2) \quad , \qquad -3h = -2h - gx^2/(2v_2)^2 \quad ,$$

folgt

$$\frac{v_2^2}{v_1^2} = 2 \quad .$$

An den Austrittslöchern steht das Wasser außerhalb des Gefäßes nur unter dem Luftdruck. Im Gefäß herrscht nach (13.6.4) in der Höhe $z = -nh$ die Druckdifferenz zum Luftdruck $p_0 = p_{\mathrm{L}}$

$$p_n = p - p_{\mathrm{L}} = n \varrho g h \quad .$$

Für den ersten und zweiten Wasserstrahl ist damit $p_2/p_1 = 2$ oder allgemein

$$\frac{p_m}{p_n} = \frac{v_m^2}{v_n^2} \quad , \qquad m, n = 1, 2, 3, 4 \quad .$$

Die Gültigkeit der Beziehung für diese experimentelle Situation folgt allgemein aus der Bernoulli-Gleichung, die wir im Abschn. 13.8 herleiten werden.

Experiment 13.2. Druckmessung mit dem U-Rohr Manometer

In einem geschlossenen Gefäß befindet sich ein Gas unter unbekanntem Druck p. Wegen der geringen Dichte des Gases kann die Abhängigkeit des Gasdruckes von der Höhe innerhalb des Gefäßes vernachlässigt werden. Das Gefäß ist mit einem Schenkel eines U-förmigen Glasrohres verbunden, das eine Flüssigkeit der Dichte ϱ enthält. Der andere Schenkel des Rohres ist offen. Auf der Flüssigkeitsoberfläche im offenen Rohrstück lastet der Luftdruck p_L, auf der dem Gasraum zugewandten der Gasdruck p. Unter der Druckdifferenz stellt sich eine Höhendifferenz der Oberflächen ein, Abb. 13.2. Es gilt

$$\Delta p = p - p_L = \varrho g (h_2 - h_1) \quad .$$

Durch Messung der Höhendifferenz $h_2 - h_1$ im *U-Rohr Manometer* kann also bei bekanntem Luftdruck der Gasdruck p bestimmt werden.

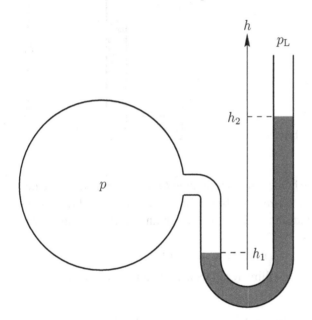

Abb. 13.2. U-Rohr-Manometer

Experiment 13.3. Messung des Luftdrucks mit dem Quecksilberbarometer. Torricellisches Vakuum

Ein mehr als 80 cm langes, an einem Ende offenes Rohr wird vollständig mit Quecksilber gefüllt. Es wird dann mit einem Stopfen verschlossen, umgedreht und mit dem verschlossenen Ende in eine mit Quecksilber gefüllte Schale eingetaucht. Jetzt wird der Stopfen entfernt. Die Flüssigkeit im Rohr sinkt etwas ab, Abb. 13.3. Es verbleibt jedoch eine Höhendifferenz $h_0 \approx 76$ cm zwischen der Quecksilberoberfläche in der Schale und der im Rohr. Das Experiment stammt ursprünglich von Evangelista Torricelli (1643). Er nahm an, daß der Raum im Rohr oberhalb des Quecksilbers leer sei (*Torricellisches Vakuum*). Tatsächlich enthält er Quecksilberdampf, dessen Druck aber um viele Zehnerpotenzen kleiner ist als der Luftdruck. Auf der Quecksilberoberfläche in der Schale lastet der Luftdruck p_L. Er ist im Gleichgewicht mit dem hydrostatischen Druck der Flüssigkeitssäule,

$$p_L = \varrho g h_0 \quad.$$

Mit $\varrho = 13\,590\,\mathrm{kg\,m}^{-3}$, $g = 9{,}81\,\mathrm{m\,s}^{-2}$, $h_0 = 0{,}76\,\mathrm{m}$ erhalten wir

$$p_L = 1013\,\mathrm{hPa} \quad.$$

Der Luftdruck hängt erheblich von der Höhe über dem Meeresspiegel und von den meteorologischen Bedingungen ab.

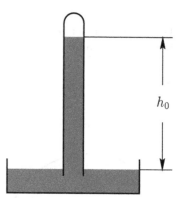

Abb. 13.3. Prinzip des Quecksilberbarometers

Druckmeßinstrumente heißen im allgemeinen *Manometer*, messen sie den Luftdruck, werden sie als *Barometer* bezeichnet. Eine lange gebräuchliche und auch heute in der Vakuumtechnik gelegentlich anzutreffende Einheit des Drucks ist

$$1\,\mathrm{Torr} = 1\,\mathrm{mm\,Hg} = 1{,}333\,\mathrm{hPa} \quad,$$

das oft auch einfach als „ein Millimeter Quecksilbersäule" bezeichnet wird.

13.7 Gleichförmig rotierende, inkompressible, ideale Flüssigkeit im Schwerefeld

Inhalt: Eine gleichförmig rotierende Flüssigkeit besitzt das Strömungsfeld $\mathbf{v}(\mathbf{r}) = \boldsymbol{\omega} \times \mathbf{r}$. Für den zugehörigen Verzerrungsgeschwindigkeitstensor gilt $\partial \underline{\underline{\varepsilon}}/\partial t = 0$, der Rotationsgeschwindigkeitstensor ist $\underline{\underline{W}} = [\underline{\varepsilon}\boldsymbol{\omega}]$. Für den Fall einer im Schwerefeld der Erde senkrechten Drehachse $\boldsymbol{\omega}$ ist die Flüssigkeitsoberfläche ein Rotationsparaboloid.
Bezeichnungen: $\mathbf{r}$ Ortsvektor der Eulerschen Beschreibung, $\mathbf{v}(\mathbf{r}) = \boldsymbol{\omega} \times \mathbf{r}$ Strömungsfeld, $\boldsymbol{\omega}$ zeitlich konstante Winkelgeschwindigkeit der Flüssigkeit, $\underline{\underline{W}}$ Rotationsgeschwindigkeitstensor, $\underline{\varepsilon}$ Levi-Civita-Tensor; $z_s, r_{\perp s}$ Koordinaten der Oberfläche der rotierenden Flüssigkeit; p_L Luftdruck, $p(\mathbf{r})$ Druck, $p(z_0\mathbf{e}_z) = p_0$ Druck am zentralen Oberflächenpunkt des Rotationsparaboloids.

Wir betrachten ein Strömungsfeld, das ein axiales Wirbelfeld ist, vgl. Abschn. C.5,

$$\mathbf{v}(\mathbf{r}) = \boldsymbol{\omega} \times \mathbf{r} \quad . \tag{13.7.1}$$

Der Vektor $\boldsymbol{\omega}$ der Winkelgeschwindigkeit sei zeitunabhängig. Die Rotation ist nach (13.2.14) durch $\boldsymbol{\nabla}_\mathbf{r} \times \mathbf{v} = 2\boldsymbol{\omega}$ gegeben. Die Verzerrungsgeschwindigkeit verschwindet,

$$\frac{\partial \underline{\underline{\varepsilon}}}{\partial t} = 0 \quad , \tag{13.7.2}$$

da für das axiale Wirbelfeld

$$\frac{\partial \underline{\underline{C}}}{\partial t} = \frac{\partial \underline{\underline{C}}^A}{\partial t} = -[\underline{\underline{\varepsilon}}\boldsymbol{\omega}] = -\underline{\underline{W}} \tag{13.7.3}$$

gilt. Hier ist $\underline{\underline{\varepsilon}}$ der Levi-Civita-Tensor (B.6.1), und die Bedeutung der eckigen Klammer ist in (B.11.16) definiert. Aus der Kenntnis des Geschwindigkeitsfeldes (13.7.1) lassen sich die geschwindigkeitsabhängigen Terme der Eulerschen Bewegungsgleichung (13.5.7) ausrechnen. Die partielle Zeitableitung von $\mathbf{v}$ verschwindet, $\partial \mathbf{v}/\partial t = 0$. Zur Vereinfachung der weiteren Schritte legen wir die z-Achse des Koordinatensystems in die Richtung der Winkelgeschwindigkeit

$$\boldsymbol{\omega} = \omega \mathbf{e}_z \tag{13.7.4}$$

und verwenden Zylinderkoordinaten $r_\perp, \varphi, z$, vgl. Abschn. A.5.2. Wir erhalten für das Geschwindigkeitsfeld

$$\mathbf{v}(\mathbf{r}) = \omega r_\perp \mathbf{e}_\varphi \quad , \qquad \mathbf{v}^2 = \omega^2 r_\perp^2 \quad , \tag{13.7.5}$$

und mit $\boldsymbol{\nabla}_\mathbf{r} \times \mathbf{v} = 2\boldsymbol{\omega}$ folgt

$$\mathbf{v} \times (\boldsymbol{\nabla}_\mathbf{r} \times \mathbf{v}) = -2\boldsymbol{\omega} \times \mathbf{v} = 2\omega^2 r_\perp \mathbf{e}_\perp \quad . \tag{13.7.6}$$

Der Gradient von $\mathbf{v}^2/2$ läßt sich am einfachsten mit der Darstellung (C.3.4) des Nablaoperators in Zylinderkoordinaten berechnen. Da $\mathbf{v}^2$ nur von der Koordinate $r_\perp$ abhängt, reduziert er sich auf $\boldsymbol{\nabla} = \mathbf{e}_\perp \partial/(\partial r_\perp)$. Es gilt

$$\boldsymbol{\nabla}_\mathbf{r}\left(\frac{1}{2}\mathbf{v}^2\right) = \mathbf{e}_\perp \frac{\partial}{\partial r_\perp}\left(\frac{1}{2}\mathbf{v}^2\right) = \omega^2 r_\perp \mathbf{e}_\perp \quad .$$

Insgesamt finden wir für die $\mathbf{v}$-abhängigen Terme der Eulerschen Bewegungsgleichung (13.5.7)

$$\frac{\varrho}{2}\boldsymbol{\nabla}_\mathbf{r}\mathbf{v}^2 - \varrho\mathbf{v} \times (\boldsymbol{\nabla}_\mathbf{r} \times \mathbf{v}) = -\varrho\omega^2 r_\perp \mathbf{e}_\perp = -\boldsymbol{\nabla}_\mathbf{r}\left(\frac{\varrho}{2}\mathbf{v}^2\right) \quad . \tag{13.7.7}$$

Für die weitere Rechnung beschränken wir uns auf den Fall, in dem die Rotation der Flüssigkeit um eine Achse parallel zur Erdbeschleunigung

$$\mathbf{g} = -g\mathbf{e}_z \qquad (13.7.8)$$

erfolgt. Mit der Schwerkraftdichte $\mathbf{f}^a = \varrho\mathbf{g} = -\varrho g\mathbf{e}_z$ liefert die Eulersche Gleichung (13.5.7) mit Hilfe von (13.7.7)

$$-\boldsymbol{\nabla}_{\mathbf{r}}\left(\frac{\varrho}{2}\mathbf{v}^2\right) = \mathbf{f}^a - \boldsymbol{\nabla}_{\mathbf{r}}p(\mathbf{r}) \qquad . \qquad (13.7.9)$$

Die Schwerkraftdichte $\mathbf{f}^a$ läßt sich als negativer Gradient des Ausdrucks $\varrho g z$ darstellen,

$$-\boldsymbol{\nabla}_{\mathbf{r}}\varrho g z = -\varrho g\mathbf{e}_z = \mathbf{f}^a \qquad , \qquad (13.7.10)$$

so daß wir aus (13.7.9)

$$\boldsymbol{\nabla}_{\mathbf{r}}\left(p(\mathbf{r}) + \varrho g z - \frac{\varrho}{2}\mathbf{v}^2(\mathbf{r})\right) = 0 \qquad (13.7.11)$$

gewinnen, oder

$$p(\mathbf{r}) + \varrho g z - \frac{\varrho}{2}\mathbf{v}^2(\mathbf{r}) = p(\mathbf{r}_0) + \varrho g z_0 - \frac{\varrho}{2}\mathbf{v}^2(\mathbf{r}_0) \qquad . \qquad (13.7.12)$$

Wählen wir $\mathbf{r}_0$ in der Rotationsachse, $\mathbf{r}_0 = z_0\hat{\boldsymbol{\omega}}$, so gilt $\mathbf{v}(\mathbf{r}_0) = \boldsymbol{\omega} \times \mathbf{r}_0 = 0$. Wählen wir z_0 ferner als den Punkt, an dem die Flüssigkeitsoberfläche die z-Achse schneidet, so ist der Druck $p(\mathbf{r}_0)$ gleich dem Druck p_0 an dieser Stelle. Wir finden mit (13.7.5)

$$p(\mathbf{r}) + \varrho g(z - z_0) - \frac{1}{2}\varrho\omega^2 r_\perp^2 = p_0 \qquad . \qquad (13.7.13)$$

Auf der Flüssigkeitsoberfläche am Ort $\mathbf{r} = \mathbf{r}_s = r_\perp\mathbf{e}_\perp + z_s\mathbf{e}_z$ lastet der Luftdruck p_L,

$$p(\mathbf{r}_s) = p_L \qquad , \qquad (13.7.14)$$

den wir als ortsunabhängig annehmen, d. h. $p_0 = p_L$.

Wir erhalten für die Koordinaten $r_\perp, z_s$ der Oberfläche die Parabelgleichung

$$z_s = \frac{1}{2g}\omega^2 r_\perp^2 + z_0 \qquad . \qquad (13.7.15)$$

Die Flüssigkeitsoberfläche ist ein Rotationsparaboloid, dessen Symmetrieachse die z-Achse des Koordinatensystems ist.

Wir betrachten nun ein zylindrisches Gefäß vom Radius R, in dem die Flüssigkeit in Ruhe bis zur Höhe h steht. Das von einer inkompressiblen Flüssigkeit in Ruhe eingenommene Volumen ist gleich dem bei Rotation, so daß gilt

$$\begin{aligned} \pi R^2 h &= \int_0^{2\pi}\int_0^R z_s(r_\perp)r_\perp\,\mathrm{d}r_\perp\,\mathrm{d}\varphi = \\ &= \frac{1}{4g}\omega^2\pi R^4 + z_0\pi R^2 \qquad . \qquad (13.7.16) \end{aligned}$$

Auflösen dieser Beziehung nach z_0 liefert

$$z_0 = h - \frac{1}{4g}\omega^2 R^2 \quad , \tag{13.7.17}$$

und für die Gleichung der Oberfläche der rotierenden Flüssigkeit erhält man

$$z_s = h + \frac{1}{2g}\omega^2 \left(r_\perp^2 - \frac{R^2}{2} \right) \quad . \tag{13.7.18}$$

Im Vergleich zur ursprünglichen Höhe h der Flüssigkeit ist sie auf der Rotationsachse ($r_\perp = 0$) gegeben durch $z_s = h - \omega^2 R^2/(4g)$ und am Rande ($r_\perp = R$) durch $z_s = h + \omega^2 R^2/(4g)$. Die zentrale Absenkung und die Erhöhung am Rande des Flüssigkeitsspiegels sind gleich und haben den Betrag $\omega^2 R^2/(4g)$.

Experiment 13.4. Rotierende Flüssigkeit

Ein zylindrischer Glasbehälter mit Wasser ist auf einem Drehteller so angebracht, daß die Achse des Glaszylinders und die Rotationsachse des Drehtellers übereinstimmen, Abb. 13.4. Im stationären Zustand der Flüssigkeit bei konstanter Winkelgeschwindigkeit des Drehtellers zeigt der Wasserspiegel im Glas die Form des Rotationsparaboloids (13.7.18).

Abb. 13.4. Wasserspiegel in einem rotierenden Glaszylinder

13.8 Stationäre Strömung
einer inkompressiblen Flüssigkeit. Bernoulli-Gleichung

Inhalt: Ein zeitunabhängiges Strömungsfeld $\mathbf{v} = \mathbf{v}(\mathbf{r})$ beschreibt eine stationäre Strömung. Für eine stationäre Strömung einer inkompressiblen Flüssigkeit, die der Wirkung einer konservativen Kraftdichte $\mathbf{f}^{\mathrm{a}}(\mathbf{r}) = -\varrho \boldsymbol{\nabla}_{\mathbf{r}} U^{\mathrm{a}}(\mathbf{r})$ unterliegt, wird die Bernoulli-Gleichung für die Energiedichte $w_{\mathrm{s}} = \varrho \mathbf{v}^2/2 + \varrho U^{\mathrm{a}} + p$ in der Form $\varrho \mathbf{v}^2/2 + \varrho U^{\mathrm{a}} + p = w_{\mathrm{s0}}$ hergeleitet.

Bezeichnungen: $\mathbf{v}(\mathbf{r})$ Strömungsfeld, ϱ Dichte der inkompressiblen Flüssigkeit; $\mathbf{f}^{\mathrm{a}}(\mathbf{r}) = -\varrho \boldsymbol{\nabla}_{\mathbf{r}} U^{\mathrm{a}}(\mathbf{r})$ konservative, äußere Kraftdichte; $U^{\mathrm{a}}(\mathbf{r})$ äußere Potentialfunktion, $w_{\mathrm{s}}(\mathbf{r})$ Energiedichte, $p(\mathbf{r})$ Druck.

Als *stationär* bezeichnet man eine Strömung, deren Strömungsfeld $\mathbf{v} = \mathbf{v}(\mathbf{r})$ zeitunabhängig ist. Die Schwerkraftdichte $\mathbf{f}^{\mathrm{a}}(\mathbf{r})$ einer inkompressiblen Flüssigkeit läßt sich als

$$\mathbf{f}^{\mathrm{a}}(\mathbf{r}) = -\varrho \boldsymbol{\nabla}_{\mathbf{r}} U^{\mathrm{a}}(\mathbf{r}) \quad , \qquad U^{\mathrm{a}}(\mathbf{r}) = -\mathbf{g} \cdot \mathbf{r} \quad , \tag{13.8.1}$$

darstellen, vgl. (13.4.16). Dann hat die Eulersche Gleichung (13.5.7) die Form

$$\frac{1}{2}\varrho \boldsymbol{\nabla}_{\mathbf{r}} \mathbf{v}^2 + \varrho \boldsymbol{\nabla}_{\mathbf{r}} U^{\mathrm{a}} + \boldsymbol{\nabla}_{\mathbf{r}} p = \varrho \mathbf{v} \times (\boldsymbol{\nabla}_{\mathbf{r}} \times \mathbf{v}) \quad . \tag{13.8.2}$$

Für eine inkompressible Flüssigkeit ist die Dichte ortsunabhängig, so daß die linke Seite als Gradient der Energiedichte (die Bedeutung der drei Terme in der Energiedichte wird in Abschn. 13.9 erklärt)

$$w_{\mathrm{s}} = \frac{1}{2}\varrho \mathbf{v}^2 + \varrho U^{\mathrm{a}} + p \tag{13.8.3}$$

geschrieben werden kann:

$$\boldsymbol{\nabla}_{\mathbf{r}} w_{\mathrm{s}} = \varrho \mathbf{v} \times (\boldsymbol{\nabla}_{\mathbf{r}} \times \mathbf{v}) \quad . \tag{13.8.4}$$

Multiplikation beider Seiten mit $\mathbf{v}$ liefert wegen des Verschwindens des Spatprodukts $\mathbf{v} \cdot (\mathbf{v} \times (\boldsymbol{\nabla}_{\mathbf{r}} \times \mathbf{v})) = 0$ die Beziehung

$$\mathbf{v} \cdot \boldsymbol{\nabla}_{\mathbf{r}} w_{\mathrm{s}}(\mathbf{r}) = 0 \quad , \tag{13.8.5}$$

die besagt, daß die Änderung der Energiedichte in Richtung der Geschwindigkeit null ist, die Energiedichte also in Richtung einer Stromlinie konstant ist. Falls die Flüssigkeit wirbelfrei ist, gilt $\boldsymbol{\nabla}_{\mathbf{r}} \times \mathbf{v} = 0$. Dann verschwindet wegen (13.8.4) der Gradient von w_{s}, und die Energiedichte

$$w_{\mathrm{s}}(\mathbf{r}) = \frac{1}{2}\varrho \mathbf{v}^2 + \varrho U^{\mathrm{a}} + p = w_{\mathrm{s}}(\mathbf{r}_0) = w_{\mathrm{s0}} \tag{13.8.6}$$

ist konstant. Die Beziehung (13.8.6) ist die *Bernoulli-Gleichung* für die stationäre, inkompressible, wirbelfreie Strömung. Hier ist $w_{\mathrm{s0}} = w_{\mathrm{s}}(\mathbf{r}_0)$ die Energiedichte an einem beliebig wählbaren Ort $\mathbf{r}_0$ der stationär strömenden Flüssigkeit. Als *Staudruck* wird die Größe $\varrho \mathbf{v}^2/2$ bezeichnet, p heißt *statischer Druck*.

Als Beispiel betrachten wir eine solche Strömung in einem auf einem Stück seiner Länge verengten Rohr mit der Verkleinerung des Querschnitts um den Faktor $q < 1$. Wegen der Inkompressibilität der Strömung steigt die Geschwindigkeit der Strömung im verengten Querschnitt auf $\mathbf{v}' = \mathbf{v}/q$. Damit gilt

$$\frac{1}{2}\varrho\frac{1}{q^2}\mathbf{v}^2 + \varrho U^{\mathrm{a}} + p' = \frac{1}{2}\varrho\mathbf{v}^2 + \varrho U^{\mathrm{a}} + p \quad . \tag{13.8.7}$$

Der Druck p' im verengten Rohrstück ist damit nach der Gleichung

$$p' = p - \frac{1}{2}\varrho\left(\frac{1}{q^2} - 1\right)\mathbf{v}^2 \tag{13.8.8}$$

verringert.

Experiment 13.5. Bernoulli-Gleichung

Gefärbtes Wasser strömt durch ein Rohr mit einer Verengung des Querschnitts von a auf $a' = qa$. Hinter dem engeren Rohrabschnitt erweitert es sich wieder auf a. In den drei Rohrabschnitten vor, in und hinter der Verengung sind Steigrohre zur Anzeige des statischen Druckes p angebracht. Das Experiment, Abb. 13.5, zeigt, daß der statische Druck in der Verengung kleiner ist als in den Abschnitten vor und hinter der Verengung. Das bestätigt qualitativ die Aussage von (13.8.8). Die Beobachtung, daß der statische Druck hinter der Verengung nicht wieder auf den Wert davor ansteigt, ist darauf zurückzuführen, daß das Wasser keine ideale Flüssigkeit ist, wie für die Herleitung der Bernoulli-Gleichung vorausgesetzt wurde.

Wir kommen noch einmal auf das Experiment 13.1 zurück. Die durch den oberen Zufluß und den Abfluß durch die seitlichen Öffnungen im Gefäß verursachte Strömung besitzt bei großem Gefäßquerschnitt außer in der Nähe der Öffnungen sehr kleine Geschwindigkeiten. Die Flüssigkeit im Gefäß kann daher als ruhend betrachtet werden. Damit folgt aus der Bernoulli-Gleichung (13.8.6)

$$\varrho U^{\mathrm{a}} + p = \frac{1}{2}\varrho v^2 + \varrho U^{\mathrm{a}} + p_{\mathrm{L}} \quad .$$

Die linke Seite beschreibt die Verhältnisse im Gefäß, nicht zu nahe an einer Öffnung, die rechte die Situation der strömenden Flüssigkeit beim Austritt aus dem Gefäß. Damit folgt die Beziehung

$$v^2 = \frac{2(p - p_{\mathrm{L}})}{\varrho} \quad .$$

Sie erläutert das Resultat des Experimentes 13.1 zum hydrostatischen Druck.

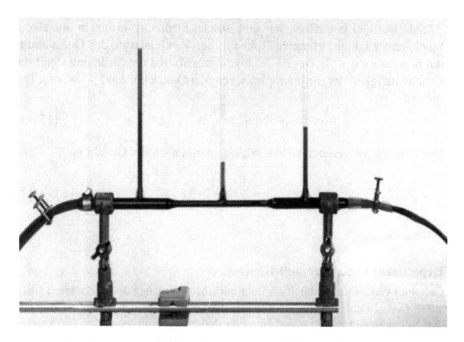

Abb. 13.5. Strömung von gefärbtem Wasser durch ein Rohr mit einer Querschnittsverengung

Ein anderes Phänomen, das sich mit der Bernoulli-Gleichung verstehen läßt, ist die *Kavitation*. Wir betrachten eine Flüssigkeit ohne äußere Kräfte. Die Bernoullische Gleichung für eine Flüssigkeit, die in Ruhe, $v_0 = 0$, unter dem Druck p_0 steht, lautet

$$\frac{1}{2}\varrho\mathbf{v}^2 + p = p_0 \quad,$$

dabei ist p der statische Druck in der Flüssigkeit bei der Geschwindigkeit $\mathbf{v}$. Als *kritische Geschwindigkeit*

$$v_{\mathrm{krit}} = \sqrt{\frac{2p_0}{\varrho}}$$

wird die Geschwindigkeit bezeichnet, bei der der Druck in der Flüssigkeit verschwindet, $p = 0$. Bei dieser Geschwindigkeit zerreißt die Flüssigkeit, es entstehen Hohlräume (Kavitäten), bedingt durch den Dampfdruck des sich bildenden gasförmigen Zustandes. Kavitation tritt an schnell rotierenden Schiffsschrauben auf.

13.9 Energiesatz für die nichtstationäre Strömung der idealen Flüssigkeit

Inhalt: Für eine nichtstationäre Strömung einer idealen Flüssigkeit werden die Energiedichten $w_{kin} = \varrho \mathbf{v}^2/2$, $w_{pot}^a = \varrho U^a$, $w_{pot}^i = e^2/(2\kappa)$ der kinetischen, äußeren bzw. inneren potentiellen Energie eingeführt und ebenso die Stromdichten dieser Energieformen $\mathbf{S}_{kin} = w_{kin}\mathbf{v}$, $\mathbf{S}_{pot}^a = w_{pot}^a \mathbf{v}$, $\mathbf{S}_{pot}^i = p\mathbf{v}$. Die Funktion $U^a = U^a(\mathbf{r})$ bestimmt die äußere Kraftdichte $\mathbf{f}^a = -\varrho \boldsymbol{\nabla}_\mathbf{r} U^a(\mathbf{r})$ auf die Flüssigkeit. Der Energiesatz ist eine Kontinuitätsgleichung $\partial w/\partial t + \boldsymbol{\nabla}_\mathbf{r} \cdot \mathbf{S} = 0$ für die Gesamtenergiedichte $w = w_{kin} + w_{pot}^a + w_{pot}^i$ und die Gesamtenergiestromdichte $\mathbf{S} = \mathbf{S}_{kin} + \mathbf{S}_{pot}^a + \mathbf{S}_{pot}^i$. Die Energiedichte w_s der Bernoullischen Gleichung erweist sich als strömende Energiedichte, $\mathbf{S} = w_s\mathbf{v}$.
Bezeichnungen: $\mathbf{v}(t,\mathbf{r})$ Strömungsfeld einer idealen Flüssigkeit; $w_{kin}(t,\mathbf{r})$, $w_{pot}^a(t,\mathbf{r})$, $w_{pot}^i(t,\mathbf{r})$ Energiedichten der kinetischen, äußeren bzw. inneren potentiellen Energie; $\mathbf{S}_{kin}(t,\mathbf{r})$, $\mathbf{S}_{pot}^a(t,\mathbf{r})$, $\mathbf{S}_{pot}^i(t,\mathbf{r})$ Energiestromdichten der kinetischen, äußeren bzw. inneren potentiellen Energie; $w, \mathbf{S}$ Gesamtenergie- bzw. Gesamtenergiestromdichte.

In einer nichtstationären kompressiblen Flüssigkeit gelten als voneinander unabhängige Gesetze

- der Zusammenhang $\partial e/\partial t = \boldsymbol{\nabla}_\mathbf{r} \cdot \mathbf{v}$, Gl. (13.2.22), zwischen Volumendilatation und Divergenz des Geschwindigkeitsfeldes,

- die Kontinuitätsgleichung $-\partial \varrho/\partial t = \boldsymbol{\nabla}_\mathbf{r} \cdot (\varrho \mathbf{v})$, Gl. (13.3.7), zwischen zeitlicher Änderung der Massendichte $\varrho(t,\mathbf{r})$ und Divergenz der Materiestromdichte $\mathbf{j}(t,\mathbf{r}) = \varrho(t,\mathbf{r})\mathbf{v}(t,\mathbf{r})$,

- das Hookesche Gesetz $p = -\kappa^{-1}e$, Gl. (13.4.11), das die Volumendilatation $e(t,\mathbf{r})$ über die Kompressibilität κ mit dem Druck $p(t,\mathbf{r})$ verknüpft,

- die Eulersche Bewegungsgleichung (13.5.7).

Für eine konservative Kraftdichte gilt die Darstellung (13.4.16)

$$\mathbf{f}^a(t,\mathbf{r}) = -\varrho(t,\mathbf{r})\boldsymbol{\nabla}_\mathbf{r} U^a(\mathbf{r}) \qquad (13.9.1)$$

mit dem äußeren zeitunabhängigen Potential $U^a(\mathbf{r})$.

Wegen $\mathbf{v} \cdot (\mathbf{v} \times (\boldsymbol{\nabla}_\mathbf{r} \times \mathbf{v})) = 0$ folgt aus der Eulerschen Bewegungsgleichung (13.5.7) durch skalare Multiplikation mit $\mathbf{v}$

$$\frac{1}{2}\varrho\frac{\partial \mathbf{v}^2}{\partial t} + \frac{1}{2}\varrho\mathbf{v} \cdot \boldsymbol{\nabla}_\mathbf{r}\mathbf{v}^2 = -\varrho\mathbf{v} \cdot \boldsymbol{\nabla}_\mathbf{r} U^a - \mathbf{v} \cdot \boldsymbol{\nabla}_\mathbf{r} p \quad . \qquad (13.9.2)$$

Um diese Gleichung in die Form einer Kontinuitätsgleichung für eine Energiedichte $w(t,\mathbf{r})$ und eine Energiestromdichte $\mathbf{S}(t,\mathbf{r})$ bringen zu können, benötigen wir einige Umformungen. Die *kinetische Energiedichte*

$$w_{\mathrm{kin}}(t, \mathbf{r}) = \frac{1}{2}\varrho \mathbf{v}^2 \tag{13.9.3}$$

besitzt, wie man unter Zuhilfenahme der Kontinuitätsgleichung sieht, die partielle Zeitableitung

$$\frac{\partial w_{\mathrm{kin}}}{\partial t} = \frac{1}{2}\varrho\frac{\partial \mathbf{v}^2}{\partial t} + \frac{1}{2}\frac{\partial \varrho}{\partial t}\mathbf{v}^2 = \frac{1}{2}\varrho\frac{\partial \mathbf{v}^2}{\partial t} - \frac{1}{2}\mathbf{v}^2[\boldsymbol{\nabla}_\mathbf{r} \cdot (\varrho\mathbf{v})] \quad . \tag{13.9.4}$$

Die Divergenz der *Stromdichte der kinetischen Energie*

$$\mathbf{S}_{\mathrm{kin}} = \frac{1}{2}(\varrho\mathbf{v}^2)\mathbf{v} = w_{\mathrm{kin}}(t, \mathbf{r})\mathbf{v}(t, \mathbf{r}) \tag{13.9.5}$$

ist

$$\boldsymbol{\nabla}_\mathbf{r} \cdot \mathbf{S}_{\mathrm{kin}} = \frac{1}{2}\varrho\mathbf{v} \cdot \boldsymbol{\nabla}_\mathbf{r}\mathbf{v}^2 + \frac{1}{2}\mathbf{v}^2[\boldsymbol{\nabla}_\mathbf{r} \cdot (\varrho\mathbf{v})] \quad . \tag{13.9.6}$$

Die linke Seite der Gleichung (13.9.2) erhält damit die Gestalt

$$\frac{1}{2}\varrho\frac{\partial \mathbf{v}^2}{\partial t} + \frac{1}{2}\varrho\mathbf{v} \cdot \boldsymbol{\nabla}_\mathbf{r}\mathbf{v}^2 = \frac{\partial w_{\mathrm{kin}}}{\partial t} + \boldsymbol{\nabla}_\mathbf{r} \cdot \mathbf{S}_{\mathrm{kin}} \quad . \tag{13.9.7}$$

Zur Umformung der rechten Seite betrachten wir die *äußere potentielle Energiedichte*

$$w_{\mathrm{pot}}^{\mathrm{a}}(t, \mathbf{r}) = \varrho(t, \mathbf{r})U^{\mathrm{a}}(\mathbf{r}) \quad . \tag{13.9.8}$$

Sie besitzt die partielle Zeitableitung

$$\begin{aligned}
\frac{\partial w_{\mathrm{pot}}^{\mathrm{a}}}{\partial t} &= \frac{\partial \varrho}{\partial t}U^{\mathrm{a}}(\mathbf{r}) = -(\boldsymbol{\nabla}_\mathbf{r} \cdot (\varrho\mathbf{v}))U^{\mathrm{a}}(\mathbf{r}) \\
&= -\boldsymbol{\nabla} \cdot (\mathbf{v}\varrho U^{\mathrm{a}}(\mathbf{r})) + \varrho\mathbf{v} \cdot \boldsymbol{\nabla}_\mathbf{r}U^{\mathrm{a}}(\mathbf{r}) \quad ,
\end{aligned} \tag{13.9.9}$$

in der auf der rechten Seite die Stromdichte

$$\mathbf{S}_{\mathrm{pot}}^{\mathrm{a}}(t, \mathbf{r}) = w_{\mathrm{pot}}^{\mathrm{a}}(t, \mathbf{r})\mathbf{v}(t, \mathbf{r}) \tag{13.9.10}$$

der äußeren potentiellen Energiedichte auftritt.

Schließlich führen wir mit dem Hookeschen Gesetz den Term

$$\begin{aligned}
\mathbf{v} \cdot \boldsymbol{\nabla}_\mathbf{r}p &= \boldsymbol{\nabla} \cdot (\mathbf{v}p) - (\boldsymbol{\nabla} \cdot \mathbf{v})p = \boldsymbol{\nabla}_\mathbf{r} \cdot (\mathbf{v}p) - \frac{\partial e}{\partial t}p \\
&= \boldsymbol{\nabla}_\mathbf{r} \cdot (\mathbf{v}p) + \frac{e}{\kappa}\frac{\partial e}{\partial t} = \boldsymbol{\nabla}_\mathbf{r} \cdot (\mathbf{v}p) + \frac{\partial}{\partial t}\left(\frac{e^2}{2\kappa}\right)
\end{aligned} \tag{13.9.11}$$

auf die Divergenz der Stromdichte der inneren potentiellen Energie

$$\mathbf{S}_{\mathrm{pot}}^{\mathrm{i}} = p\mathbf{v} \tag{13.9.12}$$

und die partielle Zeitableitung der inneren potentiellen Energiedichte

$$w_{\text{pot}}^{\text{i}} = \frac{e^2}{2\kappa} \tag{13.9.13}$$

zurück.

Die rechte Seite der Gl. (13.9.2) erhält nun die Form

$$-\varrho \mathbf{v} \cdot \boldsymbol{\nabla}_{\mathbf{r}} U^{\text{a}} - \mathbf{v} \cdot \boldsymbol{\nabla}_{\mathbf{r}} p = -\frac{\partial}{\partial t}(w_{\text{pot}}^{\text{a}} + w_{\text{pot}}^{\text{i}}) - \boldsymbol{\nabla}_{\mathbf{r}} \cdot (\mathbf{S}_{\text{pot}}^{\text{a}} + \mathbf{S}_{\text{pot}}^{\text{i}}) \quad . \tag{13.9.14}$$

Insgesamt führt die Gleichsetzung von linker und rechter Seite von (13.9.2) mit Hilfe von (13.9.7) und (13.9.14) auf den *Energiesatz für die nichtstationäre Flüssigkeit*

$$\frac{\partial}{\partial t} w(t, \mathbf{r}) + \boldsymbol{\nabla}_{\mathbf{r}} \cdot \mathbf{S}(t, \mathbf{r}) = 0 \quad . \tag{13.9.15}$$

Hier ist w die *Gesamtenergiedichte der idealen Flüssigkeit*

$$\begin{aligned}
w(t, \mathbf{r}) &= w_{\text{kin}}(t, \mathbf{r}) + w_{\text{pot}}^{\text{a}}(t, \mathbf{r}) + w_{\text{pot}}^{\text{i}}(t, \mathbf{r}) \\
&= \frac{1}{2} \varrho \mathbf{v}^2 + \varrho U^{\text{a}} + \frac{e^2}{2\kappa}
\end{aligned} \tag{13.9.16}$$

und $\mathbf{S}$ die *Gesamtenergiestromdichte der idealen Flüssigkeit*

$$\begin{aligned}
\mathbf{S}(t, \mathbf{r}) &= \mathbf{S}_{\text{kin}}(t, \mathbf{r}) + \mathbf{S}_{\text{pot}}^{\text{a}}(t, \mathbf{r}) + \mathbf{S}_{\text{pot}}^{\text{i}}(t, \mathbf{r}) \\
&= \left(\frac{1}{2} \varrho \mathbf{v}^2 + \varrho U^{\text{a}} + p \right) \mathbf{v} \quad .
\end{aligned} \tag{13.9.17}$$

Sie ist das Produkt aus der Geschwindigkeit $\mathbf{v}(t, \mathbf{r})$ und der *strömenden Energiedichte*

$$w_{\text{s}}(t, \mathbf{r}) = \frac{1}{2} \varrho \mathbf{v}^2 + \varrho U^{\text{a}} + p \quad . \tag{13.9.18}$$

Sie ist gleich der Energiedichte (13.8.3), die wir schon in der Bernoullischen Gleichung (13.8.6) für eine stationäre, inkompressible Flüssigkeit kennengelernt haben.

Die Bernoullische Gleichung gilt für die stationäre Strömung einer inkompressiblen idealen Flüssigkeit. Für diesen Fall ist $\partial w / \partial t = 0$ und daher

$$\boldsymbol{\nabla}_{\mathbf{r}} \cdot \mathbf{S}(t, \mathbf{r}) = \boldsymbol{\nabla}_{\mathbf{r}} \cdot \left[\left(\frac{1}{2} \varrho \mathbf{v}^2 + \varrho U^{\text{a}} + p \right) \mathbf{v} \right] = 0 \quad . \tag{13.9.19}$$

Da für die stationäre Strömung einer inkompressiblen Flüssigkeit die Massendichte $\varrho(t, \mathbf{r}) = \varrho_0$ von Ort und Zeit unabhängig ist, folgt aus der Kontinuitätsgleichung $\boldsymbol{\nabla}_{\mathbf{r}} \cdot \mathbf{v} = 0$ direkt

$$\mathbf{v} \cdot \boldsymbol{\nabla}_{\mathbf{r}} w_{\text{s}} = 0 \quad . \tag{13.9.20}$$

Das ist die Beziehung (13.8.5), aus der wir die Bernoullische Gleichung hergeleitet hatten.

13.10 Spannungstensor der Reibung einer zähen Flüssigkeit. Stokessches Reibungsgesetz

Inhalt: Physikalische Bedeutung der inneren Reibung einer Flüssigkeit. Definition der Zähigkeit η. Einführung des Spannungstensors $\underline{\tau}$ der Reibung. Stokessches Reibungsgesetz als Verknüpfung zwischen dem Verzerrungsgeschwindigkeitstensor $\partial\underline{\varepsilon}/\partial t$, dem Dilatationsgeschwindigkeitstensor $\partial\underline{\varepsilon}^0/\partial t$ und dem Reibungsspannungstensor $\underline{\tau}$.

Bezeichnungen: $\mathbf{v}$ Strömungsfeld einer zähen Flüssigkeit, $\underline{\tau}$ Spannungstensor der inneren Reibung, $\partial\underline{\varepsilon}/\partial t$ Verzerrungsgeschwindigkeitstensor, $\partial\underline{\varepsilon}^0/\partial t$ Dilatationsgeschwindigkeitstensor, η Zähigkeit einer Flüssigkeit, η_{V} Volumenviskosität.

Experiment 13.6. Zähe Flüssigkeit

In ein gefärbtes Öl ist eine Glasplatte senkrecht eingetaucht, die mit konstanter Geschwindigkeit nach oben gezogen wird. Abbildung 13.6 zeigt in einer Momentaufnahme, daß die Flüssigkeit in einer Schicht nach oben abnehmender Dicke über die Ebene des ursprünglich horizontalen Flüssigkeitsspiegels nach oben mitgeführt wird. Benachbarte Volumenelemente der Flüssigkeit üben Kräfte aufeinander aus. Sie heißen Kräfte *innerer Reibung*. Die Flüssigkeit heißt *zäh* oder *viskos*.

Abb. 13.6. Demonstration der Zähigkeit einer Flüssigkeit

Wir betrachten jetzt eine Flüssigkeitsströmung in r_1-Richtung, die in r_3 auf den Bereich $0 \leq r_3 \leq b$ beschränkt ist. Die Geschwindigkeit

$$\mathbf{v} = v_1(r_3)\mathbf{e}_1 \qquad (13.10.1)$$

hat nur eine Komponente v_1, die ihrerseits nur von r_3 abhängt. Die Flüssigkeit strömt in jeder durch $r_3 = \mathrm{const}$ gegebenen Schicht mit einer anderen Geschwindigkeit. Die einzelnen Schichten durchmischen sich nicht. Ein Strömungsfeld der Form (13.10.1) ist in Abb. 13.7 dargestellt. Es kann durch eine Flüssigkeit realisiert werden, die sich im Bereich zwischen zwei Platten befindet, die in den Ebenen $r_3 = 0$ und $r_3 = b$ liegen. Die erste Platte ruht, die zweite bewegt sich mit der Geschwindigkeit $\mathbf{v} = v_1(b)\mathbf{e}_1$.

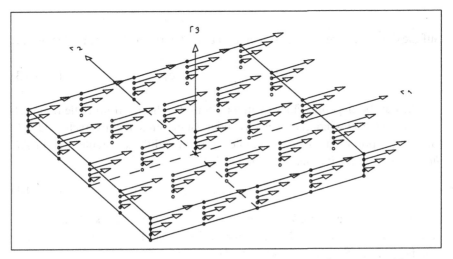

Abb. 13.7. Geschwindigkeitsfeld der Form (13.10.1), in dem v_1 linear von r_3 abhängt

Eine Strömung, in der sich nicht durchmischende Schichten parallel zu einander fließen, heißt *laminare Strömung*. Tritt Durchmischung auf, spricht man von *turbulenter Strömung*. Das Feld (13.10.1) beschreibt die Geschwindigkeit einer Strömung zwischen zwei weit ausgedehnten parallelen Ebenen. Die laminare Strömung in Rohren wird in Abschn. 13.12 behandelt.

Wir untersuchen die Verhältnisse in einem Strömungsfeld (13.10.1) in einer gedachten Ebene in der Flüssigkeit, die zur (r_1, r_2)-Ebene parallel sei. Bei r_3-unabhängiger Geschwindigkeit wirken keine Kräfte von der Schicht der Ebene oberhalb auf die Flüssigkeit unterhalb der Ebene. Im Falle eines Geschwindigkeitsanstiegs in $\mathbf{e}_3$-Richtung wird jedoch in einer Flüssigkeit mit innerer Reibung auf ein Flächenelement $\mathrm{d}r_1 \, \mathrm{d}r_2$ der Ebene eine Kraft in $\mathbf{e}_1$-Richtung,

$$\mathrm{dF} = -\eta \frac{\partial v_1}{\partial r_3} \, \mathrm{d}r_1 \, \mathrm{d}r_2 \, \mathbf{e}_1 \quad , \qquad (13.10.2)$$

Tabelle 13.1. Viskositäten flüssiger Stoffe bei 20°C

Stoff	Viskosität η (mPa s)
Äther	0,240
Benzol	0,648
Ethanol	1,12
Glyzerin	1480
Quecksilber	1,554
Toluol	0,585
Wasser	1,002

auf die darunterliegende Flüssigkeit und umgekehrt von dieser die Gegenkraft

$$d\mathbf{F} = \eta \frac{\partial v_1}{\partial r_3} \, dr_1 \, dr_2 \, \mathbf{e}_1 \qquad (13.10.3)$$

auf die darüberliegende Flüssigkeit ausgeübt. Da die Kraft im Falle räumlich konstanter Geschwindigkeit verschwindet, ist der erste nicht verschwindende Beitrag proportional zu $\partial v_1/\partial r_3$. Die Proportionalitätskonstante η heißt *Zähigkeit* oder *Viskosität* der Flüssigkeit. Ihre Einheit ist

$$[\eta]_{\mathrm{SI}} = \mathrm{Pa\,s} \quad . \qquad (13.10.4)$$

Die Tabelle 13.1 gibt die Zähigkeiten einiger Flüssigkeiten bei Raumtemperatur $T = 20°C$ wieder. Nach Division durch das Flächenelement $dr_1 \, dr_2$ erhalten wir als Spannungsvektor aus (13.10.3)

$$\mathbf{s}_1 = \eta \frac{\partial v_1}{\partial r_3} \mathbf{e}_1 \quad . \qquad (13.10.5)$$

Schreiben wir wie in Abschn. 11.6.3 den Spannungsvektor als Produkt eines Spannungstensors mit dem Normaleneinheitsvektor $\mathbf{e}_3$ des Flächenelements $d\mathbf{r}_1 \times d\mathbf{r}_2 = dr_1 \, dr_2 \, (\mathbf{e}_1 \times \mathbf{e}_2) = dr_1 \, dr_2 \, \mathbf{e}_3$ und benutzen, vgl. Abschn. 11.6, die Symmetrie des Spannungstensors, so hat der *Spannungstensor* $\underline{\underline{\tau}}$ der Reibungskräfte die Gestalt

$$\underline{\underline{\tau}} = \eta \frac{\partial v_1}{\partial r_3} (\mathbf{e}_1 \otimes \mathbf{e}_3 + \mathbf{e}_3 \otimes \mathbf{e}_1) \quad . \qquad (13.10.6)$$

Soweit nur die Scherungskräfte berücksichtigt werden, ist die allgemeine Form dieses Teiles des Spannungstensors im isotropen Medium

$$\underline{\underline{\tau}} = \eta \left(\boldsymbol{\nabla}_{\mathbf{r}} \otimes \mathbf{v} + \mathbf{v} \otimes \overset{\leftarrow}{\boldsymbol{\nabla}}_{\mathbf{r}} \right) = 2\eta \frac{\partial \underline{\underline{\varepsilon}}}{\partial t} = 2\eta \sum_{ij} \frac{\partial \varepsilon_{ij}}{\partial t} \mathbf{e}_i \otimes \mathbf{e}_j \qquad (13.10.7)$$

mit

$$\frac{\partial \varepsilon_{ij}}{\partial t} = \frac{1}{2}\left(\frac{\partial v_j}{\partial r_i} + \frac{\partial v_i}{\partial r_j} \right) \quad . \tag{13.10.8}$$

In Analogie zur Situation bei den elastischen Medien, vgl. Abschn. 11.8, tritt noch der zum Dilatationsgeschwindigkeitstensor $\partial \underline{\underline{\varepsilon}}^0/\partial t$ gehörige Kugeltensor der Reibungsspannung hinzu,

$$\underline{\underline{\tau}}^0 = -\eta_V \boldsymbol{\nabla}_{\mathbf{r}} \cdot \mathbf{v}\underline{\underline{1}} = -3\eta_V \frac{\partial \underline{\underline{\varepsilon}}^0}{\partial t} \quad , \tag{13.10.9}$$

der eine unabhängige Materialkonstante η_V, die *Volumenviskosität*, besitzt. Insgesamt hat der lineare Zusammenhang zwischen dem Verzerrungsgeschwindigkeitstensor und dem *Spannungstensor für zähe, kompressible Flüssigkeiten* die Form

$$\underline{\underline{\tau}} = \eta\left(\boldsymbol{\nabla}_{\mathbf{r}} \otimes \mathbf{v} + \mathbf{v} \otimes \overset{\leftarrow}{\boldsymbol{\nabla}}_{\mathbf{r}} \right) - \eta_V\left(\boldsymbol{\nabla}_{\mathbf{r}} \cdot \mathbf{v} \right)\underline{\underline{1}} \quad , \tag{13.10.10}$$

die mit (13.2.2) und (13.2.22) die Gestalt des *Stokesschen Reibungsgesetzes*

$$\underline{\underline{\tau}} = 2\eta \frac{\partial \underline{\underline{\varepsilon}}}{\partial t} - 3\eta_V \frac{\partial \underline{\underline{\varepsilon}}^0}{\partial t} \tag{13.10.11}$$

annimmt, die die allgemeine Beziehung zwischen Reibung und Deformationsgeschwindigkeit darstellt. Die Spur von $\underline{\underline{\tau}}$ ist

$$\begin{aligned} \mathrm{Sp}\,\underline{\underline{\tau}} &= \eta\,\mathrm{Sp}(\boldsymbol{\nabla}_{\mathbf{r}} \otimes \mathbf{v} + \mathbf{v} \otimes \overset{\leftarrow}{\boldsymbol{\nabla}}_{\mathbf{r}}) - \eta_V(\boldsymbol{\nabla}_{\mathbf{r}} \cdot \mathbf{v})\,\mathrm{Sp}\,\underline{\underline{1}} \\ &= 2\eta\boldsymbol{\nabla}_{\mathbf{r}} \cdot \mathbf{v} - 3\eta_V\boldsymbol{\nabla}_{\mathbf{r}} \cdot \mathbf{v} = (2\eta - 3\eta_V)\boldsymbol{\nabla}_{\mathbf{r}} \cdot \mathbf{v} \quad . \end{aligned} \tag{13.10.12}$$

In Analogie zum Spannungstensor der elastischen Kräfte, vgl. (13.4.5), bestimmt die Spur des Spannungstensors der Reibung den durch die Reibungskräfte verursachten *Druck*

$$p_R = -\frac{1}{3}\,\mathrm{Sp}\,\underline{\underline{\tau}} \quad .$$

Nimmt man an, daß er gleich null ist, gilt die Beziehung

$$\eta_V = \frac{2}{3}\eta \quad . \tag{13.10.13}$$

Sie gilt nur für einatomige Gase genau. Damit erhalten wir als Stokessches Reibungsgesetz für den *Reibungsspannungstensor*

$$\underline{\underline{\tau}} = \eta(\boldsymbol{\nabla}_{\mathbf{r}} \otimes \mathbf{v} + \mathbf{v} \otimes \overset{\leftarrow}{\boldsymbol{\nabla}}_{\mathbf{r}}) - \frac{2}{3}\eta(\boldsymbol{\nabla}_{\mathbf{r}} \cdot \mathbf{v})\underline{\underline{1}} \quad . \tag{13.10.14}$$

13.11 Navier–Stokes-Gleichung. Ähnlichkeitsgesetze

Inhalt: Darstellung der Reibungskraftdichte $\mathbf{f}^R$ der inneren Reibung als Divergenz $\mathbf{f}^R = \boldsymbol{\nabla}_{\mathbf{r}}\underline{\underline{\tau}}$ des Reibungsspannungstensors $\underline{\underline{\tau}}$. Erweiterung der Eulerschen Gleichung durch Hinzufügung der Reibungskraftdichte zur Navier–Stokes-Gleichung der zähen Flüssigkeiten. Einführung skalierter Variablen in Raum und Zeit führt auf die Navier–Stokes-Gleichung in dimensionslosen Variablen. Die Eigenschaften der Flüssigkeit treten nur in der dimensionslosen Reynolds-Zahl R_{Re} auf. Damit gilt das Ähnlichkeitsgesetz für zähe Flüssigkeiten.
Bezeichnungen: $\underline{\underline{\tau}}(t, \mathbf{r})$ Reibungsspannungstensor, $\mathbf{v}(t, \mathbf{r})$ Strömungsfeld, $\varrho(t, \mathbf{r})$ Massendichte der Flüssigkeit, L Längenskala, T Zeitskala, $V = L/T$ Geschwindigkeitsskala, $P = \varrho V^2$ Druckskala, $\mathbf{r}_{\mathrm{s}} = \mathbf{r}/L$ skalierter Ortsvektor, $t_{\mathrm{s}} = t/T$ skalierte Zeitvariable, $\mathbf{v}_{\mathrm{s}} = \mathbf{v}/V$ skaliertes Strömungsfeld, $p_{\mathrm{s}} = p/P$ skalierter Druck, $R_{\mathrm{Re}} = \varrho V L/\eta$ Reynolds-Zahl, η Zähigkeit der Flüssigkeit.

Bei der Diskussion des elastischen Körpers konnten wir die Kraftdichte als Divergenz des Spannungstensors schreiben, vgl. (11.7.2). Analog dazu ist bei zähen Flüssigkeiten die mit der Reibungsspannung verbundene Kraftdichte $\mathbf{f}^R$ als Divergenz des Reibungsspannungstensors gegeben,

$$
\begin{aligned}
\mathbf{f}^R(\mathbf{r}) &= \boldsymbol{\nabla}_{\mathbf{r}}\underline{\underline{\tau}} = \eta\left(\boldsymbol{\nabla}_{\mathbf{r}}(\boldsymbol{\nabla}_{\mathbf{r}} \otimes \mathbf{v}) + \boldsymbol{\nabla}_{\mathbf{r}}(\mathbf{v} \otimes \overleftarrow{\boldsymbol{\nabla}}_{\mathbf{r}})\right) - \frac{2}{3}\eta\boldsymbol{\nabla}_{\mathbf{r}}(\boldsymbol{\nabla}_{\mathbf{r}} \cdot \mathbf{v}) \\
&= \eta\,\Delta_{\mathbf{r}}\mathbf{v} + \frac{1}{3}\eta\boldsymbol{\nabla}_{\mathbf{r}}(\boldsymbol{\nabla}_{\mathbf{r}} \cdot \mathbf{v}) \quad .
\end{aligned}
\tag{13.11.1}
$$

Sie tritt als weitere Kraftdichte zu den in der Eulerschen Gleichung (13.5.7) vertretenen konservativen Kraftdichten hinzu. Die Eulersche Bewegungsgleichung geht dadurch in die *Navier–Stokes-Bewegungsgleichung*

$$
\varrho\frac{\partial \mathbf{v}}{\partial t} + \frac{\varrho}{2}\boldsymbol{\nabla}_{\mathbf{r}}\mathbf{v}^2 - \varrho\mathbf{v} \times (\boldsymbol{\nabla}_{\mathbf{r}} \times \mathbf{v}) =
$$
$$
\mathbf{f}^{\mathrm{a}} - \boldsymbol{\nabla}_{\mathbf{r}}p + \frac{\eta}{3}\boldsymbol{\nabla}_{\mathbf{r}}(\boldsymbol{\nabla}_{\mathbf{r}} \cdot \mathbf{v}) + \eta\,\Delta_{\mathbf{r}}\mathbf{v}
\tag{13.11.2}
$$

über. In vielen Fällen kann man die äußeren Kräfte vernachlässigen und hat

$$
\varrho\frac{\partial \mathbf{v}}{\partial t} + \varrho(\mathbf{v} \cdot \boldsymbol{\nabla}_{\mathbf{r}})\mathbf{v} = -\boldsymbol{\nabla}_{\mathbf{r}}p + \eta\,\Delta_{\mathbf{r}}\mathbf{v} + \frac{\eta}{3}\boldsymbol{\nabla}_{\mathbf{r}}(\boldsymbol{\nabla}_{\mathbf{r}} \cdot \mathbf{v}) \quad .
\tag{13.11.3}
$$

Für inkompressible Flüssigkeiten gilt $\boldsymbol{\nabla}_{\mathbf{r}} \cdot \mathbf{v} = 0$, so daß (13.11.2) die Form

$$
\varrho\frac{\partial \mathbf{v}}{\partial t} + \frac{\varrho}{2}\boldsymbol{\nabla}_{\mathbf{r}}\mathbf{v}^2 - \varrho\mathbf{v} \times (\boldsymbol{\nabla}_{\mathbf{r}} \times \mathbf{v}) = \mathbf{f}^{\mathrm{a}} - \boldsymbol{\nabla}_{\mathbf{r}}p + \eta\,\Delta_{\mathbf{r}}\mathbf{v}
\tag{13.11.4}
$$

oder

$$
\varrho\frac{\partial \mathbf{v}}{\partial t} + \varrho(\mathbf{v} \cdot \boldsymbol{\nabla}_{\mathbf{r}})\mathbf{v} = \mathbf{f}^{\mathrm{a}} - \boldsymbol{\nabla}_{\mathbf{r}}p + \eta\,\Delta_{\mathbf{r}}\mathbf{v}
\tag{13.11.5}
$$

annimmt.

Wir führen skalierte Variablen r_s, t_s für Länge und Zeit in Einheiten einer Längeneinheit L und einer Zeiteinheit T ein,

$$\mathbf{r}_s = \frac{\mathbf{r}}{L} \quad , \qquad t_s = \frac{t}{T} \quad . \tag{13.11.6}$$

Der Nablaoperator in der skalierten Variablen $\mathbf{r}_s$ ist dann

$$\boldsymbol{\nabla}_s = L\boldsymbol{\nabla}_{\mathbf{r}} \quad . \tag{13.11.7}$$

Die Geschwindigkeit wird in der Einheit

$$V = L/T \tag{13.11.8}$$

durch die skalierte Variable

$$\mathbf{v}_s = \frac{\mathbf{v}}{V} \quad , \tag{13.11.9}$$

der Druck in der Einheit

$$P = \varrho V^2 \tag{13.11.10}$$

durch die skalierte Variable

$$p_s = \frac{p}{P}$$

ausgedrückt. In diesen dimensionslosen Variablen erhält die Navier–Stokes-Bewegungsgleichung (13.11.3) die Form

$$\frac{\partial \mathbf{v}_s}{\partial t_s} + (\mathbf{v}_s \cdot \boldsymbol{\nabla}_s)\mathbf{v}_s = -\boldsymbol{\nabla}_s p_s + \frac{1}{R_{\mathrm{Re}}}\left(\Delta_s \mathbf{v}_s + \frac{1}{3}\boldsymbol{\nabla}_s(\boldsymbol{\nabla}_s \cdot \mathbf{v}_s)\right) \quad , \tag{13.11.11}$$

mit der dimensionslosen *Reynolds-Zahl*[1]

$$R_{\mathrm{Re}} = \frac{\varrho V L}{\eta} \quad . \tag{13.11.12}$$

Die Gl. (13.11.11) enthält nur dimensionslose Größen, sie heißt *skalierte Navier–Stokes-Gleichung*. Wir betrachten zwei Strömungen $\mathbf{v}_1, \mathbf{v}_2$ in verschiedenen geometrischen Anordnungen. Die Skalen in den beiden Systemen 1 und 2 seien L_i, T_i, V_i, P_i, $i = 1, 2$. Die geometrischen Anordnungen seien *ähnlich*, d. h. die Längen ℓ_{ni}, $n = 1, \ldots, N$, $i = 1, 2$, die die linearen Abmessungen der Anordnungen festlegen, führen auf die gleichen skalierten Längen

$$\ell_{sn} = \frac{\ell_{n1}}{L_1} = \frac{\ell_{n2}}{L_2} \quad , \qquad n = 1, \ldots, N \quad , \tag{13.11.13}$$

---

[1]In der technischen Literatur wird für die Reynolds-Zahl auch häufig das Symbol Re benutzt. Als Symbol aus zwei Buchstaben kann dies zu Unklarheiten in Formeln führen.

in den beiden Systemen. Ferner seien die beiden Strömungen durch die gleiche Reynolds-Zahl

$$R_{\mathrm{Re}} = \frac{\varrho_1 V_1 L_1}{\eta_1} = \frac{\varrho_2 V_2 L_2}{\eta_2} \tag{13.11.14}$$

charakterisiert. Dann erfüllen die beiden Strömungsfelder das *Ähnlichkeitsgesetz der Flüssigkeitsströmungen*

$$\mathbf{v}_1(t_1, \mathbf{r}_1) = V_1 \mathbf{v}_\mathrm{s}\left(\frac{t_1}{T_1}, \frac{\mathbf{r}_1}{L_1}\right) \quad , \qquad \mathbf{v}_2(t_2, \mathbf{r}_2) = V_2 \mathbf{v}_\mathrm{s}\left(\frac{t_2}{T_2}, \frac{\mathbf{r}_2}{L_2}\right) \quad . \tag{13.11.15}$$

Das skalierte Strömungsfeld $\mathbf{v}_\mathrm{s}(t_\mathrm{s}, \mathbf{r}_\mathrm{s})$ ist Lösung der skalierten Navier–Stokes-Gleichung (13.11.11). Das Ähnlichkeitsgesetz (13.11.15) besagt, daß das Strömungsfeld $\mathbf{v}_2(t_2, \mathbf{r}_2)$ einer Flüssigkeit in einer geometrischen Anordnung aus dem Strömungsfeld $\mathbf{v}_1(t_1, \mathbf{r}_1)$ einer anderen, geometrisch ähnlichen Anordnung gewonnen werden kann, wenn die Reynolds-Zahlen der beiden Strömungen gleich sind. Es gilt

$$\mathbf{v}_2(t_2, \mathbf{r}_2) = \frac{V_2}{V_1}\mathbf{v}_1\left(\frac{T_1}{T_2}t_2, \frac{L_1}{L_2}\mathbf{r}_2\right) \quad . \tag{13.11.16}$$

Diese Tatsache macht man sich zunutze bei der Untersuchung von Strömungen beispielsweise in Flüssen oder Kanälen oder in Rohrleitungssystemen. Dazu baut man ein verkleinertes Modell auf. Durch Messung des Strömungsfeldes $\mathbf{v}_1(t_1, \mathbf{r}_1)$ im Modell kann das Strömungsfeld $\mathbf{v}_2(t_2, \mathbf{r}_2)$ unter den tatsächlichen Verhältnissen mit Hilfe von (13.11.16) gewonnen werden.

13.12 Strömung durch Röhren. Hagen–Poiseuille-Gesetz

Inhalt: Es wird das Strömungsfeld $\mathbf{v}(\mathbf{r})$ einer stationären Strömung einer zähen Flüssigkeit durch ein langes Rohr vom Radius R berechnet. Das Profil der Strömungsgeschwindigkeit in Rohrrichtung über der Radialvariablen $r_\perp$ im Rohrquerschnitt ist parabelförmig. Die Durchflußmenge pro Zeiteinheit ist durch das Hagen–Poiseuille-Gesetz gegeben.
Bezeichnungen: $\mathbf{v}(\mathbf{r}) = v_1(\mathbf{r})\mathbf{e}_1$ stationäres Strömungsfeld; p_0, p_L Druck am Rohranfang bzw. -ende; ℓ, R Länge bzw. Radius des Rohres; I Flüssigkeitsstrom, d. h. Durchflußmenge pro Zeiteinheit.

Die Lösung der Navier–Stokes-Gleichung ist ohne Näherungen nur unter vereinfachenden Annahmen möglich, z. B. in Fällen spezieller geometrischer Bedingungen. Wir betrachten eine zylindrische Röhre mit konstantem Querschnitt, deren Symmetrieachse in die $\mathbf{e}_1$-Richtung zeigt. Für nicht zu großen Querschnitt des Rohres besitzt die Geschwindigkeit $\mathbf{v}$ einer stationären Strömung einer inkompressiblen, zähen Flüssigkeit nur eine $\mathbf{e}_1$-Komponente,

$$\mathbf{v} = v_1\mathbf{e}_1 \quad , \qquad v_1 = v_1(r_2, r_3) \quad , \tag{13.12.1}$$

die selbst nicht von r_1 abhängt. Die Strömung ist laminar. Die Kontinuitäts-gleichung für eine inkompressible Flüssigkeit lautet in diesem Fall

$$\nabla_{\mathbf{r}} \cdot \mathbf{v} = \frac{\partial v_1}{\partial r_1}(r_2, r_3) = 0 \quad . \tag{13.12.2}$$

Wegen (13.12.1) gilt auch

$$(\mathbf{v} \cdot \nabla_{\mathbf{r}})\mathbf{v} = v_1 \frac{\partial}{\partial r_1} v_1 \mathbf{e}_1 = 0 \quad . \tag{13.12.3}$$

Die Strömung ist stationär, d. h. $\partial \mathbf{v}/\partial t = 0$. Äußere Kraftdichten treten nicht auf, d. h. $\mathbf{f}^a = 0$. Die Navier–Stokes-Gleichung (13.11.5) erhält die einfache Form

$$\eta \Delta_{\mathbf{r}} \mathbf{v} = \nabla_{\mathbf{r}} p \quad .$$

Sie lautet in Komponenten

$$\eta \left(\frac{\partial^2 v_1}{\partial r_2^2} + \frac{\partial^2 v_1}{\partial r_3^2} \right) = \frac{\partial p}{\partial r_1} \quad , \qquad \frac{\partial p}{\partial r_2} = 0 \quad , \qquad \frac{\partial p}{\partial r_3} = 0 \quad . \tag{13.12.4}$$

Der Druck p ist wegen des Verschwindens seiner partiellen Ableitungen nach r_2 und r_3 nur eine Funktion von r_1. Damit hängen die beiden Seiten der lin-ken Gleichung in (13.12.4) von verschiedenen Variablen ab und sind daher konstant. Wir nennen diese Konstante $-\beta$,

$$\frac{dp}{dr_1} = -\beta \quad , \qquad \frac{\partial^2 v_1}{\partial r_2^2} + \frac{\partial^2 v_1}{\partial r_3^2} = -\frac{\beta}{\eta} \quad , \tag{13.12.5}$$

und suchen eine Lösung, die die Bedingung $v_1 = 0$ an der Wand des Roh-res erfüllt. Für das betrachtete Rohr mit kreisförmigem Querschnitt hängt die Lösung v_1 aus Symmetriegründen nur vom Radius $r_\perp = (r_2^2 + r_3^2)^{1/2}$ in der (r_2, r_3)-Ebene ab. Man rechnet sofort nach, daß die Funktion

$$v_1 = -\frac{\beta}{4\eta} r_\perp^2 + C_1 \ln r_\perp + C_2 \tag{13.12.6}$$

die Differentialgleichung (13.12.5) löst. Der logarithmische Term würde zu unendlich großer Geschwindigkeit bei $r_\perp = 0$ führen, daher muß $C_1 = 0$ sein. Da die Geschwindigkeit der Flüssigkeit am Rand $r_\perp = R$ des Rohres verschwinden muß, folgt $C_2 = (\beta/4\eta)R^2$, so daß die Geschwindigkeit durch

$$v_1 = \frac{\beta}{4\eta}(R^2 - r_\perp^2) \tag{13.12.7}$$

gegeben ist. Auf der Symmetrieachse des Rohres ist die Geschwindigkeit am größten, nach außen nimmt sie zum Rand hin parabolisch auf null ab, Abb. 13.8a. Der Druck ist wegen (13.12.5) durch

$$p = p_0 - \beta r_1 \tag{13.12.8}$$

gegeben. Besitzt das Rohr die Länge ℓ, so ist

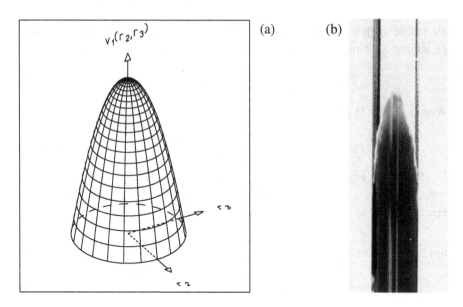

Abb. 13.8 a,b. Paraboloidform des Geschwindigkeitsprofils einer laminaren Strömung in einem zylindrischen Rohr: **(a)** Darstellung des Geschwindigkeitsfeldes (13.12.7), **(b)** Experiment

$$\beta = \frac{p_0 - p_L}{\ell} \tag{13.12.9}$$

durch die Druckdifferenz $(p_0 - p_L)$ zwischen Rohranfang bei $r_1 = 0$ und Rohrende bei $r_1 = \ell$ gegeben. Das Flüssigkeitsvolumen I, das pro Sekunde durch den Rohrquerschnitt strömt, ist durch das Integral der Geschwindigkeit über die Querschnittfläche des Rohres gegeben,

$$I = \int v_1 \, \mathrm{d}a = \int_0^R \int_0^{2\pi} \frac{\beta}{4\eta}(R^2 - r_\perp^2) r_\perp \, \mathrm{d}r_\perp \, \mathrm{d}\varphi = \frac{\pi R^4 (p_0 - p_L)}{8\eta\ell} \, . \tag{13.12.10}$$

Das Resultat ist als das *Hagen–Poiseuillesche Gesetz* bekannt. Es macht verständlich, daß der Strom einer zähen Flüssigkeit in einer engen Röhre für kleine Radien viel stärker als mit ihrer Querschnittsfläche πR^2 abfällt.

Experiment 13.7. Hagen–Poiseuillesches Gesetz

In einem senkrecht angeordneten, zylindrischen Rohr stehen eine gefärbte und eine wasserhelle Schicht einer Flüssigkeit großer Zähigkeit übereinander geschichtet. Anfänglich ist die Trennfläche zwischen der gefärbten und ungefärbten Schicht eben. Durch die plötzliche Öffnung des Rohres beginnen die Flüssigkeiten zu fließen. Die Momentaufnahme, Abb. 13.8b, der strömenden Flüssigkeit zeigt die Paraboloidform der Trennfläche, die sich in der Strömung ausgebildet hat, in Übereinstimmung mit (13.12.7).

Die Herleitung des Hagen–Poiseuilleschen Gesetzes ist unter der Annahme einer laminaren Strömung im Rohr erfolgt. Bei großem Rohrquerschnitt oder großem Druckgefälle tritt *Turbulenz* der Strömung auf. Die turbulente Strömung besitzt kein zeitunabhängiges Strömungsfeld $\mathbf{v}(\mathbf{r})$, die zeitabhängigen Geschwindigkeitswerte $\mathbf{v}(t, \mathbf{r})$ an einem Punkt $\mathbf{r}$ variieren zeitlich um Mittelwerte.

Zylindrische Rohre verschiedenen Durchmessers sind im Sinne des Ähnlichkeitsgesetzes der Flüssigkeitsströmungen, vgl. Abschn. 13.11, einander ähnliche Gefäße. Daher sind die Strömungen von Flüssigkeiten gleicher Reynolds-Zahl in ihnen ähnlich. Der Umschlag von einer laminaren in eine turbulente Strömung erfolgt in einem langen zylindrischen Rohr oberhalb eines kritischen Wertes $R_{\mathrm{Rek}} \approx 2000$ der Reynoldszahl. Die experimentell festgestellten kritischen Werte R_{Rek} hängen allerdings sehr von den Bedingungen ab, unter denen eine Flüssigkeit in ein Rohr einläuft.

13.13 Reibungswiderstand einer Kugel in einer zähen Flüssigkeit. Stokessches Reibungsgesetz

Inhalt: Stokessche Formel für die Reibungskraft, die auf eine Kugel vom Radius R in einer Flüssigkeit mit der Zähigkeit η wirkt, gegen die sie sich mit der Relativgeschwindigkeit $\mathbf{v}$ bewegt.
Bezeichnungen: η Zähigkeit der Flüssigkeit, $\mathbf{v}$ Geschwindigkeit der Kugel relativ zur Flüssigkeit, R Radius der Kugel, $\mathbf{F}$ Reibungskraft.

Eine Kugel vom Radius R bewege sich mit der Geschwindigkeit $\mathbf{v}$ gegen eine Flüssigkeit der Zähigkeit η. Sie unterliegt dabei einer Reibungskraft. Diese ist für kleine Geschwindigkeiten dem Betrag der Geschwindigkeit v proportional. Da die Kugel keine Richtung auszeichnet, ist die Richtung der Kraft gegen die Geschwindigkeit $\mathbf{v}$ gerichtet. Für kleine Geschwindigkeiten kann auch Linearität in der Zähigkeit angenommen werden. Das Produkt $\eta \mathbf{v}$ besitzt die Dimension Kraft dividiert durch Länge. Der Radius R der Kugel ist die einzige Größe der Dimension Länge in diesem System, so daß die Kraft proportional zu $\eta R \mathbf{v}$ sein muß. Die Proportionalitätskonstante wird bei Lösung des Problems mit Hilfe der Navier–Stokes-Gleichung zu 6π bestimmt. Insgesamt gilt das *Stokessche Gesetz*

$$\mathbf{F} = -6\pi \eta R \mathbf{v} \qquad (13.13.1)$$

als lineare Näherung für die Reibungskraft auf eine mit kleiner Relativgeschwindigkeit $\mathbf{v}$ gegen eine Flüssigkeit mit der Zähigkeit η bewegte Kugel.

13.14 Aufgaben

13.1: Berechnung des Rotationsgeschwindigkeitstensors für ein Strömungsfeld $\mathbf{v}$, das ein axiales Wirbelfeld konstanter Winkelgeschwindigkeit $\boldsymbol{\omega} = \omega\mathbf{e}_3$ ist.

(a) Formulieren Sie das Strömungsfeld in geeignet gewählten Koordinaten.

(b) Berechnen Sie die Rotation des Strömungsfeldes in Zylinderkoordinaten.

(c) Berechnen Sie den Rotationsgeschwindigkeitstensor $\underline{\underline{W}}$.

13.2: Berechnung des Verzerrungsgeschwindigkeitstensors für eine zeitlich gleichförmig steigende Scherung in der $(1,2)$-Ebene.

(a) Geben Sie den entsprechenden Verzerrungs- und Verzerrungsgeschwindigkeitstensor an.

(b) Diagonalisieren Sie die beiden Tensoren. Geben Sie die Eigenvektoren an.

13.3: Wie lautet das äußere Potential $U^{\mathrm{a}}(\mathbf{r})$ der Kraftdichte $\mathbf{f}^{\mathrm{a}}(\mathbf{r}) = -\varrho\boldsymbol{\nabla}_{\mathbf{r}}U^{\mathrm{a}}(\mathbf{r})$ für die Schwerkraftdichte $\mathbf{f}^{\mathrm{a}} = -\varrho g\mathbf{e}_3$?

13.4: Geben Sie den Reibungsspannungstensor für eine zeitlich gleichförmig steigende Scherung in der $(1,2)$-Ebene an.

13.5: *Hydrodynamisches Paradoxon:* In einer kreisförmigen Platte (Radius R_2) befindet sich im Zentrum ein kreisförmiges Loch (Radius R_1). Senkrecht auf den Rand der Öffnung ist ein Rohr (Radius R_1) gelötet. Unter dieser Anordnung befindet sich eine zweite Platte ohne Öffnung (Radius R_2, Masse M) horizontal und parallel zur ersten, vgl. Abb. 13.9. Durch das Rohr wird Luft der Dichte ϱ_{L} von oben in den Zwischenraum zwischen den Platten geblasen. Sie strömt mit der radialen Geschwindigkeit v_1 bei R_1 in den Raum zwischen den beiden Platten. Der Druck der die Anordnung umgebenden Luft sei p_{L}. Wie groß muß v_1 sein, um die zweite Platte anzuheben? Betrachten Sie für die Lösung der Aufgabe nur die Verhältnisse im Bereich $R_1 < r_\perp < R_2$ zwischen den Platten.

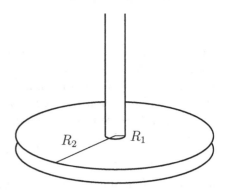

Abb. 13.9. Anordnung zum Nachweis des hydrodynamischen Paradoxons

13.6: *Kavitation:* Berechnen Sie die kritische Geschwindigkeit v_{krit} von Wasser bei Atmosphärendruck $p_{\text{L}} = 1000\,\text{hPa}$.

13.7: Wir betrachten ein Rohr der Länge $L = 10\,\text{m}$ mit dem Durchmesser $30\,\text{cm}$, durch das die Flüssigkeitsmenge $0{,}1\,\text{m}^3\,\text{s}^{-1}$ einer Flüssigkeit der Zähigkeit $\eta = 0{,}1\,\text{Pa}\,\text{s}$ fließt.

(a) Berechnen Sie den Druckunterschied zwischen Rohranfang und -ende.

(b) Berechnen Sie die Maximalgeschwindigkeit der Flüssigkeit im Rohr.

13.8: Zeigen Sie, daß

(a) die Gleichung für die Durchflußmenge I und

(b) die Gleichung für das Geschwindigkeitsfeld

einer zähen Flüssigkeit nach dem Hagen–Poiseuilleschen Gesetz dem Ähnlichkeitsgesetz der Navier–Stokes-Gleichung genügt.

13.9: *Geostrophischer Wind:* In der Meteorologie wird (als grobe Näherung) der folgende Ansatz für die Luftströmung gemacht: Sei $\mathbf{v}(t, \mathbf{r})$ ein stationäres Geschwindigkeitsfeld ($\partial \mathbf{v}/\partial t = 0$) in der $(1, 2)$-Ebene, $\mathbf{v} = v_1 \mathbf{e}_1 + v_2 \mathbf{e}_2$, auf das als äußere Kraftdichte die Corioliskraftdichte $\mathbf{f}^{\text{a}} = -2\varrho \boldsymbol{\Omega} \times \mathbf{v}$ mit $\boldsymbol{\Omega} = \Omega \mathbf{e}_3$ wirkt.

Bestimmen Sie unter Vernachlässigung des Terms $(\mathbf{v} \cdot \boldsymbol{\nabla})\mathbf{v}$ in der Eulerschen Gleichung das Geschwindigkeitsfeld $\mathbf{v}$. Wie dreht sich also auf der Nordhalbkugel (d. h. für $\Omega > 0$) der Wind um ein Tiefdruckgebiet?

A. Vektoren

In diesem Anhang betrachten wir nur Räume mit zwei oder drei Dimensionen.

A.1 Begriff des Vektors

Wir definieren einen *Vektor* als eine gerichtete Strecke endlicher Länge im Raum und stellen ihn graphisch durch einen Pfeil dar, dessen Länge gleich dem *Betrag* des Vektors ist und dessen Richtung mit der des Vektors übereinstimmt (Abb. A.1). Wir bezeichnen Vektoren mit Symbolen

$$\mathbf{a}, \mathbf{b}, \ldots$$

und ihre Beträge mit

$$|\mathbf{a}| = a \quad , \qquad |\mathbf{b}| = b \quad , \qquad \ldots \quad .$$

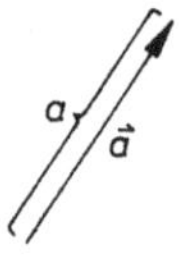

Abb. A.1. Vektor **a** der Länge $|\mathbf{a}| = a$

Es ist wichtig festzustellen, daß in der Definition der Ort, an dem sich der Vektor im Raum befindet, nicht auftritt. Demzufolge sind zwei Vektoren im Raum *gleich*, solange sie gleichen Betrag und gleiche Richtung haben. Das Pfeilsymbol ist im Raum frei verschiebbar, solange die Richtung erhalten bleibt, also eine Parallelverschiebung vorgenommen wird (Abb. A.2).

Wir werden sehen, daß sich die Vektoralgebra ganz in diesem einfachen geometrischen Bild der Vektoren aufbauen läßt, d. h., daß die Beziehungen zwischen Vektoren *unabhängig von der Wahl eines bestimmten Koordinatensystems* sind.

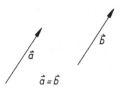

Abb. A.2. Zwei Vektoren a und b mit a = b

A.2 Vektoralgebra in koordinatenfreier Schreibweise

A.2.1 Multiplikation eines Vektors mit einer Zahl

Ein Vektor wird mit einer Zahl $c > 0$ multipliziert, indem man seinen Betrag mit der Zahl multipliziert und die Richtung ungeändert läßt, d. h. der Vektor

$$\mathbf{b} = c\mathbf{a} \qquad (A.2.1)$$

hat die Richtung von **a** und den Betrag $b = ca$. Das Produkt $c\mathbf{a}$ des Vektors **a** mit einer Zahl $c < 0$ ist ein Vektor vom Betrag $|c|\,a$ und der Richtung, die der von **a** entgegengesetzt ist. Durch die Wahl von $c = -1$ kann jedem Vektor **a** der Vektor

$$-\mathbf{a} = (-1)\mathbf{a} \qquad (A.2.2)$$

zugeordnet werden, der gleiche Länge, aber entgegengesetzte Richtung hat. Durch Multiplikation mit der Zahl 0 entsteht aus jedem Vektor **a** der *Nullvektor*

$$\mathbf{0} = 0\mathbf{a} \qquad (A.2.3)$$

mit der Länge Null und *unbestimmter* Richtung. Allerdings werden wir anstelle des vektoriellen Symbols **0** oft das gewöhnliche Symbol 0 verwenden.

A.2.2 Addition und Subtraktion von Vektoren

Im geometrisch anschaulichen Bild wird der Summenvektor

$$\mathbf{c} = \mathbf{a} + \mathbf{b} \qquad (A.2.4)$$

konstruiert, indem man den Fußpunkt des Vektorpfeils **b** an der Spitze des Vektorpfeils **a** ansetzt und als $\mathbf{c} = \mathbf{a} + \mathbf{b}$ den Vektorpfeil gewinnt, der vom Fußpunkt von **a** zur Spitze von **b** zeigt (Abb. A.3a). Wegen der Symmetrie der Abbildungen A.3a und A.3b ist die Vektoraddition offenbar *kommutativ*:

$$\mathbf{a} + \mathbf{b} = \mathbf{b} + \mathbf{a} \quad . \qquad (A.2.5)$$

Durch Konstruktionen wie in Abb. A.4 überzeugt man sich, daß sie auch *assoziativ* ist, d. h.

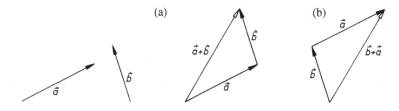

Abb. A.3. Addition von Vektoren. **(a)** c = a + b, **(b)** c = b + a

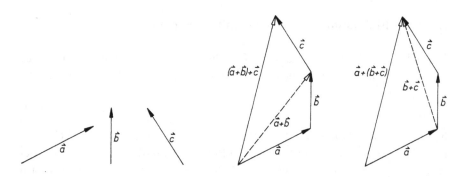

Abb. A.4. Die Vektoraddition ist assoziativ

$$(a + b) + c = a + (b + c) \quad . \tag{A.2.6}$$

Mit Hilfe der Definition A.2.2 können wir die Subtraktion

$$c = a - b$$

als Summe

$$c = a + (-b)$$

auffassen. Im geometrischen Bild wird also der Vektor −b an der Spitze von a angesetzt und der Summenvektor c gezeichnet (Abb. A.5). Zum gleichen Ergebnis kommt man, wenn man den Fußpunkt von b am Fußpunkt von a ansetzt und den Vektor c = a − b von der Spitze von b zur Spitze von a zeichnet (Abb. A.5).

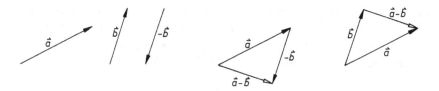

Abb. A.5. Konstruktionen der Vektorsubtraktion c = a − b

A.2.3 Skalarprodukt

Als *Skalarprodukt* zweier Vektoren a und b definieren wir die *Zahl*

$$c = \mathbf{a} \cdot \mathbf{b} = |\mathbf{a}|\,|\mathbf{b}| \cos \alpha \quad . \tag{A.2.7}$$

Dabei ist

$$\alpha = \sphericalangle(\mathbf{a}, \mathbf{b}) \tag{A.2.8}$$

der von beiden Vektoren eingeschlossene Winkel.

Das Skalarprodukt hat offenbar folgende Eigenschaften:
Kommutativität:

$$\mathbf{a} \cdot \mathbf{b} = \mathbf{b} \cdot \mathbf{a} \quad , \tag{A.2.9}$$

weil $\sphericalangle(\mathbf{a}, \mathbf{b}) = 2\pi - \sphericalangle(\mathbf{b}, \mathbf{a})$ und $\cos\alpha = \cos(2\pi - \alpha)$ für beliebige α.
Linearität:

$$(c\mathbf{a}) \cdot \mathbf{b} = \mathbf{a} \cdot (c\mathbf{b}) = c(\mathbf{a} \cdot \mathbf{b}) \quad . \tag{A.2.10}$$

Distributivität:

$$\mathbf{a} \cdot (\mathbf{b} + \mathbf{c}) = \mathbf{a} \cdot \mathbf{b} + \mathbf{a} \cdot \mathbf{c} \quad , \tag{A.2.11}$$

d. h.

$$|\mathbf{a}||\mathbf{b} + \mathbf{c}| \cos \sphericalangle(\mathbf{a}, \mathbf{b} + \mathbf{c}) = |\mathbf{a}||\mathbf{b}| \cos \sphericalangle(\mathbf{a}, \mathbf{b}) + |\mathbf{a}||\mathbf{c}| \cos \sphericalangle(\mathbf{a}, \mathbf{c}) \quad .$$

Die Gültigkeit dieser Beziehung für Vektoren in einer Ebene zeigt Abb. A.6.

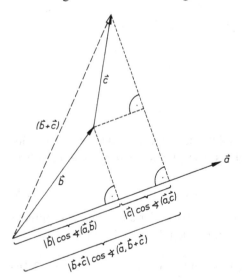

Abb. A.6. Zur Distributivität des Skalar-produkts

Ein wichtiger Spezialfall ist das Skalarprodukt eines Vektors mit sich selbst. Wir bezeichnen es als Quadrat eines Vektors. Nach (A.2.7) ist

$$\mathbf{a} \cdot \mathbf{a} = \mathbf{a}^2 = |\mathbf{a}||\mathbf{a}| = a^2 \quad , \qquad\qquad\text{(A.2.12)}$$

weil $\cos 0 = 1$. Der Betrag eines Vektors kann also auch in der Form

$$a = |\mathbf{a}| = \sqrt{\mathbf{a} \cdot \mathbf{a}} \qquad\qquad\text{(A.2.13)}$$

geschrieben werden.

Wir berechnen jetzt das Quadrat der Vektorsumme (A.2.4)

$$\begin{aligned}
\mathbf{c}^2 &= (\mathbf{a} + \mathbf{b})^2 = (\mathbf{a} + \mathbf{b}) \cdot (\mathbf{a} + \mathbf{b}) = \mathbf{a} \cdot (\mathbf{a} + \mathbf{b}) + \mathbf{b} \cdot (\mathbf{a} + \mathbf{b}) \\
&= \mathbf{a}^2 + 2\mathbf{a} \cdot \mathbf{b} + \mathbf{b}^2 = a^2 + b^2 + 2ab \cos \sphericalangle(\mathbf{a}, \mathbf{b}) \quad . \qquad\text{(A.2.14)}
\end{aligned}$$

Dieser Ausdruck ist der Kosinussatz der ebenen Geometrie (Abb. A.7)

$$c^2 = a^2 + b^2 - 2ab \cos \gamma \quad ,$$

weil

$$\gamma = \pi - \sphericalangle(\mathbf{a}, \mathbf{b}) \quad .$$

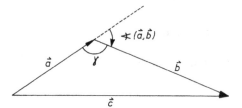

Abb. A.7. Zum Kosinussatz

A.2.4 Vektorprodukt

Wir definieren noch eine weitere Produktbildung zweier Vektoren, die im Gegensatz zum Skalarprodukt als Ergebnis einen Vektor liefert. Unter dem *Vektorprodukt*

$$\mathbf{c} = \mathbf{a} \times \mathbf{b} \qquad\qquad\text{(A.2.15)}$$

zweier Vektoren $\mathbf{a}, \mathbf{b}$ verstehen wir einen Vektor, der auf $\mathbf{a}$ und $\mathbf{b}$ senkrecht steht, so daß $\mathbf{a}$, $\mathbf{b}$ und $\mathbf{c}$ ein Rechtssystem bilden. Seine Länge ist

$$|\mathbf{a} \times \mathbf{b}| = |\mathbf{a}||\mathbf{b}| \sin \sphericalangle(\mathbf{a}, \mathbf{b}) \quad . \qquad\text{(A.2.16)}$$

Eine geometrische Veranschaulichung bietet Abb. A.8. Die Vektoren $\mathbf{a}$ und $\mathbf{b}$ spannen eine Ebene im Raum auf. Das durch sie definierte Parallelogramm hat den Flächeninhalt (A.2.16), ist also ein Maß für den Betrag von

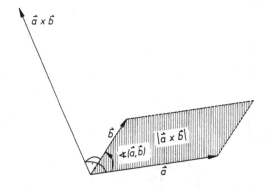

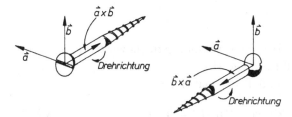

Abb. A.8. Vektorprodukt

Abb. A.9. Rechtssystem und Rechtsschraube

($a \times b$). Die Forderung, daß $a \times b$ senkrecht auf dieser Ebene steht, läßt noch genau zwei (entgegengesetzte) Richtungen zu. Da man jedoch zusätzlich ein Rechtssystem fordert, ist die Richtung eindeutig. Der Begriff *Rechtssystem* hat dabei folgende Bedeutung: Wenn man a in Richtung von b um den kleineren Winkel dreht, so hat c die Richtung einer Rechtsschraube, die man bei dieser Drehung festdrehen würde (Abb. A.9).

Hieraus ergibt sich sofort, daß das Vektorprodukt *antikommutativ* ist,

$$a \times b = -(b \times a) \quad . \tag{A.2.17}$$

Wie das Skalarprodukt ist das Vektorprodukt *linear* und *distributiv*, d. h.

$$ca \times b = a \times cb = c(a \times b) \quad , \tag{A.2.18}$$
$$a \times (b + c) = a \times b + a \times c \quad . \tag{A.2.19}$$

A.2.5 Spatprodukt

Eine Kombination von Skalar- und Vektorprodukt läßt sich aus drei Vektoren bilden. Der Ausdruck

$$a \cdot (b \times c) \tag{A.2.20}$$

heißt *Spatprodukt* oder *gemischtes Produkt* der Vektoren a, b und c. Spannen wir aus diesen Vektoren ein Parallelepiped (Abb. A.10) (zu deutsch *Spat* wie

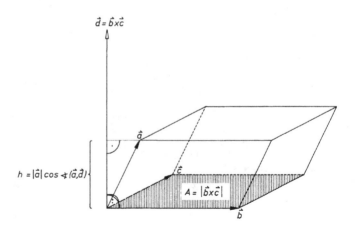

Abb. A.10. Spat-
produkt

in Kalkspat) auf, so ist $\mathbf{d} = \mathbf{b} \times \mathbf{c}$ ein Vektor senkrecht zur Grundfläche des Spates. Deren Flächeninhalt ist d. Die Höhe des Spates ist $|\mathbf{a}|\,|\cos \sphericalangle (\mathbf{a}, \mathbf{d})|$. Damit ist sein Rauminhalt (Grundfläche mal Höhe)

$$V = |\mathbf{a}|\,|\mathbf{d}|\,|\cos \sphericalangle (\mathbf{a}, \mathbf{d})| = |\mathbf{a} \cdot \mathbf{d}| \quad , \tag{A.2.21}$$

also gleich dem Betrag des Spatprodukts. Aus dieser geometrischen Bedeutung des Spatprodukts folgt, daß sein Betrag unabhängig von der Reihenfolge der drei Faktoren ist. Diese kann also nur das Vorzeichen beeinflussen. Als Vorzeichenregel findet man, daß *zyklische Vertauschung* der Faktoren das Vorzeichen nicht ändert, während bei Vertauschung benachbarter Faktoren ein Vorzeichenwechsel eintritt,

$$\begin{aligned}
\mathbf{a} \cdot (\mathbf{b} \times \mathbf{c}) &= \mathbf{c} \cdot (\mathbf{a} \times \mathbf{b}) = \mathbf{b} \cdot (\mathbf{c} \times \mathbf{a}) \quad , \\
\mathbf{a} \cdot (\mathbf{b} \times \mathbf{c}) &= -\mathbf{a} \cdot (\mathbf{c} \times \mathbf{b}) = -\mathbf{b} \cdot (\mathbf{a} \times \mathbf{c}) = -\mathbf{c} \cdot (\mathbf{b} \times \mathbf{a}) \quad .
\end{aligned} \tag{A.2.22}$$

A.2.6 Entwicklungssatz

Es gilt die folgende nützliche Rechenregel für das Vektorprodukt aus einem Vektor $\mathbf{a}$ mit einem Vektor $\mathbf{b} \times \mathbf{c}$, der selbst ein Vektorprodukt der Vektoren $\mathbf{b}$ und $\mathbf{c}$ ist:

$$\mathbf{p} = \mathbf{a} \times (\mathbf{b} \times \mathbf{c}) = (\mathbf{a} \cdot \mathbf{c})\mathbf{b} - (\mathbf{a} \cdot \mathbf{b})\mathbf{c} \quad . \tag{A.2.23}$$

Beweis: Wir zerlegen zunächst den Vektor $\mathbf{a}$ in eine Summe von zwei Vektoren parallel bzw. senkrecht zu $\mathbf{b} \times \mathbf{c}$,

$$\begin{aligned}
\mathbf{a} &= \mathbf{a}_{\|} + \mathbf{a}_{\perp} \quad , \\
\mathbf{a}_{\|} &= a_{\|}(\mathbf{b} \times \mathbf{c})/|\mathbf{b} \times \mathbf{c}| \quad , \qquad a_{\|} = \mathbf{a} \cdot (\mathbf{b} \times \mathbf{c})/|\mathbf{b} \times \mathbf{c}| \quad .
\end{aligned}$$

Damit ist

$$\mathbf{p} = (\mathbf{a}_\parallel + \mathbf{a}_\perp) \times (\mathbf{b} \times \mathbf{c}) = \mathbf{a}_\perp \times (\mathbf{b} \times \mathbf{c}) \quad .$$

Der Vektor $\mathbf{a}_\perp$ steht senkrecht auf $\mathbf{b} \times \mathbf{c}$, liegt damit in der von $\mathbf{b}$ und $\mathbf{c}$ aufgespannten Ebene und läßt sich als Linearkombination dieser beiden Vektoren schreiben,

$$\mathbf{a}_\perp = a_1 \mathbf{b} + a_2 \mathbf{c} \quad .$$

Damit gilt

$$\mathbf{p} = a_1 \mathbf{b} \times (\mathbf{b} \times \mathbf{c}) + a_2 \mathbf{c} \times (\mathbf{b} \times \mathbf{c}) \quad . \qquad (A.2.24)$$

Wir untersuchen jetzt das Produkt $\mathbf{b} \times (\mathbf{b} \times \mathbf{c})$. Da $\mathbf{b} \times \mathbf{c}$ senkrecht zu der von $\mathbf{b}$ und $\mathbf{c}$ aufgespannten Ebene steht, das Vektorprodukt $\mathbf{b} \times (\mathbf{b} \times \mathbf{c})$ aber wieder senkrecht auf $\mathbf{b} \times \mathbf{c}$ steht, läßt es sich aus $\mathbf{b}$ und $\mathbf{c}$ linearkombinieren, d. h.

$$\mathbf{b} \times (\mathbf{b} \times \mathbf{c}) = \beta \mathbf{b} + \gamma \mathbf{c} \quad .$$

Da $\mathbf{b} \times (\mathbf{b} \times \mathbf{c})$ senkrecht auf $\mathbf{b}$ steht, gilt

$$0 = \mathbf{b} \cdot [\mathbf{b} \times (\mathbf{b} \times \mathbf{c})] = \beta \mathbf{b}^2 + \gamma \mathbf{b} \cdot \mathbf{c} \quad .$$

Schreiben wir β in der Form

$$\beta = \alpha \mathbf{b} \cdot \mathbf{c} \quad ,$$

so folgt

$$\gamma = -\alpha \mathbf{b}^2 \quad ,$$

d. h.

$$\mathbf{b} \times (\mathbf{b} \times \mathbf{c}) = \alpha((\mathbf{b} \cdot \mathbf{c})\mathbf{b} - \mathbf{b}^2 \mathbf{c}) \quad .$$

Wir zeigen nun noch, daß $\alpha = 1$ gilt. Dazu bilden wir das Skalarprodukt mit $\mathbf{c}$ und nutzen die Eigenschaft der zyklischen Vertauschbarkeit der Faktoren im Spatprodukt:

$$\alpha[(\mathbf{b} \cdot \mathbf{c})^2 - \mathbf{b}^2 \mathbf{c}^2] = \mathbf{c} \cdot [\mathbf{b} \times (\mathbf{b} \times \mathbf{c})] = (\mathbf{b} \times \mathbf{c}) \cdot (\mathbf{c} \times \mathbf{b}) = -(\mathbf{b} \times \mathbf{c})^2 \quad .$$

Aus der Definition des Vektorproduktes folgt

$$(\mathbf{b} \times \mathbf{c})^2 = b^2 c^2 \sin^2 \delta = b^2 c^2 - b^2 c^2 \cos^2 \delta = \mathbf{b}^2 \mathbf{c}^2 - (\mathbf{b} \cdot \mathbf{c})^2 \quad ,$$

wenn δ der Winkel zwischen den Vektoren $\mathbf{b}$ und $\mathbf{c}$ ist. Damit folgt durch Vergleich der beiden letzten Gleichungen $\alpha = 1$, also

$$\mathbf{b} \times (\mathbf{b} \times \mathbf{c}) = (\mathbf{b} \cdot \mathbf{c})\mathbf{b} - \mathbf{b}^2 \mathbf{c}$$

und entsprechend

$$\mathbf{c} \times (\mathbf{b} \times \mathbf{c}) = \mathbf{c}^2 \mathbf{b} - (\mathbf{b} \cdot \mathbf{c})\mathbf{c} \quad .$$

Durch Einsetzen in (A.2.24) folgt

$$
\begin{aligned}
\mathbf{p} &= a_1[(\mathbf{b} \cdot \mathbf{c})\mathbf{b} - \mathbf{b}^2\mathbf{c}] + a_2[\mathbf{c}^2\mathbf{b} - (\mathbf{b} \cdot \mathbf{c})\mathbf{c}] \\
&= [a_1(\mathbf{b} \cdot \mathbf{c}) + a_2\mathbf{c}^2]\mathbf{b} - [a_1\mathbf{b}^2 + a_2(\mathbf{c} \cdot \mathbf{b})]\mathbf{c} \\
&= [(a_1\mathbf{b} + a_2\mathbf{c}) \cdot \mathbf{c}]\mathbf{b} - [(a_1\mathbf{b} + a_2\mathbf{c}) \cdot \mathbf{b}]\mathbf{c} \\
&= (\mathbf{a}_\perp \cdot \mathbf{c})\mathbf{b} - (\mathbf{a}_\perp \cdot \mathbf{b})\mathbf{c} \quad .
\end{aligned}
$$

Da $\mathbf{a}_\parallel$ parallel zu $(\mathbf{b} \times \mathbf{c})$ und damit senkrecht zu $\mathbf{b}$ und $\mathbf{c}$ ist, gilt $\mathbf{a}_\parallel \cdot \mathbf{c} = \mathbf{a}_\parallel \cdot \mathbf{b} = 0$. Wir können deshalb in den Skalarproduktklammern $\mathbf{a}_\perp$ durch $\mathbf{a} = \mathbf{a}_\parallel + \mathbf{a}_\perp$ ersetzen. Damit ist der *Entwicklungssatz* (A.2.23) für das doppelte Vektorprodukt bewiesen.

A.3 Vektoralgebra in Koordinatenschreibweise

Obwohl die Aussagen über Vektoren unabhängig von der Wahl eines speziellen Koordinatensystems gültig sind, ist es oft günstig, Vektoren in einem Koordinatensystem zu betrachten, etwa bei der Messung einer vektoriellen physikalischen Größe.

A.3.1 Einheitsvektor. Kartesisches Koordinatensystem. Vektorkomponenten

Einen Vektor der Länge eins nennen wir *Einheitsvektor*. Zu jedem Vektor $\mathbf{a}$, der nicht der Nullvektor ist, gehört der Einheitsvektor

$$\hat{\mathbf{a}} = \frac{\mathbf{a}}{a} \quad , \tag{A.3.1}$$

den wir durch ein besonderes Symbol kennzeichnen. Auch der Buchstabe e wird häufig zur Kennzeichnung eines Einheitsvektors benutzt. Das Symbol ˆ wird dann weggelassen.

Ein *kartesisches Koordinatensystem* wird durch drei Basisvektoren, die Einheitsvektoren $\mathbf{e}_x$, $\mathbf{e}_y$, $\mathbf{e}_z$, definiert, die *senkrecht aufeinander* stehen und ein Rechtssystem bilden (Abb. A.11). Oft werden die Einheitsvektoren auch mit $\mathbf{e}_1$, $\mathbf{e}_2$, $\mathbf{e}_3$ bezeichnet. Diese Schreibweise erlaubt die Benutzung des Summationszeichens, wenn über die Indizes summiert wird. Wir werden beide Schreibweisen nebeneinander benutzen.

Betrachten wir zunächst die Skalarprodukte aller Basisvektoren. Offenbar verschwinden alle Skalarprodukte von zwei verschiedenen Basisvektoren (*Orthogonalität*),

$$\mathbf{e}_x \cdot \mathbf{e}_y = \mathbf{e}_x \cdot \mathbf{e}_z = \mathbf{e}_y \cdot \mathbf{e}_z = 0 \quad ,$$

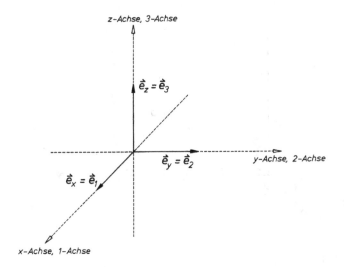

z-Achse, 3-Achse

$\vec{e}_z = \vec{e}_3$

$\vec{e}_y = \vec{e}_2$ y-Achse, 2-Achse

$\vec{e}_x = \vec{e}_1$

x-Achse, 1-Achse

Abb. A.11. Kartesisches Koordinatensystem

während die Quadrate aller Basisvektoren gleich eins sind (*Normierung*),

$$\mathbf{e}_x \cdot \mathbf{e}_x = \mathbf{e}_y \cdot \mathbf{e}_y = \mathbf{e}_z \cdot \mathbf{e}_z = 1 \quad .$$

Mit Hilfe des *Kroneckersymbols*

$$\delta_{ij} = \left\{ \begin{array}{ll} 0 & \text{für } i \neq j \\ 1 & \text{für } i = j \end{array} \right. \qquad (A.3.2)$$

können wir diese sechs Gleichungen in der Beziehung

$$\mathbf{e}_i \cdot \mathbf{e}_j = \delta_{ij} \quad , \qquad i, j = 1, 2, 3 \quad , \qquad (A.3.3)$$

zusammenfassen. Sie drückt aus, daß die Basis *orthonormiert* ist.

Jeder Vektor **a** kann nun als Summe dreier Vektoren aufgefaßt werden, die die Richtungen der Basisvektoren besitzen und geeignete Vielfache von ihnen sind,

$$\mathbf{a} = a_1 \mathbf{e}_1 + a_2 \mathbf{e}_2 + a_3 \mathbf{e}_3 = a_x \mathbf{e}_x + a_y \mathbf{e}_y + a_z \mathbf{e}_z \quad . \qquad (A.3.4)$$

Die *Komponenten* $a_1 = a_x, a_2 = a_y, a_3 = a_z$ erhält man einfach durch skalare Multiplikation des Vektors mit dem entsprechenden Basisvektor, z. B.

$$\mathbf{a} \cdot \mathbf{e}_x = a_x \mathbf{e}_x \cdot \mathbf{e}_x + a_y \mathbf{e}_y \cdot \mathbf{e}_x + a_z \mathbf{e}_z \cdot \mathbf{e}_x = a_x \quad ,$$

oder allgemein

$$\mathbf{a} \cdot \mathbf{e}_j = \sum_{i=1}^{3} a_i \delta_{ij} = a_j \quad . \qquad (A.3.5)$$

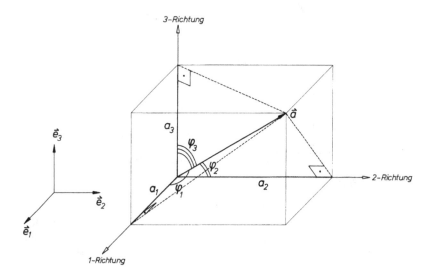

Abb. A.12. Vektorkomponenten

Geometrisch haben die Vektorkomponenten die Bedeutung der senkrechten Projektion des Vektors auf die Koordinatenrichtungen. Zeichnen wir nämlich am Fußpunkt des Vektors die Achsenrichtungen ein und bezeichnen die Winkel, die sie mit dem Vektor bilden, mit φ_1, φ_2 bzw. φ_3, so gilt

$$a_i = \mathbf{a}\cdot\mathbf{e}_i = |\mathbf{a}|\cdot|\mathbf{e}_i|\cos\sphericalangle(\mathbf{a},\mathbf{e}_i) = |\mathbf{a}|\cos\varphi_i \quad , \qquad i = 1, 2, 3 \quad . \quad \text{(A.3.6)}$$

Der Ausdruck auf der rechten Seite ist gleich der Projektion des Vektors auf die i-Richtung (Abb. A.12).

Mit (A.3.6) können wir (A.3.4) umschreiben

$$\mathbf{a} = |\mathbf{a}|(\mathbf{e}_1\cos\varphi_1 + \mathbf{e}_2\cos\varphi_2 + \mathbf{e}_3\cos\varphi_3) = |\mathbf{a}|\hat{\mathbf{a}} \quad . \qquad \text{(A.3.7)}$$

Jeder Einheitsvektor läßt sich also in der Form

$$\hat{\mathbf{a}} = \sum_{i=1}^{3} \mathbf{e}_i\cos\varphi_i \qquad\qquad \text{(A.3.8)}$$

schreiben. Die Ausdrücke

$$\cos\varphi_j = \hat{\mathbf{a}}\cdot\mathbf{e}_j \quad , \qquad j = 1, 2, 3 \qquad \text{(A.3.9)}$$

heißen *Richtungskosinus*, weil sie die Richtung des Einheitsvektors festlegen.

A.3.2 Rechenregeln

Ist einmal ein Koordinatensystem festgelegt, so ist jeder Vektor durch seine drei Komponenten eindeutig gekennzeichnet. Man gibt ihn daher oft einfach in Form dieser Komponenten an,

$$(\mathbf{a}) = \begin{pmatrix} a_1 \\ a_2 \\ a_3 \end{pmatrix} \quad . \tag{A.3.10}$$

Solche Koeffizientenschemata bezeichnet man als *Spaltenvektor*. Er ist offensichtlich nicht unabhängig von der Wahl des Koordinatensystems.

Um den Unterschied zwischen einem Vektor a und seinem Koeffizientenschema anzugeben, bezeichnen wir letzteres als (a). Man nennt (a) auch die Darstellung des Vektors a bezüglich des gewählten Koordinatensystems. Ein Zahlenbeispiel ist etwa

$$(\mathbf{a}) = \begin{pmatrix} -3 \\ 5{,}2 \\ 7 \end{pmatrix} \quad .$$

Die *Multiplikation eines Vektors mit einer Zahl* entspricht einfach der Multiplikation aller Vektorkomponenten mit dieser Zahl,

$$c(\mathbf{a}) = c \begin{pmatrix} a_1 \\ a_2 \\ a_3 \end{pmatrix} = \begin{pmatrix} ca_1 \\ ca_2 \\ ca_3 \end{pmatrix} = (c\mathbf{a}) \quad , \tag{A.3.11}$$

vgl. (A.2.1) und (A.3.10).

Die *Addition zweier Vektoren* entspricht der Addition ihrer Komponenten, d. h.

$$\mathbf{c} = \mathbf{a} + \mathbf{b}$$

ist gleichbedeutend mit

$$(\mathbf{c}) = \begin{pmatrix} c_1 \\ c_2 \\ c_3 \end{pmatrix} = \begin{pmatrix} a_1 + b_1 \\ a_2 + b_2 \\ a_3 + b_3 \end{pmatrix} = (\mathbf{a} + \mathbf{b}) \quad . \tag{A.3.12}$$

Das ist in Abb. A.13 für Vektoren gezeigt, die in der $(1, 2)$-Ebene liegen, deren 3-Komponente also verschwindet. Die Beziehung (A.3.12) läßt sich auch sofort aus (A.3.4) und dem assoziativen Gesetz (A.2.6) der Vektoraddition herleiten. Mit

$$\mathbf{a} = \sum_i a_i \mathbf{e}_i = a_1 \mathbf{e}_1 + a_2 \mathbf{e}_2 + a_3 \mathbf{e}_3 \quad ,$$

$$\mathbf{b} = \sum_i b_i \mathbf{e}_i = b_1 \mathbf{e}_1 + b_2 \mathbf{e}_2 + b_3 \mathbf{e}_3 \tag{A.3.13}$$

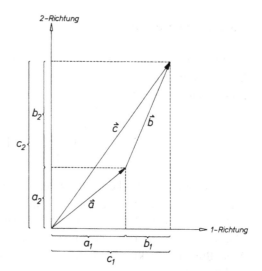

Abb. A.13. Vektoraddition als Addition der Komponenten

ist

$$\mathbf{a}+\mathbf{b} = \sum_i (a_i+b_i)\mathbf{e}_i = (a_1+b_1)\mathbf{e}_1 + (a_2+b_2)\mathbf{e}_2 + (a_3+b_3)\mathbf{e}_3 \quad . \text{ (A.3.14)}$$

Wegen (A.2.2) sind dann die Komponenten eines Differenzvektors c durch die Differenzen der Komponenten der Einzelvektoren gegeben,

$$(\mathbf{c}) = \begin{pmatrix} c_1 \\ c_2 \\ c_3 \end{pmatrix} = \begin{pmatrix} a_1 - b_1 \\ a_2 - b_2 \\ a_3 - b_3 \end{pmatrix} = (\mathbf{a} - \mathbf{b}) \quad . \tag{A.3.15}$$

Wenden wir uns jetzt dem *Skalarprodukt* $\mathbf{a} \cdot \mathbf{b}$ zu. Mit (A.3.13) und (A.3.3) ist

$$\begin{aligned} \mathbf{a} \cdot \mathbf{b} &= \left(\sum_i a_i\mathbf{e}_i\right) \cdot \left(\sum_k b_k\mathbf{e}_k\right) = \sum_i \sum_k (a_i\mathbf{e}_i) \cdot (b_k\mathbf{e}_k) \\ &= \sum_i \sum_k a_ib_k(\mathbf{e}_i \cdot \mathbf{e}_k) = \sum_i \sum_k a_ib_k\delta_{ik} \quad , \end{aligned}$$

also

$$\mathbf{a} \cdot \mathbf{b} = \sum_{i=1}^{3} a_ib_i = a_1b_1 + a_2b_2 + a_3b_3 \quad . \tag{A.3.16}$$

Insbesondere ist

$$\mathbf{a}^2 = a^2 = a_1^2 + a_2^2 + a_3^2 \quad . \tag{A.3.17}$$

Dies ist der *Satz des Pythagoras* in drei Dimensionen. (Für einen Vektor in der $(1, 2)$-Ebene ist $a_3 = 0$. Der Betrag a bildet die Hypotenuse, die Beträge der Komponenten $|a_1|$ und $|a_2|$ sind die Katheten eines rechtwinkligen Dreiecks.)

Um das *Vektorprodukt* a × b in Komponenten auszudrücken, betrachten wir zunächst die Vektorprodukte der Basisvektoren. Wir erhalten

$$
\begin{aligned}
\mathbf{e}_1 \times \mathbf{e}_2 &= \mathbf{e}_3 = -\mathbf{e}_2 \times \mathbf{e}_1 \quad, \\
\mathbf{e}_2 \times \mathbf{e}_3 &= \mathbf{e}_1 = -\mathbf{e}_3 \times \mathbf{e}_2 \quad, \\
\mathbf{e}_3 \times \mathbf{e}_1 &= \mathbf{e}_2 = -\mathbf{e}_1 \times \mathbf{e}_3 \quad,
\end{aligned}
\tag{A.3.18}
$$

weil die Richtungen $1, 2, 3$ bzw. $2, 3, 1$ und $3, 1, 2$ Rechtssysteme bilden, und

$$
\mathbf{e}_1 \times \mathbf{e}_1 = \mathbf{e}_2 \times \mathbf{e}_2 = \mathbf{e}_3 \times \mathbf{e}_3 = 0 \quad.
$$

Diese und die sechs Relationen (A.3.18) lassen sich in einer Formel zusammenfassen:

$$
\mathbf{e}_i \times \mathbf{e}_j = \sum_{k=1}^{3} \varepsilon_{ijk} \mathbf{e}_k \quad.
$$

Dabei sind die Komponenten ε_{ijk} ($k = 1, 2, 3$) des Vektors $\mathbf{e}_i \times \mathbf{e}_j$ wie in (A.3.5) gegeben durch skalare Multiplikation des Vektors mit den Basisvektoren $\mathbf{e}_k$,

$$
\varepsilon_{ijk} = (\mathbf{e}_i \times \mathbf{e}_j) \cdot \mathbf{e}_k \quad.
\tag{A.3.19}
$$

Die Größen ε_{ijk} heißen Matrixelemente des *Levi-Civita-Tensors*. Da sie als Spatprodukt der Basisvektoren definiert sind, sind sie offenbar nur von null verschieden, wenn alle drei Indizes verschieden sind. Bilden $\mathbf{e}_i, \mathbf{e}_j, \mathbf{e}_k$ ein Rechtssystem, d. h. sind die Indizes in zyklischer Reihenfolge, so ist $\varepsilon_{ijk} = 1$, anderenfalls ist $\varepsilon_{ijk} = -1$.

$$
\varepsilon_{ijk} = \begin{cases} 1 & , \quad \text{falls} \quad i, j, k \ \text{zyklisch} \\ -1 & , \quad \text{falls} \quad i, j, k \ \text{antizyklisch} \\ 0 & , \quad \text{falls} \quad \text{zwei Indizes gleich} \end{cases} \quad.
\tag{A.3.20}
$$

Die Abkürzung „i, j, k zyklisch" bedeutet, daß für i, j, k die Zahlen $1, 2, 3$ in dieser Reihenfolge oder in zyklischer Vertauschung ($3, 1, 2$ oder $2, 3, 1$) eingesetzt werden können.

Das Vektorprodukt a × b gewinnen wir jetzt durch Anwendung des distributiven Gesetzes (A.2.19),

$$
\begin{aligned}
\mathbf{c} = \mathbf{a} \times \mathbf{b} &= (a_1\mathbf{e}_1 + a_2\mathbf{e}_2 + a_3\mathbf{e}_3) \times (b_1\mathbf{e}_1 + b_2\mathbf{e}_2 + b_3\mathbf{e}_3) \\
&= a_1 b_1 (\mathbf{e}_1 \times \mathbf{e}_1) + a_2 b_2 (\mathbf{e}_2 \times \mathbf{e}_2) + a_3 b_3 (\mathbf{e}_3 \times \mathbf{e}_3) \\
&\quad + a_2 b_3 (\mathbf{e}_2 \times \mathbf{e}_3) + a_3 b_2 (\mathbf{e}_3 \times \mathbf{e}_2) \\
&\quad + a_3 b_1 (\mathbf{e}_3 \times \mathbf{e}_1) + a_1 b_3 (\mathbf{e}_1 \times \mathbf{e}_3) \\
&\quad + a_1 b_2 (\mathbf{e}_1 \times \mathbf{e}_2) + a_2 b_1 (\mathbf{e}_2 \times \mathbf{e}_1) \quad,
\end{aligned}
$$

d. h.

$$(\mathbf{a} \times \mathbf{b}) = (a_2b_3 - a_3b_2)\mathbf{e}_1 + (a_3b_1 - a_1b_3)\mathbf{e}_2 + (a_1b_2 - a_2b_1)\mathbf{e}_3 \quad . \quad \text{(A.3.21)}$$

Für die Komponenten des Vektorprodukts gilt also

$$c_k = a_ib_j - a_jb_i \quad , \qquad i,j,k \quad \text{zyklisch} \quad . \tag{A.3.22}$$

Mit Hilfe des Levi-Civita-Tensors läßt sich (A.3.21) auch schneller gewinnen, nämlich

$$
\begin{aligned}
\mathbf{c} = \mathbf{a} \times \mathbf{b} &= \left(\sum_i a_i\mathbf{e}_i\right) \times \left(\sum_j b_j\mathbf{e}_j\right) = \sum_i \sum_j a_ib_j(\mathbf{e}_i \times \mathbf{e}_j) \\
&= \sum_{ijk} a_ib_j\varepsilon_{ijk}\mathbf{e}_k = \sum_k c_k\mathbf{e}_k
\end{aligned}
\tag{A.3.23}
$$

mit

$$c_k = \sum_{ij} a_ib_j\varepsilon_{ijk} \quad . \tag{A.3.24}$$

Das Vektorprodukt (A.3.21) läßt sich formal als dreireihige *Determinante* schreiben, vgl. Abschn. B.8,

$$\mathbf{c} = \mathbf{a} \times \mathbf{b} = \begin{vmatrix} \mathbf{e}_1 & \mathbf{e}_2 & \mathbf{e}_3 \\ a_1 & a_2 & a_3 \\ b_1 & b_2 & b_3 \end{vmatrix} \quad , \tag{A.3.25}$$

wobei die Vektoren $\mathbf{e}_1, \mathbf{e}_2, \mathbf{e}_3$ wie Zahlenfaktoren behandelt werden.

Mit (A.3.21) bzw. (A.3.25) läßt sich auch das Spatprodukt (A.2.20) sofort in Determinantenform schreiben,

$$\mathbf{a} \cdot (\mathbf{b} \times \mathbf{c}) = \begin{vmatrix} a_1 & a_2 & a_3 \\ b_1 & b_2 & b_3 \\ c_1 & c_2 & c_3 \end{vmatrix} \quad . \tag{A.3.26}$$

Mit Hilfe des Levi-Civita-Tensors stellt sich das Spatprodukt in der Form

$$\mathbf{a} \cdot (\mathbf{b} \times \mathbf{c}) = \sum_{ijk} \varepsilon_{ijk} a_ib_jc_k \tag{A.3.27}$$

dar.

A.4 Differentiation eines Vektors nach einem Parameter

A.4.1 Vektor als Funktion eines Parameters. Ortsvektor

Bisher haben wir uns nur mit algebraischen Manipulationen von Vektoren beschäftigt. Für den Fall, daß ein Vektor von Parametern abhängt, kann man auch analytische Operationen, z. B. die Differentiation nach Parametern erklären.

Als Beispiel betrachten wir den Ortsvektor als Funktion der Zeit. Der Ort eines Punktes in einem gegebenen, zeitunabhängigen Koordinatensystem ist durch seine Koordinaten x_1, x_2, x_3 gekennzeichnet. Wir können sie als die Komponenten eines Vektors

$$\mathbf{x} = x_1 \mathbf{e}_1 + x_2 \mathbf{e}_2 + x_3 \mathbf{e}_3 \quad , \tag{A.4.1}$$

des *Ortsvektors* des Punktes, interpretieren. Der Ortsvektor wird auch oft mit **r** (Radiusvektor) und seine Komponenten mit x, y, z bezeichnet,

$$\mathbf{r} = x \mathbf{e}_x + y \mathbf{e}_y + z \mathbf{e}_z \quad .$$

Bewegt sich nun der Punkt im Laufe der Zeit auf einer vorgegebenen Bahn, so wird diese Bewegung durch die Angabe des Ortsvektors zu jeder Zeit t eindeutig beschrieben,

$$\mathbf{x} = \mathbf{x}(t) \quad . \tag{A.4.2}$$

Diese Vektorgleichung entspricht den drei Gleichungen

$$\begin{aligned} x_1 &= x_1(t) \quad , \\ x_2 &= x_2(t) \quad , \\ x_3 &= x_3(t) \quad , \end{aligned} \tag{A.4.3}$$

die die einzelnen Koordinaten der Bahnkurve des Punktes als Funktion der Zeit angeben und zusammen als *Parameterdarstellung* der Bahnkurve bezeichnet werden.

A.4.2 Ableitungen

Sind $\mathbf{x}(t)$ und $\mathbf{x}(t+\Delta t)$ zwei Ortsvektoren, die den Punkt auf seiner Bahnkurve zu den Zeiten t und $t+\Delta t$ kennzeichnen, und ist $\Delta \mathbf{x} = \mathbf{x}(t+\Delta t) - \mathbf{x}(t)$ der Differenzvektor zwischen beiden (Abb. A.14), so bezeichnen wir den Grenzwert

$$\lim_{\Delta t \to 0} \frac{\Delta \mathbf{x}}{\Delta t} = \frac{d\mathbf{x}}{dt} \tag{A.4.4}$$

als die *Ableitung des Vektors* **x** *nach dem Parameter* t, in unserem speziellen Fall also als die Zeitableitung des Ortsvektors.

Der Vektor $d\mathbf{x}/dt$ hat die Richtung der Tangente der Bahnkurve. Er kann durch die Ableitung der einzelnen Komponenten von **x** nach t gefunden werden, weil

$$\begin{aligned} \lim_{\Delta t \to 0} \frac{\Delta \mathbf{x}}{\Delta t} &= \lim_{\Delta t \to 0} \frac{x_1(t+\Delta t) - x_1(t)}{\Delta t} \mathbf{e}_1 + \lim_{\Delta t \to 0} \frac{x_2(t+\Delta t) - x_2(t)}{\Delta t} \mathbf{e}_2 \\ &\quad + \lim_{\Delta t \to 0} \frac{x_3(t+\Delta t) - x_3(t)}{\Delta t} \mathbf{e}_3 \quad , \\ \frac{d\mathbf{x}}{dt} &= \frac{dx_1}{dt} \mathbf{e}_1 + \frac{dx_2}{dt} \mathbf{e}_2 + \frac{dx_3}{dt} \mathbf{e}_3 \quad . \end{aligned} \tag{A.4.5}$$

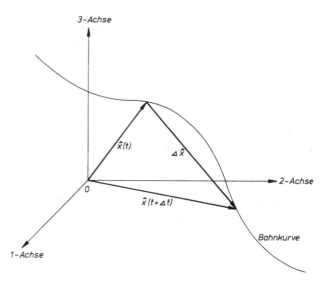

Abb. A.14. Bahnkurve
mit Ortsvektoren zu den
Zeiten t und $t + \Delta t$

Für die Ableitung (A.4.4) gelten alle Regeln der Differentialrechnung, insbesondere die Produktregel, und zwar für die Multiplikation mit einem Skalar, für das Skalarprodukt und das Vektorprodukt

$$\frac{\mathrm{d}}{\mathrm{d}t}[a(t)\mathbf{x}(t)] = \frac{\mathrm{d}a(t)}{\mathrm{d}t}\mathbf{x}(t) + a(t)\frac{\mathrm{d}\mathbf{x}(t)}{\mathrm{d}t} \quad , \tag{A.4.6}$$

$$\frac{\mathrm{d}}{\mathrm{d}t}[\mathbf{x}(t) \cdot \mathbf{y}(t)] = \frac{\mathrm{d}\mathbf{x}(t)}{\mathrm{d}t} \cdot \mathbf{y}(t) + \mathbf{x}(t) \cdot \frac{\mathrm{d}\mathbf{y}(t)}{\mathrm{d}t} \quad , \tag{A.4.7}$$

$$\frac{\mathrm{d}}{\mathrm{d}t}[\mathbf{x}(t) \times \mathbf{y}(t)] = \frac{\mathrm{d}\mathbf{x}(t)}{\mathrm{d}t} \times \mathbf{y}(t) + \mathbf{x}(t) \times \frac{\mathrm{d}\mathbf{y}(t)}{\mathrm{d}t} \quad . \tag{A.4.8}$$

Durch wiederholte Differentiation können höhere Ableitungen gebildet werden, etwa

$$\frac{\mathrm{d}^2\mathbf{x}}{\mathrm{d}t^2} = \frac{\mathrm{d}}{\mathrm{d}t}\frac{\mathrm{d}\mathbf{x}}{\mathrm{d}t} = \frac{\mathrm{d}^2x_1}{\mathrm{d}t^2}\mathbf{e}_1 + \frac{\mathrm{d}^2x_2}{\mathrm{d}t^2}\mathbf{e}_2 + \frac{\mathrm{d}^2x_3}{\mathrm{d}t^2}\mathbf{e}_3 \quad . \tag{A.4.9}$$

A.5 Nichtkartesische Koordinatensysteme

In einem kartesischen Koordinatensystem sind die drei Basisvektoren $\mathbf{e}_x$, $\mathbf{e}_y$, $\mathbf{e}_z$ ortsunabhängig. Manchmal ist es jedoch sinnvoll, ein Koordinatensystem zu benutzen, bei dem die Richtungen der Basisvektoren ortsabhängig sind. Meist behält man die Orthonormierungsbedingung für die Basisvektoren bei. Die gebräuchlichsten ortsabhängigen Koordinatensysteme sind Zylinderkoordinaten und Kugelkoordinaten.

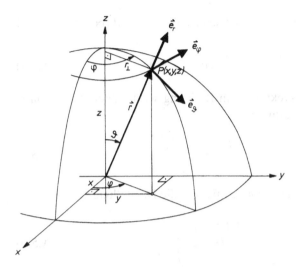

Abb. A.15. Kugelkoordinaten

A.5.1 Kugelkoordinaten

Der Ortsvektor $\mathbf{r}$ kann statt durch seine kartesischen Koordinaten x, y, z auch durch seinen Betrag r, den Polarwinkel ϑ und den Azimutwinkel φ charakterisiert werden. Der Polarwinkel ist der Winkel zwischen der z-Achse und dem Ortsvektor, der Azimutwinkel φ ist der Winkel zwischen der x-Achse und der Projektion des Ortsvektors in die (x, y)-Ebene. Aus der Abb. A.15 liest man folgenden Zusammenhang zwischen kartesischen und Kugelkoordinaten ab,

$$
\begin{aligned}
x &= r \sin \vartheta \cos \varphi \quad , \\
y &= r \sin \vartheta \sin \varphi \quad , \\
z &= r \cos \vartheta \quad ,
\end{aligned}
\tag{A.5.1}
$$

und

$$
r = \sqrt{x^2 + y^2 + z^2} \quad ,
$$
$$
\cos \vartheta = \frac{z}{r} \quad , \qquad \sin \vartheta = \frac{\sqrt{x^2 + y^2}}{r} \quad , \tag{A.5.2}
$$
$$
\cos \varphi = \frac{x}{\sqrt{x^2 + y^2}} \quad , \qquad \sin \varphi = \frac{y}{\sqrt{x^2 + y^2}} \quad .
$$

Als Basissystem am Ort $\mathbf{r}$ wählt man die Einheitsvektoren, die in die Richtung wachsender Werte von r bzw. ϑ bzw. φ zeigen (dabei werden jeweils die beiden anderen Koordinaten konstant gehalten). Der Einheitsvektor $\mathbf{e}_r$ in Richtung wachsender Werte von r ist

$$
\mathbf{e}_r = \frac{\mathbf{r}}{r} = \hat{\mathbf{r}} \quad , \tag{A.5.3}
$$

der Einheitsvektor e_ϑ in Richtung wachsender Werte von ϑ (bei festen r und φ) ist definiert durch

$$\frac{\partial e_r}{\partial \vartheta} = \left|\frac{\partial e_r}{\partial \vartheta}\right| e_\vartheta \quad . \tag{A.5.4}$$

Schließlich ist der Einheitsvektor e_φ in Richtung wachsender Werte von φ (bei festen r und ϑ) definiert durch

$$\frac{\partial e_r}{\partial \varphi} = \left|\frac{\partial e_r}{\partial \varphi}\right| e_\varphi \quad . \tag{A.5.5}$$

In kartesischen Koordinaten hat e_r offenbar die Darstellung

$$(e_r) = \begin{pmatrix} \sin\vartheta \cos\varphi \\ \sin\vartheta \sin\varphi \\ \cos\vartheta \end{pmatrix} \quad . \tag{A.5.6}$$

Für e_ϑ und e_φ ergibt sich dann nach den Vorschriften (A.5.4) und (A.5.5)

$$(e_\vartheta) = \begin{pmatrix} \cos\vartheta \cos\varphi \\ \cos\vartheta \sin\varphi \\ -\sin\vartheta \end{pmatrix} \tag{A.5.7}$$

und

$$(e_\varphi) = \begin{pmatrix} -\sin\varphi \\ \cos\varphi \\ 0 \end{pmatrix} \quad . \tag{A.5.8}$$

Damit rechnet man die Orthonormierungsrelationen für diese drei Vektoren

$$\begin{aligned} e_r \cdot e_\vartheta = e_r \cdot e_\varphi = e_\vartheta \cdot e_\varphi = 0 \quad , \\ e_r \cdot e_r = e_\vartheta \cdot e_\vartheta = e_\varphi \cdot e_\varphi = 1 \end{aligned} \tag{A.5.9}$$

leicht nach.

Für die Ableitungen erhält man mit Hilfe dieser Darstellungen

$$\begin{aligned} \frac{\partial e_r}{\partial r} = 0 \,, \quad & \frac{\partial e_r}{\partial \vartheta} = e_\vartheta \,, \quad & \frac{\partial e_r}{\partial \varphi} = e_\varphi \sin\vartheta \quad , \\ \frac{\partial e_\vartheta}{\partial r} = 0 \,, \quad & \frac{\partial e_\vartheta}{\partial \vartheta} = -e_r \,, \quad & \frac{\partial e_\vartheta}{\partial \varphi} = e_\varphi \cos\vartheta \quad , \\ \frac{\partial e_\varphi}{\partial r} = 0 \,, \quad & \frac{\partial e_\varphi}{\partial \vartheta} = 0 \,, \quad & \frac{\partial e_\varphi}{\partial \varphi} = e_z \times e_\varphi \quad . \end{aligned} \tag{A.5.10}$$

Das Volumenelement entnimmt man sofort aus Abb. A.16,

$$dV = r^2 \, dr \, \sin\vartheta \, d\vartheta \, d\varphi \quad . \tag{A.5.11}$$

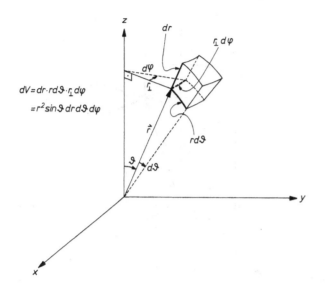

$dV = dr \cdot rd\vartheta \cdot r_\perp d\varphi$
$= r^2 \sin\vartheta \, dr \, d\vartheta \, d\varphi$

Abb. A.16. Volumen-element in Kugelko-ordinaten

Kugelkoordinaten eignen sich besonders zur Beschreibung von Systemen, die sphärische Symmetrie haben. Als Beispiel berechnen wir das Volumen einer Kugel vom Radius R:

$$
\begin{aligned}
V &= \int_0^{2\pi} \int_0^{\pi} \int_0^{R} r^2 \, dr \, \sin\vartheta \, d\vartheta \, d\varphi \\
&= \left[\frac{r^3}{3}(-\cos\vartheta)\varphi \right]_{r=0,\vartheta=0,\varphi=0}^{r=R,\vartheta=\pi,\varphi=2\pi} = \frac{R^3}{3} 2 \cdot 2\pi = \frac{4\pi}{3}R^3 \quad .
\end{aligned}
$$

A.5.2 Zylinderkoordinaten

Eine andere Möglichkeit für die Darstellung des Ortsvektors besteht darin, die z-Koordinate aus dem kartesischen Koordinatensystem beizubehalten, den Azimutwinkel φ aus den Kugelkoordinaten hinzuzunehmen und als dritte Koordinate den senkrechten Abstand $r_\perp = \sqrt{x^2 + y^2}$ von der z-Achse einzuführen (Abb. A.17). Damit gilt

$$
\begin{aligned}
x &= r_\perp \cos\varphi \quad , \\
y &= r_\perp \sin\varphi \quad , \\
z &= z \quad .
\end{aligned}
\tag{A.5.12}
$$

Die Basisvektoren sind

$$
\mathbf{e}_\perp \quad , \quad \mathbf{e}_\varphi \quad , \quad \mathbf{e}_z
\tag{A.5.13}
$$

mit den Orthogonalitätsrelationen

$$
\mathbf{e}_\perp \cdot \mathbf{e}_\varphi = \mathbf{e}_\perp \cdot \mathbf{e}_z = \mathbf{e}_\varphi \cdot \mathbf{e}_z = 0 \quad .
\tag{A.5.14}
$$

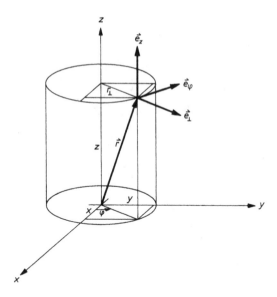

Abb. A.17. Zylinderkoordinaten

Ihre Darstellung in kartesischen Koordinaten ist

$$(\mathbf{e}_\perp) = \begin{pmatrix} \cos\varphi \\ \sin\varphi \\ 0 \end{pmatrix} \quad , \quad (\mathbf{e}_\varphi) = \begin{pmatrix} -\sin\varphi \\ \cos\varphi \\ 0 \end{pmatrix} \quad , \quad (\mathbf{e}_z) = \begin{pmatrix} 0 \\ 0 \\ 1 \end{pmatrix} \quad .$$

$$(\text{A.5.15})$$

Durch Differentiation erhält man als nichtverschwindende Ableitungen der Basisvektoren nach den Koordinaten

$$\frac{\partial \mathbf{e}_\perp}{\partial \varphi} = \mathbf{e}_\varphi \quad , \quad \frac{\partial \mathbf{e}_\varphi}{\partial \varphi} = -\mathbf{e}_\perp \quad . \tag{A.5.16}$$

Das Volumenelement $\mathrm{d}V$ in Zylinderkoordinaten ist nach Abb. A.18

$$\mathrm{d}V = r_\perp \, \mathrm{d}r_\perp \, \mathrm{d}\varphi \, \mathrm{d}z \quad . \tag{A.5.17}$$

Zur Übung berechnen wir das Volumen eines Zylinders des Radius R und der Höhe h:

$$V = \int_0^h \int_0^{2\pi} \int_0^R r_\perp \, \mathrm{d}r_\perp \, \mathrm{d}\varphi \, \mathrm{d}z = \left[\frac{r_\perp^2}{2} \varphi z \right]_{r_\perp=0,\varphi=0,z=0}^{r_\perp=R,\varphi=2\pi,z=h} = \pi R^2 h \quad .$$

A.5.3 Ebene Polarkoordinaten

In vielen Fällen bleibt der Ortsvektor in einer Ebene. Legen wir die x- und y-Achsen eines kartesischen Koordinatensystems in diese Ebene, so ist

$$\mathbf{r} = x\mathbf{e}_x + y\mathbf{e}_y \tag{A.5.18}$$

durch die Spalte

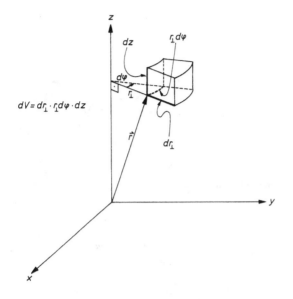

$dV = dr_\perp \cdot r_\perp d\varphi \cdot dz$

Abb. A.18. Volumenelement in Zylinderkoordinaten

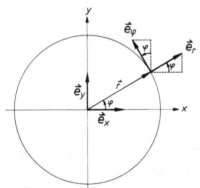

Abb. A.19. Basisvektoren ebener kartesischer Koordinaten (e_x, e_y) und ebener Polarkoordinaten (e_r, e_φ)

$$(\mathbf{r}) = \begin{pmatrix} x \\ y \end{pmatrix} \qquad (A.5.19)$$

eindeutig darstellbar. Die z-Koordinate tritt nicht auf.

Kugel- und Zylinderkoordinaten fallen in der (x, y)-Ebene zusammen. Das zeigt der Vergleich von (A.5.6) und (A.5.8) mit (A.5.15) für $\vartheta = \pi/2$ bzw. $z = 0$. Ihre Einheitsvektoren werden durch

$$(\mathbf{e}_r) = (\mathbf{e}_\perp) = \begin{pmatrix} \cos\varphi \\ \sin\varphi \end{pmatrix} \quad , \quad (\mathbf{e}_\varphi) = \begin{pmatrix} -\sin\varphi \\ \cos\varphi \end{pmatrix} \qquad (A.5.20)$$

dargestellt (Abb. A.19). (Die Einheitsvektoren $\mathbf{e}_\vartheta$ bzw. $\mathbf{e}_z$ haben keine Bedeutung.) Ihre Ableitungen nach φ sind

$$\frac{\partial \mathbf{e}_r}{\partial \varphi} = \mathbf{e}_\varphi \quad , \quad \frac{\partial \mathbf{e}_\varphi}{\partial \varphi} = -\mathbf{e}_r \quad . \qquad (A.5.21)$$

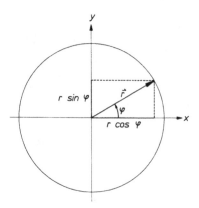

Abb. A.20. Zur Umrechnung zwischen ebenen kartesischen und Polarkoordinaten

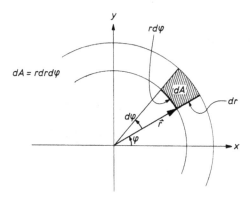

Abb. A.21. Flächenelement in ebenen Polarkoordinaten

Für die Umrechnung zwischen ebenen kartesischen und ebenen Polarkoordinaten liest man aus Abb. A.20 die Beziehungen

$$x = r \cos \varphi \quad,$$
$$y = r \sin \varphi \qquad \qquad \text{(A.5.22)}$$

bzw.

$$r = \sqrt{x^2 + y^2} \quad,$$
$$\cos \varphi = \frac{x}{r} \quad, \qquad \sin \varphi = \frac{y}{r} \qquad \text{(A.5.23)}$$

ab.

Das Flächenelement hat in ebenen Polarkoordinaten die Darstellung (Abb. A.21)

$$\mathrm{d}A = r \, \mathrm{d}r \, \mathrm{d}\varphi \quad . \qquad \qquad \text{(A.5.24)}$$

Damit hat ein Kreis vom Radius R die Fläche

$$A = \int_0^R \int_0^{2\pi} r \, \mathrm{d}r \, \mathrm{d}\varphi = 2\pi \int_0^R r \, \mathrm{d}r = \pi R^2 \quad . \qquad \text{(A.5.25)}$$

A.6 Aufgaben

A.1: Gegeben seien die Vektoren $a = -e_1 + 3e_2 + 2e_3$, $b = 2e_1 - 4e_2 + 4e_3$ und $c = 2e_1 - 5e_2$. Berechnen Sie:

(a) $a + 2b$,

(b) die Beträge $|a|$ und $|b|$ sowie die Einheitsvektoren $\hat{a}$ und $\hat{b}$,

(c) das Skalarprodukt $a \cdot b$ und den von a und b eingeschlossenen Winkel,

(d) die Projektion von a auf b, bzw. von b auf a,

(e) das Vektorprodukt $a \times b$ sowie $|a \times b|$,

(f) die Winkel zwischen c und den drei Koordinatenachsen,

(g) alle auf c orthogonalen Einheitsvektoren,

(h) den auf c und e_1 senkrechten Einheitsvektor $\hat{d}$, für den $\hat{d} \cdot e_3 > 0$ gilt,

(i) den Einheitsvektor $\hat{e}$, der mit $\hat{c}$ und $\hat{d}$ ein rechtshändiges Koordinatensystem bildet,

(j) die Komponenten von a und b bezüglich der neuen Basis $\{\hat{c}, \hat{d}, \hat{e}\}$,

(k) $a \cdot b$ und $a \times b$ in der neuen Basis. Hängt das Ergebnis von der gewählten Basis ab?

A.2: Zeigen Sie mit den Methoden der Vektoralgebra: Die Seitenhalbierende der Basis eines gleichschenkligen Dreiecks steht senkrecht auf der Basis.

A.3: Berechnen Sie den Flächeninhalt des Dreiecks, dessen Eckpunkte die folgenden kartesischen Koordinaten haben: $P_1 = (1, 1, 1)$, $P_2 = (2, 0, 1)$, $P_3 = (1, 3, 2)$.

A.4: Zeigen Sie mit Hilfe der Vektoralgebra: Die Summe der Quadrate der beiden Diagonalen eines Parallelogramms ist gleich der Summe der Quadrate seiner vier Seiten.

A.5: Berechnen Sie mit den Methoden der Vektoralgebra den Winkel zwischen zwei Raumdiagonalen in einem Würfel.

A.6: Zeigen Sie mit den Methoden der Vektoralgebra: In einem beliebigen Dreieck teilt der Schnittpunkt der Seitenhalbierenden die Seitenhalbierenden im Verhältnis $2 : 1$.

A.7: Die gleichförmige Bewegung eines Massenpunktes auf einer Schraubenlinie wird wie folgt beschrieben:

$$x_1 = r \cos \omega t \quad , \qquad x_2 = r \sin \omega t \quad , \qquad x_3 = vt \quad .$$

(a) Berechnen Sie $\dfrac{d\mathbf{x}}{dt}$ und $\dfrac{d^2\mathbf{x}}{dt^2}$.

(b) Berechnen Sie $\mathbf{x} \times \dfrac{d\mathbf{x}}{dt}$, $\mathbf{x} \times \dfrac{d^2\mathbf{x}}{dt^2}$ und $\dfrac{d}{dt}\left(\mathbf{x} \times \dfrac{d\mathbf{x}}{dt}\right)$.

A.8: Berechnen Sie:

(a) ε_{321}, ε_{iij},

(b) $\displaystyle\sum_{i=1}^{3} \varepsilon_{12i}\varepsilon_{i23}$, $\displaystyle\sum_{i=1}^{3} \varepsilon_{12i}\varepsilon_{i12}$, $\displaystyle\sum_{i=1}^{3} \varepsilon_{12i}\varepsilon_{i21}$.

(c) Zeigen Sie $\sum_{k=1}^{3} \varepsilon_{ijk}\varepsilon_{klm} = \delta_{il}\delta_{jm} - \delta_{im}\delta_{lj}$, indem Sie die Ergebnisse aus (b) mit Hilfe des Kronecker-Symbols (A.3.2) verallgemeinern.

A.9: Beweisen Sie mit Hilfe der Beziehung aus Aufgabe A.8c die Identitäten

(a) $\mathbf{a} \times (\mathbf{b} \times \mathbf{c}) = \mathbf{b}(\mathbf{a} \cdot \mathbf{c}) - \mathbf{c}(\mathbf{a} \cdot \mathbf{b})$,

(b) $(\mathbf{a} \times \mathbf{b}) \cdot (\mathbf{c} \times \mathbf{d}) = (\mathbf{a} \cdot \mathbf{c})(\mathbf{b} \cdot \mathbf{d}) - (\mathbf{a} \cdot \mathbf{d})(\mathbf{b} \cdot \mathbf{c})$.

B. Tensoren

Außer physikalischen Größen, die sich durch Zahlen (Skalare) oder Vektoren beschreiben lassen, gibt es andere, die sich durch Paare von Vektoren darstellen lassen. Sie heißen Tensoren. Beispiel für Skalar, Vektor und Tensor sind Masse bzw. Kraft bzw. Trägheitsmoment.

B.1 Basistensoren

Als einfachstes Beispiel für Tensoren bilden wir zunächst alle möglichen geordneten Paare $(\mathbf{e}_i, \mathbf{e}_k)$ der Basisvektoren $\mathbf{e}_1, \mathbf{e}_2, \mathbf{e}_3$. Als Bezeichnungsweise für diese Paare führen wir

$$(\mathbf{e}_i, \mathbf{e}_k) = \mathbf{e}_i \otimes \mathbf{e}_k \qquad (\text{B.1.1})$$

ein. Offenbar gibt es genau neun solche Paare. Wir nennen sie *Basistensoren zweiter Stufe*. Als *Skalarprodukte der Basistensoren* definieren wir

$$(\mathbf{e}_i \otimes \mathbf{e}_k) \cdot (\mathbf{e}_\ell \otimes \mathbf{e}_m) = \delta_{i\ell}\delta_{km} \quad , \qquad (\text{B.1.2})$$

d. h. das Skalarprodukt eines Basistensors mit sich selbst ist eins, Skalarprodukte verschiedener Basistensoren verschwinden. Sie bilden ein orthonormiertes Basissystem in neun Dimensionen.

B.2 Allgemeine Tensoren. Rechenregeln

Durch Linearkombinationen der Basistensoren können wir einen beliebigen Tensor zweiter Stufe

$$\underline{\underline{A}} = \sum_{i=1}^{3} \sum_{k=1}^{3} A_{ik}\mathbf{e}_i \otimes \mathbf{e}_k \qquad (\text{B.2.1})$$

darstellen.

Die Koeffizienten A_{ik} sind reelle Zahlen und heißen *Matrixelemente* des Tensors $\underline{\underline{A}}$ bezüglich der Basis $\mathbf{e}_i \otimes \mathbf{e}_k$ $(i, k = 1, 2, 3)$. Sie können in dem quadratischen Schema

$$(\underline{\underline{A}}) = \begin{pmatrix} A_{11} & A_{12} & A_{13} \\ A_{21} & A_{22} & A_{23} \\ A_{31} & A_{32} & A_{33} \end{pmatrix} \tag{B.2.2}$$

angeordnet werden. Es heißt *Matrix* des Tensors $\underline{\underline{A}}$ bezüglich $\mathbf{e}_i \otimes \mathbf{e}_k$ ($i, k = 1, 2, 3$). Der *Einheitstensor* hat die Matrixelemente $A_{ik} = \delta_{ik}$,

$$\underline{\underline{1}} = \sum_{i,k=1}^{3} \delta_{ik} \mathbf{e}_i \otimes \mathbf{e}_k = \sum_{i=1}^{3} \mathbf{e}_i \otimes \mathbf{e}_i \quad . \tag{B.2.3}$$

Seine Matrix ist die *Einheitsmatrix*

$$(\underline{\underline{1}}) = \begin{pmatrix} 1 & 0 & 0 \\ 0 & 1 & 0 \\ 0 & 0 & 1 \end{pmatrix} \quad . \tag{B.2.4}$$

Hat ein Tensor die spezielle faktorisierte Gestalt

$$\underline{\underline{A}} = \sum_{i=1}^{3} \sum_{k=1}^{3} a_i b_k \mathbf{e}_i \otimes \mathbf{e}_k \quad , \tag{B.2.5}$$

so nennt man ihn das *dyadische* oder *tensorielle Produkt* oder die *Dyade* der beiden Vektoren

$$\mathbf{a} = \sum_{i=1}^{3} a_i \mathbf{e}_i \quad \text{und} \quad \mathbf{b} = \sum_{k=1}^{3} b_k \mathbf{e}_k$$

und bezeichnet ihn durch

$$\sum_{i=1}^{3} \sum_{k=1}^{3} a_i b_k \, \mathbf{e}_i \otimes \mathbf{e}_k = \left(\sum_{i=1}^{3} a_i \mathbf{e}_i \right) \otimes \left(\sum_{k=1}^{3} b_k \mathbf{e}_k \right) = \mathbf{a} \otimes \mathbf{b} \quad .$$

Seine Matrix hat die Form

$$\begin{pmatrix} a_1 b_1 & a_1 b_2 & a_1 b_3 \\ a_2 b_1 & a_2 b_2 & a_2 b_3 \\ a_3 b_1 & a_3 b_2 & a_3 b_3 \end{pmatrix} = (\mathbf{a} \otimes \mathbf{b}) \quad .$$

Als *Summe* $\underline{\underline{C}}$ zweier Tensoren $\underline{\underline{A}}$, $\underline{\underline{B}}$ definieren wir

$$\begin{aligned} \underline{\underline{C}} = \underline{\underline{A}} + \underline{\underline{B}} &= \sum_{ik} A_{ik} \mathbf{e}_i \otimes \mathbf{e}_k + \sum_{ik} B_{ik} \mathbf{e}_i \otimes \mathbf{e}_k \\ &= \sum_{ik} (A_{ik} + B_{ik}) \mathbf{e}_i \otimes \mathbf{e}_k = \sum_{ik} C_{ik} \, \mathbf{e}_i \otimes \mathbf{e}_k \quad , \end{aligned} \tag{B.2.6}$$

d. h. die Matrixelemente des Summentensors

$$C_{ik} = A_{ik} + B_{ik} \tag{B.2.7}$$

sind die Summen der entsprechenden Matrixelemente der Einzeltensoren.

Als *Produkt* eines Tensors *mit einer reellen Zahl* definieren wir

$$\underline{\underline{B}} = c\underline{\underline{A}} = \sum_{ik} cA_{ik}\mathbf{e}_i \otimes \mathbf{e}_k = \sum_{ik} B_{ik}\mathbf{e}_i \otimes \mathbf{e}_k \quad , \tag{B.2.8}$$

d. h. die Matrixelemente des Produkts

$$B_{ik} = cA_{ik}$$

erhält man durch Multiplikation der Matrixelemente des ursprünglichen Tensors $\underline{\underline{A}}$ mit der Zahl c.

Man liest sofort ab, daß die Addition von Tensoren kommutativ und assoziativ ist und die Multiplikation mit einer Zahl kommutativ, assoziativ, und die Multiplikation einer Zahl mit einer Summe von Tensoren distributiv ist.

Als *Skalarprodukt zweier Tensoren* $\underline{\underline{A}}, \underline{\underline{B}}$ definieren wir nun

$$\begin{aligned} c & = & \underline{\underline{A}} \cdot \underline{\underline{B}} = \left(\sum_{ik} A_{ik}\mathbf{e}_i \otimes \mathbf{e}_k \right) \cdot \left(\sum_{\ell m} B_{\ell m}\mathbf{e}_\ell \otimes \mathbf{e}_m \right) \\ & = & \sum_{ik} \sum_{\ell m} A_{ik}B_{\ell m}(\mathbf{e}_i \otimes \mathbf{e}_k) \cdot (\mathbf{e}_\ell \otimes \mathbf{e}_m) \quad . \end{aligned} \tag{B.2.9}$$

Mit Hilfe von (B.1.2) erhält man

$$c = \underline{\underline{A}} \cdot \underline{\underline{B}} = \sum_{ik\ell m} A_{ik}B_{\ell m}\delta_{i\ell}\delta_{km} = \sum_{ik} A_{ik}B_{ik} \quad . \tag{B.2.10}$$

Ganz in Analogie zum Skalarprodukt zweier Vektoren erhält man das Skalarprodukt zweier Tensoren als die Summe der Produkte der gleichstelligen Matrixelemente. Aus der Definition dieses Skalarproduktes liest man sofort ab, daß es kommutativ und distributiv ist. Wiederum analog zu den Vektoren erhält man das Matrixelement $A_{\ell m}$ durch skalare Multiplikation des Tensors $\underline{\underline{A}}$ mit dem Basistensor $\mathbf{e}_\ell \otimes \mathbf{e}_m$,

$$\begin{aligned} (\mathbf{e}_\ell \otimes \mathbf{e}_m) \cdot \underline{\underline{A}} & = & \sum_{ik} A_{ik}(\mathbf{e}_\ell \otimes \mathbf{e}_m) \cdot (\mathbf{e}_i \otimes \mathbf{e}_k) \\ & = & \sum_{ik} A_{ik}\delta_{\ell i}\delta_{mk} = A_{\ell m} \quad . \end{aligned} \tag{B.2.11}$$

Das Skalarprodukt des Tensors $\underline{\underline{A}}$ mit dem Einheitstensor heißt *Spur* von $\underline{\underline{A}}$,

$$\mathrm{Sp}\,\underline{\underline{A}} = \underline{\underline{A}} \cdot \underline{\underline{1}} = \sum_{i=1}^{3} a_{ii} \quad . \tag{B.2.12}$$

Sie ist die Summe der Matrixelemente auf der Hauptdiagonalen.

B.3 Darstellung durch Links- und Rechtsvektoren

Aus den Matrixelementen der Spalte k der Matrix $(\underline{A})$ bilden wir den *Linksvektor*

$$\mathbf{a}_k = \sum_{i=1}^{3} A_{ik}\mathbf{e}_i \quad , \qquad k = 1, 2, 3 \quad . \tag{B.3.1}$$

Entsprechend bilden wir aus den Elementen der Zeile ℓ den *Rechtsvektor*

$$\mathbf{b}_\ell = \sum_{i=1}^{3} A_{\ell i}\mathbf{e}_i \quad , \qquad \ell = 1, 2, 3 \quad . \tag{B.3.2}$$

Für den Tensor $\underline{A}$ ergeben sich dann die beiden Darstellungen

$$\underline{A} = \sum_{k=1}^{3} \mathbf{a}_k \otimes \mathbf{e}_k = \sum_{\ell=1}^{3} \mathbf{e}_\ell \otimes \mathbf{b}_\ell \quad . \tag{B.3.3}$$

Sie sind jeweils Summen von drei Dyaden aus den Links- bzw. Rechtsvektoren und den Basisvektoren.

B.4 Produkt von Tensor und Vektor

Wir definieren die Multiplikation einer Dyade $\mathbf{a} \otimes \mathbf{b}$ mit einem Vektor $\mathbf{c}$ von rechts zu

$$(\mathbf{a} \otimes \mathbf{b})\mathbf{c} = \mathbf{a}(\mathbf{b} \cdot \mathbf{c}) \quad . \tag{B.4.1}$$

Das Produkt kann als *Abbildung* des Vektors $\mathbf{c}$ auf den Vektor $(\mathbf{b} \cdot \mathbf{c})\mathbf{a}$ verstanden werden. Entsprechend gilt für die Multiplikation von $\mathbf{a} \otimes \mathbf{b}$ von links mit dem Vektor $\mathbf{d}$

$$\mathbf{d}(\mathbf{a} \otimes \mathbf{b}) = (\mathbf{d} \cdot \mathbf{a})\mathbf{b} \quad . \tag{B.4.2}$$

Wenden wir die Definitionen (B.4.1) und (B.4.2) auf die Darstellungen (B.3.3) an und wählen als äußere Faktoren die Basisvektoren, so erhalten wir

$$\underline{A}\mathbf{e}_j = \left(\sum_k \mathbf{a}_k \otimes \mathbf{e}_k\right)\mathbf{e}_j = \sum_k \mathbf{a}_k(\mathbf{e}_k \cdot \mathbf{e}_j) = \mathbf{a}_j \quad ,$$

$$\mathbf{e}_j\underline{A} = \mathbf{e}_j\left(\sum_\ell \mathbf{e}_\ell \otimes \mathbf{b}_\ell\right) = \sum_\ell (\mathbf{e}_j \cdot \mathbf{e}_\ell)\mathbf{b}_\ell = \mathbf{b}_j \quad ,$$

also eine Abbildung der Basisvektoren $\mathbf{e}_j$ auf die Linksvektoren $\mathbf{a}_j$ bzw. die Rechtsvektoren $\mathbf{b}_j$ des Tensors $\underline{A}$. Für die Multiplikation von $\underline{A}$ mit beliebigen Vektoren gilt dann

$$\mathbf{d} = \underline{\underline{A}}\mathbf{c} = \left(\sum_k \mathbf{a}_k \otimes \mathbf{e}_k \right) \left(\sum_i c_i \mathbf{e}_i \right) = \sum_k \mathbf{a}_k c_k$$

$$= \sum_i \left(\sum_k A_{ik} c_k \right) \mathbf{e}_i = \sum_i d_i \mathbf{e}_i \quad , \qquad d_i = \sum_k A_{ik} c_k \quad \text{(B.4.3)}$$

und

$$\mathbf{f} = \mathbf{c}\underline{\underline{A}} = \left(\sum_i c_i \mathbf{e}_i \right) \left(\sum_k \mathbf{e}_k \otimes \mathbf{b}_k \right) = \sum_k c_k \mathbf{b}_k$$

$$= \sum_i \left(\sum_k c_k A_{ki} \right) \mathbf{e}_i = \sum_i f_i \mathbf{e}_i \quad , \qquad f_i = \sum_k c_k A_{ki} \quad . \quad \text{(B.4.4)}$$

Die beiden Vektoren **d** und **f** sind im allgemeinen verschieden, die Multiplikation eines Vektors mit einem Tensor ist nicht kommutativ,

$$\underline{\underline{A}}\mathbf{c} \neq \mathbf{c}\underline{\underline{A}} \quad \text{(im allgemeinen)} \quad .$$

Die zu $\mathbf{a} \otimes \mathbf{b}$ *adjungierte Dyade* ist zu

$$(\mathbf{a} \otimes \mathbf{b})^+ = \mathbf{b} \otimes \mathbf{a} \qquad \text{(B.4.5)}$$

definiert, als zu $\underline{\underline{A}}$ *adjungierten Tensor* $\underline{\underline{A}}^+$ definieren wir entsprechend

$$\underline{\underline{A}}^+ = \sum_k \mathbf{b}_k \otimes \mathbf{e}_k = \sum_k \mathbf{e}_k \otimes \mathbf{a}_k = \sum_{ik} A_{ki}\, \mathbf{e}_i \otimes \mathbf{e}_k \quad , \qquad \text{(B.4.6)}$$

also

$$(\underline{\underline{A}})^+_{ki} = (\underline{\underline{A}})_{ik} = A_{ik} \quad , \qquad \text{(B.4.7)}$$

d. h. das Matrixelement ki des adjungierten Tensors ist gleich dem Matrixelement ik des ursprünglichen Tensors. Gewöhnlich werden wir als Bezeichnungsweise das Matrixelement $(\underline{\underline{A}}^+)_{ik}$ des adjungierten Tensors als

$$(\underline{\underline{A}})^+_{ik} = A^+_{ik} \qquad \text{(B.4.8)}$$

schreiben, so daß (B.4.7) sie Gestalt

$$A^+_{ki} = A_{ik} \qquad \text{(B.4.9)}$$

annimmt. Damit gilt

$$\mathbf{c}\underline{\underline{A}}^+ = \mathbf{c} \left(\sum_k \mathbf{e}_k \otimes \mathbf{a}_k \right) = \sum_k c_k \mathbf{a}_k = \underline{\underline{A}}\mathbf{c} \quad ,$$

$$\underline{\underline{A}}^+\mathbf{c} = \mathbf{c}\underline{\underline{A}} \quad . \qquad \text{(B.4.10)}$$

Für *symmetrische Tensoren* gilt

$$\underline{\underline{A}}^+ = \underline{\underline{A}} \quad , \qquad A_{ik} = A_{ki}$$

und damit

$$\underline{\underline{A}}\mathbf{c} = \mathbf{c}\underline{\underline{A}} \quad .$$

Für *antisymmetrische Tensoren* gilt

$$\begin{aligned}\underline{\underline{A}}^+ &= -\underline{\underline{A}} \quad , \qquad A_{ik} = -A_{ki} \quad , \\ \underline{\underline{A}}\mathbf{c} &= -\mathbf{c}\underline{\underline{A}} \quad .\end{aligned}$$

Die Beziehung (B.4.3) beschreibt die Abbildung des Vektors c auf den Vektor d durch den Tensor $\underline{\underline{A}}$. Allgemeiner ausgedrückt vermittelt der Tensor $\underline{\underline{A}}$ die Abbildung der Menge aller möglichen Vektoren c. (Eine im allgemeinen verschiedene Abbildung vermittelt die Multiplikation (B.4.4) von links mit c.)

Der Einheitstensor (B.2.3) vermittelt die identische Abbildung

$$\underline{\underline{1}}\mathbf{a} = \sum_{\ell=1}^{3}(\mathbf{e}_\ell \otimes \mathbf{e}_\ell)\mathbf{a} = \sum_{\ell=1}^{3}\mathbf{e}_\ell(\mathbf{e}_\ell \cdot \mathbf{a}) = \sum_{\ell=1}^{3}a_\ell\mathbf{e}_\ell = \mathbf{a}$$

und analog

$$\mathbf{a}\underline{\underline{1}} = \mathbf{a} \quad .$$

B.5 Produkt zweier Tensoren

Führt man nacheinander zwei Abbildungen aus, die durch die Tensoren $\underline{\underline{A}}$ und $\underline{\underline{B}}$ beschrieben werden, so ist das Ergebnis der Vektor

$$\begin{aligned}\mathbf{g} &= \underline{\underline{B}}(\underline{\underline{A}}\mathbf{c}) = \underline{\underline{B}}\mathbf{d} = \sum_{\ell m}B_{\ell m}(\mathbf{e}_\ell \otimes \mathbf{e}_m)\mathbf{d} \\ &= \sum_{\ell m}B_{\ell m}\mathbf{e}_\ell(\mathbf{e}_m \cdot \mathbf{d}) = \sum_\ell\sum_m B_{\ell m}d_m\mathbf{e}_\ell \quad .\end{aligned} \qquad (B.5.1)$$

Unter Benutzung von (B.4.3) erhält man

$$\mathbf{g} = \sum_\ell\sum_k\sum_m B_{\ell m}A_{mk}c_k\mathbf{e}_\ell \quad . \qquad (B.5.2)$$

Diese Abbildung von c in g erhält man auch durch Anwendung eines einzigen Tensors

$$\underline{\underline{C}} = \sum_{\ell k}C_{\ell k}\mathbf{e}_\ell \otimes \mathbf{e}_k \qquad (B.5.3)$$

auf den Vektor c,

$$\mathbf{g} = \underline{\underline{C}}\mathbf{c} = \sum_{\ell k}C_{\ell k}c_k\mathbf{e}_\ell \quad , \qquad (B.5.4)$$

wobei die Matrixelemente durch

$$C_{\ell k} = \sum_m B_{\ell m} A_{mk} \tag{B.5.5}$$

bestimmt sind. Man nennt den Tensor $\underline{\underline{C}}$ das *Produkt der beiden Tensoren* $\underline{\underline{B}}$ *und* $\underline{\underline{A}}$

$$\underline{\underline{C}} = \underline{\underline{B}}\,\underline{\underline{A}} = \sum_{\ell k} \left(\sum_m B_{\ell m} A_{mk} \right) \mathbf{e}_\ell \otimes \mathbf{e}_k \quad . \tag{B.5.6}$$

Dieses Produkt kann man auch direkt ohne den Umweg über die Abbildungen so definieren:

$$
\begin{aligned}
\underline{\underline{C}} = \underline{\underline{B}}\,\underline{\underline{A}} \;&=\; \left(\sum_{\ell m} B_{\ell m} \mathbf{e}_\ell \otimes \mathbf{e}_m \right) \left(\sum_{ik} A_{ik} \mathbf{e}_i \otimes \mathbf{e}_k \right) \\
&=\; \sum_{\ell m} \sum_{ik} B_{\ell m} A_{ik} (\mathbf{e}_m \cdot \mathbf{e}_i) \mathbf{e}_\ell \otimes \mathbf{e}_k \\
&=\; \sum_{\ell m} \sum_{ik} B_{\ell m} A_{ik} \delta_{mi} \mathbf{e}_\ell \otimes \mathbf{e}_k \\
&=\; \sum_{\ell k} \left(\sum_m B_{\ell m} A_{mk} \right) \mathbf{e}_\ell \otimes \mathbf{e}_k \quad .
\end{aligned} \tag{B.5.7}
$$

Der springende Punkt in dieser Definition ist die Reduktion des Produktes der beiden Basistensoren $\mathbf{e}_\ell \otimes \mathbf{e}_m, \mathbf{e}_i \otimes \mathbf{e}_k$ auf den Basistensor $\mathbf{e}_\ell \otimes \mathbf{e}_k$ der äußeren Vektoren multipliziert mit dem Skalarprodukt $(\mathbf{e}_m \cdot \mathbf{e}_i)$ der inneren Vektoren. Entscheidend für die Summation in (B.5.5) ist, daß über den „mittleren Index", also über den zweiten Index des ersten Faktors $B_{\ell m}$ und den ersten Index des zweiten Faktors A_{mk} summiert wird.

Wir berechnen jetzt die Matrixelemente des zu $\underline{\underline{C}} = \underline{\underline{B}}\,\underline{\underline{A}}$ adjungierten Tensors $\underline{\underline{C}}^+$ und erhalten

$$
\begin{aligned}
(\underline{\underline{B}}\,\underline{\underline{A}})^+_{\ell k} \;&=\; C^+_{\ell k} = C_{k\ell} = \sum_m B_{km} A_{m\ell} \\
&=\; \sum_m B^+_{mk} A^+_{\ell m} = \sum_m A^+_{\ell m} B^+_{mk} \\
&=\; (\underline{\underline{A}}^+ \underline{\underline{B}}^+)_{\ell k}
\end{aligned}
$$

oder, für die Tensoren

$$(\underline{\underline{B}}\,\underline{\underline{A}})^+ = \underline{\underline{A}}^+ \underline{\underline{B}}^+ \quad . \tag{B.5.8}$$

B.6 Vektorprodukt in Tensorschreibweise

Ein einfacher, aber häufig benutzter *Tensor dritter Stufe* ist der *Levi-Civita-Tensor* $\underline{\underline{\varepsilon}}$. Er ist definiert durch die Darstellung

$$\underline{\underline{\varepsilon}} = \sum_{j,k,\ell=1}^{3} \varepsilon_{jk\ell} \mathbf{e}_j \otimes \mathbf{e}_k \otimes \mathbf{e}_\ell \tag{B.6.1}$$

in einer Tensorbasis dritter Stufe. Dabei ist $\varepsilon_{jk\ell}$ das in (A.3.20) eingeführte Levi-Civita-Symbol. Mit seiner Hilfe stellt sich das Vektorprodukt zweier Vektoren in der Form

$$\mathbf{a} \times \mathbf{b} = \mathbf{b}\underline{\underline{\varepsilon}}\mathbf{a} \tag{B.6.2}$$

dar, denn

$$
\begin{aligned}
\mathbf{b}\underline{\underline{\varepsilon}}\mathbf{a} &= \left(\sum_m b_m \mathbf{e}_m\right)\left(\sum_{jk\ell} \varepsilon_{jk\ell} \mathbf{e}_j \otimes \mathbf{e}_k \otimes \mathbf{e}_\ell\right)\left(\sum_n a_n \mathbf{e}_n\right) \\
&= \sum_{jk\ell}\sum_{mn} b_m(\mathbf{e}_m \cdot \mathbf{e}_j)\varepsilon_{jk\ell}\mathbf{e}_k a_n(\mathbf{e}_\ell \cdot \mathbf{e}_n) \\
&= \sum_{jk\ell}\sum_{mn} b_m \delta_{mj}\varepsilon_{jk\ell}\mathbf{e}_k a_n \delta_{\ell n} \\
&= \sum_{jk\ell} b_j \varepsilon_{jk\ell} a_\ell \mathbf{e}_k = \sum_{jk\ell} a_\ell b_j \varepsilon_{\ell j k}\mathbf{e}_k = \mathbf{a} \times \mathbf{b} \quad .
\end{aligned} \tag{B.6.3}
$$

Wie erwartet haben wir durch Multiplikation des Tensors $\underline{\underline{\varepsilon}}$ mit zwei Vektoren $\mathbf{a}$, $\mathbf{b}$ einen Vektor erhalten. Durch Multiplikation von $\underline{\underline{\varepsilon}}$ mit einem Vektor gewinnt man einen Tensor zweiter Stufe, z. B. $\mathbf{b}\underline{\underline{\varepsilon}}$, $\underline{\underline{\varepsilon}}\mathbf{a}$, usw.

B.7 Matrizenrechnung

Obwohl Tensoren wie auch Vektoren koordinatenunabhängige Objekte sind, ist es doch für Rechnungen in einem festen Koordinatensystem nützlich, Rechenregeln für die Matrixelemente zusammenzustellen, so wie das im Abschn. A.3 für die Komponenten von Vektoren geschehen ist. Alle Regeln ergeben sich unmittelbar aus den vorausgegangenen Abschnitten.

Addition von Matrizen $(\underline{A}) + (\underline{B}) = (\underline{C})$

$$
\begin{pmatrix} A_{11} & A_{12} & A_{13} \\ A_{21} & A_{22} & A_{23} \\ A_{31} & A_{32} & A_{33} \end{pmatrix} + \begin{pmatrix} B_{11} & B_{12} & B_{13} \\ B_{21} & B_{22} & B_{23} \\ B_{31} & B_{32} & B_{33} \end{pmatrix}
$$

$$
= \begin{pmatrix} A_{11}+B_{11} & A_{12}+B_{12} & A_{13}+B_{13} \\ A_{21}+B_{21} & A_{22}+B_{22} & A_{23}+B_{23} \\ A_{31}+B_{31} & A_{32}+B_{32} & A_{33}+B_{33} \end{pmatrix} = \begin{pmatrix} C_{11} & C_{12} & C_{13} \\ C_{21} & C_{22} & C_{23} \\ C_{31} & C_{32} & C_{33} \end{pmatrix}
$$

Multiplikation einer Matrix mit einer Zahl $c(\underline{A}) = (\underline{C})$

$$
c\begin{pmatrix} A_{11} & A_{12} & A_{13} \\ A_{21} & A_{22} & A_{23} \\ A_{31} & A_{32} & A_{33} \end{pmatrix} = \begin{pmatrix} cA_{11} & cA_{12} & cA_{13} \\ cA_{21} & cA_{22} & cA_{23} \\ cA_{31} & cA_{32} & cA_{33} \end{pmatrix} = \begin{pmatrix} C_{11} & C_{12} & C_{13} \\ C_{21} & C_{22} & C_{23} \\ C_{31} & C_{32} & C_{33} \end{pmatrix}
$$

Multiplikation zweier Matrizen $(\underline{A})(\underline{B}) = (\underline{C})$

$$
\begin{pmatrix} A_{11} & A_{12} & A_{13} \\ A_{21} & A_{22} & A_{23} \\ A_{31} & A_{32} & A_{33} \end{pmatrix} \begin{pmatrix} B_{11} & B_{12} & B_{13} \\ B_{21} & B_{22} & B_{23} \\ B_{31} & B_{32} & B_{33} \end{pmatrix}
$$

$$
= \begin{pmatrix} \sum_k A_{1k}B_{k1} & \sum_k A_{1k}B_{k2} & \sum_k A_{1k}B_{k3} \\ \sum_k A_{2k}B_{k1} & \sum_k A_{2k}B_{k2} & \sum_k A_{2k}B_{k3} \\ \sum_k A_{3k}B_{k1} & \sum_k A_{3k}B_{k2} & \sum_k A_{3k}B_{k3} \end{pmatrix} = \begin{pmatrix} C_{11} & C_{12} & C_{13} \\ C_{21} & C_{22} & C_{23} \\ C_{31} & C_{32} & C_{33} \end{pmatrix}
$$

Merkregel: Das Element C_{ik} der Produktmatrix ist das Skalarprodukt des i-ten Zeilenvektors von $(\underline{A})$ mit dem k-ten Spaltenvektor von $(\underline{B})$.

Die Multiplikation einer Matrix von rechts mit einem Spaltenvektor ergibt sich als ein Spezialfall der obigen Regel,

$$
\begin{pmatrix} A_{11} & A_{12} & A_{13} \\ A_{21} & A_{22} & A_{23} \\ A_{31} & A_{32} & A_{33} \end{pmatrix} \begin{pmatrix} b_1 \\ b_2 \\ b_3 \end{pmatrix} = \begin{pmatrix} \sum_k A_{1k}b_k \\ \sum_k A_{2k}b_k \\ \sum_k A_{3k}b_k \end{pmatrix} \quad .
$$

Das Produkt ist ein Spaltenvektor (c), dessen i-te Komponente das Skalarprodukt des i-ten Zeilenvektors der Matrix mit dem Spaltenvektor (b) ist.

Analog ist die Multiplikation einer Matrix mit dem Vektor von links definiert. Damit man die obige Merkregel beibehalten kann, schreibt man das Koeffizientenschema des Vektors jetzt als *Zeilenvektor*:

$$
(b_1, b_2, b_3) \begin{pmatrix} A_{11} & A_{12} & A_{13} \\ A_{21} & A_{22} & A_{23} \\ A_{31} & A_{32} & A_{33} \end{pmatrix} = \left(\sum_i b_i A_{i1}, \sum_i b_i A_{i2}, \sum_i b_i A_{i3} \right) \quad .
$$

Das Produkt ist ein Zeilenvektor (d_1, d_2, d_3), dessen k-te Komponente das Skalarprodukt des Zeilenvektors $(b)^+$ mit dem k-ten Spaltenvektor der Matrix ist.

Transposition einer Matrix

Im Zusammenhang mit dem adjungierten Tensor waren Matrixelemente

$$
A_{ik}^+ = A_{ki}
$$

aufgetreten. Die zu $(\underline{A})$ transponierte Matrix

$$
(\underline{A})^+ = \begin{pmatrix} A_{11}^+ & A_{12}^+ & A_{13}^+ \\ A_{21}^+ & A_{22}^+ & A_{23}^+ \\ A_{31}^+ & A_{32}^+ & A_{33}^+ \end{pmatrix} = \begin{pmatrix} A_{11} & A_{21} & A_{31} \\ A_{12} & A_{22} & A_{32} \\ A_{13} & A_{23} & A_{33} \end{pmatrix}
$$

gewinnt man aus der Matrix $(\underline{A})$ durch Spiegelung der Elemente an der Hauptdiagonalen A_{11}, A_{22}, A_{33}.

Bei Vektoren ist die Transposition der Übergang vom Spalten- zum Zeilenvektor,

$$(\mathbf{a}) = \begin{pmatrix} a_1 \\ a_2 \\ a_3 \end{pmatrix} = (a_1, a_2, a_3)^+ \quad ,$$

$$(\mathbf{b})^+ = \begin{pmatrix} b_1 \\ b_2 \\ b_3 \end{pmatrix}^+ = (b_1, b_2, b_3) \quad . \tag{B.7.1}$$

Das Skalarprodukt von Vektoren läßt sich als Matrixmultiplikation eines Zeilenvektors mit einem Spaltenvektor schreiben,

$$\mathbf{b} \cdot \mathbf{a} = (\mathbf{b})^+(\mathbf{a}) = (b_1, b_2, b_3) \begin{pmatrix} a_1 \\ a_2 \\ a_3 \end{pmatrix} = a_1 b_1 + a_2 b_2 + a_3 b_3 \quad . \tag{B.7.2}$$

Die Matrix des dyadischen Produktes zweier Vektoren gewinnt man durch Matrixmultiplikation eines Spaltenvektors mit einem Zeilenvektor,

$$(\mathbf{b} \otimes \mathbf{a}) = (\mathbf{b})(\mathbf{a})^+ = \begin{pmatrix} b_1 \\ b_2 \\ b_3 \end{pmatrix} (a_1, a_2, a_3) = \begin{pmatrix} b_1 a_1 & b_1 a_2 & b_1 a_3 \\ b_2 a_1 & b_2 a_2 & b_2 a_3 \\ b_3 a_1 & b_3 a_2 & b_3 a_3 \end{pmatrix} \quad . \tag{B.7.3}$$

B.8 Determinante

Die *Determinante* eines Tensors $\underline{\underline{A}}$ mit der Matrix

$$(\underline{\underline{A}}) = \begin{pmatrix} A_{11} & A_{12} & A_{13} \\ A_{21} & A_{22} & A_{23} \\ A_{31} & A_{32} & A_{33} \end{pmatrix} \tag{B.8.1}$$

ist ein Skalar, der als Skalarprodukt des Levi-Civita-Tensors $\underline{\underline{\varepsilon}}$ mit den drei Linksvektoren $\mathbf{a}_1$, $\mathbf{a}_2$, $\mathbf{a}_3$ (vgl. Abschn. B.3) des Tensors $\underline{\underline{A}}$ definiert ist,

$$\mathbf{a}_1 \cdot (\mathbf{a}_2 \times \mathbf{a}_3) = \det \underline{\underline{A}} = \begin{vmatrix} A_{11} & A_{12} & A_{13} \\ A_{21} & A_{22} & A_{23} \\ A_{31} & A_{32} & A_{33} \end{vmatrix} = \underline{\underline{\varepsilon}} \cdot (\mathbf{a}_1 \otimes \mathbf{a}_2 \otimes \mathbf{a}_3) \quad ,$$

d. h.

$$\begin{aligned} \det \underline{\underline{A}} &= \sum_{ijk} \varepsilon_{ijk} (\mathbf{a}_1)_i (\mathbf{a}_2)_j (\mathbf{a}_3)_k \\ &= \sum_{ijk} \varepsilon_{ijk} A_{i1} A_{j2} A_{k3} \quad . \end{aligned} \tag{B.8.2}$$

Durch Einsetzen der Werte (A.3.20) von ε_{ijk} erhält man explizit

$$
\begin{aligned}
\det \underline{\underline{A}} \; = \; & A_{11}A_{22}A_{33} + A_{12}A_{23}A_{31} + A_{13}A_{21}A_{32} \\
& - A_{11}A_{23}A_{32} - A_{12}A_{21}A_{33} - A_{13}A_{22}A_{31} \quad . \quad \text{(B.8.3)}
\end{aligned}
$$

Diese Formel kann man sich mit Hilfe der *Sarrus'schen Regel* merken: Von der Summe der Produkte der Elemente der *Hauptdiagonalen* und ihrer zwei Parallelen subtrahiert man die Produkte der Elemente der *Nebendiagonalen* und ihrer zwei Parallelen. Die Parallelen konstruiert man entsprechend Abb. B.1, indem man die ersten beiden Spalten rechts neben der Determinanten wiederholt.

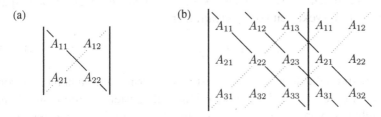

Abb. B.1. (a) Hauptdiagonale (—) und Nebendiagonale ($\cdots$) bei zweireihiger Determinante, **(b)** Hauptdiagonale mit Parallelen (—) und Nebendiagonale mit Parallelen ($\cdots$) einer dreireihigen Determinante nach der Sarrus'schen Regel

Auch für einen Tensor in nur zwei Dimensionen mit der Matrix

$$
(\underline{\underline{A}}) = \begin{pmatrix} A_{11} & A_{12} \\ A_{21} & A_{22} \end{pmatrix}
$$

ist eine Determinante definiert und zwar, in Analogie zu (B.8.2), als

$$
\det \underline{\underline{A}} = \begin{vmatrix} A_{11} & A_{12} \\ A_{21} & A_{22} \end{vmatrix} = \sum_{i,j=1}^{2} \varepsilon_{ij} A_{i1} A_{j2} = A_{11}A_{22} - A_{12}A_{21} \quad . \quad \text{(B.8.4)}
$$

Dabei sind die ε_{ij} die Matrixelemente eines total antisymmetrischen Tensors zweiter Stufe in zwei Dimensionen,

$$
\varepsilon_{11} = \varepsilon_{22} = 0 \quad , \qquad \varepsilon_{12} = 1 \quad , \qquad \varepsilon_{21} = -1 \quad .
$$

Die Determinante (B.8.4) ist gleich dem Produkt der Elemente der Hauptdiagonalen minus dem Produkt der Elemente der Nebendiagonalen.

Wir definieren jetzt als *Kofaktor* $A_{ik}^{\dagger}$ des Elements A_{ik} der ursprünglichen Matrix (B.8.1) die (2×2)-Determinante, die man durch Streichung der Zeile i und der Spalte k erhält, multipliziert mit dem Vorzeichenfaktor $(-1)^{i+k}$. Wie man leicht sieht ist die Determinante (B.8.3) die Summe der Produkte aus Matrixelementen und Kofaktoren einer beliebigen Zeile i oder Spalte j,

$$\det \underline{\underline{A}} = \sum_k A_{ik} A_{ik}^\dagger = \sum_k A_{kj} A_{kj}^\dagger \quad . \tag{B.8.5}$$

Durch diese Beziehungen sind auch Determinanten quadratischer Matrizen mit n Zeilen und Spalten für $n > 3$ definiert.

Bildet man statt (B.8.5) die Summe der Produkte der Matrixelemente einer Zeile i mit den Kofaktoren einer anderen Zeile j, so verschwindet das Ergebnis. Entsprechendes gilt für Spalten,

$$\sum_k A_{ik} A_{jk}^\dagger = 0 = \sum_k A_{ki} A_{kj}^\dagger \quad , \qquad i \neq j \quad . \tag{B.8.6}$$

Durch Vergleich von (B.8.2) und (A.3.27) können wir $\det \underline{\underline{A}}$ mit dem Spatprodukt der Linksvektoren von $\underline{\underline{A}}$ identifizieren,

$$\det \underline{\underline{A}} = \mathbf{a}_1 \cdot (\mathbf{a}_2 \times \mathbf{a}_3) \quad . \tag{B.8.7}$$

Als Spatprodukt dreier Vektoren ist die Determinante unabhängig vom Basissystem $\mathbf{e}_1, \mathbf{e}_2, \mathbf{e}_3$, in dem diese Vektoren dargestellt werden, und damit auch unabhängig vom System der Basistensoren $\mathbf{e}_i \otimes \mathbf{e}_k$, bezüglich dessen die Matrixelemente A_{ik} des Tensors $\underline{\underline{A}}$ angegeben sind. Die angegebenen Formeln zur Berechnung von Determinanten gelten also in jeder kartesischen Basis. Der Vollständigkeit halber definieren wir die Determinante einer Zahl als die Zahl selbst.

Verschwindet das Spatprodukt, gilt also $\det \underline{\underline{A}} = 0$, so liegt einer der drei Vektoren in der von den beiden anderen aufgespannten Ebene: die Vektoren $\mathbf{a}_1, \mathbf{a}_2, \mathbf{a}_3$ sind nicht *linear unabhängig*. Durch Linearkombinationen der $\mathbf{a}_i$, $i = 1, 2, 3$, können nicht mehr alle Vektoren des Raumes, sondern nur noch die Vektoren dieser Ebene dargestellt werden. Da durch Tensormultiplikation die Basisvektoren $\mathbf{e}_i$ auf die Spaltenvektoren $\mathbf{a}_i$ abgebildet werden, $\mathbf{a}_i = \underline{\underline{A}} \mathbf{e}_i$, wird die Menge aller Vektoren $\mathbf{r} = \sum_i r_i \mathbf{e}_i$ des Raumes auf die Menge

$$\mathbf{r}' = \underline{\underline{A}} \mathbf{r} = \sum_i r_i \mathbf{a}_i$$

dieser Ebene abgebildet, falls die Determinante der Matrix verschwindet. Sind sogar alle Spaltenvektoren $\mathbf{a}_i$ parallel, so entartet die Ebene zu einer Linie. Tensoren mit $\det \underline{\underline{A}} = 0$ heißen *singulär*.

B.9 Matrixinversion

Eine quadratische Matrix $(\underline{\underline{A}})$ kann eine *Inverse* $(\underline{\underline{A}})^{-1}$ besitzen, die durch die Gleichung

$$(\underline{\underline{A}})^{-1} (\underline{\underline{A}}) = (\underline{\underline{1}}) \tag{B.9.1}$$

bestimmt ist. Wir schreiben zunächst $(\underline{A})^{-1} = (\underline{X})$ und betrachten den einfachen Fall von (2×2)-Matrizen. Es gilt

$$(\underline{X})(\underline{A}) = \begin{pmatrix} X_{11}A_{11} + X_{12}A_{21} & X_{11}A_{12} + X_{12}A_{22} \\ X_{21}A_{11} + X_{22}A_{21} & X_{21}A_{12} + X_{22}A_{22} \end{pmatrix} = \begin{pmatrix} 1 & 0 \\ 0 & 1 \end{pmatrix} \quad ,$$

also

$$X_{11}A_{11} + X_{12}A_{21} = 1 \quad ,$$
$$X_{11}A_{12} + X_{12}A_{22} = 0 \quad ,$$
$$X_{21}A_{11} + X_{22}A_{21} = 0 \quad ,$$
$$X_{21}A_{12} + X_{22}A_{22} = 1 \quad .$$

Auflösung nach den Matrixelementen von X_{ik} liefert

$$X_{ik} = \frac{A_{ki}^{\dagger}}{\det A} \quad . \tag{B.9.2}$$

Das Matrixelement X_{ik} der Inversen von A ist gleich dem Kofaktor $A_{ik}^{\dagger}$, Abschn. B.8, der ursprünglichen Matrix dividiert durch deren Determinante.

Der Ausdruck (B.9.2) gilt auch für (3×3)-Matrizen und allgemein für beliebige quadratische Matrizen. Wegen des Auftretens der Determinante im Nenner besitzen singuläre Matrizen, d. h. solche mit verschwindender Determinante, keine Inverse.

B.10 Zerlegung in symmetrische und antisymmetrische Tensoren

Jeder Tensor $\underline{A}$ kann als Summe eines symmetrischen Tensors

$$\underline{A}^{\mathrm{S}} = \frac{1}{2}(\underline{A} + \underline{A}^{+}) \tag{B.10.1}$$

und eines antisymmetrischen

$$\underline{A}^{\mathrm{A}} = \frac{1}{2}(\underline{A} - \underline{A}^{+}) \tag{B.10.2}$$

geschrieben werden,

$$\underline{A} = \underline{A}^{\mathrm{S}} + \underline{A}^{\mathrm{A}} \quad . \tag{B.10.3}$$

Es gilt

$$\mathrm{Sp}\,\underline{A}^{\mathrm{S}} = \mathrm{Sp}\,\underline{A} \quad , \qquad \mathrm{Sp}\,\underline{A}^{\mathrm{A}} = 0 \quad . \tag{B.10.4}$$

B.11 Abbildungen durch einfache Tensoren

Die Abbildung

$$\mathbf{r} \to \mathbf{r}' = \underline{\underline{A}}\mathbf{r} \tag{B.11.1}$$

durch den Tensor $\underline{\underline{A}}$ läßt sich graphisch veranschaulichen, indem man in einer Graphik eine Vielzahl von Vektoren $\mathbf{r}$ darstellt (Urbild) und in einer zweiten Graphik die zugehörige Menge von transformierten Vektoren $\mathbf{r}'$ (Bild). In einer vorgegebenen Basis $\mathbf{e}_1$, $\mathbf{e}_2$, $\mathbf{e}_3$ werden $\mathbf{r}$, $\mathbf{r}'$ als Spaltenvektoren und $\underline{\underline{A}}$ als Matrix dargestellt,

$$\begin{pmatrix} r_1' \\ r_2' \\ r_3' \end{pmatrix} = \begin{pmatrix} A_{11} & A_{12} & A_{13} \\ A_{21} & A_{22} & A_{23} \\ A_{31} & A_{32} & A_{33} \end{pmatrix} \begin{pmatrix} r_1 \\ r_2 \\ r_3 \end{pmatrix} . \tag{B.11.2}$$

Oft reicht es zur Illustration aus, Vektoren und Tensoren in zwei Dimensionen zu betrachten, statt (B.11.2) also

$$\begin{pmatrix} r_1' \\ r_2' \end{pmatrix} = \begin{pmatrix} A_{11} & A_{12} \\ A_{21} & A_{22} \end{pmatrix} \begin{pmatrix} r_1 \\ r_2 \end{pmatrix} . \tag{B.11.3}$$

Diese Abbildung liefert die gleichen Ergebnisse für r_1', r_2' wie die Verwendung der Matrix

$$(\underline{\underline{A}}) = \begin{pmatrix} A_{11} & A_{12} & 0 \\ A_{21} & A_{22} & 0 \\ 0 & 0 & 1 \end{pmatrix} \tag{B.11.4}$$

in (B.11.2). Dabei bleibt r_3 ungeändert, $r_3' = r_3$.

Allgemeiner Tensor In Abb. B.2 ist die Abbildung (B.11.1) für einen allgemeinen Tensor in drei Dimensionen graphisch veranschaulicht. Als Urbild dient der Einheitswürfel $-1 \le r_i \le 1$. Auf der Oberfläche des Einheitswürfels ist ein gleichmäßiges Gitter markiert. Der Koordinatenursprung liegt im Würfelmittelpunkt. Die Basisvektoren $\mathbf{e}_1$, $\mathbf{e}_2$, $\mathbf{e}_3$ verlaufen von dort zu den Mittelpunkten dreier Seiten des Würfels parallel zu seinen Kantenrichtungen. Das durch die Abbildung entstehende Bild des Würfels ist ein Parallelepiped. Seine Kantenrichtungen sind die Richtungen der Spaltenvektoren $\mathbf{a}_1$, $\mathbf{a}_2$, $\mathbf{a}_3$ des Tensors.

Die Abbildung (B.11.1) in zwei Dimensionen ist in Abb. B.3 dargestellt. Als Urbild dient jetzt das Einheitsquadrat, das ein regelmäßiges Punktgitter und zusätzlich den Einheitskreis $r_1^2 + r_2^2 = 1$ enthält. Die Abbildung verzerrt das Quadrat zu einem Parallelogramm und den Kreis zu einer Ellipse. Die Basisvektoren $\mathbf{e}_1$, $\mathbf{e}_2$ werden auf die Spaltenvektoren $\mathbf{a}_1$, $\mathbf{a}_2$ des Tensors abgebildet.

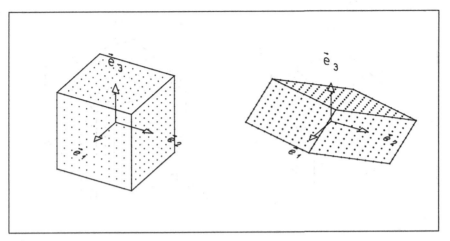

Abb. B.2. Urbild (*links*) und Bild (*rechts*) einer Abbildung (B.11.1) in drei Dimensionen

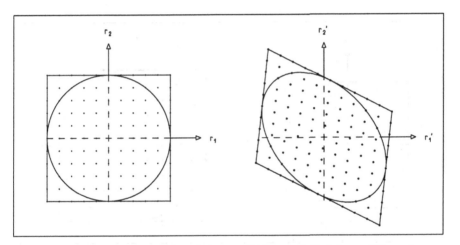

Abb. B.3. Urbild (*links*) und Bild (*rechts*) einer Abbildung (B.11.1) in zwei Dimensionen

Kugeltensor Das a-fache des Einheitstensors bildet jeden Vektor $\mathbf{r}$ auf sein a-faches ab,

$$\mathbf{r}' = a\underline{\underline{1}}\mathbf{r} = a\mathbf{r} \quad . \tag{B.11.5}$$

In Abb. B.4 ist die Abbildung in drei Dimensionen illustriert. Das durch die Abbildung entstehende Bild des Einheitswürfels zeigt den gleichmäßig um den Faktor a vergrößerten Würfel.

In Abb. B.5 ist die gleiche Abbildung in zwei Dimensionen dargestellt. Durch die Abbildung wird das Quadrat gleichförmig vergrößert. Das Bild des Einheitsquadrates bleibt ein Quadrat, das Bild des Einheitskreises ein Kreis.

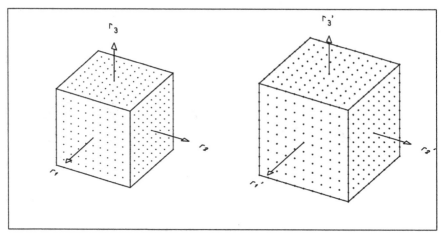

Abb. B.4. Urbild (*links*) und Bild (*rechts*) der Abbildung (B.11.5) für $a = 1{,}2$ in drei Dimensionen

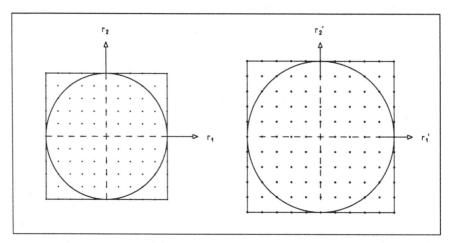

Abb. B.5. Urbild (*links*) und Bild (*rechts*) der Abbildung (B.11.5) für $a = 1{,}2$ in zwei Dimensionen

Ein Volumen im dreidimensionalen Raum wird durch diese Abbildung um den Faktor a^3 geändert: Die Abbildung mit $a\underline{\underline{1}}$ bewirkt eine *Volumendilatation* um den Faktor a^3.

Tensor mit Diagonalmatrix Wir betrachten einen symmetrischen Tensor $\underline{\underline{D}}$, dessen Spalten- und Zeilenvektoren Vielfache der Basisvektoren sind:

$$\underline{\underline{D}} = \sum_j D_j \mathbf{e}_j \otimes \mathbf{e}_j \quad . \tag{B.11.6}$$

Die Abbildung der Basisvektoren $\mathbf{e}_k$,

$$\underline{\underline{D}}\mathbf{e}_k = D_k\mathbf{e}_k \quad ,$$

bewirkt eine Multiplikation mit dem Diagonalelement D_k der Matrix des Tensors unter Erhaltung der Richtung. Die Abbildung eines beliebigen Vektors $\mathbf{r} = \sum_i r_i\mathbf{e}_i$,

$$\mathbf{r}' = \underline{\underline{D}}\mathbf{r} = \sum_i D_i r_i\mathbf{e}_i \quad , \tag{B.11.7}$$

liefert einen Vektor, dessen Komponenten um die Faktoren D_i gestreckt oder gestaucht sind,

$$r_i' = D_i r_i \quad . \tag{B.11.8}$$

In Abb. B.6 bzw. B.7 ist die Abbildung (B.11.7) in drei bzw. zwei Dimensionen dargestellt.

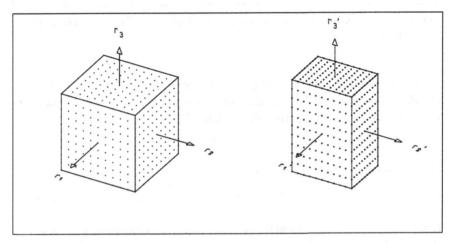

Abb. B.6. Urbild (*links*) und Bild (*rechts*) der Abbildung (B.11.7) in drei Dimensionen, $D_1 = 0,6$, $D_2 = 0,8$, $D_3 = 1,2$

Offenbar wird der Einheitswürfel in einen Quader abgebildet, dessen Kanten achsenparallel bleiben. Entsprechend wird das Einheitsquadrat in ein Rechteck abgebildet. Der Einheitskreis wird zu einer Ellipse, deren große und kleine Halbachse parallel zu den Koordinatenachsen sind. Die Einheitskugel

$$r_1^2 + r_2^2 + r_3^2 = 1 \tag{B.11.9}$$

wird zu einem Ellipsoid

$$\frac{r_1'^2}{D_1^2} + \frac{r_2'^2}{D_2^2} + \frac{r_3'^2}{D_3^2} = 1 \quad , \tag{B.11.10}$$

dessen Hauptachsen in Richtung von $\mathbf{e}_1$, $\mathbf{e}_2$, $\mathbf{e}_3$ liegen und dessen Halbdurchmesser entlang dieser Richtungen D_1, D_2, D_3 sind.

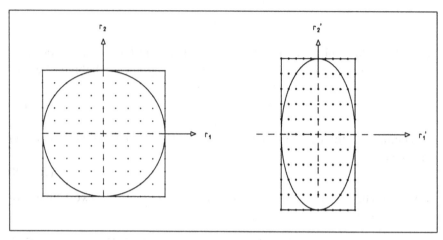

Abb. B.7. Urbild (*links*) und Bild (*rechts*) der Abbildung (B.11.7) in zwei Dimensionen, $D_1 = 0{,}6$, $D_2 = 1{,}2$

Die Abbildung bewirkt eine gleichmäßige Volumendehnung, auch *Volumendilatation* genannt. Ein Quader mit achsenparallelen Kanten und dem ursprünglichen Volumen V_0 erhält dadurch das Volumen

$$V_0 + \Delta V = V_0 D_1 D_2 D_3 \quad .$$

Die relative Volumenvergrößerung

$$\frac{\Delta V}{V_0} = D_1 D_2 D_3 - 1 \qquad (B.11.11)$$

heißt *Dilatation*. Sie gilt auch für beliebig geformte Volumina, weil diese immer aus Quadern oben beschriebener Art zusammengesetzt werden können.

Infinitesimale Dilatation Wir betrachten einen Tensor $\underline{d}$ mit der Matrix

$$(\underline{d}) = \begin{pmatrix} d_1 & 0 & 0 \\ 0 & d_2 & 0 \\ 0 & 0 & d_3 \end{pmatrix} \quad , \qquad d_i \ll 1 \quad , \qquad i = 1, 2, 3 \quad .$$

Die Abbildung durch den Tensor

$$\underline{\underline{D}} = \underline{\underline{1}} + \underline{\underline{d}} \qquad (B.11.12)$$

bewirkt eine Dilatation

$$e = (1 + d_1)(1 + d_2)(1 + d_3) - 1 \quad .$$

Bei der Ausmultiplikation können alle Glieder vom Typ $d_i d_j$ oder gar $d_1 d_2 d_3$ vernachlässigt werden. Man erhält

$$e = d_1 + d_2 + d_3 = \mathrm{Sp}\,\underline{\underline{d}} \quad . \qquad (B.11.13)$$

Singulärer Tensor In Abb. B.8 zeigen wir die Abbildung durch den Tensor $\underline{\underline{A}}$ in zwei Dimensionen mit der Matrix

$$(\underline{\underline{A}}) = \begin{pmatrix} 1 & 0{,}4 \\ 0{,}8 & 0{,}32 \end{pmatrix} \quad , \qquad (B.11.14)$$

deren Determinante verschwindet. Wie in Abschn. B.8 diskutiert, bildet dieser Tensor die Menge aller Punkte der Ebene auf eine Gerade in der Ebene ab.

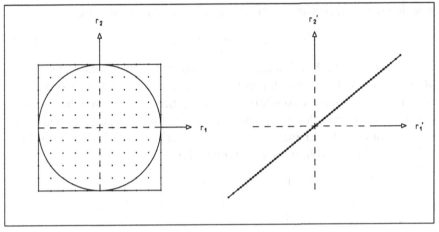

Abb. B.8. Urbild (*links*) und Bild (*rechts*) der Abbildung durch den singulären Tensor mit der Matrix (B.11.14)

Symmetrischer Tensor Abbildungen durch symmetrische Tensoren sind in der Physik von besonderer Bedeutung. Sie werden in den Abschnitten B.14 und B.15 ausführlich diskutiert.

Antisymmetrischer Tensor Jeder antisymmetrische Tensor hat die Matrix

$$(\underline{\underline{A}}) = \begin{pmatrix} 0 & A_{12} & A_{13} \\ -A_{12} & 0 & A_{23} \\ -A_{13} & -A_{23} & 0 \end{pmatrix} \qquad (B.11.15)$$

und ist singulär. Er hat nur drei unabhängige Matrixelemente und läßt sich in der Form

$$\underline{\underline{A}} = [\underline{\underline{\varepsilon}}\boldsymbol{\alpha}] = \sum_{ik} \left(\sum_j \varepsilon_{ijk}\alpha_j \right) \mathbf{e}_i \otimes \mathbf{e}_k \qquad (B.11.16)$$

schreiben. Die Schreibweise $[\underline{\underline{\varepsilon}}\boldsymbol{\alpha}]$ mit eckigen Klammern bedeutet, daß bei der Produktbildung aus den Matrixelementen ε_{ijk} mit den Komponenten des Vektors $\boldsymbol{\alpha}$ über den mittleren Index j summiert wird.

Die drei Komponenten des Vektors $\boldsymbol{\alpha}$ sind also mit den Matrixelementen wie folgt verknüpft:

$$A_{ik} = \sum_j \varepsilon_{ijk}\alpha_j \quad .$$

Damit ist

$$(\underline{\underline{A}}) = \begin{pmatrix} 0 & -\alpha_3 & \alpha_2 \\ \alpha_3 & 0 & -\alpha_1 \\ -\alpha_2 & \alpha_1 & 0 \end{pmatrix} \quad . \tag{B.11.17}$$

Die durch den antisymmetrischen Tensor vermittelte Abbildung ist

$$\underline{\underline{A}}\mathbf{r} = [\underline{\underline{\varepsilon}}\boldsymbol{\alpha}]\mathbf{r} = \boldsymbol{\alpha} \times \mathbf{r} = \alpha\hat{\boldsymbol{\alpha}} \times \mathbf{r} \quad , \tag{B.11.18}$$

also die vektorielle Multiplikation von $\boldsymbol{\alpha}$ mit $\mathbf{r}$. Sie bildet alle Punkte $\mathbf{r}$ des Raumes in eine Ebene durch den Koordinatenursprung mit der Normalen $\hat{\boldsymbol{\alpha}}$ ab. Man kann sich diese Abbildung als in drei Schritten durchgeführt denken: einer Projektion parallel zu $\hat{\boldsymbol{\alpha}}$ in diese Ebene, gefolgt von einer Streckung um den Faktor α in der Ebene und einer 90°-Rotation um $\hat{\boldsymbol{\alpha}}$ im positiven Sinn. Als Beispiel ist in Abb. B.9 die Abbildung für

$$(\underline{\underline{A}}) = \begin{pmatrix} 0 & -1 & 1 \\ 1 & 0 & 1 \\ -1 & -1 & 0 \end{pmatrix} \quad , \quad (\boldsymbol{\alpha}) = \begin{pmatrix} -1 \\ 1 \\ 1 \end{pmatrix}$$

dargestellt. Wieder dient der Einheitswürfel als Urbild. In ihm existiert ein räumliches Punktgitter, das graphisch nur auf den sichtbaren Flächen des Würfels wiedergegeben ist. Alle Punkte des räumlichen Gitters werden auf die Ebene senkrecht zu $\hat{\boldsymbol{\alpha}}$ abgebildet. Sie bilden dort ein regelmäßiges Sechseck entsprechend der Projektion des Würfels entlang einer seiner Raumdiagonalen.

B.12 Rotation

Eine Rotation ist vollständig charakterisiert, wenn man die Transformation eines rechtshändigen, orthonormierten Basissystems $\mathbf{e}_1$, $\mathbf{e}_2$, $\mathbf{e}_3$ in ein anderes rechtshändiges, orthonormiertes Basissystem $\mathbf{e}_1'$, $\mathbf{e}_2'$, $\mathbf{e}_3'$ angibt. Genau dieses leistet der Tensor

$$\underline{\underline{R}} = \sum_{k=1}^{3} \mathbf{e}_k' \otimes \mathbf{e}_k \quad , \tag{B.12.1}$$

denn offenbar gilt

$$\underline{\underline{R}}\mathbf{e}_m = \sum_{k=1}^{3} (\mathbf{e}_k' \otimes \mathbf{e}_k) \, \mathbf{e}_m = \sum_{k=1}^{3} \mathbf{e}_k' \delta_{km} = \mathbf{e}_m' \quad , \qquad m = 1,2,3 \quad .$$

$$\tag{B.12.2}$$

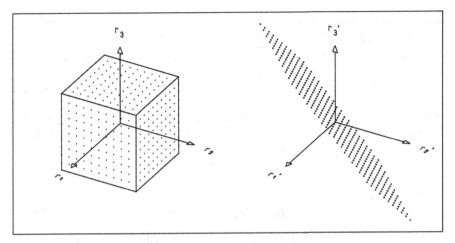

Abb. B.9. Urbild (*links*) und Bild (*rechts*) der Abbildung durch einen antisymmetrischen Tensor

Für die Drehung eines beliebigen Vektors

$$\mathbf{r} = \sum_{\ell=1}^{3} r_\ell \mathbf{e}_\ell \tag{B.12.3}$$

gilt dann

$$\mathbf{r}' = \underline{\underline{R}}\mathbf{r} = \sum_{\ell=1}^{3} r_\ell \sum_{k=1}^{3} \left(\mathbf{e}'_k \otimes \mathbf{e}_k\right) \mathbf{e}_\ell = \sum_{\ell=1}^{3} r_\ell \mathbf{e}'_\ell \quad . \tag{B.12.4}$$

Da der Vektor mitsamt seinem Basissystem gedreht wurde, hat $\mathbf{r}'$ bezüglich des Systems $\mathbf{e}'_1, \mathbf{e}'_2, \mathbf{e}'_3$ dieselben Komponenten r_1, r_2, r_3 wir $\mathbf{r}$ bezüglich des ursprünglichen Systems $\mathbf{e}_1, \mathbf{e}_2, \mathbf{e}_3$. Natürlich ist bei dieser Operation die Länge des Vektors ungeändert geblieben.

Die Umkehrtransformation $\mathbf{r}' \rightarrow \mathbf{r}$ wird durch den adjungierten Tensor

$$\underline{\underline{R}}^+ = \sum_{k=1}^{3} \mathbf{e}_k \otimes \mathbf{e}'_k \tag{B.12.5}$$

vermittelt. Er transformiert das kartesische Basissystem $\mathbf{e}'_k$ in das ursprüngliche System $\mathbf{e}_k$ zurück,

$$\underline{\underline{R}}^+ \mathbf{e}'_m = \mathbf{e}_m \quad , \qquad m = 1, 2, 3 \quad . \tag{B.12.6}$$

Da bei Nacheinanderausführung $\underline{\underline{R}}^+ \underline{\underline{R}}$ oder $\underline{\underline{R}}\,\underline{\underline{R}}^+$ das Basissystem ungeändert bleibt, gilt

$$\underline{\underline{R}}^+ \underline{\underline{R}} = \underline{\underline{1}} = \underline{\underline{R}}\,\underline{\underline{R}}^+ \quad , \tag{B.12.7}$$

wie man auch direkt nach Regel (A.3.3) nachrechnet. Tensoren, die mit ihren Adjungierten multipliziert die Einheitsmatrix ergeben, heißen *orthogonal*.

Mit (B.4.10) folgt die Invarianz der Länge des Vektors r unter Rotation,

$$\mathbf{r}' \cdot \mathbf{r}' = (\underline{\underline{R}}\mathbf{r}) \cdot (\underline{\underline{R}}\mathbf{r}) = \mathbf{r}\underline{\underline{R}}^+\underline{\underline{R}}\mathbf{r} = \mathbf{r} \cdot \mathbf{r} \quad . \tag{B.12.8}$$

Weiter folgt sofort die Invarianz des Skalarproduktes beliebiger Vektoren $\mathbf{r}_1$, $\mathbf{r}_2$. Das sieht man leicht, wenn man r als Summe zweier Vektoren schreibt,

$$\mathbf{r} = \mathbf{r}_1 + \mathbf{r}_2 \quad . \tag{B.12.9}$$

Dann gilt auch

$$\mathbf{r}' = \underline{\underline{R}}\mathbf{r} = \underline{\underline{R}}\mathbf{r}_1 + \underline{\underline{R}}\mathbf{r}_2 = \mathbf{r}'_1 + \mathbf{r}'_2 \tag{B.12.10}$$

mit $\mathbf{r}'^2_1 = \mathbf{r}^2_1$ und $\mathbf{r}'^2_2 = \mathbf{r}^2_2$. Durch Einsetzen in (B.12.8) findet man

$$\begin{aligned}
\mathbf{r}'^2_1 + 2\mathbf{r}'_1 \cdot \mathbf{r}'_2 + \mathbf{r}'^2_2 &= (\mathbf{r}'_1 + \mathbf{r}'_2) \cdot (\mathbf{r}'_1 + \mathbf{r}'_2) = (\mathbf{r}_1 + \mathbf{r}_2) \cdot (\mathbf{r}_1 + \mathbf{r}_2) \\
&= \mathbf{r}^2_1 + 2\mathbf{r}_1 \cdot \mathbf{r}_2 + \mathbf{r}^2_2
\end{aligned} \tag{B.12.11}$$

und somit

$$\mathbf{r}'_1 \cdot \mathbf{r}'_2 = (\underline{\underline{R}}\mathbf{r}_1) \cdot (\underline{\underline{R}}\mathbf{r}_2) = \mathbf{r}_1\underline{\underline{R}}^+\underline{\underline{R}}\mathbf{r}_2 = \mathbf{r}_1 \cdot \mathbf{r}_2 \quad . \tag{B.12.12}$$

Wir suchen jetzt eine Darstellung des Tensors $\underline{\underline{R}}$ in der Tensorbasis $\mathbf{e}_k \otimes \mathbf{e}_\ell$, $k, \ell = 1, 2, 3$,

$$\underline{\underline{R}} = \sum_{k,\ell=1}^{3} R_{k\ell}\mathbf{e}_k \otimes \mathbf{e}_\ell \quad . \tag{B.12.13}$$

Die Matrixelemente R_{mn} berechnet man als Skalarprodukt von $\mathbf{e}_m$ mit $\underline{\underline{R}}\mathbf{e}_n$,

$$\underline{\underline{R}}\mathbf{e}_n = \sum_{k\ell} R_{k\ell} (\mathbf{e}_k \otimes \mathbf{e}_\ell) \mathbf{e}_n = \sum_{k=1}^{3} R_{kn}\mathbf{e}_k \quad , \tag{B.12.14}$$

$$\mathbf{e}_m \cdot (\underline{\underline{R}}\mathbf{e}_n) = \mathbf{e}_m \cdot \left(\sum_{k=1}^{3} R_{kn}\mathbf{e}_k\right) = R_{mn} \quad . \tag{B.12.15}$$

Aufgrund der Beziehung

$$\underline{\underline{R}}\mathbf{e}_n = \mathbf{e}'_n \tag{B.12.16}$$

gilt, daß die Matrixelemente von $\underline{\underline{R}}$ gerade die *Richtungskosinus* zwischen den Vektoren der beiden Basissysteme $\mathbf{e}_1, \mathbf{e}_2, \mathbf{e}_3$ und $\mathbf{e}'_1, \mathbf{e}'_2, \mathbf{e}'_3$ sind,

$$R_{mn} = \mathbf{e}_m \cdot \mathbf{e}'_n = \cos \sphericalangle (\mathbf{e}_m, \mathbf{e}'_n) \quad . \tag{B.12.17}$$

Die Matrixelemente von $\underline{\underline{R}}^+$ sind

$$R^+_{mn} = R_{nm} \quad . \tag{B.12.18}$$

Wegen der Orthogonalitätsrelation (B.12.7) gilt für das entsprechende Produkt der Rotationsmatrizen

$$\sum_{\ell=1}^{3} R_{m\ell}^{+} R_{\ell n} = \delta_{mn} = \sum_{\ell=1}^{3} R_{m\ell} R_{\ell n}^{+} \quad , \tag{B.12.19}$$

bzw.

$$(\underline{R}^{+})(\underline{R}) = (\underline{1}) = (\underline{R})(\underline{R}^{+}) \quad .$$

Als einfaches Beispiel berechnen wir die Rotationsmatrix, die eine Drehung um die e_3-Achse um den Winkel α beschreibt (Abb. B.10). Da bei dieser speziellen Rotation der Basisvektor e_3' mit e_3 zusammenfällt, hat (B.12.1) die spezielle Gestalt

$$\underline{R} = \sum_{\ell=1}^{2} \mathbf{e}_{\ell}' \otimes \mathbf{e}_{\ell} + \mathbf{e}_3 \otimes \mathbf{e}_3 \quad . \tag{B.12.20}$$

Die Rotationsmatrix hat die Form

$$(\underline{\underline{R}}) = \begin{pmatrix} \mathbf{e}_1 \cdot \mathbf{e}_1' & \mathbf{e}_1 \cdot \mathbf{e}_2' & 0 \\ \mathbf{e}_2 \cdot \mathbf{e}_1' & \mathbf{e}_2 \cdot \mathbf{e}_2' & 0 \\ 0 & 0 & 1 \end{pmatrix} = \begin{pmatrix} \cos\alpha & -\sin\alpha & 0 \\ \sin\alpha & \cos\alpha & 0 \\ 0 & 0 & 1 \end{pmatrix} \quad , \tag{B.12.21}$$

wie man der Abb. B.10 direkt entnimmt.

Durch Einsetzen der Matrixelemente von (B.12.21) in (B.12.13) sieht man, daß der Rotationstensor der Drehung um den Winkel α um die e_3-Achse die Gestalt

$$\underline{R}(\alpha\mathbf{e}_3) = \mathbf{e}_3 \otimes \mathbf{e}_3 + (\mathbf{e}_1 \otimes \mathbf{e}_1 + \mathbf{e}_2 \otimes \mathbf{e}_2)\cos\alpha - (\mathbf{e}_1 \otimes \mathbf{e}_2 - \mathbf{e}_2 \otimes \mathbf{e}_1)\sin\alpha \tag{B.12.22}$$

hat. Das läßt sich auch vollständig durch den Vektor e_3 ausdrücken, wenn man beachtet, daß die Identitäten

$$\mathbf{e}_1 \otimes \mathbf{e}_1 + \mathbf{e}_2 \otimes \mathbf{e}_2 = \underline{1} - \mathbf{e}_3 \otimes \mathbf{e}_3$$

und

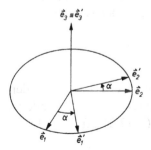

Abb. B.10. Rotation um die e_3-Achse um den Winkel α

$$\mathbf{e}_1 \otimes \mathbf{e}_2 - \mathbf{e}_2 \otimes \mathbf{e}_1 =$$
$$= \sum_{ijk} \varepsilon_{ijk} \left(\mathbf{e}_i \otimes \mathbf{e}_j \otimes \mathbf{e}_k \right) \mathbf{e}_3$$
$$= \sum_{ij} \varepsilon_{ij3} \mathbf{e}_i \otimes \mathbf{e}_j = - \sum_{ij} \varepsilon_{i3j} \mathbf{e}_i \otimes \mathbf{e}_j = -[\underline{\underline{\varepsilon}} \mathbf{e}_3] \qquad \text{(B.12.23)}$$

gelten. Die Notation $[\underline{\underline{\varepsilon}} \mathbf{e}_3]$, die im Zusammenhang mit (B.11.16) eingeführt wurde, besagt, daß $\mathbf{e}_3$ in den mittleren Index des Tensors $\underline{\underline{\varepsilon}}$ wirkt. Wir finden somit

$$\underline{\underline{R}}(\alpha \mathbf{e}_3) = \mathbf{e}_3 \otimes \mathbf{e}_3 + (\underline{\underline{1}} - \mathbf{e}_3 \otimes \mathbf{e}_3) \cos\alpha + [\underline{\underline{\varepsilon}} \mathbf{e}_3] \sin\alpha \quad . \qquad \text{(B.12.24)}$$

Für eine Drehung um eine beliebige Richtung $\hat{\boldsymbol{\alpha}}$ mit dem Drehwinkel α gewinnt man die allgemeine koordinatenfreie Darstellung der Rotation, indem man die Ersetzung

$$\mathbf{e}_3 \to \hat{\boldsymbol{\alpha}} \quad , \qquad \text{d. h.} \quad [\underline{\underline{\varepsilon}} \hat{\boldsymbol{\alpha}}] = \sum_{ijk} (\hat{\boldsymbol{\alpha}})_k \varepsilon_{ikj} \mathbf{e}_i \otimes \mathbf{e}_j$$

in dem soeben gewonnenen Ausdruck vornimmt,

$$\underline{\underline{R}}(\boldsymbol{\alpha}) = \underline{\underline{R}}(\alpha \hat{\boldsymbol{\alpha}}) = \hat{\boldsymbol{\alpha}} \otimes \hat{\boldsymbol{\alpha}} + (\underline{\underline{1}} - \hat{\boldsymbol{\alpha}} \otimes \hat{\boldsymbol{\alpha}}) \cos\alpha + [\underline{\underline{\varepsilon}} \hat{\boldsymbol{\alpha}}] \sin\alpha \quad . \quad \text{(B.12.25)}$$

In der ursprünglichen Basis $\mathbf{e}_i$ hat der rotierte Vektor $\mathbf{r}'$ die Darstellung

$$\mathbf{r}' = \underline{\underline{R}}\mathbf{r} = \left(\sum_{k,\ell} R_{k\ell} \mathbf{e}_k \otimes \mathbf{e}_\ell \right) \left(\sum_i r_i \mathbf{e}_i \right)$$
$$= \sum_k \left(\sum_\ell R_{k\ell} r_\ell \right) \mathbf{e}_k = \sum_k r'_k \mathbf{e}_k \qquad \text{(B.12.26)}$$

oder, in Spaltenvektor- und Matrixschreibweise,

$$(\mathbf{r}') = (\underline{\underline{R}})(\mathbf{r}) \quad . \qquad \text{(B.12.27)}$$

Die Abbildung (B.12.25) durch Rotation ist in Abb. B.11 in drei Dimensionen dargestellt. Dabei ist als Richtung $\hat{\boldsymbol{\alpha}}$ der Rotationsachse der Vektor

$$\hat{\boldsymbol{\alpha}} = \frac{1}{\sqrt{3}} (\mathbf{e}_1 + \mathbf{e}_2 + \mathbf{e}_3)$$

gewählt, der vom Ursprung zu der Ecke des Einheitswürfels zeigt, die dem Betrachter am nächsten liegt. Der Drehwinkel beträgt $\alpha = 30°$. Abbildung B.12 zeigt die Rotation in zwei Dimensionen, vgl. (B.12.21), für $\alpha = 30°$.

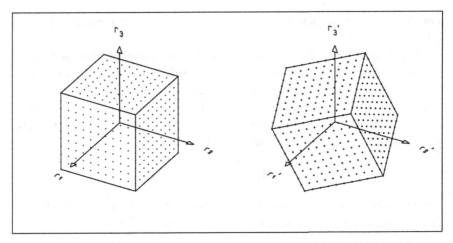

Abb. B.11. Urbild (*links*) und Bild (*rechts*) der Abbildung (B.12.26) in drei Dimensionen

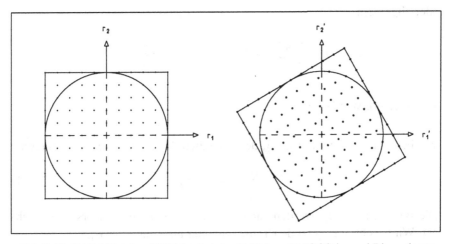

Abb. B.12. Urbild (*links*) und Bild (*rechts*) der Abbildung (B.12.26) in zwei Dimensionen

B.13 Infinitesimale Rotation

Für einen kleinen Drehwinkel $\alpha \ll 1$ können wir die Winkelfunktionen $\sin \alpha$ und $\cos \alpha$ nach Taylor entwickeln, siehe Anhang D. In linearer Ordnung in α erhalten wir

$$\sin \alpha \approx \alpha \quad , \qquad \cos \alpha \approx 1 \quad .$$

Der Rotationstensor (B.12.25) erhält die einfache Form

$$\underline{\underline{R}}(\boldsymbol{\alpha}) = \underline{\underline{1}} + \alpha[\underline{\underline{\varepsilon}}\,\hat{\boldsymbol{\alpha}}] = \underline{\underline{1}} + [\underline{\underline{\varepsilon}}\boldsymbol{\alpha}] = \underline{\underline{1}} + \underline{\underline{A}} \quad . \tag{B.13.1}$$

Die Matrixelemente des antisymmetrischen Tensors $\underline{A}$ wurden bereits in (B.11.17) bestimmt.

Der Tensor $\underline{R}$ der Rotation um einen kleinen Winkel ist also die Summe aus dem Einheitstensor und einem antisymmetrischen Tensor $\underline{A}$, dessen Matrixelemente sämtlich klein gegen eins sind. Auch die Umkehraussage gilt: Die Abbildung durch einen Tensor, der sich als Summe aus dem Einheitstensor $\underline{1}$ und einem *infinitesimalen antisymmetrischen Tensor* $\underline{A}$ schreiben läßt, für dessen Matrixelemente also die Beziehungen

$$A_{ij} = -A_{ji} \quad , \qquad |A_{ij}| \ll 1 \quad ,$$

gelten, stellt eine *infinitesimale Rotation* um den Winkel α und die Drehachse $\hat{\alpha}$ dar, wobei für die Komponenten des Vektors $\boldsymbol{\alpha} = \alpha\hat{\alpha}$ gilt

$$\alpha_1 = A_{32} \quad , \qquad \alpha_2 = A_{13} \quad , \qquad \alpha_3 = A_{21} \quad ,$$

oder allgemein

$$\alpha_j = \frac{1}{2} \sum_{ik} \varepsilon_{ijk} A_{ik} \quad , \qquad j = 1, 2, 3 \quad .$$

B.14 Basiswechsel

Wir betrachten einen Tensor $\underline{A}$, der bezüglich des Basissystems $\boldsymbol{\eta}_j$ diagonal ist,

$$\underline{\underline{A}} = \sum_j D_j \boldsymbol{\eta}_j \otimes \boldsymbol{\eta}_j \quad . \tag{B.14.1}$$

Die Basisvektoren $\boldsymbol{\eta}_j$ werden auch als *Hauptachsen* des Tensors $\underline{A}$ bezeichnet. Wir beschreiben jetzt den Tensor in einer anderen Basis $\mathbf{e}_j$,

$$\mathbf{e}_j = \underline{\underline{R}}\boldsymbol{\eta}_j \quad , \qquad \boldsymbol{\eta}_j = \underline{\underline{R}}^+\mathbf{e}_j \quad , \qquad \underline{\underline{R}} = \sum_j \mathbf{e}_j \otimes \boldsymbol{\eta}_j \quad , \tag{B.14.2}$$

die durch die Rotation $\underline{R}$ aus $\boldsymbol{\eta}_j$ hervorgeht. In der Basis $\mathbf{e}_j$ hat $\underline{R}$ die Darstellung

$$\underline{\underline{R}} = \sum_{j\ell} R_{j\ell} \mathbf{e}_j \otimes \mathbf{e}_\ell \quad , \qquad R_{j\ell} = \boldsymbol{\eta}_j \cdot \mathbf{e}_\ell = \mathbf{e}_j \underline{\underline{R}} \mathbf{e}_\ell \quad . \tag{B.14.3}$$

Es gilt

$$\boldsymbol{\eta}_j = \underline{1}\,\underline{\underline{R}}^+\mathbf{e}_j = \sum_k \mathbf{e}_k \otimes \mathbf{e}_k \underline{\underline{R}}^+\mathbf{e}_j = \sum_k R_{kj}^+\mathbf{e}_k = \sum_k R_{jk}\mathbf{e}_k \quad , \tag{B.14.4}$$

und wir finden durch Einsetzen in (B.14.1)

$$\underline{\underline{A}} = \sum_{jk\ell} D_j (R_{jk}\mathbf{e}_k) \otimes (R_{j\ell}\mathbf{e}_\ell) = \sum_{k,\ell} A_{k\ell}\mathbf{e}_k \otimes \mathbf{e}_\ell \qquad \text{(B.14.5)}$$

mit den Matrixelementen

$$A_{k\ell} = \sum_j R_{kj}^+ D_j R_{j\ell} = A_{\ell k} \qquad \text{(B.14.6)}$$

des Tensors $\underline{\underline{A}}$ im Basissystem der $\mathbf{e}_j$. Die Matrix der $A_{k\ell}$ ist symmetrisch. In Matrixschreibweise lautet diese Beziehung

$$(\underline{A}) = (\underline{R}^+)(\underline{D})(\underline{R}) \quad . \qquad \text{(B.14.7)}$$

Dabei ist $(\underline{D})$ die Matrix des Tensors $\underline{\underline{A}}$ in Hauptachsendarstellung, also eine Diagonalmatrix. $(\underline{A})$ ist die Darstellung desselben Tensors in der Basis $\mathbf{e}_i$, und $(\underline{R})$ ist die Darstellung des Rotationstensors, der die Rotation $\boldsymbol{\eta}_j \to \mathbf{e}_j$ leistet, in der Basis $\mathbf{e}_j$. Dem Matrixprodukt (B.14.7) entspricht das Tensorprodukt

$$\underline{\underline{A}} = \underline{\underline{R}}^+ \underline{\underline{D}} \underline{\underline{R}} \quad , \qquad \underline{\underline{D}} = \sum_j D_j \mathbf{e}_j \otimes \mathbf{e}_j \quad . \qquad \text{(B.14.8)}$$

Dabei ist $\underline{\underline{D}}$ der Diagonaltensor mit den Diagonalelementen D_j im Basissystem der $\mathbf{e}_j$.

Als Beispiel betrachten wir eine Rotation in zwei Dimensionen um 30° mit der Matrix

$$(\underline{\underline{R}}) = \begin{pmatrix} \sqrt{3}/2 & -1/2 \\ 1/2 & \sqrt{3}/2 \end{pmatrix} \quad , \qquad (\underline{\underline{R}}^+) = \begin{pmatrix} \sqrt{3}/2 & 1/2 \\ -1/2 & \sqrt{3}/2 \end{pmatrix} \qquad \text{(B.14.9)}$$

und die Diagonalmatrix

$$(\underline{\underline{D}}) = \begin{pmatrix} 6/5 & 0 \\ 0 & 4/5 \end{pmatrix} \quad . \qquad \text{(B.14.10)}$$

In Abb. B.13 sind die drei Abbildungen

$$(\mathbf{r}') = (\underline{R})(\mathbf{r}) \quad , \qquad \text{(B.14.11)}$$

$$(\mathbf{r}') = (\underline{D})(\underline{R})(\mathbf{r}) \qquad \text{(B.14.12)}$$

und

$$(\mathbf{r}') = (\underline{R}^+)(\underline{D})(\underline{R})(\mathbf{r}) = (\underline{A})(\mathbf{r}) \qquad \text{(B.14.13)}$$

dargestellt. Die Abbildung (B.14.11) bewirkt eine Rotation unseres Urbildes aus Einheitsquadrat und Einheitskreis um 30°. Die Abbildung (B.14.12) bewirkt diese Rotation gefolgt von einer Streckung bzw. Stauchung in Achsenrichtung durch die Diagonalmatrix $(\underline{D})$. Dadurch wird aus dem Quadrat ein Parallelogramm und aus dem Einheitskreis eine Ellipse, deren Hauptachsen

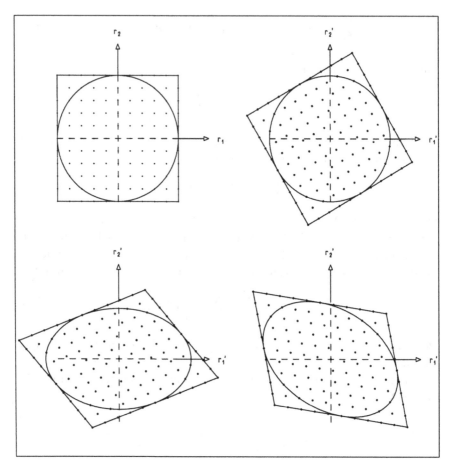

Abb. B.13. Urbild (*oben links*) und dessen Abbildungen durch (B.14.11) (*oben rechts*), durch (B.14.12) (*unten links*) und durch (B.14.13) (*unten rechts*)

die Richtung der Koordinatenachsen, also der Basisvektoren e_1, e_2, haben. Die Längen der großen bzw. kleinen Halbachse sind gleich den Diagonalelementen von $\underline{D}$. Die Abbildung (B.14.13) bewirkt eine zusätzliche Rotation um $-30°$ derart, daß die Hauptachsen der Ellipse nun die Richtungen η_1, η_2 haben.

Wir können die Diskussion dieses Abschnitts so zusammenfassen: Der Tensor $\underline{\underline{A}} = \sum_j D_j \eta_j \otimes \eta_j$ bewirkt eine Abbildung, bei der die Einheitskugel in ein Ellipsoid übergeht. Die η_j sind die Hauptachsenrichtungen des Ellipsoids, die D_j seine Halbdurchmesser entlang dieser Richtungen. Den Tensor (B.11.6), der eine Diagonalmatrix bezüglich der Basisvektoren e_1, e_2, e_3 hat, erkennen wir als Spezialfall. Seine Hauptachsen sind gerade diese Basisvektoren.

Sind alle Diagonalelemente D_j verschieden, so haben die Hauptachsen $\boldsymbol{\eta}_j$ die folgende einfache Eigenschaft. Von allen Einheitsvektoren sind sie die einzigen, die bei Multiplikation von links mit $\underline{A}$ ihre Richtung beibehalten und nur ihren Betrag ändern. Durch Multiplikation von (B.14.1) mit $\boldsymbol{\eta}_k$ folgt die *Eigenvektorgleichung*

$$\underline{A}\boldsymbol{\eta}_k = D_k\boldsymbol{\eta}_k \quad . \tag{B.14.14}$$

Im folgenden Abschnitt werden wir zeigen, daß sich aus ihr für jeden symmetrischen Tensor $\underline{A}$ die $\boldsymbol{\eta}_k$ und D_k bestimmen lassen.

B.15 Hauptachsentransformation

Im vorigen Abschnitt haben wir den symmetrischen Tensor $\underline{A}$ in nichtdiagonaler Darstellung (B.14.5) aus der Diagonalform (B.14.1) durch Basiswechsel mit Hilfe der Rotation $\underline{R}$ gewonnen. Wir zeigen hier, daß auch umgekehrt jeder symmetrische Tensor auf Hauptachsen, d. h. auf Diagonalform transformiert werden kann. Dazu gehen wir von (B.14.8) aus, multiplizieren die Gleichung von rechts mit $\underline{R}^+$ und erhalten

$$\underline{A}\,\underline{R}^+ = \underline{R}^+\,\underline{D} \tag{B.15.1}$$

mit der Bedingung, daß $\underline{D}$ in der Basis der $\mathbf{e}_i$ ein Diagonaltensor ist,

$$\underline{D} = \sum_{j=1}^{3} D_j \mathbf{e}_j \otimes \mathbf{e}_j \quad . \tag{B.15.2}$$

Die Gleichung (B.15.1) bestimmt sowohl den Rotationstensor $\underline{R}^+$ als auch die Diagonalelemente D_j von $\underline{D}$. Wir nutzen die Darstellung, vgl. (B.14.2),

$$\underline{R}^+ = \sum_{j} \boldsymbol{\eta}_j \otimes \mathbf{e}_j$$

und finden durch Multiplikation beider Seiten der Gleichung (B.15.1) mit $\mathbf{e}_k$ von rechts

$$\underline{A}\boldsymbol{\eta}_k = \underline{A}\,\underline{R}^+\mathbf{e}_k = \underline{R}^+\,\underline{D}\mathbf{e}_k = D_k\underline{R}^+\mathbf{e}_k = D_k\boldsymbol{\eta}_k \quad . \tag{B.15.3}$$

Diese Gleichung heißt *Eigenvektorgleichung* des symmetrischen Tensors $\underline{A}$. Sie bestimmt sowohl die *Eigenvektoren* $\boldsymbol{\eta}_k$, $k = 1, 2, 3$, wie auch die zugehörigen *Eigenwerte* D_k. Sie kann auch als homogene lineare Gleichung in der Form

$$(\underline{A} - D_k\underline{1})\boldsymbol{\eta}_k = 0 \quad , \qquad k = 1, 2, 3 \quad , \tag{B.15.4}$$

geschrieben werden. Falls der Tensor $(\underline{\underline{A}} - D_k\underline{\underline{1}})$ ein Inverses $(\underline{\underline{A}} - D_k\underline{\underline{1}})^{-1}$ besitzt, können beide Seiten der obigen Gleichung damit multipliziert werden und wir erhalten die triviale Lösung $\boldsymbol{\eta}_k = 0$, $k = 1, 2, 3$. Nur für singuläre, d. h. nicht-umkehrbare Tensoren $(\underline{\underline{A}} - D_k\underline{\underline{1}})$, $k = 1, 2, 3$, existieren nichttriviale Eigenvektoren $\boldsymbol{\eta}_k$. Der Tensor $(\underline{\underline{A}} - D_k\underline{\underline{1}})$ besitzt kein Inverses, wenn seine Determinante verschwindet,

$$\det(\underline{\underline{A}} - D_k\underline{\underline{1}}) = 0 \quad , \qquad k = 1, 2, 3 \quad . \tag{B.15.5}$$

Dies ist eine Gleichung dritten Grades in der Unbekannten D_k,

$$D_k^3 + aD_k^2 + bD_k + c = 0 \quad . \tag{B.15.6}$$

Dabei gilt für die Koeffizienten

$$
\begin{aligned}
a &= -(A_{11} + A_{22} + A_{33}) \quad , \\
b &= A_{11}A_{22} + A_{22}A_{33} + A_{33}A_{11} - A_{12}^2 - A_{23}^2 - A_{13}^2 \quad , \\
c &= -(A_{11}A_{22}A_{33} - A_{12}^2A_{33} - A_{23}^2A_{11} - A_{13}^2A_{22} + 2A_{12}A_{23}A_{13}) \quad .
\end{aligned}
$$

Die drei Lösungen D_1, D_2, D_3 der kubischen Gleichung lassen sich mit Hilfe der Konstanten

$$p = -\frac{a^2}{3} + b \quad , \qquad q = 2\left(\frac{a}{3}\right)^3 - \frac{ab}{3} + c$$

durch

$$D_1 = A + B - \frac{a}{3} \quad , \qquad D_{2,3} = -\frac{1}{2}(A + B) - \frac{a}{3} \pm \mathrm{i}\frac{\sqrt{3}}{2}(A - B)$$

ausdrücken, wobei

$$A = \sqrt[3]{-\frac{q}{2} + \mathrm{i}\sqrt{-Q}} \quad , \qquad B = \sqrt[3]{-\frac{q}{2} - \mathrm{i}\sqrt{-Q}} \quad , \qquad Q = \left(\frac{p}{3}\right)^3 + \left(\frac{q}{2}\right)^2 \quad .$$

Für A, B sind die komplex konjugierten Lösungen der kubischen Wurzeln zu verwenden.

Die Eigenvektoren $\boldsymbol{\eta}_k$ werden jetzt für den Fall dreier verschiedener Eigenwerte D_k wie folgt bestimmt. Wir bilden zunächst für jeden Eigenwert D_k den Tensor

$$\underline{\underline{B}}^{(k)} = \underline{\underline{A}} - D_k\underline{\underline{1}} \quad , \qquad \det \underline{\underline{B}}^{(k)} = 0 \quad . \tag{B.15.7}$$

Die Kofaktoren einer beliebigen Zeile ℓ der Matrix $(\underline{\underline{B}}^{(k)})$ sind die Vektorkomponenten von $\boldsymbol{\eta}_k$,

$$\boldsymbol{\eta}_k = \sum_i B_{\ell i}^{(k)\dagger} \mathbf{e}_i \quad . \tag{B.15.8}$$

Die Zeilennummer ℓ ist so zu wählen, daß nicht alle Kofaktoren dieser Zeile verschwinden. Unter der obigen Voraussetzung, daß alle drei Eigenwerte verschieden sind, existiert stets wenigstens ein solches ℓ. Dieser Ansatz für η_k erfüllt die Eigenvektorgleichung (B.15.4),

$$0 = (\underline{A} - D_k \underline{1}) \eta_k = \underline{\underline{B}}^{(k)} \eta_k \quad ,$$

denn die rechte Seite ist

$$\left(\sum_{rs} B_{rs}^{(k)} \mathbf{e}_r \otimes \mathbf{e}_s \right) \left(\sum_i B_{\ell i}^{(k)\dagger} \mathbf{e}_i \right) = \sum_r \left(\sum_s B_{rs}^{(k)} B_{\ell s}^{(k)\dagger} \right) \mathbf{e}_r \quad .$$

Dies ist tatsächlich der Nullvektor, weil die Klammer auf der rechten Seite für $r \neq \ell$ wegen (B.8.6) verschwindet. Für $r = \ell$ ist sie nach (B.8.5) gerade gleich $\det \underline{\underline{B}}^{(k)}$ und verschwindet ebenfalls.

Falls Eigenwerte gleich sind, heißen sie *entartet*. Wenn zwei Eigenwerte gleich sind, kann man für den dritten nichtentarteten den zugehörigen Eigenvektor nach dem Verfahren der Kofaktoren bestimmen. Die zu dem entarteten Eigenwert gehörigen beiden weiteren Eigenvektoren müssen dann orthogonal zum Eigenvektor des nichtentarteten Eigenwertes und orthogonal zueinander bestimmt werden. Für den Fall, daß alle drei Eigenwerte gleich sind, ist die Matrix $(\underline{A})$ selbst die mit dem Eigenwert multiplizierte Einheitsmatrix. Jeder Vektor ist Eigenvektor. Jede orthonormierte Basis dreier Vektoren bildet ein System von Eigenvektoren.

Die Eigenvektorgleichung bestimmt die η_k nur bis auf einen Faktor. Dieser wird so festgelegt, daß die Eigenvektoren die Länge eins haben. Damit bleibt immer noch das Vorzeichen des Faktors unbestimmt. Es wird so gewählt, daß η_1, η_2, η_3 ein Rechtssystem bilden.

Jedes Paar η_j, η_k von Eigenvektoren zu verschiedenen Eigenwerten D_j, D_k ist orthogonal: Es gelten die Eigenvektorgleichungen

$$\underline{A} \eta_j = D_j \eta_j \quad , \qquad \underline{A} \eta_k = D_k \eta_k \quad .$$

Durch Multiplizieren der linken Gleichung mit dem anderen Eigenvektor η_k von links findet man

$$\eta_k \underline{A} \eta_j = D_j \eta_k \cdot \eta_j \quad .$$

Wegen der Symmetrie von $\underline{A}$ gilt

$$\eta_k \underline{\underline{A}} = \underline{A} \eta_k = D_k \eta_k \quad ,$$

so daß wir erhalten

$$D_k \eta_k \cdot \eta_j = D_j \eta_k \cdot \eta_j \quad .$$

Da nach Voraussetzung $D_j \neq D_k$ ist, gilt also

$$\eta_k \cdot \eta_j = 0 \quad .$$

Falls die beiden Eigenwerte gleich sind, $D_j = D_k$, ist jede Linearkombination von $\boldsymbol{\eta}_j$ und $\boldsymbol{\eta}_k$ selbst Eigenvektor zu D_j. Deshalb können wir zwei zueinander orthogonale Linearkombinationen konstruieren und beiden die Länge eins geben. Damit sind alle Eigenvektoren eines symmetrischen Tensors zueinander orthonormiert. Das zeigt, daß der Tensor $\underline{\underline{R}}^+$ eine Rotation ist.

Der einfachste Tensor mit entarteten Eigenwerten ist der Einheitstensor. Seine Eigenwerte sind sämtlich gleich eins, denn offenbar erfüllt jeder Einheitsvektor $\boldsymbol{\eta}$ die Eigenwertgleichung

$$\underline{\underline{1}}\boldsymbol{\eta} = \boldsymbol{\eta} \quad .$$

Durch Linearkombination verschiedener Eigenvektoren $\boldsymbol{\eta}$ kann immer ein orthonormales Rechtssystem gebildet werden. Die Situation ist in Abb. B.14 für zwei Dimensionen illustriert. Alle Einheitsvektoren sind durch Punkte auf dem Einheitskreis gegeben. Zwei Sätze von Eigenvektoren sind eingezeichnet: die Basisvektoren $\mathbf{e}_1$, $\mathbf{e}_2$ und ein äquivalenter Satz $\boldsymbol{\eta}_1$, $\boldsymbol{\eta}_2$.

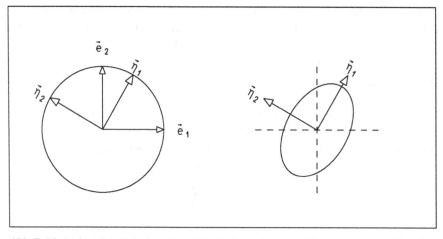

Abb. B.14. *Links:* Einheitskreis und zwei äquivalente Sätze von Eigenvektoren des Einheitstensors. *Rechts:* Abbildung des Einheitskreises durch einen Tensor mit den Eigenvektoren $\boldsymbol{\eta}_1$, $\boldsymbol{\eta}_2$ und den Eigenwerten $D_1 = 0{,}8$ und $D_2 = 0{,}5$

Ebenfalls in Abb. B.14 ist die Abbildung des Einheitskreises durch den Tensor $\underline{\underline{A}}$ mit der Matrix

$$(\underline{\underline{A}}) = \frac{1}{40} \begin{pmatrix} 23 & 3\sqrt{3} \\ 3\sqrt{3} & 29 \end{pmatrix} \quad ,$$

die die Eigenwerte $D_1 = 0{,}8$ und $D_2 = 0{,}5$ und die Eigenvektoren

$$\eta_1 = \frac{1}{2}\begin{pmatrix} 1 \\ \sqrt{3} \end{pmatrix} \quad , \qquad \eta_2 = \frac{1}{2}\begin{pmatrix} -\sqrt{3} \\ 1 \end{pmatrix} \quad ,$$

die schon im Bild des Einheitskreises eingezeichnet waren. Bei der Abbildung durch $\underline{\underline{A}}$ bleibt die Richtung von Vektoren, die proportional zu den Eigenvektoren sind, unverändert. Alle anderen Vektoren ändern ihre Richtung.

Wir fassen zusammen: Jeder symmetrische Tensor kann in der Form

$$\underline{\underline{A}} = \underline{\underline{R}}^+ \underline{\underline{D}} \underline{\underline{R}} \tag{B.15.9}$$

geschrieben werden. Dabei ist $\underline{\underline{D}}$ der Diagonaltensor (B.15.2), dessen Diagonalelemente D_j die Eigenwerte sind, und $\underline{\underline{R}}$ ist der Rotationstensor (B.14.2), der die Hauptachsen η_j des Tensors $\underline{\underline{A}}$ in die Basisvektoren e_j überführt.

Beispiel: Wir bestimmen die Eigenwerte D_1, D_2 und die Eigenvektoren η_1, η_2 des Tensors $\underline{\underline{A}}$ in zwei Dimensionen mit der Matrix

$$(\underline{\underline{A}}) = \begin{pmatrix} 3 & -1 \\ -1 & 3 \end{pmatrix} \quad , \qquad (\underline{\underline{B}}) = (\underline{\underline{A}}) - D(\underline{\underline{1}}) = \begin{pmatrix} 3-D & -1 \\ -1 & 3-D \end{pmatrix} \quad .$$

Aus der quadratischen Gleichung $\det \underline{\underline{B}} = (3-D)^2 - 1 = 0$ gewinnen wir die Eigenwerte

$$D_1 = 2 \quad , \qquad D_2 = 4 \quad .$$

Aus den Kofaktoren der ersten Zeilen der beiden Matrizen

$$(\underline{\underline{B}}^{(1)}) = \begin{pmatrix} 1 & -1 \\ -1 & 1 \end{pmatrix} \quad , \qquad (\underline{\underline{B}}^{(2)}) = \begin{pmatrix} -1 & -1 \\ -1 & -1 \end{pmatrix}$$

konstruieren wir die (bereits durch den Faktor $1/\sqrt{2}$ normierten) Eigenvektoren

$$\eta_1 = \frac{1}{\sqrt{2}}\begin{pmatrix} 1 \\ 1 \end{pmatrix} \quad , \qquad \eta_2 = \frac{1}{\sqrt{2}}\begin{pmatrix} -1 \\ 1 \end{pmatrix} \quad .$$

Sie sind die Spaltenvektoren des Tensors $\underline{\underline{R}}^+$,

$$(\underline{\underline{R}}^+) = (\eta_1, \eta_2) = \frac{1}{\sqrt{2}}\begin{pmatrix} 1 & -1 \\ 1 & 1 \end{pmatrix} \quad .$$

Man rechnet sofort nach, daß (B.14.7) erfüllt ist,

$$(\underline{\underline{R}}^+)(\underline{\underline{D}})(\underline{\underline{R}}) = \frac{1}{2}\begin{pmatrix} 1 & -1 \\ 1 & 1 \end{pmatrix}\begin{pmatrix} 2 & 0 \\ 0 & 4 \end{pmatrix}\begin{pmatrix} 1 & 1 \\ -1 & 1 \end{pmatrix} = (\underline{\underline{A}}) \quad .$$

B.16 Aufgaben

B.1: Gegeben sind die folgenden Matrizen und Spaltenvektoren:

$$(\underline{A}) = \begin{pmatrix} 3 & 2 & 1 \\ 1 & 0 & 2 \\ 4 & 1 & 3 \end{pmatrix} \quad , \quad (\underline{B}) = \begin{pmatrix} -2 & -5 & 4 \\ 5 & 5 & -5 \\ 1 & 5 & -2 \end{pmatrix} \quad ,$$

$$(\underline{C}) = \begin{pmatrix} 2 & -1 & 3 \\ -1 & 0 & 5 \\ 3 & 5 & -4 \end{pmatrix} \quad , \quad (\mathbf{a}) = \begin{pmatrix} 2 \\ -1 \\ 3 \end{pmatrix} \quad , \quad (\mathbf{b}) = \begin{pmatrix} 4 \\ -2 \\ -1 \end{pmatrix} \quad .$$

Berechnen Sie:

(a) $4(\underline{A})$, $2(\underline{A}) - 3(\underline{B})$, $(\underline{A})^+$;

(b) $(\underline{A})(\mathbf{a})$, $(\mathbf{b})^+(\underline{C})$, $(\underline{B})^+(\mathbf{b})$;

(c) $(\underline{A})(\underline{B})$, $(\underline{A})(\underline{C})$, $(\underline{C})(\underline{A})$, $(\mathbf{a} \otimes \mathbf{b})$;

(d) $(\mathbf{a})^+(\underline{A})(\mathbf{b})$, $(\mathbf{a})^+(\underline{C})^+(\mathbf{a})$.

B.2: Berechnen Sie für die in Aufgabe B.1 angegebenen Matrizen und Spaltenvektoren

$$\det \underline{A}, \ \det \underline{B}, \ \det \underline{C}, \ \det(\mathbf{a} \otimes \mathbf{b}) \quad .$$

B.3: Zeigen Sie

(a) $\det(\underline{A}^+) = \det \underline{A}$,

(b) $\det(c\underline{A}) = c^n \det \underline{A}$ für n-reihige Determinanten.

B.4: Beweisen Sie die Beziehungen (B.8.5) und (B.8.6).

B.5: Bilden Sie die Inversen der Matrizen

$$(\underline{A}) = \begin{pmatrix} 1 & 2 \\ 2 & 1 \end{pmatrix} \quad , \quad \underline{B} = \begin{pmatrix} 1 & 2 & 3 \\ 2 & 1 & -2 \\ 1 & 1 & 2 \end{pmatrix} \quad .$$

B.6: Geben Sie die Matrix $(\underline{R})$ des Rotationstensors an, der die Rotation in Abb. B.11 bewirkt.

B.7: Berechnen Sie die Rotationsmatrix für eine Drehung, bei der man zunächst um die y-Achse mit dem Winkel α und dann um die x-Achse mit dem Winkel β dreht. Welche Rotationsmatrix erhält man, wenn man die Drehungen in umgekehrter Reihenfolge ausführt?

B.8: Bilden Sie die Matrix

$$(\underline{\underline{A}}) = (\underline{\underline{R}}^+)(\underline{\underline{D}})(\underline{\underline{R}})$$

für

$$(\underline{\underline{R}}^+) = \begin{pmatrix} \cos\alpha & -\sin\alpha \\ \sin\alpha & \cos\alpha \end{pmatrix} \quad , \quad (\underline{\underline{D}}) = \begin{pmatrix} D_1 & 0 \\ 0 & D_2 \end{pmatrix} \quad , \quad D_1 \neq D_2 \quad .$$

Für welche Rotationswinkel α nehmen die Diagonalelemente A_{11} und A_{22} Extremwerte an?

B.9: Bestimmen Sie die Eigenwerte und Eigenvektoren von

$$(\underline{\underline{A}}) = \begin{pmatrix} 3/2 & 1/2 & 0 \\ 1/2 & 3/2 & 0 \\ 0 & 0 & 3 \end{pmatrix} \quad ,$$

und geben Sie die Matrix des Rotationstensors $\underline{\underline{R}}$ an, die $(\underline{\underline{A}})$ auf Hauptachsen transformiert.

C. Vektoranalysis

C.1 Skalarfelder und Vektorfelder

Eine Funktion, die für jeden Ortsvektor

$$\mathbf{r} = x\mathbf{e}_x + y\mathbf{e}_y + z\mathbf{e}_z \tag{C.1.1}$$

im dreidimensionalen Raum erklärt ist, bezeichnen wir als *Feld*. Wir betrachten Funktionen, die Skalare, und solche, die Vektoren sind.

Ein *skalares Feld* $S(\mathbf{r})$ schreiben wir als Funktion der kartesischen Komponenten des Ortsvektors in der Form

$$S(\mathbf{r}) = s(x, y, z) \quad . \tag{C.1.2}$$

Einfache Beispiele sind das *homogene Skalarfeld*

$$S(\mathbf{r}) = S_{\mathrm{H}}(\mathbf{r}) = a = \mathrm{const} \quad , \tag{C.1.3}$$

das *lineare Skalarfeld*

$$S(\mathbf{r}) = S_{\mathrm{L}}(\mathbf{r}) = \mathbf{a} \cdot \mathbf{r} = a_x x + a_y y + a_z z \tag{C.1.4}$$

und das *zentrale Skalarfeld*

$$S(\mathbf{r}) = S_{\mathrm{Z}}(\mathbf{r}) = f(r) \quad , \tag{C.1.5}$$

das nur eine Funktion des Betrages r des Ortsvektors ist. In der Mechanik sind die beiden zentralen Skalarfelder

$$S_{\mathrm{HO}}(\mathbf{r}) = ar^2 = a(x^2 + y^2 + z^2) \tag{C.1.6}$$

bzw.

$$S_{\mathrm{G}}(\mathbf{r}) = \frac{a}{r} = \frac{a}{\sqrt{x^2 + y^2 + z^2}} \tag{C.1.7}$$

als die Potentiale der Kraftfelder des harmonischen Oszillators bzw. des Newtonschen Gravitationsfeldes von besonderer Bedeutung.

Die graphische Darstellung eines Skalarfeldes ist nur dann einfach, wenn man sich auf die Darstellung in einer Ebene, etwa der (x, y)-Ebene, beschränkt. Man kann dann senkrecht zur (x, y)-Ebene eine S-Achse errichten und die Funktion als Fläche im (x, y, S)-Raum darstellen. Bei Bedarf kann man solche Flächen für eine Reihe von Ebenen $z = 0$, $z = z_1$, $z = z_2$, ... konstruieren, um auch die z-Abhängigkeit sichtbar zu machen. Für unsere einfachen Beispiele ist das nicht nötig. Das homogene Feld S_H hat überall den gleichen Wert. Es genügt seine Darstellung in der (x, y)-Ebene. Für die Darstellung des linearen Feldes wählt man eine Ebene, die den konstanten Vektor a enthält. Die Darstellung bleibt gleich für jede Ebene, die parallel zu der gewählten Ebene ist. Wegen der Symmetrie der Zentralfelder sind für deren Darstellung alle Ebenen durch den Ursprung äquivalent. Wir wählen wieder die (x, y)-Ebene. In Abb. C.1 sind die vier Felder S_H, S_L, S_{HO} und S_G als Flächen über der (x, y)-Ebene dargestellt.

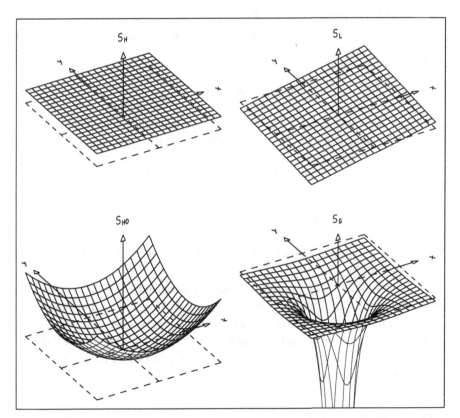

Abb. C.1. Darstellung von Skalarfeldern. *Oben links:* homogenes Skalarfeld $S_H = a$. *Oben rechts:* lineares Skalarfeld $S_L = \mathbf{a} \cdot \mathbf{r}$, $a = a_x \mathbf{e}_x + a_y \mathbf{e}_y$. *Unten links:* Potential des harmonischen Oszillators $S_{HO} = ar^2$. *Unten rechts:* Potential des Gravitationsfeldes $S_G = a/r$

Ein *Vektorfeld* schreiben wir in der Form

$$
\begin{aligned}
\mathbf{W}(\mathbf{r}) &= W_x(\mathbf{r})\,\mathbf{e}_x + W_y(\mathbf{r})\,\mathbf{e}_y + W_z(\mathbf{r})\,\mathbf{e}_z \\
&= w_x(x,y,z)\,\mathbf{e}_x + w_y(x,y,z)\,\mathbf{e}_y + w_z(x,y,z)\,\mathbf{e}_z \quad . \quad \text{(C.1.8)}
\end{aligned}
$$

Beispiele sind das *homogene Vektorfeld*

$$
\mathbf{W}(\mathbf{r}) = \mathbf{W}_{\mathrm{H}}(\mathbf{r}) = \mathbf{a} = a_x\mathbf{e}_x + a_y\mathbf{e}_y + a_z\mathbf{e}_z \quad , \qquad \text{(C.1.9)}
$$

das *lineare Vektorfeld*

$$
\begin{aligned}
\mathbf{W}(\mathbf{r}) &= \mathbf{W}_{\mathrm{L}}(\mathbf{r}) = \mathbf{a}(\hat{\mathbf{n}} \cdot \mathbf{r}) \\
&= (a_x\mathbf{e}_x + a_y\mathbf{e}_y + a_z\mathbf{e}_z)(n_x x + n_y y + n_z z) \qquad \text{(C.1.10)}
\end{aligned}
$$

(hier ist $\hat{\mathbf{n}}$ ein fester Einheitsvektor), das *axiale Wirbelfeld*

$$
\begin{aligned}
\mathbf{W}(\mathbf{r}) &= \mathbf{W}_{\mathrm{A}}(\mathbf{r}) = \mathbf{a} \times \mathbf{r} \\
&= (a_y z - a_z y)\mathbf{e}_x + (a_z x - a_x z)\mathbf{e}_y + (a_x y - a_y x)\mathbf{e}_z \quad \text{(C.1.11)}
\end{aligned}
$$

und das *zentrale Vektorfeld*

$$
\mathbf{W}(\mathbf{r}) = \mathbf{W}_{\mathrm{Z}}(\mathbf{r}) = f(r)\hat{\mathbf{r}} \qquad \text{(C.1.12)}
$$

(hier ist $\hat{\mathbf{r}}$ der Einheitsvektor in Richtung des Ortsvektors). In der Mechanik treten insbesondere die beiden zentralen Vektorfelder

$$
\mathbf{W}_{\mathrm{HO}} = br\hat{\mathbf{r}} = b(x\mathbf{e}_x + y\mathbf{e}_y + z\mathbf{e}_z) \qquad \text{(C.1.13)}
$$

bzw.

$$
\mathbf{W}_{\mathrm{G}} = \frac{b}{r^2}\hat{\mathbf{r}} = b\frac{x\mathbf{e}_x + y\mathbf{e}_y + z\mathbf{e}_z}{(x^2 + y^2 + z^2)^{3/2}} \qquad \text{(C.1.14)}
$$

als Kraftfelder des harmonischen Oszillators bzw. des Newtonschen Gravitationsfeldes auf.

Um ein Vektorfeld graphisch vollständig darzustellen, könnte man etwa versuchen, an jedem Punkt des Raumes einen Vektorpfeil anzubringen. Das ist natürlich nicht möglich. Man erhält jedoch oft bereits einen guten Eindruck von der Form eines Vektorfeldes durch Vektorpfeile, die an wenigen Punkten angebracht sind, welche ein regelmäßiges Gitter in einer Ebene (Abb. C.2) oder im Raum (Abb. C.3) bilden.

C.2 Partielle Ableitungen. Richtungsableitung. Gradient

Wir betrachten ein skalares Feld $S(\mathbf{r}) = s(x,y,z)$. Die *partielle Ableitung* der Funktion s nach x wird so definiert, daß bei der Ableitung nur x als variabel

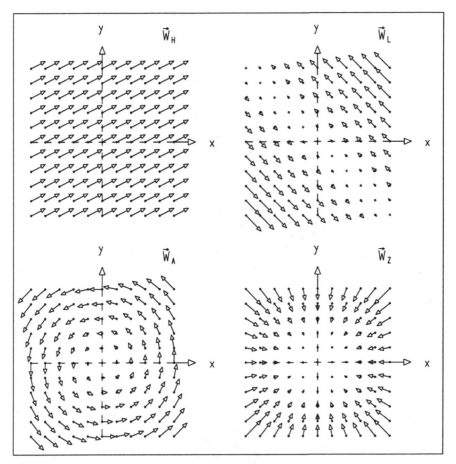

Abb. C.2. Darstellung von Vektorfeldern in der (x, y)-Ebene. *Oben links:* homogenes Vektorfeld $\mathbf{W}_\mathrm{H} = \mathbf{a}$. *Oben rechts:* lineares Vektorfeld $\mathbf{W}_\mathrm{L} = \mathbf{a}(\hat{\mathbf{n}} \cdot \mathbf{r})$, mit $\mathbf{a}$ und $\hat{\mathbf{n}}$ in der (x, y)-Ebene. *Unten links:* axiales Wirbelfeld $\mathbf{W}_\mathrm{A} = \mathbf{a} \times \mathbf{r}$, $\mathbf{a} = a\mathbf{e}_z$. *Unten rechts:* zentrales Vektorfeld $\mathbf{W}_\mathrm{Z} = f(r)\hat{\mathbf{r}}$, $f(r) = -cr^2$

betrachtet wird. Die beiden anderen Argumente y und z werden wie Konstanten behandelt. Man führt für die partielle Ableitung das Symbol $\partial/\partial x$ ein:

$$
\begin{aligned}
\frac{\partial}{\partial x} s(x, y, z) &= \left.\frac{\mathrm{d}s(x, y, z)}{\mathrm{d}x}\right|_{y, z=\text{const}} \\
&= \lim_{h \to 0} \frac{s(x + h, y, z) - s(x, y, z)}{h} \\
&= \lim_{h \to 0} \frac{S(\mathbf{r} + h\mathbf{e}_x) - S(\mathbf{r})}{h} \quad . \tag{C.2.1}
\end{aligned}
$$

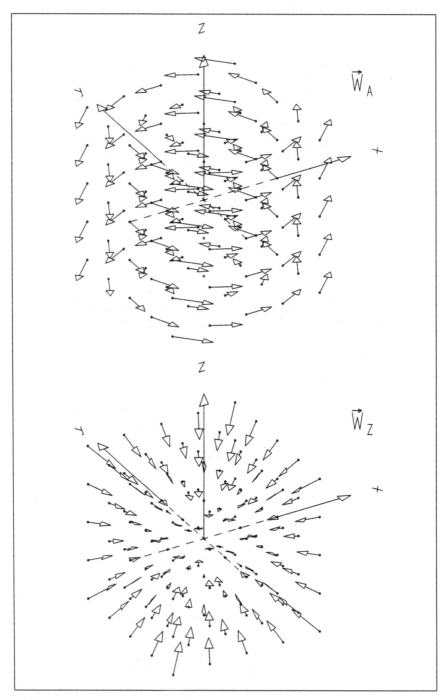

Abb. C.3. Darstellung der Vektorfelder $\mathbf{W}_A$ und $\mathbf{W}_Z$ wie in Abb. C.2, jedoch für ein Punktgitter im Raum

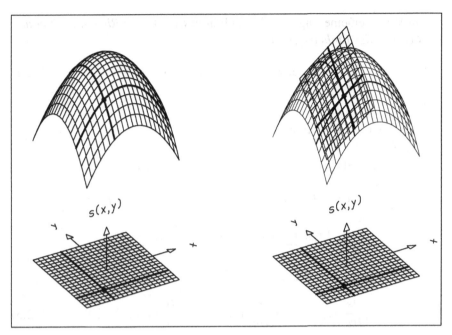

Abb. C.4. *Links:* Ausschnitt aus der (x, y)-Ebene und skalare Funktion $s(x, y, 0)$ dargestellt als Fläche über der (x, y)-Ebene. Zwei Linien $x = x_0$ bzw. $y = y_0$ und der Punkt (x_0, y_0) sind hervorgehoben. *Rechts:* Zusätzlich eingezeichnet ist die Tangentialebene an die Fläche im Punkt (x_0, y_0)

Wegen der Form des letzten Ausdrucks heißt die partielle Ableitung $\partial/\partial x$ auch *Richtungsableitung in Richtung* $\mathbf{e}_x$. Entsprechendes gilt für die partiellen Ableitungen $\partial/\partial y$ bzw. $\partial/\partial z$ nach y bzw. z.

In Abb. C.4 ist ein skalares Feld als Flächenstück über (x, y)-Ebene dargestellt. Sowohl das Flächenstück wie auch der entsprechende Ausschnitt der (x, y)-Ebene ist aus Linien $y = \mathrm{const}$ bzw. $x = \mathrm{const}$ aufgebaut. Zwei Linien $x = x_0$ bzw. $y = y_0$ und ihr Schnittpunkt (x_0, y_0) sind besonders hervorgehoben. Die partielle Ableitung

$$\left[\frac{\partial}{\partial x} s(x, y, 0) \right]_{x=x_0, y=y_0}$$

ist offenbar die Steigung der Tangente an die Kurve $s = s(x, y_0, 0)$ im Punkt $x = x_0, y = y_0$. Entsprechend ist

$$\left[\frac{\partial}{\partial y} s(x, y, 0) \right]_{x=x_0, y=y_0}$$

die Steigung der Tangente an die Kurve $s = s(x_0, y, 0)$ in diesem Punkt. Die beiden Tangenten und die von ihnen aufgespannte Tangentialebene sind im rechten Teilbild von Abb. C.4 eingezeichnet.

In Verallgemeinerung von (C.2.1) führen wir jetzt die *Richtungsableitung in Richtung des Einheitsvektors*

$$\hat{\mathbf{n}} = n_x \mathbf{e}_x + n_y \mathbf{e}_y + n_z \mathbf{e}_z \qquad (C.2.2)$$

ein:

$$
\begin{aligned}
&\lim_{h \to 0} \frac{S(\mathbf{r} + h\hat{\mathbf{n}}) - S(\mathbf{r})}{h} \\
&= \lim_{h \to 0} \frac{s(x + hn_x, y + hn_y, z + hn_z) - s(x, y, z)}{h} \\
&= \lim_{h \to 0} \frac{s(x + hn_x, x + hn_y, z + hn_z) - s(x, y + hn_y, z + hn_z)}{h} \\
&\quad + \lim_{h \to 0} \frac{s(x, y + hn_y, z + hn_z) - s(x, y, z + hn_z)}{h} \\
&\quad + \lim_{h \to 0} \frac{s(x, y, z + hn_z) - s(x, y, z)}{h} \\
&= n_x \frac{\partial s}{\partial x}(x, y, z) + n_y \frac{\partial s}{\partial y}(x, y, z) + n_z \frac{\partial s}{\partial z}(x, y, z) \quad . \qquad (C.2.3)
\end{aligned}
$$

Die letzte Zeile ist das Skalarprodukt des Einheitsvektors $\hat{\mathbf{n}}$ mit dem Vektor des *Gradienten* des Skalarfeldes S,

$$\operatorname{grad} S(\mathbf{r}) = \boldsymbol{\nabla} S(\mathbf{r}) = \mathbf{e}_x \frac{\partial s}{\partial x} + \mathbf{e}_y \frac{\partial s}{\partial y} + \mathbf{e}_z \frac{\partial s}{\partial z} \quad . \qquad (C.2.4)$$

Der Gradient wird formal durch Anwendung des *Nabla-Operators*, eines vektoriellen Differentialoperators,

$$\boldsymbol{\nabla} = \mathbf{e}_x \frac{\partial}{\partial x} + \mathbf{e}_y \frac{\partial}{\partial y} + \mathbf{e}_z \frac{\partial}{\partial z} \quad , \qquad (C.2.5)$$

auf die skalare Funktion

$$s = s(x, y, z)$$

gebildet. Damit ist der Gradient ein Vektor. Die Richtungsableitung (C.2.3) ist das Skalarprodukt

$$\hat{\mathbf{n}} \cdot \boldsymbol{\nabla} S(\mathbf{r}) \quad . \qquad (C.2.6)$$

Wir bezeichnen mit

$$\hat{\mathbf{n}}_{\mathrm{G}}(\mathbf{r}) = \frac{\boldsymbol{\nabla} S(\mathbf{r})}{|\boldsymbol{\nabla} S(\mathbf{r})|} \qquad (C.2.7)$$

die Richtung des Gradienten und entnehmen aus (C.2.6), daß die Richtungsableitung für die Richtung $\hat{\mathbf{n}}_{\mathrm{G}}$ maximal wird,

$$\hat{\mathbf{n}}_{\mathrm{G}} \cdot \boldsymbol{\nabla} \mathbf{S}(\mathbf{r}) = |\boldsymbol{\nabla} S(\mathbf{r})| \quad . \qquad (C.2.8)$$

Die Richtung des Gradienten ist also die Richtung des größten Anstieges der Funktion. Für die in Abb. C.4 dargestellte Funktion ist die Gradientenrichtung am Punkte (x_0, y_0) diejenige Richtung in der (x, y)-Ebene durch den Punkt (x_0, y_0), längs der die Tangentialebene am steilsten ansteigt.

Ist $\mathbf{r}_0$ ein Punkt im Raum, für den die Funktion S und ihr Gradient bekannt sind, und ist $\mathbf{r} = \mathbf{r}_0 + \Delta\mathbf{r}$, so gilt in linearer Ordnung in $\Delta\mathbf{r}$

$$S(\mathbf{r}) \approx S(\mathbf{r}_0) + \Delta\mathbf{r} \cdot \boldsymbol{\nabla} S(\mathbf{r}_0) \quad . \tag{C.2.9}$$

In Abb. C.4 entspricht die linke Seite von (C.2.9) einem Punkt auf der die Funktion $S(\mathbf{r})$ darstellenden Fläche, die rechte Seite entspricht dem entsprechenden Punkt auf der Tangentialebene. Es ist anschaulich klar, das die Näherung (C.2.9) um so besser ist, je kleiner $|\Delta\mathbf{r}|$ ist.

Wir bilden jetzt die Gradienten unserer Beispielfelder (C.1.3) bis (C.1.7) und erhalten für das homogene Feld

$$\boldsymbol{\nabla} S_{\mathrm{H}} = \boldsymbol{\nabla} a = 0 \tag{C.2.10}$$

und für das lineare Feld

$$\boldsymbol{\nabla} S_{\mathrm{L}} = \boldsymbol{\nabla}(a_x x + a_y y + a_z z) = a_x \mathbf{e}_x + a_y \mathbf{e}_y + a_z \mathbf{e}_z = \mathbf{a} \quad . \tag{C.2.11}$$

Den Gradienten des Zentralfeldes bilden wir nach der Kettenregel

$$\boldsymbol{\nabla} S_z = \boldsymbol{\nabla} f(r) = \frac{\mathrm{d}f(r)}{\mathrm{d}r} \boldsymbol{\nabla} r \tag{C.2.12}$$

mit

$$\boldsymbol{\nabla} r = \boldsymbol{\nabla}\sqrt{x^2 + y^2 + z^2} = \frac{1}{2}\frac{2x\mathbf{e}_x + 2y\mathbf{e}_y + 2z\mathbf{e}_z}{\sqrt{x^2 + y^2 + z^2}} = \frac{\mathbf{r}}{r} = \hat{\mathbf{r}} \quad . \tag{C.2.13}$$

Damit ergeben sich die Gradienten der speziellen Zentralfelder S_{HO} und S_{G} zu

$$\boldsymbol{\nabla} S_{\mathrm{HO}} = \boldsymbol{\nabla} a r^2 = 2ar\hat{\mathbf{r}} = 2a\mathbf{r} \quad , \tag{C.2.14}$$

$$\boldsymbol{\nabla} S_{\mathrm{G}} = \boldsymbol{\nabla}\frac{a}{r} = -\frac{a}{r^2}\hat{\mathbf{r}} = -\frac{a}{r^3}\mathbf{r} \quad . \tag{C.2.15}$$

Die Gradientenfelder $\boldsymbol{\nabla} S_{\mathrm{L}}$, $\boldsymbol{\nabla} S_{\mathrm{HO}}$ und $\boldsymbol{\nabla} S_{\mathrm{G}}$ sind in Abb. C.5 dargestellt. Der Zusammenhang (2.11.1) zwischen Kraftfeld $\mathbf{F}(\mathbf{r})$ und Potential $V(\mathbf{r})$ enthält ein Minuszeichen. Faßt man die Funktion $S(\mathbf{r})$ als Potential eines Kraftfeldes auf, so ist die Kraft $\mathbf{F}(\mathbf{r}) = -\boldsymbol{\nabla} S(\mathbf{r})$ dem Gradienten entgegengerichtet.

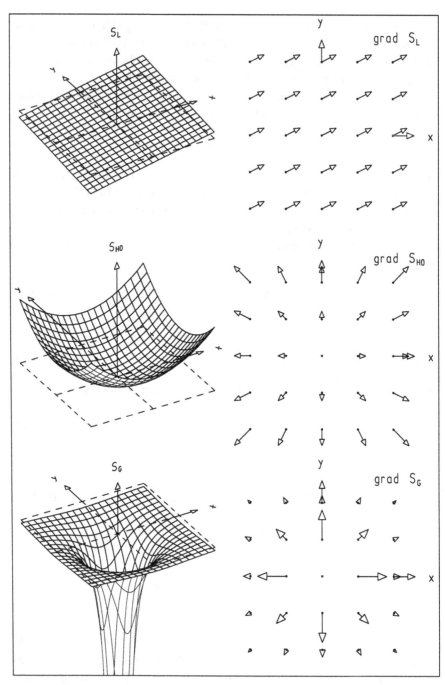

Abb. C.5. *Linke Spalte:* die skalaren Felder S_L, S_{HO}, S_G wie in Abb. C.1 dargestellt als Flächen über der (x, y)-Ebene. *Rechte Spalte:* die Gradienten dieser Felder, dargestellt durch Vektoren in der (x, y)-Ebene

C.3 Nabla-Operator in Kugel- und Zylinderkoordinaten

Wir gewinnen einen Ausdruck für den Nabla-Operator in Kugelkoordinaten, indem wir die Formel (C.2.9),

$$S(\mathbf{r}) - S(\mathbf{r}_0) = (\mathbf{r} - \mathbf{r}_0) \cdot \boldsymbol{\nabla} S(\mathbf{r}_0) + \cdots \quad , \qquad \text{(C.3.1)}$$

als Definition des Gradienten an der Stelle $\mathbf{r}_0$ benutzen. In Kugelkoordinaten leitet man aus der Darstellung des Vektors $\mathbf{r}$ sofort die Formel

$$\begin{aligned}
\mathbf{r} = r\mathbf{e}_r(\vartheta, \varphi) &= r_0\mathbf{e}_r(\vartheta_0, \varphi_0) + (r - r_0)\mathbf{e}_r(\vartheta_0, \varphi_0) \\
&\quad + r\left[\mathbf{e}_r(\vartheta, \varphi) - \mathbf{e}_r(\vartheta_0, \varphi_0)\right] \\
&\quad + r\left[\mathbf{e}_r(\vartheta, \varphi) - \mathbf{e}_r(\vartheta, \varphi_0)\right]
\end{aligned}$$

ab. Mit Hilfe von

$$\frac{\partial \mathbf{e}_r}{\partial \vartheta} = \mathbf{e}_\vartheta \quad , \qquad \frac{\partial \mathbf{e}_r}{\partial \varphi} = \sin\vartheta\,\mathbf{e}_\varphi$$

folgt dann in linearer Näherung

$$\mathbf{r} - \mathbf{r}_0 = \Delta\mathbf{r} = \Delta r\,\mathbf{e}_r + r_0\,\Delta\vartheta\,\mathbf{e}_\vartheta + r_0\sin\vartheta_0\,\Delta\varphi\,\mathbf{e}_\varphi \quad . \qquad \text{(C.3.2)}$$

Für die Differenz $S(\mathbf{r}) - S(\mathbf{r}_0)$ finden wir

$$\begin{aligned}
S(\mathbf{r}) - S(\mathbf{r}_0) &= S[r\mathbf{e}_r(\vartheta, \varphi)] - S[r_0\mathbf{e}_r(\vartheta_0, \varphi_0)] \\
&= S(\mathbf{r}_0 + \Delta r\,\mathbf{e}_r + r_0\,\Delta\vartheta\,\mathbf{e}_\vartheta + r_0\,\Delta\varphi\,\mathbf{e}_\varphi\sin\vartheta_0) - S(\mathbf{r}_0) \\
&= S(\mathbf{r}_0 + \Delta r\,\mathbf{e}_r + r_0\,\Delta\vartheta\,\mathbf{e}_\vartheta + r_0\,\Delta\varphi\,\mathbf{e}_\varphi\sin\vartheta_0) \\
&\quad - S(\mathbf{r}_0 \qquad\qquad + r_0\,\Delta\vartheta\,\mathbf{e}_\vartheta + r_0\,\Delta\varphi\,\mathbf{e}_\varphi\sin\vartheta_0) \\
&\quad + S(\mathbf{r}_0 \qquad\qquad + r_0\,\Delta\vartheta\,\mathbf{e}_\vartheta + r_0\,\Delta\varphi\,\mathbf{e}_\varphi\sin\vartheta_0) \\
&\quad - S(\mathbf{r}_0 \qquad\qquad\qquad\qquad\quad + r_0\,\Delta\varphi\,\mathbf{e}_\varphi\sin\vartheta_0) \\
&\quad + S(\mathbf{r}_0 \qquad\qquad\qquad\qquad\quad + r_0\,\Delta\varphi\,\mathbf{e}_\varphi\sin\vartheta_0) - S(\mathbf{r}_0) \\
&= \frac{\partial S}{\partial r}\Delta r + \frac{\partial S}{\partial\vartheta}\Delta\vartheta + \frac{\partial S}{\partial\varphi}\Delta\varphi + \cdots
\end{aligned}$$

Sie kann mit (C.3.2) in die Form

$$S(\mathbf{r}) - S(\mathbf{r}_0) = \left(\mathbf{e}_r\frac{\partial S}{\partial r} + \mathbf{e}_\vartheta\frac{1}{r}\frac{\partial S}{\partial\vartheta} + \mathbf{e}_\varphi\frac{1}{r\sin\vartheta}\frac{\partial S}{\partial\varphi}\right)\Bigg|_{\mathbf{r}=\mathbf{r}_0} \cdot \Delta\mathbf{r} + \cdots$$

gebracht werden.

Damit haben wir als Darstellung des Nabla-Operators in Kugelkoordinaten

$$\boldsymbol{\nabla} = \mathbf{e}_r\frac{\partial}{\partial r} + \mathbf{e}_\vartheta\frac{1}{r}\frac{\partial}{\partial\vartheta} + \mathbf{e}_\varphi\frac{1}{r\sin\vartheta}\frac{\partial}{\partial\varphi} \quad . \qquad \text{(C.3.3)}$$

Ganz analog findet man die Darstellung des Nabla-Operators für *Zylinderko-ordinaten*:

$$\nabla = \mathbf{e}_\perp \frac{\partial}{\partial r_\perp} + \mathbf{e}_\varphi \frac{1}{r_\perp} \frac{\partial}{\partial \varphi} + \mathbf{e}_z \frac{\partial}{\partial z} \quad . \tag{C.3.4}$$

Für den Gradienten des zentralen Skalarfeldes $S_Z(\mathbf{r}) = f(r)$ erhalten wir mit (C.3.3) sofort

$$\nabla S_Z(\mathbf{r}) = \frac{\partial f(r)}{\partial r} \mathbf{e}_r = \frac{\mathrm{d} f(r)}{\mathrm{d} r} \hat{\mathbf{r}} \quad .$$

Für die Gradientenbildung des linearen Skalarfeldes $S_L(\mathbf{r}) = \mathbf{a} \cdot \mathbf{r}$ können wir die z-Achse in Richtung a wählen, $\mathbf{a} = a\hat{\mathbf{a}} = a\mathbf{e}_z$. Mit (C.3.4) erhalten wir

$$\nabla S_L(\mathbf{r}) = \mathbf{e}_z \frac{\partial}{\partial z}(\mathbf{a} \cdot \mathbf{r}) = \mathbf{e}_z \frac{\partial}{\partial z}(az) = a\mathbf{e}_z = \mathbf{a} \quad .$$

C.4 Divergenz

Die Ableitung eines Vektorfeldes $\mathbf{W}(\mathbf{r})$, die durch die formale Bildung eines Skalarproduktes aus dem Nabla-Operator ∇ und dem Feldvektor $\mathbf{W}(\mathbf{r})$ gebildet wird, bezeichnen wir als *Divergenz* des Vektorfeldes:

$$\begin{aligned} \mathrm{div}\,\mathbf{W}(\mathbf{r}) &= \nabla \cdot \mathbf{W}(\mathbf{r}) \\ &= \frac{\partial w_x(x,y,z)}{\partial x} + \frac{\partial w_y(x,y,z)}{\partial y} + \frac{\partial w_z(x,y,z)}{\partial z} \quad . \end{aligned} \tag{C.4.1}$$

Die Divergenz selbst ist ein skalares Feld. Als Beispiele berechnen wir die Divergenzen der Felder (C.1.9) bis (C.1.14). Wir erhalten für das homogene Vektorfeld

$$\mathrm{div}\,\mathbf{W}_H = \nabla \cdot \mathbf{a} = 0$$

und für das lineare Vektorfeld

$$\mathrm{div}\,\mathbf{W}_L = \nabla \cdot \{\mathbf{a}(\hat{\mathbf{n}} \cdot \mathbf{r})\} = a_x n_x + a_y n_y + a_z n_z = \mathbf{a} \cdot \hat{\mathbf{n}} \quad . \tag{C.4.2}$$

Die Divergenz eines linearen Vektorfeldes hängt also entscheidend vom Winkel zwischen den beiden konstanten Vektoren a und n̂ ab. In Abb. C.6 sind die beiden Felder

$$\mathbf{W}_{L1} = a\mathbf{e}_1(\mathbf{e}_1 \cdot \mathbf{r}) \quad , \qquad \mathbf{W}_{L2} = a\mathbf{e}_2(\mathbf{e}_1 \cdot \mathbf{r})$$

und ihre Divergenzen dargestellt.

Die Divergenz des axialen Wirbelfeldes ist

$$\mathrm{div}\,\mathbf{W}_A = \nabla \cdot (\mathbf{a} \times \mathbf{r}) = 0 \quad . \tag{C.4.3}$$

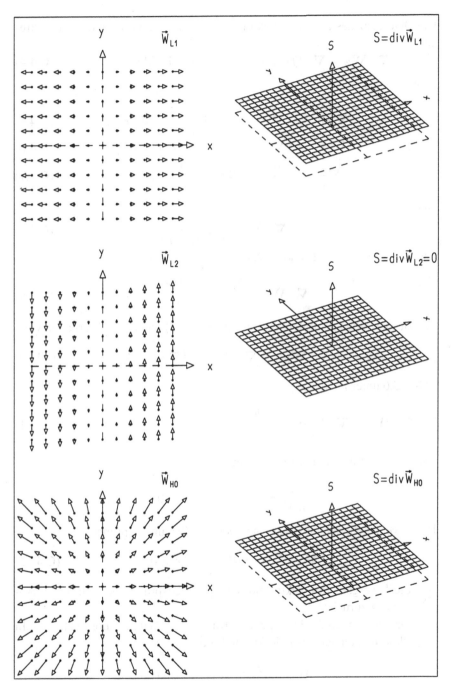

Abb. C.6. *Linke Spalte:* die linearen Vektorfelder $\mathbf{W}_{L1}$ und $\mathbf{W}_{L2}$ und das zentrale Vektorfeld $\mathbf{W}_{HO}$, dargestellt durch Vektoren in der (x, y)-Ebene. *Rechte Spalte:* die Divergenzen dieser Felder dargestellt als Flächen über der (x, y)-Ebene

Die Divergenz des zentralen Vektorfeldes berechnen wir nach der Produktregel

$$\boldsymbol{\nabla} \cdot \mathbf{W}_Z = \boldsymbol{\nabla} \cdot (f(r)\hat{\mathbf{r}}) = f(r)\boldsymbol{\nabla} \cdot \hat{\mathbf{r}} + \hat{\mathbf{r}} \cdot \boldsymbol{\nabla} f(r) \quad . \tag{C.4.4}$$

Es gilt

$$\boldsymbol{\nabla} \cdot \hat{\mathbf{r}} = \boldsymbol{\nabla} \cdot \frac{\mathbf{r}}{r} = \mathbf{r} \cdot \left(\boldsymbol{\nabla}\frac{1}{r}\right) + \frac{1}{r}\boldsymbol{\nabla} \cdot \mathbf{r} \quad , \tag{C.4.5}$$

$$\boldsymbol{\nabla} \cdot \mathbf{r} = \boldsymbol{\nabla} \cdot (x\mathbf{e}_x + y\mathbf{e}_y + z\mathbf{e}_z) = 3 \quad , \tag{C.4.6}$$

$$\boldsymbol{\nabla}\frac{1}{r} = \frac{\mathrm{d}}{\mathrm{d}r}\left(\frac{1}{r}\right)\boldsymbol{\nabla}r = -\frac{1}{r^2}\hat{\mathbf{r}} \quad , \tag{C.4.7}$$

also

$$\boldsymbol{\nabla} \cdot \hat{\mathbf{r}} = -\frac{1}{r} + \frac{3}{r} = \frac{2}{r} \tag{C.4.8}$$

und damit, mit (C.2.12) und (C.2.13)

$$\boldsymbol{\nabla} \cdot \mathbf{W}_Z = \frac{2}{r}f(r) + \frac{\mathrm{d}f(r)}{\mathrm{d}r} \quad . \tag{C.4.9}$$

Für die speziellen zentralen Vektorfelder (C.1.13) und (C.1.14) erhalten wir

$$\boldsymbol{\nabla} \cdot \mathbf{W}_{HO} = \boldsymbol{\nabla} \cdot (br\hat{\mathbf{r}}) = b\boldsymbol{\nabla} \cdot \mathbf{r} = 3b \tag{C.4.10}$$

(Abb. C.6 unten) und

$$\boldsymbol{\nabla} \cdot \mathbf{W}_G = \boldsymbol{\nabla} \cdot \left(\frac{b}{r^2}\hat{\mathbf{r}}\right) = \frac{2b}{r^3} + b\frac{\mathrm{d}}{\mathrm{d}r}\left(\frac{1}{r^2}\right) \quad , \quad r \neq 0 \quad . \tag{C.4.11}$$

Für die Ableitung auf der rechten Seite gilt

$$\frac{\mathrm{d}}{\mathrm{d}r}\frac{1}{r^2} = -\frac{2}{r^3} \quad , \quad r \neq 0 \quad .$$

Damit verschwindet die Divergenz überall außer am Ursprung,

$$\boldsymbol{\nabla} \cdot \mathbf{W}_G(\mathbf{r}) = 0 \quad , \quad \mathbf{r} \neq 0 \quad . \tag{C.4.12}$$

Auf die Divergenz des Vektorfeldes $\mathbf{W}_G$ am Ursprung kommen wir in Abschnitt C.14 zurück.

Wir geben noch die Divergenz in Kugel- und Zylinderkoordinaten an. In Kugelkoordinaten hat das Feld $\mathbf{W}$ die Form

$$\mathbf{W} = w_r\mathbf{e}_r + w_\vartheta\mathbf{e}_\vartheta + w_\varphi\mathbf{e}_\varphi \quad ,$$

und wir erhalten für die Divergenz

$$\mathrm{div}\,\mathbf{W} = \boldsymbol{\nabla} \cdot \mathbf{W} = \left(\frac{2}{r} + \frac{\partial}{\partial r}\right)w_r + \left(\frac{\cos\vartheta}{r\sin\vartheta} + \frac{1}{r}\frac{\partial}{\partial\vartheta}\right)w_\vartheta + \frac{1}{r\sin\vartheta}\frac{\partial}{\partial\varphi}w_\varphi \quad ,$$

oder

$$\boldsymbol{\nabla} \cdot \mathbf{W} = \frac{1}{r^2}\frac{\partial}{\partial r}(r^2 w_r) + \frac{1}{r\sin\vartheta}\frac{\partial}{\partial\vartheta}(\sin\vartheta\, w_\vartheta) + \frac{1}{r\sin\vartheta}\frac{\partial}{\partial\varphi}w_\varphi \quad . \text{(C.4.13)}$$

In der Rechnung wird ausgiebig Gebrauch von den Relationen (A.5.10) gemacht.

In Zylinderkoordinaten lautet das Feld

$$\mathbf{W} = w_\perp \mathbf{e}_\perp + w_\varphi \mathbf{e}_\varphi + w_z \mathbf{e}_z$$

und die Divergenz

$$\operatorname{div} \mathbf{W} = \boldsymbol{\nabla} \cdot \mathbf{W} = \frac{1}{r_\perp}\frac{\partial}{\partial r_\perp}(r_\perp w_\perp) + \frac{1}{r_\perp}\frac{\partial}{\partial\varphi}w_\varphi + \frac{\partial}{\partial z}w_z \quad . \quad \text{(C.4.14)}$$

C.5 Rotation

Auch durch Bildung eines Vektorprodukts aus Nabla-Operator und der vektoriellen Funktion $\mathbf{W(r)}$ erhält man eine Ableitung des Vektorfeldes $\mathbf{W(r)}$. Sie ist selbst ein Vektorfeld. Wir nennen es die *Rotation* des Feldes $\mathbf{W(r)}$,

$$\begin{aligned}
\operatorname{rot} \mathbf{W(r)} = \boldsymbol{\nabla} \times \mathbf{W(r)} =\ & \left(\frac{\partial w_z(x,y,z)}{\partial y} - \frac{\partial w_y(x,y,z)}{\partial z}\right)\mathbf{e}_x \\
& + \left(\frac{\partial w_x(x,y,z)}{\partial z} - \frac{\partial w_z(x,y,z)}{\partial x}\right)\mathbf{e}_y \\
& + \left(\frac{\partial w_y(x,y,z)}{\partial x} - \frac{\partial w_x(x,y,z)}{\partial y}\right)\mathbf{e}_z \quad .
\end{aligned}$$

$$\text{(C.5.1)}$$

Wieder betrachten wir die Beispielfelder (C.1.9) bis (C.1.14) und erhalten für das homogene Vektorfeld

$$\operatorname{rot} \mathbf{W}_\mathrm{H} = \boldsymbol{\nabla} \times \mathbf{a} = 0 \qquad \text{(C.5.2)}$$

und für das lineare Vektorfeld

$$\operatorname{rot} \mathbf{W}_\mathrm{L} = \boldsymbol{\nabla} \times \{\mathbf{a} \cdot (\hat{\mathbf{n}} \cdot \mathbf{r})\} = \hat{\mathbf{n}} \times \mathbf{a} \quad . \qquad \text{(C.5.3)}$$

Die Rotation des linearen Vektorfeldes ist das Vektorprodukt der beiden konstanten Vektoren $\hat{\mathbf{n}}$ und $\mathbf{a}$ und hängt daher entscheidend vom Winkel zwischen ihnen ab. In Abb. C.7 sind die beiden Felder

$$\mathbf{W}_\mathrm{L1} = a\mathbf{e}_1(\mathbf{e}_1 \cdot \mathbf{r}) \quad , \qquad \mathbf{W}_\mathrm{L2} = a\mathbf{e}_2(\mathbf{e}_1 \cdot \mathbf{r})$$

und ihre Rotationen dargestellt.

Die Rotation des axialen Vektorfeldes ist

$$\mathrm{rot}\,\mathbf{W}_A = \boldsymbol{\nabla} \times (\mathbf{a} \times \mathbf{r}) = 2\mathbf{a} \quad , \qquad\qquad (C.5.4)$$

wie man nach Anschrift der Felder und des Nabla-Operators in kartesischen Koordinaten oder mit Hilfe des Entwicklungssatzes (A.2.23) für das doppelte Kreuzprodukt leicht nachrechnet. Die Felder $\mathbf{W}_A$ und rot $\mathbf{W}_A$ sind ebenfalls in Abb. C.7 dargestellt. Die Rotation des zentralen Vektorfeldes berechnen wir mit der Produktregel

$$\boldsymbol{\nabla} \times \mathbf{W}_Z = \boldsymbol{\nabla} \times (f(r)\hat{\mathbf{r}}) = f(r)\boldsymbol{\nabla} \times \hat{\mathbf{r}} - \hat{\mathbf{r}} \times \boldsymbol{\nabla} f(r) \quad . \qquad (C.5.5)$$

Wieder rechnet man in kartesischen Koordinaten leicht nach, daß

$$\boldsymbol{\nabla} \times \mathbf{r} = 0 \quad , \qquad \boldsymbol{\nabla} \times \hat{\mathbf{r}} = 0 \quad . \qquad\qquad (C.5.6)$$

Einsetzen in (C.5.5) und Benutzung von (C.2.12) liefert

$$\boldsymbol{\nabla} \times \mathbf{W}_Z = 0 - \hat{\mathbf{r}} \times \left(\frac{\partial f(r)}{\partial r}\hat{\mathbf{r}} \right) = 0 \quad . \qquad (C.5.7)$$

Also ist jedes zentrale Vektorfeld rotationsfrei.

Die Rotation des Vektorfeldes $\mathbf{W}$ lautet in Kugelkoordinaten

$$\begin{aligned}
\boldsymbol{\nabla} \times \mathbf{W} = \ & \mathbf{e}_r \frac{1}{r\sin\vartheta} \left\{ \frac{\partial}{\partial\vartheta}(w_\varphi \sin\vartheta) - \frac{\partial}{\partial\varphi} w_\vartheta \right\} \\
& + \mathbf{e}_\vartheta \frac{1}{r\sin\vartheta} \left\{ \frac{\partial}{\partial\varphi} w_r - \frac{\partial}{\partial r}(r w_\varphi \sin\vartheta) \right\} \\
& + \mathbf{e}_\varphi \frac{1}{r} \left\{ \frac{\partial}{\partial r}(r w_\vartheta) - \frac{\partial}{\partial\vartheta} w_r \right\}
\end{aligned} \qquad (C.5.8)$$

und in Zylinderkoordinaten

$$\begin{aligned}
\boldsymbol{\nabla} \times \mathbf{W} = \ & \mathbf{e}_\perp \frac{1}{r_\perp} \left\{ \frac{\partial}{\partial\varphi} w_z - \frac{\partial}{\partial z}(r_\perp w_\varphi) \right\} + \mathbf{e}_\varphi \left\{ \frac{\partial}{\partial z} w_\perp - \frac{\partial}{\partial r_\perp} w_z \right\} \\
& + \mathbf{e}_z \frac{1}{r_\perp} \left\{ \frac{\partial}{\partial r_\perp}(r_\perp w_\vartheta) - \frac{\partial w_\perp}{\partial\varphi} \right\} \quad .
\end{aligned} \qquad (C.5.9)$$

Statt wie oben kartesische Koordinaten zu benutzen, führt man die Rotation von Zentralfeldern am einfachsten in Kugelkoordinaten, die von Axialfeldern in Zylinderkoordinaten aus.

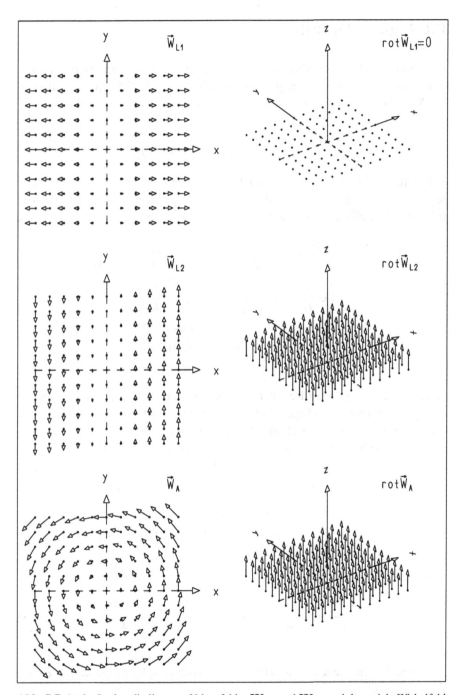

Abb. C.7. *Linke Spalte:* die linearen Vektorfelder $\mathbf{W}_{L1}$ und $\mathbf{W}_{L2}$ und das axiale Wirbelfeld $\mathbf{W}_A$, dargestellt durch Vektoren in der (x, y)-Ebene. *Rechte Spalte:* die Rotationen dieser Felder, ebenfalls dargestellt in der (x, y)-Ebene

C.6 Laplace-Operator

Das Skalarprodukt des Nabla-Operators mit sich selbst nennt man *Laplace-Operator*. Er wird mit einem großen griechischen Delta (Δ), manchmal auch mit ∇^2 bezeichnet. In kartesischen Koordinaten hat er die Darstellung

$$\Delta = \nabla^2 = \nabla \cdot \nabla = \frac{\partial^2}{\partial x^2} + \frac{\partial^2}{\partial y^2} + \frac{\partial^2}{\partial z^2} \quad . \tag{C.6.1}$$

Für Vektorfelder $\mathbf{W}(\mathbf{r})$ wendet man den Laplace-Operator einzeln auf die kartesischen Komponenten W_i an. Zweimalige Anwendung des Nabla-Operators (C.3.3) in Kugelkoordinaten auf eine Funktion S liefert

$$
\begin{aligned}
\nabla \cdot (\nabla S) &= \left(\mathbf{e}_r \frac{\partial}{\partial r} + \mathbf{e}_\vartheta \frac{1}{r} \frac{\partial}{\partial \vartheta} + \mathbf{e}_\varphi \frac{1}{r \sin \vartheta} \frac{\partial}{\partial \varphi} \right) \\
&\quad \cdot \left(\mathbf{e}_r \frac{\partial S}{\partial r} + \mathbf{e}_\vartheta \frac{1}{r} \frac{\partial S}{\partial \vartheta} + \mathbf{e}_\varphi \frac{1}{r \sin \vartheta} \frac{\partial S}{\partial \varphi} \right) \\
&= \frac{\partial^2 S}{\partial r^2} + \frac{2}{r} \frac{\partial S}{\partial r} + \frac{1}{r^2} \frac{\partial^2 S}{\partial \vartheta^2} + \frac{\cos \vartheta}{r^2 \sin \vartheta} \frac{\partial S}{\partial \vartheta} + \frac{1}{r^2 \sin^2 \vartheta} \frac{\partial^2 S}{\partial \varphi^2} \quad .
\end{aligned}
\tag{C.6.2}
$$

Bei der Herleitung dieses Resultates ist zu beachten, daß die Basisvektoren $\mathbf{e}_r$, $\mathbf{e}_\vartheta$, $\mathbf{e}_\varphi$ von ϑ und φ abhängen und nach den Regeln (A.5.10) mitdifferenziert werden müssen. Die Darstellung (C.6.2) des Laplace-Operators in Kugelkoordinaten, die wir so gewonnen haben, läßt sich noch mit Hilfe von

$$\frac{\partial^2 S}{\partial r^2} + \frac{2}{r} \frac{\partial S}{\partial r} = \frac{1}{r^2} \frac{\partial}{\partial r} r^2 \frac{\partial S}{\partial r} = \frac{1}{r} \frac{\partial^2}{\partial r^2} (rS)$$

und

$$\frac{1}{r^2} \frac{\partial^2 S}{\partial \vartheta^2} + \frac{\cos \vartheta}{r^2 \sin \vartheta} \frac{\partial S}{\partial \vartheta} = \frac{1}{r^2 \sin \vartheta} \frac{\partial}{\partial \vartheta} \left(\sin \vartheta \frac{\partial S}{\partial \vartheta} \right)$$

vereinfachen, so daß man

$$\Delta = \frac{1}{r} \frac{\partial^2}{\partial r^2} r + \frac{1}{r^2 \sin \vartheta} \frac{\partial}{\partial \vartheta} \sin \vartheta \frac{\partial}{\partial \vartheta} + \frac{1}{r^2 \sin^2 \vartheta} \frac{\partial^2}{\partial \varphi^2} \tag{C.6.3}$$

erhält.

Ganz entsprechend erhält man mit (C.3.4) den Laplace-Operator in Zylinderkoordinaten:

$$\Delta = \frac{1}{r_\perp} \frac{\partial}{\partial r_\perp} r_\perp \frac{\partial}{\partial r_\perp} + \frac{1}{r_\perp^2} \frac{\partial^2}{\partial \varphi^2} + \frac{\partial^2}{\partial z^2} \quad . \tag{C.6.4}$$

C.7 Totale Zeitableitung

Viele physikalische Skalar- oder Vektorfelder sind sowohl zeit- als auch ortsabhängig,

$$S = S(t, \mathbf{r}) \quad , \qquad \mathbf{W} = \mathbf{W}(t, \mathbf{r}) \quad . \tag{C.7.1}$$

Beispiele für solche Felder sind zeit- und ortsabhängige Potentiale $V(t, \mathbf{r})$ von
Teilchen oder Strömungsfelder $\mathbf{v}(t, \mathbf{r})$ einer Flüssigkeit. Die explizite Zeitab-
hängigkeit in diesen Feldern besagt, daß die Feldgröße, hier potentielle die
Energie $V(t, \mathbf{r})$ oder die Strömungsgeschwindigkeit $\mathbf{v}(t, \mathbf{r})$, an einem fest-
gehaltenen Ort $\mathbf{r}$ mit der Zeit t variiert. Für ein Teilchen, das sich auf einer
Trajektorie

$$\mathbf{r} = \mathbf{r}(t) \tag{C.7.2}$$

bewegt, sind die Werte der Feldgröße entlang der Trajektorie nur noch Funktionen der Zeit

$$S(t) = S(t, \mathbf{r}(t)) \quad , \qquad \mathbf{W}(t) = \mathbf{W}(t, \mathbf{r}(t)) \quad . \tag{C.7.3}$$

Die Zeitableitungen

$$\frac{\mathrm{d}S}{\mathrm{d}t} \quad , \quad \frac{\mathrm{d}\mathbf{W}}{\mathrm{d}t}$$

nennt man *totale Zeitableitungen*, da sie sich sowohl auf die *explizite* Zeitabhängigkeit der Felder bei festgehaltenem Ort $\mathbf{r}$ wie auch auf die *implizite*
Zeitabhängigkeit der Trajektorie $\mathbf{r} = \mathbf{r}(t)$ beziehen,

$$\frac{\mathrm{d}S}{\mathrm{d}t} = \lim_{\Delta t \to 0} \frac{S(t + \Delta t) - S(t)}{\Delta t} = \lim_{\Delta t \to 0} \frac{S(t + \Delta t, \mathbf{r}(t + \Delta t)) - S(t, \mathbf{r}(t))}{\Delta t} \quad . \tag{C.7.4}$$

Eine entsprechende Definition gilt für $\mathrm{d}\mathbf{W}/\mathrm{d}t$.

Wir zerlegen die rechte Seite von (C.7.4) in zwei Differenzen

$$\begin{aligned} \frac{\mathrm{d}S}{\mathrm{d}t} = \ &\lim_{\Delta t \to 0} \frac{1}{\Delta t} \left\{ S(t + \Delta t, \mathbf{r}(t + \Delta t)) - S(t, \mathbf{r}(t + \Delta t)) \right. \\ &\left. + \, S(t, \mathbf{r}(t + \Delta t)) - S(t, \mathbf{r}(t)) \right\} \end{aligned} \tag{C.7.5}$$

und erhalten als Grenzwert der ersten die partielle Zeitableitung

$$\frac{\partial S}{\partial t}(t, \mathbf{r}) = \lim_{\Delta t \to 0} \frac{1}{\Delta t} \left\{ S(t + \Delta t, \mathbf{r}(t + \Delta t)) - S(t, \mathbf{r}(t + \Delta t)) \right\} \tag{C.7.6}$$

für festgehaltenes $\mathbf{r}(t) = \lim_{\Delta t \to 0} \mathbf{r}(t + \Delta t)$.

Mit Hilfe der Taylorentwicklung, vgl. Anhang D,

$$\mathbf{r}(t + \Delta t) = \mathbf{r}(t) + \Delta \mathbf{r} \quad , \qquad \Delta \mathbf{r} = \frac{\mathrm{d}\mathbf{r}}{\mathrm{d}t} \Delta t + \cdots \tag{C.7.7}$$

erhalten wir für die zweite Differenz in (C.7.5) unter Nutzung von (C.2.9)

$$\lim_{\Delta t \to 0} \frac{1}{\Delta t} \{ S(t, \mathbf{r}(t) + \Delta \mathbf{r}) - S(t, \mathbf{r}(t)) \}$$

$$= \left. \frac{\mathrm{d}\mathbf{r}}{\mathrm{d}t} \cdot \boldsymbol{\nabla} S(t, \mathbf{r}) \right|_{\mathbf{r}=\mathbf{r}(t)} = \frac{\mathrm{d}\mathbf{r}}{\mathrm{d}t} \cdot \boldsymbol{\nabla} S(t, \mathbf{r}(t)) \quad . \qquad \text{(C.7.8)}$$

Insgesamt ist die totale Zeitableitung von $S(t, \mathbf{r}(t))$ also durch

$$\frac{\mathrm{d}S}{\mathrm{d}t}(t, \mathbf{r}(t)) = \frac{\partial S}{\partial t}(t, \mathbf{r}(t)) + \frac{\mathrm{d}\mathbf{r}}{\mathrm{d}t} \cdot \boldsymbol{\nabla} S(t, \mathbf{r}(t)) \qquad \text{(C.7.9)}$$

und die von $\mathbf{W}(t, \mathbf{r}(t))$ entsprechend durch

$$\frac{\mathrm{d}\mathbf{W}}{\mathrm{d}t}(t, \mathbf{r}(t)) = \frac{\partial \mathbf{W}}{\partial t}(t, \mathbf{r}(t)) + \left(\frac{\mathrm{d}\mathbf{r}}{\mathrm{d}t} \cdot \boldsymbol{\nabla} \right) \mathbf{W}(t, \mathbf{r}(t)) \qquad \text{(C.7.10)}$$

gegeben. Die Regeln der Tensorrechnung, Abschn. B.4, erlauben die Umformung des zweiten Summanden in ein Produkt des Vektors $\mathrm{d}\mathbf{r}/\mathrm{d}t$ mit dem Tensorprodukt des Nablaoperators $\boldsymbol{\nabla}$ mit dem Vektorfeld $\mathbf{W}$,

$$\frac{\mathrm{d}\mathbf{W}}{\mathrm{d}t}(t, \mathbf{r}(t)) = \frac{\partial \mathbf{W}}{\partial t}(t, \mathbf{r}(t)) + \frac{\mathrm{d}\mathbf{r}}{\mathrm{d}t} (\boldsymbol{\nabla} \otimes \mathbf{W}(t, \mathbf{r}(t)) \quad . \qquad \text{(C.7.11)}$$

C.8 Einfache Rechenregeln für den Nabla-Operator

Aus den Gesetzen der Vektoralgebra ergeben sich sofort einfache Regeln für das Rechnen mit dem Nabla-Operator. Die einfachsten dieser Regeln führen wir hier auf:

$$\begin{aligned}
\operatorname{div}\operatorname{grad} S &= \boldsymbol{\nabla} \cdot \boldsymbol{\nabla} S = \Delta S \quad , & \text{(C.8.1)} \\
\operatorname{rot}\operatorname{grad} S &= \boldsymbol{\nabla} \times (\boldsymbol{\nabla} S) = (\boldsymbol{\nabla} \times \boldsymbol{\nabla}) S = 0 \quad , & \text{(C.8.2)} \\
\operatorname{div}\operatorname{rot} \mathbf{W} &= \boldsymbol{\nabla} \cdot (\boldsymbol{\nabla} \times \mathbf{W}) = (\boldsymbol{\nabla} \times \boldsymbol{\nabla}) \cdot \mathbf{W} = 0 \quad , & \text{(C.8.3)} \\
\operatorname{rot}\operatorname{rot} \mathbf{W} &= \boldsymbol{\nabla} \times (\boldsymbol{\nabla} \times \mathbf{W}) = \boldsymbol{\nabla}(\boldsymbol{\nabla} \cdot \mathbf{W}) - (\boldsymbol{\nabla} \cdot \boldsymbol{\nabla})\mathbf{W} \\
&= \boldsymbol{\nabla}(\boldsymbol{\nabla} \cdot \mathbf{W}) - \Delta \mathbf{W} = \operatorname{grad}\operatorname{div} \mathbf{W} - \Delta \mathbf{W} \quad . & \text{(C.8.4)}
\end{aligned}$$

Besonders bemerkenswert sind die Formeln (C.8.2) und (C.8.3). Aus (C.8.2) folgt, daß jedes Vektorfeld, das sich als Gradient eines Skalarfeldes schreiben läßt, rotationsfrei ist. Analog besagt (C.8.3), daß jedes Vektorfeld, das sich als Rotation eines anderen Vektorfeldes darstellen läßt, divergenzfrei ist.

C.9 Linienintegral

Eine Kurve im Raum, Abb. C.8, kann beschrieben werden, indem man den Ortsvektor **r** der Punkte auf der Kurve als Funktion eines Parameters s angibt,

$$\mathbf{r} = \mathbf{r}(s) \quad . \tag{C.9.1}$$

In Komponenten lautet diese *Parameterdarstellung* der Kurve

$$x = x(s) \quad , \qquad y = y(s) \quad , \qquad z = z(s) \quad . \tag{C.9.2}$$

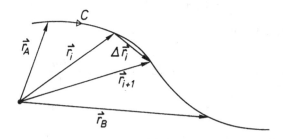

Abb. C.8. Integrationsweg eines Linienintegrals

Sind $\mathbf{r}_A = \mathbf{r}_0 = \mathbf{r}(s_A)$ und $\mathbf{r}_B = \mathbf{r}_N = \mathbf{r}(s_B)$ Anfangs- bzw. Endpunkt eines Stücks der Kurve, das wir den *Weg C* nennen, so können wir mit $\Delta s = (s_B - s_A)/N$, $s_i = s_A + i\,\Delta s$ weitere Punkte $\mathbf{r}_i = \mathbf{r}(s_i)$ auf C bezeichnen. Die Unterteilung des Weges durch Punkte $\mathbf{r}_i$ wird offenbar um so feiner, je größer N ist. Mit

$$\Delta \mathbf{r}_i = \mathbf{r}_{i+1} - \mathbf{r}_i$$

bezeichnen wir den Abstandsvektor von $\mathbf{r}_i$ nach $\mathbf{r}_{i+1}$. Er hat die Richtung einer Sekante der Kurve, die für sehr feine Unterteilung, $N \to \infty$, in die Tangentenrichtung am Punkt $\mathbf{r}_i$ übergeht.

Für ein gegebenes Vektorfeld $\mathbf{W}(\mathbf{r})$ betrachten wir an jedem dieser Punkte das Skalarprodukt aus Feldvektor $\mathbf{W}(\mathbf{r}_i)$ und *Weg-* oder *Linienelement* $\Delta\mathbf{r}_i$ zum Nachbarpunkt. Den Grenzwert der Summe dieser Skalarprodukte nennen wir das *Linienintegral* von $\mathbf{W}(\mathbf{r})$ längs des Weges C,

$$\int_{\mathbf{r}_A,C}^{\mathbf{r}_B} \mathbf{W}(\mathbf{r}) \cdot \mathrm{d}\mathbf{r} = \lim_{N\to\infty} \sum_{i=1}^{N} \mathbf{W}(\mathbf{r}_i) \cdot \Delta\mathbf{r}_i \quad . \tag{C.9.3}$$

Unter Benutzung der Ableitung (A.4.5) des Vektors **r** nach dem Parameter s können wir schreiben:

$$\int_{\mathbf{r}_A,C}^{\mathbf{r}_B} \mathbf{W}(\mathbf{r}) \cdot \mathrm{d}\mathbf{r} = \int_{s_A}^{s_B} \mathbf{W}(\mathbf{r}(s)) \cdot \frac{\mathrm{d}\mathbf{r}(s)}{\mathrm{d}s}\,\mathrm{d}s \quad . \tag{C.9.4}$$

Damit ist das Linienintegral als Integral über die skalare Funktion $\mathbf{W}(\mathbf{r}(s)) \cdot \mathrm{d}\mathbf{r}(s)/\mathrm{d}s$ der skalaren Variablen s geschrieben. Die Information über den Integrationsweg C ist dabei in der Parameterdarstellung (C.9.1) sowie in den Anfangs- und Endwerten des Parameters s enthalten.

In einem kartesischen Koordinatensystem läßt sich die Parameterdarstellung des Weges C in der Form

$$\mathbf{r} = \mathbf{r}(s) = x(s)\mathbf{e}_x + y(s)\mathbf{e}_y + z(s)\mathbf{e}_z$$

schreiben, wobei $x(s)$, $y(s)$ und $z(s)$ drei Funktionen des Parameters s sind. Damit wird

$$\frac{\mathrm{d}\mathbf{r}}{\mathrm{d}s} = \frac{\mathrm{d}x}{\mathrm{d}s}(s)\mathbf{e}_x + \frac{\mathrm{d}y}{\mathrm{d}s}(s)\mathbf{e}_y + \frac{\mathrm{d}z}{\mathrm{d}s}(s)\mathbf{e}_z \quad,$$

und das Linienintegral erhält die Form

$$I = \int_{s_1}^{s_2} w_x[x(s), y(s), z(s)]\frac{\mathrm{d}x}{\mathrm{d}s}\,\mathrm{d}s + \int_{s_1}^{s_2} w_y[x(s), y(s), z(s)]\frac{\mathrm{d}y}{\mathrm{d}s}\,\mathrm{d}s$$

$$+ \int_{s_1}^{s_2} w_z[x(s), y(s), z(s)]\frac{\mathrm{d}z}{\mathrm{d}s}\,\mathrm{d}s \quad. \tag{C.9.5}$$

Führen wir in den drei Integralen die Variablensubstitutionen

$$s \to x \quad \text{bzw.} \quad s \to y \quad \text{bzw.} \quad s \to z$$

aus, so wird

$$I = \int_{x_1}^{x_2} w_x[x, y_x(x), z_x(x)]\,\mathrm{d}x + \int_{y_1}^{y_2} w_y[x_y(y), y, z_y(y)]\,\mathrm{d}y$$

$$+ \int_{z_2}^{z_2} w_z[x_z(z), y_z(z), z]\,\mathrm{d}z \quad. \tag{C.9.6}$$

Dabei wird die Kurve C im ersten Integral durch die beiden Funktionen

$$y = y_x(x) \quad, \qquad z = z_x(x)$$

der Variablen x im Intervall $x_1 \le x \le x_2$, $x_1 = x(s_1)$, $x_2 = x(s_2)$, beschrieben. Entsprechend enthalten das zweite bzw. dritte Integral Darstellungen desselben Weges C als Funktionen von y bzw. z.

Beispiel: Berechnung des Linienintegrals längs verschiedener Wege zwischen zwei Punkten Wir betrachten ein Vektorfeld der Form

$$\mathbf{W} = y\mathbf{e}_x + x^2\mathbf{e}_y$$

und berechnen das Linienintegral

$$I = \int_C \mathbf{W} \cdot d\mathbf{r}$$

zwischen dem Koordinatenursprung $\mathbf{r}_A = 0$ und dem Punkt $\mathbf{r}_B = 2\mathbf{e}_x + 4\mathbf{e}_y$ für zwei verschiedene Integrationswege C_1, C_2. Es sei C_1 das Geradenstück

$$y = 2x \quad, \qquad z = 0$$

und C_2 der Parabelabschnitt

$$y = x^2 \quad, \qquad z = 0 \quad.$$

Für den Weg C_1 erhalten wir

$$y_x(x) = 2x \quad, \qquad z_x(x) = 0 \qquad \text{und} \qquad x_y(y) = \frac{y}{2} \quad, \qquad z_y(y) = 0$$

und damit

$$
\begin{aligned}
I_1 &= \int_0^2 w_x \, dx + \int_0^4 w_y \, dy + \int_0^0 w_z \, dz = \int_0^2 y_x(x) \, dx + \int_0^4 (x_y(y))^2 \, dy \\
&= \int_0^2 2x \, dx + \int_0^4 \left(\frac{y}{2}\right)^2 dy = x^2 \Big|_0^2 + \frac{y^3}{12} \Big|_0^4 = 4 + \frac{64}{12} = \frac{28}{3} \quad.
\end{aligned}
$$

Entsprechend gilt für den Weg C_2

$$y_x(x) = x^2 \quad, \qquad z_x(x) = 0 \qquad \text{und} \qquad x_y(y) = \sqrt{y} \quad, \qquad z_y(y) = 0 \quad,$$

so daß

$$
\begin{aligned}
I_2 &= \int_0^2 y_x(x) \, dx + \int_0^4 (x_y(y))^2 \, dy = \int_0^2 x^2 \, dx + \int_0^4 y \, dy \\
&= \frac{x^3}{3} \Big|_0^2 + \frac{y^2}{2} \Big|_0^4 = \frac{8}{3} + 8 = \frac{32}{3} \quad.
\end{aligned}
$$

Beispiele: Linienintegrale über einen Kreis um den Ursprung in der (x, y)-Ebene Ein in der (x, y)-Ebene liegender Kreis vom Radius R um den Ursprung (Abb. C.9) hat in ebenen Polarkoordinaten die Parameterdarstellung

$$\mathbf{r} = R\mathbf{e}_r(\varphi) \quad, \qquad 0 \le \varphi < 2\pi \quad, \tag{C.9.7}$$

mit dem Azimut φ als Parameter. Es gilt

$$\frac{d\mathbf{r}}{d\varphi} = R\frac{d\mathbf{e}_r(\varphi)}{d\varphi} = R\mathbf{e}_\varphi(\varphi)$$

und damit

$$d\mathbf{r} = R\mathbf{e}_\varphi(\varphi) \, d\varphi \tag{C.9.8}$$

für das Wegelement $d\mathbf{r}$ auf dem Kreis.

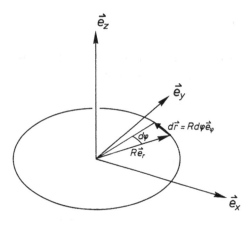

Abb. C.9. Kreis in der (x, y)-Ebene mit Wegelement dr

Wir berechnen die Linienintegrale über zwei verschiedene Vektorfelder über den geschlossenen Kreis. Zunächst wählen wir $\mathbf{W} = \mathbf{e}_\varphi$, also den Einheitsvektor in Richtung des Wegelements, und erhalten

$$\oint \mathbf{e}_\varphi \cdot \mathrm{d}\mathbf{r} = R \int_0^{2\pi} \mathbf{e}_\varphi \cdot \mathbf{e}_\varphi \, \mathrm{d}\varphi = R \int_0^{2\pi} \mathrm{d}\varphi = 2\pi R \quad,$$

also – wie erwartet – den Umfang des Kreises. Das Symbol $\oint$ wird benutzt, wenn der Integrationsweg geschlossen ist. Wir wählen jetzt $\mathbf{W} = \mathbf{W}_\mathrm{A} = \mathbf{a} \times \mathbf{r}$, also das axiale Vektorfeld, und speziell $\mathbf{a} = a\mathbf{e}_z$. Dann ist

$$\mathbf{W}_\mathrm{A} = ar\mathbf{e}_z \times \mathbf{e}_r = ar\mathbf{e}_\varphi$$

und

$$\oint \mathbf{W}_\mathrm{A}(\mathbf{r}) \cdot \mathrm{d}\mathbf{r} = aR^2 \int_0^{2\pi} \mathbf{e}_\varphi \cdot \mathbf{e}_\varphi \, \mathrm{d}\varphi = 2a\pi R^2 \quad. \tag{C.9.9}$$

Beispiel: Wegunabhängiges Linienintegral Im ersten Beispiel haben wir festgestellt, daß Linienintegrale entlang verschiedener Wege zwischen zwei Punkten im allgemeinen verschieden sind. Es gibt jedoch auch Fälle, in denen das Integral nur von den Endpunkten, nicht aber explizit vom Weg abhängt. Ein einfaches Beispiel ist das homogene Vektorfeld

$$\mathbf{W} = \mathbf{a} = \mathrm{const} \quad. \tag{C.9.10}$$

Da der Vektor $\mathbf{a}$ konstant ist, hängen seine Komponenten nicht vom Ort ab. Damit ist

$$\begin{aligned}
I &= \int_{\mathbf{r}_1}^{\mathbf{r}_2} \mathbf{W} \cdot \mathrm{d}\mathbf{r} = \int_{x_1}^{x_2} a_x \, \mathrm{d}x + \int_{y_1}^{y_2} a_y \, \mathrm{d}y + \int_{z_1}^{z_2} a_z \, \mathrm{d}z \\
&= a_x(x_2 - x_1) + a_y(y_2 - y_1) + a_z(z_2 - z_1) = \mathbf{a} \cdot (\mathbf{r}_2 - \mathbf{r}_1) \quad. \tag{C.9.11}
\end{aligned}$$

C.10 Wegunabhängiges Linienintegral. Potentialfunktion eines Vektorfeldes

Wir wollen jetzt zeigen, daß zu jedem rotationsfreien Vektorfeld $\mathbf{W}(\mathbf{r})$,

$$\boldsymbol{\nabla} \times \mathbf{W}(\mathbf{r}) = 0 \quad , \tag{C.10.1}$$

eine skalare *Potentialfunktion* $S(\mathbf{r})$ existiert, so daß

$$S(\mathbf{r}) = S(\mathbf{r}_0) + \int_{\mathbf{r}_0}^{\mathbf{r}} \mathbf{W}(\mathbf{r}') \cdot \mathrm{d}\mathbf{r}' \tag{C.10.2}$$

und

$$\mathbf{W}(\mathbf{r}) = \boldsymbol{\nabla} S(\mathbf{r}) \quad . \tag{C.10.3}$$

Dabei ist das Linienintegral (C.10.2) vom Weg unabhängig und hängt nur von den Endpunkten $\mathbf{r}_0$ und $\mathbf{r}$ ab. Der feste Punkt $\mathbf{r}_0$ und der Funktionswert $S(\mathbf{r}_0)$ an diesem Punkt können beliebig gewählt werden.

Wir zeigen zunächst, daß jedes Vektorfeld (C.10.3), das Gradient eines Skalarfeldes ist, notwendig rotationsfrei ist, vgl. (C.8.2). Dazu schreiben wir den Gradienten in kartesischen Koordinaten

$$
\begin{aligned}
\mathbf{W}(\mathbf{r}) &= \boldsymbol{\nabla} S(\mathbf{r}) \\
&= \mathbf{e}_x \frac{\partial s(x, y, z)}{\partial x} + \mathbf{e}_y \frac{\partial s(x, y, z)}{\partial y} + \mathbf{e}_z \frac{\partial s(x, y, z)}{\partial z} \\
&= \mathbf{e}_x w_x(x, y, z) + \mathbf{e}_y w_y(x, y, z) + \mathbf{e}_z w_z(x, y, z) \quad .
\end{aligned} \tag{C.10.4}
$$

Wir leiten jetzt w_x partiell nach y ab und erhalten

$$\frac{\partial w_x}{\partial y} = \frac{\partial}{\partial y}\left(\frac{\partial s}{\partial x}\right) = \frac{\partial^2 s}{\partial y \partial x} = \frac{\partial^2 s}{\partial x \partial y} = \frac{\partial}{\partial x}\left(\frac{\partial s}{\partial y}\right) = \frac{\partial w_y}{\partial x} \quad , \tag{C.10.5}$$

weil die partiellen Ableitungen nach verschiedenen Variablen für jede nach diesen Variablen differenzierbare Funktion miteinander vertauscht werden dürfen. Diese Beziehung sagt aus, daß die z-Komponenten der Rotation des Vektorfeldes $\mathbf{W}$ verschwindet,

$$\frac{\partial w_y}{\partial x} - \frac{\partial w_x}{\partial y} = (\boldsymbol{\nabla} \times \mathbf{W})_z = 0 \quad . \tag{C.10.6}$$

Ganz entsprechend gilt

$$\frac{\partial w_z}{\partial y} - \frac{\partial w_y}{\partial z} = 0 \quad , \qquad \frac{\partial w_x}{\partial z} - \frac{\partial w_z}{\partial x} = 0 \tag{C.10.7}$$

und damit, wie behauptet, $\boldsymbol{\nabla} \times \mathbf{W} = 0$.

Jetzt zeigen wir noch, daß die Rotationsfreiheit von $\mathbf{W}$ auch hinreichend für die Existenz der Potentialfunktion S ist. Dazu berechnen wir das Linienintegral (C.10.2) zwischen den Punkten $\mathbf{r}_0 = x_0 \mathbf{e}_x + y_0 \mathbf{e}_y + y_0 \mathbf{e}_y$ und $\mathbf{r} = x \mathbf{e}_x + y \mathbf{e}_y + y \mathbf{e}_y$ über einen Weg aus den drei achsenparallelen Geradenstücken

$$
\begin{aligned}
x_0 \leq x' \leq x & , & y' = y_0 & , & z' = z_0 & , \\
x' = x & , & y_0 \leq y' \leq y & , & z' = z_0 & , \\
x' = x & , & y' = y & , & z_0 \leq z' \leq z &
\end{aligned}
$$

mit Hilfe von (C.9.6) und erhalten

$$
\begin{aligned}
S(\mathbf{r}) = & \; S(\mathbf{r}_0) + \int_{x_0}^{x} w_x(x', y_0, z_0) \, \mathrm{d}x' \\
& + \int_{y_0}^{y} w_y(x, y', z_0) \, \mathrm{d}y' + \int_{z_0}^{z} w_z(x, y, z') \, \mathrm{d}z' \quad .
\end{aligned}
$$

Bildung des Gradienten

$$
\boldsymbol{\nabla} S(\mathbf{r}) = \mathbf{e}_x \frac{\partial s}{\partial x} + \mathbf{e}_y \frac{\partial s}{\partial y} + \mathbf{e}_z \frac{\partial s}{\partial z}
$$

führt auf

$$
\frac{\partial s}{\partial x} = w_x(x, y_0, z_0) + \int_{y_0}^{y} \frac{\partial w_y}{\partial x}(x, y', z_0) \, \mathrm{d}y' + \int_{z_0}^{z} \frac{\partial w_z}{\partial x}(x, y, z') \, \mathrm{d}z' \quad .
$$

Wegen der Rotationsfreiheit (C.10.6), (C.10.7) können wir schreiben:

$$
\begin{aligned}
\frac{\partial s}{\partial x} = & \; w_x(x, y_0, z_0) + \int_{y_0}^{y} \frac{\partial w_x}{\partial y}(x, y', z_0) \, \mathrm{d}y' + \int_{z_0}^{z} \frac{\partial w_x}{\partial z}(x, y, z') \, \mathrm{d}z' \\
= & \; w_x(x, y_0, z_0) + w_x(x, y, z_0) - w_x(x, y_0, z_0) \\
& + w_x(x, y, z) - w_x(x, y, z_0) \\
= & \; w_x(x, y, z) \quad .
\end{aligned}
$$

Damit ist die Gültigkeit der x-Komponente der Vektorgleichung (C.10.3), $w_x = \partial s / \partial x$, gezeigt. Entsprechendes gilt natürlich für die y- und z-Komponenten.

C.11 Oberflächenintegral

Ganz analog zum Linienintegral, das als Grenzwert einer Summe aus Skalarprodukten des Feldvektors $\mathbf{W}$ mit dem Linienelement $\mathrm{d}\mathbf{r}$ in Richtung der Tangente einer Kurve definiert ist, kann das Oberflächenintegral eingeführt werden, wenn man die *Flächenelemente* einer Oberfläche als Vektoren in Richtung des Normalenvektors auf der Fläche definiert. Diese Definition des

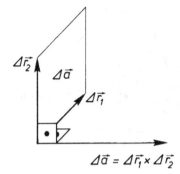

$$\Delta \vec{a} = \Delta \vec{r_1} \times \Delta \vec{r_2}$$

Abb. C.10. Definition des orientierten Flächenelementes Δa

vektoriellen Flächenelementes da entspricht genau der Definition des vektoriellen Flächeninhaltes Δa_ℓ eines Parallelogramms, das von den Vektoren $\Delta \mathbf{r}_{1\ell}$ und $\Delta \mathbf{r}_{2\ell}$ aufgespannt wird, durch das Vektorprodukt (Abb. C.10),

$$\Delta \mathbf{a}_\ell = \Delta \mathbf{r}_{1\ell} \times \Delta \mathbf{r}_{2\ell} \quad . \tag{C.11.1}$$

Damit ist das Oberflächenintegral durch eine Summe

$$\sum_{\ell=1}^{N} \mathbf{W}(\mathbf{r}_\ell) \cdot \Delta \mathbf{a}_\ell = \sum_{\ell=1}^{N} \mathbf{W}(\mathbf{r}_\ell) \cdot (\Delta \mathbf{r}_{1\ell} \times \Delta \mathbf{r}_{2\ell})$$

näherungsweise beschrieben. Durch Übergang zum Grenzfall verschwindender Flächenelemente haben wir damit die Definition des Oberflächenintegrals

$$\int_a \mathbf{W} \cdot \mathbf{da} = \int_a \mathbf{W} \cdot (\mathbf{dr}_1 \times \mathbf{dr}_2) \quad .$$

Ein Oberflächenstück kann im dreidimensionalen Raum durch eine Funktion von zwei Parametern u_1 und u_2 beschrieben werden (Abb. C.11),

$$\mathbf{r} = \mathbf{r}(u_1, u_2) \quad .$$

Für feste Werte des einen Parameters, etwa $u_2 = u_{20}$ beschreibt die Funktion

$$\mathbf{r}_1(u_1) = \mathbf{r}(u_1, u_{20})$$

eine Linie auf der Fläche. Das Linienelement an diese Kurve ist durch

$$\mathbf{dr}_1 = \frac{\mathbf{dr}_1}{\mathbf{d}u_1}\,\mathbf{d}u_1 = \frac{\partial \mathbf{r}(u_1, u_2)}{\partial u_1}\bigg|_{u_2 = u_{20}} \mathbf{d}u_1$$

gegeben. Entsprechende Formeln gelten für die Kurven

$$\mathbf{r}_2(u_2) = \mathbf{r}(u_{10}, u_2)$$

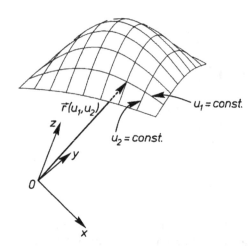

Abb. C.11. Flächenstück im Raum als Darstellung einer Funktion $\mathbf{r}(u_1, u_2)$ zweier Parameter. Die Linien auf der Fläche entstehen, wenn jeweils ein Parameter festgehalten bleibt

und das Linienelement $\mathrm{d}\mathbf{r}_2$. Das vektorielle Flächenelement $\mathrm{d}\mathbf{a}$ ist dann einfach durch das Vektorprodukt der beiden Linienelemente gegeben,

$$\mathrm{d}\mathbf{a} = \mathrm{d}\mathbf{r}_1 \times \mathrm{d}\mathbf{r}_2 = \frac{\partial \mathbf{r}}{\partial u_1} \times \frac{\partial \mathbf{r}}{\partial u_2} \, \mathrm{d}u_1 \, \mathrm{d}u_2 \quad .$$

So gewinnen wir für das Integral die Darstellung

$$\int_a \mathbf{W} \cdot \mathrm{d}\mathbf{a} = \int_a \mathbf{W} \cdot (\mathrm{d}\mathbf{r}_1 \times \mathrm{d}\mathbf{r}_2) = \iint_G \mathbf{W} \cdot \left(\frac{\partial \mathbf{r}}{\partial u_1} \times \frac{\partial \mathbf{r}}{\partial u_2} \right) \mathrm{d}u_1 \, \mathrm{d}u_2 \quad ,$$

wobei die Integration in u_1 und u_2 über das Gebiet G zu erstrecken ist, das dem Flächenstück a in dieser Parametrisierung entspricht.

Wählen wir für $\mathbf{W}$ und $\mathbf{r}$ kartesische Koordinatendarstellungen

$$\mathbf{W} = W_1 \mathbf{e}_1 + W_2 \mathbf{e}_2 + W_3 \mathbf{e}_3$$

und

$$\frac{\partial \mathbf{r}}{\partial u_i} = \frac{\partial x}{\partial u_i} \mathbf{e}_1 + \frac{\partial y}{\partial u_i} \mathbf{e}_2 + \frac{\partial z}{\partial u_i} \mathbf{e}_3 \quad , \qquad i = 1, 2 \quad ,$$

so gewinnt das Oberflächenintegral in den Parametern u_1, u_2 die Darstellung

$$\int_a \mathbf{W} \cdot \mathrm{d}\mathbf{a} = \iint_G \mathbf{W} \cdot \left(\frac{\partial \mathbf{r}}{\partial u_1} \times \frac{\partial \mathbf{r}}{\partial u_2} \right) \mathrm{d}u_1 \, \mathrm{d}u_2$$

$$= \iint_G \left[W_1 \left(\frac{\partial y}{\partial u_1} \frac{\partial z}{\partial u_2} - \frac{\partial z}{\partial u_1} \frac{\partial y}{\partial u_2} \right) + W_2 \left(\frac{\partial z}{\partial u_1} \frac{\partial x}{\partial u_2} - \frac{\partial x}{\partial u_1} \frac{\partial z}{\partial u_2} \right) \right.$$

$$\left. + W_3 \left(\frac{\partial x}{\partial u_1} \frac{\partial y}{\partial u_2} - \frac{\partial y}{\partial u_1} \frac{\partial x}{\partial u_2} \right) \right] \mathrm{d}u_1 \, \mathrm{d}u_2 \quad . \tag{C.11.2}$$

Wieder betrachten wir eine Reihe von Beispielen:

Flächenelement auf der Kugeloberfläche Die Parameterdarstellung der Kugelfläche vom Radius R um den Ursprung lautet

$$\mathbf{r}(\vartheta, \varphi) = R\mathbf{e}_r(\vartheta, \varphi) \quad , \qquad 0 \le \vartheta \le \pi \quad , \qquad 0 \le \varphi < 2\pi \quad .$$

Das Oberflächenelement da für die Kugeloberfläche gewinnen wir durch das Vektorprodukt der beiden Tangentialvektoren (Abb. C.12)

$$
\begin{aligned}
\mathrm{d}\mathbf{r}_\vartheta &= \frac{\partial \mathbf{r}}{\partial \vartheta}\,\mathrm{d}\vartheta = R\frac{\partial \mathbf{e}_r}{\partial \vartheta}\,\mathrm{d}\vartheta = R\mathbf{e}_\vartheta\,\mathrm{d}\vartheta \quad , \\
\mathrm{d}\mathbf{r}_\varphi &= \frac{\partial \mathbf{r}}{\partial \varphi}\,\mathrm{d}\varphi = R\frac{\partial \mathbf{e}_r}{\partial \varphi}\,\mathrm{d}\varphi = R\sin\vartheta\,\mathbf{e}_\varphi\,\mathrm{d}\varphi
\end{aligned}
\qquad \text{(C.11.3)}
$$

als

$$\mathrm{d}\mathbf{a} = \mathrm{d}\mathbf{r}_\vartheta \times \mathrm{d}\mathbf{r}_\varphi = R^2 \sin\vartheta\,\mathbf{e}_r\,\mathrm{d}\vartheta\,\mathrm{d}\varphi = -R^2\mathbf{e}_r\,\mathrm{d}\cos\vartheta\,\mathrm{d}\varphi \quad . \qquad \text{(C.11.4)}$$

Die Komponente des Oberflächenelementes in Richtung der *äußeren Normalen*, d. h. der Normalen, die von der Kugeloberfläche nach außen zeigt, ist einfach

$$\mathbf{e}_r \cdot \mathrm{d}\mathbf{a} = R^2 \sin\vartheta\,\mathrm{d}\vartheta\,\mathrm{d}\varphi = -R^2\,\mathrm{d}\cos\vartheta\,\mathrm{d}\varphi \quad .$$

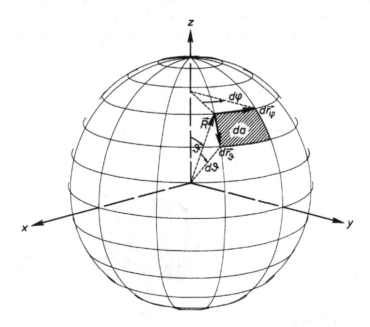

Abb. C.12. Flächenelement auf der Kugeloberfläche

Durch Aufsummation aller dieser Beiträge berechnet man die Größe der Oberfläche (K) der Kugel

$$\oint_{(K)} \mathbf{e}_r \cdot d\mathbf{a} = \oint_{(K)} da = -R^2 \int_0^{2\pi} \int_1^{-1} d\cos\vartheta\, d\varphi = 4\pi R^2 \quad . \qquad \text{(C.11.5)}$$

Raumwinkelelement Aus dem Oberflächenelement (C.11.4) gewinnt man das orientierte *Raumwinkelelement* durch Division durch R^2,

$$d\boldsymbol{\Omega} = d\mathbf{a}/R^2 = \mathbf{e}_r \sin\vartheta\, d\vartheta\, d\varphi = -\mathbf{e}_r\, d\cos\vartheta\, d\varphi \quad .$$

Es hat den Betrag

$$d\Omega = da/R^2 = \sin\vartheta\, d\vartheta\, d\varphi = -d\cos\vartheta\, d\varphi \quad .$$

Der *Raumwinkel* Ω, den ein beliebig geformter, vom Ursprung ausgehender Kegel einschließt, ist dann als Quotient aus der Fläche a, die dieser Kegel aus einer Kugel um den Ursprung ausstanzt, und dem Quadrat des Kugelradius definiert (Abb. C.13a),

$$\int d\Omega = \iint_G \frac{da}{R^2} = -\iint_G d\cos\vartheta\, d\varphi \quad ,$$

in Analogie zur Definition des ebenen Winkels als Quotient aus Kreisbogen und Kreisradius (Abb. C.13b). Dabei ist das Gebiet G der Bereich von ϑ und φ innerhalb des Kegels. Entsprechend (C.11.5) ist das Integral über den *vollen Raumwinkel*

$$\oint d\Omega = -\int_0^{2\pi} \int_1^{-1} d\cos\vartheta\, d\varphi = \int_0^{2\pi} \int_{-1}^{1} d\cos\vartheta\, d\varphi = 4\pi \quad .$$

Beliebiges Flächenelement Wir betrachten nun eine beliebige, als

$$\mathbf{r} = \mathbf{r}(\vartheta, \varphi) = r(\vartheta, \varphi)\mathbf{e}_r(\vartheta, \varphi)$$

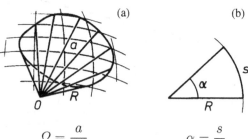

Abb. C.13 a,b. Raumwinkel und ebener Winkel

$$\Omega = \frac{a}{R^2} \qquad\qquad \alpha = \frac{s}{R}$$

parametrisierbare, Oberfläche. Die Normale auf dieser Oberfläche ist durch das Vektorprodukt der Tangentialvektoren

$$
\begin{aligned}
\mathrm{d}\mathbf{r}_1 &= \frac{\partial \mathbf{r}}{\partial \vartheta}\,\mathrm{d}\vartheta = \left(\frac{\partial r}{\partial \vartheta}\mathbf{e}_r + r\frac{\partial \mathbf{e}_r}{\partial \vartheta}\right)\mathrm{d}\vartheta = \left(\frac{\partial r}{\partial \vartheta}\mathbf{e}_r + r\mathbf{e}_\vartheta\right)\mathrm{d}\vartheta \quad, \\
\mathrm{d}\mathbf{r}_2 &= \frac{\partial \mathbf{r}}{\partial \varphi}\,\mathrm{d}\varphi = \left(\frac{\partial r}{\partial \varphi}\mathbf{e}_r + r\frac{\partial \mathbf{e}_r}{\partial \varphi}\right)\mathrm{d}\varphi = \left(\frac{\partial r}{\partial \varphi}\mathbf{e}_r + r\sin\vartheta\,\mathbf{e}_\varphi\right)\mathrm{d}\varphi
\end{aligned}
$$

$$(C.11.6)$$

gegeben. Man erhält als Flächenelement

$$
\begin{aligned}
\mathrm{d}\mathbf{a} = \mathrm{d}\mathbf{r}_1 \times \mathrm{d}\mathbf{r}_2 &= \left(\frac{\partial r}{\partial \vartheta}\mathbf{e}_r + r\mathbf{e}_\vartheta\right) \times \left(\frac{\partial r}{\partial \varphi}\mathbf{e}_r + r\sin\vartheta\,\mathbf{e}_\varphi\right)\mathrm{d}\vartheta\,\mathrm{d}\varphi \\
&= \left(\mathbf{e}_r r^2 \sin\vartheta - \mathbf{e}_\vartheta r \sin\vartheta\frac{\partial r}{\partial \vartheta} - \mathbf{e}_\varphi r\frac{\partial r}{\partial \varphi}\right)\mathrm{d}\vartheta\,\mathrm{d}\varphi \quad.
\end{aligned}
$$

$$(C.11.7)$$

Oberflächenintegral des radialen Vektorfeldes Wir bilden das Oberflächenintegral über ein radiales Vektorfeld

$$
\mathbf{W}_Z(\mathbf{r}) = f(r)\hat{\mathbf{r}} = f(r)\mathbf{e}_r
$$

über eine geschlossene Oberfläche (V), die den Ursprung umschließt, und erhalten mit den Bezeichnungen aus Abb. C.14

$$
I = \int_{(V)} f(r)\hat{\mathbf{r}} \cdot \mathrm{d}\mathbf{a} = \int_{(V)} f(r)\frac{\hat{\mathbf{r}} \cdot \hat{\mathbf{n}}}{|\hat{\mathbf{r}} \cdot \hat{\mathbf{n}}|}r^2 \,\mathrm{d}\Omega \quad. \tag{C.11.8}
$$

Für

$$
W_Z = W_G = \frac{b}{r^2}\hat{\mathbf{r}}
$$

verschwindet die r-Abhängigkeit unter dem Integral und es verbleibt

$$
b\int_{(V)} \frac{1}{r^2}\hat{\mathbf{r}} \cdot \mathrm{d}\mathbf{a} = b\int_{(V)} \frac{\hat{\mathbf{r}} \cdot \hat{\mathbf{n}}}{|\hat{\mathbf{r}} \cdot \hat{\mathbf{n}}|}\,\mathrm{d}\Omega \quad. \tag{C.11.9}
$$

Der Faktor $\hat{\mathbf{r}} \cdot \hat{\mathbf{n}}/|\hat{\mathbf{r}} \cdot \hat{\mathbf{n}}|$ ist $+1$ oder -1, je nachdem, ob der Ortsvektor $\mathbf{r}$ die Oberfläche von innen nach außen oder von außen nach innen durchstößt. Ist die Oberfläche überall konvex und liegt der Ursprung innerhalb der Oberfläche, Abb. C.15a, so ist er überall gleich $+1$, das Integral $\int \mathrm{d}\Omega$ erstreckt sich über den vollen Raumwinkel 4π,

$$
b\int_{(V)} \frac{1}{r^2}\hat{\mathbf{r}} \cdot \mathrm{d}\mathbf{a} = 4\pi b \quad, \qquad 0 \in V \quad. \tag{C.11.10}
$$

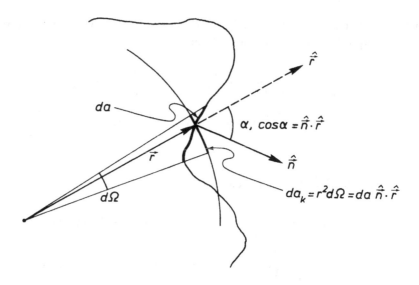

Abb. C.14. Oberflächenelemente auf einer geschlossenen Oberfläche. Ein Raumwinkelelement $d\Omega$ stanzt aus einer beliebig geformten Oberfläche am Ort **r** das Flächenelement $d\mathbf{a} = \hat{\mathbf{n}}\, da$ und aus einer Kugel um den Ursprung das Flächenelement $d\mathbf{a}_K = r^2\, d\Omega\, \hat{\mathbf{r}}$ aus. Es gilt $d\mathbf{a} = (\hat{\mathbf{n}}/|\hat{\mathbf{n}} \cdot \hat{\mathbf{r}}|) r^2\, d\Omega$

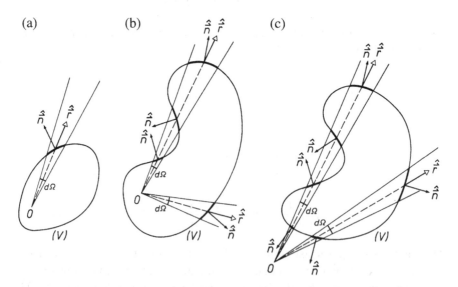

Abb. C.15. Zur Integration (C.11.9) über verschiedene geschlossene Oberflächen (V). **(a)** Ursprung liegt innerhalb einer überall konvexen Oberfläche. **(b)** Ursprung liegt innerhalb einer Oberfläche, die nicht überall konvex ist. **(c)** Ursprung liegt außerhalb einer geschlossenen Oberfläche

Das Ergebnis gilt auch für nicht überall konvexe Oberflächen, Abb. C.15b, weil sich zu jedem Raumwinkelelement alle Beiträge bis auf einen wegen wechselnder Vorzeichen wegheben. Liegt der Ursprung außerhalb des Volumens, Abb. C.15c, so treten zu jedem die Oberfläche durchstoßenden Raumwinkelelement $2, 4, 6, \ldots$ Flächenelemente auf, die sich gegenseitig wegheben,

$$b \int_{(V)} \frac{1}{r^2} \hat{\mathbf{r}} \cdot d\mathbf{a} = 0 \quad , \qquad 0 \notin V \quad . \qquad \text{(C.11.11)}$$

C.12 Volumenintegral

Wir betrachten das Volumenintegral einer skalaren Funktion $S(\mathbf{r})$, erstreckt über ein dreidimensionales Volumen V. Nach dem üblichen Verfahren läßt es sich wieder als Grenzwert einer Summe über endliche Teilvolumina darstellen,

$$\int_V S(\mathbf{r}) \, dV = \sum_{\ell=1}^{N} S(\mathbf{r}_\ell) \, \Delta V_\ell + \cdots \quad .$$

Die Teilvolumina selbst sind für hinreichende Unterteilung durch Parallelepipede (*Volumenelemente*) aus drei Vektoren $\Delta \mathbf{r}_{1\ell}, \Delta \mathbf{r}_{2\ell}, \Delta \mathbf{r}_{3\ell}$ beschreibbar, und es gilt (Abb. C.16)

$$\Delta V_\ell = (\Delta \mathbf{r}_{1\ell} \times \Delta \mathbf{r}_{2\ell}) \cdot \Delta \mathbf{r}_{3\ell} \quad ,$$

so daß das Volumenintegral auch in der Form

$$\int_V S \, dV = \int_V S \, (d\mathbf{r}_1 \times d\mathbf{r}_2) \cdot d\mathbf{r}_3$$

geschrieben werden kann.

In Analogie zu unserer Argumentation beim Oberflächenintegral charakterisieren wir ein Volumen durch drei Parameter u_1, u_2, u_3, die den Ortsvektor beschreiben,

$$\mathbf{r} = \mathbf{r}(u_1, u_2, u_3) \quad ,$$

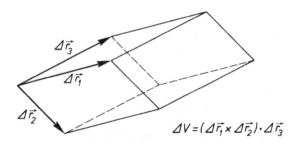

$$\Delta V = (\Delta \vec{r}_1 \times \Delta \vec{r}_2) \cdot \Delta \vec{r}_3$$

Abb. C.16. Das Volumen eines Parallelepipedes ist das Spatprodukt seiner drei Kantenvektoren

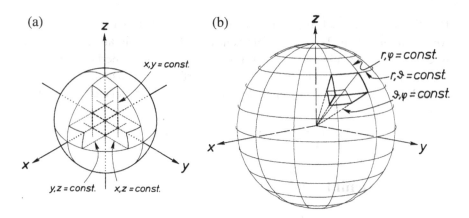

Abb. C.17 a,b. Aufteilung eines Volumens durch Koordinatenlinien in Volumenelemente am Beispiel einer Kugel, die in (**a**) durch x-, y- und z-Linien, in (**b**) durch r-, ϑ- und φ-Linien geteilt ist

und in einem Gebiet G variieren, wenn sich $\mathbf{r}$ im Volumen V bewegt. Wir gewinnen die Koordinatenlinien wie früher, indem wir stets zwei Variablen festhalten, während die dritte veränderlich bleibt:

$$
\begin{aligned}
\mathbf{r}_1(u_1) &= \mathbf{r}(u_1, u_{20}, u_{30}) \quad , \\
\mathbf{r}_2(u_2) &= \mathbf{r}(u_{10}, u_2, u_{30}) \quad , \\
\mathbf{r}_3(u_3) &= \mathbf{r}(u_{10}, u_{20}, u_3) \quad .
\end{aligned}
\tag{C.12.1}
$$

Zwei Beispiele für Koordinatenlinien enthält Abb. C.17. Die Liniendifferentiale entlang der Koordinatenlinien sind dann wieder durch

$$
\mathrm{d}\mathbf{r}_i = \frac{\mathrm{d}\mathbf{r}_i(u_i)}{\mathrm{d}u_i}\,\mathrm{d}u_i = \frac{\partial \mathbf{r}}{\partial u_i}\,\mathrm{d}u_i
$$

gegeben. Dabei deuten die runden Differentialzeichen wieder die partiellen Differentiationen an, bei der alle Variablen von $\mathbf{r} = \mathbf{r}(u_1, u_2, u_3)$ außer u_i selbst festgehalten werden. Man gewinnt so ein Dreifachintegral über das Gebiet G der Variablen u_1, u_2, u_3,

$$
\int_V S\,\mathrm{d}V = \int_V S\,(\mathrm{d}\mathbf{r}_1 \times \mathrm{d}\mathbf{r}_2)\cdot\mathrm{d}\mathbf{r}_3 = \iiint_G S\left(\frac{\partial \mathbf{r}}{\partial u_1} \times \frac{\partial \mathbf{r}}{\partial u_2}\right)\cdot\frac{\partial \mathbf{r}}{\partial u_3}\,\mathrm{d}u_3\,\mathrm{d}u_2\,\mathrm{d}u_1 \quad .
$$

Der Ausdruck

$$
\left(\frac{\partial \mathbf{r}}{\partial u_1} \times \frac{\partial \mathbf{r}}{\partial u_2}\right)\cdot\frac{\partial \mathbf{r}}{\partial u_3}
$$

ist in kartesischen Koordinaten für den Ortsvektor wegen (B.8.7) gerade die Determinante

$$\begin{vmatrix} \dfrac{\partial x}{\partial u_1} & \dfrac{\partial y}{\partial u_1} & \dfrac{\partial z}{\partial u_1} \\[2mm] \dfrac{\partial x}{\partial u_2} & \dfrac{\partial y}{\partial u_2} & \dfrac{\partial z}{\partial u_2} \\[2mm] \dfrac{\partial x}{\partial u_3} & \dfrac{\partial y}{\partial u_3} & \dfrac{\partial z}{\partial u_3} \end{vmatrix} = \frac{\partial(x,y,z)}{\partial(u_1,u_2,u_3)} \quad . \tag{C.12.2}$$

Sie beschreibt den Faktor zwischen den Volumina der Parallelepipede, die von den Koordinatenlinien in x, y, z bzw. u_1, u_2, u_3 gebildet werden,

$$(\mathrm{d}\mathbf{r}_1 \times \mathrm{d}\mathbf{r}_2) \cdot \mathrm{d}\mathbf{r}_3 = \frac{\partial(x,y,z)}{\partial(u_1,u_2,u_3)} \, \mathrm{d}u_1 \, \mathrm{d}u_2 \, \mathrm{d}u_3 \quad , \tag{C.12.3}$$

und heißt *Jacobi-Determinante*.

Volumenelement in kartesischen Koordinaten In kartesischen Koordinaten gilt

$$\frac{\partial(x,y,z)}{\partial(x,y,z)} = 1$$

und somit, wie erwartet,

$$\int_V S \, \mathrm{d}V = \int_V S \, (\mathrm{d}\mathbf{r}_1 \times \mathrm{d}\mathbf{r}_2) \cdot \mathrm{d}\mathbf{r}_3 = \int_V s(x,y,z) \, \mathrm{d}x \, \mathrm{d}y \, \mathrm{d}z \quad .$$

Volumenelement in Kugelkoordinaten In Kugelkoordinaten wird der Ortsvektor $\mathbf{r}$ durch drei Parameter r, ϑ und φ festgelegt,

$$\mathbf{r} = r\mathbf{e}_r(\vartheta, \varphi) \quad .$$

Als vektorielle Differentiale haben wir

$$\begin{aligned} \mathrm{d}\mathbf{r}_r &= \frac{\partial \mathbf{r}}{\partial r} \, \mathrm{d}r = \mathbf{e}_r(\vartheta, \varphi) \, \mathrm{d}r \quad , \\[2mm] \mathrm{d}\mathbf{r}_\vartheta &= \frac{\partial \mathbf{r}}{\partial \vartheta} \, \mathrm{d}\vartheta = r\frac{\partial \mathbf{e}_r(\vartheta, \varphi)}{\partial \vartheta} \, \mathrm{d}\vartheta = r\mathbf{e}_\vartheta \, \mathrm{d}\vartheta \quad , \\[2mm] \mathrm{d}\mathbf{r}_\varphi &= \frac{\partial \mathbf{r}}{\partial \varphi} \, \mathrm{d}\varphi = r\frac{\partial \mathbf{e}_r(\vartheta, \varphi)}{\partial \varphi} \, \mathrm{d}\varphi = r \sin \vartheta \, \mathbf{e}_\varphi \, \mathrm{d}\varphi \quad . \end{aligned} \tag{C.12.4}$$

Das Volumenelement ist das Spatprodukt der drei vektoriellen Differentiale,

$$\mathrm{d}V = \mathrm{d}\mathbf{r}_r \cdot (\mathrm{d}\mathbf{r}_\vartheta \times \mathrm{d}\mathbf{r}_\varphi) = \mathrm{d}\mathbf{r}_r \cdot \mathrm{d}\mathbf{a} \quad .$$

Das Flächenelement $\mathrm{d}\mathbf{a}$ für die Kugeloberfläche vom Radius r ist nach (C.11.4)

$$\mathrm{d}\mathbf{a} = \mathrm{d}\mathbf{r}_\vartheta \times \mathrm{d}\mathbf{r}_\varphi = r^2 \sin \vartheta \, \mathbf{e}_r \, \mathrm{d}\vartheta \, \mathrm{d}\varphi \quad ,$$

so daß das Volumenelement einfach

$$dV = r^2 \sin \vartheta \, dr \, d\vartheta \, d\varphi = -r^2 \, dr \, d \cos \vartheta \, d\varphi$$

wird.

Das gleiche Ergebnis erhält man natürlich auch, wenn man das Volumenelement in Kugelkoordinaten entsprechend (C.12.3) als

$$dV = \frac{\partial(x, y, z)}{\partial(r, \vartheta, \varphi)} \, dr \, d\vartheta \, d\varphi$$

schreibt und die Jacobi-Determinante (C.12.2) aus den Beziehungen $x = r \sin \vartheta \cos \varphi$, $y = r \sin \vartheta \sin \varphi$, $z = r \cos \vartheta$ zwischen kartesischen und sphärischen Koordinaten ausrechnet.

Volumenintegral eines Zentralfeldes Wir beschränken uns auf ein Zentralfeld der Gestalt

$$S(\mathbf{r}) = 1/r^n \quad .$$

Die Volumenintegration dieses Feldes über den ganzen Raum

$$\int S(\mathbf{r}) \, dV = \int_0^{2\pi} \int_{-1}^{1} \int_0^{\infty} \frac{1}{r^n} r^2 \, dr \, d\cos\vartheta \, d\varphi = 4\pi \int_0^{\infty} \frac{1}{r^{n-2}} \, dr$$

divergiert entweder an der unteren oder oberen Grenze in r. Betrachtet man nur das Volumen außerhalb einer Kugel vom Radius R um den Ursprung, so erhält man für $n > 3$ konvergente Resultate,

$$\int_{r>R} S(\mathbf{r}) \, dV = 4\pi \int_R^{\infty} \frac{1}{r^{n-2}} \, dr = \frac{1}{(n-3)} \frac{1}{R^{n-3}} \quad .$$

C.13 Integralsatz von Stokes

Es sei

$$\Delta \mathbf{a}_x = \Delta \mathbf{y} \times \Delta \mathbf{z} = \Delta y \, \Delta z \, \mathbf{e}_x = \Delta a \, \mathbf{e}_x \qquad (C.13.1)$$

ein von den Vektoren $\Delta \mathbf{y} = \Delta y \, \mathbf{e}_y$ und $\Delta \mathbf{z} = \Delta z \, \mathbf{e}_z$ aufgespanntes Flächenelement, vgl. (C.11.1).

Für kleine Δy, Δz gilt in guter Näherung für die partiellen Ableitungen der Komponenten w_y, w_z eines Vektorfeldes $\mathbf{W}$

$$\frac{\partial w_y}{\partial z} = \frac{w_y(x, y, z + \Delta z) - w_y(x, y, z)}{\Delta z} \quad ,$$
$$\frac{\partial w_z}{\partial y} = \frac{w_z(x, y + \Delta y, z) - w_z(x, y, z)}{\Delta y} \quad .$$

Wir bilden den Ausdruck $(\nabla \times \mathbf{W}(\mathbf{r})) \cdot \Delta\mathbf{a}_x$ und finden mit (C.5.1)

$$
\begin{aligned}
(\nabla \times \mathbf{W}(\mathbf{r})) \cdot \Delta\mathbf{a}_x &= (w_z(x, y + \Delta y, z) - w_z(x, y, z))\,\Delta z \\
&\quad - (w_y(x, y, z + \Delta z) - w_y(x, y, z))\,\Delta y \\
&= (\mathbf{W}(\mathbf{r} + \Delta\mathbf{y}) - \mathbf{W}(\mathbf{r})) \cdot \Delta\mathbf{z} \\
&\quad - (\mathbf{W}(\mathbf{r} + \Delta\mathbf{z}) - \mathbf{W}(\mathbf{r})) \cdot \Delta\mathbf{y} \quad . \quad \text{(C.13.2)}
\end{aligned}
$$

Die rechte Seite ist (wiederum für kleine Δy, Δz in guter Näherung) gleich dem Linienintegral über $\mathbf{W}(\mathbf{r})$ längs der Umrandung des Flächenelements Δa_x bestehend aus den vier Teilwegen $\Delta\mathbf{y}$, $\Delta\mathbf{z}$, $-\Delta\mathbf{y}$, $-\Delta\mathbf{z}$,

$$
\begin{aligned}
\oint_{(\Delta a_x)} \mathbf{W}(\mathbf{r}') \cdot d\mathbf{r}' &= \mathbf{W}(\mathbf{r}) \cdot \Delta\mathbf{y} + \mathbf{W}(\mathbf{r} + \Delta\mathbf{y}) \cdot \Delta\mathbf{z} \\
&\quad + \mathbf{W}(\mathbf{r} + \Delta\mathbf{z}) \cdot (-\Delta\mathbf{y}) + \mathbf{W}(\mathbf{r}) \cdot (-\Delta\mathbf{z}) \quad . \quad \text{(C.13.3)}
\end{aligned}
$$

Im Grenzwert $\Delta a_x \to 0$ nimmt (C.13.2) die Form

$$
(\nabla \times \mathbf{W}(\mathbf{r})) \cdot \mathbf{e}_x \, \Delta a_x = \oint_{(\Delta a_x)} \mathbf{W}(\mathbf{r}') \cdot d\mathbf{r}'
$$

an. Wählen wir anstelle von $\mathbf{e}_x$ eine beliebige Richtung $\hat{\mathbf{n}}$, so gilt

$$
(\nabla \times \mathbf{W}(\mathbf{r})) \cdot \hat{\mathbf{n}} \, \Delta a = \oint_{(\Delta a)} \mathbf{W}(\mathbf{r}') \cdot d\mathbf{r}' \quad . \qquad \text{(C.13.4)}
$$

Dabei ist $\Delta\mathbf{a}$ ein Flächenelement der Größe Δa und der Normalenrichtung $\hat{\mathbf{n}}$ und (Δa) die Berandung von Δa, deren Umlaufsinn mit der Richtung $\hat{\mathbf{n}}$ eine Rechtsschraube bildet.

Wir betrachten jetzt ein Flächenstück a im Raum und approximieren es durch viele kleine Rechteckflächen Δa_i, Abb. C.18. Die Summe der Skalarprodukte $[\nabla \times \mathbf{W}(\mathbf{r}_i)] \cdot \Delta\mathbf{a}_i$ der Rotation des Feldes $\mathbf{W}$ an einem Ort $\mathbf{r}_i$ auf dem Flächenelement Δa_i mit diesem Flächenelement ist im Grenzwert sehr feiner Unterteilung gegeben durch

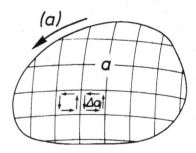

Abb. C.18. Fläche a im Raum, zerlegt in Flächenelemente Δa_i

$$\lim_{N \to \infty} \sum_{i=1}^{N} (\boldsymbol{\nabla} \times \mathbf{W}(\mathbf{r}_i)) \cdot \varDelta\mathbf{a}_i = \sum_{i=1}^{N} \oint_{(\varDelta a_i)} \mathbf{W}(\mathbf{r}') \cdot d\mathbf{r}' \quad,$$

also gleich der Summe der Umlaufintegrale über die Ränder ($\varDelta a_i$) der Flächenelemente.

In dieser Summe tragen alle Begrenzungslinien zwischen benachbarten Flächenelementen zweimal, jedoch mit gegensätzlicher Laufrichtung, bei. Daher verschwindet die Summe aller dieser Beiträge, und es verbleibt nur das Integral über die Berandung (a) der Fläche a. Wir erhalten damit den *Integralsatz von Stokes*

$$\int_a (\boldsymbol{\nabla} \times \mathbf{W}(\mathbf{r})) \cdot d\mathbf{a} = \oint_{(a)} \mathbf{W}(\mathbf{r}) \cdot d\mathbf{r} \quad. \qquad \text{(C.13.5)}$$

Dabei bilden die Normalen auf der Fläche a und die Umlaufrichtung der Randkurve eine Rechtsschraube. Er sagt insbesondere aus, daß für ein rotationsfreies Feld das Umlaufintegral über jeden geschlossenen Weg verschwindet. Liegen auf einem solchen Weg zwei Punkte $\mathbf{r}_0$ und $\mathbf{r}$, und verbinden die beiden Teilwege C_1 und C_2 diese Punkte, Abb. C.19, so können wir das Umlaufintegral als Summe zweier Linienintegrale schreiben,

$$\oint_{(a)} \mathbf{W}(\mathbf{r}') \cdot d\mathbf{r}' = \int_{\mathbf{r}_0, C_1}^{\mathbf{r}} \mathbf{W}(\mathbf{r}') \cdot d\mathbf{r}' + \int_{\mathbf{r}, -C_2}^{\mathbf{r}_0} \mathbf{W}(\mathbf{r}') \cdot d\mathbf{r}' = 0 \quad.$$

Diese Aussage ist gleichbedeutend mit der Wegunabhängigkeit des Linienintegrals über ein rotationsfreies Feld,

$$\int_{\mathbf{r}_0, C_1}^{\mathbf{r}} \mathbf{W}(\mathbf{r}') \cdot d\mathbf{r}' = \int_{\mathbf{r}_0, C_2}^{\mathbf{r}} \mathbf{W}(\mathbf{r}') \cdot d\mathbf{r}' \quad. \qquad \text{(C.13.6)}$$

Der Satz von Stokes erlaubt auch eine anschauliche Deutung der Rotation. Dazu schreiben wir das Flächenelement $\varDelta\mathbf{a} = \hat{\mathbf{n}} \, \varDelta a$ als Produkt aus seinem

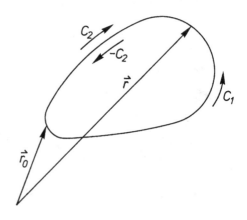

Abb. C.19. Die Punkte $\mathbf{r}_0$ und $\mathbf{r}$ sind durch zwei Wege C_1, C_2 verbunden. Die Wege C_1 und $-C_2$ bilden einen geschlossenen Weg

Betrag Δa und dem Einheitsvektor $\hat{\mathbf{n}}$ in Normalenrichtung. Im Grenzwert $\Delta a \to 0$ kann die Änderung von $\boldsymbol{\nabla} \times \mathbf{W}(\mathbf{r})$ innerhalb der kleinen Fläche vernachlässigt werden, und man erhält aus (C.13.4) direkt

$$(\boldsymbol{\nabla} \times \mathbf{W}(\mathbf{r})) \cdot \hat{\mathbf{n}} = \lim_{\Delta a \to 0} \frac{1}{\Delta a} \oint_{(\Delta a)} \mathbf{W}(\mathbf{r}') \cdot d\mathbf{r}' \quad . \tag{C.13.7}$$

Dabei ist das Umlaufintegral auf dem Rand einer kleinen Fläche zu nehmen, die den Punkt $\mathbf{r}$ enthält und die Normale $\hat{\mathbf{n}}$ besitzt. Der Ausdruck wird offenbar maximal, wenn $\hat{\mathbf{n}}$ die Richtung von $\boldsymbol{\nabla} \times \mathbf{W}$ hat. Dann gilt

$$|\boldsymbol{\nabla} \times \mathbf{W}(\mathbf{r})| = \lim_{\Delta a \to 0} \frac{1}{\Delta a} \oint_{(\Delta a)} \mathbf{W}(\mathbf{r}') \cdot d\mathbf{r}' \quad .$$

Multipliziert man beide Seiten von (C.13.7) mit $\hat{\mathbf{n}}$, so erhält man als Ausdruck für die Rotation

$$\boldsymbol{\nabla} \times \mathbf{W}(\mathbf{r}) = \left\{ \lim_{\Delta a \to 0} \frac{1}{\Delta a} \oint_{(\Delta a)} \mathbf{W}(\mathbf{r}') \cdot d\mathbf{r}' \right\} \hat{\mathbf{n}} \quad .$$

Als einfaches Beispiel betrachten wir das axiale Vektorfeld $\mathbf{W}_A = \mathbf{b} \times \mathbf{r}$ mit $\mathbf{b} = b\mathbf{e}_z$. Als Fläche a wählen wir den Kreis um den Ursprung in der (x, y)-Ebene mit dem Radius R und der Normalen $\hat{\mathbf{n}} = \mathbf{e}_z$, wie in Abb. C.9. Unter Benutzung von (C.9.9) erhält man für den Ausdruck auf der rechten Seite

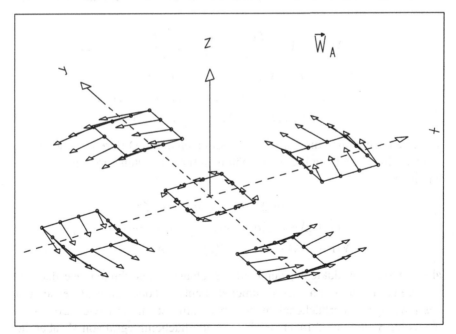

Abb. C.20. Zum Stokesschen Satz: Auf den Rändern von fünf Quadraten in der (x, y)-Ebene ist durch Pfeile das axiale Vektorfeld $\mathbf{W}_A = b\mathbf{e}_z \times \mathbf{r}$ dargestellt. Die Linienintegrale über $\mathbf{W}_A$ entlang der Ränder aller fünf Quadrate sind gleich

$$\frac{1}{\pi R^2}(2b\pi R^2)\mathbf{e}_z = 2b\mathbf{e}_z$$

in Übereinstimmung mit $\boldsymbol{\nabla} \times (\mathbf{b} \times \mathbf{r}) = 2\mathbf{b}$, vgl. (C.5.4).

Eine graphische Veranschaulichung bietet Abb. C.20. Hier ist das Feld $\mathbf{W}_A$ auf den Rändern von fünf Quadraten gleicher Größe in der (x, y)-Ebene durch Pfeile dargestellt. Das Linienintegral über $\mathbf{W}_A$ längs des Randes ist für jedes Quadrat das gleiche. (Zwar sind die Pfeile für das mittlere Quadrat wesentlich kürzer. Es liefern jedoch alle Pfeile Beiträge gleichen Vorzeichens zum Linienintegral, während die Beiträge der einzelnen Pfeile sich bei den äußeren Quadraten weitgehend kompensieren.) Die Gleichheit der Linienintegrale entspricht der Gleichheit der Flächenintegrale $\int_a(\text{rot } \mathbf{W}_A)\cdot d\mathbf{a}$ über die Flächen a der Quadrate, die wegen rot $\mathbf{W}_A = 2\mathbf{b} = \text{const}$ gilt, vgl. Abb. C.7.

C.14 Integralsatz von Gauß

Wir betrachten ein quaderförmiges Volumenelement ΔV, das sich am Ort $\mathbf{r}$ befindet und von den drei achsenparallelen Vektoren $\Delta\mathbf{x} = \Delta x\,\mathbf{e}_x$, $\Delta\mathbf{y} = \Delta y\,\mathbf{e}_y$ und $\Delta\mathbf{z} = \Delta z\,\mathbf{e}_z$ aufgespannt wird. Das Produkt aus der Divergenz (C.4.1) eines Vektorfeldes $\mathbf{W}(\mathbf{r})$ und dem Volumenelement läßt sich in der Form

$$\begin{aligned}
\boldsymbol{\nabla} \cdot \mathbf{W}(\mathbf{r})\,\Delta V &= \left(\frac{\partial w_x}{\partial x} + \frac{\partial w_y}{\partial y} + \frac{\partial w_z}{\partial z}\right)\Delta x\,\Delta y\,\Delta z \\
&\approx \ (w_x(x+\Delta x, y, z) - w_x(x, y, z))\,\Delta y\,\Delta z \\
&\quad + (w_y(x, y+\Delta y, z) - w_y(x, y, z))\,\Delta x\,\Delta z \\
&\quad + (w_z(x, y, z+\Delta z) - w_z(x, y, z))\,\Delta x\,\Delta y \quad\quad \text{(C.14.1)}
\end{aligned}$$

schreiben, wenn man die Differentialquotienten durch Differenzenquotienten ersetzt. Mit (C.13.1) und (C.1.8) erhält man für den ersten Term auf der rechten Seite

$$\begin{aligned}
&w_x(x+\Delta x, y, z)\,\Delta y\,\Delta z - w_x(x, y, z)\,\Delta y\,\Delta z \\
&= \ w_x(x+\Delta x, y, z)\mathbf{e}_x \cdot \Delta\mathbf{a}_x + w_x(x, y, z)\mathbf{e}_x \cdot (-\Delta\mathbf{a}_x) \\
&= \ \mathbf{W}(\mathbf{r}+\Delta\mathbf{x}) \cdot \Delta\mathbf{a}_x + \mathbf{W}(\mathbf{r}) \cdot (-\Delta\mathbf{a}_x) \quad ,
\end{aligned}$$

also die Skalarprodukte aus den beiden nach außen gerichteten Oberflächenvektoren $\Delta\mathbf{a}_x$ und $-\Delta\mathbf{a}_x$ des Volumenelements und den Feldvektoren am Ort des jeweiligen Oberflächenelements. Insgesamt ist im Grenzwert $\Delta V \to 0$ die rechte Seite von (C.14.1) gleich dem Oberflächenintegral von $\mathbf{W}$ über die Oberfläche (ΔV) des Volumenelements ΔV am Ort $\mathbf{r}$,

$$\boldsymbol{\nabla} \cdot \mathbf{W}(\mathbf{r}) = \lim_{\Delta V \to 0} \frac{1}{\Delta V} \oint_{(\Delta V)} \mathbf{W}(\mathbf{r}') \cdot d\mathbf{a}' \quad . \quad\quad \text{(C.14.2)}$$

Zerlegen wir ein Volumen V in N Volumenelemente ΔV_i, $i = 1, \ldots, N$, und bilden im Grenzwert $N \to \infty$ die Summe über alle Ausdrücke der Art (C.14.1), so erhalten wir auf der linken Seite ein Volumenintegral über das Volumen V und auf der rechten Seite ein Oberflächenintegral über die Oberfläche (V) von V, weil sich die Beiträge auf den gemeinsamen Grenzflächen benachbarter Volumenelemente wegheben. Man erhält den *Integralsatz von Gauß*:

$$\int_V \boldsymbol{\nabla} \cdot \mathbf{W}(\mathbf{r})\, \mathrm{d}V = \oint_{(V)} \mathbf{W}(\mathbf{r}) \cdot \mathbf{da} \quad . \tag{C.14.3}$$

Zur Veranschaulichung der Ergebnisse (C.14.2) und (C.14.3) betrachten wir ein Vektorfeld $\mathbf{W}(\mathbf{r}) = \varrho \mathbf{v}(\mathbf{r})$, das die *Stromdichte* einer Flüssigkeit beschreibt. Dabei ist $\mathbf{v}(\mathbf{r})$ die Geschwindigkeit der Flüssigkeit am Ort $\mathbf{r}$ und ϱ die konstante Massendichte der Flüssigkeit. Das Feld $\mathbf{W}$ sei zeitunabhängig. Das Oberflächenintegral auf der rechten Seite von (C.14.3) ist dann gerade gleich der pro Zeiteinheit aus dem Volumen V durch seine Oberfläche (V) herausfließenden Flüssigkeitsmasse. Wenden wir diese Interpretation auf (C.14.2) an, so erkennen wir die rechte Seite als die aus ΔV pro Zeiteinheit herausfließende Flüssigkeitsmasse dividiert durch das Volumen ΔV. Sie muß gleich der pro Volumen- und Zeiteinheit in ΔV erzeugten Flüssigkeitsmasse sein, denn bei zeitunabhängiger Strömung kann aus ΔV in einem Zeitintervall nur dann Flüssigkeit herausströmen, wenn die gleiche Flüssigkeitsmasse in ΔV erzeugt wird. Wir nennen daher die Divergenz $\operatorname{div} \mathbf{W}(\mathbf{r}) = \boldsymbol{\nabla} \cdot \mathbf{W}(\mathbf{r})$ auch die *Quelldichte pro Volumeneinheit* des Feldes $\mathbf{W}$ am Ort $\mathbf{r}$.

Zur Illustration betrachten wir das Feld $\mathbf{W}_{\mathrm{HO}}(\mathbf{r}) = b r \hat{\mathbf{r}}$ mit der Divergenz $\boldsymbol{\nabla} \cdot \mathbf{W}_{\mathrm{HO}}(\mathbf{r}) = 3b$. Da die Divergenz konstant ist, sind Volumenintegrale $\int_V \boldsymbol{\nabla} \cdot \mathbf{W}_{\mathrm{HO}}(\mathbf{r})\, \mathrm{d}V$ über gleich große Volumina V unabhängig von deren Lage stets gleich. Dann müssen aber auch die Oberflächenintegrale $\oint_{(V)} \mathbf{W}_{\mathrm{HO}}(\mathbf{r}) \cdot \mathbf{da}$ über die Oberflächen dieser Volumina gleich sein. Abbildung C.21 zeigt das Feld $\mathbf{W}_{\mathrm{HO}}$ angedeutet durch Pfeile auf den Oberflächen von fünf gleich großen Würfeln. Zwar sind die Pfeile auf dem mittleren Würfel viel kürzer, doch zeigen sie sämtlich nach außen und leisten so alle einen positiven Beitrag zum Oberflächenintegral. Interpretieren wir das Feld $\mathbf{W}_{\mathrm{HO}}$ wie oben als Stromdichte einer Flüssigkeit, so strömt aus dem mittleren Würfel nur Flüssigkeit heraus. Aus den äußeren Würfeln strömt ebenfalls Flüssigkeit heraus; es strömt aber auch Flüssigkeit in sie hinein. Das Oberflächenintegral beschreibt den Nettoausstoß an Flüssigkeit, der für alle Würfel gleich ist.

Wir betrachten jetzt noch das Feld $\mathbf{W}_{\mathrm{G}} = (b/r^2)\hat{\mathbf{r}}$. Für ein kugelförmiges Volumenelement $\Delta V = (4\pi/3)R^3$ vom Radius R um den Ursprung gilt mit (C.11.10)

$$\boldsymbol{\nabla} \cdot \mathbf{W}(\mathbf{r} = 0) = \lim_{R \to 0} \frac{3}{4\pi R^3} \cdot 4\pi b \quad .$$

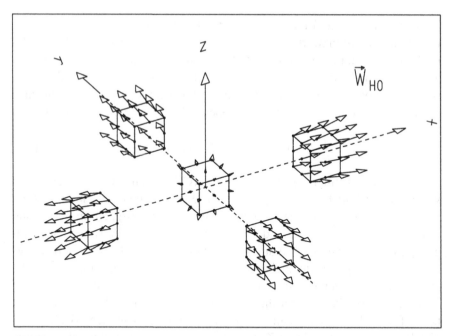

Abb. C.21. Zum Gaußschen Satz: Auf den Oberflächen von fünf Würfeln, deren Mittelpunkte in der (x, y)-Ebene liegen, ist durch Pfeile das radiale Vektorfeld $\mathbf{W}_{\mathrm{HO}} = b\mathbf{r}$ dargestellt. Die Oberflächenintegrale über die Ränder aller fünf Würfel sind gleich

Dieser Ausdruck divergiert. Die Quelldichte pro Volumeneinheit des Feldes $\mathbf{W}_{\mathrm{G}}$ wird bei $\mathbf{r} = 0$ unendlich. An jedem Ort $\mathbf{r} \neq 0$ verschwindet sie wegen (C.4.12), (C.11.11). Das Feld besitzt bei $\mathbf{r} = 0$ eine *Punktquelle*. Wegen (C.11.10) entströmt jeder die Quelle umgebenden Oberfläche in der Zeiteinheit die Masse $4\pi b$, die man als *Quellstärke* der Punktquelle bezeichnen kann.

C.15 Aufgaben

C.1: Bestimmen Sie ($a, b = \mathrm{const}$, $r = |\mathbf{r}| \neq 0$)

(a) $\boldsymbol{\nabla}(\mathbf{a} \cdot \mathbf{r})$, $\boldsymbol{\nabla} r$, $\boldsymbol{\nabla}(1/r)$, $\boldsymbol{\nabla} \ln r$, $\boldsymbol{\nabla}[(\mathbf{r} \times \mathbf{a}) \cdot \mathbf{b}]$;

(b) $\boldsymbol{\nabla} \cdot \mathbf{a}$, $\boldsymbol{\nabla} \cdot \mathbf{r}$, $\boldsymbol{\nabla} \cdot (\mathbf{a} \times \mathbf{r})$, $\boldsymbol{\nabla} \cdot (r\mathbf{a})$, $\boldsymbol{\nabla} \cdot (\mathbf{r}/r)$, $\boldsymbol{\nabla} \cdot (r\boldsymbol{\nabla}(1/r^3))$;

(c) $\boldsymbol{\nabla} \times \mathbf{r}$, $\boldsymbol{\nabla} \times (\mathbf{r}/r^3)$, $\boldsymbol{\nabla} \times (\mathbf{b} \times \mathbf{r})$.

C.2: Gegeben sind die Felder $\mathbf{A} = (-xy, z^2, xyz)$ und $\mathbf{B} = (x^2 y, y^2 z^3, -x^2 yz)$. Berechnen Sie

(a) $\boldsymbol{\nabla} \cdot \mathbf{A}$, $\boldsymbol{\nabla} \cdot \mathbf{B}$, $\boldsymbol{\nabla} \times \mathbf{A}$, $\boldsymbol{\nabla} \times \mathbf{B}$;

(b) $\boldsymbol{\nabla}(\mathbf{A} \cdot \mathbf{B})$, $\boldsymbol{\nabla} \cdot (\mathbf{A} \times \mathbf{B})$.

C.3: Gegeben seien zwei Vektorfelder $\mathbf{A}(\mathbf{x})$, $\mathbf{B}(\mathbf{x})$ und ein Skalarfeld $\varphi(\mathbf{x})$. Zeigen Sie mit Hilfe des Nabla-Operators:

(a) $\operatorname{div}(\varphi\mathbf{A}) = \mathbf{A} \cdot \operatorname{grad}\varphi + \varphi\operatorname{div}\mathbf{A}$,

(b) $\operatorname{div}(\mathbf{A} \times \mathbf{B}) = \mathbf{B} \cdot \operatorname{rot}\mathbf{A} - \mathbf{A} \cdot \operatorname{rot}\mathbf{B}$,

(c) $\operatorname{rot}\operatorname{rot}\mathbf{A} = \operatorname{grad}\operatorname{div}\mathbf{A} - \Delta\mathbf{A}$,

(d) $\operatorname{grad}(\mathbf{A} \cdot \mathbf{B}) = (\mathbf{A} \cdot \operatorname{grad})\mathbf{B} + \mathbf{A} \times \operatorname{rot}\mathbf{B} + (\mathbf{B} \cdot \operatorname{grad})\mathbf{A} + \mathbf{B} \times \operatorname{rot}\mathbf{A}$.

Hinweis: Berechnen Sie (c) und (d) mit Hilfe der Identität

$$\sum_k \varepsilon_{ijk}\varepsilon_{klm} = \delta_{il}\delta_{jm} - \delta_{im}\delta_{jl} \quad .$$

C.4: Schreiben Sie das Vektorfeld $\mathbf{F}(\mathbf{r}) = z\mathbf{e}_x - x\mathbf{e}_z$ in Kugelkoordinaten um, d. h. schreiben Sie $\mathbf{F}$ in der Form $\mathbf{F}(\mathbf{r}) = F_r\mathbf{e}_r + F_\vartheta\mathbf{e}_\vartheta + F_\varphi\mathbf{e}_\varphi$, wobei die Koeffizienten F_r, F_ϑ und F_φ Funktionen der Kugelkoordinaten r, ϑ, φ sind.

C.5: Ein Vektorfeld $\mathbf{v}(\mathbf{r})$ ist gegeben durch:

$$\begin{aligned}\mathbf{v}(\mathbf{r}) \;=\;& (\cos\frac{\pi}{a}x)(\sin\frac{\pi}{b}y)(\sin\frac{\pi}{c}z)\mathbf{e}_x + (\sin\frac{\pi}{a}x)(\cos\frac{\pi}{b}y)(\sin\frac{\pi}{c}z)\mathbf{e}_y \\ &+ (\sin\frac{\pi}{a}x)(\sin\frac{\pi}{b}y)(\cos\frac{\pi}{c}z)\mathbf{e}_z \quad ,\end{aligned}$$

$a, b, c = \text{const}$. Berechnen Sie $\oint_A \mathbf{v} \cdot d\mathbf{a}$ sowohl durch direktes Ausintegrieren, als auch mit Hilfe des Gaußschen Satzes. Dabei ist A die Oberfläche eines Quaders mit den Kantenlängen a, b und c. Die Lage des Quaders zeigt Abb. C.22.

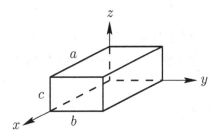

Abb. C.22. Zu Aufgabe C.5

C.6: Gegeben sei das Vektorfeld $\mathbf{v}(\mathbf{r}) = -(x+y)\mathbf{e}_x - 2x\mathbf{e}_y + z\mathbf{e}_z$ und eine Fläche A mit der Parameterdarstellung

$$A = \{\mathbf{r}(\alpha, \beta) = \alpha(\sqrt{3}\,\mathbf{e}_x + \cos\beta\,\mathbf{e}_y + \sin\beta\,\mathbf{e}_z), \alpha \in [0, R],\ \beta \in [0, 2\pi]\} \quad .$$

(a) Skizzieren Sie die Fläche A.

(b) Berechnen Sie das vektorielle Flächenelement

$$d\mathbf{a} = \left(\frac{\partial\mathbf{r}}{\partial\alpha} \times \frac{\partial\mathbf{r}}{\partial\beta}\right) d\alpha\,d\beta \quad .$$

(c) Berechnen Sie schließlich das Flächenintegral $\int_A \mathbf{v}(\mathbf{r}) \cdot d\mathbf{a}$.

(d) Berechnen Sie das Linienintegral $\oint_C \mathbf{w}(\mathbf{r}) \cdot d\mathbf{r}$ für das Vektorfeld $\mathbf{w}(\mathbf{r}) :=$ $2xz\mathbf{e}_x + z(x-y)\mathbf{e}_y + (2x^2 - y^2)\mathbf{e}_z$ und die Kurve

$$C := \{\mathbf{r}(\varphi) = R(\sqrt{3}\,\mathbf{e}_x + \cos\varphi\,\mathbf{e}_y + \sin\varphi\,\mathbf{e}_z), \ \varphi \in [0, 2\pi]\} \quad .$$

(e) Berechnen Sie rot $\mathbf{w}$, und vergleichen Sie Ihr Ergebnis aus (c) mit dem aus (d).

C.7: Eine Fläche F habe in Zylinderkoordinaten (Ortsvektor $\mathbf{r} = r_\perp \mathbf{e}_\perp(\varphi) + z\mathbf{e}_z$) die Darstellung

$$F = \{\mathbf{r}(r_\perp, \varphi, z) \mid r_\perp \in [0, R], \varphi \in [0, 2\pi], z = ar_\perp^2\} \quad , \qquad a = \text{const} \quad .$$

(a) Skizzieren Sie die Fläche F.

(b) Berechnen Sie das vektorielle Flächenelement

$$d\mathbf{a} = \left(\frac{\partial \mathbf{r}}{\partial r_\perp} \times \frac{\partial \mathbf{r}}{\partial \varphi}\right) dr_\perp \, d\varphi \quad .$$

(c) Berechnen Sie das Flächenintegral $\int_F \mathbf{A} \cdot d\mathbf{a}$ für das Vektorfeld

$$\mathbf{A}(\mathbf{r}) = (-\alpha + \beta y^2)\mathbf{e}_z \quad , \qquad \alpha, \beta = \text{const} \quad .$$

(d) Berechnen Sie das Linienintegral $\oint_C \mathbf{B} \cdot d\mathbf{r}$ für $\mathbf{B}(\mathbf{r}) = \alpha y\mathbf{e}_x + \beta xy^2\mathbf{e}_y$, mit α, $\beta = \text{const}$, und die Kurve

$$C = \{\mathbf{r}(r_\perp, \varphi, z) \mid r_\perp = R, \varphi \in [0, 2\pi], z = aR^2\} \quad , \qquad a = \text{const} \quad .$$

(e) Berechnen Sie rot $\mathbf{B}$, und vergleichen Sie Ihr Ergebnis aus (c) mit dem aus (d).

C.8: **(a)** Berechnen Sie mit Hilfe des Gaußschen Satzes die kartesischen Komponenten des Flächenintegrals

$$\mathbf{B} := \oint_F \mathbf{r}(\mathbf{b} \cdot d\mathbf{a}) \quad ,$$

wobei F eine beliebige geschlossene Fläche und $\mathbf{b}$ ein konstanter Vektor ist.

(b) Überprüfen Sie Teil (a) für den Fall, daß F die Oberfläche einer Kugel mit dem Radius R ist, durch direkte Berechnung.
Hinweis: Benutzen Sie Polarkoordinaten und legen Sie die z-Achse in die Richtung von $\mathbf{b}$.

C.9: Zeigen Sie durch Anwendung des Gaußschen Satzes auf das Vektorfeld $\mathbf{v}(\mathbf{r}) = f(\mathbf{r})\boldsymbol{\nabla}g(\mathbf{r})$ die beiden *Greenschen Sätze*:

(a) $\int_V (f\Delta g + (\boldsymbol{\nabla}f) \cdot (\boldsymbol{\nabla}g))\, dV = \oint_{\partial V} (f\boldsymbol{\nabla}g) \cdot d\mathbf{a}$,

(b) $\int_V (f\,\Delta g - g\,\Delta f)\, dV = \oint_{\partial V} (f\boldsymbol{\nabla}g - g\boldsymbol{\nabla}f) \cdot d\mathbf{a}$.

D. Taylor-Reihen

In vielen Fällen kann eine Funktion $f(x)$ einer reellen Variablen x durch eine *Potenzreihe* um die Stelle x_0 in der Form

$$f(x) = a_0 + \frac{1}{1!}a_1(x - x_0) + \frac{1}{2!}a_2(x - x_0)^2 + \cdots$$

$$= \sum_{n=0}^{\infty} \frac{1}{n!}a_n(x - x_0)^n \tag{D.1}$$

dargestellt werden. Man bestätigt sofort, daß die Koeffizienten a_n durch den Funktionswert bei x_0 und die Ableitungen der Funktion an dieser Stelle gegeben sind,

$$a_0 = f(x_0) \quad , \qquad a_n = \frac{\mathrm{d}^n f}{\mathrm{d}x^n}(x_0) \quad , \tag{D.2}$$

indem man beide Seiten der obigen Gleichung n-fach nach x differenziert und anschließend $x = x_0$ setzt. Die so gewonnene Potenzreihe

$$f(x) = \sum_{n=0}^{\infty} \frac{1}{n!} \frac{\mathrm{d}^n f}{\mathrm{d}x^n}(x_0)(x - x_0)^n \tag{D.3}$$

heißt *Taylor-Reihe*.

Durch Abbruch der unendlichen Reihe nach dem Glied N-ter Ordnung gewinnt man eine Näherung der Funktion $f(x)$ aus der Kenntnis des Funktionswertes $f(x_0)$ und der ersten N Ableitungen an der Stelle x_0.

Beispiele:

$$\frac{1}{1+x} = 1 - x + x^2 - x^3 + x^4 \mp \cdots = \sum_{n=0}^{\infty}(-1)^n x^n \, , \quad -1 < x < 1 \, ,$$

$$\sqrt{1+x} = 1 + \frac{1}{2}x - \frac{1}{8}x^2 + \frac{1}{16}x^3 \pm \cdots \, , \quad -1 < x < 1 \, ,$$

$$\frac{1}{\sqrt{1+x}} = 1 - \frac{1}{2}x + \frac{3}{8}x^2 - \frac{5}{16}x^3 \pm \cdots \, , \quad -1 < x < 1 \, ,$$

$$\mathrm{e}^x = 1 + x + \frac{1}{2!}x^2 + \frac{1}{3!}x^3 + \cdots = \sum_{n=0}^{\infty} \frac{1}{n!}x^n \, , \quad -\infty < x < \infty \, ,$$

$$\ln(1+x) \;=\; x - \frac{1}{2}x^2 + \frac{1}{3}x^3 \mp \cdots = \sum_{n=1}^{\infty} \frac{(-1)^{n-1}}{n}x^n \,, \quad -1 < x < 1 \,,$$

$$\cos x \;=\; 1 - \frac{1}{2!}x^2 + \frac{1}{4!}x^4 \mp \cdots = \sum_{n=0}^{\infty} \frac{(-1)^n}{(2n)!}x^{2n} \,, \quad -\infty < x < \infty \,,$$

$$\sin x \;=\; x - \frac{1}{3!}x^3 \pm \cdots = \sum_{n=0}^{\infty} \frac{(-1)^n}{(2n+1)!}x^{2n+1} \,, \quad -\infty < x < \infty \,,$$

$$\cosh x \;=\; \frac{1}{2}(e^x + e^{-x}) = \sum_{n=0}^{\infty} \frac{1}{(2n)!}x^{2n} \,, \quad -\infty < x < \infty \,,$$

$$\sinh x \;=\; \frac{1}{2}(e^x - e^{-x}) = \sum_{n=0}^{\infty} \frac{1}{(2n+1)!}x^{2n+1} \,, \quad -\infty < x < \infty \,.$$

$$(\text{D.4})$$

Die Funktionen werden durch die Potenzreihen in den rechts angegebenen Intervallen der Variablen x dargestellt.

In niedrigster nichttrivialer Ordnung erhält man damit die nützlichen Näherungsformeln für $|x| \ll 1$:

$$\frac{1}{1+x} \approx 1 - x \quad, \qquad \sqrt{1+x} \approx 1 + \frac{x}{2} \quad, \qquad \frac{1}{\sqrt{1+x}} \approx 1 - \frac{x}{2} \quad,$$

$$e^x \approx 1 + x \quad, \qquad \ln(1+x) \approx x \quad,$$

$$\cos x \approx 1 - \frac{x^2}{2} \quad, \qquad \sin x \approx x \quad,$$

$$\cosh x \approx 1 + \frac{x^2}{2} \quad, \qquad \sinh x \approx x \quad.$$

$$(\text{D.5})$$

Ein Beispiel für die Güte der Näherung einer Funktion durch endliche Partialsummen von Potenzreihen zeigt Abb. D.1. Hier sind die Funktion $\sin x$ und die sie annähernden Potenzreihen erster, dritter und fünfter Ordnung dargestellt. Es wird deutlich, daß der Bereich, in dem die Potenzreihe eine gute Näherung der Funktion darstellt, mit der Ordnung der Reihe wächst.

Für Funktionen mehrerer Variabler,

$$f = f(x_1, x_2, \ldots, x_N) \quad, \tag{D.6}$$

die durch Potenzreihen um den Punkt $x_{01}, x_{02}, \ldots, x_{0N}$ dargestellt werden können, hat die Taylorreihe die Form

$$f(x_1, \ldots, x_N) \;=\; f(x_{01}, \ldots, x_{0N}) + \frac{1}{1!} \sum_{\ell=1}^{N} (x_\ell - x_{0\ell}) \frac{\partial f}{\partial x_\ell}(x_{01}, \ldots, x_{0N})$$

$$+ \frac{1}{2!} \sum_{m,\ell=1}^{N} (x_m - x_{0m})(x_\ell - x_{0\ell}) \frac{\partial^2 f}{\partial x_m \partial x_\ell}(x_{01}, \ldots, x_{0N})$$

$$+ \cdots \,. \tag{D.7}$$

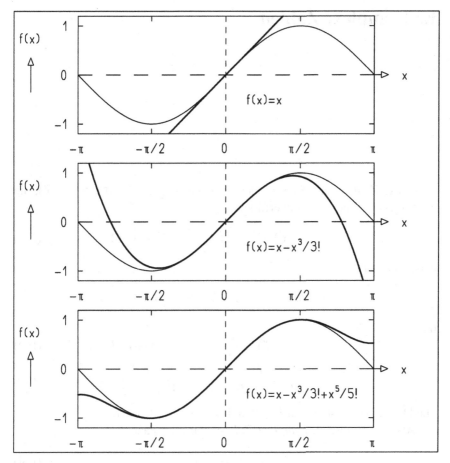

Abb. D.1. Die Funktion $\sin x$ (*dünne Linie*) und die sie annähernden Potenzreihen verschiedener Ordnung (*dicke Linie*)

Für den speziellen Fall von drei Variablen, die die Koordinaten des Ortsvektors $\mathbf{x} = x_1\mathbf{e}_1 + x_2\mathbf{e}_2 + x_3\mathbf{e}_3$ haben, lautet die Entwicklung um $\mathbf{x}_0$

$$
\begin{aligned}
f(\mathbf{x}) = {} & f(\mathbf{x}_0) + (\mathbf{x} - \mathbf{x}_0) \cdot \boldsymbol{\nabla} f(\mathbf{x}_0) \\
& + \frac{1}{2!}\left[(\mathbf{x} - \mathbf{x}_0) \otimes (\mathbf{x} - \mathbf{x}_0)\right] \cdot (\boldsymbol{\nabla} \otimes \boldsymbol{\nabla}) f(\mathbf{x}_0) + \cdots \quad .
\end{aligned} \tag{D.8}
$$

Hier bezeichnet $\boldsymbol{\nabla}$ den Nabla-Operator

$$
\boldsymbol{\nabla} = \mathbf{e}_1 \frac{\partial}{\partial x_1} + \mathbf{e}_2 \frac{\partial}{\partial x_2} + \mathbf{e}_3 \frac{\partial}{\partial x_3} \quad . \tag{D.9}
$$

E. Komplexe Zahlen

Komplexe Zahlen sind Paare reeller Zahlen $a = (\alpha, \alpha')$ und $b = (\beta, \beta')$, die die folgenden Rechenregeln erfüllen:

$$a + b = (\alpha, \alpha') + (\beta, \beta') = (\alpha + \beta, \ \alpha' + \beta') \quad , \tag{E.1}$$

entsprechend

$$a - b = (\alpha, \alpha') - (\beta, \beta') = (\alpha - \beta, \ \alpha' - \beta')$$

und

$$ab = (\alpha, \alpha')(\beta, \beta') = (\alpha\beta - \alpha'\beta', \ \alpha\beta' + \alpha'\beta) \quad , \tag{E.2}$$

$$\frac{a}{b} = \frac{(\alpha, \alpha')}{(\beta, \beta')} = \left(\frac{\alpha\beta + \alpha'\beta'}{\beta^2 + \beta'^2}, \ \frac{\alpha'\beta - \alpha\beta'}{\beta^2 + \beta'^2} \right) \quad . \tag{E.3}$$

Die Division a/b ist nur für $b \neq 0$, d. h. $b \neq (0,0)$, definiert.

Als zu a *konjugiert komplexe Zahl* a^* wird das Paar

$$a^* = (\alpha, -\alpha') \tag{E.4}$$

eingeführt. Die so definierten Rechenoperationen lassen sich auf die Rechenregeln mit reellen Zahlen formal zurückführen, wenn man das Paar reeller Zahlen in der Form

$$a = \alpha + i\alpha' \tag{E.5}$$

schreibt und für die *imaginäre Einheit* i die Rechenregel

$$i^2 = -1 \tag{E.6}$$

einführt. Die konjugierte komplexe Zahl a^* ist dann

$$a^* = \alpha - i\alpha' \quad . \tag{E.7}$$

Man nennt α den *Realteil* $\mathrm{Re}\{a\}$, α' den *Imaginärteil* $\mathrm{Im}\{a\}$ der komplexen Zahl a:

$$\alpha = \mathrm{Re}\{a\} = \frac{1}{2}(a + a^*) \quad , \qquad \alpha' = \mathrm{Im}\{a\} = \frac{1}{2i}(a - a^*) \quad .$$

Für die komplexe Konjugation gelten folgende Rechenregeln, die man leicht verifiziert:

$$(a+b)^* = a^* + b^* , \quad (a-b)^* = a^* - b^* \quad ,$$
$$(ab)^* = a^* b^* , \qquad (a/b)^* = a^*/b^* \quad .$$

Komplexe Zahlen lassen sich graphisch in einer komplexen Zahlenebene darstellen (Abb. E.1), indem man den Realteil längs der Abszisse (reelle Achse) und den Imaginärteil längs der Ordinate (imaginäre Achse) eines kartesischen Koordinatensystems aufträgt. Aus den Rechenregeln für die komplexen Zahlen sieht man, daß die Addition der komplexen Zahlen der Addition von Vektoren in der Ebene entspricht.

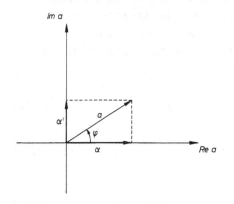

Abb. E.1. Graphische Darstellung einer komplexen Zahl

Entsprechend der Definition bei Vektoren wird als *Betrag* der komplexen Zahl noch

$$|a| = \sqrt{\alpha^2 + \alpha'^2} = \sqrt{aa^*} \tag{E.8}$$

definiert. Als *Phase* oder *Argument* von a bezeichnet man den Winkel $\varphi = \arg(a)$ des der komplexen Zahl entsprechenden Vektors mit der reellen Achse,

$$\tan\varphi = \frac{\alpha'}{\alpha} = \frac{\text{Im}\{a\}}{\text{Re}\{a\}} \quad , \qquad \cos\varphi = \frac{\text{Re}\{a\}}{|a|} \quad . \tag{E.9}$$

Damit läßt sich eine *Polardarstellung* der komplexen Zahl angeben,

$$a = |a|(\cos\varphi + \mathrm{i}\sin\varphi) \quad . \tag{E.10}$$

In dieser Darstellung schreibt sich die Multiplikation zweier komplexer Zahlen in der Form

$$\begin{aligned} a_1 a_2 &= |a_1|(\cos\varphi_1 + \mathrm{i}\sin\varphi_1)|a_2|(\cos\varphi_2 + \mathrm{i}\sin\varphi_2) \\ &= |a_1||a_2|\left[\cos(\varphi_1 + \varphi_2) + \mathrm{i}\sin(\varphi_1 + \varphi_2)\right] \quad , \end{aligned} \tag{E.11}$$

was man leicht verifiziert, wenn man die bekannten Additionstheoreme der Winkelfunktionen benutzt.

In Verallgemeinerung des reellen Funktionsbegriffes führt man eine *komplexe Funktion* als eine Abbildung der Menge der komplexen Zahlen in sich selbst ein,

$$w = f(z) \quad . \tag{E.12}$$

Dabei sind w und z komplexe Zahlen. Durch Zerlegung von w und $z = x + \mathrm{i}y$ in Real- und Imaginärteil,

$$w(z) = u(x, y) + \mathrm{i}v(x, y) \quad , \tag{E.13}$$

erhält man eine Darstellung von w mit Hilfe von zwei reellen Funktionen. Die komplexe Verallgemeinerung einer reellen Funktion $f(x)$ einer reellen Variablen x existiert genau dann in einer Umgebung der Stelle x_0, wenn die Taylor-Reihe von $f(x)$ in einer Umgebung dieser Stelle konvergiert. Über die Taylor-Reihe (siehe auch Anhang D)

$$f(x) = \sum_{n=0}^{\infty} \frac{1}{n!} f^{(n)}(x_0)(x - x_0)^n \tag{E.14}$$

ist dann die *komplexe Fortsetzung* zu definieren, indem man statt des reellen x komplexe z zuläßt:

$$f(z) = \sum_{n=0}^{\infty} \frac{1}{n!} f^{(n)}(x_0)(z - x_0)^n \quad . \tag{E.15}$$

Als wichtigstes Beispiel diskutieren wir die komplexe Fortsetzung der Exponentialfunktion:

$$\mathrm{e}^z = 1 + z + \frac{z^2}{2!} + \frac{z^3}{3!} + \cdots = \sum_{n=0}^{\infty} \frac{z^n}{n!} \tag{E.16}$$

oder

$$\begin{aligned}
\mathrm{e}^{(x+\mathrm{i}y)} &= 1 + (x + \mathrm{i}y) + \frac{(x + \mathrm{i}y)^2}{2!} + \frac{(x + \mathrm{i}y)^3}{3!} + \cdots \\
&= \left(1 + x + \frac{x^2}{2!} + \frac{x^3}{3!} + \cdots \right) \left(1 + \mathrm{i}y + \frac{(\mathrm{i}y)^2}{2!} + \frac{(\mathrm{i}y)^3}{3!} + \cdots \right) \\
&= \mathrm{e}^x \mathrm{e}^{\mathrm{i}y} \quad .
\end{aligned} \tag{E.17}$$

Die Funktion $\exp(\mathrm{i}y)$ mit rein imaginärem Argument $\mathrm{i}y$ steht mit den Winkelfunktionen

$$\cos y = 1 - \frac{y^2}{2!} + \frac{y^4}{4!} - \frac{y^6}{6!} \pm \cdots \quad , \qquad \sin y = y - \frac{y^3}{3!} + \frac{y^5}{5!} \mp \cdots \tag{E.18}$$

in folgendem Zusammenhang:

$$e^{iy} = 1 + iy + \frac{(iy)^2}{2!} + \frac{(iy)^3}{3!} + \cdots = \sum_{n=0}^{\infty} \frac{(iy)^n}{n!}$$

$$= \left(1 - \frac{y^2}{2!} + \frac{y^4}{4!} - \frac{y^6}{6!} \pm \cdots\right) + i\left(y - \frac{y^3}{3!} + \frac{y^5}{5!} \mp \cdots\right) \quad,$$

d. h.

$$e^{iy} = \cos y + i\sin y \quad. \tag{E.19}$$

Diese Beziehung heißt *Eulersche Formel*. Mit ihrer Hilfe läßt sich (E.10) in der nützlichen Form

$$a = |a|e^{i\varphi} \tag{E.20}$$

schreiben. Insgesamt gilt also für die Darstellung der komplexen Exponentialfunktion

$$e^z = e^{(x+iy)} = e^x(\cos y + i\sin y) \quad. \tag{E.21}$$

Daraus folgt sofort

$$\text{Re}\{e^z\} = e^x\cos y \quad, \qquad \text{Im}\{e^z\} = e^x\sin y \quad. \tag{E.22}$$

Aus (E.8) und (E.9) oder direkt durch Vergleich von (E.17) mit (E.20) folgt

$$|e^z| = e^x \quad, \qquad \arg\{e^z\} = y \quad. \tag{E.23}$$

Die Funktion $w = e^z$ wird durch die beiden reellen Funktionen $\text{Re}\{w\}$, $\text{Im}\{w\}$ oder, alternativ, durch die beiden reellen Funktionen $|w|$, $\arg\{w\}$ beschrieben. Die Abbildungen E.2 und E.3 sind graphische Darstellungen dieser beiden Beschreibungen.

Wegen

$$\cos(-y) = \cos y \quad, \qquad \sin(-y) = -\sin y$$

folgt aus (E.19)

$$e^{-iy} = \cos y - i\sin y \quad. \tag{E.24}$$

Zusammen mit (E.19) erhält man

$$\cos y = \frac{1}{2}(e^{iy} + e^{-iy}) \quad, \qquad \sin y = \frac{1}{2i}(e^{iy} - e^{-iy}) \tag{E.25}$$

und

$$(e^z)^* = e^{z^*} = e^{(x-iy)} = e^x(\cos y - i\sin y) \quad.$$

Über die Darstellungen (E.25) sind die Winkelfunktionen als komplexe Funktionen eines komplexen Argumentes definiert. Insbesondere erhält man für ein rein imaginäres Argument

$$y = i\eta$$

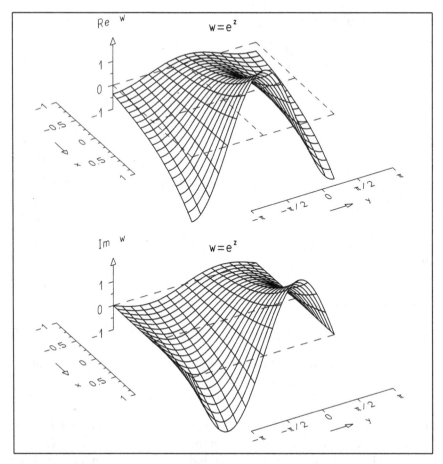

Abb. E.2. Darstellung der komplexen Exponentialfunktion $w = e^z$ durch die Graphen der reellen Funktion $\mathrm{Re}\{w\} = e^x \cos y$ und $\mathrm{Im}\{w\} = e^x \sin y$ über der komplexen z-Ebene, $z = x + \mathrm{i}y$

einen einfachen Zusammenhang mit den *hyperbolischen Winkelfunktionen* cosh (sprich: Cosinus hyperbolicus) und sinh (sprich: Sinus hyperbolicus),

$$\cosh \eta = \frac{1}{2}(e^\eta + e^{-\eta}) \quad , \qquad \sinh \eta = \frac{1}{2}(e^\eta - e^{-\eta}) \quad .$$

Es gilt

$$\cos \mathrm{i}\eta = \frac{1}{2}(e^{-\eta} + e^\eta) = \cosh \eta \quad , \qquad \sin \mathrm{i}\eta = \frac{1}{2\mathrm{i}}(e^{-\eta} - e^\eta) = \mathrm{i}\sinh \eta$$

$$\text{(E.26)}$$

bzw.

$$\cosh \mathrm{i}\eta = \frac{1}{2}(e^{\mathrm{i}\eta} + e^{-\mathrm{i}\eta}) = \cos \eta \quad , \qquad \sinh \mathrm{i}\eta = \frac{1}{2}(e^{\mathrm{i}\eta} - e^{-\mathrm{i}\eta}) = \mathrm{i}\sin \eta \quad .$$

$$\text{(E.27)}$$

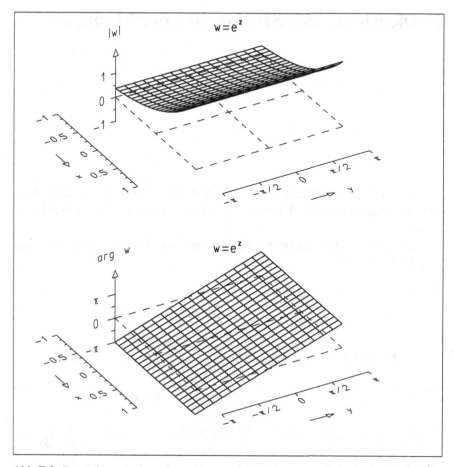

Abb. E.3. Darstellung der komplexen Exponentialfunktion $w = e^z$ durch die Graphen der reellen Funktion $|w| = e^x$, $\arg\{w\} = y$ über der komplexen z-Ebene, $z = x + \mathrm{i}y$

F. Die wichtigsten SI-Einheiten der Mechanik

In der Tabelle F.1 sind für die wichtigsten mechanischen Größen Dimensionen, SI-Einheit und, falls definiert, deren Kurzzeichen und Name wiedergegeben.

Tabelle F.2 enthält die im SI zugelassenen Vorsilben zur Kennzeichnung von Zehnerpotenzen.

Tabelle F.1. Dimensionen und SI-Einheiten der wichtigsten Größen

Größe	Dimension[1]	SI-Einheit Bildung aus Basiseinheiten	Kurz-Zeichen	Name
Länge	ℓ	m		Meter
Masse	m	kg		Kilogramm
Zeit	t	s		Sekunde
Dichte	m/ℓ^3	$\mathrm{kg/m^3}$		
Geschwindigkeit	ℓ/t	$\mathrm{m/s}$		
Beschleunigung	ℓ/t^2	$\mathrm{m/s^2}$		
Kraft	$m\ell/t^2$	$\mathrm{kg\,m/s^2}$	N	Newton
Impuls	$m\ell/t$	$\mathrm{kg\,m/s = N\,s}$		
Arbeit, Energie	$m\ell^2/t^2$	$\mathrm{kg\,m^2/s^2 = N\,m}$	J	Joule
Leistung	$m\ell^2/t^3$	$\mathrm{kg\,m^2/s^3 = J/s}$	W	Watt
Wirkung	$m\ell^2/t$	$\mathrm{kg\,m^2/s = J\,s}$		
Winkelgeschwindigkeit, Frequenz	t^{-1}	$\mathrm{s^{-1}}$	Hz	Hertz
Drehmoment	$m\ell^2/t^2$	$\mathrm{kg\,m^2/s^2 = N\,m}$		
Drehimpuls	$m\ell^2/t$	$\mathrm{kg\,m^2/s = N\,m\,s}$		
Trägheitsmoment	$m\ell^2$	$\mathrm{kg\,m^2}$		
Druck	$m\ell^{-1}t^{-2}$	$\mathrm{kg\,m^{-1}\,s^{-2} = N/m^2}$	Pa	Pascal

[1] Als Abkürzungen für Dimensionen dienen ℓ (Länge), m (Masse), t (Zeit).

Tabelle F.2. Vorsilben zur Bildung dezimaler Vielfacher von SI-Einheiten

Vorsilbe	Zeichen	Faktor[1]	Vorsilbe	Zeichen	Faktor[1]
Exa	E	10^{18}	Dezi	d	10^{-1}
Peta	P	10^{15}	Zenti	c	10^{-2}
Tera	T	10^{12}	Milli	m	10^{-3}
Giga	G	10^{9}	Mikro	μ	10^{-6}
Mega	M	10^{6}	Nano	n	10^{-9}
Kilo	k	10^{3}	Piko	p	10^{-12}
Hekto	h	10^{2}	Femto	f	10^{-15}
Deka	da	10^{1}	Atto	a	10^{-18}

[1] Beispiel $2{,}818\,\mathrm{fm} = 2{,}818$ Femtometer $= 2{,}818 \cdot 10^{-15}\,\mathrm{m}$.

Hinweise und Lösungen zu den Aufgaben

Kapitel 1

1.1 $T = 2Lv_K/(v_K^2 - v_B^2)$.

1.2 $v_{\text{Jogger}} = 2\,\text{m s}^{-1}$.

1.3 Ja, $t = 270\,\text{s}$, $s = 1125\,\text{m}$.

1.4 Diese Aufgabe löst man am einfachsten, indem man die Situation im Ruhesystem des Flusses betrachtet; $v_{\text{Fluß}} = 2\,\text{km h}^{-1}$.

1.5 (a) $\varphi = \arccos(-v_S/(v_0 + v_L))$; (b) $T_{\text{ges}} = (d/v_L)\sqrt{(v_0 + v_L)^2/v_S^2 - 1}$.

1.6 (a) $t_m = 2\,\text{s}$; (b) $\mathbf{r}_1(t_m) = -3\mathbf{e}_x\,\text{m}$, $\mathbf{r}_2(t_m) = 2\mathbf{e}_y\,\text{m}$, $d(t_m) = \sqrt{13}\,\text{m}$; (c) $\tilde{v}_2 = 8/7\,\text{m s}^{-1}$.

1.7 (a) $\mathbf{v}(t) = \omega(A\cos\omega t\,\mathbf{e}_x - B\sin\omega t\,\mathbf{e}_y)$, $|\mathbf{v}(t)| = \omega(A^2\cos^2\omega t + B^2\sin^2\omega t)^{1/2}$, $\mathbf{a}(t) = -\omega^2\mathbf{r}(t)$, $|\mathbf{a}(t)| = \omega^2|\mathbf{r}(t)| = \omega^2(A^2\sin^2\omega t + B^2\cos^2\omega t)^{1/2}$; (b) $\mathbf{r}(t) \cdot \mathbf{v}(t) = \omega(A^2 - B^2)\sin\omega t\cos\omega t$, $\mathbf{r}(t) \times \mathbf{v}(t) = -\omega AB\mathbf{e}_z = \text{const}$; (c) $\mathbf{v}(t) = \omega R(\cos\omega t\,\mathbf{e}_x - \sin\omega t\,\mathbf{e}_y)$, $|\mathbf{v}(t)| = \omega R = \text{const}$, $\mathbf{a}(t) = -\omega^2\mathbf{r}(t)$, $|\mathbf{a}(t)| = \omega^2 R = \text{const}$, $\mathbf{r}(t) \cdot \mathbf{v}(t) = 0$ für alle t, $\mathbf{r}(t) \times \mathbf{v}(t) = -\omega R^2\mathbf{e}_z = \text{const}$.

1.8 (a) Es gilt $\mathbf{r}(t) = r(t)\mathbf{e}_r(\varphi(t))$ und $d\mathbf{e}_r(\varphi(t))/dt = (d\mathbf{e}_r/d\varphi)(d\varphi/dt) = \mathbf{e}_\varphi\dot{\varphi}$ usw. Daraus folgt $\mathbf{v}(t) = \dot{r}\mathbf{e}_r + r\dot{\varphi}\mathbf{e}_\varphi$, $\mathbf{a}(t) = (\ddot{r} - r\dot{\varphi}^2)\mathbf{e}_r + (2\dot{r}\dot{\varphi} + r\ddot{\varphi})\mathbf{e}_\varphi$; (b) $r(t) = R = \text{const}$, $\varphi(t) = \omega t$, also $\mathbf{v} = R\omega\mathbf{e}_\varphi$, $\mathbf{a} = -R\omega^2\mathbf{e}_r$.

1.9 (a) $\mathbf{v}(t) = \mathbf{v}_0 + \varrho\omega(-\sin\omega t\,\mathbf{e}_x + \cos\omega t\,\mathbf{e}_y)$, $\mathbf{a}(t) = -\varrho\omega^2(\cos\omega t\,\mathbf{e}_x + \sin\omega t\,\mathbf{e}_y)$; (b) $t = \omega^{-1}\arctan(-v_{0x}/v_{0y})$.

Kapitel 2

2.1 Man muß die Kräfte zunächst in kartesische Koordinaten umrechnen und dann addieren: $\mathbf{F}_4 = -\sum_1^3 \mathbf{F}_i$. Das Ergebnis lautet: $\mathbf{F}_4 = (-5\mathbf{e}_x + 43{,}30\mathbf{e}_y + 79{,}28\mathbf{e}_z)\,\text{N}$, oder, in Kugelkoordinaten, $|\mathbf{F}_4| = 90{,}47\,\text{N}$, $\vartheta_4 = 28{,}80°$, $\varphi_4 = 96{,}59°$.

2.2 $\Delta x = 6{,}32\,\mathrm{cm}$.

2.3 (a) $T = 2\pi\sqrt{m/D}$; (b) $T = \pi\sqrt{m/D}$.

2.4 $z_{\max} = v_0^2 \sin^2\varphi/(2g)$, $x_{\max} = v_0^2 \sin(2\varphi)/g$, $\varphi_{\max} = 45°$.

2.5 $x(t) = gt^2 \sin(2\alpha)/4$, $z(t) = -gt^2 \sin^2\alpha/2$.

2.6 (a) Der Massenpunkt verliert den Kontakt mit der Kugel, wenn die Zentripetalkraft, also die Radialkomponente der Gesamtkraft, mit der der Massenpunkt auf die Kugel drückt, verschwindet. Mit dieser Bedingung und mit Hilfe der Energieerhaltung erhält man $\theta = 48{,}2°$. (b) $D = 1{,}46R$.

2.7 (a) $\int_C \mathbf{F}\cdot d\mathbf{r} = 7/6$; (b) $\int_C \mathbf{F}\cdot d\mathbf{r} = 4/3$.

2.8 (a) Wenn ein Feld konservativ ist, dann gilt $\nabla\times\mathbf{F} = 0$, vgl. Abschn. C.10. Es gibt dann ein Potential V, so daß für die Komponenten von $\mathbf{F}$ die Beziehungen $F_i = -\partial V/\partial x_i$ gelten. Man erhält V also durch Integration von F_i über x_i. Die dabei auftretende Integrationskonstante kann dann noch eine Funktion der anderen x_j sein. Wendet man diese Technik auf alle drei Komponenten an, erhält man $V = -\alpha xy^2 - 3\beta z^4/2 + \gamma x^2 yz^3 + \mathrm{const.}$ (b) $W = 11\alpha a^3 + 56\gamma a^6$.

2.9 $\int_C \mathbf{F}\cdot d\mathbf{r} = A$.

2.10 $v_1 = 1{,}12\cdot 10^4\,\mathrm{m\,s^{-1}}$.

2.11 $v_2 = 4{,}21\cdot 10^4\,\mathrm{m\,s^{-1}}$.

2.12 $T = 1{,}47\,\mathrm{h}$.

2.13 $r = 4{,}226\cdot 10^4\,\mathrm{km}$.

2.14 Hier muß man das Gesamtpotential des Gravitationsfeldes von Erde und Mond betrachten. Da die Gesamtenergie erhalten bleibt, ist die Rakete am Punkt maximalen Gesamtpotentials am langsamsten. An diesem Punkt kompensieren sich die Gravitationskräfte von Erde und Mond. Wenn dort die Geschwindigkeit der Rakete gerade verschwindet, kann die Rakete mit Hilfe des Gravitationsfeldes des Mondes den Mond noch erreichen. Man erhält $v_{\min} = 1{,}11\cdot 10^4\,\mathrm{m\,s^{-1}}$, $r = 3{,}46\cdot 10^5\,\mathrm{km}$.

2.15 (a) $V(\mathbf{r}) = -\gamma Mm[1/|\mathbf{r} - s\mathbf{e}_z| + 1/|\mathbf{r} + s\mathbf{e}_z|]$; (b) $V(z\mathbf{e}_z) = -(2\gamma Mm/z)$ $(1 + (s/z)^2 + \cdots)$.

2.17 (a) $\mathbf{r}(t) = x_0 \cos(\omega(t - t_0))\,\mathbf{e}_x + (v_0/\omega)\sin(\omega(t - t_0))\,\mathbf{e}_y$, mit $\omega = \sqrt{D/m}$, die beiden Halbachsen sind $a = |x_0|$, $b = |v_0|/\omega$. (b) $\mathbf{p}(t) = -x_0 m\omega\sin(\omega(t - t_0))\,\mathbf{e}_x + v_0 m\cos(\omega(t-t_0))\,\mathbf{e}_y$. Es handelt sich auch um eine Ellipse, die Halbachsen sind $a = m\omega|x_0|$ und $b = m|v_0|$.

Kapitel 3

3.1 Im Moment des Zusammenstoßes wirken die Fadenkräfte senkrecht zur Bewegungsrichtung. Daher bleibt der Impuls in diesem Moment erhalten. Weil außerdem die Energie erhalten bleibt, folgt $\phi_2 = \arccos[1 - (1 - \cos \phi_1)4m_1^2/(m_1 + m_2)^2]$.

3.2 Der Stoß ist inelastisch; $v = \sqrt{2hg}(M + m)/m$.

3.3 (i) Sei $M \leq m$: 1. Stoß: $v_1' = 0$, $v_2' = v_0$; 2. Stoß: $v_2'' = v_0(m - M)/(m + M)$, $v_3'' = 2v_0 m/(m + M)$, d. h. $0 \leq v_2'' < v_3''$, so daß kein weiterer Stoß stattfindet. (ii) Sei $M > m$: 1. Stoß: $v_1' = 0$, $v_2' = v_0$; 2. Stoß: $v_2'' = v_0(m - M)/(m + M)$, $v_3'' = 2v_0 m/(m + M)$ (vgl. (i)), d. h. $v_2'' < 0$, also findet ein dritter Stoß statt: $v_1''' = v_2'' = v_0(m - M)/(m + M)$, $v_2''' = 0$.

3.4 (a) $T = 2\pi\sqrt{M/(k_1 + k_2)}$; (b) $T' = 2\pi\sqrt{(M + m)/(k_1 + k_2)}$. Das Auftreffen der Masse m ist ein inelastischer Stoß. Da beim Nulldurchgang keine Kräfte in horizontaler Richtung wirken, bleibt die entsprechende Impulskomponente erhalten; $A' = A\sqrt{M/(M + m)}$.

3.5 Da keine äußeren Kräfte wirken, gilt Impulserhaltung. (a) $\mathbf{v}_2 = (3-\lambda)v(\cos \alpha \, \mathbf{e}_x + \sin \alpha \, \mathbf{e}_y) \sin \beta / \sin(\alpha + \beta)$, $\mathbf{v}_3 = (3 - \lambda)v(\cos \beta \, \mathbf{e}_x - \sin \beta \, \mathbf{e}_y) \sin \alpha / \sin(\alpha + \beta)$; (b) $\mathbf{v}_{23} = \mathbf{v}(3 - \lambda)/2$; (c) $\mathbf{v}_{123} = \mathbf{v}$.

3.6 Der Impuls in horizontaler Richtung bleibt erhalten, daraus ergibt sich eine Beziehung zwischen den horizontalen Geschwindigkeiten von Block und Keil im Laborsystem. Da die Richtung des Geschwindigkeitsvektors des Blocks im Ruhesystem des Keils durch die Neigung des Keils vorgegeben ist, läßt sich die horizontale Komponente dieses Vektors als Funktion der vertikalen schreiben. Benutzt man schließlich, daß Labor- und Ruhesystem des Keils durch die Geschwindigkeit des Keils verknüpft sind, so kann man in der (konstanten) Gesamtenergie alle Geschwindigkeiten durch die Vertikalgeschwindigkeit des Blocks ausdrücken. Durch Ableiten der Gesamtenergie nach der Zeit erhält man dann $\ddot{z} = -g(m + M) \tan^2 \alpha/(M + (m + M) \tan^2 \alpha) = \text{const.}$

3.7 $T = 258\,\text{d}$.

3.8 Hier betrachtet man den Zusammenhang zwischen Relativvektor und den beiden Ortsvektoren im Schwerpunktsystem. Aus der Bahndarstellung für letztere folgt $a_1/a_2 = m_2/m_1$, d. h. $a_2 = 449\,\text{km}$, $a_2/R = 6{,}5 \cdot 10^{-4}$.

3.9 Wenn man in $\mathbf{L} = \sum \mathbf{r}_i \times \mathbf{p}_i$ die Beziehungen $\mathbf{r}_i = \boldsymbol{\varrho}_i + \mathbf{R}$ und $\mathbf{p}_i = \boldsymbol{\pi}_i + m_i \mathbf{p}/M$ einsetzt und ausmultipliziert, erhält man vier Terme, von denen allerdings wegen (3.2.10) und (3.2.14) zwei verschwinden, so daß die Aussage folgt.

3.10 (a) Aus Kräfte- und Drehmomentgleichgewicht folgt, daß d größer als der Abstand des Schwerpunktes von der Aufhängung am Ende des Pfahls sein muß, $d > 11L/28$. (b) $F(0) = Mg(1 - 11L/(28d))$, $F(d) = Mg11L/(28d)$.

Kapitel 4

4.1 Die Lösung der Bewegungsgleichung erhält man am einfachsten, indem man zunächst zu einer Differentialgleichung zweiter Ordnung in der Zeit übergeht: Wenn man die Bewegungsgleichung nach der Zeit ableitet, dann folgt $\ddot{s} = g\sin\alpha/[1 + \Theta_{\hat{\omega}}/(MR^2)] =: a = $ const. Die Lösung zu den angegebenen Anfangsbedingungen lautet $s(t) = at^2/2$. Es gilt $g\sin\alpha = 139\,\mathrm{cm\,s^{-2}}$. Für den Hohlzylinder ergibt sich aus Abb. 4.6a der Wert $s(1,2\,\mathrm{s}) = 49,5\,\mathrm{cm}$. (Man beachte, daß der Startpunkt mit $\dot{s} = 0$ in der Abbildung bei ungefähr $s = -1,5\,\mathrm{cm}$ liegt.) Mit diesen Werten erhält man $\Theta_{\hat{\omega}}/(MR^2) \approx 1$. Für den Vollzylinder liest man aus Abb. 4.6b den Wert $s(1,2\,\mathrm{s}) = 60,5\,\mathrm{cm}$ ab (wieder mit dem Startpunkt bei $s = -1,5\,\mathrm{cm}$) und erhält $\Theta_{\hat{\omega}}/(MR^2) \approx 0,66$. Mit (4.3.8) gilt $\Theta_{\hat{\omega}}/(MR^2) = (1 + (R_1/R)^2)/2$, so daß für den Hohlzylinder $\Theta_{\hat{\omega}}/(MR^2) = 0,82$ und den Vollzylinder $\Theta_{\hat{\omega}}/(MR^2) = 0,5$ (mit $R_1 = 0$) gelten müßte. Daß die gemessenen Werte größer sind, liegt an Reibungseffekten.

4.2 (a) $E = \dot{z}^2(m + M/2)/2 - mgz = $ const; (b) Bewegungsgleichung: $\ddot{z} = gm/(m + M/2) =: g' = $ const, Lösung: $z(t) = g't^2/2$.

4.3 $H = 11R/4,\ v = \sqrt{11gR/3}$.

4.4 (a) $\mathbf{L} = 2m\omega_1 R_1^2 \mathbf{e}_z,\ E_{\mathrm{kin}}^{(\mathrm{a})} = m\omega_1^2 R_1^2$; (b) $\mathbf{L} = $ const $= 2m\omega_1 R_1^2 \mathbf{e}_z,\ \omega_2 = \omega_1 R_1^2/R_2^2,\ E_{\mathrm{kin}}^{(\mathrm{b})} = m\omega_1^2 R_1^4/R_2^2$. (c) Die Eisläuferin leistet Arbeit, weil sie eine Zentripetalkraft auf die Massen ausübt: $W = -\int_{R_1}^{R_2} 2m\omega^2(r)r\,\mathrm{d}r$, mit $\omega(r) = \omega_1 R_1^2/r^2$ (aus (b)). Das ergibt $W = m\omega_1^2 R_1^2((R_1/R_2)^2 - 1) = E_{\mathrm{kin}}^{(\mathrm{b})} - E_{\mathrm{kin}}^{(\mathrm{a})}$.

4.5 (a) $\mathbf{R} = a(1,1,1)/2,\ \varrho_1 = a(-1,1,-1)/2,\ \varrho_2 = a(1,-1,-1)/2,\ \varrho_3 = a(-1,-1,1)/2,\ \varrho_4 = a(1,1,1)/2,\ \varrho_5 = 0$; (b) $\Theta_{\hat{\omega}} = 2ma^2$ für alle $\vartheta,\ \varphi$ (das Trägheitsellipsoid ist eine Kugel).

4.6 Denkt man sich die Löcher durch Scheiben mit der Dichte der Lochscheibe ausgefüllt, so erhält man eine Vollscheibe. Da Trägheitsmomente verschiedener Massenverteilungen um gleiche körperfeste Punkte additiv sind, kann man das Trägheitsmoment der Lochscheibe also entsprechend als Differenz der Scheiben-Trägheitsmomente berechnen, wobei man für die exzentrischen Scheiben den Steinerschen Satz anwendet. Man erhält $\Theta = M(R^4/2 - 2r^4 - 4r^2b^2)/(R^2 - 4r^2)$.

4.7 (a) Die Platte beschreibt man am einfachsten in kartesischen Koordinaten; $\Theta = M(b^2 - a^2/6)/2$, der Schwerpunkt befindet sich auf der Symmetrieachse im Abstand $x = (2/3)\sqrt{b^2 - a^2/4}$ von der Spitze. (b) $T = \pi\sqrt{6b^2 - a^2}/\sqrt{g\sqrt{4b^2 - a^2}}$.

4.8 (a) Hier benutzt man Polarkoordinaten. Der Schwerpunkt liegt auf der Symmetrieachse im Abstand $x = 4\sqrt{2}R/(3\pi)$ von der Spitze; das Trägheitsmoment bezüglich der Spitze ist $\Theta = MR^2/2$, so daß für das Trägheitsmoment bezüglich des Schwerpunktes mit dem Steinerschen Satz $\Theta_{\mathrm{S}} = MR^2(1/2 - 32/(9\pi^2))$ folgt. (b) $a = R\left[4\sqrt{2}/(3\pi) - \sqrt{1/2 - 32/(9\pi^2)}\right]$.

4.9 Aus dem Energiesatz erhält man durch Ableiten nach der Zeit $\ddot{z} = gMr^2/$ $(Mr^2+\Theta_{\hat{\omega}})$ (mit nach unten gerichteter z-Koordinate). Die Newtonsche Bewegungsgleichung lautet $M\ddot{z} = Mg - F_{\text{Faden}}$, so daß $F_{\text{Faden}} = Mg\Theta_{\hat{\omega}}/(Mr^2 + \Theta_{\hat{\omega}})$.

4.10 (a) $p^{(a)} = m\sqrt{2\ell g}\sqrt{M/2 + m}/\sqrt{M/3 + m}$; (b) $p^{(b)} = m\sqrt{2\ell g} < p^{(a)}$; (c) $p^{(c)} = m\sqrt{2\ell g}\sqrt{\sin\varphi_0(3 - \sin^2\varphi_0)/2} =: m\sqrt{2\ell g}\sqrt{f(\varphi_0)}$, dabei ist $\sin\varphi_0 = (3M + 6m)/(4M + 9m)$ der Sinus des Winkels, bei dem die Person den Kontakt mit dem Mast verliert. Elementare Kurvendiskussion zeigt, daß $f(\varphi_0) < 1$ für $0 \leq \varphi_0 < \pi/2$. Daher ist Strategie (c) am klügsten.

Kapitel 5

5.1 Das Ergebnis folgt sofort aus der Anwendung der Kettenregel.

5.2 Auch hier benutzt man die Kettenregel, dabei muß der Fall $\mathbf{F}_1 = -\nabla_1 V$ gesondert behandelt werden.

5.3 (a) Es gilt $(\hat{\underline{\alpha}} \otimes \hat{\alpha})^2 = \hat{\underline{\alpha}} \otimes \hat{\alpha}$, $[\underline{\varepsilon}\hat{\alpha}]^2 = \hat{\underline{\alpha}} \otimes \hat{\alpha} - \underline{1}$ und $\hat{\underline{\alpha}} \otimes \hat{\alpha}[\underline{\varepsilon}\hat{\alpha}] = 0$. Damit kann man das Produkt der Rotationstensoren ausführen, wobei sich an den entsprechenden Stellen die Additionstheoreme für $\cos(\alpha+\beta)$ und $\sin(\alpha+\beta)$ ergeben. (b) Die Tensoren $\underline{1}$ und $\hat{\underline{\alpha}} \otimes \hat{\alpha}$ sind symmetrisch, $[\underline{\varepsilon}\hat{\alpha}]$ ist antisymmetrisch. Daraus und mit (a) folgt die Behauptung. (c) $\text{Sp}\,\underline{\underline{R}}(\alpha\hat{\alpha}) = 1 + 2\cos\alpha$. (Man beachte, daß die Spur koordinatenunabhängig ist.)

5.4 Für die Drehachse α gilt $\underline{\underline{R}}\alpha = \alpha$, mit den normierten Lösungen $\hat{\alpha} = \pm\begin{pmatrix} 1/2 \\ -1/2 \\ 1/\sqrt{2} \end{pmatrix}$. Den Drehwinkel erhält man am einfachsten mit Hilfe der Beziehung aus Aufgabe 5.3 (c). Alternativ kann man auch einen zu $\hat{\alpha}$ senkrechten Vektor konstruieren, mit $\underline{\underline{R}}$ drehen und dann den Winkel zwischen beiden Vektoren berechnen. Man erhält für $\hat{\alpha} = \begin{pmatrix} 1/2 \\ -1/2 \\ 1/\sqrt{2} \end{pmatrix}$ den Winkel $\alpha = 45°$ und für $\hat{\alpha} = -\begin{pmatrix} 1/2 \\ -1/2 \\ 1/\sqrt{2} \end{pmatrix}$ den Winkel $\alpha = 315°$. Beide Ergebnisse beschreiben natürlich die gleiche Drehung.

5.5 (a) $\mathbf{v}^S = -(\mathbf{p}_1^A + \mathbf{p}_2^A + \mathbf{p}_2^A)/(m_1 + m_2 + m_3)$, (b) $\mathbf{v}^{R_1} = -\mathbf{p}_1^A/m_1$, (c) $\mathbf{v}^{S_{12}} = -(\mathbf{p}_1^A + \mathbf{p}_2^A)/(m_1 + m_2)$.

5.6 Man konstruiert zuerst ein Bezugssystem, in dem Teilchen 1 sich so verhält, als würde es an einer Wand reflektiert: Es sei $\mathbf{n}^{(1)}$ ein Einheitsvektor, der senkrecht auf dieser Wand steht. Im Ziegelwandsystem kehrt dann die zu $\mathbf{n}^{(1)}$ parallele Komponente des Geschwindigkeitsvektors von Teilchen 1 seine Richtung um, die zu $\mathbf{n}^{(1)}$ senkrechte Komponente ändert sich nicht. Daraus ergibt sich der folgende Zusammenhang mit den Geschwindigkeiten $\mathbf{v}_1$ und $\mathbf{v}_1'$ von Teilchen 1 vor bzw. nach dem Stoß im ursprünglichen System: $\mathbf{n}^{(1)} = (\mathbf{v}_1 - \mathbf{v}_1')/|\mathbf{v}_1 - \mathbf{v}_1'|$. Wenn man dann die Translationsgeschwindigkeit $\mathbf{v}^{(1)}$ zwischen ursprünglichem und Ziegelwandsystem ebenfalls bzgl. $\mathbf{n}^{(1)}$ in parallele und senkrechte Komponenten zerlegt, $\mathbf{v}^{(1)} = \mathbf{v}_{\parallel}^{(1)} + \mathbf{v}_{\perp}^{(1)}$, erhält man die Bedingung $\mathbf{v}_{\parallel}^{(1)} = -(\mathbf{v}_{1\parallel} + \mathbf{v}_{1\parallel}')/2$; die Komponente $\mathbf{v}_{\perp}^{(1)}$ kann beliebig gewählt werden. Analoge Beziehungen für $\mathbf{n}^{(2)}$ und $\mathbf{v}_{\parallel}^{(2)}$ gelten für ein Bezugssystem, in dem sich Teilchen 2 so verhält, als würde es an einer Wand reflektiert. Die Erhaltung des Impulses liefert nun $\mathbf{n}^{(2)} = -\mathbf{n}^{(1)}$, und die Erhaltung der Energie ergibt $\mathbf{v}_{\parallel}^{(2)} = \mathbf{v}_{\parallel}^{(1)}$, d. h. es existieren beim elastischen Stoß in der Tat Bezugssysteme, in dem sich beide Teilchen so verhalten, als würden sie an der gleichen Wand reflektiert.

5.7 $\mathbf{v} = -(\mathbf{p}_1 + \mathbf{p}_1')/(2m_1)$.

5.8 Da die Kugeln glatt sind, wirkt am Kontaktpunkt der Kugeln nur eine zur Oberfläche senkrechte Kraft; die anderen Impulskomponenten bleiben erhalten. (a) Daraus ergibt sich für den Stoßwinkel im Laborsystem $\cos\vartheta_L = [m_2 - m_1 + 2m_1 b^2/(R_1 + R_2)^2]/[(m_2 - m_1)^2 + 4m_1 m_2 b^2/(R_1 + R_2)^2]^{1/2}$. (b) Den Winkel im Schwerpunktsystem erhält man durch eine Galilei-Transformation mit der Geschwindigkeit $\mathbf{v} = -\mathbf{v}_2 m_2/(m_1 + m_2)$ zu $\cos\vartheta_S = 2(b/(R_1 + R_2))^2 - 1$. Da sich die beiden Kugeln im Schwerpunktsystem vor bzw. nach dem Stoß jeweils in entgegengesetzte Richtungen bewegen und die Richtung des Impulsübertrags allein durch die Geometrie bestimmt ist, hängt ϑ_S nicht von m_1, m_2 ab. (c) Den Stoßwinkel im Relativsystem (das *kein* Inertialsystem ist) erhält man, indem man die Geschwindigkeiten $\mathbf{v}_1'$, $\mathbf{v}_2'$ der Kugeln im Laborsystem nach dem Stoß um $-\mathbf{v}_1'$ verschiebt. Es ergibt sich der gleiche Winkel wie im Schwerpunktsystem, $\vartheta_R = \vartheta_S$, denn die Geschwindigkeitsvektoren von Kugel 2 im Schwerpunkt- bzw. Relativsystem unterscheiden sich nur um den Faktor $m_1/(m_1 + m_2)$.

5.9 (a) Der Abstand r des Teilchens 2 vom Stoßzentrum geht für Zeiten sehr lange vor bzw. nach der Wechselwirkung gegen unendlich. Mit (2.17.14) gilt dann für die Polarwinkel φ_∞ und φ_∞' lange vor bzw. nach der Wechselwirkung $1 - \varepsilon\cos\varphi_\infty = 1 - \varepsilon\cos\varphi_\infty' = 0$. Mit der Ersetzung $\gamma\mu M = -\alpha$ liefert (2.17.19) die Beziehung $1/\cos^2\varphi_\infty = 1 + \tan^2\varphi_\infty = \varepsilon^2 = 1 + b^2\mu^2\dot{r}_0^4/\alpha^2$. Wegen $\cos\varphi_\infty = \cos\varphi_\infty'$ ist $2\varphi_\infty$ der Winkel zwischen den beiden Asymptoten der Hyperbelbahn des Teilchens 2. Der Streuwinkel ist dann $\vartheta = \pi - 2\varphi_\infty$, und wegen $\tan(\pi/2 \mp \alpha) = \pm\cot\alpha$ folgt $\cot^2(\vartheta/2) = b^2\mu^2\dot{r}_0^4/\alpha^2$. (b) Der Winkel ist der gleiche wie in (a), denn die Geschwindigkeitsvektoren werden nur um den Faktor $m_1/(m_1 + m_2)$ gestaucht. (c) Im Laborsystem gilt $\tan\vartheta_L = 2\alpha m_1^2 m_2/[b\dot{r}_0^2 m_1^2 m_2^2 - (m_1^2 - m_2^2)\alpha^2/(b\dot{r}_0^2)]$.

Kapitel 6

6.1 (a) $x(t) = b\cosh\omega t$, $v(t) = b\omega\sinh\omega t$; (b) $T = t(x = a) = (1/\omega)\operatorname{arcosh}(a/b)$, $|\mathbf{v}_{\text{ges}}| = \omega\sqrt{2a^2 - b^2}$ (dabei muß man die azimutale Geschwindigkeit ωa im Inertialsystem berücksichtigen).

6.2 Es gilt $\mathbf{a} = -(g_0 - \omega^2 R \cos^2 \alpha)\mathbf{e}_r - \omega^2 R \sin \alpha \cos \alpha \, \mathbf{e}_\alpha$. Daraus ergeben sich die folgenden numerischen Werte: Für $\alpha = 0°$ gilt $\mathbf{a} = -9{,}799 \, \mathrm{m \, s^{-2}} \mathbf{e}_r$, für $\alpha = 45°$ gilt $\mathbf{a} = (-9{,}815 \mathbf{e}_r - 0{,}017 \mathbf{e}_\alpha) \, \mathrm{m \, s^{-2}}$, $|\mathbf{a}| = 9{,}815 \, \mathrm{m \, s^{-2}}$.

6.3 $\ddot{x} < ag/b$.

6.4 Zum Beweis betrachtet man die Richtung von $\mathbf{F}_{\text{ges}} = m\mathbf{g} + \mathbf{F}_\text{c}$.

6.5 Man legt am einfachsten den Ursprung des Koordinatensystems in den Schwerpunkt der drei Massen, dann gilt $\sum m_i \mathbf{r}_i = 0$. Die gesamte Gravitationskraft auf m_i läßt sich damit schreiben als $\mathbf{F}_{i\,\text{Grav}} = -\gamma (m_1 + m_2 + m_3) m_i \mathbf{r}_i / d^3$. Daran erkennt man, daß diese Kraft durch die Zentrifugalkraft einer Rotation mit $\omega = \sqrt{\gamma(m_1 + m_2 + m_3)/d^3}$ und einer zur Ebene der drei Massen senkrechten Achse kompensiert werden kann.

6.6 (a) Es sei $\mathbf{e}_z = \mathbf{e}_r$, d. h. $\mathbf{e}_z$ weise radial nach oben; $\mathbf{e}_y$ weise in der $\omega, \mathbf{e}_z$-Ebene nach Norden und $\mathbf{e}_x$ senkrecht zu $\mathbf{e}_z$ und $\mathbf{e}_y$ nach Osten. Die Komponenten der Bewegungsgleichung lauten dann näherungsweise $\ddot{x} = -2\omega_y \dot{z}$, $\ddot{y} = 0$ und $\ddot{z} = -g$. Diese Differentialgleichungen lassen sich mit den angegebenen Anfangsbedingungen leicht lösen; man erhält eine Abweichung von $\Delta x = 1{,}41 \, \mathrm{cm}$ nach Osten. (b) Es gelten die gleichen Differentialgleichungen wie in (a); die geänderten Anfangsbedingungen ergeben die Behauptung.

6.7 (a) Die x-Achse des Koordinatensystems weise radial nach außen, die y-Achse in Schienenrichtung und die z-Achse senkrecht zur Bahnebene nach oben, so daß $\mathbf{b} = -b_x \mathbf{e}_x + b_z \mathbf{e}_z$ mit $b_x, b_z > 0$ gilt. Dann folgt $\mathbf{a}_z \approx v^2 (R - b_x)\mathbf{e}_x / R^2$, $\mathbf{a}_\text{c} = 0$. (b) $\mathbf{D}_\text{G} = -Mg b_x \mathbf{e}_y$, $\mathbf{D}_z \approx M v^2 b_z (R - b_x)\mathbf{e}_y / R^2$, $\mathbf{D}_\text{c} = 0$. (c) Damit der Wagen nicht umkippt, muß das Gesamtdrehmoment in die negative y-Richtung zeigen. Das bedeutet $v^2 b_z (R - b_x)/R^2 < g b_x$, also muß für $b_x \ll R$ der Radius gemäß $R > v^2 b_z /(g b_x)$ gewählt werden.

6.8 (a) $r_1' = r_0 \cos \omega t \cos \omega_0 t$, $r_2' = r_0 \sin \omega t \cos \omega_0 t$, $r_3' = 0$; (b) $|\mathbf{r}(t)| = r_0 |\cos \omega_0 t|$; (c) $r_1'(t_0 + nT_0) = r_0 \cos(\omega t_0 + 2\pi n \omega / \omega_0) \cos \omega_0 t_0$, $r_2'(t_0 + nT_0) = r_0 \sin(\omega t_0 + 2\pi n \omega / \omega_0) \cos \omega_0 t_0$, $r_3' = 0$. (d) Die Bahn ist geschlossen, wenn es ein T gibt, so daß $r_i'(t + T) = r_i'(t)$ für alle t und $i = 1, 2, 3$. Benutzung der Additionstheoreme für Sinus und Kosinus liefert dann für r_1' die vier Bedingungen $\cos \omega T \cos \omega_0 T = 1$, $\sin \omega T \cos \omega_0 T = 0$, $\cos \omega T \sin \omega_0 T = 0$ und $\sin \omega T \sin \omega_0 T = 0$. Diese Bedingungen lassen sich nur für rationale ω/ω_0 erfüllen. Die Gleichung für r_2' liefert die gleichen Bedingungen.

6.9 (a) $r_1' = (r_{10} + v_0 t) \cos \omega t - r_{20} \sin \omega t$, $r_2' = (r_{10} + v_0 t) \sin \omega t + r_{20} \cos \omega t$, $r_3' = 0$. (b) $r^2(t) = (r_{10} + v_0 t)^2 + r_{20}^2$, der Abstand vom Ursprung ist also in allen rotierenden Koordinatensystemen gleich (denn Drehungen ändern Längen nicht). Das Minimum wird daher immer zur Zeit $t_0 = -r_{10}/v_0$ angenommen und beträgt $r_{\min} = r_{20}$. (c) Für die Punkte minimalen Abstands gilt $r_1'(t_0) = -r_{20} \sin \omega t_0 = r_{20} \sin(\omega r_{10}/v_0)$, $r_2'(t_0) = r_{20} \cos \omega t_0 = r_{20} \cos(\omega r_{10}/v_0)$, sie liegen also (als Funktion von ω) auf einem Kreis mit dem Radius r_{20}. (d) Aus (c) ergibt sich unmittelbar, daß diese Punkte auf dem Kreis beim Winkel $\omega r_{10}/v_0$ liegen.

6.10 (a) $r_1'(t) = r_1(t)\cos\omega t - r_2(t)\sin\omega t$, $r_2'(t) = r_1(t)\sin\omega t + r_2(t)\cos\omega t$, $r_3'(t) = 0$; (b) $v_{\text{rel}1}' = (\dot{r}_1 - r_2\omega)\cos\omega t - (\dot{r}_2 + r_1\omega)\sin\omega t$, $v_{\text{rel}2}' = (\dot{r}_1 - r_2\omega)\sin\omega t + (\dot{r}_2 + r_1\omega)\cos\omega t$, $v_{\text{rel}3}' = 0$, $v_{\text{rot}1}' = \omega(r_1\sin\omega t + r_2\cos\omega t)$, $v_{\text{rot}2}' = \omega(r_2\sin\omega t - r_1\cos\omega t)$, $v_{\text{rot}3}' = 0$; (c) $a_{\text{rel}1}' = (\ddot{r}_1 - \omega^2 r_1 - 2\omega\dot{r}_2)\cos\omega t - (\ddot{r}_2 - \omega^2 r_2 + 2\omega\dot{r}_1)\sin\omega t$, $a_{\text{rel}2}' = (\ddot{r}_1 - \omega^2 r_1 - 2\omega\dot{r}_2)\sin\omega t + (\ddot{r}_2 - \omega^2 r_2 + 2\omega\dot{r}_1)\cos\omega t$, $a_{\text{rel}3}' = 0$, $a_{\text{c}1}' = -2\omega[(\dot{r}_1 - r_2\omega)\sin\omega t + (\dot{r}_2 + r_1\omega)\cos\omega t]$, $a_{\text{c}2}' = 2\omega[(\dot{r}_1 - r_2\omega)\cos\omega t - (\dot{r}_2 + r_1\omega)\sin\omega t]$, $a_{\text{c}3}' = 0$, $a_{\text{z}1}' = \omega^2(r_1\cos\omega t - r_2\sin\omega t)$, $a_{\text{z}2}' = \omega^2(r_1\sin\omega t + r_2\cos\omega t)$, $a_{\text{z}3}' = 0$.

Kapitel 7

7.1 (a)
$$(\underline{\underline{\Theta}}) = \frac{M}{12}\begin{pmatrix} b^2+c^2 & 0 & 0 \\ 0 & a^2+c^2 & 0 \\ 0 & 0 & a^2+b^2 \end{pmatrix} \; ;$$

(b) $\Theta_{\overline{OA}} = M(a^2b^2 + a^2c^2 + b^2c^2)/(6(a^2+b^2+c^2))$; (c) $\mathbf{L} = M\omega(a^2+c^2)(\mathbf{e}_x + \mathbf{e}_y)/(12\sqrt{2})$.

7.2 (a)
$$(\underline{\underline{\Theta}}) = m\begin{pmatrix} s^2/2+3t^2 & 0 & 0 \\ 0 & s^2/2+3t^2 & 0 \\ 0 & 0 & s^2 \end{pmatrix} \; ;$$

(b) $\Theta_{\mathbf{a}} = m(s^2/2 + 3t^2)$.

7.3 (a)
$$(\underline{\underline{\Theta}}) = 6ma^2\begin{pmatrix} 2 & -1 & 0 \\ -1 & 1 & 0 \\ 0 & 0 & 3 \end{pmatrix} \; .$$

(b) Die Hauptträgheitsmomente sind $\Theta_1 = 3(3+\sqrt{5})ma^2$, $\Theta_2 = 3(3-\sqrt{5})ma^2$, $\Theta_3 = 18ma^2$; die normierten Hauptträgheitsachsen sind $\hat{\eta}_1 = [(1-\sqrt{5})\mathbf{e}_1 + (3-\sqrt{5})\mathbf{e}_2]/\left(2\sqrt{5-2\sqrt{5}}\right)$, $\hat{\eta}_2 = [(1+\sqrt{5})\mathbf{e}_1 + (3+\sqrt{5})\mathbf{e}_2]/\left(2\sqrt{5+2\sqrt{5}}\right)$, $\hat{\eta}_3 = \mathbf{e}_3$.

7.4 (a) $E = L^2[1 - (1 - \Theta'/\Theta_1')\cos^2\vartheta]/(2\Theta')$. Die Extremwerte werden für $\vartheta = 0$ (Rotation um die Figurenachse) und $\vartheta = \pi/2$ (Rotation um eine zur Figurenachse senkrechte Achse) erreicht, woraus sich unmittelbar die Behauptung ergibt. (b) Es gilt $\omega_1' = (L/\Theta_1')\cos\vartheta$ und $|\boldsymbol{\omega}_\perp| = (L/\Theta')|\sin\vartheta|$.

7.5 Die linearisierten Eulerschen Gleichungen lauten $\Theta'\dot{w}_1 = -\Theta''(W_2W_3 + w_2W_3 + W_2w_3)$, $\Theta'\dot{w}_2 = \Theta''(W_1W_3 + W_1w_3 + w_1W_3)$, $\Theta'\dot{w}_3 = 0$. Daraus folgt für näherungsweise Rotation um die $\mathbf{e}_1'$-Achse: $w_1(t) = 0$, $w_2(t) = c_2t+\text{const}$, mit $c_2 = \Theta''W_1w_3(0)/\Theta'$, $w_3(t) = w_3(0)$. Da $|w_2(t)|$ linear anwächst, ist diese Bewegung instabil. Für näherungsweise Rotation um die $\mathbf{e}_2'$-Achse gilt $w_1(t) = c_1t + \text{const}$, mit

$c_1 = -\Theta'' W_2 w_3(0)/\Theta'$, $w_2(t) = 0$, $w_3(t) = w_3(0)$, d. h. auch diese Bewegung ist instabil. Für näherungsweise Rotation um die Symmetrieachse e_3' erhält man schließlich $w_{1/2}(t) = A_{1/2} \cos \omega t + B_{1/2} \sin \omega t$, mit $\omega = \Theta'' W_3/\Theta'$, $w_3(t) = 0$. Diese Bewegung entspricht also einer Schwingung mit der Periode $T = 2\pi\Theta'/(\Theta'' W_3)$. Die Rotation um die Symmetrieachse ist daher (unabhängig von den Werten von Θ' und Θ'') immer stabil.

Kapitel 8

8.1 In der expliziten Lösung (8.6.32) für $x_i(t)$ sind die vier Koeffizienten vor den Winkelfunktionen unabhängig voneinander. Die Forderung $x_i(t + T) = x_i(t)$ für alle t liefert daher vier Bedingungen, z. B. $\sin \omega_1 T = 0$ und $\sin \omega_2 T = 0$. Dies erfordert $\omega_1 T = n\pi$ und $\omega_2 T = m\pi$, also ω_1/ω_2 rational.

8.2 Multiplikation der Bewegungsgleichungen (8.6.5) für m_1 bzw. m_2 mit $\dot{x}_1$ bzw. $\dot{x}_2$ und Addition der so erhaltenen Gleichungen ergibt $(d/dt)(T_1 + T_2) = -(d/dt) (V_1 + V_2 + V)$, also $T_1 + T_2 + V_1 + V_2 + V = $ const.

8.3 Um beispielsweise nur die Normalschwingung mit ω_2 anzuregen, muß man die Anfangsbedingungen so wählen, daß in (8.6.29) die Bedingung $c_1 = 0$ gilt, also $\sqrt{m_1}R_{11}x_{10} + \sqrt{m_2}R_{12}x_{20} = 0$ und $\sqrt{m_1}R_{11}v_{10} + \sqrt{m_2}R_{12}v_{20} = 0$.

8.4 (a) Die Bewegungsgleichungen sind $\ddot{\varphi}_1 = -g\varphi_1/l - D(\varphi_1 - \varphi_2)/m_1$ und $\ddot{\varphi}_2 = -g\varphi_2/l - D(\varphi_2 - \varphi_1)/m_2$; (b) $\omega_1 = \sqrt{g/l}$, $\omega_2 = [g/l + D(1/m_1 + 1/m_2)]^{1/2}$. (c) Bei der Schwingung mit ω_1 schwingen beide Pendel mit der gleichen Amplitude und Phase; mögliche Anfangsbedingungen sind $\varphi_{10} = \varphi_{20} \neq 0$, $\dot{\varphi}_{10} = \dot{\varphi}_{20} = 0$. Bei der Normalschwingung mit ω_2 gilt für die Amplituden $A_2 = -A_1 m_1/m_2$, die Phasendifferenz beträgt π. Mögliche Anfangsbedingungen sind $\varphi_{20} = -\varphi_{10}m_1/m_2 \neq 0$, $\dot{\varphi}_{10} = \dot{\varphi}_{20} = 0$.

Kapitel 9

9.1 Fixpunkt (u_1^0): $\alpha_{1,2} = -\gamma \pm \sqrt{\gamma^2 - a} = -\gamma \pm \sqrt{\gamma^2 + |a|}$, also $\alpha_1 = -\gamma + \sqrt{\gamma^2 + |a|} > 0$. Fixpunkte $(u_{2,3}^0)$: $\alpha_{1,2} = -\gamma \pm \sqrt{\gamma^2 + 2a} = -\gamma \pm \sqrt{\gamma^2 - 2|a|}$. Für positiven Radikanden $\gamma^2 - 2|a|$ ist $\alpha_{1,2}$ also rein reell und negativ, für negativen Radikanden ist $\text{Re}\{\alpha_{1,2}\} = -\gamma < 0$.

9.2 $\alpha_{1,2} = -\gamma \pm \sqrt{\gamma^2 - a}$, also ist $\alpha_{1,2} < 0$, reell für $\gamma^2 \geq a$, und für $\gamma^2 < a$ gilt $\text{Re}\{\alpha_{1,2}\} = -\gamma < 0$.

9.3 Stabiler Fixpunkt für $x = 0$, $v = 0$; instabile Fixpunkte für $x = \pm 1$, $v = 0$. Das Potential $V(x) = m(x^2/2 - x^4/4)$ hat ein Minimum bei $x = 0$, aber Maxima bei $x = \pm 1$.

9.4 Stabilität herrscht für $f'(x_0) = -\lambda < 0$, weil $w = w_0 e^{-\lambda t}$ eine Lösung der linearisierten Bewegungsgleichung ist.

9.5 (a) Die Gleichgewichtslagen sind $\vartheta_1 = 0$, $\vartheta_2 = \pi$. Für $\omega \geq \omega_c = \sqrt{g/R}$ liegt eine weitere Gleichgewichtslage bei $\vartheta_3 = \arccos(g/(\omega^2 R))$. Dieser letzte Gleichgewichtspunkt zweigt für $\omega > \omega_c$ von $\vartheta_1 = 0$ ab. (b) Für $\xi = \vartheta - \vartheta_i \ll 1$, $i = 1, 2, 3$, lautet die linearisierte Bewegungsgleichung $\ddot{\xi} + [g \cos \vartheta_i/R - \omega^2(2\cos^2 \vartheta_i - 1)]\xi = 0$. Daraus ergibt sich, daß ϑ_1 nur für $\omega < \omega_c$ stabil ist; ϑ_2 ist immer instabil. Die Gleichgewichtslage ϑ_3 ist im Falle ihrer Existenz immer stabil.

Kapitel 10

10.1 (a) Mit den Bezeichnungen aus Abschn. 10.2 gilt für die Transversalwelle $E_{\text{pot}}^{\text{ges}} = D(\ell' - \ell)^2/2$ und $E_{\text{pot}}^{(0)} = D(\Delta x - \ell)^2/2$, so daß $E_{\text{pot}} = E_{\text{pot}}^{\text{ges}} - E_{\text{pot}}^{(0)} = D(\ell'^2 - 2\ell\ell' - \Delta x^2 + 2\Delta x\ell)$. Mit Hilfe von (10.2.1) und der Näherung $\sqrt{1 - (w_n - w_{n-1})^2/\Delta x^2} \approx 1 + (w_n - w_{n-1})^2/(2\Delta x^2)$ erhält man das gewünschte Resultat. (b) Für die Longitudinalwelle gilt $E_{\text{pot}}^{\text{ges}} = D(\Delta x - \ell + w_{n+1} - w_n)^2/2$ und $E_{\text{pot}}^{(0)} = D(\Delta x - \ell)^2/2$. Damit erhält man für $E_{\text{pot}} = E_{\text{pot}}^{\text{ges}} - E_{\text{pot}}^{(0)}$ die Beziehung $E_{\text{pot}}/\Delta x = (\mu c_{\text{L}}^2/2)[2(\Delta x - \ell)(w_{n+1} - w_n) + (w_{n+1} - w_n)^2]/\Delta x^2$, woraus man im Kontinuumslimes den angegebenen Ausdruck erhält. (c) Da der Zusatzterm $\mu c_{\text{L}}^2(B/(B + 1))\partial w/\partial x$ in $\tilde{\eta}_{\text{pot}}$ linear in $\partial w/\partial x$ ist, kann er in der Kontinuitätsgleichung durch einen Zusatzterm in der Energiestromdichte kompensiert werden: Es gilt $\partial\tilde{\eta}/\partial t + \partial\tilde{S}_x/\partial x = 0$, mit der Energiestromdichte $\tilde{S}_x = -\mu c_{\text{L}}^2[(\partial w/\partial t)(\partial w/\partial x) + (B/(B + 1))\partial w/\partial t]$. (d) Die in der Kette gespeicherte Gesamtenergie ist $E^{\text{ges}} = \int_{x=0}^{L} \tilde{\eta}\, dx$. Darin liefert der Zusatzterm in $\tilde{\eta}_{\text{pot}}$ den Beitrag $\mu c_{\text{L}}^2(B/(B + 1)) \int_{x=0}^{L} (\partial w/\partial x)\, dx = \mu c_{\text{L}}^2(B/(B + 1))(w(t, L) - w(t, 0))$, der verschwindet, weil man eine Kette nur dann longitudinal vorspannen kann, wenn man sie an den Enden fest einspannt, $w(t, L) = w(t, 0) = 0$.

10.2 $\eta_{\text{kin}}(t, x) = \eta_{\text{pot}}(t, x) = \eta(t, x)/2 = (\mu/2)c^2 w^2(t, x)(x - x_0 - ct)^2/\sigma^4$, $S_x(t, x) = \mu c^3 w^2(t, x)(x - x_0 - ct)^2/\sigma^4 = c\eta(t, x)$.

10.3 (a) Es gilt $\partial^2 w_{\text{g}n}/\partial t^2 = -\omega_n^2 w_{\text{g}n}$ und $\partial^2 w_{\text{g}n}/\partial x^2 = -k_n^2 w_{\text{g}n}$, so daß $w_{\text{g}n}$ die d'Alembert-Gleichung nur löst, wenn $\omega_n = ck_n$ gesetzt wird. Um die Randbedingungen $w_{\text{g}n}(t, 0) = w_{\text{g}n}(t, L) = 0$ zu erfüllen, muß $k_n = n\pi/L$ gelten. Für $w_{\text{u}n}$ argumentiert man ganz analog. (b) $E = (\pi/2)^2 \mu c^2 w_{\text{g/u}n}^{(0)2} n^2/L$. Für feste Amplituden $w_{\text{g/u}n}^{(0)}$ können also nur diskrete Energien angeregt werden.

10.4 (i) Für die Lösung (10.7.8) für zwei lose Enden gilt $\eta_{\text{kin}} = 2\mu u_0^2\omega^2 \sin^2 \omega t$ $\cos^2[2\pi(x - x_{\text{r}})/\lambda]$, $\eta_{\text{pot}} = 2\mu u_0^2\omega^2 \cos^2 \omega t \sin^2[2\pi(x - x_{\text{r}})/\lambda]$, $\eta = 2\mu u_0^2\omega^2\{\sin^2 \omega t$ $\cos^2[2\pi(x - x_{\text{r}})/\lambda] + \cos^2 \omega t \sin^2[2\pi(x - x_{\text{r}})/\lambda]\}$ und $S_x = -\mu c u_0^2\omega^2 \sin(2\omega t)$ $\sin[4\pi(x - x_{\text{r}})/\lambda]$, wobei (10.4.8) benutzt wurde. (ii) Für die Lösung (10.7.9) für zwei feste Enden gilt $\eta_{\text{kin}} = 2\mu u_0^2\omega^2 \cos^2 \omega t \sin^2[2\pi(x - x_{\text{r}})/\lambda]$, $\eta_{\text{pot}} = 2\mu u_0^2\omega^2 \sin^2 \omega t \cos^2[2\pi(x - x_{\text{r}})/\lambda]$; η und S_x sind in der Tat wie in (i).

10.5 (a) Für w_+ bzw. w_- gilt $\langle S_x \rangle = \pm(\mu/2)c^3k^2w_0^2$. (b) Für die stehenden Wellen gilt $\langle S_x \rangle = 0$. Bei einer stehenden Welle findet also im zeitlichen Mittel über eine Periode kein Energiefluß statt.

10.7 (a) $a_n = 4\sqrt{L}h\sin(n\pi/2)/(\pi n)^2$, insbesondere verschwinden alle a_{2n}; (b) $a_n = \sqrt{L}hq^2\sin(np\pi/q)/(p(q-p)(\pi n)^2)$, d. h. alle a_n, bei denen n ein ganzzahliges Vielfaches von q ist, verschwinden.

10.8 (a) Durch Differenzieren der drei Funktionen $w_{\mathrm{I}}(t,x)$, $w_{\mathrm{II}}(t,x)$ und $w_{\mathrm{III}}(t,x)$ in den entsprechenden Bereichen bestätigt man $\partial^2 w_J/\partial t^2 = 0$, $\partial^2 w_J/\partial x^2 = 0$, $J = \mathrm{I, II, III}$. (b) $w_0 = \alpha b$, $v_2 = \alpha v_1$. (c) $w_{\mathrm{I}}(t,x) = \alpha(x+v_1t)/2 + \alpha(x - v_1t)/2$, $w_{\mathrm{II}}(t,x) = \alpha(b+x-v_1t)/2 + \alpha(b-x-v_1t)/2$, $w_{\mathrm{III}}(t,x) = \alpha(2b-x+v_1t)/2 + \alpha(2b-x-v_1t)/2$. Da jede Lösung der d'Alembert-Gleichung als Summe von Funktionen von $x + c_\mathrm{T}t$ bzw. $x - c_\mathrm{T}t$ geschrieben werden kann, muß $v_1 = c_\mathrm{T}$ gelten. Man kann übrigens für $w(t,x)$ ganz explizit zeigen, daß $v_1 = c_\mathrm{T}$ gelten muß, wenn man die Knickstellen korrekt mit Hilfe von Distributionen beschreibt. (d) Die Periodenlänge ist $T = 4b/c_\mathrm{T}$, daher gilt für die Frequenz $\nu = c_\mathrm{T}/(4b)$. (e) Für $T/4 < t \le T/2$ gilt

$$
w(t,x) = \begin{cases}
w_{\mathrm{I}}(t,x) & = -\alpha x \\
w_{\mathrm{II}}(t,x) & = -v_2(t-T/4) \\
w_{\mathrm{III}}(t,x) & = -\alpha(L-x)
\end{cases}
$$

in den Bereichen (I): $0 \le x < v_1(t-T/4)$, (II): $v_1(t-T/4) \le x < L-v_1(t-T/4)$, (III): $L - v_1(t-T/4) \le x \le L$. Für $T/2 < t \le 3T/4$ gilt

$$
w(t,x) = \begin{cases}
w_{\mathrm{I}}(t,x) & = -\alpha x \\
w_{\mathrm{II}}(t,x) & = -\alpha b + v_2(t-T/2) \\
w_{\mathrm{III}}(t,x) & = -\alpha(L-x)
\end{cases}
$$

in den Bereichen (I): $0 \le x < b - v_1(t-T/2)$, (II): $b - v_1(t-T/2) \le x < b + v_1(t-T/2)$, (III): $b + v_1(t-T/2) \le x \le L$. Für $3T/4 < t \le T$ gilt

$$
w(t,x) = \begin{cases}
w_{\mathrm{I}}(t,x) & = \alpha x \\
w_{\mathrm{II}}(t,x) & = v_2(t-3T/4) \\
w_{\mathrm{III}}(t,x) & = \alpha(L-x)
\end{cases}
$$

in den Bereichen (I): $0 \le x < v_1(t-3T/4)$, (II): $v_1(t-3T/4) \le x < L - v_1(t-3T/4)$, (III): $L - v_1(t-3T/4) \le x \le L$.

10.9 (a)

$$
\eta_{\mathrm{kin}} = \begin{cases}
0 & \text{(I)} \\
(\mu/2)\alpha^2 c_\mathrm{T}^2 & \text{(II)} \\
0 & \text{(III)}
\end{cases}
\quad , \quad
\eta_{\mathrm{pot}} = \begin{cases}
(\mu/2)\alpha^2 c_\mathrm{T}^2 & \text{(I)} \\
0 & \text{(II)} \\
(\mu/2)\alpha^2 c_\mathrm{T}^2 & \text{(III)}
\end{cases}
\quad ,
$$

$\eta = (\mu/2)\alpha^2 c_\mathrm{T}^2$, $S_x = 0$. (b) Bei $t = 0$ ruht die Saite, die kinetische Energiedichte verschwindet. Bei $t = T/4$ ist kein Stück der Saite mehr in Ruhe, die Saite besitzt außer der Spannung in der Ruhelage keine zusätzliche Spannung mehr. Die Energiedichte der Saite ist ausschließlich kinetisch. (c) Die gesamte Energiedichte $\eta = \eta_{\mathrm{kin}} + \eta_{\mathrm{pot}} = (\mu/2)\alpha^2 c_{\mathrm{T}}^2$ ist zeitunabhängig; auf der Saite wird keine Energie transportiert. Daher ist die Energiestromdichte gleich null.

10.10 (a) Wieder gilt in den drei Bereichen $\partial^2 w_J/\partial t^2 = \partial^2 w_J/\partial x^2 = 0$, $J = \mathrm{I, II, III}$. (b) An den Knickstellen $x = b \pm c_{\mathrm{T}}t$ stimmen die Funktionswerte der entsprechenden Geradenstücke überein. (c) $T = 2L/c_{\mathrm{T}}$. (d) Sei $t_1 = b/c_{\mathrm{T}}$, $t_2 = (L-b)/c_{\mathrm{T}}$, $t_3 = L/c_{\mathrm{T}} = T/2$. Für $t_1 < t \le t_2$ gilt

$$
w(t,x) = \begin{cases}
-\alpha \dfrac{bx}{L-b} & \text{(I)} \\[2mm]
\alpha \left[b - c_{\mathrm{T}}t + \dfrac{L-2b}{2(L-b)}(x - b + c_{\mathrm{T}}t) \right] & \text{(II)} \\[2mm]
\alpha b \dfrac{L-x}{L-b} & \text{(III)}
\end{cases}
$$

in den Bereichen (I): $0 \le x < c_{\mathrm{T}}t - b$, (II): $c_{\mathrm{T}}t - b \le x < c_{\mathrm{T}}t + b$, (III): $c_{\mathrm{T}}t + b \le x \le L$. Für $t_2 < t \le t_3$ gilt

$$
w(t,x) = \begin{cases}
-\alpha \dfrac{bx}{L-b} & \text{(I)} \\[2mm]
\alpha \left[b - c_{\mathrm{T}}t + \dfrac{L-2b}{2(L-b)}(x - b + c_{\mathrm{T}}t) \right] & \text{(II)} \\[2mm]
\alpha(x - L) & \text{(III)}
\end{cases}
$$

in den Bereichen (I): $0 \le x < c_{\mathrm{T}}t - b$, (II): $c_{\mathrm{T}}t - b \le x < 2L - b - c_{\mathrm{T}}t$, (III): $2L - b - c_{\mathrm{T}}t \le x \le L$.

10.11 (a)

$$
\eta_{\mathrm{kin}} = \begin{cases}
0 & \text{(I)} \\[2mm]
\dfrac{\mu}{2}\alpha^2 c_{\mathrm{T}}^2 \dfrac{L^2}{4(L-b)^2} & \text{(II)} \\[2mm]
0 & \text{(III)}
\end{cases} \quad,
$$

$$
\eta_{\mathrm{pot}} = \begin{cases}
\dfrac{\mu}{2}\alpha^2 c_{\mathrm{T}}^2 & \text{(I)} \\[2mm]
\dfrac{\mu}{2}\alpha^2 c_{\mathrm{T}}^2 \dfrac{(L-2b)^2}{4(L-b)^2} & \text{(II)} \\[2mm]
\dfrac{\mu}{2}\alpha^2 c_{\mathrm{T}}^2 \dfrac{b^2}{(L-b)^2} & \text{(III)}
\end{cases} \quad,
$$

$$
\eta = \begin{cases}
\dfrac{\mu}{2}\alpha^2 c_{\mathrm{T}}^2 & \text{(I)} \\[2mm]
\dfrac{\mu}{2}\alpha^2 c_{\mathrm{T}}^2 \dfrac{1}{2}\left(1 + \dfrac{b^2}{(L-b)^2} \right) & \text{(II)} \\[2mm]
\dfrac{\mu}{2}\alpha^2 c_{\mathrm{T}}^2 \dfrac{b^2}{(L-b)^2} & \text{(III)}
\end{cases} \quad,
$$

$$
S_x = \begin{cases}
0 & \text{(I)} \\[2mm]
\mu\alpha^2 c_{\mathrm{T}}^3 \dfrac{L(L-2b)}{4(L-b)^2} & \text{(II)} \\[2mm]
0 & \text{(III)}
\end{cases} \quad;
$$

(b) $E_{(I)} = (\mu/2)\alpha^2 c_T^2(b - c_Tt)$, $E_{(II)} = (\mu/2)\alpha^2 c_T^3(1 + b^2/(L - b)^2)t$, $E_{(III)} = (\mu/2)\alpha^2 c_T^2 b^2(L-b-c_Tt)/(L-b)^2$, $E_{tot} = (\mu/2)\alpha^2 c_T^2 Lb/(L-b)$. (c) Für gegebenes w_0 gilt $E_{tot} = (\mu/2)c_T^2 w_0^2 L/(b(L - b))$; das Minimum wird für $b = L/2$, also bei gleichschenkliger Anregung erreicht.

10.12 (a) $E_1(t) = (\mu/2)\alpha^2 c_T^2 \varepsilon$, $E_2(t) = (\mu/2)\alpha^2 c_T^2 \varepsilon b^2/(L - b)^2$; (b) $E_1(t + \tau) = E_2(t + \tau) = (\mu/2)\alpha^2 c_T^2(1 + b^2/(L - b)^2)\varepsilon/2$. (c) Es gilt $(E_1(t) - E_1(t+\tau))/\tau = -(E_2(t) - E_2(t + \tau))/\tau = (\mu/2)\alpha^2 c_T^3(1 - b^2/(L - b)^2)/2 = S_{x\,(II)}$. Diese Differenzenquotienten sind die Raten, mit denen Energie durch die betrachteten Intervalle fließt, d. h. die Energiestromdichten.

Kapitel 11

11.1 (a) Mit (11.2.1) gilt $F = Eq(x_3 - L)/L$, so daß man mit der Gewichtskraft $F = mg$ die Gleichgewichtsauslenkung $x_3^G = L(1 + mg/(Eq))$ erhält. (b) Die Bewegungsgleichung $m\ddot{x}_3 = mg + Eq(L - x_3)/L$ läßt sich mit $\xi_3 = x_3 - x_3^G$ als $m\ddot{\xi}_3 = -\xi_3 Eq/L$ schreiben. (c) Anfangsauslenkung und -geschwindigkeit bei $t = 0$: $\xi_3(0) = \xi_{30}$, $\dot{\xi}_3(0) = \dot{\xi}_{30}$, Lösung: $\xi_3(t) = \xi_{30} \cos\omega t + (\dot{\xi}_{30}/\omega)\sin\omega t$, mit $\omega^2 = Eq/(Lm)$.

11.2 (a) Spannungstensor in der Höhe x_3 über dem Erdboden:

$$(\underline{\sigma}) = \begin{pmatrix} 0 & 0 & 0 \\ 0 & 0 & 0 \\ 0 & 0 & \sigma_{33} \end{pmatrix} \quad, \qquad \sigma_{33} = -\varrho g(\ell - x_3) \quad,$$

wobei ℓ die Länge der Platte sei. (b) Verzerrungstensor:

$$(\underline{\varepsilon}) = -\frac{\varrho}{E}g(\ell - x_3) \begin{pmatrix} -\mu & 0 & 0 \\ 0 & -\mu & 0 \\ 0 & 0 & 1 \end{pmatrix} \quad.$$

(c) Verkürzung: $\Delta\ell = \int_0^\ell \varepsilon_{33}(x_3')\,\mathrm{d}x_3' = -\varrho g\ell^2/(2E)$. Daraus folgt $\Delta\ell = 6{,}2 \cdot 10^{-6}$ m. (d) Querdilatation: Sei d die Dicke der unbelasteten Platte in 1-Richtung. Dann gilt $\Delta d = \int_0^d \varepsilon_{11}\,\mathrm{d}x_1 = \mu\varrho gd(\ell - x_3)/E = 4{,}2 \cdot 10^{-9}(\ell - x_3)$ m.

11.3 (a) $\mathbf{f} = \nabla\underline{\sigma} = (\sum_{i=1}^3 \mathbf{e}_i\partial/\partial x_i)(\sigma_{33}\mathbf{e}_3 \otimes \mathbf{e}_3) = (\partial\sigma_{33}/\partial x_3)\mathbf{e}_3 = \varrho g\mathbf{e}_3$; (b) $\mathbf{f}^a = -\mathbf{f} = -\varrho g\mathbf{e}_3$.

11.4 (a) Tangential- und Normalenvektoren der Seiten mit Normalen $\mathbf{e}_i$ im unverzerrten Zustand: Die unverzerrte Normale $\mathbf{e}_1$ ist im gescherten Zustand $\mathbf{n}_1 = (1, 0, 0)$, die unverzerrte Normale $\mathbf{e}_2$ ist im gescherten Zustand $\mathbf{n}_2 = (0, 1, -a)/N$, die unverzerrte Normale $\mathbf{e}_3$ ist im gescherten Zustand $\mathbf{n}_3 = (0, -a, 1)/N$, mit der Normierungskonstante $N^2 = 1 + a^2$. (b) Die Spannungsvektoren sind $\mathbf{s}(\mathbf{n}_1) = 0$, $\mathbf{s}(\mathbf{n}_2) = \underline{\sigma}\mathbf{n}_2 = 2Ga\mathbf{n}_3$, $\mathbf{s}(\mathbf{n}_3) = \underline{\sigma}\mathbf{n}_3 = 2Ga\mathbf{n}_2$. (c) Die Schubkräfte in diesem Zustand endlicher Scherung sind $\mathbf{F}(\mathbf{n}_1) = 0$, $\mathbf{F}(\mathbf{n}_2) = 2Ga\ell^2\mathbf{n}_3$, $\mathbf{F}(\mathbf{n}_3) = 2Ga\ell^2\mathbf{n}_2$, so daß $\mathbf{F} = 2Ga\ell^2(\mathbf{n}_2 + \mathbf{n}_3)$.

11.5 Spurbildung in (11.4.18) ergibt $\mathrm{Sp}\,\underline{\underline{\varepsilon}} = [(1-2\mu)/(2G(1+\mu))]\,\mathrm{Sp}\,\underline{\underline{\sigma}}$. Setzt man dies in (11.4.18) ein, folgt (11.11.2).

11.6 (a) Es gilt

$$\frac{\partial}{\partial x_i}\frac{\partial}{\partial x_l}\left(\frac{\partial u_k}{\partial x_j} + \frac{\partial u_j}{\partial x_k}\right) - \frac{\partial}{\partial x_j}\frac{\partial}{\partial x_i}\left(\frac{\partial u_l}{\partial x_k} + \frac{\partial u_k}{\partial x_\ell}\right)$$
$$+ \frac{\partial}{\partial x_k}\frac{\partial}{\partial x_j}\left(\frac{\partial u_i}{\partial x_l} + \frac{\partial u_l}{\partial x_i}\right) - \frac{\partial}{\partial x_l}\frac{\partial}{\partial x_k}\left(\frac{\partial u_j}{\partial x_i} + \frac{\partial u_i}{\partial x_j}\right) = 0 \quad .$$

(b) Unabhängige Kompatibilitätsbedingungen sind:

$$\frac{\partial}{\partial x_2}\frac{\partial}{\partial x_3}\varepsilon_{11} - \frac{\partial}{\partial x_1}\frac{\partial}{\partial x_2}\varepsilon_{13} + \frac{\partial}{\partial x_1}\frac{\partial}{\partial x_1}\varepsilon_{32} - \frac{\partial}{\partial x_3}\frac{\partial}{\partial x_1}\varepsilon_{21} = 0 \quad ,$$

$$\frac{\partial}{\partial x_3}\frac{\partial}{\partial x_1}\varepsilon_{22} - \frac{\partial}{\partial x_2}\frac{\partial}{\partial x_3}\varepsilon_{21} + \frac{\partial}{\partial x_2}\frac{\partial}{\partial x_2}\varepsilon_{13} - \frac{\partial}{\partial x_1}\frac{\partial}{\partial x_2}\varepsilon_{32} = 0 \quad ,$$

$$\frac{\partial}{\partial x_1}\frac{\partial}{\partial x_2}\varepsilon_{33} - \frac{\partial}{\partial x_3}\frac{\partial}{\partial x_1}\varepsilon_{32} + \frac{\partial}{\partial x_3}\frac{\partial}{\partial x_3}\varepsilon_{21} - \frac{\partial}{\partial x_2}\frac{\partial}{\partial x_3}\varepsilon_{13} = 0 \quad ,$$

$$2\frac{\partial}{\partial x_1}\frac{\partial}{\partial x_2}\varepsilon_{12} - \frac{\partial^2}{\partial x_1^2}\varepsilon_{22} - \frac{\partial^2}{\partial x_2^2}\varepsilon_{11} = 0 \quad ,$$

$$2\frac{\partial}{\partial x_2}\frac{\partial}{\partial x_3}\varepsilon_{23} - \frac{\partial^2}{\partial x_2^2}\varepsilon_{33} - \frac{\partial^2}{\partial x_3^2}\varepsilon_{22} = 0 \quad ,$$

$$2\frac{\partial}{\partial x_3}\frac{\partial}{\partial x_1}\varepsilon_{31} - \frac{\partial^2}{\partial x_3^2}\varepsilon_{11} - \frac{\partial^2}{\partial x_1^2}\varepsilon_{33} = 0 \quad .$$

11.7 (a) Es gilt für jedes Tensorelement $\partial^2\varepsilon_{jk}/(\partial x_i\partial x_l) = 0$, damit sind alle Summanden in den Kompatibilitätsbedingungen gleich null und die Bedingungen trivialerweise erfüllt. (b) Es gilt $(\partial u_k/\partial x_j + \partial u_j/\partial x_k)/2 = \varepsilon_{jk}^{(0)}$ und damit

$$\frac{\partial}{\partial x_i}\frac{\partial u_k}{\partial x_j} + \frac{\partial}{\partial x_i}\frac{\partial u_j}{\partial x_k} = 0 \quad ,$$

$$\frac{\partial}{\partial x_j}\frac{\partial u_k}{\partial x_i} + \frac{\partial}{\partial x_j}\frac{\partial u_i}{\partial x_k} = 0 \quad ,$$

$$\frac{\partial}{\partial x_k}\frac{\partial u_j}{\partial x_i} + \frac{\partial}{\partial x_k}\frac{\partial u_i}{\partial x_j} = 0 \quad .$$

Aus den ersten beiden Gleichungen folgt durch Subtraktion

$$\frac{\partial}{\partial x_i}\frac{\partial u_j}{\partial x_k} - \frac{\partial}{\partial x_j}\frac{\partial u_i}{\partial x_k} = 0 \quad ,$$

Addition der dritten liefert schließlich $\partial^2 u_j/(\partial x_i\partial x_k) = 0$. (c) Wegen des Verschwindens aller zweiten Ableitungen der Verschiebungskomponenten u_j können die drei Elemente $C_{jk}^{\mathrm{A}} = -C_{kj}^{\mathrm{A}}$ des antisymmetrischen Tensors $\underline{\underline{C}}^{\mathrm{A}}$ auch nicht von den Koordinaten abhängen, daher können wir $(\partial u_k/\partial x_j - \partial u_j/\partial x_k)/2 = C_{jk}^{A,(0)}$ unabhängig von $\mathbf{x}$ setzen. Dann gilt $\partial u_k/\partial x_j = \varepsilon_{jk}^{(0)} + C_{jk}^{A,(0)}$. Setzen wir als Anfangsbedingungen $u_k(\mathbf{x}_0) = 0$ bei $\mathbf{x}_0 = x_{01}\mathbf{e}_1 + x_{02}\mathbf{e}_2 + x_{03}\mathbf{e}_3$, so folgt $u_k(\mathbf{x}) = \sum_{j=1}^3 x_j(\varepsilon_{jk}^{(0)} + C_{jk}^{A,(0)}) = \sum_j(\varepsilon_{kj}^{(0)} - C_{kj}^{A,(0)})x_j$ als Lösung für die Verschiebungskomponenten, oder, in vektorieller Schreibweise: $\mathbf{u}(\mathbf{x}) = (\underline{\varepsilon}^{(0)} - \underline{C}^{A,(0)})\mathbf{x}$ und $\mathbf{x}' = \mathbf{x} + (\underline{\varepsilon}^{(0)} - \underline{C}^{A,(0)})\mathbf{x}$.

11.8 (a) Das rücktreibende Drehmoment am Stabende bei Torsion um den Winkel α beträgt $D = -\pi G R^4 \alpha/(2L)$. (b) Drehimpuls der Masse m mit dem Trägheitsmoment Θ um die Stabachse: $L = \Theta\dot{\alpha}$. Bewegungsgleichung bei Vernachlässigung des Trägheitsmomentes des Stabes: Aus $dL/dt = D$ folgt $\Theta\ddot{\alpha} = -\pi G R^4 \alpha/(2L)$. (c) Lösung: $\alpha = \alpha_0 \cos\omega t + (\dot{\alpha}_0/\omega)\sin\omega t$, wobei $\omega^2 = \pi G R^4/(2L\Theta)$ gilt.

11.9 (a) Spannungstensor

$$(\underline{\sigma}) = 2G(\underline{\varepsilon}) = \begin{pmatrix} 0 & 0 & -x_2 \\ 0 & 0 & x_1 \\ -x_2 & x_1 & 0 \end{pmatrix} G\alpha' \quad , \qquad \alpha' = \frac{\partial\psi}{\partial x_3} \quad .$$

(b) Kraftdichte: $\mathbf{f}(\mathbf{x}) = \boldsymbol{\nabla}\underline{\sigma} = (-x_2, x_1, 0)G(\partial^2\psi/\partial x_3^2)$; (c) Impulsdichte: $\mathbf{p}(t, \mathbf{x}) = \varrho(\partial\mathbf{u}/\partial t) = (-x_2, x_1, 0)\varrho(\partial\psi/\partial t)\mathbf{e}_\varphi$; (d) Bewegungsgleichung: $(\partial\mathbf{p}/\partial t) = \mathbf{f}$, so daß $\varrho(\partial^2\psi/\partial t^2) = G(\partial^2\psi/\partial x_3^2)$ folgt. (e) $c^2 = G/\varrho$; (f) $\psi_\pm(t, x_3) = f(\pm ct + x_3)$ ist Lösung der eindimensionalen Wellengleichung für den Winkel ψ, vgl. (10.3.7).

11.10 (a) Die Lösungen sind $\psi_1(t, x_3) = \psi_0 \cos(\omega t - kx_3)$ und $\psi_2(t, x_3) = \psi_0 \sin(\omega t - kx_3)$, mit $\omega^2 = c^2 k^2$. (b) Festes Ende: $\psi(t, x_{30}) = 0$, loses Ende: $\partial\psi(t, x_3)/\partial x_3|_{x_3=x_{30}} = 0$. (c) Feste Enden bei $x_3 = 0$ und $x_3 = L$, Lösung: $\psi(t, x_3) = (\psi_0 \cos\omega_n t + (\dot{\psi}_0/\omega_n)\sin\omega_n t)\sin k_n x_3$, mit $k_n = n\pi/L$ und $\omega_n^2 = c^2 k_n^2$; (d) lose Enden bei $x_3 = 0$ und $x_3 = L$, Lösung: $\psi(t, x_3) = (\psi_0 \cos\omega_n t + (\dot{\psi}_0/\omega_n)\sin\omega_n t)\cos k_n x_3$ mit $k_n = n\pi/L$ und $\omega_n^2 = c^2 k_n^2$; (e) festes Ende bei $x_3 = 0$, loses Ende bei $x_3 = L$, Lösung: $\psi(t, x_3) = (\psi_0 \cos\omega_n t + (\dot{\psi}_0/\omega_n)\sin\omega_n t)\sin k_n x_3$, mit $k_n = (2n+1)\pi/(2L)$, $\omega_n^2 = c^2 k_n^2$.

11.11 (a) $J = ab^3/12$. (b) $J = 5{,}722\, ab^3/3$.

Kapitel 12

12.1 (a) Die Anwendung des Laplace-Operators in der Form (C.6.3) auf die kartesischen Komponenten von $\mathbf{v} = v(t, r)\mathbf{e}_r$ liefert die Gleichung

$$\Delta\mathbf{v} = \left[\frac{1}{r}\frac{\partial^2}{\partial r^2}(rv) - 2\frac{v}{r^2}\right]\mathbf{e}_r \quad ,$$

woraus sich die Behauptung ergibt. (b) $\omega t - kr = \alpha = \text{const}$, d. h. $r = ct - \alpha/k$, die Flächen konstanter Phase sind also Kugelflächen. (c) Normale auf Phasenfläche: $\boldsymbol{\nabla}(kr - ct) = k\mathbf{e}_r \parallel \mathbf{v}(\mathbf{r})$. (d) $\boldsymbol{\nabla} \times \mathbf{v} = [\mathbf{e}_r\partial/\partial r + \mathbf{e}_\vartheta(1/r)\partial/\partial\vartheta +$

$\mathbf{e}_\varphi (1/(r\sin\vartheta))\partial/\partial\varphi] \times v(r)\mathbf{e}_r = 0$; (e) $\boldsymbol{\nabla}\phi = v_0(-\mathbf{e}_r/r^2 - (ik/r)\mathbf{e}_r)[\cos(\omega t - kr) + i\sin(\omega t - kr)]$. Daher gilt $\mathrm{Re}\{\boldsymbol{\nabla}\phi\} = v_0[(k/r)\sin(\omega t - kr) - (1/r^2)\cos(\omega t - kr)]\mathbf{e}_r = \mathbf{v}$.

12.2 (a) Die Anwendung des Laplace-Operators in der Form (C.6.3) auf die kartesischen Komponenten von $\mathbf{v} = v(t, r)\sin\vartheta\,\mathbf{e}_\varphi$ liefert die Gleichung

$$\Delta\mathbf{v} = \left[\frac{1}{r}\frac{\partial^2}{\partial r^2}(rv) - 2\frac{v}{r^2}\right]\sin\vartheta\,\mathbf{e}_\varphi \quad,$$

woraus sich die Behauptung ergibt. (b) Die Ausbreitungsrichtung der Welle ist $\mathbf{e}_r$; es gilt $\mathbf{e}_\varphi \cdot \mathbf{e}_r = 0$. (c) $\boldsymbol{\nabla} \cdot \mathbf{v} = [(1/(r\sin\vartheta))\partial/\partial\varphi]v_\varphi = 0$.

12.3 $v_{\mathrm{T}\|} = c_{\mathrm{T}}/\sin\alpha = c_{\mathrm{L}}/\sin\beta = v_{\mathrm{L}\|}$.

12.4 (a) Standardlösung für $W_1 = 0$, $V_1 = 1$: Es gilt das Gleichungssystem

$$\left(\frac{\omega^2}{2c_{\mathrm{T}}^2} - k_1^2\right)W_2 - k_1\sqrt{\frac{\omega^2}{n^2c_{\mathrm{T}}^2} - k_1^2}\,V_2 = -k_1\sqrt{\frac{\omega^2}{n^2c_{\mathrm{T}}^2} - k_1^2} \quad,$$

$$k_1\sqrt{\frac{\omega^2}{c_{\mathrm{T}}^2} - k_1^2}\,W_2 + \left(\frac{\omega^2}{2c_{\mathrm{T}}^2} - k_1^2\right)V_2 = -\left(\frac{\omega^2}{2c_{\mathrm{T}}^2} - k_1^2\right) \quad.$$

Mit den Abkürzungen $k_2 = \sqrt{\omega^2/c_{\mathrm{T}}^2 - k_1^2}$, $q_2 = \sqrt{\omega^2/(nc_{\mathrm{T}})^2 - k_1^2}$ lautet die Lösung:

$$W_2 = -\frac{2k_1q_2\left(\omega^2/(2c_{\mathrm{T}}^2) - k_1^2\right)}{k_1^2k_2q_2 + \left(\omega^2/(2c_{\mathrm{T}}^2) - k_1^2\right)^2} \quad,$$

$$V_2 = \frac{k_1^2k_2q_2 - \left(\omega^2/(2c_{\mathrm{T}}^2) - k_1^2\right)^2}{k_1^2k_2q_2 + \left(\omega^2/(2c_{\mathrm{T}}^2) - k_1^2\right)^2} \quad.$$

(b) Wellenvektoren: einlaufende Longitudinalwelle: $\mathbf{q}_1 = k_1\mathbf{e}_1 + q_2\mathbf{e}_2$, auslaufende Longitudinalwelle: $\mathbf{q}_2 = k_1\mathbf{e}_1 - q_2\mathbf{e}_2$. Daher gilt Einfallswinkel = Ausfallswinkel, $\sin\alpha = k_1/|\mathbf{q}_1|$, $|\mathbf{q}_1|^2 = k_1^2 + q_2^2 = \omega^2/(nc_{\mathrm{T}})^2$, also $\sin\alpha = nk_1c_{\mathrm{T}}/\omega$. (c) $\sin\beta = k_1/|\mathbf{k}_2| = k_1/\sqrt{k_1^2 + k_2^2}$, $|\mathbf{k}_1|^2 = k_1^2 + k_2^2 = k_1^2 + \omega^2/c_{\mathrm{T}}^2 - k_1^2 = \omega^2/c_{\mathrm{T}}^2$, so daß $\sin\beta = k_1c_{\mathrm{T}}/\omega$. Damit gilt $\sin\beta/\sin\alpha = 1/n$.

12.5 $v_{\mathrm{L}\|} = c_{\mathrm{L}}/\sin\alpha = c_{\mathrm{T}}/\sin\beta = v_{\mathrm{T}\|}$.

12.6 (a) Das Gleichungssystem (12.6.5) wird erweitert durch die beiden Gleichungen

$$\left(\frac{\omega^2}{2c_{\mathrm{T}}^2} - k_1^2\right)W_{2c-} - k_1q_2V_{2d-}$$

$$= -\left(\frac{\omega^2}{2c_{\mathrm{T}}^2} - k_1^2\right)W_{1c+} - k_1q_2V_{1d+} \quad,$$

$$k_1 k_2 W_2 c_- + \left(\frac{\omega^2}{2c_T^2} - k_1^2 \right) V_2 d_-$$

$$= k_1 k_2 W_1 c_+ - \left(\frac{\omega^2}{2c_T^2} - k_1^2 \right) V_1 d_+ \quad ,$$

mit $c_\pm = \cos(\omega t - k_1 x_1 \pm k_2 L_2)$, $d_\pm = \cos(\omega t - k_1 x_1 \pm q_2 L_2)$.

12.7 (a) Sei $\xi = \omega t - k_1 x_1$. Für den Spaltenvektor $(\mathbf{u}(t))$ gilt

$$(\mathbf{u}(t)) = \begin{pmatrix} k_2 \\ -k_1 \\ 0 \end{pmatrix} \sin(\xi - k_2 x_2) + \begin{pmatrix} -k_2 \\ -k_1 \\ 0 \end{pmatrix} W_2 \sin(\xi + k_2 x_2)$$

$$+ \begin{pmatrix} k_1 \\ -q_2 \\ 0 \end{pmatrix} V_2 \sin(\xi + q_2 x_2) \quad ,$$

die Matrixelemente von $(\underline{A})$ sind also $a_{11} = -k_2(1 + W_2) \sin k_2 x_2 + k_1 V_2 \sin q_2 x_2$, $a_{12} = k_2(1 - W_2) \cos k_2 x_2 + k_1 V_2 \cos q_2 x_2$, $a_{21} = k_1(1 - W_2) \sin k_2 x_2 - q_2 V_2 \sin q_2 x_2$, $a_{22} = -k_1(1 + W_2) \cos k_2 x_2 - q_2 V_2 \cos q_2 x_2$ und $a_{13} = a_{23} = a_{31} = a_{32} = 0$, $a_{33} = 1$.

(c)

$$(\underline{A})(\underline{A}^+) = \begin{pmatrix} a_{11}^2 + a_{12}^2 & a_{11}a_{21} + a_{12}a_{22} & 0 \\ a_{11}a_{21} + a_{12}a_{22} & a_{21}^2 + a_{22}^2 & 0 \\ 0 & 0 & 1 \end{pmatrix} \quad ;$$

(d)

$$\left[(\underline{A})(\underline{A}^+) \right]^{-1} =$$

$$\frac{1}{(\det \underline{A})^2} \begin{pmatrix} a_{21}^2 + a_{22}^2 & -(a_{11}a_{21} + a_{12}a_{22}) & 0 \\ -(a_{11}a_{21} + a_{12}a_{22}) & a_{11}^2 + a_{12}^2 & 0 \\ 0 & 0 & (\det \underline{A})^2 \end{pmatrix} \quad ;$$

(e) $(\mathbf{e}(t)) = (\underline{A}^{-1})(\mathbf{u}(t))$, also $(\mathbf{e}(t)) = (\mathbf{u}(t))^+ (\underline{A}^{-1})^+$, so daß $1 = \mathbf{e}(t) \cdot \mathbf{e}(t) = (\mathbf{u}(t))^+ (\underline{A}^{-1})^+ (\underline{A}^{-1})(\mathbf{u}(t)) = (\mathbf{u}(t))^+ (\underline{A}\,\underline{A}^+)^{-1}(\mathbf{u}(t))$ folgt. (f) Sei $\underline{B} = (\underline{A}\,\underline{A}^+)^{-1}$, also

$$(\underline{B}) = \begin{pmatrix} b_{11} & b_{12} & 0 \\ b_{21} & b_{22} & 0 \\ 0 & 0 & 1 \end{pmatrix}$$

mit $b_{11} = (a_{21}^2 + a_{22}^2)/(\det \underline{A})^2$, $b_{12} = b_{21} = -(a_{11}a_{21} + a_{12}a_{22})/(\det \underline{A})^2$, $b_{22} = (a_{11}^2 + a_{12}^2)/(\det \underline{A})^2$. Die charakteristische Gleichung lautet $0 = (1 - \lambda)[(\lambda - b_{11})(\lambda - b_{22}) - b_{12}b_{21}] = (1 - \lambda)[\lambda^2 - (b_{11} + b_{22})\lambda + \det \underline{B}]$. Mit $d = \det \underline{B} = b_{11}b_{22} - b_{12}b_{21}$, $s = \mathrm{Sp}\,\underline{B} = b_{11} + b_{22}$ lauten die Lösungen $\lambda_1 = s/2 + \sqrt{(s/2)^2 - d}$, $\lambda_2 = s/2 - \sqrt{(s/2)^2 - d}$ und $\lambda_3 = 1$. (g) Die Gleichung $[(\underline{B}) - \lambda_i(\underline{1})](\boldsymbol{\eta}_i) = 0$ liefert $(b_{11} - \lambda_i)\eta'_{i1} + b_{12}\eta'_{i2} = 0$, $b_{21}\eta'_{i1} + (b_{22} - \lambda_i)\eta'_{i2} = 0$, so daß $\eta'_{i2} = ((\lambda_i - b_{11})/b_{12})\eta'_{i1}$.

Normierung: $\eta_{i1} = \eta_{i1}'/N_i$, $\eta_{i2} = ((\lambda_i - b_{11})/(b_{12}N_i))\eta_{i1}'$ mit $N_i^2 = [1 + ((\lambda_i - b_{11})/b_{12})^2]\eta_{i1}'^2$. Wählt man $\eta_{i1}' = b_{12}$, folgt $N_i^2 = b_{12}^2 + (\lambda_i - b_{11})^2$, also schließlich $\eta_{i1} = b_{12}/N_i$, $\eta_{i2} = (\lambda_i - b_{11})/N_i$ und $\eta_{i3} = 0$ für $i = 1, 2$. Der dritte Eigenvektor lautet $(\boldsymbol{\eta}_3) = (0, 0, 1)$. (h)

$$(\underline{R}^+) = \begin{pmatrix} \eta_{11} & \eta_{21} & 0 \\ \eta_{12} & \eta_{22} & 0 \\ 0 & 0 & 1 \end{pmatrix} \ .$$

(i) Mit (e) gilt $1 = \mathbf{u}(t)(\underline{A}\,\underline{A}^+)^{-1}\mathbf{u}(t) = \mathbf{u}(t)\underline{R}^+\,\underline{D}\,\underline{R}\mathbf{u}(t) = \mathbf{v}(t)\underline{D}\mathbf{v}(t) = \lambda_1 v_1^2 + \lambda_2 v_2^2$, also folgt $v_1^2/(1/\lambda_1) + v_2^2/(1/\lambda_2) = 1$, die Trajektorie ist eine Ellipse.

Kapitel 13

13.1 (a) Strömungsfeld in Zylinderkoordinaten: $\mathbf{v}(\mathbf{r}) = \boldsymbol{\omega} \times \mathbf{r} = \omega \mathbf{e}_3 \times \mathbf{r} = \omega r_\perp \mathbf{e}_\varphi$; (b) $\mathbf{w} = \boldsymbol{\nabla}_\mathbf{r} \times \mathbf{v} = [\mathbf{e}_\perp \partial/\partial r_\perp + \mathbf{e}_\varphi(1/r_\perp)\partial/\partial\varphi + \mathbf{e}_z \partial/\partial z] \times \omega r_\perp \mathbf{e}_\varphi = \mathbf{e}_\perp \times \omega \mathbf{e}_\varphi + \mathbf{e}_\varphi \times \omega(-\mathbf{e}_\perp) = 2\omega \mathbf{e}_z = 2\boldsymbol{\omega}$; (c) $\underline{W} = [\underline{\varepsilon}\mathbf{w}]/2$, mit $\mathbf{w} = 2\boldsymbol{\omega}$, d. h. $\underline{W} = [\underline{\varepsilon}\boldsymbol{\omega}] = \sum_{ik} \varepsilon_{i3k}\mathbf{e}_i \otimes \mathbf{e}_k \omega = \omega(\mathbf{e}_2 \otimes \mathbf{e}_1 - \mathbf{e}_1 \otimes \mathbf{e}_2)$.

13.2 (a) Der Verzerrungstensor und der Verzerrungsgeschwindigkeitstensor der zeitlich gleichförmig wachsenden Scherung ergeben sich zu

$$(\underline{\varepsilon}) = \begin{pmatrix} 0 & \omega t & 0 \\ \omega t & 0 & 0 \\ 0 & 0 & 0 \end{pmatrix} \ , \quad \frac{\partial}{\partial t}(\underline{\varepsilon}) = \begin{pmatrix} 0 & \omega & 0 \\ \omega & 0 & 0 \\ 0 & 0 & 0 \end{pmatrix} \ .$$

(b) Die Eigenwerte von $\underline{\varepsilon}$ sind $\lambda_1 = \omega t$, $\lambda_2 = -\omega t$ und $\lambda_3 = 0$. Die Diagonalformen von $\underline{\varepsilon}$ und $\partial\underline{\varepsilon}/\partial t$ sind

$$(\underline{\varepsilon})^{\mathrm{H}} = \begin{pmatrix} \omega t & 0 & 0 \\ 0 & -\omega t & 0 \\ 0 & 0 & 0 \end{pmatrix} \ , \quad \frac{\partial}{\partial t}(\underline{\varepsilon})^{\mathrm{H}} = \begin{pmatrix} \omega & 0 & 0 \\ 0 & -\omega & 0 \\ 0 & 0 & 0 \end{pmatrix} \ ,$$

die Eigenvektoren lauten

$$(\boldsymbol{\eta}_1) = \frac{1}{\sqrt{2}}\begin{pmatrix} 1 \\ 1 \\ 0 \end{pmatrix} \ , \quad (\boldsymbol{\eta}_2) = \frac{1}{\sqrt{2}}\begin{pmatrix} -1 \\ 1 \\ 0 \end{pmatrix} \ , \quad (\boldsymbol{\eta}_3) = \begin{pmatrix} 0 \\ 0 \\ 1 \end{pmatrix} \ .$$

13.3 Das äußere Potential $U^{\mathrm{a}}(\mathbf{r})$ der Schwerkraftdichte ist das gewöhnliche Schwerkraftpotential $U^{\mathrm{a}} = gz$.

13.4 Verzerrungsgeschwindigkeitstensor und Reibungsspannungstensor:

$$\frac{\partial}{\partial t}(\underline{\varepsilon}) = \begin{pmatrix} 0 & \omega & 0 \\ \omega & 0 & 0 \\ 0 & 0 & 0 \end{pmatrix} \ , \quad (\underline{\tau}) = 2\eta \begin{pmatrix} 0 & \omega & 0 \\ \omega & 0 & 0 \\ 0 & 0 & 0 \end{pmatrix} \ .$$

13.5 Strömungsfeld zwischen den Platten $\mathbf{v}(\mathbf{r}) = (R_1/r_\perp)v_1\mathbf{e}_\perp$. Bernoullische Gleichung für den Raum zwischen den Platten $p_L - p(r_\perp) = \varrho_L(v^2(r_\perp) - v_2^2)/2$. Betrag der Kraft auf die untere Platte $F = (\varrho_L/2)\int_{R_1}^{R_2} 2\pi(v^2(r_\perp) - v_2^2)r_\perp\,dr_\perp = (\varrho_L/2)\pi R_1^2\left[(R_1/R_2)^2 + \ln(R_2/R_1)^2 - 1\right]v_1^2 > Mg$.

13.6 Mit $v_{\text{krit}} = \sqrt{2p_0/\varrho}$ und $p_0 = p_L = 1000\,\text{hPa} = 10^5\,\text{kg}\,\text{m}^{-1}\,\text{s}^{-2}$, $\varrho = 1000\,\text{kg}\,\text{m}^{-3}$ folgt $v_{\text{krit}} = 14{,}1\,\text{m}\,\text{s}^{-1}$.

13.7 (a) Die Durchflußmenge ist gegeben durch $I = \pi R^4(p_0 - p_L)/(8\eta L)$, daraus erhält man die Druckdifferenz $p_0 - p_L = 8\eta L I/\pi R^4 = 31{,}44\,\text{Pa}$. (b) Die Maximalgeschwindigkeit liegt bei $r = 0$ vor: $v_{\text{max}} = (p_0 - p_L)R^2/(4\eta L) = 0{,}71\,\text{m}\,\text{s}^{-1}$.

13.8 (a) Skalierte Variablen: $\ell/L = \ell_s$, $R/L = R_s$, $p_0/P = p_{0s}$, $p_L/P = p_{Ls}$, $P = \varrho L^2/T^2$, $\eta/\varrho = L^2/(R_{\text{Re}}T)$. Damit gilt $I_s = TI/L^3 = \pi R_s^4(p_{0s} - p_{Ls})R_{\text{Re}}/(8\ell_s)$, das Hagen–Poiseuillesche Gesetz läßt sich also durch die skalierten Größen R_s, ℓ_s, p_{0s}, p_{Ls} und die Reynoldszahl R_{Re} ausdrücken. (b) Mit $r_\perp/L = r_{\perp s}$ erhält man $v_{1s} = Tv_1/L = (p_{0s} - p_{Ls})R_{\text{Re}}(R_s^2 - r_{\perp s}^2)/(4\ell_s)$, das Geschwindigkeitsfeld läßt sich also auch durch die skalierten Größen R_s, $r_{\perp s}$, p_{0s}, p_{Ls}, ℓ_s und die Reynoldszahl ausdrücken.

13.9 Unter den angegebenen Bedingungen erhält man aus der Eulerschen Gleichung $\boldsymbol{\Omega} \times \mathbf{v} = -\boldsymbol{\nabla}p/(2\varrho)$. Multipliziert man diese Gleichung vektoriell mit $\boldsymbol{\Omega}$, liefert der Entwicklungssatz (A.2.23) für die Geschwindigkeit $\mathbf{v} = \mathbf{e}_3 \times \boldsymbol{\nabla}p/(2\Omega\varrho)$. Der geostrophische Wind steht also immer senkrecht auf dem Druckgradienten, und zwar so, daß der Wind auf der Nordhalbkugel ein Tiefdruckgebiet gegen den Uhrzeigersinn umkreist.

Anhang A

A.1 (a) $\mathbf{a} + 2\mathbf{b} = 3\mathbf{e}_1 - 5\mathbf{e}_2 + 10\mathbf{e}_3$; (b) $|\mathbf{a}| = \sqrt{14}$, $|\mathbf{b}| = 6$, $\hat{\mathbf{a}} = (-\mathbf{e}_1 + 3\mathbf{e}_2 + 2\mathbf{e}_3)/\sqrt{14}$, $\hat{\mathbf{b}} = (\mathbf{e}_1 - 2\mathbf{e}_2 + 2\mathbf{e}_3)/3$; (c) $\mathbf{a} \cdot \mathbf{b} = -6$, $\cos\sphericalangle(\mathbf{a}, \mathbf{b}) = -1/\sqrt{14}$, d. h. $\sphericalangle(\mathbf{a}, \mathbf{b}) = 105{,}5°$; (d) $\mathbf{a}\cdot\hat{\mathbf{b}} = -1$, $\mathbf{b}\cdot\hat{\mathbf{a}} = -6/\sqrt{14}$; (e) $\mathbf{a}\times\mathbf{b} = 20\mathbf{e}_1 + 8\mathbf{e}_2 - 2\mathbf{e}_3$, $|\mathbf{a}\times\mathbf{b}| = 6\sqrt{13}$; (f) $\sphericalangle(\mathbf{c}, \mathbf{e}_1) = 68{,}2°$, $\sphericalangle(\mathbf{c}, \mathbf{e}_2) = 158{,}2°$, $\sphericalangle(\mathbf{c}, \mathbf{e}_3) = 90°$. (g) Die zu $\mathbf{c}$ orthogonalen Einheitsvektoren $\hat{\mathbf{d}}$ erfüllen die beiden Gleichungen $\hat{\mathbf{d}}\cdot\mathbf{c} = 0$ und $|\hat{\mathbf{d}}| = 1$, die man z. B. benutzen kann, um die letzten beiden Komponenten von $\hat{\mathbf{d}}$ durch die erste auszudrücken. Man erhält so $\hat{\mathbf{d}} = d_1(\mathbf{e}_1 + 2\mathbf{e}_2/5) \pm \sqrt{1 - (1 + 4/25)d_1^2}\,\mathbf{e}_3$. (h) Zusätzlich zu den Bedingungen aus (g) gilt hier $\hat{\mathbf{d}}\cdot\mathbf{e}_1 = d_1 = 0$, woraus $\hat{\mathbf{d}} = \pm\mathbf{e}_3$ folgt. Da $\hat{\mathbf{d}}\cdot\mathbf{e}_3 > 0$ gelten soll, ist $\hat{\mathbf{d}} = \mathbf{e}_3$. (i) $\hat{\mathbf{e}} = \hat{\mathbf{c}}\times\hat{\mathbf{d}} = -(5\mathbf{e}_1 + 2\mathbf{e}_2)/\sqrt{29}$; (j) $\mathbf{a} = -17\hat{\mathbf{c}}/\sqrt{29} + 2\hat{\mathbf{d}} - \hat{\mathbf{e}}/\sqrt{29}$, $\mathbf{b} = 24\hat{\mathbf{c}}/\sqrt{29} + 4\hat{\mathbf{d}} - 2\hat{\mathbf{e}}/\sqrt{29}$; (k) $\mathbf{a}\cdot\mathbf{b} = -6$, $\mathbf{a}\times\mathbf{b} = -2\hat{\mathbf{d}} - 4\sqrt{29}\hat{\mathbf{e}} = 20\mathbf{e}_1 + 8\mathbf{e}_2 - 2\mathbf{e}_3$, beide Ergebnisse stimmen also mit (c) bzw. (e) überein.

A.2 Legt man die Spitze des Dreiecks in den Ursprung und die beiden anderen Ecken in die Spitzen zweier Vektoren $\mathbf{a}$ und $\mathbf{b}$ (siehe Abb. 1), so erhält man ein gleichschenkliges Dreieck, falls $|\mathbf{a}| = |\mathbf{b}|$. Die Basis ist dann gegeben durch $\mathbf{c} = \mathbf{a} - \mathbf{b}$, für die Seitenhalbierende gilt $s = b + c/2$, woraus sich $s = (a + b)/2$ ergibt. Damit erhält man $c \cdot s = 0$, q. e. d.

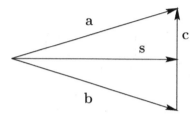

Abb. 1. Zur Lösung von Aufgabe A.2

A.3 $F = \sqrt{6}/2$.

A.4 Eine Ecke des Parallelogramms liege im Ursprung, die zweite an der Spitze eines Vektors a, die dritte an der Spitze eines Vektors b. Die vierte Ecke liegt dann an der Spitze von $d_1 = a + b$. Der Vektor d_1 ist eine der Diagonalen, die zweite ist gegeben durch $d_2 = a - b$. Man sieht nun leicht $d_1^2 + d_2^2 = 2a^2 + 2b^2$, womit die Behauptung bewiesen ist.

A.5 Der Würfel habe die Kantenlänge a, die Seiten seien parallel zu e_x, e_y, e_z. Dann sind zwei der Raumdiagonalen gegeben durch $d_1 = a(e_x + e_y + e_z)$ und $d_2 = a(-e_x + e_y + e_z)$. Man erhält $\cos \sphericalangle (d_1, d_2) = 1/3$, d. h. $\sphericalangle (d_1, d_2) = 70{,}53°$.

A.6 Legt man die Ecken des Dreiecks in den Ursprung bzw. an die Spitzen zweier Vektoren a, b, dann ist eine Seitenhalbierende durch das Geradenstück $h_1(\lambda) = \lambda(a + b)/2$, $\lambda \in [0, 1]$, gegeben, eine andere durch $h_2(\lambda') = a + \lambda'(b/2 - a)$, $\lambda' \in [0, 1]$. Am Schnittpunkt beider Geradenstücke gilt $\lambda = \lambda' = 2/3$, was die Behauptung beweist.

A.7 (a) $dx/dt = r\omega(-\sin \omega t \, e_1 + \cos \omega t \, e_2) + v e_3$, $d^2x/dt^2 = -r\omega^2(\cos \omega t \, e_1 + \sin \omega t \, e_2)$; (b) $x \times (dx/dt) = vr(\sin \omega t - \omega t \cos \omega t)e_1 - vr(\cos \omega t + \omega t \sin \omega t)e_2 + r^2\omega e_3$, $x \times (d^2x/dt^2) = r\omega^2 vt(\sin \omega t \, e_1 - \cos \omega t \, e_2)$, $(d/dt)(x \times (dx/dt)) = (dx/dt) \times (dx/dt) + x \times (d^2x/dt^2) = x \times (d^2x/dt^2)$, siehe oben.

A.8 (a) $\varepsilon_{321} = -1$, $\varepsilon_{iij} = -\varepsilon_{iij} = 0$; (b) $\sum_i \varepsilon_{12i}\varepsilon_{i23} = 0$, weil in jedem Summanden ein ε_{ijk} mit zwei gleichen Indizes auftritt, $\sum_i \varepsilon_{12i}\varepsilon_{i12} = 1$ (nur $i = 3$ trägt zur Summe bei), $\sum_i \varepsilon_{12i}\varepsilon_{i21} = -1$. (c) An den Beispielen aus (b) erkennt man, daß $\sum_k \varepsilon_{ijk}\varepsilon_{klm}$ nur dann nicht verschwindet, wenn die Indexmenge $\{i, j\}$ mit der Indexmenge $\{l, m\}$ übereinstimmt und $i \neq j$, $l \neq m$ gilt. Ist dies der Fall, so erhält man $\sum_k \varepsilon_{ijk}\varepsilon_{klm} = 1$, wenn $i = l$ und $j = m$ gilt, andernfalls ergibt die Summe -1. Genau dies liefert auch $\delta_{il}\delta_{jm} - \delta_{im}\delta_{lj}$.

A.9 (a) Es gilt $a \times (b \times c) = \sum_{ijkmn} \varepsilon_{kij}\varepsilon_{mnj}a_i b_m c_n e_k$, woraus mit Hilfe der Beziehung aus Aufgabe A.8c die Behauptung folgt, vgl. auch Abschn. A.2.6. (b) Hier gilt $(a \times b) \cdot (c \times d) = \sum_{ijkmn} \varepsilon_{kij}\varepsilon_{kmn}a_i b_j c_m d_n$, was sich wieder wie in (a) vereinfachen läßt.

Anhang B

B.1 (a)

$$4(\underline{\underline{A}}) = \begin{pmatrix} 12 & 8 & 4 \\ 4 & 0 & 8 \\ 16 & 4 & 12 \end{pmatrix} \quad , \quad 2(\underline{\underline{A}}) - 3(\underline{\underline{B}}) = \begin{pmatrix} 12 & 19 & -10 \\ -13 & -15 & 19 \\ 5 & -13 & 12 \end{pmatrix} \quad ,$$

$$(\underline{\underline{A}})^+ = \begin{pmatrix} 3 & 1 & 4 \\ 2 & 0 & 1 \\ 1 & 2 & 3 \end{pmatrix} \quad ;$$

(b)

$$(\underline{\underline{A}})(\mathbf{a}) = \begin{pmatrix} 7 \\ 8 \\ 16 \end{pmatrix} \quad , \quad (\mathbf{b})^+(\underline{\underline{C}}) = \begin{pmatrix} 7 \\ -9 \\ 6 \end{pmatrix} \quad , \quad (\underline{\underline{B}})^+(\mathbf{b}) = \begin{pmatrix} -19 \\ -35 \\ 28 \end{pmatrix} \quad ;$$

(c)

$$(\underline{\underline{A}})(\underline{\underline{B}}) = 5(\underline{\underline{1}}) \quad , \quad (\underline{\underline{A}})(\underline{\underline{C}}) = \begin{pmatrix} 7 & 2 & 15 \\ 8 & 9 & -5 \\ 16 & 11 & 5 \end{pmatrix} \quad ,$$

$$(\underline{\underline{C}})(\underline{\underline{A}}) = \begin{pmatrix} 17 & 7 & 9 \\ 17 & 3 & 14 \\ -2 & 2 & 1 \end{pmatrix} \quad , \quad (\mathbf{a} \otimes \mathbf{b}) = \begin{pmatrix} 8 & -4 & -2 \\ -4 & 2 & 1 \\ 12 & -6 & -3 \end{pmatrix} \quad ;$$

(d) $(\mathbf{a})^+(\underline{\underline{A}})(\mathbf{b}) = 45$, $(\mathbf{a})^+(\underline{\underline{C}})^+(\mathbf{a}) = -18$.

B.2 $\det \underline{\underline{A}} = 5$, $\det \underline{\underline{B}} = 25$, $\det \underline{\underline{C}} = -76$, $\det(\mathbf{a} \otimes \mathbf{b}) = 0$. (Das letzte Ergebnis gilt für alle dyadischen Produkte, denn die Zeilen bzw. Spalten der entsprechenden Matrizen sind jeweils Vielfache voneinander.)

B.3 Beide Behauptungen folgen unmittelbar aus (B.8.3).

B.4 Explizites Ausschreiben von (B.8.5) zeigt die Äquivalenz mit (B.8.3). Gleichung (B.8.6) sieht man folgendermaßen: Mit (B.8.5) erkennt man, daß beispielsweise $\sum_k A_{k2} A_{k1}^\dagger$ die Determinante des Tensors ist, der aus $\underline{\underline{A}}$ hervorgeht, wenn man den ersten Linksvektor durch den zweiten ersetzt, wenn also $\mathbf{a}_1 = \mathbf{a}_2$ gesetzt wird. Gleichung (B.8.7) zeigt dann, daß die Determinante dieses Tensors verschwindet. Bei allen anderen Kombinationen mit $i \neq j$ kann man ähnlich argumentieren.

B.5

$$(\underline{\underline{A}})^{-1} = \begin{pmatrix} -1/3 & 2/3 \\ 2/3 & -1/3 \end{pmatrix} \quad , \quad (\underline{\underline{B}})^{-1} = \begin{pmatrix} -4/5 & 1/5 & 7/5 \\ 6/5 & 1/5 & -8/5 \\ -1/5 & -1/5 & 3/5 \end{pmatrix} \quad .$$

B.6

$$(\underline{\underline{R}}) = \frac{1}{3} \begin{pmatrix} 1+\sqrt{3} & 1-\sqrt{3} & 1 \\ 1 & 1+\sqrt{3} & 1-\sqrt{3} \\ 1-\sqrt{3} & 1 & 1+\sqrt{3} \end{pmatrix} \quad .$$

B.7

$$(\underline{\underline{R}}_1) = (\underline{\underline{R}}(\beta \mathbf{e}_x))(\underline{\underline{R}}(\alpha \mathbf{e}_y))$$

$$= \begin{pmatrix} \cos\alpha & 0 & \sin\alpha \\ \sin\alpha\sin\beta & \cos\beta & -\cos\alpha\sin\beta \\ -\sin\alpha\cos\beta & \sin\beta & \cos\alpha\cos\beta \end{pmatrix} ,$$

$$(\underline{\underline{R}}_2) = (\underline{\underline{R}}(\alpha \mathbf{e}_y))(\underline{\underline{R}}(\beta \mathbf{e}_x)) = \begin{pmatrix} \cos\alpha & \sin\alpha\sin\beta & \sin\alpha\cos\beta \\ 0 & \cos\beta & -\sin\beta \\ -\sin\alpha & \cos\alpha\sin\beta & \cos\alpha\cos\beta \end{pmatrix} .$$

B.8

$$(\underline{\underline{A}}) = \begin{pmatrix} D_1\cos^2\alpha + D_2\sin^2\alpha & (D_1-D_2)\sin\alpha\cos\alpha \\ (D_1-D_2)\sin\alpha\cos\alpha & D_1\sin^2\alpha + D_2\cos^2\alpha \end{pmatrix} \quad .$$

Die Diagonalelemente nehmen für $\alpha = 0$, $\pi/2$, π usw. Extremwerte an.

B.9 Die Eigenwerte sind $\lambda_1 = 1$, $\lambda_2 = 2$ und $\lambda_3 = 3$. Die zugehörigen, normierten Eigenvektoren lauten

$$(\hat{\boldsymbol{\eta}}_1) = \frac{1}{\sqrt{2}} \begin{pmatrix} 1 \\ -1 \\ 0 \end{pmatrix} , \quad (\hat{\boldsymbol{\eta}}_2) = \frac{1}{\sqrt{2}} \begin{pmatrix} 1 \\ 1 \\ 0 \end{pmatrix} , \quad (\hat{\boldsymbol{\eta}}_3) = \begin{pmatrix} 0 \\ 0 \\ 1 \end{pmatrix} .$$

Da die Spalten der Matrix $(\underline{\underline{R}})^+$, die $(\underline{\underline{A}})$ gemäß $(\underline{\underline{D}}) = (\underline{\underline{R}})(\underline{\underline{A}})(\underline{\underline{R}})^+$ auf Diagonalgestalt bringt, durch die Eigenvektoren gegeben sind, folgt

$$(\underline{\underline{R}})^+ = \frac{1}{\sqrt{2}} \begin{pmatrix} 1 & 1 & 0 \\ -1 & 1 & 0 \\ 0 & 0 & \sqrt{2} \end{pmatrix} \quad .$$

Anhang C

C.1 (a) $\boldsymbol{\nabla}(\mathbf{a}\cdot\mathbf{r}) = \mathbf{a}$, $\boldsymbol{\nabla}r = \mathbf{e}_r$, $\boldsymbol{\nabla}(1/r) = -\mathbf{r}/r^3$, $\boldsymbol{\nabla}\ln r = \mathbf{r}/r^2$, $\boldsymbol{\nabla}[(\mathbf{r}\times\mathbf{a})\cdot\mathbf{b}] = \mathbf{a}\times\mathbf{b}$; (b) $\boldsymbol{\nabla}\cdot\mathbf{a} = 0$, $\boldsymbol{\nabla}\cdot\mathbf{r} = 3$, $\boldsymbol{\nabla}\cdot(\mathbf{a}\times\mathbf{r}) = 0$, $\boldsymbol{\nabla}\cdot(\mathbf{r}a) = \mathbf{a}\cdot\mathbf{e}_r$, $\boldsymbol{\nabla}\cdot(\mathbf{r}/r) = 2/r$, $\boldsymbol{\nabla}\cdot(r\boldsymbol{\nabla}(1/r^3)) = 3/r^4$; (c) $\boldsymbol{\nabla}\times\mathbf{r} = 0$, $\boldsymbol{\nabla}\times(\mathbf{r}/r^3) = 0$, $\boldsymbol{\nabla}\times(\mathbf{b}\times\mathbf{r}) = 2\mathbf{b}$.

C.2 (a) $\boldsymbol{\nabla}\cdot\mathbf{A} = y(x-1)$, $\boldsymbol{\nabla}\cdot\mathbf{B} = y(2x+2z^3-x^2)$, $\boldsymbol{\nabla}\times\mathbf{A} = (xz-2z, -yz, x)$, $\boldsymbol{\nabla}\times\mathbf{B} = (-x^2z-3y^2z^2, 2xyz, -x^2)$; (b) $\boldsymbol{\nabla}(\mathbf{A}\cdot\mathbf{B}) = (-3x^2y^2(1+z^2), 2y(-x^3(1+z^2)+z^5), y^2z(-2x^3+5z^3))$, $\boldsymbol{\nabla}\cdot(\mathbf{A}\times\mathbf{B}) = -yz(2xz^2-y^2z^3-3xy^2z-2x^2)$.

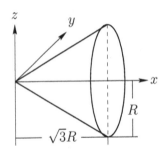

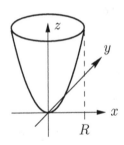

Abb. 2. Zur Lösung von Aufgabe C.6   **Abb. 3.** Zur Lösung von Aufgabe C.7

C.3 Diese Beziehungen folgen am einfachsten in kartesischen Koordinaten; man muß jeweils die Produktregel der Differentiation anwenden. Zum Beweis von (d) startet man am besten mit dem Ausdruck auf der rechten Seite.

C.4 $\mathbf{F} = r \cos \varphi \, \mathbf{e}_\vartheta - r \cos \vartheta \sin \varphi \, \mathbf{e}_\varphi$.

C.5 $\oint_A \mathbf{v} \cdot d\mathbf{a} = -8(ab + ac + bc)/\pi^2$.

C.6 (a) Die Fläche F ist die Mantelfläche eines Kegels, dessen Spitze im Ursprung liegt und dessen Achse die x-Achse ist (siehe Abb. 2). (b) $d\mathbf{a} = \alpha[\mathbf{e}_x - \sqrt{3}(\cos \beta \, \mathbf{e}_y + \sin \beta \, \mathbf{e}_z)] \, d\alpha \, d\beta$; (c) $\int_A \mathbf{v} \cdot d\mathbf{a} = -\sqrt{3}\pi R^3$; (d) $\oint_C \mathbf{w} \cdot d\mathbf{r} = -\sqrt{3}\pi R^3$; (e) rot $\mathbf{w} = \mathbf{v}$. Da außerdem $C = (F)$, ergibt sich die Gleichheit von (c) und (d) aus dem Stokesschen Satz.

C.7 (a) Die Fläche F ist ein in positive z-Richtung geöffnetes Rotationsparaboloid, dessen Symmetrieachse die z-Achse ist, siehe Abb. 3. (b) $d\mathbf{a} = (\mathbf{e}_z - 2ar_\perp \mathbf{e}_\perp)r_\perp \, dr_\perp \, d\varphi$; (c) $\int_F \mathbf{A} \cdot d\mathbf{a} = \pi(\beta R^4/4 - \alpha R^2)$; (d) $\oint_C \mathbf{B} \cdot d\mathbf{r} = \pi(\beta R^4/4 - \alpha R^2)$; (e) rot $\mathbf{B} = \mathbf{A}$. Außerdem gilt $C = (F)$, so daß die Gleichheit von (c) und (d) wieder aus dem Stokesschen Satz folgt.

C.8 (a) Es gilt $\mathbf{B} = V\mathbf{b}$, dabei ist V der Volumeninhalt des von der Fläche F umschlossenen Volumens. (b) $\mathbf{B} = 4\pi R^3 \mathbf{b}/3$.

Sachverzeichnis

Sachverzeichnis